ATLAS DER PLANETARISCHEN NEBEL

1. Auflage
© 2024 Oculum-Verlag GmbH, Erlangen
Oculum-Verlag, Werner-von-Siemens-Str. 19, 91052 Erlangen
www.oculum.de, info@oculum.de

ISBN 978-3-949370-15-1

Titelbild: NGC 2392, Hubble Space Telescope. NASA, ESA, Andrew Fruchter (STScI), und das ERO-Team (STScI + ST-ECF)

Zum Autor

Ronald Stoyan, geboren 1972, ist seit mehr als 30 Jahren leidenschaftlicher visueller Beobachter des Deep-Sky. 1994 begründete er die astronomische Zeitschrift »interstellarum«, verantwortete mehr als 20 Jahre deren Chefredaktion und war bis zum Jahr 2018 beim Nachfolger »Abenteuer Astronomie« als Herausgeber tätig. Stoyan hat sich ebenfalls als Produzent des Video-Podcasts »interstellarum Sternstunde« und als Begründer der »Deep-Sky-Tagung« einen Namen gemacht. Bekannt geworden ist er vor allem durch mehr als ein Dutzend Buchveröffentlichungen, darunter den »Deep Sky Reiseführer«, »Atlas der Messier-Objekte«, »interstellarum Deep Sky Atlas« und »interstellarum Deep Sky Guide«. Heute ist er vor allem als Guide, Experte und Autor international gefragt.

Ronald Stoyan

ATLAS DER PLANETARISCHEN NEBEL

BAND I: 176 Objekte zwischen 0^h - 11^h

OCULUM

HFG 1 und A 6, Seite 65

M 76, Seite 49

JnEr 1, Seite 191

CRL 915, Seite 132

NGC 246, Seite 42

S 22, Seite 46

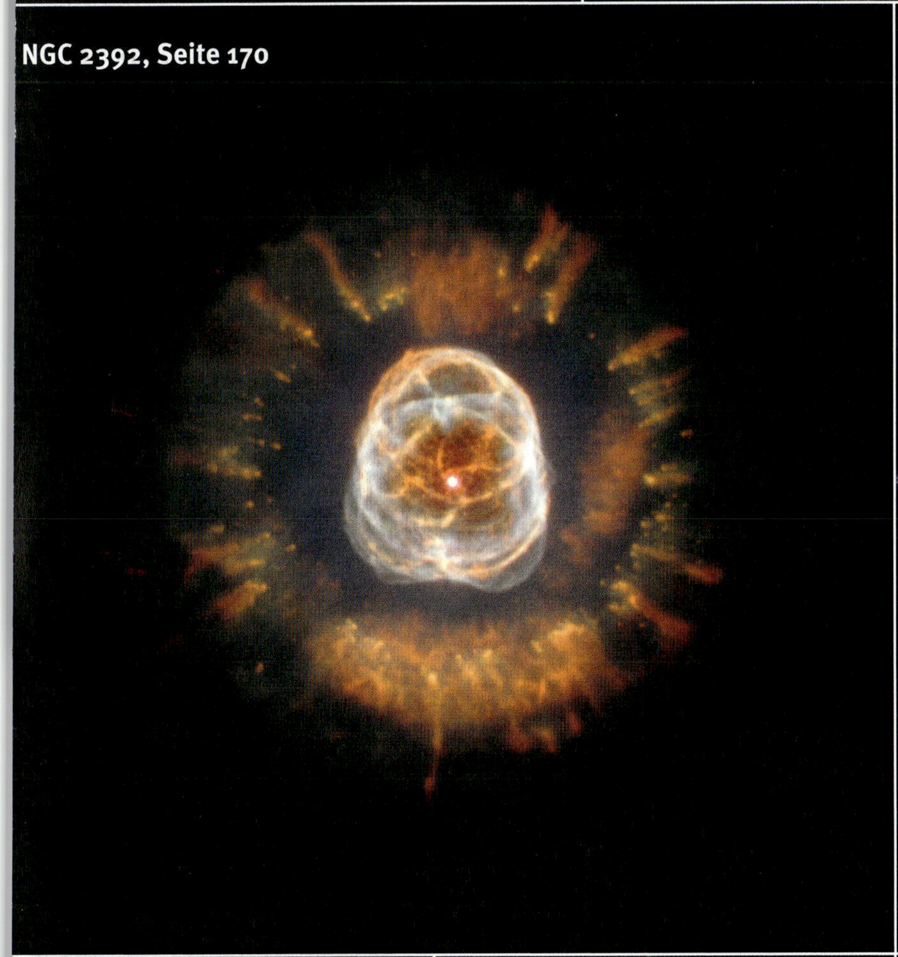
NGC 2392, Seite 170

NGC 3132, Seite 230

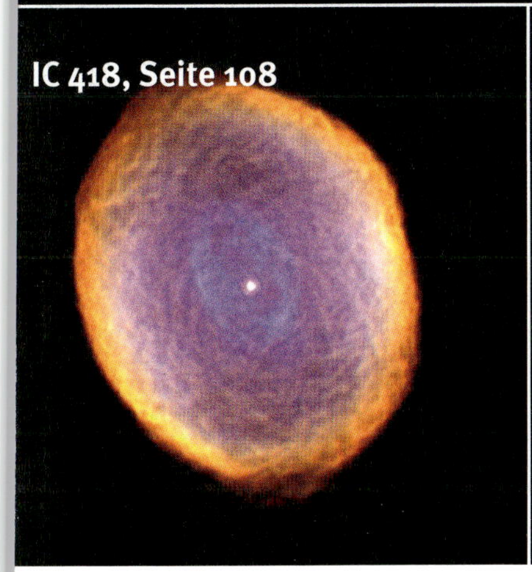
IC 418, Seite 108

NGC 2346, Seite 155

NGC 2440, Seite 183

He 3-401, Seite 236

Sharpless 2-216, der größte Planetarische Nebel am Himmel. Adam Block

Inhaltsverzeichnis

Vorwort

Was uns an Planetarischen Nebeln fasziniert ist die Vielfalt der Formen und Farben. Obwohl prinzipiell der gleiche astrophysikalische Prozess abläuft, sind die Ergebnisse so unterschiedlich: Blasen, Hanteln, Ringe in roter, gelber, grüner oder blauer Farbe. Es ist kein Wunder, dass Planetarische Nebel so sehr wie kaum eine andere Objektklasse mit Spitznamen bedacht werden.

Umso erstaunlicher ist es, dass es bisher kaum populäre Literatur zum Thema gibt. Der Atlas der Planetarischen Nebel möchte diese Lücke schließen: Die attraktivsten, interessantesten, fotogensten und erstaunlichsten Objekte dieser Klasse sollen so detailliert vorgestellt werden, wie es bis dato noch nicht geschah.

Band 1 macht den Anfang mit den Objekten zwischen 0^h und 11^h Rektaszension, was in etwa unserem Winterhimmel entspricht. Weitere Bände sollen in gleicher Weise die restlichen Himmelsregionen abdecken. Im ersten Band wird in einer ausführlichen Einführung die Astrophysik der Planetarischen Nebel erklärt. Die folgenden Bände werden ebenso umfassende Darstellungen der Entdeckungsgeschichte und der visuellen Beobachtungstechnik enthalten.

Ich wünsche mir, dass dieses Buch anregt zu eigenen visuellen Beobachtungen und fotografischen Exkursionen zu Planetarischen Nebeln auf und abseits der ausgetretenen Pfade!

Clear skies,
Ronald Stoyan

Dieses Buch hätte nicht Wirklichkeit werden können, wenn es nicht 606 mutige Menschen gegeben hätte, die sich vorab entschlossen haben, das Erscheinen über eine Crowdfunding-Kampagne möglich zu machen. Ihnen allein ist es zu verdanken, dass Sie dieses Buch in den Händen halten. 92 Unterstützer haben sich darüber hinaus eine persönliche Namensnennung an dieser Stelle verdient. Einen großen Anteil am Zustandekommen des Buchs haben auch das Internetforum Astrotreff.de und die Firma Astroshop.de – herzlichen Dank!

Zur Umsetzung des Buches haben zahlreiche Personen beigetragen, die ich hier nicht alle namentlich nennen kann. Bei der Recherche halfen Kent Wallace, Sakib Rasool, Matthias Kronberger, Andreas Alzner, Andreas Ritter, Ulrich Heber und Uwe Glahn in herausragender Art und Weise. Unter den mehr als 40 Astrofotografen möchte ich Peter Goodhew, Marcel Drechsler, Bernd Flach-Wilken (für das Chart32-Team), Richard Hennig und Wolfgang Mandl (für das Team der Sternwarte Brentenrtiegel) für ihr enormes Engagement persönlich danken.

Prof. Klaus-Peter Schröder lieferte nicht nur die ausführliche Einführung, sondern prüfte auch die Objektdarstellungen. Bei der Herstellung des Buchs waren Kerstin Rubin und Stefan Hannabach maßgeblich hilfreich. Nicht zuletzt danke ich meiner Frau Renate für ihre Unterstützung bei dieser herausfordernden Aufgabe.

Wir bedanken uns namentlich bei diesen Unterstützern:

Dirk Adebahr, Ulrich Abele, Stephan Adler, Christian Ambros, Andreas Aulitzky, Wolfgang Baier, Thomas Balzer, Uwe Bartl, Eduard von Bergen, Stefan Bauernschmidt, Harald Bardenhagen, Peter Bichsel, Wolfgang Böhmer, Arne Bramigk, Lennart Freiherr von Brandis, Alexander Brem, Holger Brendel, Michael Czechowski, Joachim Deiler, Tamara Eichholzer, Elmar Engel, Seraphin Feller, Frank Fukala, Karsten Geisendörfer, Daniel Geisler, Hans Graf, Wolfgang Greulich, Thomas Grimm, Ibrahim Hasan, Ulrich Heber, Hans-Ulrich Heller, Peter Heinrich, Werner Henze, Jürgen Hirschinger, Georg Jacobi, Michael Jochheim, Martin Kalmbach, Ralf Kilian, Bernhard Kindermann, Helmut Klein, Emanuel Köppel, Ulrike Lachner, Frank Leiter, Henry Markert, Oliver Marquardt, Hayk Mashuryan, Ralf Möller, Michael Müller, Udo Neumann, Jürgen Nitsch, Werner Ockels, Manfred Peter, Frank Sebastian Pex, Frank Pietschmann, Martin Rebbe, Michael Reif, Andreas Reiser, Horst Renner, Mario Richter, Hubertus Riedesel, Ralph Rogge, Gero Rupprecht, Matthias Rückemann, Michael van Santen, Jonas Schenker, Stefan Schnelle, Hannes Schmid, Olaf Schmidt, Andreas Schmitz, Ralf Schoofs, Laura Schreiber, Marcus Schulze, Rudi Schutzeichel, Roland Schülein, Darwin Suske, Wolfgang Schwab, Torsten Schwarz, David Stademann, Christoph Smuda, Michael Tripolt, Andreas Vogg, Thomas Westphal, Gunar Werner, Sebastian Werner, Christoph Wiedemann, Roland Windt, Bernd Wisotzki, Stefan Zbinden, Ulrich Zehndbauer, Sebastian Ziewer-Arndts

Die Astrophysik Planetarischer Nebel

KLAUS-PETER SCHRÖDER

Was versteht man unter einem Planetarischen Nebel?

Für die Astrophysik ist der Planetarische Nebel eine sehr interessante Phase eines sterbenden Roten Riesensterns, oder auch eines Doppelsterns, von etwa einer oder mehrerer (maximal 8) Sonnenmassen. In dieser bis zu etwa 12.000 Jahren andauernden Phase beleuchtet der gerade freigelegte, heiße Kern des Sterns den zuvor erlittenen, nicht unbeträchtlichen Verlust an Masse. In den letzten etwa 100.000 Jahren hat sich dieser stetig verstärkt, bis alle Außenschichten des kühlen Riesensterns abgetragen sind und der heiße Kern frei kommt. Unser astrophysikalisches Verständnis um diese Vorgänge verbindet die Sternentwicklung mit der chemischen Entwicklung des interstellaren Mediums, und Planetarische Nebel sind somit eine wichtige Nahtstelle im galaktischen Materiekreislauf; hier wird nämlich ein Teil der Sternmaterie »recycelt«. Dies erlaubt es unserer Milchstraße, wie allen anderen Galaxien, noch viele weitere Generationen von Sternen zu erzeugen.

Der sichtbare Teil eines Planetarischen Nebels bildet nur das Zentrum einer im optischen Licht unsichtbareren, größeren zirkumstellaren Hülle. Der heiße Sternkern, welcher nun als sehr kleiner, aber intensiv strahlender Zentralstern fungiert, regt hier das Gas zum Leuchten in verschiedenen, charakteristischen Emissionslinien an. Dieser sichtbare Teil ist wie die Spitze eines Eisberges: Er markiert eine größere, aber für das menschliche Auge unsichtbare Sternhülle – entsprechend dem unsichtbar bleibendem Eis unter der Wasseroberfläche – in die sich vom Zentrum her die ultraviolette Strahlung und der heiße Wind des Zentralsterns hineinbrennt.

Die meisten Planetarischen Nebel haben in ihrem sichtbaren Teil einen Durchmesser von etwa einem Lichtjahr. An der Grenze zur kühlen, unsichtbaren äußeren Hülle werden Temperaturen von etwa 10.000 bis 20.000K erreicht, und der Nebel expandiert hier mit etwa 40 km/s. Sein heißes Inneres schiebt dabei die viel langsamer expandierenden, kühlen äußeren Schichten vor sich her – vergleichbar mit einem Schneepflug. Diese äußere Hülle expandiert mit meist nur 10 km/s und ist so kühl, etwa 2000K, dass ihr hoher Gehalt von Staub und Molekülen noch gut erhalten ist. Näher am Zentralstern dagegen wird ein etwa 100.000K heißer und 200 km/s schneller »Sternwind« gemessen – dramatische Gegensätze auf vergleichsweise engem Raum.

So eindrucksvoll dieses Szenario eines Planetarischen Nebels ist, so ist es aber in keiner Weise mit den Vorgängen bei einer Supernova vergleichbar. Die Dynamik ist eine ganz andere, eine langsame Expansion nach länger anhaltendem Massenverlust anstelle einer gewaltigen Explosion des ganzen Sternes – dazu gleich mehr.

Wie entsteht ein Planetarischer Nebel?

Ein sonnenähnlicher Stern verbringt zwischen 80% und 90% seiner Lebensdauer als ganz normaler Stern auf der sogenannten Hauptreihe im Hertzsprung-Russell-Diagramm (kurz: HRD). In einem HRD trägt man die Sterne nach ihren wichtigsten physikalischen Parametern auf: Effektivtemperatur auf der x-Achse und Leuchtkraft auf der y-Achse. Die meisten Sterne findet man dann auf besagter Hauptreihe. Auf ihr steigt

Ein irreführender Name

Es sei hier erst einmal ein mögliches Missverständnis ausgeräumt, welches durch die Namenswahl nahe liegt: Ein Planetarischer Nebel hat rein gar nichts mit Planeten zu tun. Vielmehr geht dieser Ausdruck auf Wilhelm Herschels visuellen Eindruck zurück, den er von einigen sehr kompakten, von ihm entdeckten Nebeln dieser Art hatte. In ihrer scheinbaren Größe und mit runder Form ähneln einige Planetarische Nebel tatsächlich dem geisterhaften Abbild eines Planeten. Beispiele sind NGC 3242 (»Jupiters Geist«, Abb. 1), NGC 1514 (Abb. 2) oder NGC 6894 (Abb. 3). Dies ist aber angesichts einer enormen Formenvielfalt nur für einen Teil dieser Objekte zutreffend. Selbst die rundlich aussehenden Planetarischen Nebel sind in Wirklichkeit von viel komplexerer Natur.

Abb. 1: Der Planetarische Nebel NGC 3242 wurde von Wilhelm Herschel entdeckt und inspiriert mit seiner leicht ovalen, 25" großen Scheibenform den Eigennamen »Jupiters Geist«. Spitzer Telescope, NASA/JPL-Caltech/Harvard-Smithsonian CfA

Abb. 2: NGC 1514 ist ein Beispiel eines kompakten Planetarischen Nebels, ebenfalls von Wilhelm Herschel entdeckt, dessen Erscheinungsbild besagter Bezeichnung alle Ehre macht. Er ist annähernd kugelförmig, mit nur einigen Unregelmäßigkeiten, ist 2' groß und hat den passenden Eigennamen »Crystal Ball Nebula« (Kristallkugel-Nebel). Genauer betrachtet hat er auch eine zweite, äußere Hülle. Quelle: Daniel Nobre, The Liverpool Telescope

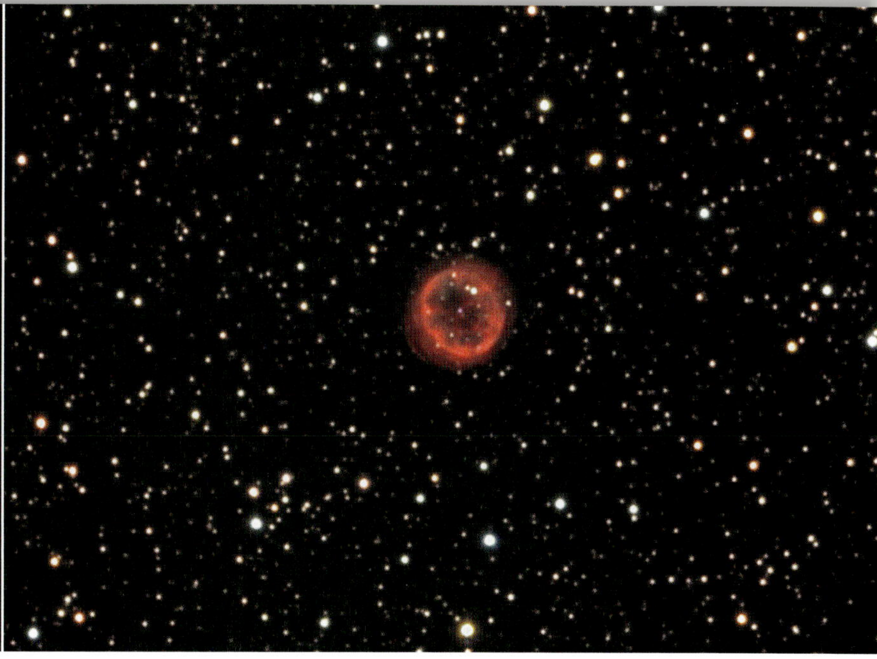

Abb. 3: NGC 6894 zählt zu den kompakten Nebelhüllen, welche ein wenig wie ein unscharfes, lichtschwaches Geisterbild eines Planeten aussehen. Bei dem Durchmesser von 40" Bogensekunden muss auch hier sein Entdecker, Wilhelm Herschel, an Jupiter gedacht haben. Quelle: Adam Block, National Science Foundation

die Leuchtkraft stark mit der Temperatur und Sternmasse an, und die Sterne verschiedener Masse reihen sich hier diagonal aneinander. Diese stellare Lebensphase ist so langlebig und stabil, weil der Stern hierbei in seiner Kernregion seinen ergiebigsten Energievorrat verbrennt, den Wasserstoff. Wenn dieser aber schließlich verbraucht ist, kommt es zu sehr großen Veränderungen im Sternaufbau. Vor allem zieht sich die nun aus purem Helium bestehende Kernregion zusammen, während der gesamte Rest des Sterns sich stark ausdehnt. Die Leuchtkraft steigt gewaltig, aber die Effektivtemperatur wird geringer, und ein Roter Riese entsteht. Der Hauptbeitrag zur Leuchtkraft kommt immer noch vom nuklearen Brennen des Wasserstoffs, welches nun aber in einer dünnen Schale um den Kern herum stattfindet. Dort sind die Drücke und Temperaturen so viel höher, als zuvor im Kern des Hauptreihensterns, dass im Falle unserer Sonne dann sogar das 2000-fache ihrer heutigen Leuchtkraft erreicht werden wird.

Zweimal wird ein Stern besonders leuchtkräftig und groß als Roter Riese: bevor der Kern komprimiert und heiß genug ist, um das zentrale Helium-Brennen zu starten. Im HRD nennt sich diese Phase RGB (engl. Red Giant Branch) oder Roter Riesenast. Dann entspannt sich der Kern und der Riese verkleinert sich vorübergehend. Die zweite Episode großer Leuchtkraft findet danach statt, wenn der nun erneut ausgebrannte, jetzt aus purem Kohlenstoff und Stickstoff bestehende Kern sich erneut stark komprimiert. Jetzt ist der Stern im HRD auf dem AGB (engl. Asymptotic Giant Branch) oder Asymptotischer Riesenast, welcher parallel, nur zu etwas weniger kühlen Temperaturen verschoben, zum RGB verläuft. Dabei nimmt er Zustände an, die man mit den Konzepten der klassischen Physik und Idealem Gas nicht mehr beschreiben kann. Vielmehr werden sie durch die Quantenphysik, insbesondere das Pauli-Prinzip bestimmt. Der Physiker nennt diesen Zustand des stark verdichteten, weit entwickelten Sternkerns dann »entartete Materie«.

Ein Stern mit mehreren Sonnenmassen ist dann nicht in der Lage, auch noch den Kohlenstoff zu verbrennen. Stattdessen verliert er von seinen Außenschichten zunehmend an Masse durch einen sogenannten »kühlen Sternwind«. Die Ursachen sind eigentlich komplex und reichen von einem »Überlaufen« einer hyperturbulenten Chromosphäre bis hin zu Strahlungsdruck auf Staub, wenn dieser im Extrem der Roter-Riesen-Phase gebildet wird. Vereinfacht kann man aber sagen, die Hauptschuld trägt die sich um bis zu vier Größenordnungen verringerte Schwerebeschleunigung des aufgeblähten Roten Riesensterns; dann kann selbst der geringste Antriebseffekt das Abströmen und den Verlust von Sternmasse verursachen. In den letzten 100.000 Jahren vor Bildung des Planetarischen Nebels verliert der Rote Riese dabei teilweise mehr als eine Sonnenmasse, und seine Massenverlustrate steigt gegen Ende dieser Phase auf Extremwerte von bis zu 0,01 Sonnenmassen in nur 100 Jahren an. Dies findet ein abruptes Ende, wenn dann der heiße, ultrakompakte, d.h. entartete Sternkern freigelegt wird.

Eine ganz ähnliche Entwicklung findet bei einem nicht zu engen, aber auch nicht zu weiten Doppelsternsystem statt. Immerhin sind ja die Hälfte aller Sterne am Himmel in Wirklichkeit Doppel- oder Mehrfachsternsysteme. Die massereichere Komponente entwickelt sich schneller und wird immer zuerst zum Roten Riesen. Ist der Doppelstern recht eng, dann verschmelzen die beiden Sterne dabei frühzeitig, ist er dagegen sehr weit, dann entwickelt sich der Rote Riese der massereiche-

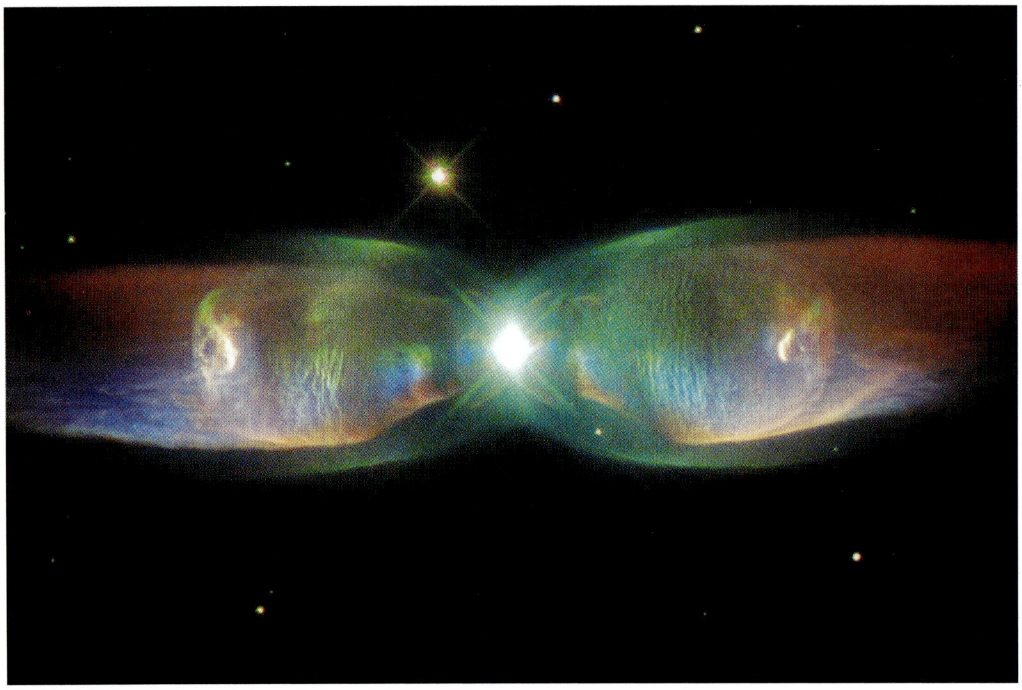

Abb. 4: M 2-9, der »Butterfly Nebula« (Schmetterlingsnebel), ist ein wunderschönes Beispiel für einen ausgeprägt bipolaren Nebel. Die Durchbrüche des heißen Zentralsternwindes in seiner Polachse bilden langgestreckte Blasen, welche wie Weingläser geformt sind. Quelle: NASA/HST

ren Komponente ungestört wie ein ganz normaler Einzelstern. Zwischen diesen Extremen aber entwickelt sich der Doppelstern mittels Massenaustausch: Durch die Anwesenheit des Begleiters helfen Gezeitenkräfte, die Außenschichten des Roten Riesens abzutragen, schneller als durch den kühlen Wind eines Einzelsterns.

Der größte Unterschied zwischen der Bildung durch einen einzelnen Stern und einen Doppelstern liegt jedoch im Drehimpuls der abströmenden Sternmaterie: Diese wird dadurch erheblich stärker zur Bahn- und Äquatorebene hin konzentriert, als es im kühlen Sternwind eines einzelnen Roten Riesens der Fall ist. Dies macht sich dann im Folgenden in der ausgeprägt bipolaren Formgebung des Planetarischen Nebels bemerkbar. Solche Extreme (z.B. M 2-9, Abb. 4) werden jedenfalls auf eine Entstehung in einem Doppelstern zurückgeführt. Bei Einzelsternen erzielt ihre Rotation eine ähnliche, aber schwächer ausgeprägte Wirkung.

Der entblößte, extrem heiße Kern des »sterbenden« Roten Riesens wirkt nun als Zentralstern des Planetarischen Nebels: Mit seiner stark ionisierenden UV-Strahlung und einem schnellen, heißen Wind drückt er die kühle, zirkumstellare Hülle um ihn herum auseinander. Letztere strahlt nur schwach in niedrig angeregten (»low excitation«) atomaren und molekularen Linien und besteht aus neutralem Gas und kühlem Staub, welcher nur im fernen Infrarotlicht leuchtet. Der heiße Wind dagegen bewirkt einen hohen Ionisationsgrad seines hell leuchtenden Gases und verrät sich durch hoch angeregte Linien (»high excitation«). Diese werden von Übergängen ausgehend von energiereichen oberen Elektronenzuständen erzeugt. In den ersten etwa ein- bis zweitausend Jahren beobachtet man demzufolge ein sehr kompaktes, helles Nebelscheibchen.

Der Effekt des Zentralsterns ist in den weniger dichten Polregionen der kühlen Hülle erfolgreicher als in der Äquatorebene, in welcher der vorausgegangene, kühle Sternwind ja dichter war. So entstehen, abhängig vom Dichtekontrast Pol-Äquator, die verschiedensten Formen, ein elliptischer Nebel oder ein bipolarer Nebel (wie Messier 27, siehe Abb. 5). Nach mehreren tausend Jahren bildet sich so vielfach eine zylindrische Form, wenn die Polregionen bereits durchstoßen wurden. Beispiele sind, in Polaufsicht, der Ringnebel Messier 57 (siehe Abb. 6) sowie der Helixnebel NGC 7293 (siehe Abb. 7).

Beim bereits erwähnten Helixnebel lassen sich dank seiner Nähe auch interessante Strukturen im chaotisch geformten Übergangsbereich zwischen heißem Wind und kühler Hülle fotografisch erfassen. Dichtere Klumpen der nur langsam expandierenden zirkumstellaren Hülle werden von schnell nachschiebenden heißen Wind isoliert und überholt. Sie bilden dann Globulen, ganz ähnlich, aber von viel geringerer Masse, als man es in Sternentstehungsregionen beobachtet. Auch kometenartige Schweife entstehen in diesem Prozess, der einem Verdampfungsvorgang der Globulen ähnelt.

Bei Nebeln in dieser mittleren Entwicklungsphase finden wir Ausdehnungen von typischerweise zwei Lichtjahren. Stärker bipolar ausgeprägte Nebel zeigen nun auch schöne

Typische Kenngrößen Planetarischer Nebel

Physischer Durchmesser:	1 bis 10 Lichtjahre
Winkeldurchmesser:	2 bis 6000 Bogensekunden (bekannte Objekte)
Alter:	1000 bis 12.000 Jahre
Temperatur:	ca. 10.000K (optisch sichtbarer Nebel)
Expansionsgeschwindigkeit:	40-60 km/s (optisch sichtbarer Rand)
Zentralsterntemperatur:	30.000-120.000K
Zentralsternmasse:	0,5 bis 1,3 Sonnenmassen

Abb. 5: Der bekannte, weil 8' große und recht helle Hantelnebel (Messier 27) erscheint in seinem Anblick gedrungen bipolar. Quelle: ESO

polare Blasen aus heißem Zentralsternwind. Nur bei sehr großem Drehimpulseintrag in die Nebelhülle kommt es auch zu fokussierenden Effekten in der Polachse, wodurch sich regelrechte Jets bilden, oder auch beschleunigt ausgestoßene Wölkchen (sog. FLIER, Fast Low-Ionization Emission Region, dichtere Überreste der alten kühlen Hülle die jetzt von außen her im heißen Wind zunehmend angeregt werden und dadurch eine leuchtende Außenschicht erhalten) im heißen, polaren Wind. Diese Morphologie ähnelt derjenigen von massereichen Protosternen und ihrer Hüllen. Die Physik ist eben universell, und eine Hülle mit Drehimpuls verhält sich nach denselben Regeln – ganz gleich, ob sie nun am Anfang oder am Ende der Sternentwicklung steht.

Nach einer Weile frisst sich die UV-Strahlung des Zentralsterns schneller in die kühle Hülle ringsum hinein als der heiße Wind, dessen Schockfront mit etwa 40 km/s vorankommt. Meist bildet sie die scharfe Begrenzung der visuell besonders gut wahrnehmbaren inneren Nebelhülle. Die UV-Strahlung beginnt jedoch, eine weiter vorangeschrittene Schockfront aufzubauen, innerhalb der eine schwächer leuchtende, äußere Nebelhülle besteht. Je nach Stadium besitzt solch ein Planetarischer Nebel dann also eine Doppelschale oder ein Halo. Beispiele für eine Doppelschale sind der Eskimonebel NGC 2392 (siehe Abb. 8), sowie NGC 2022 (siehe Abb. 9) und auch

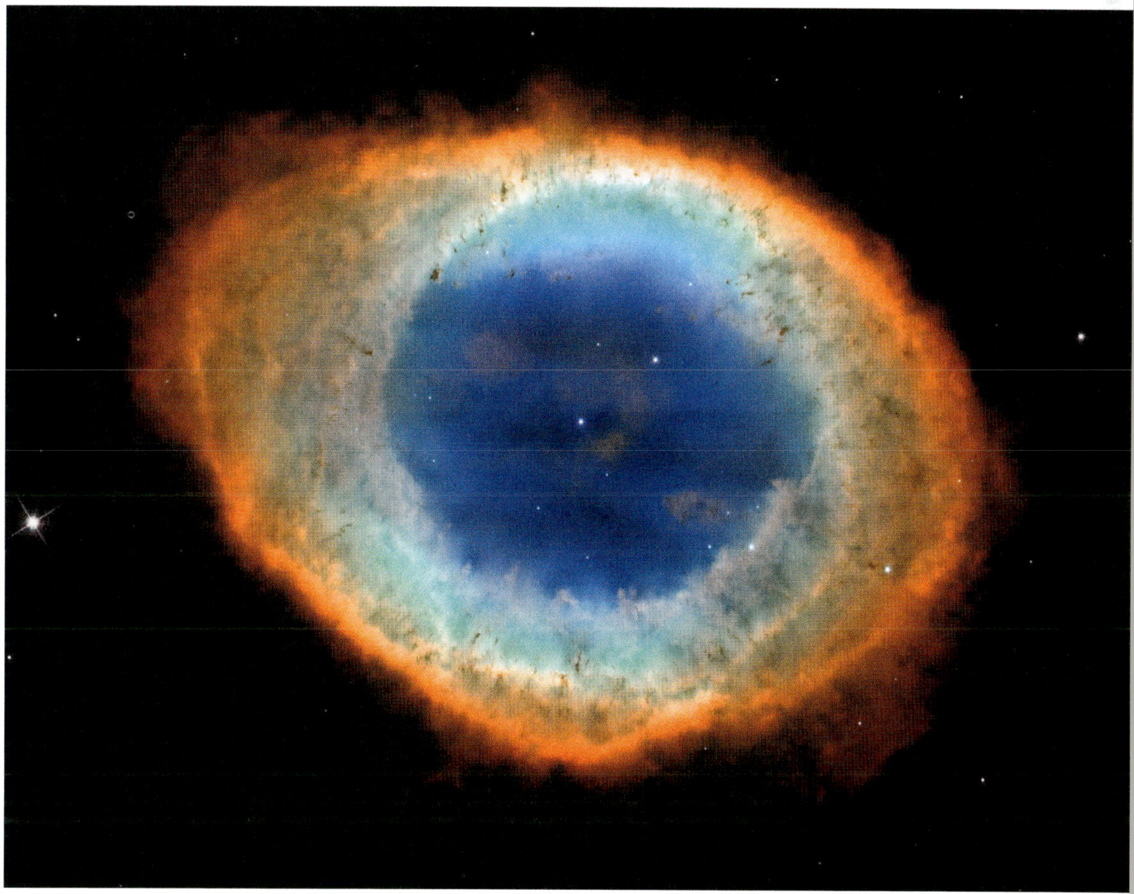

Abb. 6: Die Hülle des hellen und kompakten, daher visuell leicht zu beobachtenden Ringnebels (Messier 57) bildet einen sehr gedrungenen Zylinder. Unsere Blickrichtung ist leicht schräg gegenüber seiner Zentralachse. Quelle: NASA/HST

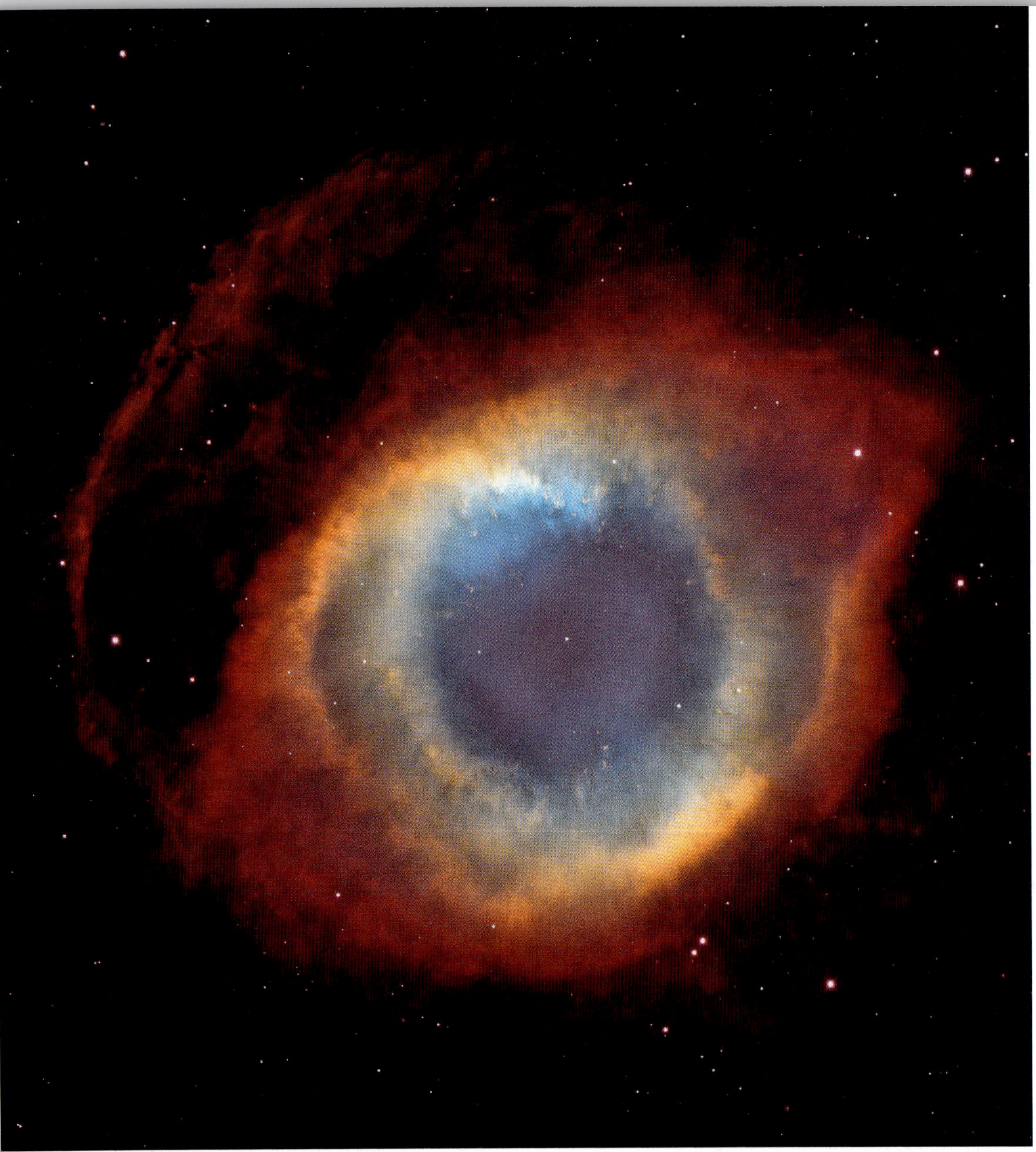

Abb. 7: Der Helixnebel NGC 7293 ist ein sehr gealtertes, weit expandiertes Beispiel einer zylinderförmigen Hülle, die daher auch schon etwas zerfleddert ist. In seinem Inneren zeigt sich der heiße Zentralsternwind auf längeren Belichtungen als blauer Schimmer. Quelle: NASA/HST

NGC 1514 (siehe Abb. 2). Ein schön ausgedehntes Halo zeigt dagegen NGC 6826 (siehe Abb. 10).

Verschiedene kompakte Planetarische Nebel sind hell genug, um aus ihren Spektren die chemische Zusammensetzung zu bestimmen. Im Wesentlichen folgt diese derjenigen der Sternpopulation, welcher das jeweilige Objekt angehört. Daher ist sie zumeist sonnenähnlich. Jedoch gibt es entscheidende Unterschiede darin, ob der Kohlenstoff in der vorangegangenen Entwicklungsphase des Roten Riesens bereits soweit angereichert wurde, dass er die Häufigkeit von Sauerstoff übertrifft. Diese Sterne werden auch als Kohlenstoff-Sterne (Spektraltyp C) bezeichnet, sie folgen in der Sternentwicklung dem M-Riesen. Bei Einzelsternen im Bereich von etwa 1 bis 3 Sonnenmassen sollte dieser Typ als Erzeuger des Planetarischen Nebels die Regel sein, dennoch ist etwa die Hälfte aller beobachteten Fälle sauerstoffreich. Letztere Nebel könnten sich durch einen vorzeitigen Abstoß der Außenschichten erklären, verursacht etwa von einem verschmelzenden Doppelsternsystem oder durch einen massiveren Vorläuferstern. In beiden Fällen reicht die Produktion von Kohlenstoff in der Endphase dann nicht aus, um den Häufigkeitsvorteil des Sauerstoffs schon bei der Sternentstehung umzukehren.

Nach etwa 10.000 Jahren wird die aufgeblasene Hülle des gealterten Planetarischen Nebels immer langsamer, und seine Gasdichte wird immer weiter verdünnt. Das umgebende interstellare Medium, welches der Planetarische Nebel vor sich hergeschoben hat, stoppt schließlich die Expansion und begrenzt den Nebel in seinem Endstadium. Seine ursprünglichen Formen verlieren sich dabei. Die UV-Strahlung des Zentralsterns reicht nun nicht mehr, um weitere Gebiete zu ionisieren. Teile des Nebels werden sogar bereits wieder dunkler. Beispiele für dieses Endstadium von einer dünnen, aufgeblähten, nur noch schwach leuchtenden Blase im interstellaren Medium bieten NGC 6781 (siehe Abb. 11), der bekannte Eulennebel Messier 97 und sein verblüffend ähnliches südliches Gegenstück K 1-22 (ESO 378-1, siehe Abb. 12) oder NGC 246 (siehe Abb. 13). Je nach Dichte des umgebenden Mediums kann ein finaler Durchmesser von bis zu 10 Lichtjahren erreicht werden. Innerhalb einiger weiterer tausend Jahre verlischt nun das Licht des Nebels, denn der Zentralstern verliert bereits zunehmend an Hitze und Strahlung.

Am Ende hat sich die vom Stern verlorene Hülle komplett unter das interstellare Medium gemischt, und der Zentralstern ist zu einem Weißen Zwerg geworden, der sich sehr langsam, im Verlaufe von Milliarden von Jahren weiter abkühlt. So gibt es bereits annähernd so viele Weiße Zwerge wie normale Sterne in unserer Milchstraße; aber nur die ganz nahe stehenden sind hell genug, um bekannt zu sein. Mit etwa 1/100 Sonnendurchmesser sind Weiße Zwerge sehr lichtschwach.

Warum Planetarische Nebel so verschieden geformt sind

Von runder über zylinderförmiger bis hin zu extrem bipolarer Formgebung mit langgestreckten, polaren Blasen – es gibt eine große Vielfalt unter den Planetarischen Nebeln. Dasselbe gilt für ihre Kompaktheit und Flächenhelligkeit. Da reicht das Spektrum von sehr kleinen, nur 10" großen, aber hellen, fast sternförmig erscheinenden Scheibchen, bis hin zu viele Bogenminuten großen, aber kaum sich vom Himmelshintergrund abhebenden Exemplaren. Ein extremes Beispiel ist der Helixnebel (siehe Abb. 7), ein über ¼° großer, aber extrem blasser Nebel.

Diese Formenvielfalt hat drei Ursachen, mit denen man die meisten beobachtbaren Fälle gut verstehen kann.

1. In der Ausbildung der kühlen, äußeren Hüllen ist unterschiedlich viel Drehimpuls im Spiel. Deshalb gibt es sehr verschiedene Dichtekontraste zwischen polaren und äquatorialen Regionen der jeweiligen Hülle, die wiederum in einer sehr unterschiedlichen Ausprägung der bipolaren Form des sichtbaren Planetarischen Nebels resultieren. Verschiedene Einzelsterne scheinen je nach Masse Formen zwischen wenig und moderat bipolar zu erzeugen, sie haben nur ihren Rotationsdrehimpuls. Ein enger Doppelstern dagegen hat einen sehr viel größeren Bahndrehimpuls und erzeugt deshalb sehr wahrscheinlich die extrem bipolaren Planetarischen Nebel. Die Stärke des Drehimpuls bestimmt also diese Art der Formgebung – rund, elliptisch, zylindrisch oder deutlich bipolar.
2. Der zweite bedeutende Faktor, der einen Nebel prägt, ist das jeweilige Alter. Man spricht bei expandierenden Hüllen auch vom kinematischen Alter. Es berechnet sich aus dem Radius des Nebels, geteilt durch die Radialgeschwindigkeit am Hüllenrand. Je nach diesem Alter, zwischen etwa 1000 und 10.000 Jahren, lassen sich sehr unterschiedliche Entwicklungsstadien beobachten. Wie zuvor beschrieben, gibt es dabei eine Entwicklungssequenz vor allem bezüglich der Größe der zentralen Hülle und ihrer Flächenhelligkeit, sowie auch der Größe der polaren Blasen, welche sich nach dem Durchstoßen der Polregionen durch den heißen Wind des Zentralsterns auftun.
3. Während Alter und Drehimpuls Eigenschaften des Objekts sind, ist der dritte maßgebliche Faktor für den Anblick unser Blickwinkel auf den Planetarischen Nebel gegenüber seiner Polachse. Sieht man direkt »von oben« in diese hinein, dann erscheint selbst ein bipolarer Nebel rund. Den Unterschied, ob zwei polare Blasen nebst Zentralregion aufeinander projiziert sind oder ob es sich wirklich um einen kugelrunden Nebel handelt, erkennt man lediglich auf Fotografien. Man achte auf Doppelränder: Kommen sie von zwei sich überschneidenden Kreisen, dann sind diese die in der Projektion auf den Himmel ein wenig gegeneinander versetzten polaren Blasen. Zwei unterschiedlich große konzentrische Blasenränder sind dagegen eine echte Doppelhüllenstruktur eines eher sphärischen Nebels. Diese hat ihre Ursache im bereits erwähnten Voraneilen der von der UV-Strahlung gebildeten Schockfront gegenüber der des heißen Zentralsternwindes.

Sieht man dagegen, wie meist der Fall, schräg in einen bipolaren Nebel hinein, dann nimmt dieser eine fast runde Hantelform an, wie Messier 27 (Abb. 5). Erst genau von der Seite her gesehen, also unter einer Blickrichtung senkrecht zur Polachse, wird die volle bipolare Form wahrgenommen (Beispiel M 2-9, Abb. 4). Deren wahres Ausmaß hängt von den beiden bereits beschriebenen physischen Faktoren ab, vom involvierten Drehimpuls und dem kinematischen Alter der Nebelhülle. Die zentrale Einschnürung ist in Wirklichkeit kein leerer Raum, sondern hier ist die kühle, zirkumstellare Hülle besonders dicht. So begrenzt sie den heißen Zentralsternwind, und im optischen Licht macht ihr Staub sie auch völlig dunkel und undurchsichtig. Abb. 14 skizziert diesen Vorgang und Aufbau eines Planetarischen Nebels.

Es gibt aber auch Varianten von Planetarischen Nebeln, die nicht in dieses relativ einfache Schema der aufgezählten drei Faktoren passen. Da sind zum einen die multipolaren, oft scheinbar quatro-polaren Planetarischen Nebel, wie NGC 7027 (siehe Abb. 15). Meist sind dies recht junge Entwicklungsstadien. Neben Projektionseffekten, welche eine bipolare Form nur quatro-polar aussehen lassen – zwei polare Blasenkappen ragen aus einer elliptisch erscheinenden, scheibenförmigen Zentralregion heraus –, kommt auch eine Präzessionsbewegung der Polachse des Zentralsterns oder der zentralen Doppelsternbahn als Erklärung in Frage. Dann fächern sich die polaren Blasenregionen nämlich entlang des Präzessionskegels auf und erscheinen an den Himmel projiziert verdoppelt, unter dem Kegelwinkel. Dafür braucht es nur eines zusätzlichen Sternes, auf einer weiten Bahn um den Zentralstern bzw. um den zentralen, engen Doppelstern des Nebels.

Die andere, mehrfach anzutreffende Variante hat eine multiple Halo-Struktur. Oft wird diese nur in tiefen Infrarotbelichtungen sichtbar, oder deutet sich nur sehr diffus auf langen optischen Belichtungen an. Diese weitgehend konzentrischen Strukturen gehen auf Schwankungen der Stärke und Geschwindigkeit des vormaligen kühlen Sternwindes zurück, in den vergangenen 30.000-50.000 Jahren, bedingt durch Instabilitäten des sterbenden Riesensterns. Scharfe Hüllenkonturen gehen dabei auf Schockfronten zurück, wo der schnellere, nachfolgende Wind in die langsamer abströmende Hülle vor ihm hineindrückt. Diffuse Ringe dürften dagegen auf Phasen eines vorübergehend in seiner Dichte verstärkten, kühlen Windes hindeuten, ohne dass es allzu große Geschwindigkeitsänderungen gab. Solche Strukturen finden sich u.a. im schwachen äußeren Halo des Ringnebels. Als interessante Details in den Hüllen Planetarischer Nebel sind sie Gegenstand moderner Forschung und experimenteller hydrodynamischer Computermodelle.

Woher kommen die Farben eines Planetarischen Nebels?

Anders als Sterne oder Galaxien erzeugen die Hüllen Planetarischer Nebel kein kontinuierliches Spektrum, sondern sie leuchten in Emissionslinien, d.h. in ganz bestimmten Wellenlängen.

Die stärksten Emissionslinien

Linie	Wellenlänge	Element	Farbe
[SII]	672,5nm *)	einfach ionisierter Schwefel	tiefes Rot
Hα	656,3nm	angeregter neutraler Wasserstoff	tiefes Rot
[NII]	657nm *)	einfach ionisierter Stickstoff	tiefes Rot
[OIII]	500nm *)	zweifach ionisierter Sauerstoff	Grün
Hβ	486,1nm	angeregter neutraler Wasserstoff	Blaugrün
HeII	468,6nm	angeregtes ionisiertes Helium	Blau
Hβ	434,0nm	angeregter neutraler Wasserstoff	Blau
Hδ	410,2nm	angeregter neutraler Wasserstoff	tiefes Blau
Hε	397,0nm	angeregter neutraler Wasserstoff	Violett
[NeIII]	388nm *)	zweifach ionisiertes Neon	Violett

*) enge Doppellinie: Schwerpunkt-Wellenlänge

Die stärksten dieser Linien sind im roten Licht Hα des rekombinierenden Wasserstoffs, unterstützt von den nahen Nachbarlinien von [SII] und [NII]. Im grünen Licht dominiert die [OIII] Linie, unterstützt von Hβ. Der wichtigste Prozess ist in diesem Zusammenhang daher zunächst einmal die Photoionisation des Wasserstoffs und anderer Atome durch die UV-Strahlung des Zentralsterns. In den Schockfronten findet aber auch Ionisation durch Stöße zwischen Atomen und Elektronen statt. Danach kommt es zur Rekombination mit einem der vielen freien Elektronen, und die frei werdende Energie wird als Licht abgestrahlt. In einer Kaskade wechseln eingefangene Elektronen durch immer tiefer liegende, gebundene Zustände des Wasserstoffs und emittieren vor allem in der sogenannten Balmer-Linienserie. Im roten Licht, für welches unsere Augen nachts nicht empfindlich genug sind, CCD- und CMOS-Detektoren aber sehr, dominiert daher die Hα-Linie. Auf Fotografien erscheinen daher die äußeren Nebelränder oft sehr eindrucksvoll in Rot. Das menschliche Auge nimmt dagegen eher im blaugrünen Spektrum das Licht der blaugrünen Hβ-Linie wahr, vor allem aber das der grünen, »verbotenen« [OIII]-Linie des Sauerstoffs.

Besondere energetischere Verhältnisse herrschen im heißen Wind des Zentralsterns im Innenbereich des Nebels. Dieser ist gut zu beobachten beim Ringnebel (Messier 57) und im Inneren des Helixnebels. Auf Fotografien erscheinen diese Partien deutlich blau. Hierfür ist vor allem die blaue Linie des einfach ionisierten Heliums verantwortlich (HeII), aber auch die »verbotene« Linie [NeIII] des doppelt ionisierten Neons. In beiden Fällen bedarf es sehr viel mehr Energie als bei den anderen Linien, um diese Ionen zu erzeugen und so deren Übergänge anzuregen. In den optisch hellen Nebelbereichen, in denen die Emission der Wasserstofflinien und der von [OIII] die Temperatur auf etwa 10.000K begrenzen, und wo daher die Farben Grün bis Blaugrün und Rot überwiegen, ist HeII deshalb gar nicht vertreten; dort ist es nicht heiß genug. Ganz anders sind die Bedingungen nah am Zentralstern: Dort ist es heiß genug und die Photoionisation durch die UV-Strahlung des Zentralsterns besonders stark, sodass hier das Helium ionisiert werden kann und blau leuchtet, während die anderen Nebellinien dort sehr schwach sind.

Die Entstehung der [OIII]-Linie

Besonders bei kompakten Planetarischen Nebeln ist die »verbotene« grüne [OIII]-Linie die kräftigste von allen Emissionslinien im visuell wahrnehmbaren Spektrum, deutlich Hβ übertreffend. Ihre eckigen Klammern stehen, wie auch in anderen Fällen, als Hinweis auf den quantenmechanischen Sonderstatus. Diese Linie profitiert ganz besonders von einem mittleren Gasdichtebereich – einerseits viel weniger dicht als eine Sternatmosphäre, aber doch auch deutlich dichter als schwache, diffus ausgedehnte Nebel, in welchen vielmehr die Balmer-Linien dominieren.

Die Bezeichnung »verboten« kommt aus der Quantenphysik, nach deren Regeln dieser atomare Elektronenübergang eigentlich gar nicht vorkommen sollte. Mit einer geringen Wahrscheinlichkeit passiert es aber doch, sonst wäre diese Linie natürlich nicht sichtbar.

Der richtige Gasdichtebereich ist deshalb wichtig, weil der Übergang nicht (wie bei den quantenmechanisch erlaubten Wasserstofflinien) durch Strahlung angeregt werden kann, sondern nur durch Stöße – und je höher die Dichte, umso mehr Stöße können diese Linie anregen. Um ein Photon in der Wellenlänge des [OIII]-Übergangs auch aussenden zu können, was etwa 10-4 Sekunden dauert, darf es in dieser Zeit keinen weiteren Stoß mehr geben. Andernfalls gibt das angeregte Elektron seine Energie bei dem Stoß ab und erzeugt kein Photon. Quantenmechanisch erlaubte Linien strahlen bereits nach nur 10-8 Sekunden ein Photon ab – sie sind daher in Planetarischen Nebeln kaum durch Stöße zu verhindern und somit nicht Dichte-empfindlich.

Für die Erzeugung von [OIII]-Photonen muss also einerseits die Dichte gering genug sein, ihre Emission nicht durch Stöße zu untergraben, andererseits muss die Dichte dennoch erst einmal hoch genug sein, um diesen Übergang durch Stöße anzuregen. Dies klingt etwas paradox, aber einfach ausgedrückt: Die Bedingungen für [OIII]-Linienemission müssen genau richtig sein, am besten 10.000 bis 1.000.000 Partikel pro Kubikzentimeter. Bei kompakten Planetarischen Nebeln sind sie also genau in diesem passenden Bereich. Damit ist die Entstehung der [OIII]-Linie gänzlich anders als die Emission der Wasserstofflinien: Letztere funktionieren über einen weiten Dichtebereich, denn ihre Anregung kommt auch durch Strahlung zustande und lässt sich durch Stöße kaum verhindern.

Zentralstern: heißer Sternkern bloßgelegt

Der Anblick des etwa 100.000K heißen Zentralsterns in einem Planetarischen Nebel ist quasi ein Blick ins Innere des vormaligen Riesensterns: Hier haben wir seinen bloßgelegten, ultradicht »entarteten« und heißen Kern vor uns. Allerdings ist dieser sogar noch heißer als der Zentralstern mit seiner Strahlung, denn er ist immer noch von einem Rest dünner Außenschicht verhüllt, die ihn umgibt und die Abstrahltemperatur moderiert. Und bevor das Innere des Planetarischen Nebels ionisiert wird, also in der Phase des Protoplanetarischen Nebels (s.u.), sind diese Außenschichten vorübergehend sogar dicht genug, um den Zentralstern kurzzeitig als Spektraltyp A oder F erscheinen zu lassen, also mit einer Effektivtemperatur von noch unter 10.000K.

Der uns vertraute Anblick eines jungen, kompakten Planetarischen Nebels mit ionisiertem Inneren beginnt also erst, wenn der Zentralstern sich soweit seiner Außenschichten entblößt hat, dass er mit mindestens 30.000K zu strahlen beginnt. Das macht sein UV-Licht dann energiereich genug, um mit der Ionisierung des umliegenden Gases beginnen zu können. Nach mehreren weiteren tausend Jahren hat der Zentralstern dann mit etwa 100.000K bis 150.000K seine Maximaltemperatur und seine maximale UV-Leuchtkraft erreicht, die er dann für 5000 bis 10.000 Jahre aufrechterhält und mit der er den umgebenden Planetarischen Nebel gut zur Expansion und zum Leuchten antreibt. Seine Außenchichten sind nun sehr dünn, langsam weiter abgetragen vom dem heißen Zentralsternwind.

Die Auskühlung des Zentralsterns macht sich gegen Ende der Sichtbarkeit des Nebels bemerkbar, wenn sich dieser zu einer mehrere Lichtjahre großen Gasblase aufgeweitet hat. Nun, nach über 10.000 Jahren, ist der Hüllenrand also nicht nur weiter vom Zentralstern entfernt, sondern bei diesem nimmt auch langsam die UV-Strahlung ab. Teilweise beträgt die Strahlungstemperatur jetzt nur noch 50.000K, und die Ionisierung des umgebenden Gases bricht daher langsam in sich zusammen – der Planetarische Nebel verblasst.

Die Zentralsterne von Planetarischen Nebeln werden als sDO, d.h. »subdwarf O«, übersetzt also »Unterzwerg O« klassifiziert, weil ihr Spektrum mit seinen wenigen Heliumlinien und der UV-starken Energieverteilung dem eines Sterns mit Spektraltyp O entspricht. Aber der Zentralstern ist zugleich viel kleiner und kompakter, meist von nur 0,5 bis 1,2 Sonnenmassen. Die sehr große Oberflächen-Schwerebeschleunigung macht sich im Spektrum durch stark verbreiterte Linien bemerkbar. Wenn schließlich der Planetarische Nebel erloschen ist und sich aufgelöst hat, nach einigen hunderttausend Jahren, dann hat der Zentralstern das Stadium eines heißen Weißen Zwergs erreicht.

Nicht immer verläuft die Entwicklung des Zentralsterns jedoch so geradlinig und unkompliziert. Es sind Fälle von Sternen bekannt, die eine genügend wasserstoffreiche Außenschicht zurückbehalten haben, um vorübergehend noch einmal ein Wasserstoff-Schalenbrennen zünden zu können. Kurioserweise macht sie dies kühler, weil sich dabei die Außenschichten auch gleich deutlich ausdehnen, eine Folge der erhöhten Leuchtkraft. Solche »born-again« Sterne können für vielleicht einige hundert oder tausend Jahre noch einmal den Spektraltyp A oder F annehmen, mit Temperaturen von 7000K bis 10.000K. In diesem Bereich verläuft auch der für seine periodisch veränderlichen Sterne bekannte Instabilitätsstreifen im Hertzsprung-Russell-Diagramm, dem die RR-Lyrae-Sterne genauso angehören wie massereichere Cepheiden. Der Stern PG1159-035 im Sternbild Virgo scheint sich gerade in dieser pulsierenden Instabilitätsphase zu befinden, bevor er denn schließlich zu einem regulären Weißen Zwerg wird. Einige Zentralsterne Planetarischer Nebel teilen seine Eigenschaften und werden daher den PG1159-Sternen zugeordnet.

Dadurch, dass die Oberfläche dieser kompakten Sternendstadien sehr klein ist, ist der Weiße Zwerg ein schlechter Strahler. Es kann

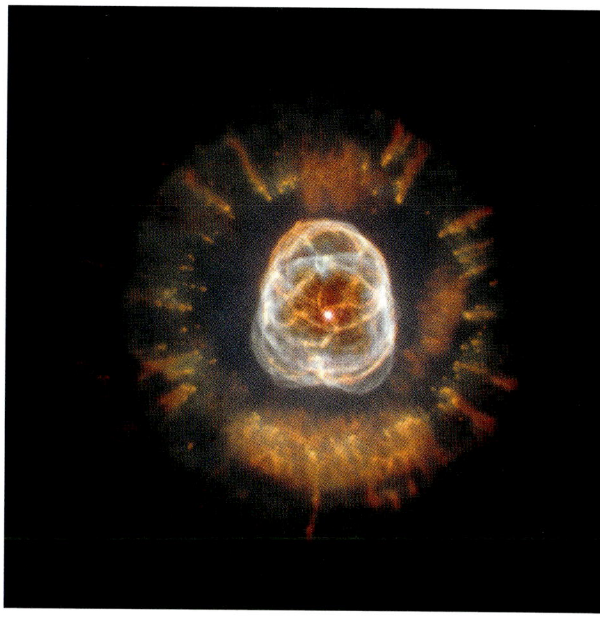

Abb. 8: Der Eskimonebel NGC 2392 wird aus zwei Hüllen gebildet: Der hellere, etwas strukturierte innere Nebel erscheint dem Beobachter als Gesicht. Die schwächere, äußere Hülle, gebildet von der dem heißen Zentralsternwind vorauseilenden ionisierenden Strahlung, suggeriert die Idee einer Fellkapuze, was den Eigennamen dieses Planetarischen Nebels inspiriert hat. Quelle: NASA/HST

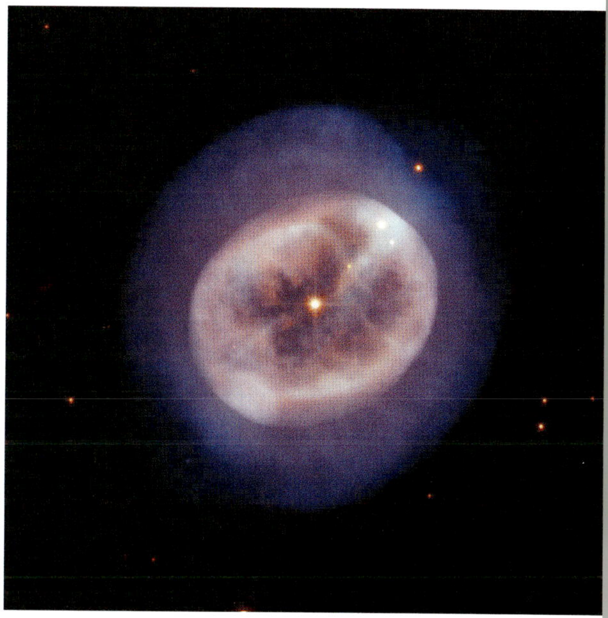

Abb. 9: Der sehr kompakte Planetarische Nebel NGC 2022 im Orion bildet ein weiteres schönes Beispiel für eine Doppelhüllenstruktur. Quelle: NASA/HST

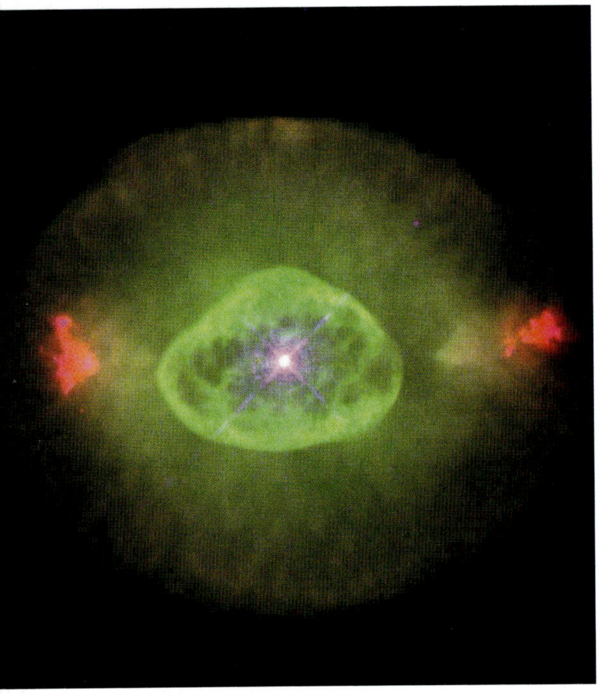

Abb. 10: Ein schon recht ausgedehnter äußerer Halo zeigt sich auf längeren Belichtungen von NGC 6826 im Sternbild Schwan. Quelle: NASA/HST

Abb. 11: NGC 6781 besitzt eine gealterte, daher weit expandierte und flächenlichtschwache Nebelhülle, deren Ionisation bereits nachlässt. Neben der fast maximalen Ausdehnung ist dafür auch die bereits nachlassende Temperatur des heißen Zentralsterns verantwortlich. Quelle: ESO

daher lange dauern, nämlich Milliarden von Jahren, bis er durch die Abstrahlung richtig ausgekühlt ist. Es gibt daher in der Milchstraße wohl fast so viele, auf drei- bis fünftausend Grad abgekühlte Weiße Zwerge, wie man normale Sterne zählen kann – sie bilden sozusagen den stellaren Friedhof unserer Galaxis. Aber diese abgekühlten Weißen Zwerge sind selbst in nur 30 Lichtjahren Entfernung kaum zu erkennen, weil sie schwächer als 19^{m} geworden sind. Ihr Abkühlungsvorgang könnte gut als Uhr für das Alter der Milchstraße benutzt werden, sofern sich ein kompletter und repräsentativer Zensus der Weißen Zwerge in unserer Umgebung erstellen ließe. Mit Hilfe der Daten des Gaia-Satelliten wird daran gerade intensiv gearbeitet.

Es gibt auch »optische«, also augenscheinliche Zentralsterne, die für das Beobachterauge zwar gut erkennbar sind, dabei aber nicht heiß genug, um den sie umgebenden Nebel zum Ionisieren zu bringen. Meist haben sie den Spektraltyp A oder F. Der Widerspruch zwischen einem ionisierten, leuchtenden Nebel und einem dazu nicht in der Lage befindlichen Zentralstern hat eine einfache Erklärung: Der wahre, viel heißere aber winzige Zentralstern wird im optischen Licht überstrahlt und bleibt unerkannt. Beide Sterne bilden in solch einem Fall ein optisch nicht aufgelöstes, aber physisch gut getrenntes Doppelsternsystem. Ein Beispiel dafür ist NGC 1514 (siehe Abb. 2) mit einem optischen Zentralstern des Spektraltyps A0, der nur 10.000K heiß ist.

Halos

Die Bezeichnung Halo ist zunächst einmal ein rein empirischer Begriff. Sie bedeutet eine sehr schwach leuchtende Umgebung der gut sichtbar leuchtenden Nebelhülle. Vor allem auf langbelichteten Fotografien werden manchmal sehr schwache Ausläufer des Planetarischen Nebels sichtbar. Diese können seiner äußeren Hülle zugerechnet werden, welche sich durch den kühlen Sternwind der letzten rund 100.000 Jahre aufgebaut hatte, und jetzt von den dramatischen Vorgängen in ihrem Inneren angeregt und erwärmt wird. Der hier vorhandene feine Staub streut manche der Photonen aus dem hellen Inneren.

Ein schon dem Auge sichtbarer, also etwas hellerer Halo mag dagegen einfach der äußere Teil einer Doppelhüllenstruktur sein. Vor allem in der zweiten Hälfte der Lebensdauer eines Planetarischen Nebels liegt die vorauseilende Schockfront, welche vom Strahlungsfeld erzeugt wird, bereits weit vor jener, die von der Kollision des heißen schnellen Windes mit der kühlen Hülle stammt. Sie bildet dann eine ausgedehntere, schwächer leuchtende Hülle, in die ein kompakter, oft nur halb so großer innerer, heller Nebel eingebettet ist. Ein Beispiel ist der bereits erwähnte Eskimonebel (NGC 2392, siehe Abb. 8).

Wie generell bei der Formgebung von Planetarischen Nebeln sind die beteiligten Faktoren sehr vielschichtig, das gilt auch für ihre Halos. So kann ein hellerer Halo auch auf einen weit entwickelten bipolaren Nebel zurückgehen, auf den wir entlang seiner Polachse blicken, sodass die großen polaren Blasen annähernd konzentrisch und damit als Halo erscheinen. Der helle innere Nebelbereich liegt in der Einschnürung des bipolaren Nebels und bildet seinen zentralen Bereich um den Zentralstern. In seinen Polregionen hat sich der heiße Wind schon weiter ausgedehnt als die zentrale Region. Sie erscheint als Ring innerhalb der schwächer leuchtenden Blasen. Aufgrund der speziellen Ausrichtung bleibt dies jedoch eher ein Sonderfall. Und beim bekannten Ringnebel (Messier 57) geht man eher von einem einfachen, gedrungenen Zylinder aus, auf den wir nicht ganz, aber fast aus polarer Richtung blicken.

Ein Beispiel für einen diffusen Halo mit radialen Dichtefluktuationen zeigt sich auf langbelichteten Fotos des selbigen Ringnebels. Hier werden vermutlich Instabilitäten des Roten Riesens und seines kühlen Windes der vormaligen 30.000 bis 100.000 Jahre offenbart. Dieses Halo-Gas ist noch nicht ionisiert, leuchtet also kaum und ist mit dem Auge nicht zu erkennen. Aber das helle Leuchten des Planetarischen Nebels und des Zentralsterns wird schwach vom Staub des Halo re-

Abb. 12: Wie der als Eulennebel bekannte Messier 97 ist auch sein südliches Gegenstück, der Südliche Eulennebel K 1-22 (ESO 378-1) dem Ende seiner Sichtbarkeit bereits recht nahe. Im Inneren seiner weit expandierten Hülle lässt die Ionisation stellenweise schon nach. Diese dunklen Strukturen erzeugen den Eindruck des Eulengesichts. Quelle: ESO

flektiert, und von der Strahlung erwärmtes Gas und Moleküle senden auch im visuellen Bereich ein schwaches Leuchten aus.

Im Infraroten und vor allem im Millimeterwellenbereich können Profiastronomen von diesem Halo sehr gut das allgemeine Leuchten und Emissionslinienstrahlung verschiedenster Moleküle wie CO beobachten. Für engagierte Amateurastronomen bieten die Halos eine interessante Herausforderung für langbelichtete Astrofotografien.

Protoplanetarische Nebel

Noch kürzer, im Vergleich zur Gesamtlebensdauer des Sternes, als die Lebensdauer eines Planetarischen Nebels von etwa 10.000 Jahren ist die des Protoplanetarischen Nebels. Sie wird dadurch bestimmt wie lange der Zentralstern benötigt, um sich von einem sehr leuchtkräftigen Roten Riesen von etwa 3000K in einen kompakteren, blauen Zentralstern zu verwandeln, der nun heiß genug sein muss, mindestens etwa 30.000K, um seine zirkumstellare Hülle zu ionisieren. Die Dauer dieses

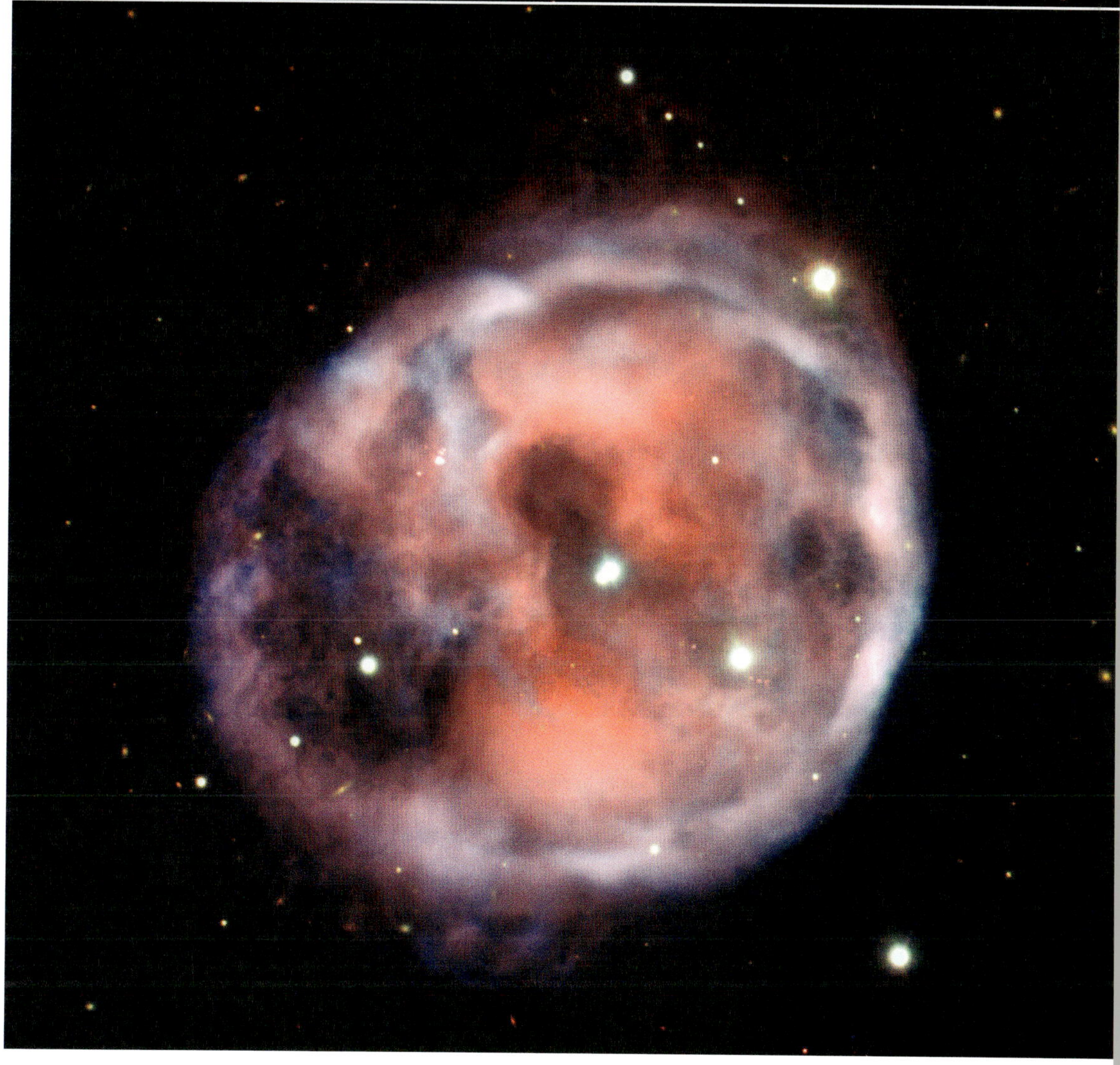

Abb. 13: Bei NGC 246 im Sternbild Walfisch ist das Erlöschen der Ionisation und des Leuchtens der stark gealterten Hülle weit fortgeschritten, und die Expansion wird nun auch vom umgebenden interstellaren Medium gebremst. Quelle: ESO

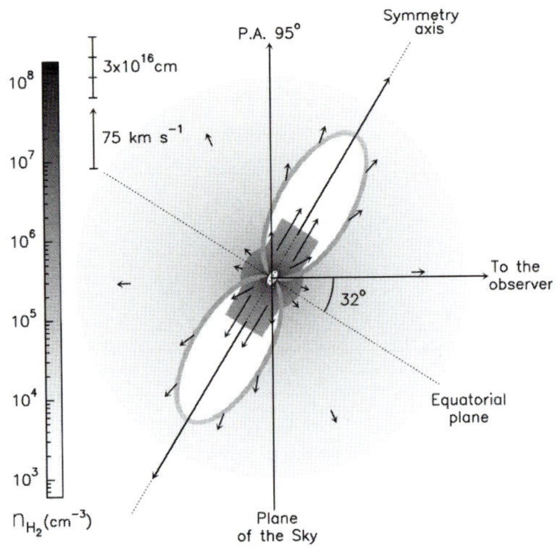

Abb. 14: Schematische Skizze des Aufbaus und der Dynamik eines Planetarischen Nebels am Beispiel von CRL 618. Angetrieben vom heißen Zentralstern und seiner Strahlung drückt ein schneller, heißer Sternwind in die kühle zirkumstellare Hülle. In der Äquatorregion ist diese dichter, weshalb der heiße Wind in den Polregionen schneller vordringt und zwei Blasen ausbildet. Quelle: Bujarrabal et al.

Trotz Gaia: Nebel verpfuscht Parallaxenmessungen

Leider besteht trotz der genauen Parallaxenmessungen des Astrometrie-Satelliten Gaia immer noch wenig Klarheit darüber, wie genau wir die jeweiligen Entfernungen wirklich kennen. Zwar kann Gaia Sterne im typischen Helligkeitsbereich der Zentralsterne von 11^m bis 16^m normalerweise gut messen, aber die umliegende Nebelhülle verfälscht die Messungen in unbekanntem Umfang, abhängig vom Verhältnis der Zentralsternhelligkeit zur Flächenhelligkeit des Nebels. So sind spektroskopische Methoden wichtig, um die Temperatur des Zentralsterns zu bestimmen und dann seine UV-Leuchtkraft mit dem zu vergleichen, was der Nebel für seine Ionisation braucht, wobei man verschiedene Entfernungen durchrechnen kann. Die angenommene Entfernung geht dabei quadratisch in die UV-Leuchtkraft ein, aber mit dritter Potenz in die zu ionisierende Nebelmasse. Dadurch kann man die Entfernung gut eingrenzen und sie stimmt oft nicht mit der Parallaxe des Zentralsterns überein. Allerdings stört bei dieser Methode die interstellare Absorption und ihre Rötung (Extinktion genannt). Zur quantitativen Beschreibung von Zentralsternen bedarf es daher immer noch viel Arbeit.

komplexen Übergangs ist nicht ganz genau festzulegen, und sie hängt auch davon ab, wie schnell die allerletzten Außenschichten abgetragen werden. Verschiedene Modellrechnungen ergeben für diese Phase eine Dauer von etwa 3000 Jahren.

Der Protoplanetarische Nebel kann also in dieser Zeit gar nicht ionisiert werden, da der heiße Sternkern noch nicht gänzlich freigelegt ist. Durch die Veränderungen des langsam kompakter werdenden Zentralsterns, vor allem seine ansteigende Schwerebeschleunigung, steigt aber die Windgeschwindigkeit. Der Sternwind beginnt, trotz seiner fallenden Dichte, sich in die nur langsam expandierende, kühle zirkumstellare Hülle ringsum hineinzuschieben, bis eine Schockfront entsteht. Auch eine erste bipolare Orientierung kann jetzt bereits auftreten, wenn in die zirkumstellare Materiedichte in den polaren Bereichen deutlich geringer ist. Visuell erscheint diese Phase allerdings noch völlig unauffällig, die Hülle leuchtet ja noch nicht. Der Zentralstern entwickelt sich von einem kühlen Spektraltyp M über K, G, F, A, sieht dabei noch wie ein ganz normaler Stern aus, bevor er schließlich zum sdO-Typ wird.

Es ist allein die kinetische Energie des sich beschleunigenden Sternwindes, welche zur Erwärmung und Anregung des Inneren der kühlen zirkumstellaren Hülle führt, denn die Sternstrahlung ist zu diesem Zeitpunkt noch nicht energetisch genug. Deshalb werden fast alle Abbildungen Protoplanetarischer Nebel im infraroten Licht aufgenommen (durch das Hubble und das James Webb Space Telescope der NASA – ein schönes Beispiel ist der »Rotten Egg« bzw. Calabash Nebel, Abb. 16) oder im kurzwelligen Radiobereich. Die Anregung der Moleküle führt zu charakteristischen Emissionen in unzähligen Molekküllinien, vor allem im Millimeterwellenbereich. Besonders stark vertreten ist das sehr bindungsstarke und stabile Molekül CO, aber auch TiO-, SiO-, H_2- und H_2O-Linien werden beobachtet, u.a. mit Teleskopen wie ALMA (Atacama Large Millimeter Array) der ESO (European Southern Observatories in Chile).

Das Übergangsstadium Protoplanetarischer Nebel ist für die Astrophysiker von besonderem Interesse, weil die äußere kühle Hülle noch weitgehend in ihrem Originalzustand ist, und somit die Massenverlust-Historie des sterbenden Roten Riesen und seiner letzten etwa 100.000 Jahre konserviert. Erst die nachfolgende Bildung des Planetarischen Nebels durch die energiereiche UV-Strahlung führt zu zerstörerischen Veränderungen.

Eine der großen ungeklärten Fragen ist, warum die äußere kühle Hülle weitgehend kugelsymmetrisch ist, während in den letzten ca. 5000 Jahren vor der Protoplanetarischen Nebelphase eine deutliche und beobachtete Präferenz des Massenverlustes in äquatorialer Ebene entsteht. Das heißt, erst ganz zum Schluss lässt die Dichte des kräftigen, kühlen Windes in den polaren Regionen nach, während sie in der Äquatorebene weiter steigt. Die Basis für die nachfolgende Bipolarität des Planetarischen Nebels, das Durchbrechen des heißen Zentralsternwindes in polarer Richtung, wird also erst sehr spät gelegt.

Offensichtlich beginnt der Rote Riese ganz zum Schluss schneller zu rotieren. Angesichts einer sehr geringen Schwerebeschleunigung bewirkt die Zentrifugalkraft einen verstärkten Massenverlust in äquatorialen Regionen. Da die freigelegten Zentralsterne und Weißen Zwerge in der Tat relativ schnell rotieren, darf man nur spekulieren, dass es dem rotierenden Sternkern ganz zum Schluss gelingt, auch die Außenschichten des Roten Riesen nochmal anzuschieben. Aber was da genau passiert, das bleibt unklar. Sehr wahrscheinlich spielen in diesen allerletzten Lebensjahren des Sterns und bei der Ausformung des Planetarischen Nebels auch Magnetfelder eine gewisse Rolle. Eine Modellierung im Computer erweist sich daher aber als sehr komplex und schwer festzulegen.

Planetarische Nebel in der Milchstraße

Der klassische Katalog von galaktischen Planetarischen Nebeln war der »PK« von Perek und Kohoutek von 1967 mit 1036 Einträgen. Luboš Perek war der Doktorvater von Luboš Kohoutek in Prag und begründete diese Arbeit. In seiner letzten Aktualisierung von 2001, erstellt von Kohoutek nach seiner Pensionierung, beinhaltet er 1510 Einträge.

1992 legten Agnès Acker und Mitarbeiter einen umfassenden neuen Katalog vor, den »Strasbourg-ESO Catalogue of Galactic Planetary Nebulae«, kurz SECGPN. Er enthielt 1143 sichere und 347 mögliche Planetarische Nebel. Mit diesem Werk wurde die sich wie beim PK an galaktischen Koordinaten orientierende PNG-Bezeichnung eingeführt, die heute als Standardbezeichnung für Planetarische Nebel gilt und auch in diesem Buch verwendet wird.

Derzeit besteht der umfangreichste Katalog galaktischer Planetarischer Nebel in der HASH-Datenbank. Die Abkürzung steht für »Hong Kong/AAO/Strasbourg Hα planetary nebula database«. 3931 Einträge umfasst die ständig aktualisierte Datenbank (Stand 2024). Diese Zahl beinhaltet im Gegensatz zum PK-Katalog aber auch viele Verdachtsfälle, darunter zahlreiche Amateurentdeckungen. Der aktuelle Stand der HASH-Daten kann von Interessierten jederzeit eingesehen werden. Es ist lediglich eine kostenfreie Anmeldung erforderlich, damit der Zugriff freigeschaltet wird.

Es liegt in der Natur der Sache, dass die uns bekannten Planetarischen Nebel fast alle unserer galaktischen Umgebung zuzurechnen sind. Die meisten von ihnen haben eine

Abb. 15: Nicht alle Planetarischen Nebel sind rund oder bipolar. NGC 7027 wird als quatropolar eingestuft, was seinem Anblick eine viereckige Form verleiht. Quelle: NASA, ESA, und J. Kastner (RIT)

Abb. 16: Der »Rotten Egg“- oder »Calabash“-Nebel (verrottetes Ei, Kalebasse) ist ein Protoplanetarischer Nebel, der noch nicht von seinem Zentralstern voll ionisiert wird und daher überwiegend im Infraroten leuchtet. Die Wirkung des sich beschleunigenden Zentralsternwindes und sein Durchbruch in der Polachse der kühlen, abgeplatteten zirkumstellaren Hülle ist aber bereits evident. Quelle: NASA/HST

Entdeckungen Planetarischer Nebel durch Amateure

Amateurastronomen sind heutzutage, dank hochempfindlicher und gut auflösender digitaler Astrokameras, durchaus dazu in der Lage, wichtige Beiträge zur beobachtenden Astrophysik zu leisten. Die in anderem Zusammenhang oft abschätzig gemeinte Bezeichnung Amateur bezieht sich hier also nicht auf die Leistungsfähigkeit und Ernsthaftigkeit der betreffenden Personen, sondern lediglich auf den Umstand, dass sie ihre Beiträge im Rahmen einer Freizeitbeschäftigung leisten und keine formal in der Astronomie angestellten Wissenschaftler sind. Unter dieser Prämisse verdienen engagierte Amateurastronomen vielmehr großen Respekt für ihre Leistungen, die auch zunehmend von der professionellen Astronomie geschätzt werden.

Weitere Entdeckungen kommen mit Hilfe von visueller Durchmusterung der umfangreichen digitalen Online-Bildinformation (z.B. Sloan Digital Sky Survey, Palomar Deep Sky Survey mit Portalen wie Aladin, und speziellere Datensätze wie etwa WISE im Infraroten) zustande. Die moderne professionelle Astrophysik hat weitaus mehr Beobachtungsdaten als auswertende Mitarbeiter. Das »Galaxy-Zoo"-Projekt ist ein bekanntes Beispiel, wie interessierte Amateure hier helfen können, und Gleiches gilt auch für die Suche und Einordnung Planetarischer Nebel-Kandidaten.

Ein schönes Beispiel für systematische Amateurarbeit ist die Deep-Sky-Hunter-Gruppe um Martin Kronberger. Sie berichteten 250 neue Kandidaten für Planetarische Nebel im Jahre 2016. Das französische Portal planetarynebulae.net von Pascal Le Dû und Thomas Petit führt über 1200 Einträge auf, fast alles neue von Amateuren gefundene Kandidaten, darunter viele vom französisch-deutschen Entdecker-Duo Xavier Strottner und Marcel Drechsler.

Entfernung zwischen 1000 und 10.000 Lichtjahren. Zum Vergleich: Bis zum galaktischen Zentrum sind es rund 25.000 Lichtjahre.

Es gibt mehrere Fälle von Planetarischen Nebeln in Offenen Sternhaufen (der bekannteste Fall ist NGC 2438 in Messier 46, allerdings stellen sie kein physisches Paar dar, siehe Abb. 17) und in Kugelsternhaufen (der bekannteste Fall ist Pease 1 in Messier 15, mit sogar rund 35.000 Lichtjahren Entfernung). Die physische Zugehörigkeit ist aber nicht immer unumstritten. Die Bedeutung dieser Funde liegt darin, dass von einem Sternhaufen das Alter aller Sterne, also auch des Erzeugers des Planetarischen Nebels, gut bekannt ist, ebenso wie die Entfernung und chemische Zusammensetzung. Dies sind also wichtige Testfälle, ob sie mit unseren Ideen von Planetarischen Nebeln im Einklang stehen.

Die wahre, gesamte Anzahl Planetarischer Nebel in unserer Milchstraße dürfte um ein Vielfaches höher liegen, denn auch die Einträge in der HASH-Datenbank konzentrieren sich naturgemäß auf Entfernungen von meist unter 10.000 Lichtjahren, also auf einen kleinen Teilbereich der Milchstraße in unserer Umgebung. Da sind also noch viele Entdeckungen von bisher unbekannten Planetarischen Nebel zu machen, und selbst Amateurastronomen sind auf diesem Gebiet aktiv.

Man kann sich der zu erwartenden Gesamtzahl galaktischer Planetarischer Nebel mit einer groben und sehr einfachen Abschätzung nähern: In unserer Galaxis gibt es vielleicht 50 Milliarden Sterne, die mit einer Masse von 1 bis 8 Sonnenmassen als Planetarischer Nebel enden, die meisten davon haben etwa 1 bis 2 Sonnenmassen. Von ihrem im Mittel etwa 5 Milliarden Jahren langen Leben als normaler Stern dauert die Sichtbarkeit des Planetarischen Nebels jedoch nur 10.000 Jahre – für jeden einzelnen Stern beträgt daher die Wahrscheinlichkeit, ihn in diesem Endstadium anzutreffen, lediglich 1:500.000. Auf die gesamte Population der Milchstraße hochgerechnet ergibt dies eine potentiell mögliche Anzahl von rund 100.000 galaktischen Planetarischen Nebeln! Das ist über eine Größenordnung mehr als die heute bereits in Katalogen erfassten Objekte.

Extragalaktische Planetarische Nebel

Für Amateurastronomen sind die Aussichten, Planetarische Nebel in anderen Galaxien zu beobachten, angesichts der riesigen Entfernungen natürlich nahezu Null. Für Astrophysiker dagegen, denen ja auch viel größere Teleskope zur Verfügung stehen, ist die extragalaktische Perspektive besonders wertvoll. Denn selbst im Zeitalter präzisester Parallaxenmessungen per Satellit (insbesondere durch Gaia) kennen wir von vielen galaktischen Planetarischen Nebeln noch keine genaue Entfernung, weil das Nebellicht die Messung des schwachen Zentralsterns stört. In vielen Fällen wird eine genauere Studie auch von interstellarer Absorption beeinträchtigt.

Und natürlich stehen die Planetarischen Nebel unserer Milchstraße alle in sehr unterschiedlicher Entfernung, was sie schlecht vergleichbar macht. So ist die Frage stets: Ist der Nebel weit weg und groß und daher alt? Oder ist er nah, klein und jung? Dagegen bilden Planetarische Nebel einer nahen Galaxie eine wertvolle Stichprobe, weil sie alle gleich weit entfernt von uns sind. Zudem sind noch viele andere Faktoren bekannt, vor allem die Art der Sternpopulation, die diese Nebel hervorbringt, insbesondere ihre chemische Zusammensetzung und das mittlere Alter. Das verfeinert unser Verständnis der Planetarischen Nebel, und die Astrophysik begreift sie so auch in einem erweiterten Kontext.

Infrage kommen für solche Studien vor allem die beiden Magellanschen Wolken, unsere Schwestergalaxie in der Andromeda (Messier 31), sowie das drittgrößte Mitglied der lokalen Gruppe, Messier 33 im Sternbild

Zum Autor

Dr. Klaus-Peter Schröder ist seit 19 Jahren Professor für Astrophysik an der zentralmexikanischen Universität von Guanajuato, wo er das robotische 1,2m-Teleskop betreut, einem Gemeinschaftsprojekt mit der Hamburger Sternwarte und der Universität Lüttich, und zur stellaren magnetischen Aktivität forscht. Außerdem sind kühle Riesensterne, stellarer Massenverlust und Sternentwicklung Arbeitsfelder von ihm. Als finales Stadium eines kühlen Riesens hat Dr. Schröder zeitweilig auch auf dem Gebiet der Planetarischen Nebel geforscht, welche er seit vier Jahrzehnten aus amateurastronomischer Begeisterung heraus zudem immer wieder gerne visuell beobachtet.

Abb. 17: NGC 2438 ist das beste Beispiel eines Planetarischen Nebels in einem Sternhaufen, Messier 46. Allerdings steht der Nebel deutlich vor dem Sternhaufen. Klaus-Peter Schröder

Dreieck, also die nächstgelegenen Galaxien. Beginnen wir wegen seiner Größe und der Ähnlichkeit mit unserer Milchstraße mit dem Andromedanebel.

Trotz einer Entfernung aller Planetarischen Nebel in der Andromedagalaxie von 2,4 Millionen Lichtjahren sind dort bereits mehr dieser Objekte bekannt, nämlich 4289, als in unserer eigenen Milchstraße! Die wohl erfolgreichste Arbeit in dieser Hinsicht stammt von Forschern des MPIE in München (siehe Anhang). Dies zeigt, wie sehr der interstellare Staub unsere Sicht auf Objekte in unserer eigenen Milchstraße behindert, sobald sie weiter entfernt stehen als in einem der benachbarten Spiralarme. Besagtes MPIE-Forscherteam nutzte das CFHT (Canadian French Hawaii Telescope), ein 3,6m-Teleskop, mit seiner Mega-Cam. Diese besitzt einen riesigen Detektor, aufgebaut aus 40 CCDs, und erfasst ein Feld von einem Quadratgrad mit 378 Megapixeln im Primärfokus. Eines der Ergebnisse dieser Studie ist eine 7-fach höhere Dichte von Planetarischen Nebeln im inneren Halo von Messier 31 im Vergleich zu seiner Scheibe. Da der innere Halo die älteste und die Scheibe die jüngsten Sternpopulationen beherbergen, beweist dies auch, dass Planetarische Nebel tatsächlich die Endstadien von langlebigen Sternen sind, also von zumeist nur ein bis zwei Sonnenmassen – ganz im Gegensatz z.B. zu Supernovae des Typs II oder Ib, welche bevorzugt in den Spiralarmen in der galaktischen Scheibe angetroffen werden und von sehr massereichen Sternen stammen.

Messier 33 ist kleiner und steht etwas weiter entfernt als die Andromedagalaxie, und man darf daher bei ihr nicht so viele Sichtungen von Planetarischen Nebeln erwarten. Verschiedene Studien lassen sich auch nicht direkt vergleichen, weil sie sich sehr unterschiedlicher Beobachtungsmethoden bedienen. So sind in M 33 bisher nur 102 Planetarische Nebel untersucht, dies aber eingehend. Eine italienische Gruppe setzte einen Multiglasfaser-Spektrograph ein und bestimmte u.a. die chemischen Häufigkeiten. So konnte sie zeigen, dass auch Planetarische Nebel, ähnlich wie Sterne und sternbildende HII-Regionen, einen größeren Sauerstoff-Anteil näher zum Zentrum der Galaxie aufweisen. Dieser nimmt dann kontinuierlich nach außen hin ab.

Die Große Magellansche Wolke (engl. Abk.: LMC) und die kleine Magellansche Wolke (SMC) sind Zwerggalaxien und lassen von daher weniger Planetarische Nebel erwarten. Dafür stehen sie uns allerdings auch dreimal näher als die Andromedagalaxie (M 31). In der LMC wurden jüngst mehrere Planetarische Nebel gefunden und untersucht, ebenso in der SMC. Es darf erwartet werden, dass in den drei letztgenannten Fällen ein viel kleinerer Anteil der wahren Zahl Planetarischer Nebel erfasst wurde als bei unserer Schwestergalaxie (Messier 31), und sicher sind hier schon bald Fortschritte in der beobachtenden Astrophysik zu erwarten.

Benutzungshinweise

Band 1 des Atlas der Planetarischen Nebel enthält 176 Objekte zwischen 0^h und 11^h Rektaszension. Weitere Objekte ab 11^h Rektaaszension werden in Folgebänden in gleicher Weise dargestellt.

Die Reihenfolge der Objekte im Buch entspricht der Reihenfolge in Rektaszension. Um ein bestimmtes Objekt zu finden, kann die Übersicht auf Seite 24/25 und der alphabetische Index ab Seite 254 verwendet werden.

Die Auswahl der Objekte wurde nach einer Reihe von Kriterien vorgenommen:

- Status des Objekts als Planetarischer Nebel
- physische Merkmale wie Größe, Helligkeit und Morphologie
- fachastronomisches Interesse, ablesbar an der Anzahl der publizierten Arbeiten
- verfügbare Abbildungen

Die visuelle Beobachtbarkeit war dagegen kein Auswahlkriterium, da dies zu viele Objekte ausgeschlossen hätte. Gleichzeitig gibt es visuell beobachtbare Objekte, die nicht im Buch dargestellt sind, weil sie bei den anderen Kriterien nicht punkten konnten.

Einige Objekte wurden aufgenommen, damit Kataloge vollständig dargestellt werden können, dies gilt insbesondere für die Liste von Abell von 1966.

Bewusst wurden viele der in den letzten Jahren von Amateur-Entdeckern gefundenen Objekte integriert, auch wenn ihr Status als Planetarischer Nebel noch nicht final feststeht. Dies betrifft insbesondere viele der von Kronberger, Patchick, Strottner und Drechsler entdeckten Objekte. Dagegen wurden viele länger bekannte, aber sehr kleine Objekte aus den Katalogen von Henize und Minkowski weggelassen.

Ein wichtiges Aufnahmekriterium war das Vorliegen attraktiver Bildergebnisse. Bei einigen Objekten, deren Auswahl anhand der anderen Kriterien schon feststand, konnte die Aufnahme nicht erfolgen, weil keine Abbildung in ausreichender Qualität verfügbar war oder für das Buch beschafft werden konnte.

Fotografien von Amateurastronomen stehen in diesem Buch im Vordergrund. Dazu wurden die besten Aufnahmen von 40 der weltweit führenden Fotografen zusammengetragen. Von einigen Autoren wurden im Vorfeld der Veröffentlichung gezielt solche Objekte fotografiert, von denen wenige oder keine Fotografien vorlagen. Generell gestaltete sich die Bildauswahl oft schwierig; vielfach stand nur ein für die Reproduktion brauchbares Motiv zur Verfügung.

Die meisten der in diesem Buch gezeigten Abbildungen wurden mit Linienfiltern aufgenommen, die auf die Emission der Planetarischen Nebel zugeschnitten sind. Damit lassen sich selbst von lichtverschmutzten Standorten aus sehr lange Belichtungszeiten realisieren; viel länger, als sie mit klassischer (L)RGB-Fotografie möglich wären. Für Aufnahmedaten zu den Abbildungen sei auf die Online-Bilddatenbank astrobin.com und die Webseiten der Bildautoren verwiesen, die auf Seite 245 aufgelistet sind.

Die Hauptabbildungen werden bei vielen Objekten von Zweifarb-Kompositen des POSS begleitet, die durch das gesamte Buch bezüglich Maßstab, Farbdarstellung und Durchbelichtung vergleichbar sind. Bei sehr kleinen Objekten enthalten sie eine Markierung des Objekts; in den Hauptabbildungen zeigen kleine weiße Markierungen die Position des Zentralsterns, sofern sichtbar. Bei allen Abbildungen in diesem Buch ist stets Norden oben und Osten links.

Die schriftlichen Darstellungen beruhen auf einer intensiven Recherche in der Fachliteratur. Informationen wurden darüber hinaus auch aus dem Internet, der amastro-Mailingliste und persönlicher Kommunikation entnommen. Das Quellenverzeichnis ab Seite 246 gibt detailliert Auskunft.

Die Texte erheben keinen wissenschaftlicher Anspruch, sondern sind eine populäre Zussammenfassung des aktuellen Wissens. Soweit Fachbegriffe gebraucht werden, die über das grundlegende astronomische Wissen hinausgehen, das hier vorausgesetzt wird, sind diese auf den Seiten 244/5 erklärt.

Bei den Datenangaben diente die HASH-Datenbank als hauptsächliche Quelle. Dies bezieht sich vor allem auf die Koordinaten- (Zentralstern oder Objektmitte, Epoche 2000.0) und Größen-Angaben sowie den Status der Objekte. Für die Gesamthelligkeiten und die Intensitäten wurde im Wesentlichen auf den Strasbourg-ESO Catalogue of Galactic Planetary Nebulae (Acker et al.) zurückgegriffen. Die Angaben zu den Spektraltypen (runde Klammern bezeichnen scheinbare Zentralsterne mit unsichtbaren Begleitern, eckige Klammern eigentlich in PN »verbotene« Typen) und der Entfernung (durch Umrechnung der Parallaxenwerte von Gaia) stammen größtenteils aus der Simbad-Datenbank. Für die Textrecherche wurde der Service der Harvard-Universität benutzt.

In der Literatur uneinheitlich sind die Bezeichnungen der Objekte. Oft kursieren mehrere konkurrierende Namen nebeneinander. Aus Konsistenzgründen wurde hier im Wesentlichen die Vorgehensweise aus dem interstellarum Deep Sky Atlas und Guide beibehalten, auch wenn dies in einzelnen Fällen Erstentdecker nicht berücksichtigt. Die hier verwendeten Bezeichnungen implizieren deshalb keine Aussage über die Priorität eines Entdeckers. Als solcher wird in diesem Buch generell diejenige Person oder Insitition betrachtet, die das Objekt als erste dokumentiert hat. Die oft verwendete alternative Deutung, wonach diejenige Person als Entdecker geführt wird, die als erste die Natur als PN erkannt hat, wird hier ignoriert.

Zeichnungen des Autors runden das Buch ab. Sie geben den Eindruck erfahrener Beobachter unter meist guten bis sehr guten Bedingungen wieder, ebenso die schriftlichen Beobachtungshinweise und die Verweise auf national und international renommierte Beobachter und deren Ergebnisse.

Legende

Gängigste Katalogbezeichnung

Populärer Name, Spitzname

Sternbild-Kürzel

Crystal Ball Nebula **NGC 1514** Tau

Status:

- echter PN
- wahrscheinlicher PN
- möglicher PN
- PN-Kandidat
- Vorstufe eines PN

Katalogbezeichnung des Zentralsterns

Koordinaten mit Rektaszension (h:min:sec) und Deklination (°:':")

Katalogbezeichnungen, recherchierbar im Objektindex

Relative Intensitäten der Spektrallinien, von der Erde aus gesehen, normiert auf eine Spektrallinie (Wert 100):

- HeII 468,6nm
- Hβ 486,1nm
- [OIII] 500,7nm
- Hα 656,3nm
- [NII] 658,4nm
- [SII] 673,1nm oder 671,7nm

Entdecker:in und Entdeckungsdatum

Winkelgröße in Bogensekunden

Visuelle Gesamthelligkeit

Seitenverweis auf interstellarum Deep Sky Atlas und Guide

Spektraltyp des Zentralsterns

NGC 1514, PNG 165.5-15.2, VV 23, PK 165-15.1

Nebel	Zentralstern	Intensitäten	
W. Herschel	HD 281679	HeII	–
13.11.1790	04:09:16.99	Hβ	100
	+30:46:33.5	[OIII]	1189
136 × 121"	9^m3_{vis}, 9^m5_{Gaia}	Hα	502
10^m9	(A0)	[NII]	–
isDSA/G 37-7	1470 Lj (Gaia EDR3)	[SII]	

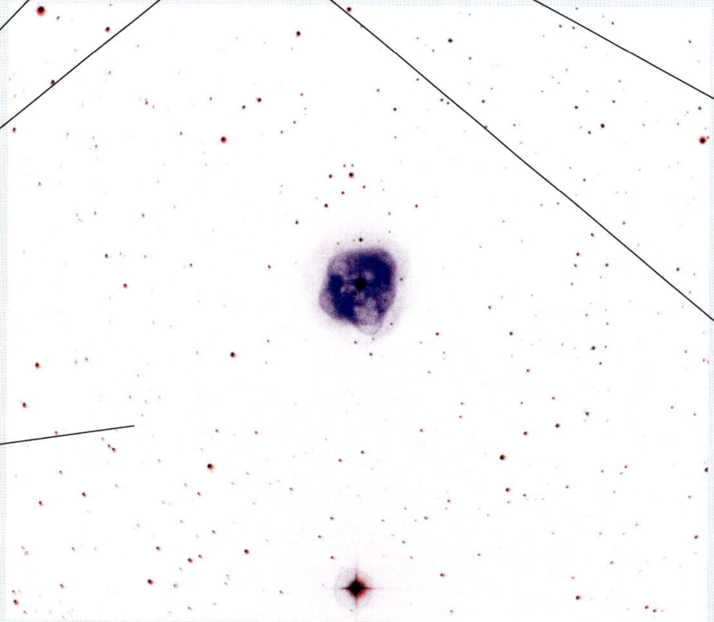

Helligkeit des Zentralsterns

Aktuelle Entfernungsangabe des Zentralsterns

Zweifarb-Komposit des POSS bzw. ESO/SRC blau/rot, gleicher Maßstab und Durchbelichtung

176 Planetarische Nebel zwischen 0^h und 11^h

Ein alphabetischer Index inklusive alternativer Bezeichnungen ist im Anhang auf Seite 254 zu finden.

Peg Prestgard 71

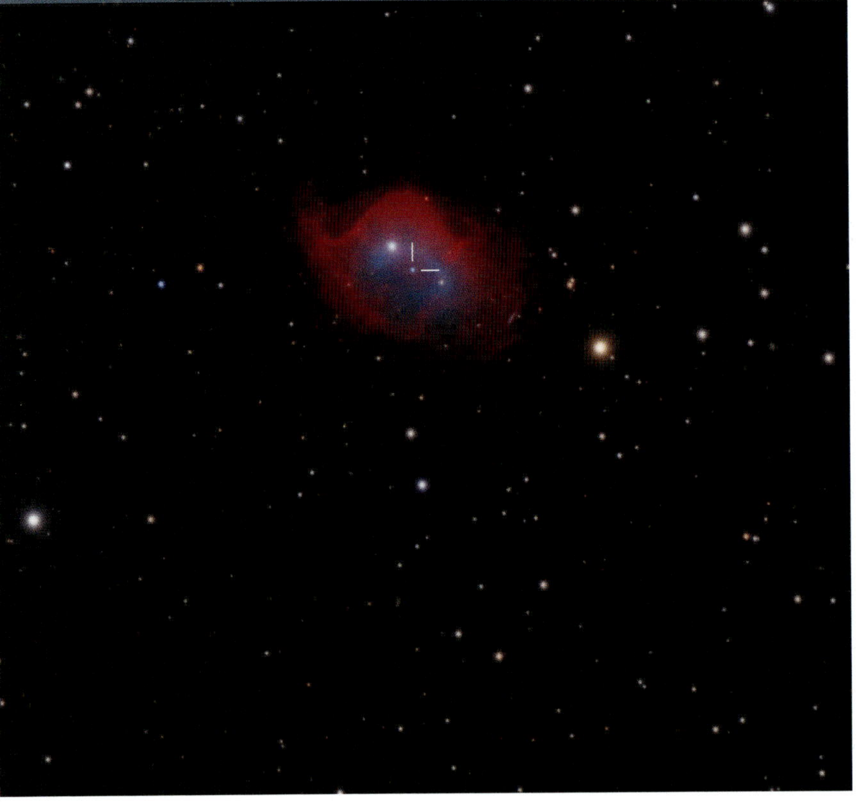

Pre 71, PNG 109.8-31.6

Nebel	Zentralstern	Intensitäten
T. Prestgard	PG 2357+297	HeII
2021	00:00:07.29s	Hβ
	+29:57:00.26	[OIII]
390"	$12^{m}2_{vis}$, $15^{m}0_{Gaia}$	Hα
–	DA	[NII]
isDSA/G –	560 Lj (Gaia EDR3)	[SII]

Prestgard 71 wurde 2021 vom norwegischen Amateur Trygve Prestgard entdeckt. Der blaue Zentralstern ist auf Fotos deutlich zu sehen; er ist als Weißer Zwerg WD 2357+297 katalogisiert. Die von Simbad registrierte visuelle Helligkeit von $12^{m}2$ dürfte jedoch etwas zu hoch gegriffen sein, denn der deutlich hellere Stern im Nebel nordöstlich des Zentralsterns weist den gleichen Wert auf.

Mit einer Entfernung von knapp 600 Lichtjahren steht der Nebel relativ nah. Auf den Fotos ist hauptsächlich rote Hα-Strahlung zu erkennen und nur wenig blaues [OIII]-Licht. Die Galaxie AGC 333477 steht hinter dem südwestlichen Rand des Nebels.

Eine visuelle Beobachtung des Autors mit 20" Öffnung hinterließ den Eindruck eines nebligen Objekts um die drei Sterne.

Prestgard 71. Peter Goodhew, Bildbearbeitung M. Drechsler

Cep Abell 86

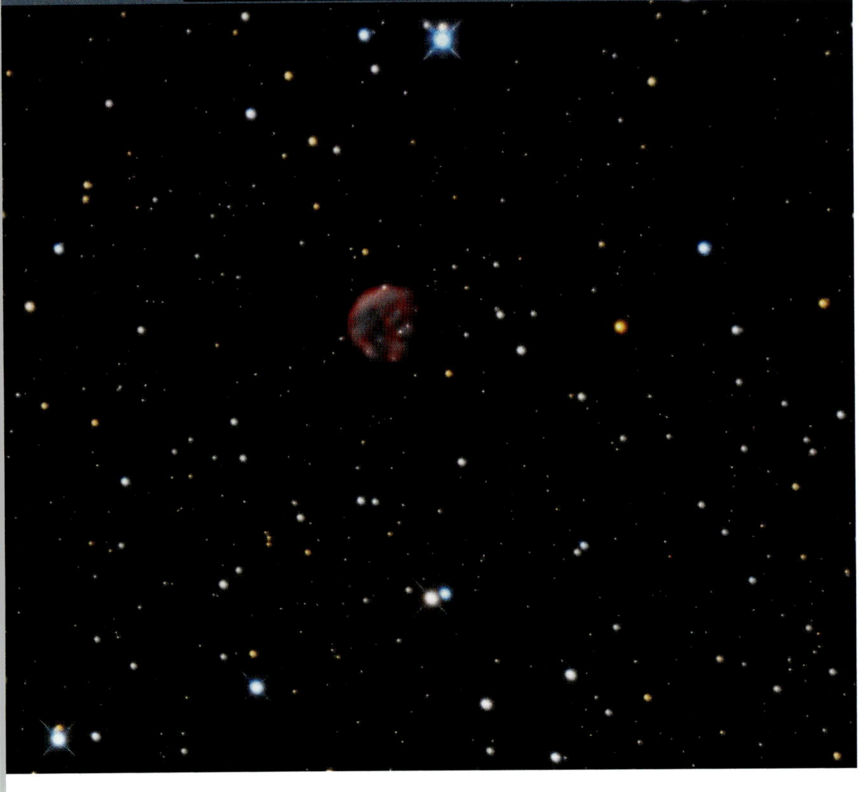

A 86, PNG 118.7+08.2, PK 118+8.2

Nebel	Zentralstern	Intensitäten	
Entdecker	nicht katalogisiert	HeII	–
unbekannt	00:01:31.0	Hβ	–
vor 1955	+70:42:29.92	[OIII]	129
66"	–	Hα	100
$16^{m}7_{p}$	–	[NII]	–
isDSA/G 7-11	7300 Lj (2010)	[SII]	

Abell 86 ist ein etwa 1' großer, nach Norden rundlicher Nebel mit unregelmäßigem Inneren. Er wurde vor 1955 entdeckt; wie bei allen Nebeln des Abell-Katalogs ist der konkrete Entdecker unklar. In seiner ersten Liste von 1955 hat der PN die Nummer 73. Wareing et al. erklärten die Form von A 86 als »Bugstoßwelle« (»bow shock«) durch Interaktion des Nebels mit dem umgebenden interstellaren Medium nach Nordosten. Ein Zentralstern ist im g-Band von PanSTARRS zu sehen, er ist aber nicht katalogisiert und es sind keine Helligkeitswerte verfügbar. Ebenso ist die Entfernung unbekannt, da der Zentralstern nicht in Gaia erfasst ist. Visuell ist A 86 nicht einfach, dem Autor gelang mit 14" Öffnung keine Sichtung. Tom Polakis konnte den PN jedoch mit einem 13"-Teleskop »extrem schwach« sehen. Uwe Glahn berichtet eine Grenzbeobachtung mit 16", auch mit 27" bleibt die Beobachtung sehr schwer.

Abell 86. Jerry Macon

StDr 141, PNG 115.9-13.5

Nebel	Zentralstern	Intensitäten
X. Strottner,	nicht katalogisiert	Hell
M. Drechsler	00:10:21.67	Hβ
Dez. 2021	+48:47:11.91	[OIII]
252 × 162"	–	Hα
–	–	[NII]
isDSA/G –	–	[SII]

Strottner-Drechsler 141 ist einer der vielen Funde des französisch-deutschen Entdecker-Duos. Er wurde im Dezember 2021 gefunden und anschließend von Peter Goodhew in mehr als 40 Stunden Belichtungszeit fotografiert. Durch Spektroskopie am Mt. Ventoux-Observatorium konnte die Natur als echter PN nachgewiesen werden – nicht einmal drei Wochen nach der Erstentdeckung. Der deutlich bläuliche Zentralstern ist auf Goodhews Aufnahme zu erkennen, aber nicht katalogisiert. Im westlichen Bereich des Nebels steht der sehr schwache Bedeckungsveränderliche Gaia DR3 393535449469221376.

Da StDr 141 viel mehr [OIII]- als Hα-Emission aufweist, könnte eine visuelle Beobachtung mit großen Öffnungen in Reichweite sein. Der Autor blieb allerdings mit 20" Öffnung erfolglos, ebenso Uwe Glahn mit 27".

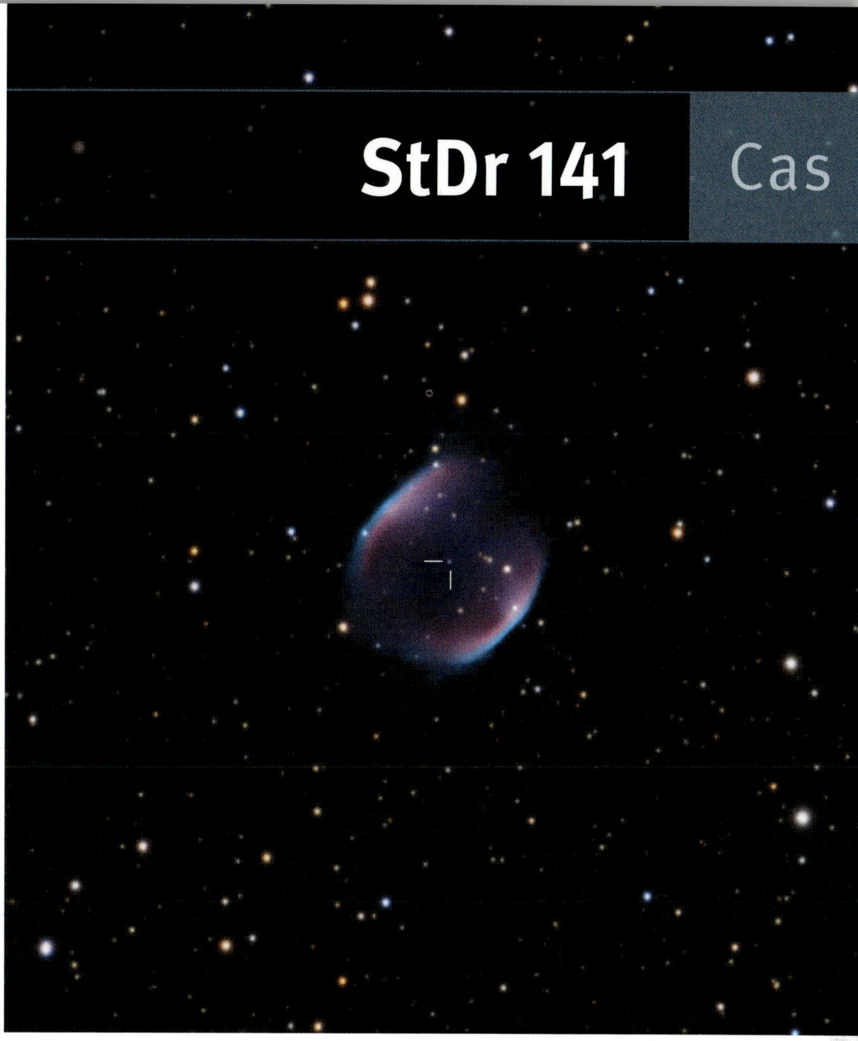

Strottner-Drechsler 141. Peter Goodhew, Bearbeitung M. Drechsler

Dr 27, PNG 117.4-05.2

Nebel	Zentralstern	Intensitäten
M. Drechsler	Galex J001103.5+571036	Hell
	00:11:03.42	Hβ
Mai 2019	+57:10:36.30	[OIII]
540"	$17^{m}7$Gaia	Hα
–	WD?	[NII]
isDSA/G –	3230 Lj (Gaia EDR3)	[SII]

Drechsler 27 wurde im Mai 2019 vom sächsischen Astrofotografen Marcel Drechsler entdeckt. Der Nebel macht auf dem Foto von Peter Goodhew einen komplexen Eindruck, Q. Parker spricht von einem »gestreiften« Aussehen. Nach einem Spektrum von P. Le Dû, O. Garde und P. Dubreuil dominiert die [NII]-Emission über Hα, während im blau-grünen Spektralbereich kaum Strahlung vorhanden ist. Insgesamt ergibt sich das Bild eines älteren, niedrig angeregten Nebels. Der schwache Zentralstern nahe des Zentrums ist auf Peter Goodhews Aufnahme gerade so zu erkennen. Da er auch im Gaia-Katalog erfasst ist, wird eine Entfernungsbestimmung möglich. Der UV-Katalog Galex zeigt den Stern ebenfalls. Uwe Glahn gelang mit 27" keine visuelle Sichtung. Dies dürfte auch aufgrund der spektralen Charakteristik selbst mit sehr großen Öffnungen kaum möglich sein.

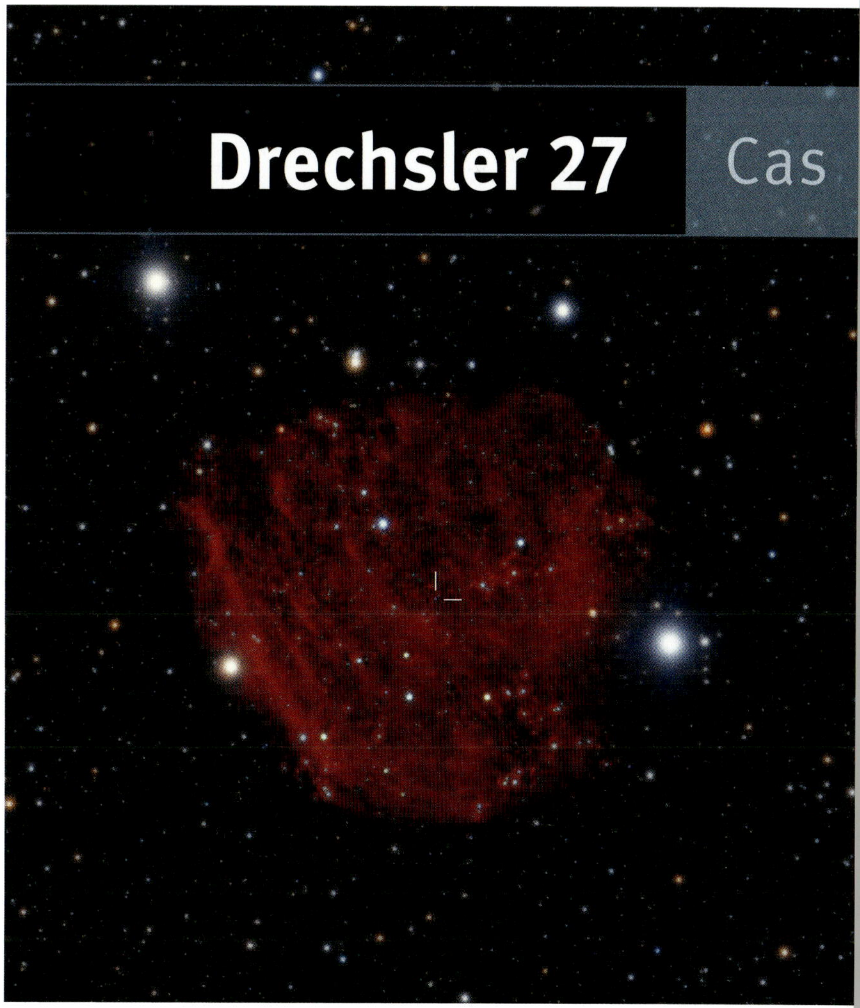

Drechsler 27. Peter Goodhew

NGC 40 Bow-Tie Nebula

NGC 40, im Hintergrund von CTA 1. Mark Hanson

NGC 40, PNG 120.0+09.8, VV 1, PK 120+9.1

Nebel	Zentralstern	Intensitäten	
W. Herschel	V400 Cep = HD 826	Hell	–
	00:13:01.0	Hβ	100
25.11.1788	+72:31:19.09	[OIII]	30
38 × 35"	10^m6–10^m8, 11^m5_{Gaia}	Hα	287
10^m6	[WC8]	[NII]	246
isDSA/G 7-4	5810 Lj (Gaia EDR3)	[SII]	253

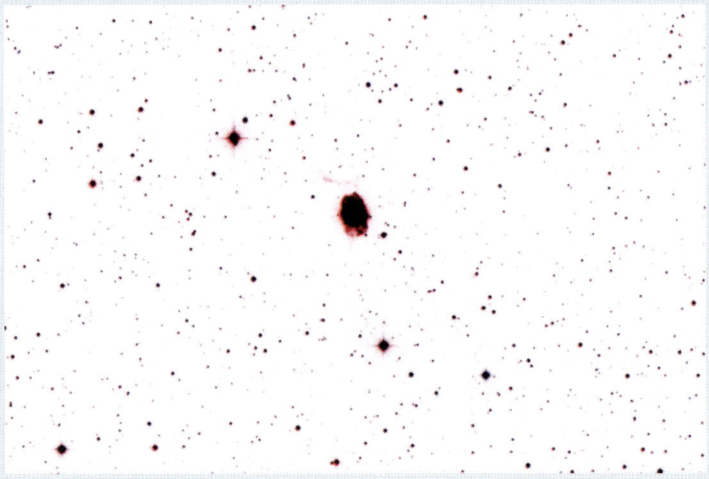

Historie

Wilhelm Herschel entdeckte den Nebel am 25.11.1788 mit dem 18,7"-Spiegel. Er trug ihn als 58. Objekt in seine Kategorie Planetarische Nebel ein und notierte: »Ein Stern 9. Größe umgeben von sehr schwachem Nebel. Der Stern ist entweder doppelt oder nicht rund.« Das Objekt bekam später die Nummer 20 im General Catalogue, es ist Nr. 90 in der Liste der Herschel 100. Williamina Fleming erkannte 1905 im Spektrum des Nebels fünf helle Linien, was auf einen gasförmigen Körper schließen ließ. Heber D. Curtis fiel 1918 als Erstem der Halo von NGC 40 auf.

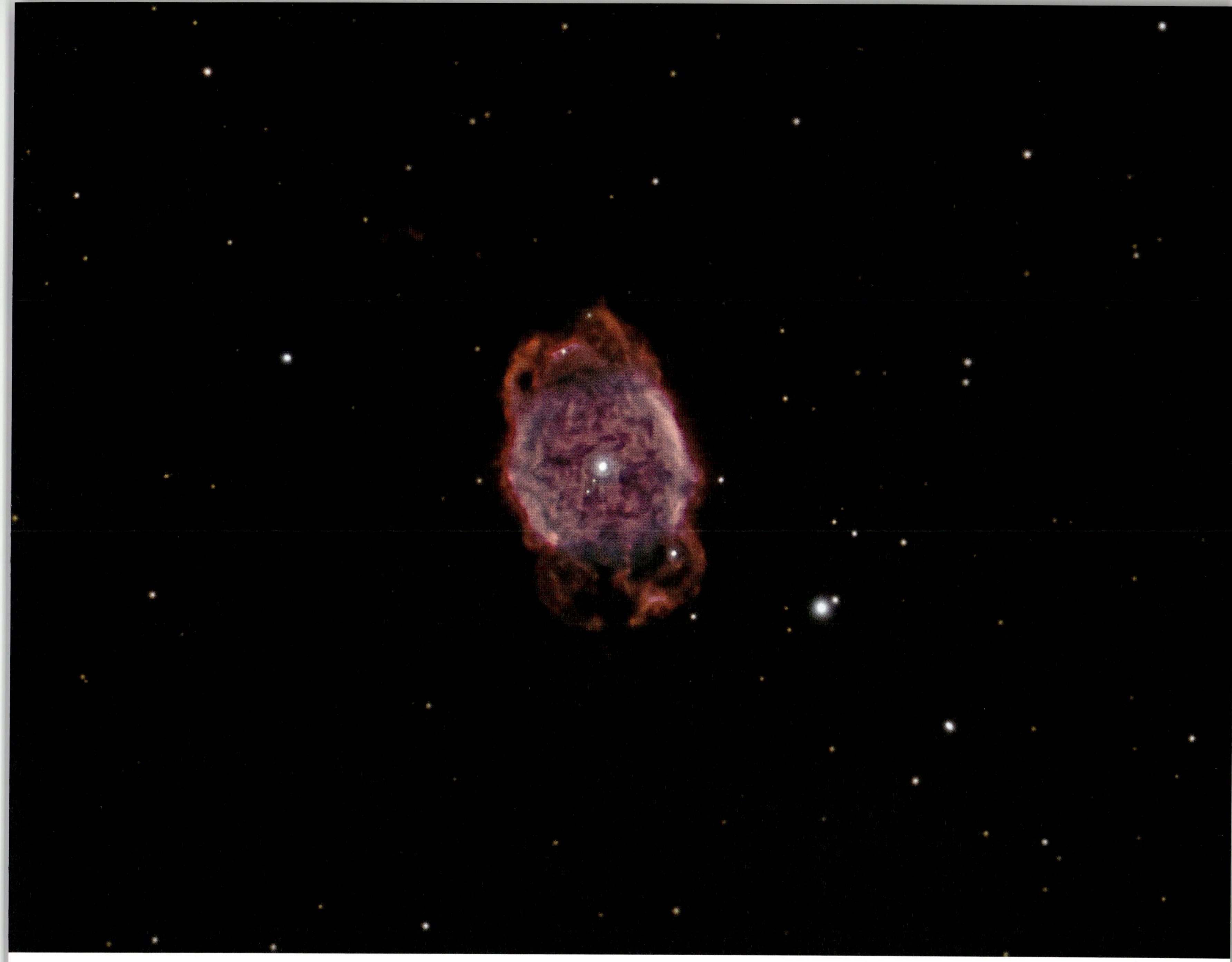

NGC 40. Sternwarte Trebur, Martin Letz

Astrophysik

NGC 40 lässt sich nach Corradi et al. in drei morphologische Einheiten unterteilen:

- Hauptkörper 56 × 34"
- innerer Halo 48 × 90"
- äußerer Halo 240"

Während der innere Halo direkt mit dem Hauptkörper des Nebels verbunden ist und eher diffus aussieht, besitzt der äußere Halo eine unregelmäßige Struktur aus Filamenten, dessen markantestes nach Norden gerichtet ist. Auf der Gegenseite zeigt eine fingerartige Struktur nach Süden, die als Jet interpretiert wird. Rodriguez-Gonzalez et al. sehen den Hauptkörper von NGC 40 als fassartige Struktur mit zwei Paaren von Loben in nördliche und südliche Richtung, ausgerichtet im Positionswinkel 20°. Schmalbandfilter-Aufnahmen zeigen zusätzlich zwei Paare von »Ausbrüchen« (»blowouts«), die die östlichen und westlichen Ränder des Hauptkörpers bei den Positionswinkeln von 80° und 135° durchstoßen.

Diese Strukturen sind durch wiederholte Phasen von Massenverlust des Zentralsterns entstanden. Während die Ausbrüche bei 80° Positionswinkel den Nebelrand von NGC 40 durchstoßen haben, haben die bei 135° Positionswinkel registrierten Ausbrüche zu blasenartigen Strukturen in der inneren Höhle des PN geführt.

Nach verschiedenen Quellen expandiert der Nebel mit 13 bis 22 km/s, die jüngsten Bereiche sogar mit 60 km/s. Daraus ergeben sich Altersabschützungen von 6500 Jahren für den Hauptkörper, 4500 Jahre für die nach Norden und Süden gerichteten Loben und 2000 bis 2600 Jahre für die jüngsten Strukturen.

Ramos-Larios et al. haben Aufnahmen des Spitzer-Weltraumteleskops ausgewertet und in den Wellenlängen von Hα und [NII] mehrere radiale »Speichen« außerhalb des Nebelkerns sowie eine unterbrochene Emis-

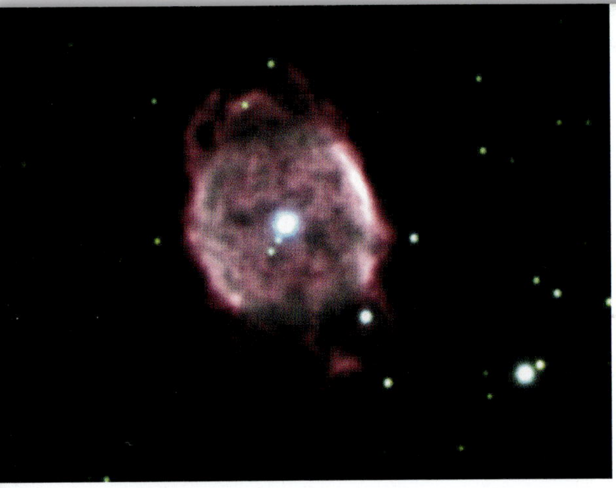

NGC 40, WIYN-Teleskop. WIYN/NOIRLab/NSF

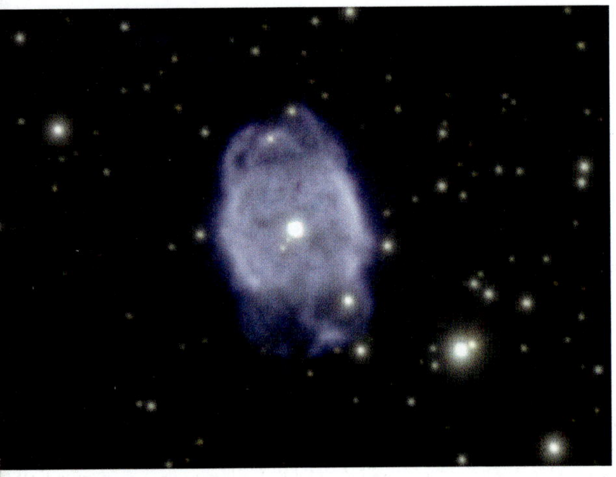

NGC 40, PanSTARRS. STScI

NGC 40, Issac Newton Telescope. R. L. M. Corradi

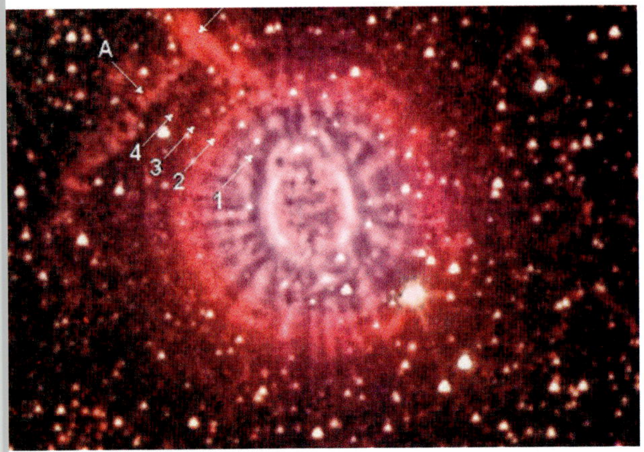

NGC 40. Ramos Larios et al.

sionsfront nach Nordost festgestellt. Dies legt die Vermutung nahe, dass in Richtung Nordosten Interaktion mit dem interstellaren Medium stattfindet, wo zeitlich vor dem Planetarischen Nebel ausgestoßene Materie aus der AGB-Phase des Sterns komprimiert wird.

Der Zentralstern von NGC 40, V400 Cep alias HD 826, ist variabel zwischen 10^{m}6 und 10^{m}8. Er besitzt den Wolf-Rayet-Spektraltyp WC8, ist also wasserstoffarm mit Emissionslinien von Kohlenstoff und Sauerstoff.

Sehr tiefe Aufnahmen von NGC 40 zeigen einen klumpigen Halo, der sich über mehr als 2,2' ausdehnt. Er überlappt sich mit dem vor dem PN liegenden Supernovarest CTA 1, dessen Entfernung mit 4500 Lichtjahren geschätzt wird.

Beobachtung

Der Bow-Tie Nebula (der englische Spitzname bezieht sich auf das um den Hals getragene Kleidungsstück, zu deutsch »Fliege«) ist als Caldwell 2 ein populäres Objekt geworden, obwohl er von seiner Helligkeit nicht zu den einfacheren NGC-PN gehört. Es bedarf mindestens 80mm Öffnung, um den Nebel unter halbwegs guten Bedigungen sichtbar zu machen.

Schon mit wenig mehr Öffnung gewinnt der Nebel jedoch an Statur. Mit 120mm empfand der Autor den Nebel als »einfach«, die Ringform um den hellen Zentralstern ist gut zu erkennen. Mit 14" explodiert NGC 40 geradezu im Detail: Zwei Ringsegmente umgeben den Zentralstern, aber nicht komplett, denn der Ring ist im Norden und Süden offen. Die Zentralregion ist stark gefleckt und enthält dunkle Bereiche, die von einem [OIII]-Filter sehr verstärkt werden. Ein Ausläufer ragt nach Süden, sein Gegenstück nach Norden ist jedoch deutlich schwächer. Der Zentralstern ist hell und zeigt im Spektroskop das eigenartige Wolf-Rayet-Spektrum mit hellen Emissionslinien. Ein weiterer Stern steht vor dem südlichen Ende des westlichen Nebelrands. Dieser zerfällt bei 450× in einzelne Knoten und erinnert etwas an ähnliche, größerskalige Strukturen im Cirrus-Nebel. NGC 40 ist einer der wenigen PN, bei dem auch ein Hβ-Filter gewinnbringend eingesetzt werden kann. Ein [OIII]-Filter füllt das Nebelinnere; die helleren Strukturen sind ohne jeden Filter am kontrastreichsten.

Mit 20" Öffnung ist der Ausbruch am östlichen Rand deutlich auszumachen. Der westliche Rand ist komplett in Einzelteile zerfallen. Ein zweiter Stern taucht am Südende des Nebels auf.

Der amerikanische Beobachter David Riddle berichtete auf der amastro-Mailingliste von einer speziellen Wahrnehmung bei NGC 40 mit einem 24"-Teleskop. Überraschenderweise hatte er den starken Eindruck, die hellen fragmentierten Ost- und Westränder des Nebels lösten sich in Myriaden von winzigen Einzelsternen auf. Die eigentlich subtilen Knoten in den Rändern schienen plötzlich derart sternartig verstärkt, dass es einen nahezu künstlichen Charakter annahm. Die Wahrnehmung der »Sterne« blieb auch mit einem Hβ-Filter bestehen, obwohl der Beobachter sie selbstkritisch anzweifelte. Womöglich ist diese Beobachtung durch schlechtes Seeing zu erklären – sie zeigt aber auch, dass das menschliche Sehen anfällig ist für Verfälschungen, und erklärt so manche Behauptung von »aufgelösten« Nebeln von Beobachtern aus dem 19. Jahrhundert

NGC 40 mit 20" Öffnung, 540×, 21^{m}4 SQM . Ronald Stoyan

Abell 1

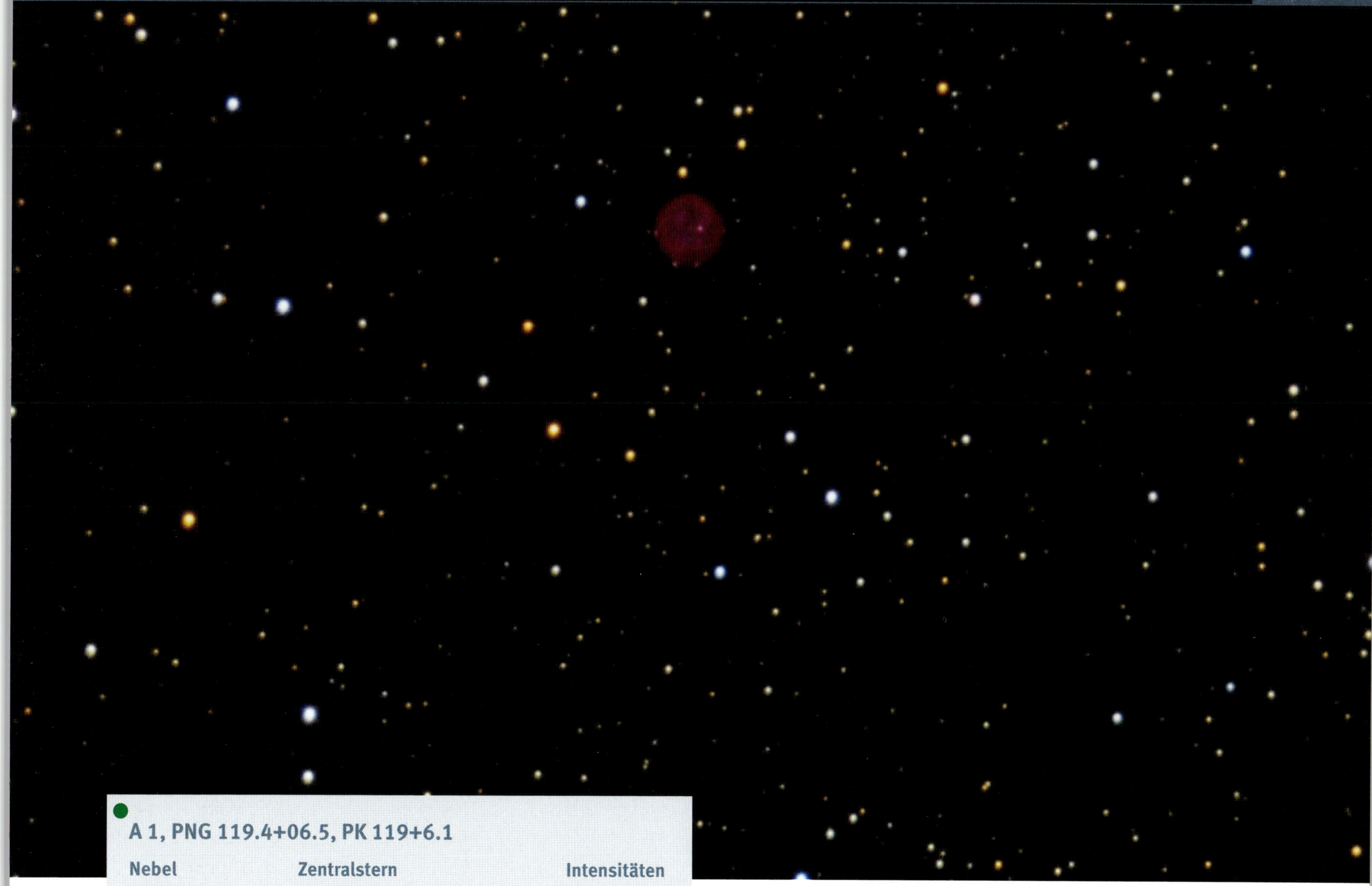

A 1, PNG 119.4+06.5, PK 119+6.1

Nebel	Zentralstern	Intensitäten	
Entdecker	unbekannt	HeII	–
unbekannt	00:12:55.0	Hβ	100
vor 1955	+69:10:23.99	[OIII]	305
46 × 42"	–	Hα	495
–	–	[NII]	220
isDSA/G 2	8360 Lj (2010)	[SII]	

Abell 1. Jerry Macon

Abell 1 wird von Balick et al. als runder, randaufgehellter Nebel ohne erkennbaren Kern oder Schale beschrieben, sondern allein dominiert von einem Halo. Dessen Durchmesser gibt die Veröffentlichung mit 25" an, in deutlichem Kontrast zu anderen Quellen. Das Spektrum des Nebels zeigt [NII] heller als Hα. Der Zentralstern ist nicht zu erkennen.

Abell 1 wurde vor 1955 entdeckt, es ist aber unklar von wem, denn George O. Abell verwendete mehrere Quellen für die Erstellung seiner Liste.

Die visuelle Beobachtung ist schwierig. Weder der Autor noch Uwe Glahn konnten mit Öffnungen von 14" bis 27" etwas wahrnehmen. Dagegen sind positive Sichtungen durch den amerikanischen Beobachter Eric Honeycutt (22") und den Franzosen Bertrand Laville (25") bekannt.

Vyssotsky 1-1

Vyssotsky 1-1 wurde 1942 von Alexander N. Vyssotsky, einem nach Amerika ausgewanderten russischen Astronomen, entdeckt. Der Fund geschah zufällig, Vyssotsky war eigentlich mit der 10"-Cooke-Kamera des Leander McCormick Observatory auf der Suche nach roten Sternen der Klasse M. Er stellte im Spektrum die Linien [NI], [NII], Hβ und Hγ fest und ordnete die Helligkeit zwischen 12^m und 14^m ein.

Corradi et al. beschreiben ein dreischaliges Modell:

- innerer Bereich 3"
- Hauptschale 12"
- Halo 27"

Das Alter des Nebels wird mit 16.000 Jahren geschätzt, der Halo wurde vor 47.000 Jahren ausgestoßen.

Nach Weidmann et al. zeigt der Zentralstern Wolf-Rayet-Charakteristiken im Spektrum. Quentin Parker stellt dagegen fest, dass nach einem aktuellen Spektrum von Kwitter darauf Hinweise fehlen.

Aufgrund der geringen Größe wird der PN kaum fotografiert. Dagegen ist die visuelle Beobachtung reizvoll, wenn gutes Seeing herrscht und hohe Vergrößerungen angewendet werden können. Mehrere Beobachter konnten den Nebel stellar mit 8" Öffnung wahrnehmen. Der Autor sah mit 14" einen sehr kleinen hellen Nebel, der ab 200× gerade als winziges Scheibchen erschien. Uwe Glahn konnte mit 16" Öffnung den Zentralstern, die innere Scheibe und den Halo wahrnehmen. Mit 27" erschien ihm der Zentralstern hell, die Nebelscheibe gleichzeitig oval.

Ein enges Sternpärchen steht nur 1' südwestlich.

Vyssotsky 1-1. Mark Lowenthal

Vy 1-1, PNG 118.0-08.6, VV 2, PK 118-8.1

Nebel	Zentralstern	Intensitäten	
A. Vyssotsky	GSC2 N311023078	HeII	3
1942	00:18:42.2	Hβ	100
	+53:52:20.03	[OIII]	858
5"	13^m9_{vis}, 14^m1_{Gaia}	Hα	330
12^m6	[WC]	[NII]	–
isDSA/G 15-31	16.600 Lj (Gaia EDR3)	[SII]	

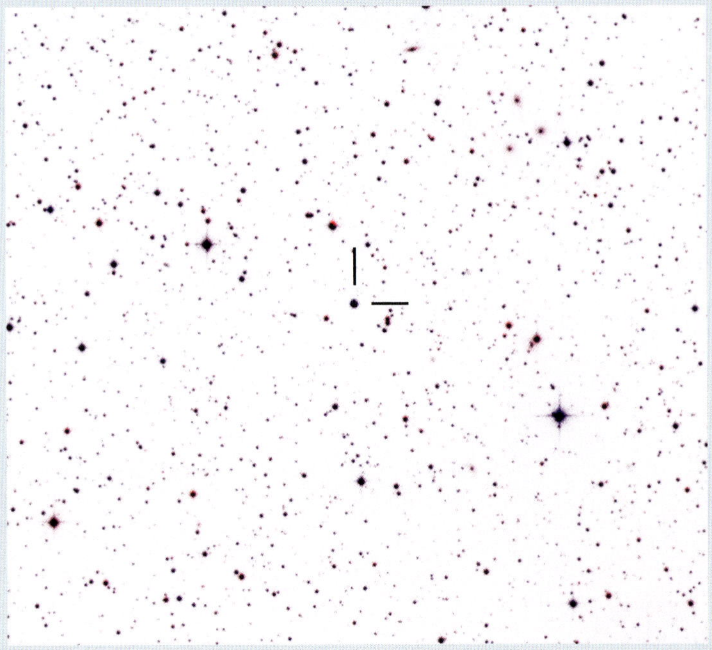

Böhm-Vitense 5-1

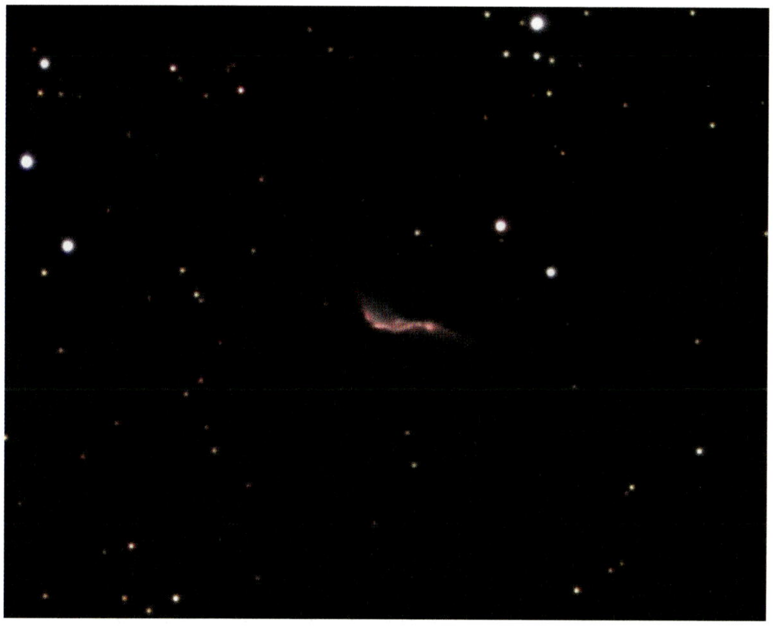

Böhm-Vitense 5-1. Masaru Yamashita

BV 5-1, PNG 119.3+00.3, PK 119+0.1

Nebel	Zentralstern	Intensitäten	
E. Böhm–Vitense	GSC2 N311232243317	HeII	100
1956	00:19:58.7	Hβ	100
	+62:59:01.68	[OIII]	674
50 × 20"	›21^{m}5	Hα	667
15^{m}7	–	[NII]	2267
isDSA/G 15-35	34.800 Lj (2010)	[SII]	210

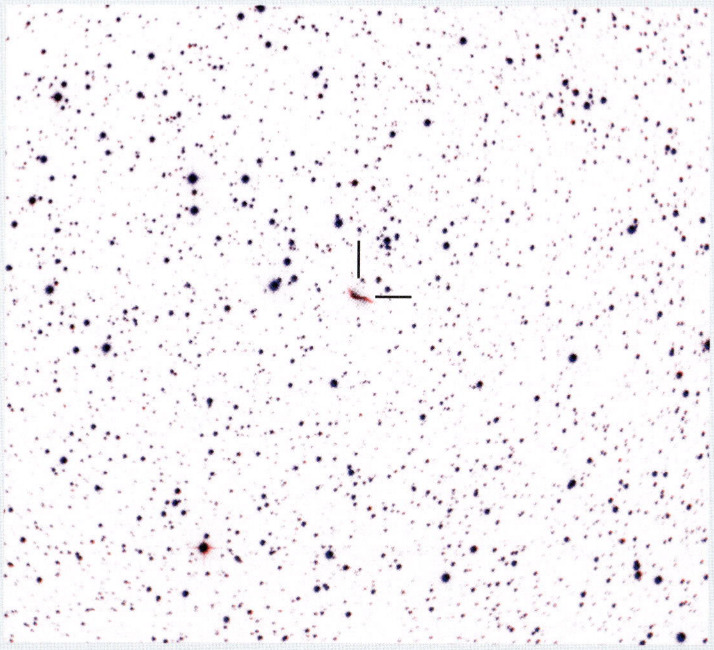

Böhm-Vitense 5-1 ist ein Fund der deutsch-amerikanischen Astrophysikerin Erika Böhm-Vitense auf Platten mit dem 20"-Carnegie-Astrograph des Lick Observatory. Sie war auf der Suche nach Galaxien in der »Zone of Avoidance« nahe der galaktischen Ebene. Die zweilettrige Abkürzung geht also nicht wie bei anderen PN auf mehrere Entdecker zurück, sondern auf den Doppelnamen der Entdeckerin. Die Katalogbezeichnung 5- erhielt der Nebel, weil er in der 5. Tabelle der Entdeckungspublikation steht – es gibt keine Kataloge mit den Bezeichnungen BV 1- etc.

Jim Kaler nannte BV 5-1 ein »entschieden seltsam aussehendes Objekt«, »überhaupt nicht wie ein normaler Planetarischer Nebel«. Er hielt ihn für ein seltenes Beispiel eines PNs, der von sehr massereichen Sternen erzeugt wurde. Die Masse des Progenitors wird aktuell mit 3-4 Sonnenmassen angegeben, die derzeitige Sternmasse mit mindestens 0,63 Sonnen – eigentlich nicht so große Werte. Die Oberflächentemperatur beträgt sehr hohe 170.000K.

Die Gestalt des Nebels wurde von Josselin & Bachiller als helle Äquatorebene interpretiert, die senkrecht auf der Symmetrieachse des Nebels steht. Außerdem existiert ein Ring molekularen Gases, der Edge-On zu unserer Sichtlinie orientiert ist. Das Spektrum zeigt starke Emission in [NII], 4-fach so stark wie Hα. Das Alter wird mit 2400 Jahren beziffert. Die helle Zentralregion misst 42 × 10", der Halo reicht bis 104".

BV 5-1 ist visuell kein leichtes Objekt. Steve Gottlieb gelang eine Sichtung mit 13". Der Autor tat sich mit 14" Öffnung schwer, mit UHC-Filter war der Nebel sehr schwach, der Anblick erinnerte an eine schwache Galaxie. Auch mit 20" Öffnung war der UHC die beste Filterwahl, wobei die starke Elongation zum Vorschein kommt. Mit 27" konnte Uwe Glahn dagegen die seltsame gebogene Form erkennen.

Böhm-Vitense 5-1 mit 20" Öffnung, 333×, UHC, 20^{m}9 SQM. Ronald Stoyan

Humason 1-1

Humason 1-1 ist ein nur 8 × 5" kleiner Planetarischer Nebel im Sternbild Kassiopeia. Er wurde von Milton L. Humason am 9.11.1920 entdeckt, als dieser Aufnahmen mit der 10"-Cooke-Kamera am Mount Wilson durchführte. Er nannte eine Helligkeit von $13^{m}0$ und eine Größe von 5". Am 9.12. desselben Jahres, also genau einen Monat später, beobachtete Edwin Hubble den Nebel visuell mit dem 60"-Spiegel des Observatoriums. Er erschien ihm als kleine Scheibe von 5" Durchmesser, fast kreisrund. D. A. Allen berichtete eine Größe von 11 × 9", nachdem er den Nebel ebenfalls visuell beobachtet hatte, diesmal mit dem riesigen 100"-Teleskop, damals das größte der Welt.

Der kompakte Nebel besteht aus hoch angeregter Materie, Hα und [OIII] sind dominant; HeII ist ebenfalls vorhanden. Zum Zentralstern sind kaum Daten bekannt.

Visuell ist Hu 1-1 ein schönes Objekt für mittlere und große Teleskope. Mit 14" Öffnung lässt sich der Nebel gut durch einen [OIII]-Filterblink in einem attraktiven Sternfeld identifizieren. Bei 350× erscheint eine 7-8" große, runde, angedeutet ringförmige Scheibe. Mit 20" Öffnung bei 540× ist der Ring deutlich und außen diffus, innen scharf begrenzt. Der Nebel wirkt sehr hell und reagiert stark auf den [OIII]-Filter.

Humason 1-1. Mark Lowenthal

Hu 1-1, PNG 119.6-06.7, VV 3, PK 119-6.1

Nebel	Zentralstern	Intensitäten	
M. Humason	GSC2 N3113112342	HeII	21
9.11.1920	00:28:15.6	Hβ	100
	+55:57:54.72	[OIII]	1296
5"	–	Hα	411
$12^{m}4$	–	[NII]	275
isDSA/G 15-32	24.600 Lj (2010)	[SII]	

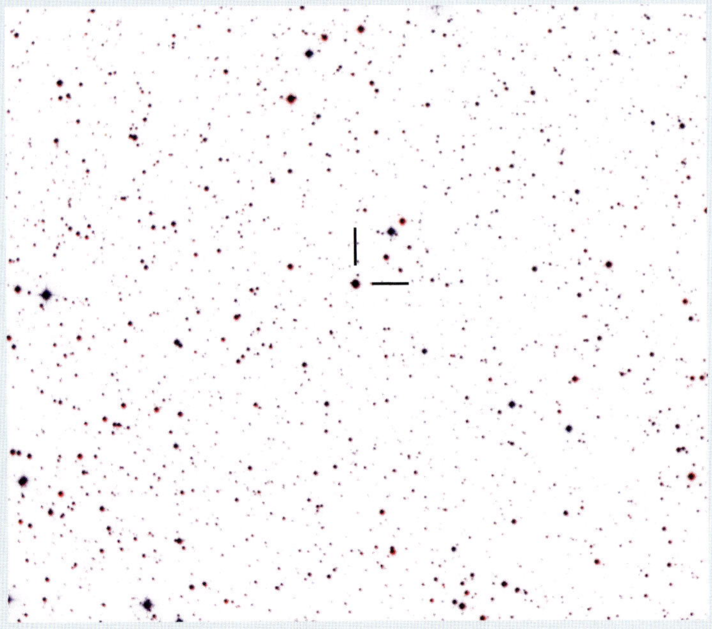

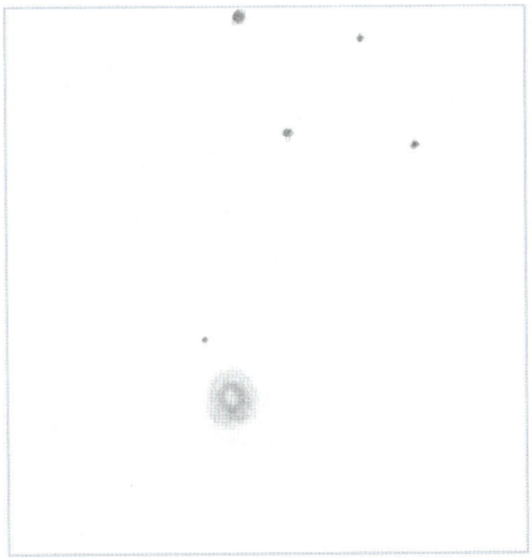

Humason 1-1 mit 20" Öffnung, 666×, $20^{m}9$ SQM. Ronald Stoyan

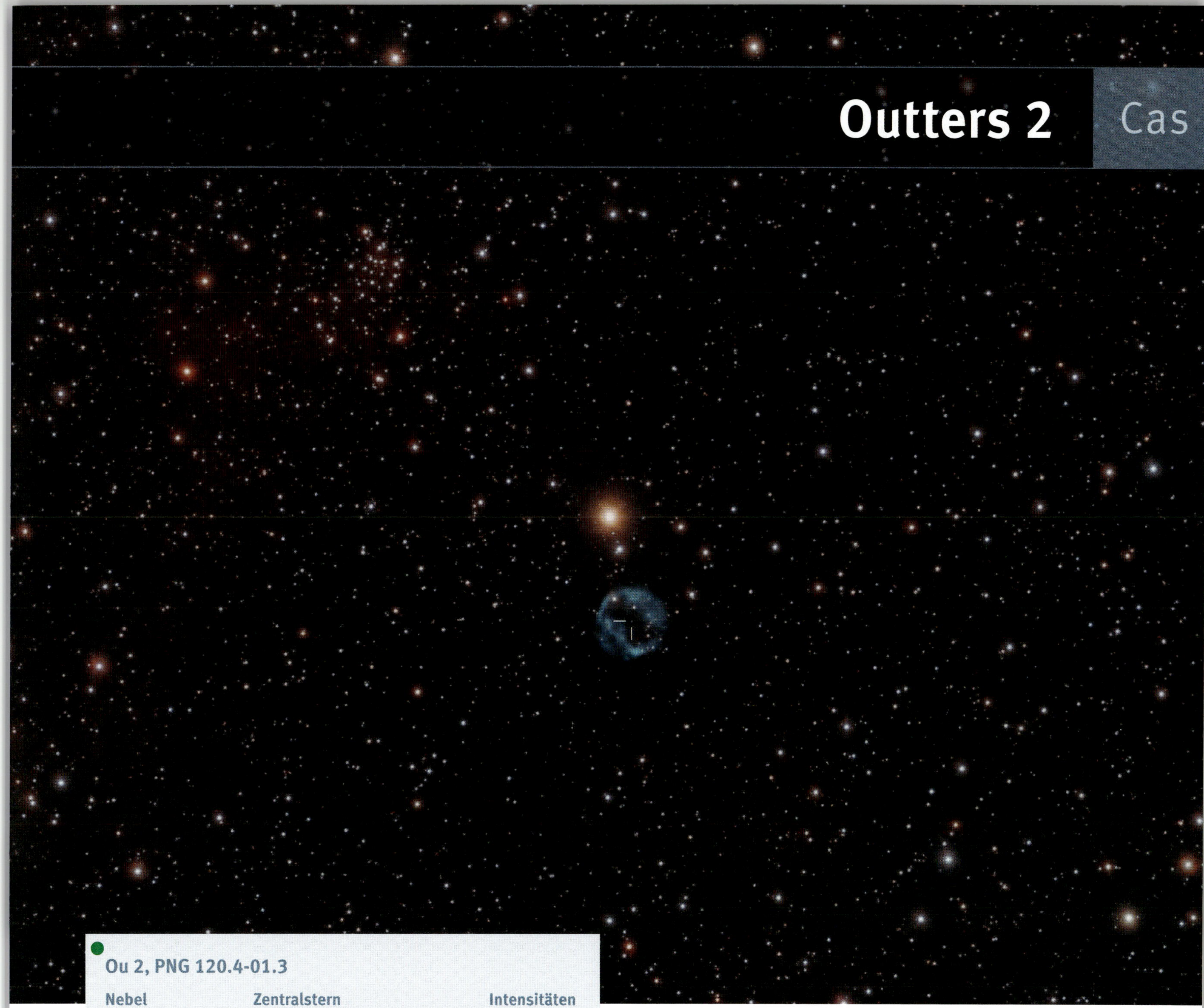

Outters 2

Outters 2 und NGC 136 (oben links). Richard Hennig

Ou 2, PNG 120.4-01.3

Nebel	Zentralstern	Intensitäten	
N. Outters	Gaia DR2 430204780732841600	HeII	
Nov. 2010	00:30:57.16	Hβ	8
	+61:24:37.40	[OIII]	100
78"	19^m3_{Gaia}	Hα	40
–	PG1159	[NII]	2
isDSA/G –	4240 Lj (Gaia DR2)	[SII]	

Outters 2 ist ein Zufallsfund des französischen Astrofotografen Nicolas Outters bei der Aufnahme des nahen Galaktischen Nebels Sh 2-173. Nachdem er 41 Stunden für den Hα-Kanal belichtet hatte, entdeckte er in den Daten einen rundlichen Nebel von 76" oder 78" Durchmesser 7' südwestlich des Offenen Sternhaufens NGC 136.

Nach Bond et al. ist der 19^m3 schwache Zentralstern Gaia DR2 430204780732841600 mit 170.000K sehr heiß, er gehört der Klasse der PG 1159-Sterne an. Entsprechend ist der umgebende Nebel stark angeregt und strahlt besonders im Licht der [OIII]-Linie.

Trotzdem ist der Nebel kein leichtes Objekt für die visuelle Beobachtung. Der Autor konnte den Nebel mit einem 20"-Teleskop nicht sehen, aber den Stern am Nordrand deutlich wahrnehmen. Uwe Glahn gelang es dagegen, Outters 2 unter exzellentem Alpenhimmel mit 27" als ringförmiges Objekt zu erfassen. Der helle Stern BD+60°63 direkt nördlich des Nebels (8^m4) stört den Anblick empfindlich.

Für Fotografen ist der PN hingegen ein lohnendes Ziel auch aufgrund der abwechslungsreichen Umgebung.

Sharpless 2-176

Sharpless 2-176. Peter Goodhew

Sh 2-176, PNG 120.2-05.3, LBN 597, PK 120-5.1

Nebel	Zentralstern	Intensitäten	
S. Sharpless	WD 0029+571	HeII	
1959	00:31:48.6	Hβ	
	+57:22:58.37	[OIII]	
720"	$18^{m}6_{vis}$, $18^{m}5_{Gaia}$	Hα	100
–	sdO	[NII]	59
isDSA/G 8	3620 Lj (Gaia EDR3)	[SII]	76

Sharpless 2-176 wurde 1959 von Stewart Sharpless auf Aufnahmen mit der 48"-Schmidtkamera des Mt. Palomar-Observatoriums entdeckt. Zwischenzeitlich war der Nebel als HII-Region, alter Supernovarest oder sogar als Reflexionsnebel angesehen worden. Erst Sabbadin et al. fanden 1977 durch Spektroskopie an der Sternwarte von Asiago heraus, dass es sich um einen PN handelt; allerdings gingen sie von einem $11^{m}4$ hellen Zentralstern aus. Tatsächlich ist dieser nur $18^{m}6$ schwach – ein Weißer Zwerg. Die Entfernung wurde vor Gaia mit etwa 490 Lichtjahren angegeben, laut Gaia ist Sh 2-176 aber 7-mal so weit entfernt.

Sh 2-176 ist offensichtlich ein alter Nebel, mindestens 24.000 Jahre werden genannt. Die Expansionsgeschwindigkeit des Nebels beträgt 19 km/s. Es ist nur noch nennenswerte Strahlung in den roten Wellenlängen von Hα, [NII] und [SII] vorhanden, wobei ersteres überwiegt. In Richtung Südwesten ist deutlich die Kante einer Schockfront zu sehen, hier »pflügt« der Nebel durch das interstellare Medium und reagiert mit diesem in der Richtung seiner Ausdehnung.

Aufgrund der spektralen Charakteristik sind visuelle Beobachtungen des Nebels äußerst schwierig. Der Autor hatte mit einer Öffnung von 20" keinen Erfolg. Dagegen gelang dem amerikanischen Beobachter Doug Snyder mit derselben Öffnung eine Sichtung.

Der Astrofotograf David Elmore entdeckte im Sommer 2024 einen PN-Kandidat etwa 45' südwestlich von Sh 2-176. Der runde Nebel ist etwa 3' groß und trägt die PNG-Bezeichnung 119.5-05.7

Huet 2, PNG 121.7+11.4

Nebel	Zentralstern	Intensitäten	
L. Huet	nicht katalogisiert	HeII	
Okt. 2016	00:33:57.40	Hβ	20
	+74:18:40.00	[OIII]	100
120 × 96"	–	Hα	
–	–	[NII]	
isDSA/G –	–	[SII]	

Huet 2. Peter Goodhew

Huet 2

Cas

Huet 2, manchmal auch Hu 2 abgekürzt, was zu Verwechslungen mit den von Humason entdeckten Objekten führen kann, wurde vom französischen Amateurastronom Laurent Huet im Jahr 2016 gefunden. In der Folge wurde durch Pascal Le Dû am Observatoire Kermerrien ein Spektrum aufgenommen, das schwache Hα-Emission, aber starke Strahlung in den [OIII]-Linien aufweist. Ebenso ist Hβ und HeII vorhanden.

Der extrem schwache Zentralstern ist als winziges blaues Objekt gerade so sichtbar auf tiefen Fotos und dem Siding Spring Survey.

Uwe Glahn gelang mit 27" in den Hochalpen keine visuelle Sichtung.

We 1-1, PNG 121.6+03.5, PK 121+3.1

Nebel	Zentralstern	Intensitäten	
R. Weinberger	nicht katalogisiert	HeII	–
1977	00:38:54.05	Hβ	–
	+66:23:49.3	[OIII]	56
19"	› 20^m	Hα	100
22^m	–	[NII]	80
isDSA/G –	18.900 Lj (2010)	[SII]	

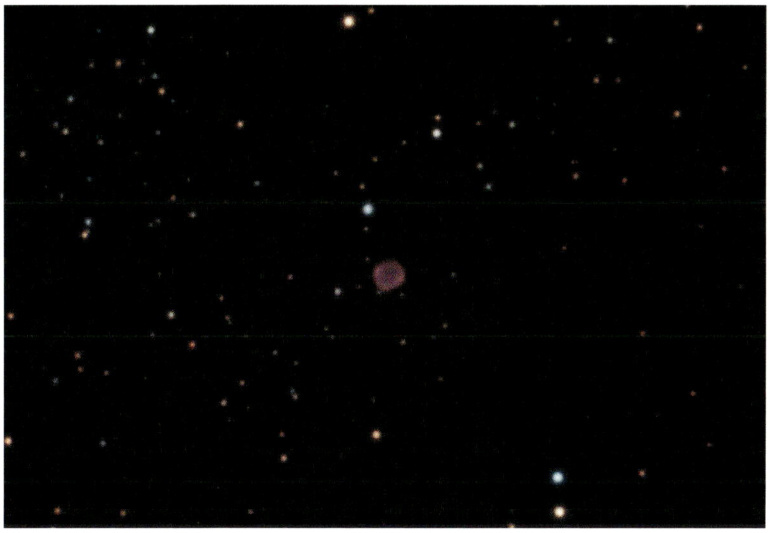

Weinberger 1-1. James Shuder

Weinberger 1-1

Cas

Weinberger 1-1 wurde als »Beifang« auf der Suche nach Galaxien in der galaktischen Ebene von Ronald Weinberger auf dem POSS entdeckt. Die Größe wurde von ihm mit 22 × 16" gemessen. In der Veröffentlichung zur Entdeckung wird die Gesamthelligkeit des Nebels mit 15^m3 im roten und $>20^m4$ im blauen Spektralbereich angegeben. Nach Peyrera expandiert der Nebel mit 22 bis 31 km/s in den umgebenden Raum.

Der kaum erkennbare Zentralstern ist nach Weinberger schwächer als 20^m0 im Roten und 21^m2 im Blauen. Es sind keine weiteren Einzelheiten bekannt. Stanghellini und Haywood gaben 2010 eine Entfernung von fast 19.000 Lichtjahren, neuere Werte sind nicht bekannt.

Uwe Glahn nennt We 1-1 ein sehr schweres Objekt mit einer Öffnung von 27" unter alpinen Bedingungen.

Cas

Böhm-Vitense 5-2

Böhm-Vitense 5-2. Gary Imm, James Shuder (Inset)

BV 5-2, PNG 121.6-00.0, Sh 2-179, PK 121+0.1

Nebel	Zentralstern	Intensitäten	
E. Böhm–Vitense	GSC2 N311233218113	HeII	–
1956	00:40:20.9	Hβ	100
	+62:51:28.80	[OIII]	740
40"	$21^{m}5$vis	Hα	452
–	–	[NII]	381
isDSA/G 8	26.500 Lj (2010)	[SII]	

Böhm-Vitense 5-2 gehört zu den drei von Erika Böhm-Vitense 1956 publizierten Objekten. Sie entdeckte sie auf Aufnahmen mit dem 20"-Carnegie-Astrograph des Lick Observatory, auf denen sie nach Galaxien hinter der Milchstraße in der so genannten »Zone of Avoidance« suchte. Unabhängig davon entdeckte der amerikanische Astronom Stewart Sharpless den Nebel Ende der 1950er Jahre auf dem POSS, der mit einem 48"-Schmidt-Teleskop aufgenommen worden war. Sharpless trug ihn unter der Nummer 179 in seinen 1959 veröffentlichten Katalog von HII-Regionen ein.

Auch heute ist nicht abschließend geklärt, ob es sich um einen Planetarischen Nebel oder eine HII-Region handelt. Die HASH-Datenbank spricht von einem möglichen PN und bezeichnet ihn als »bow-shock nebula«. Im Spektrum ist [OIII] stärker als Hα – was für einen hohen Anregungsgrad und die Natur als Planetarischer Nebel spricht. Dagegen spricht die seltsame Form – im Infraroten setzen sich die diffusen Ausläufer nach Norden noch weiter fort.

Die Größe ist nicht ganz klar. Sharpless nannte 1'. Aktuelle Daten geben 40" oder 63". Nach Kent Wallace hat der innere Zentralbereich 19 × 15", während die Ausläufer 64 × 57" erreichen.

Der Autor konnte BV 5-2 mit 16" Öffnung nicht erkennen. Dagegen liegen positive Sichtungen von Matthias Kronberger (15"), Uwe Glahn (16"), Steve Gottlieb (17,5") und Kent Wallace (20") vor.

Abell 2

Abell 2. Jerry Macon

A 2, PNG 122.1-04.9, PK 122-4.1

Nebel	Zentralstern	Intensitäten	
Entdecker	GSC2 N311312254909	HeII	39
unbekannt	00:45:34.7	Hβ	100
vor 1955	+57:57:34.88	[OIII]	1057
33 × 29"	20^m1_{vis}, 19^m9_{Gaia}	Hα	530
14^m5	–	[NII]	54
isDSA/G 15-34	5120 Lj (Gaia EDR3)	[SII]	27

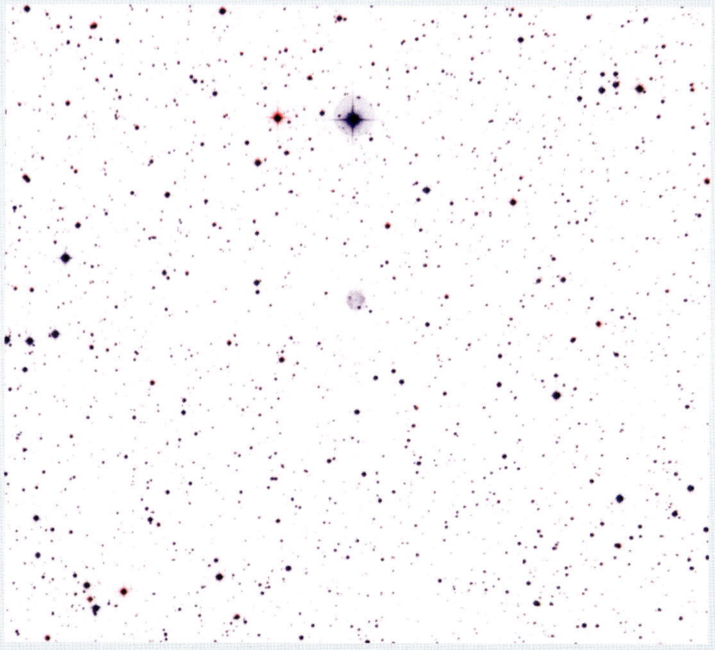

Abell 2 steht nur 0,5° von μ Cas entfernt und befindet sich mit dem bekannten »Pacman-Nebel« NGC 281 in attraktiver Umgebung. Der Entdecker ist unbekannt, da George O. Abell bei der Erstellung seiner Kataloge 1955 und 1966 nicht nur auf eigene Funde zurückgriff, seine Quellen aber nicht offenbarte.

Hsia et al. beschreiben die Struktur des Nebels mit zwei konzentrischen Schalen:

- hellere innere Schale 37,4 × 31,2"
- diffusere äußere Schale 52,3 × 47,6"
- Halo, nur im infratoren Spektralbereich, 92"

Balick et al. vergleichen die Morphologie von Abell 2 mit der von NGC 6894 und IC 1454, sehen aber vor allem eine »bestechende Ähnlichkeit« mit NGC 2022.

Beide Schalen sind im Positionswinkel 33° angeordnet. Die innere Schale mit Emission in Hα, [OIII], and [NII] besitzt eine klar definierte Grenze und ist geringer angeregt als die äußere Schale, nach Hsia et al. außergewöhnlich bei Planetarischen Nebeln. Nach Guerrero et al. könnte dies auf einen Wolf-Rayet-artigen Zentralstern hinweisen: In diesem »Born-Again«-Szenario eines engen Doppelsterns mit Massentransfer würde ein schon existierender Planetarischer Nebel durch den Sternwind der zweiten, sich später entwickelnden Komponente neu belebt. Die durch den Sternwind neu entfachten Schockfronten könnten dann zu einer umgekehrten Ionisationsstruktur des Nebels führen. Aktuell ist der 20^m1 schwache Zentralstern jedoch nicht als Wolf-Rayet-Stern bekannt, die Daten von 78.000K Oberflächentemperatur und 0,6 Sonnenmassen sprechen eher dagegen.

Bei einer Expansionsgeschwindigkeit von 34 km/s wird ein Alter des Nebels von 9800 Jahren angenommen. Unklar ist die Distanz; vor Gaia ermittelten verschiedene Autoren Werte zwischen 9100 und 12.000 Lichtjahren, der von Gaia gefundene Wert liegt bei der Hälfte davon.

Visuelle Beobchtungen sind mit 8" Öffnung dokumentiert. Im 14"-Teleskop des Autors erschien Abell 2 als kleine runde Scheibe mit einer besser definierten westlichen Seite. Mit 20" Öffnung war der Eindruck eher homogen, eine Ringform konnte nicht erkannt werden. Ein schwacher Stern sitzt ohne Filter auf dem Südwestrand des Nebels.

Cet

NGC 246 Skull Nebula

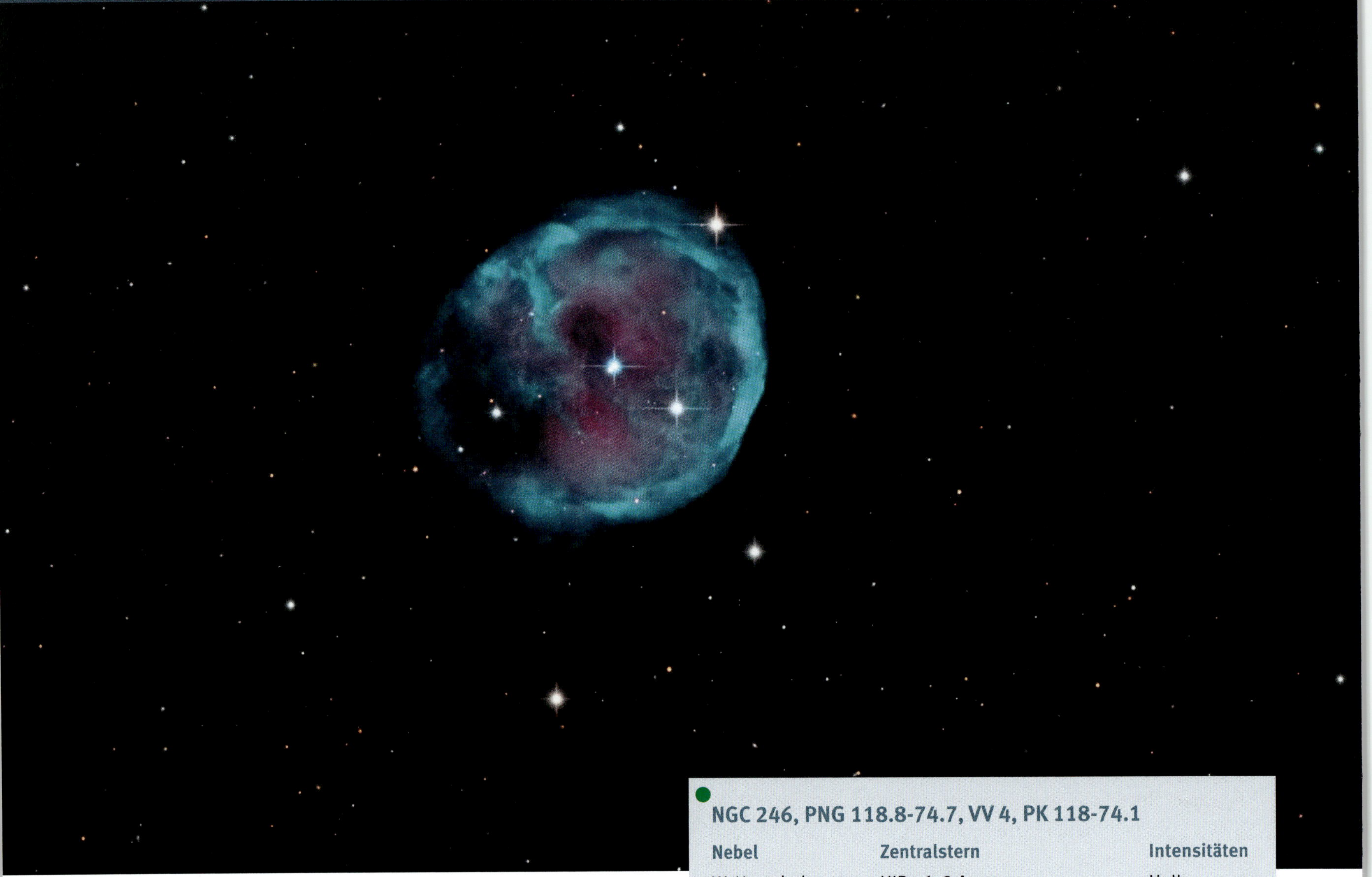

NGC 246. Chart 32

NGC 246, PNG 118.8-74.7, VV 4, PK 118-74.1

Nebel	Zentralstern	Intensitäten	
W. Herschel	HIP 3678 A	HeII	94
27.11.1785	00:47:03.3	Hβ	100
	−11:52:19.06	[OIII]	549
260 × 227"	11^m8	Hα	228
10^m4	PG1159	[NII]	–
isDSA/G 75-2	1810 Lj (Gaia EDR3)	[SII]	

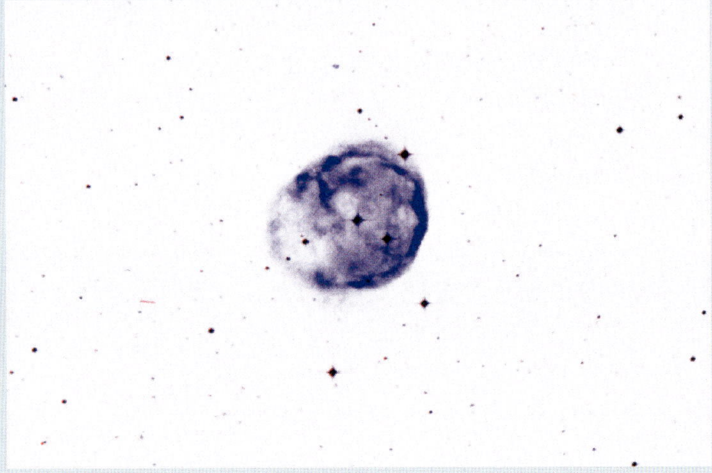

Historie

W. Herschel entdeckte NGC 246 am 27.11.1785 mit seinem 18,7" f/13 Metallspiegel-Teleskop. Er beschrieb »vier oder fünf ziemlich große Sterne, ein Trapez von etwa 5' Durchmesser bildend. Der davon eingenommene Raum ist mit schwach begrenztem milchigem Nebel gefüllt. Die Sterne scheinen keine Verbindung zum Nebel zu haben.« William Lassell, bei größerer Horizonthöhe von Malta aus beobachtend, sah »einen großen elliptischen Nebel mit dunklen Aussparungen«. Isaac Roberts, der Pionier der Astrofotografie, glaubte eine Spiralform zu erkennen.

Heber D. Curtis fasste die Morphologie 1918 so zusammen: »Zentralstern von 9^m5; ein irgendwie unregelmäßiges Oval, am hellsten auf der westlichen Seite. Rand klar gezogen, mit dem Effekt eines zerbrochenen Rings. Sehr

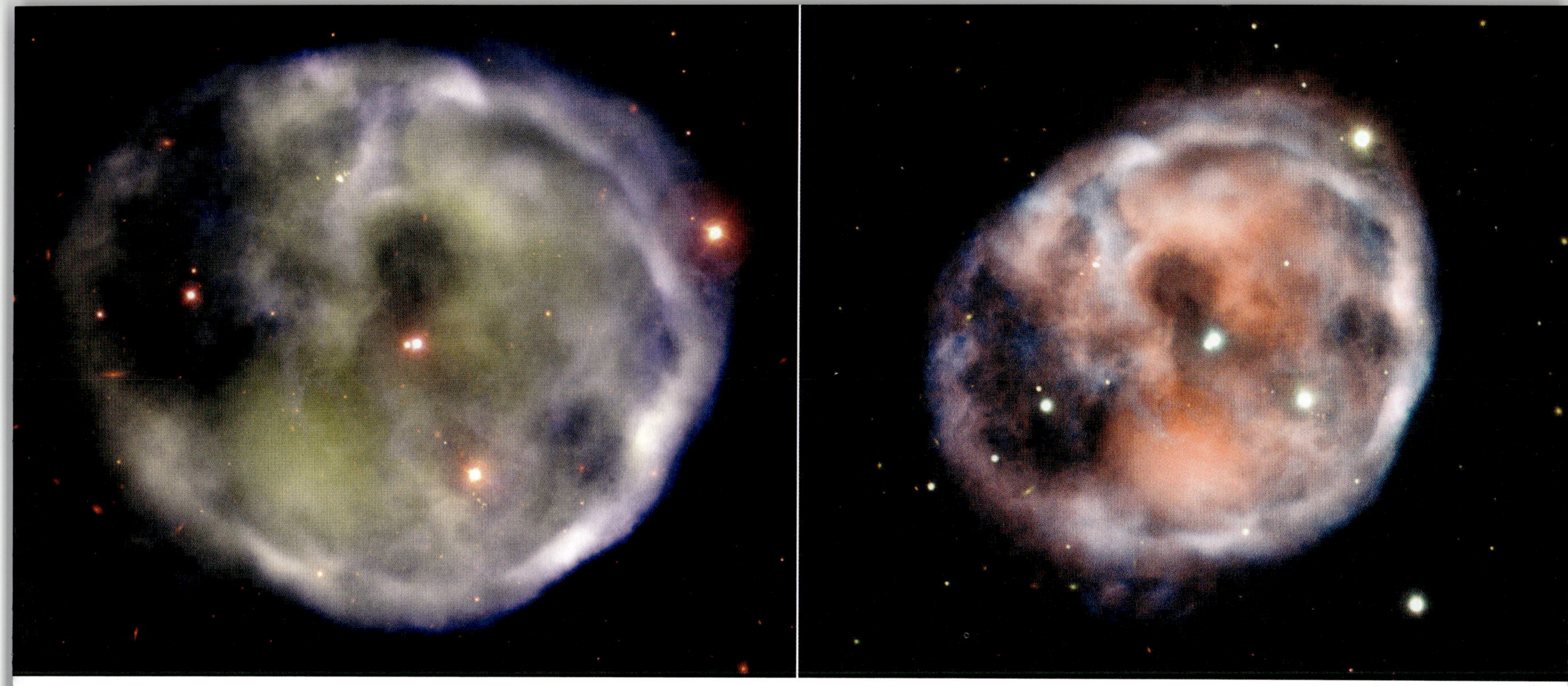

NGC 246. International Gemini Observatory (links), Very Large Telescope (ESO, rechts)

schwache unregelmäßige Materie im inneren Bereich. Der Zentralstern ist bläulich, und deutlich heller fotografisch als visuell.«

Astrophysik

Mit einer Entfernung von nur 1800 Lichtjahren ist NGC 246 einer der nächsten Planetarischen Nebel. Er befindet sich bei einer galaktischen Breite von –75° – Szentgyorgyi et al. sprechen von einem Mitglied der »dicken Scheibe unterhalb der galaktischen Ebene«, der Abstand zu letzterer beträgt nahezu gleich viel wie die Entfernung zu uns.

Die Größe beträgt 260 × 227" im Positionswinkel 122°. Dies entspricht einer physischen Ausdehnung von 2,2 × 1,8 Lichtjahren. Der Nebel bewegt sich nach Muthu et al. in Richtung Nordwest, was an der Schockfront zu erkennen ist, die sich an seinem Rand in dieser Richtung gebildet hat, mit einer Geschwindigkeit von 85 km/s. Die Expansionsgeschwindigkeit des Nebels selbst ist 14 bis 19 km/s, wobei geringere Werte in der Bewegungsrichtung gemessen werden. An der Westseite des Nebels ist auch dessen Temperatur am höchsten. Das Alter wird mit 6600 bis 8000 Jahren beziffert.

Szentgyorgyi et al. beschreiben eine »klumpige Struktur mit einer Anzahl heller Knoten im UV-Licht«. Diese Details gehen auf Instabilitäten zurück, die bei der Expansion des Nebels entstanden sind. Im zentralen Körper fällt eine bipolare Struktur auf, die wie die Ziffer 8 aussieht. Sie hebt sich auf vielen Fotos diffus-rot von den definiert-blaugrünen Filamenten ab. Hier trifft der Wind des Zentralsterns auf die Materie des Nebels und interagiert mit ihr. Szentgyorgyi et al. sehen mehrere Erklärungshypothesen für die Struktur des Nebels, wie ein »Rasensprenger-Muster« ähnlich dem im Helixnebel, eine erdnussförmige Höhle mit einer dichten Schale und eine bikonische Aushöhlung, die bis zum Rand des Nebels reicht.

Besondere Aufmerksamkeit gebührt dem Zentralstern-System. Es besteht aus drei optisch trennbaren Komponenten, die auch als Mehrfachstern Cudworth 1 katalogisiert sind:

- HIP 3678 A: $11^{m}8$, der eigentliche Zentralstern
- HIP 3678 B: $14^{m}2$, ein Begleiter 3,9" südöstlich von A in PW 130°, 0,9 Sonnenmasse, Spektrum G8-K0
- HIP 3678 C: zweiter Begleiter 1" nordöstlich von A, 0,1 Sonnenmasse, Spektrum M

Der eigentliche Zentralstern, auch als WD 0044-121 katalogisiert, ist ein mit 150.000K sehr heißer Stern vom Typ PG1159. Er besitzt aktuell 0,84 Sonnenmassen, sein Progenitor kam auf etwa 4 Sonnenmassen.

Bond und Ciardullo konnten schon 1999 anhand von spektroskopischen Messungen des hellen Begleiters die Entfernung zu NGC 246 mit 1600 Lichtjahren bestimmen

NGC 246,Hubble Space Telescope. NASA, ESA, J. Westphal (California Institute of Technology), und K. Werner (Eberhard Karls Universitat); Bearbeitung: Gladys Kober (NASA/Catholic University of America)

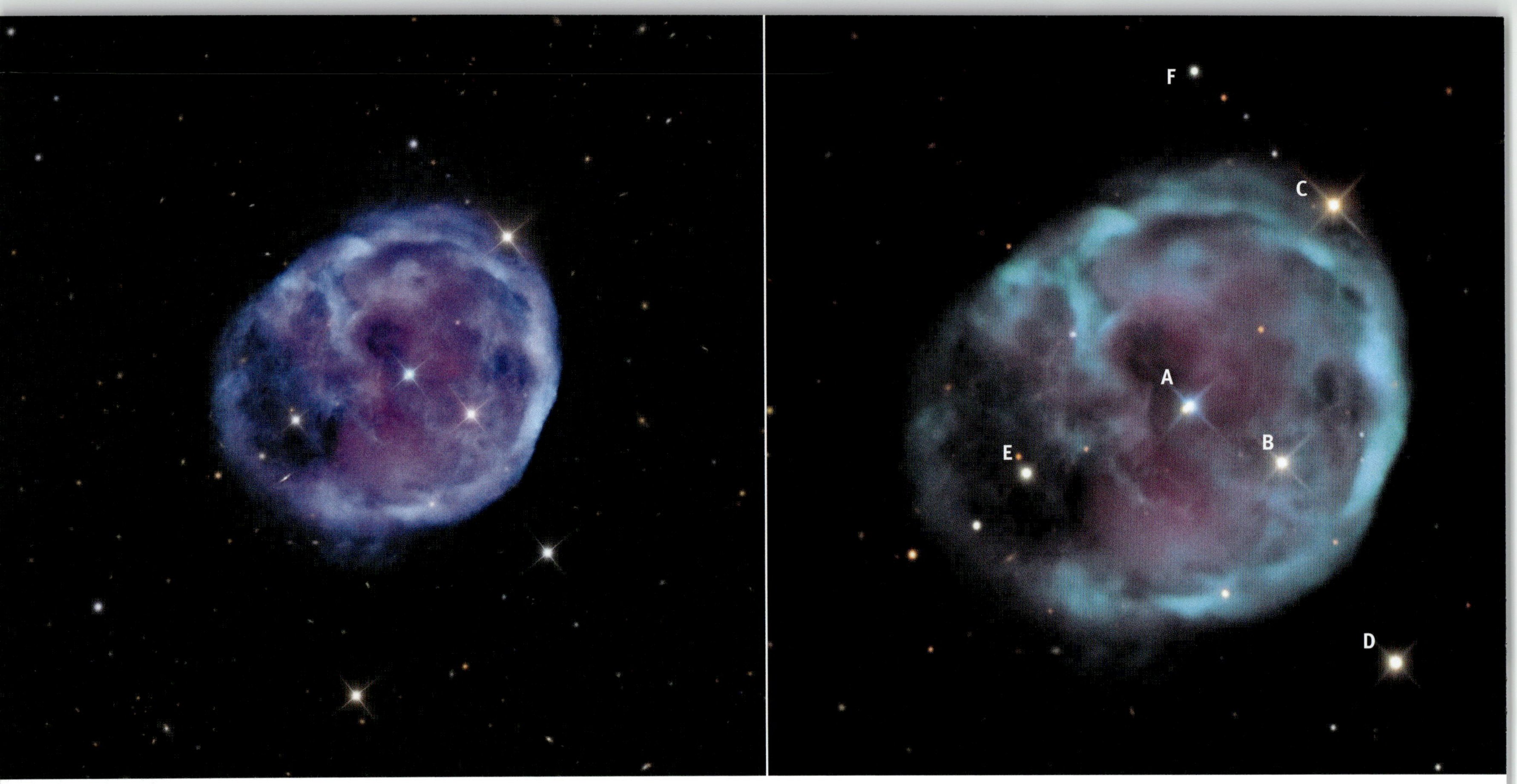

NGC 246, Mike Selby (links), Adam Block (rechts)

– erstaunlich nahe am modernen Gaia-Wert. Nach Adam und Mugrauer ist Stern B ein echter Begleiter in etwa 2000 AE Entfernung, Komponente C steht in nur 500 AE. Der Massenverlust von A hat demnach zur Expansion des Mehrfachsystems um den Faktor 3 geführt. Gleichzeitig war der Abstand der Komponenten groß genug, dass die Begleiter Einfluss auf die Entstehung des Planetarischen Nebels hätten haben können. Der Zentralstern steht heute etwa 10" außerhalb des Zentrums des Nebels, aufgrund der unterschiedlich starken Expansion der Nebelmaterie.

Die weiteren Sterne im Nebel, auch der helle Stern südwestlich des Zentralsystems von $11^{m}6$, haben physisch nichts mit NGC 246 zu tun. James O'Meara spekulierte über die Variabilität des Zentralsterns und der Felsterne, es sind aber keine Veränderlichen bekannt. Die Helligkeiten der Sterne sind nach Simbad:

- A $11^{m}8/14^{m}2$
- B $11^{m}6$
- C $11^{m}4$
- D $12^{m}4$
- E $13^{m}6$
- F $15^{m}5_{b}$

Beobachtung

Caldwell 56, die im englischen Sprachraum gebräuchliche Bezeichnung nach dem Katalog des britischen Fernseh-Astronomen Patrick Moore (er verwendete den Nachnamen seiner Mutter), ist die Nummer 53 in den Herschel 100. 80mm Öffnung reichen unter guten Bedingungen schon aus für eine Sichtung, allerdings sollte der Himmel wenig von Lichtverschmutzung betroffen sein, da die nicht allzu hohe Flächenhelligkeit des Nebels diesen sonst schnell zum Verschwinden bringt.

Schon 120mm Öffnung zeigen unter gutem Himmel zu viel, als dass alle Details genau beschrieben werden könnten. Der westliche Rand ist hell und durchgehend – im Gegensatz zur östlichen Seite, die fragmentiert erscheint. Der innere Bereich wird von feinem Nebel überzogen, drei Sterne sind im Nebel zu erkennen, darunter der Zentralstern. Mit 14" Öffnung ist der randliche »Wulst« um drei Viertel des Nebels wahrzunehmen, er fehlt nur an der südöstlichen Seite, wo ein schwacher Stern erscheint. Dunkle Löcher zergliedern den Nebel. UHC- oder [OIII]-Filter sind für diese Strukturen hilfreich.

Der Zentralstern konnte von Michael Kerr (25") und Uwe Glahn (27") visuell getrennt werden, Yann Pothier sah ihn mit 17,5" länglich.

NGC 246 mit 20" Öffnung, 114×, $21^{m}7$ SQM. Ronald Stoyan

WeSb 1, PNG 124.3-07.7, PK 124-7.1

Nebel	Zentralstern	Intensitäten	
R. Weinberger,	ATO J015.2254+55.0666	Hell	–
F. Sabbadin	01:00:54.10	Hβ	100
1981	+55:04:00.0	[OIII]	600
150"	$14^{m}5$–$14^{m}9$, $14^{m}8_{Gaia}$	Hα	653
$14^{m}1_{r}$	–	[NII]	–
isDSA/G –	12.030 Lj (Gaia EDR3)	[SII]	

Weinberger-Sabbadin 1 wurde 1981 von Ronald Weinberger und Franco Sabbadin auf dem POSS entdeckt. Die Entdecker notierten einen auf den roten Platten »regelmäßigen Halbring mit einer mittleren Dicke von 15".« Auf dem blauen POSS war der Nebel unsichtbar. Rosado und Moreno registrierten Emission in Hα, [NII] und [OIII] und bestätigten die Ringstruktur. Sie charakterisierten den Nebel als »sphärische Schale«. Von Pereyra et al. stammt die Expansionsgeschwindigkeit von 25 km/s.

Der Zentralstern ist ein langperiodischer Veränderlicher mit Werten zwischen $14^{m}5$ und $14^{m}9$. Er wurde im Rahmen der ATLAS-Durchmusterung im Jahr 2018 gefunden. Dafür wurde das »Asteroid Terrestrial-impact Last Alert System«, das eigentlich erdnahe Kleinplaneten aufspüren soll, »zweckentfremdet«.

Es liegen keine erfolgreichen visuellen Sichtungen vor.

Weinberger-Sabbadin 1. Andreas Bringmann

MoMiJi 1, PNG 126.0-02.7

Nebel	Zentralstern	Intensitäten
S. Mohan, U. Mis-	Gaia DR 510333687773233792	Hell
hra, M. Jimenez	01:16:44.66	Hβ
2020	+60:00:52.70	[OIII]
300"	$15^{m}9$	Hα
–	–	[NII]
isDSA/G –	8180 Lj (Gaia EDR3)	[SII]

Mohan-Mishra-Jimenez 1 wurde erst im Jahr 2020 gefunden. Die Entdeckung ist eine indisch-spanische Koproduktion der Amateurastronomen Sankalp Mohan, Utkarsh Mishra und Manuel Jimenez. Die drei Astrofotografen hatten sich über die Astrofoto-Plattform Astrobin kennengelernt und gemeinsam Fotos erstellt. Auf einer der Aufnahmen wurde der Nebel gefunden.

MoMiJi 1 ist etwa 5' groß und strahlt vor allem im Hα-Licht. Die Natur als Planetarischer Nebel ist aktuell noch nicht sicher. Die Entdecker haben den Stern Gaia DR3 510333687773233792 als möglichen Zentralstern ausgemacht. Es handelt sich um einen $15^{m}9$ hellen Bedeckungsveränderlichen. Stimmt die Identifikation, hätte der PN einen Abstand von etwas mehr als 8100 Lichtjahren.

Es sind keine visuellen Beobachtungsversuche bekannt.

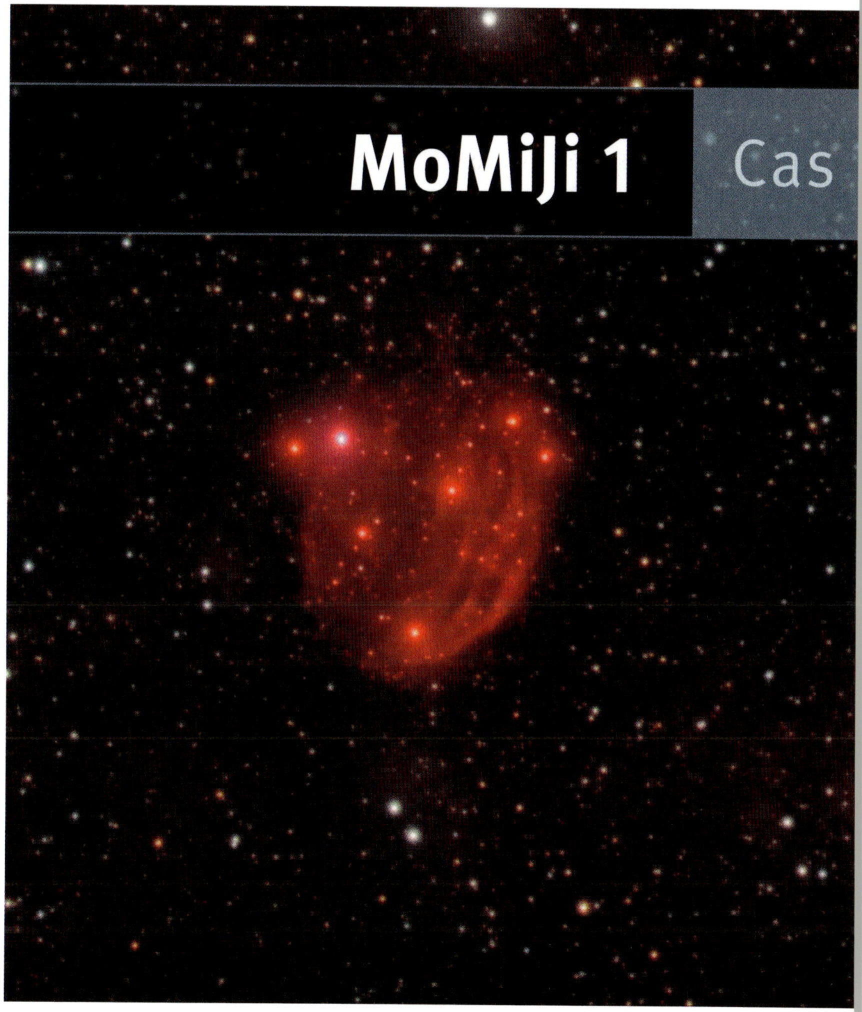

Mohan-Mishra-Jimenez 1. Peter Goodhew

IPHASX J012507.9+635652 Príncipe de Asturias Nebula

IPHASX J012507.9+635652 machte im Jahr 2003 Schlagzeilen, als ihn eine Gruppe spanischer Forscher an der Sternwarte auf dem Roque de los Muchachos auf der Kanareninsel La Palma wiederentdeckte. Der Fund war die erste Entdeckung im Rahmen der IPHAS-Durchmusterung, der mit dem Isaac Newton Telescope gefunden wurde. Tatsächlich war das Objekt aber schon 1971 von Luboš Kohoutek mit der Schmidtkamera der Sternwarte in Hamburg-Bergedorf entdeckt worden. Kohoutek war zwar bei der Suche nach PN, stufte diesen Fund aber als HII-Region ein. Er beschrieb einen »ovalen, überbelichteten Nebel 15 × 10" in der Ausdehnung, mit zwei schwachen symmetrischen Ausbrüchen« auf der roten Platte, auf der blauen dagegen nur einen »schwachen kleinen Nebel, 6" im Durchmesser«.

Die Wiederentdecker um Janet Drew, Antonio Mampaso und Romano Corradi beschreiben den Nebel bestehend aus vier verschiedenen Elementen:

- innerer Ring von 6,4 × 2,6" in PW 160°
- elliptische Zentralregion von 6,6 × 13" in PW 100°
- helle innere Loben von >40" Duchmesser mit einer »Taille« von 13" in PW 170°
- sehr schwache Ausläufer, die in mehr als 100" Distanz vom Zentralstern reichen

Sie klassifizieren den Nebel als »quatropolar«, weil er zwei Sets von nicht aufeinander ausgerichteten Loben besitzt, und sehen Ähnlichkeiten zu M 2-46, M 1-75 und Abell 79. Die Gruppe entdeckte ebenfalls Hinweise auf eine Doppelstern-Natur des Zentralsterns. Das Alter wird mit 20.000 Jahren geschätzt.

Nach der Entdeckung wurde vorgeschlagen, den Nebel nach dem spanischen Kronprinzen zu benennen, da dieser kürzlich geheiratet hatte.

Der Nebel wurde erstmals im Rahmen dieses Buchprojekts von Amateurastronomen fotografiert. Es ist eine visuelle Beobachtung von Steve Gottlieb mit 48" Öffnung bekannt.

IPHASX J012507.9+635652. Richard Hennig

IPHASX J012507.9+635652, PNG 126.6+01.3, Kohoutek No. 8, IPHAS PN-1, Sab 4

Nebel	Zentralstern	Intensitäten
L. Kohoutek	Gaia DR2 512781539949346816	HeII
1971	01:25:07.95	Hβ
	+63:56:52.80	[OIII]
33 × 16"	18^m9_{Gaia}	Hα
14^m8	–	[NII]
isDSA/G –	10.000 Lj (Gaia EDR3)	[SII]

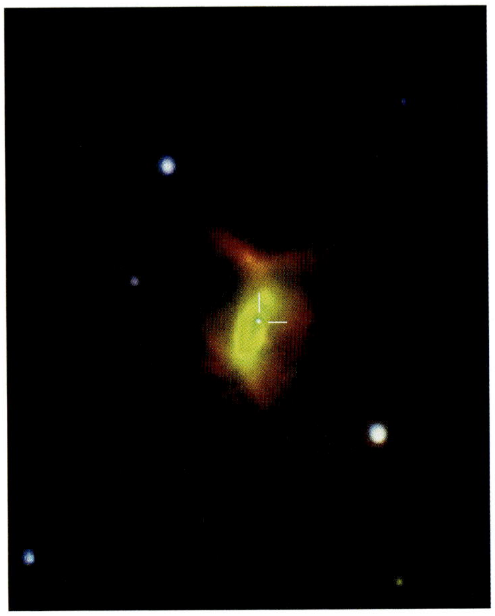

IPHASX J012507.9+635652. Drew et al.

Ghost of Pisces **Prestgard 8**

Pre 8, PNG 134.3-43.2

Nebel	Zentralstern	Intensitäten	
T. Prestgard	Galex J012636.1+185118	Hell	
2016	01:26:36.00	Hβ	
	+18:51:19.80	[OIII]	100
96"	$18^{m}1_{Gaia}$	Hα	40
–	–	[NII]	
isDSA/G –	15.100 Lj (Gaia EDR3)	[SII]	

Prestgard 8. Thomas Henne (oben), Bernhard Hubl (links unten)

Prestgard 8 wurde im Jahr 2016 vom norwegischen Amateurastronomen Trygve Prestgard gefunden. Prestgard war auf gezielter Suche nach weiteren Planetarischen Nebeln, nachdem er zuvor bereits einige gefunden hatte. Eine Gruppe von französischen Amateuren um Olivier Garde, Thierry Lemoult und Pascal Le Dû fertigte daraufhin ein erstes Spektrum am Observatoire AstroQueyras an, was die Natur als PN vorläufig bestätigte. Zudem wurde der blaue Zwerg Galex J012636.1+185118 als Zentralstern identifiziert.

Der runde Nebel weist einen Durchmesser von 1,5' auf. Er steht vor einem reichen Feld von interstellarem Cirrus, der auf tiefen Aufnahmen zum Vorschein kommt. 2' südlich stehen zwei schwache Galaxien, der Galaxienhaufen Abell 195 befindet sich 20' nördlich.

Matthias Kronberger sah Pre 8 visuell schon mit 15" Öffnung. Uwe Glahn konnte mit 27" Öffnung er den Nebel als runde Scheibe wahrnehmen. Der Zentralstern bleibt dagegen Astrofotografen vorbehalten.

Cas

Simeis 22

Leaping Dolphin Nebula, Shrimp Nebula, Firefox Nebula

Simeis 22. T.A. Rector/University of Alaska Anchorage, H. Schweiker/WIYN and NOIRLab/NSF/AURA

S 22, PNG 128.0-04.1, Sh 2-188, LBN 633, PK 128-4.1

Nebel	Zentralstern	Intensitäten	
V. Gase, G. Shajn	WD 0127+581	HeII	
1951	01:30:20.00	Hβ	
	+58:26:29.0	[OIII]	75
340"	17^m5_{vis}, 17^m4_{Gaia}	Hα	100
12^m1	DAO.6	[NII]	87
isDSA/G 15-36	3070 Lj (Gaia EDR3)	[SII]	

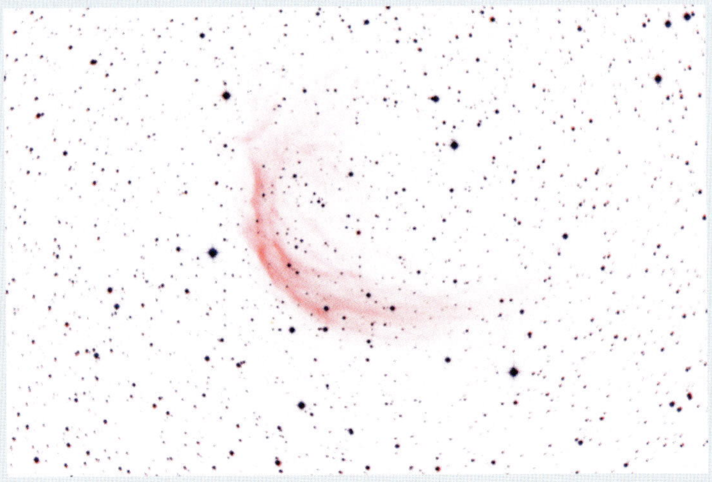

Simeis 22, auch unter den Bezeichnungen Simeiz 22, Sh 2-188 und LBN 633 bekannt, ist ein beeindruckend schöner sichelförmiger PN im Sternbild Kassiopeia. Er wurde 1951 von Vera Gase (auch: Gaze, Hase), Grigori Shajn (auch: Schain, Schajn, Shain) an der Simeis-Sternwarte auf der Krim entdeckt. Zunächst wurde Simeis 22 als HII-Region katalogisiert oder für einen Supernovarest gehalten.

Archipova und Lozinskaja stellten 1977 dagegen eine starke Ähnlichkeit mit Abell 21 fest: Das Spektrum ist das eines PN, der Nebel ist also kein SNR, sondern ein »gewöhnlicher Planetarischer Nebel«. Die russischen Autorinnen vermuteten auch einen Zentralstern von 17. Größe und erklärten die deutlich sichtbare Asymmetrie des Ne-

Simeis 22. Sternwarte Brentenriegel

bels durch eine Schockwelle. 1982 bestätigten Rosado und Kwitter die Einstufung als PN. Sie nannten eine Expansionsgeschwindigkeit von 45 km/s. Der Zentralstern wurde schließlich von Kwitter et al. 1988 nachgewiesen; es handelt sich wahrscheinlich um einen Doppelstern.

Warening et al. gelang 2006 der Nachweis der vollständigen Blase aus Gas auf der IPHAS-Durchmusterung. Sie erklärten das asymmetrische Aussehen durch die Bewegung des Zentralsterns durch das umgebende interstellare Medium mit einer Eigenbewegung von 125 km/s. Das Alter des Nebels gaben sie mit 22.500 Jahren an.

Visuell ist Simeis 22 aufgrund der dominierenden Hα-Emission ein sprödes Objekt. Martin Schoenball konnte den Nebel schon mit 10" Öffnung unter Alpenhimmel sichten. Der Autor notierte mit 14" ein »sehr diffiziles Objekt, bei 81× mit [OIII]-Filter scheinbar deutlich, von Nord nach West gekrümmte Sichel schwachen Nebels, aber bei 200× ohne Filter viele Sterne an der Stelle mit schwachem nebligen Untergrund, der ebenso wie der Nebel angeordnet ist«. Man darf sich also hier nicht verleiten lassen, durch im Nebelfilter verschmelzende schwache Sterne einen Nebel wahrnehmen zu wollen.

Mit größeren Teleskopen wird es einfacher, Nebel und Sterne zu trennen. Mit 20" Öffnung unter Alpenhimmel nahm der Autor eine Form wahr, die sehr dem blauen POSS-Bild ähnelt. Während der westliche Teil in eine Sterngruppe eingebettet ist, erscheint der östliche Teil frei von Sternen. Ein UHC-Filter brachte eine bessere Kontrastverstärkung als ein [OIII]-Filter, was angesichts des Spektums nicht verwunderlich ist. Fotografisch is eine Aufnahme im roten Bereich der Hα- und [NII]-Linien am lohnendsten.

Der schöne »Eulenhaufen« NGC 457, einer der schönsten Offenen Sternhaufen des Himmels, liegt 1,5° westlich.

Minkowski 1-1

Minkowski 1-1 wurde von dem deutsch-amerikanischen Astronomen Rudolph Minkowski 1946 auf Bildern entdeckt, die W.C. Miller mit dem 10" f /5,2 Weitfeld-Refraktor des Mount Wilson Observatory angefertigt hatte. Der Nebel ist sehr klein, die Abmessungen werden mit 7,0 × 6,5" gegeben. Die komplexe Gestalt wurde erst vom Hubble-Weltraumteleskop offenbart.

Shibata und Tamura interpretieren die sichtbaren Strukturen als bipolaren Nebel, auf den wir aus der Richtung einer der Pole blicken. Sie geben eine Expansionsgeschwindigkeit von 38 km/s. Aller et al. nennen 24 km/s, sie sprechen von »einem der am stärksten angeregten bekannten Planetarischen Nebel«. [OIII] und Hα dominieren das Spektrum.

Über den Zentralstern ist nicht viel bekannt. Douchin et al. gaben seine Oberflächentemperatur mit nur 38.000K an. Falls der Gaia-Wert stimmt, steht der Nebel in fast 23.000 Lichtjahren Entfernung in den äußeren Bereichen der Milchstraße.

Visuell kann der winzige Nebel erfolgreich mit dem [OIII]-Filterblink identifiziert werden, wenn man ihn mit einem 12^m-Stern weniger als 1' östlich vergleicht. Mit Filter ähneln sich die Helligkeiten beider Objekte, während ohne Filter der Stern deutlich heller erscheint.

Kent Wallace erkannte M 1-1 stellar mit 8" Öffnung. Mit 14" konnte der Autor den Nebel bei höherer Vergrößerung gerade als Scheibchen wahrnehmen, wobei eine Elongation grob in Nord-Süd-Richtung auffiel. Uwe Glahn sah mit 27" einen Knoten auf der Nordkante.

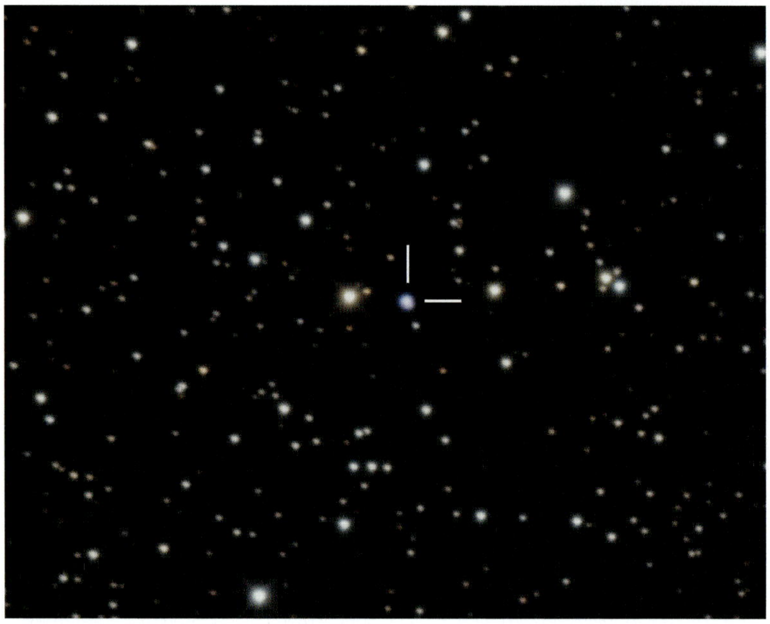

Minkowski 1-1. Dan Crowson

M 1-1, PNG 130.3-11.7, VV 5, PK 130-11.1

Nebel	Zentralstern	Intensitäten	
R. Minkowski	TIC 308787052	HeII	93
1946	01:37:19.4	Hβ	100
	+50:28:11.50	[OIII]	437
7 × 6,5"	17^m7_{Gaia}	Hα	596
14^m2	–	[NII]	20
isDSA/G 26	22.700 Lj (Gaia EDR3)	[SII]	

Minkowski 1-1 mit 16" Öffnung, 432×, UHC, 21^m4 SQM. Ronald Stoyan

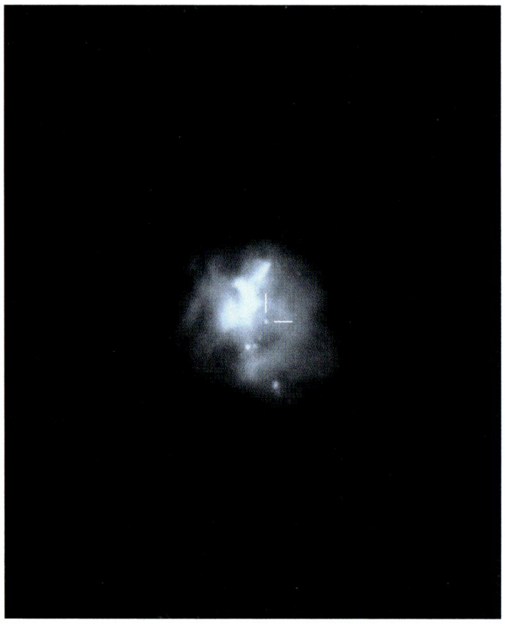

Minkowski 1-1. Hubble Space Telescope/ Solomon Hendrix

Kleiner Hantelnebel, Cork Nebula, Barbell Nebula

Messier 76

Per

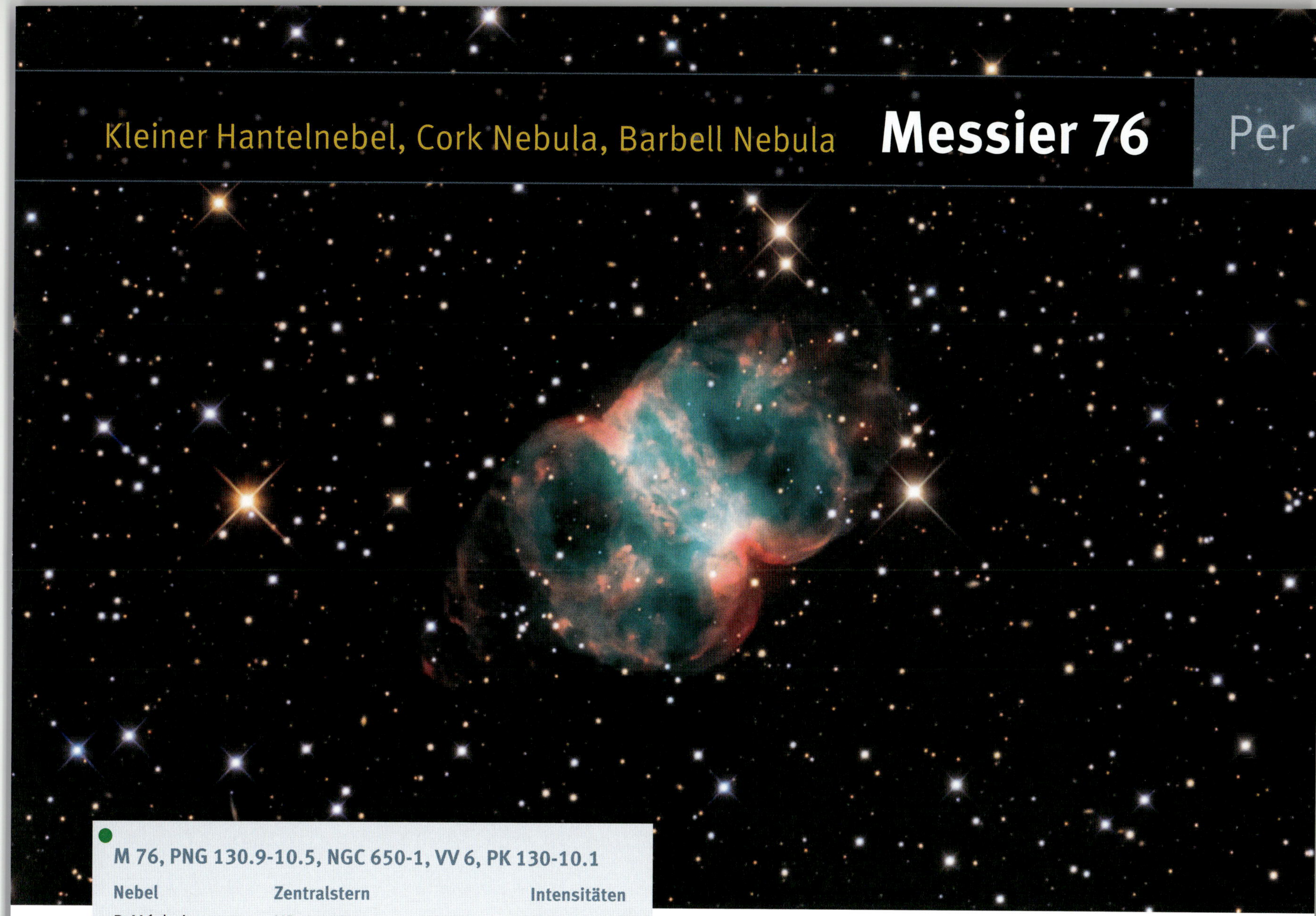

M 76, PNG 130.9-10.5, NGC 650-1, VV 6, PK 130-10.1

Nebel	Zentralstern	Intensitäten	
P. Méchain	HD 10346	HeII	68
5.9.1780	01:42:19.9	Hβ	100
	+51:34:31.15	[OIII]	1186
163 × 107"	17^m5_{vis}, 17^m4_{Gaia}	Hα	649
10^m1	DOZ/PG1159	[NII]	490
isDSA/G 27-1	11.070 Lj (Gaia EDR3)	[SII]	115

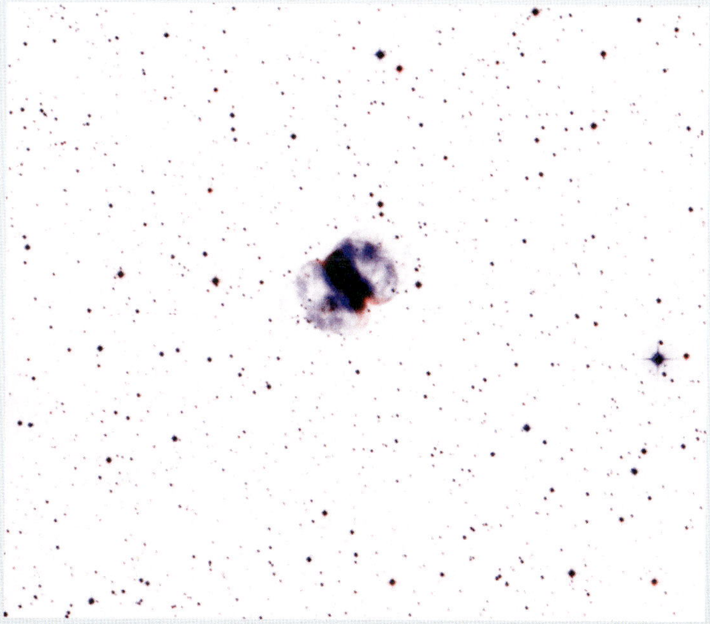

Messier 76. Jean-François Bax, Serge Brunier und OCA/C2PU

Historie

Pierre Méchain entdeckte M 76 am 5.9.1780. Er sah einen Nebel ohne Sterne, »klein und schwach«. Charles Messier beobachtete den Nebel am 21.10., nachdem er von Méchain Nachricht erhalten hatte, und war der Ansicht, dass das Objekt »aus nichts als sehr schwachen Sternen« bestünde.

Wilhelm Herschel beobachtete M 76 nur ein Jahr später am 12.11.1781, aber mit deutlich besserer Ausrüstung. Er notierte: »Zwei nahe beieinander, ihr Nebel geht ineinander über; Abstand der Zentren 1,5' oder 2'.« Er gab dem Objekt die Nummer 193 in seiner Klasse »Helle Nebel«. Bei einer späteren Beobachtung schrieb er »Zwei, nahe zusammen [...] einer ist 76 der Connoissances.« Damit war Messiers Veröffentlichungsort gemeint. Dieser Eintrag verleitete offenbar Herschels Sohn John dazu, dem Nebel in seinem 1864 publizierten General Catalogue, der seine eigenen Beobachtungen und die des Vaters zusammenfass-

te, zwei Nummern (385 und 386) zu geben, einmal für Messiers Eintrag und einmal für die Entdeckung des Vaters. Diese Sichtweise übernahm 1888 J. L. E Dreyer bei der Erstellung des NGC, so dass M 76 heute die zwei NGC-Nummern 650 und 651 besitzt, obwohl es sich physisch um ein Objekt handelt.

William Smyth sah 1837 einen »ovalen, perlweißen Nebel«. Isaac Roberts machte 1891 das erste Foto und meinte, dass es sich um einen Nebeltorus handeln könnte, den wir von der Seite sehen. Heber D. Curtis lieferte schließlich 1918 eine noch heute gültige Beschreibung: »Ziemlich unregelmäßig, aber offensichtlich einzureihen unter die größeren Mitglieder der planetarischen Klasse. Der zentrale und hellere Teil ist ein unregelmäßiges, fleckiges Rechteck 87 × 42" in PW 40°, von dessen Enden schwache, unregelmäßige, ring-artige Büschel ausgehen; gesamte Länge 157" in PW 128°. Hellster Fleck am südlichen Ende des Zentralteils.«

Astrophysik

Ramos-Larios et al. nennen M 76 ein »archetypisches Beispiel eines bipolaren Planetarischen Nebels mit Schmetterlings-Morphologie«. Der Nebel besteht aus drei wesentlichen Bestandteilen:

- breiter zentraler Torus, 95 × 42" in PW 35°
- bipolare Loben senkrecht dazu in PW 125° und 305°, südöstlicher Teil bis 165", nordwestlicher bis 135" vom Zentralstern
- daran anschließend äußere bipolare Loben in derselben Ausrichtung, bis 180" vom Zentralstern

Die Gesamtgröße wird mit 163 × 107" oder 168 × 111" angegeben, wobei die äußeren Loben außer Acht gelassen sind. Das Alter wird mit 8000 bis 9000 Jahren geschätzt.

Nach Ramos-Larios et al. besteht der hellste, rechteckige Bereich aus einem Ring aus Gas, der unserer Sichtlinie gegenüber 75° geneigt ist. Das nordöstliche Ende ist auf uns gerichtet, während das südwestliche Ende nach hinten weist. Die Expansionsgeschwindigkeit dieses klumpigen und komplexen Bereichs beträgt 43 km/s.

Die beiden hellen Loben dagegen sehen wir unter einem Winkel von 85°. Es handelt sich um Gasblasen, die sich mit 60 km/s in polare Richtung ausdehnen. Die äußeren Loben machen sich vor allem ostsüdöstlich des Zentralsterns bemerkbar, wo sie eine als polare Kappe interpretierte diffuse Hülle bilden, die als Überrest des Sternwinds aus der Zeit des Zentralsterns auf dem Asymptotischen Riesenast (AGB) vor der Erzeugung des PN interpretiert wird. Die Expansionsgeschwindigkeit liegt in diesem Teil nur bei 5 bis 20 km/s. Die Bewegung des Zentralsterns durch das interstellare Medium komprimiert hier dessen Überreste, um eine Schockfront zu erzeugen. Gleichzeitig werden die alten Blasen nun wieder aufs Neue vom jetzt energiereicheren Sternwind des Zentralstern angeregt. Die Rotation des Zentralsterns und sein Magnetfeld beeinflussen deren Ausformung.

Emission von [NII], Hα und [OIII] dominieren das Spektrum. Während die beiden ersteren das auf Fotos rote Licht des Nebels erzeugen, das vor allem in den Loben präsent ist, erzeugt die [OIII]-Emission das grün-blaue Licht des zentralen Teils. M 76 gilt als hoch angeregter Nebel.

Messier 76, Hubble Space Telescope. NASA, ESA, STScI (großes Bild), NASA, ESA, R. Wade (Pennsylvania State University), und H. Bond (Space Telescope Science Institute)(Inset)

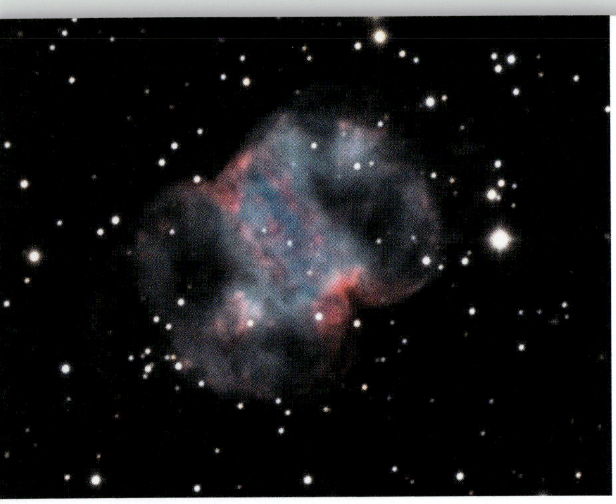

Messier 76. Radek Chromik

Messier 76. Sternwarte Brentenriegel

Messier 76. Peter Goodhew

Messier 76. Masaru Yamashita

Verantwortlich dafür ist der mit 140.000K sehr heiße Zentralstern HD 10346 alias WD 0139+5119. Wie bei anderen hoch angeregten Nebeln weist sein Spektrum Charakteristiken der PG1159-Sterne auf, wobei Sauerstoff, Kohlenstoff und Helium dominieren. Van Hoof et al. nennen sogar eine Temperatur von 208.000K, nach ihnen hatte der Vorgängerstern 3 bis 7 Sonnenmassen. Aktuell besitzt er noch 0,6 bis 0,9.

Der Zentralstern ist außerdem ein Mehrfachsystem und besteht aus drei Komponenten:

- Hauptstern A, $17^{m}5$
- Komponente B, $18^{m}4$, Distanz 1,33"
- Komponente C, $19^{m}2$, Distanz 1,43"

Dabei stehen die Sterne B und C nur 0,16" auseinander, so dass sie verschiedentlich als Einzelstern von $16^{m}9$ wahrgenommen wurden, etwa durch den Entdecker des zunächst als Doppelstern wahrgenommenen Objekts, Cudworth im Jahr 1973.

Unklarheit besteht über die Entfernung des Systems. Vor Gaia gaben verschiedene Autoren Entfernungen zwischen 2550 bis 3900 Lichtjahren an. Laut der von Gaia gemessenen Parallaxe sind es aber fast drei Mal so viel, nämlich 11.000 Lichtjahre! Hier ist zu vermuten dass die Gaia-Messungen durch den hellen Nebelhintergrund verfälscht werden, so dass die Wahrheit wohl zwischen den Extremen liegt. Es ist auch nicht ausgemacht, ob die beiden schwachen Begleiter überhaupt zum System gehören: Korneef und Pottasch nennen 15.000 bis 20.000 Lichtjahre als mögliche Distanz, was sie weit in den Hintergrund von M 76 rücken würde.

Beobachtung

M 76 ist der schwächste der vier Messier-PN. Für Handgläser ist seine Sichtung eine Herausforderung, was neben der geringen Helligkeit auch an der kleinen Größe liegt – mit 8× oder 10× ist der Nebel nur stellar wahrnehmbar. Dem Autor gelang eine einwandfreie Beobachtung mit 15×56, es sind auch Sichtungen mit kleineren Optiken bekannt.

Der zentrale rechteckige Nebelkörper ist mit 63mm gut sichtbar – bei dieser Optikgröße kann auch am ehesten noch die Zweiteilung des Nebels nachvollzogen werden, die Herschel zu seiner Einschätzung eines Doppelobjekts verhalf.

Mit 120mm Öffnung gewinnt M 76 an Detail. Das nördliche Ende des fast rechteckigen Zentralbereichs ist der hellste Teil. Zwei sternartige Kondensationen sind darin eingebettet. Das südliche Ende ist ebenfalls hell, aber schwächer. Die vagen Strukturen im Nebel sind kaum zu fassen.

[OIII]-Filter lassen die beiden Loben hervortreten, die an den Ansätzen auf der östlichen Seite am nördlichen Ende und genau gegenüber aus dem hellen Bereich heraustreten. Mit 14" Öffnung werden sie heller und sind als nahezu vollständige Halbkreise zu erfassen. Der östliche Bogen endet in einer fleckigen Verdichtung, während der westliche zur Zentralregion zurückkehrt. Eine der beiden hellen Nebelknoten im Zentralbereich offenbart sich nun auch als 13^{m}-Stern, der hellste im Nebel. Der 17^{m}-Zentralstern ist ein sehr herausforderndes Ziel für die größten Teleskope.

Messier 76 mit 20" Öffnung, 425×, $21^{m}3$ SQM. Ronald Stoyan

Böhm-Vitense 5-3

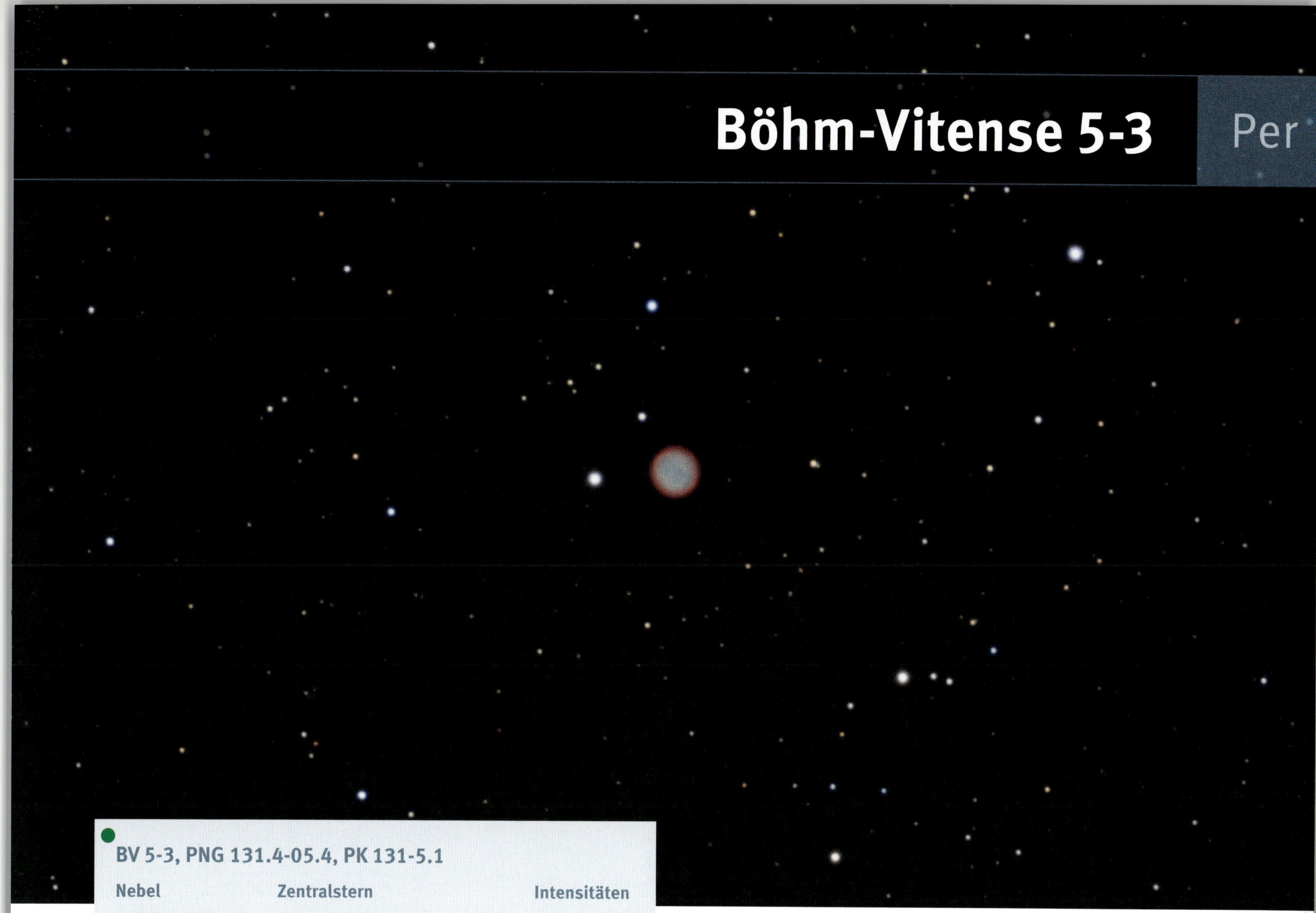

BV 5-3, PNG 131.4-05.4, PK 131-5.1

Nebel	Zentralstern	Intensitäten	
E. Böhm–Vitense	GSC2 N3111301918	HeII	87
1956	01:53:02.92	Hβ	100
	+56:24:19.80	[OIII]	671
32"	$20^{m}5$	Hα	384
$15^{m}0$	–	[NII]	144
isDSA/G 15	12.400 Lj (Gaia EDR3)	[SII]	

Böhm-Vitense 5-3. Gary Imm

Böhm-Vitense 5-3 mit 16" Öffnung, 432×, UHC, $21^{m}4$ SQM. Ronald Stoyan

Böhm-Vitense 5-3 ist der dritte von der deutsch-amerikanischen Astronomin Erika Böhm-Vitense entdeckte Planetarische Nebel. Sie fand ihn im Jahr 1956 auf Platten, die mit dem 20"-Carnegie-Astrograph des Lick Observatory aufgenommen worden waren. Dabei fotografierte sie bewusst die Milchstraße, um Galaxien in der so genannten »Zone of Avoidance« aufzuspüren, also hinter dem Staub und Gas der Milchstraße durch ihre Ebene hindurch.

Es ist nur sehr wenig über den Nebel bekannt. Die Ausdehnung wird von verschiedenen Quellen mit 24", 28" oder 32" gegeben. Hα und [OIII] sind im Spektrum am hellsten. Der hoch angeregte Nebel leuchtet auch im nahen Infrarot. Der Zentralstern GSC2 N3111301918 ist $20^{m}5$ schwach – nach Gaia beträgt die Entfernung über 12.000 Lichtjahre. Visuell ist BV 5-3 mit 14" Öffnung als ein kleines schwaches und rundes Nebelscheibchen zu sehen, das mit [OIII]-Filter gut heraussticht. Mit höherer Vergrößerung ist ein UHC-Filter gewinnbrinngender. Steve Gottlieb beschrieb mit 25" Öffnung eine »knackige« Scheibe von 25" Durchmesser.

Cas

Ferrero 6

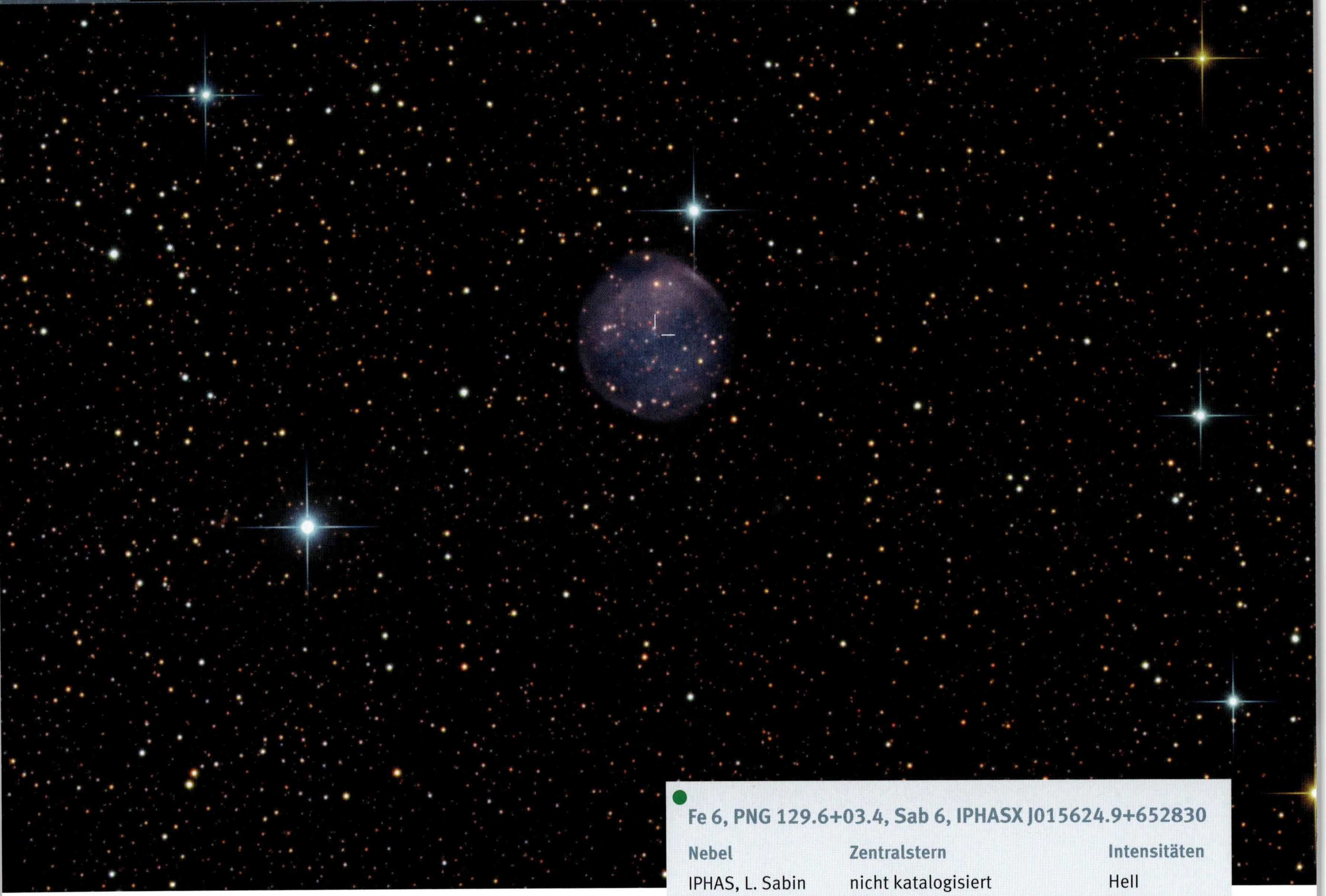

Ferrero 6. Mark Hanson

Fe 6, PNG 129.6+03.4, Sab 6, IPHASX J015624.9+652830

Nebel	Zentralstern	Intensitäten	
IPHAS, L. Sabin	nicht katalogisiert	Hell	
2011	01:56:24.9	Hβ	10
	+65:28:30.36	[OIII]	100
212 × 198"	–	Hα	52
–	–	[NII]	48
isDSA/G –	–	[SII]	

Ferrero 6 ist ein wenig bekannter Planetarischer Nebel im Sternbild Kassiopeia. Der französische Amateurastronom Laurent Ferrero, bekannt als visueller Deep-Sky-Beobachter und Buchautor, fand diesen Nebel im Jahr 2013 auf dem digitalisierten POSS. Er war sich aber der Tatsache nicht bewusst, dass der Nebel schon vorher im Rahmen der IPHAS-Durchmusterung gefunden worden war. Diese Durchmusterung im Hα-Licht widmet sich dem nördlichen Teil der Milchstraße und wird vom Isaac-Newton-Teleskop auf La Palma durchgeführt.

Der Profiastronom Laurence Sabin fand den Nebel auf den Daten im September 2011. 2012 wurde die Natur als PN spektroskopisch durch Hoolahan bestätigt. Das Spektrum zeigt starke Emission in [OIII]. Die Morphologie mit deutlich helleren Rändern (»limb brightening«) deutet auf Interaktion mit dem umgebenden interstellaren Medium.

Es ist kein Zentralstern identifiziert, ein Kandidat dafür ist aber auf tiefen Fotos sichtbar. Visuell wurde der Nebel von Uwe Glahn mit 27" in den Hochalpen erfolgreich beobachtet.

Der Nebel Ferrero 6 darf nicht mit dem gleichnamigen Sternmuster im Sternbild Großer Bär verwechselt werden, das auch unter dem Namen »Eiffelturm« bekannt ist.

IC 1747

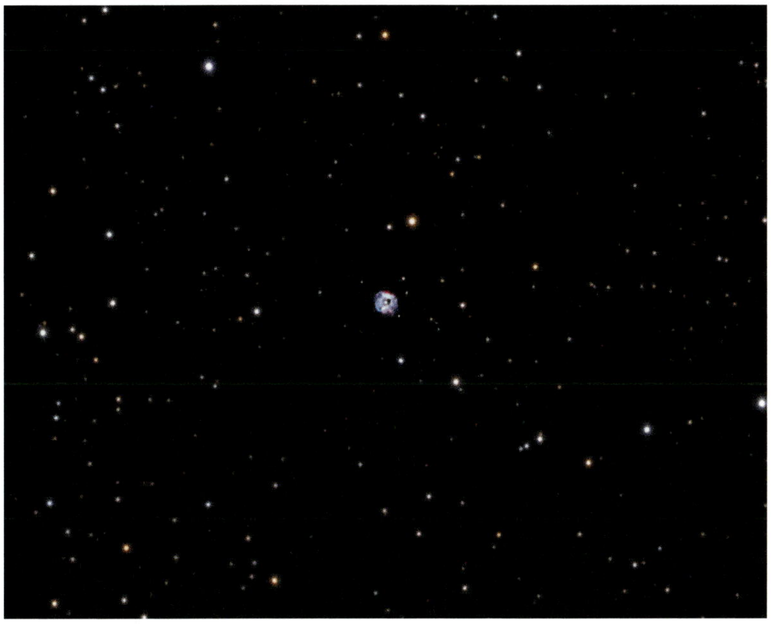

IC 1747. Rudolf Riedl

IC 1747, PNG 130.2+01.3, VV 7, PK 130+1.1

Nebel	Zentralstern	Intensitäten	
W. Fleming	HD 11758	HeII	16
1905	01:57:35.8	Hβ	100
	+63:19:18.12	[OIII]	1352
19"	15^m4_{vis}, 15^m8_{Gaia}	Hα	950
12^m0	[WC4]	[NII]	–
isDSA/G 15-11	12.400 Lj (Gaia EDR3)	[SII]	13

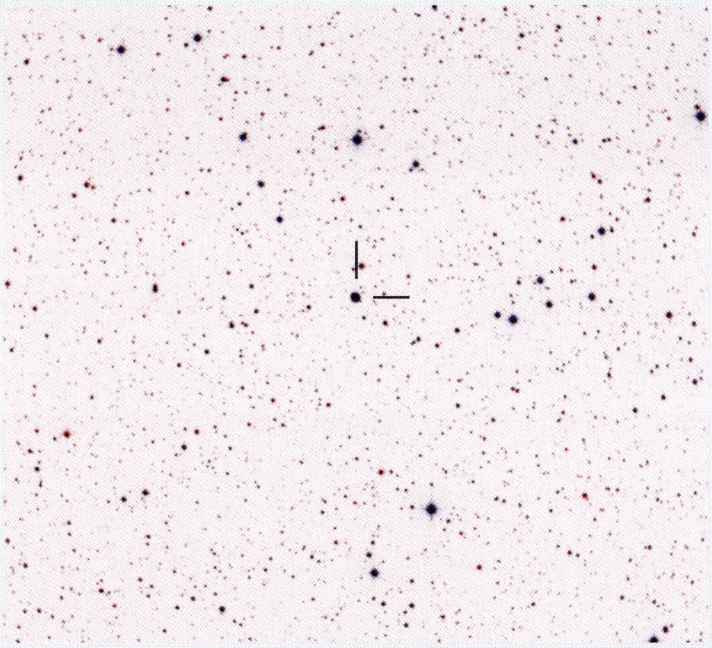

IC 1747 wurde 1905 von Williamina Fleming spektroskopisch entdeckt. Sie notierte: »Angenommen, dass es sich um das nachfolgende und südlichere von zwei schwachen und schwierigen Objekten handelt, es erscheint auch etwas neblig. Das Spektrum besteht aus einem hellen Band mit einer Wellenlänge von etwa 5000.« Damit bezog sie sich auf die Wellenlänge der [OIII]-Emission in Ångström, damals noch unbekannt und als »Nebulium« bezeichnet. Tatsächlich dominiert [OIII] das Spektrum neben Hα. Es deutet auf einen Zentralstern mit Wolf-Rayet-Charakteristik hin.

IC 1747 besteht aus einem kompakten, rundlichen Zentralkörper von 13 × 13" und einem Halo von 30" Durchmesser. Der Zentralstern HD 11758 ist nur 15^m4 schwach. Den Parallaxenmessungen von Gaia zufolge steht IC 1747 in mehr als 12.000 Lichtjahren Entfernung, also noch hinter den vielen Sternhaufen dieser Himmelsregion.

IC 1747 ist ab 4" Öffnung mit Nebelfiltern zu erkennen. Mit dem 120mm-Refraktor des Autors ist eine winzige runde Scheibe zu sehen, wenn ein UHC-Filter verwendet wird. Ein Feldstern von gleicher Helligkeit steht nördlich des Nebels.

Bei 500-facher Vergrößerung im 14"-Teleskop offenbart der PN Strukturen, während es schwer bleibt, eine konkrete Form zu erkennen. Der hellste Teil des Nebels ist ein Knoten an der südwestlichen Seite. Das Zentrum des Nebels erscheint dunkler.

Mit 20" Öffnung und 800-facher Vergrößerung entsteht der Eindruck zweier klumpiger Halbschalen. Uwe Glahn konnte mit 27" den Zentralstern erkennen, Steve Gottlieb hatte mit 48" den Eindruck einer nicht ganz geschlossenen Sichel mit einer schwächeren westlichen Seite.

IC 1747 mit 20" Öffnung, 800×, 20^m9 SQM. Ronald Stoyan

Strottner-Drechsler 56 Feuerkelch-Nebel

Strottner-Drechsler 56. Robert Pölzl, Bildbearbeitung M. Drechsler

Strottner-Drechsler 56 ist mit einer Größe von 44 × 36' einer der eindrucksvollsten Funde des Entdecker-Duos. Erst im Januar 2020 gefunden, ist StDr 56 der erste bekannte PN im Sternbild Dreieck. Der von Gaia unter der Nummer DR2 300394067131824768 katalogisierte Zentralstern hat die Helligkeit 15^m0 und erlaubt eine Entfernungsbestimmung von etwa 1400 Lichtjahren.

Fotografisch ist der Nebel aufgrund seiner Größe und geringen Flächenhelligkeit eine Herausforderung. Visuelle Versuche haben kaum Aussicht auf Erfolg.

StDr 56, PNG 141.8-29.9

Nebel	Zentralstern	Intensitäten
X. Strottner,	Gaia DR2 300394067131824768	HeII
M. Drechsler	02:07:17.41	Hβ
2020	+30:05:11.90	[OIII]
2640 × 2160"	15^m0_{Gaia}	Hα
–	(A0)	[NII]
isDSA/G –	1370 Lj (Gaia EDR3)	[SII]

Abell 3

Abell 3, Jerry Macon

Abell 3 ist einer der schwächeren Nebel des Katalogs. Der Entdecker ist unbekannt, da George O. Abell zur Erstellung seiner Liste auf verschiedene Quellen zurückgriff, diese aber nicht einzeln auswies. Sicher ist nur, dass der Nebel vor 1955 gefunden wurde, im ersten Abell-Katalog trägt er die Nummer 3. Sharpless wird mit einer unabhängigen Entdeckung im selben Jahr erwähnt, er gab eine Ausdehnung von 2' an.

Balick et al. verglichen die Morphologie von Abell 3 mit der von NGC 40: Wie beim großen Vorbild erkannten sie einen fassförmigen Zentralkörper mit schwächeren Ausläufern entlang einer gemeinsamen Achse. Andere ähnliche Objekte sind danach NGC 6905, NGC 7048 und Abell 82. Dabei gaben sie die Hauptachse des Nebels mit einer Länge von 90" und einem Positionswinkel von 50°.
Auf modernen Aufnahmen ist eine bipolare Struktur evident. Im Spektrum dominieren [NII], Hα und [OIII].

Auf dem östlichen Rand des Nebels steht ein Stern von 12^m5. 5' östlich ist der rote Riesenstern NVS 741, der den Nebel im Infrarotbereich massiv überstrahlt.

Der Autor konnte den Nebel bei mehreren Versuchen mit 14" und 16" Öffnung nicht sehen. Uwe Glahn hatte dagegen mit 16" und 27" mehr Erfolg.

A 3, PNG 131.5+02.6, Sh 2-189, PK 131-2.1

Nebel	Zentralstern	Intensitäten	
Entdecker	TIC 12402415	Hell	–
unbekannt	02:12:06.6	Hβ	
vor 1955	+64:09:00.94	[OIII]	140
63 × 57"	17^m2_{Gaia}	Hα	100
16^m0	–	[NII]	77
isDSA/G 14	7480 Lj (Gaia EDR3)	[SII]	

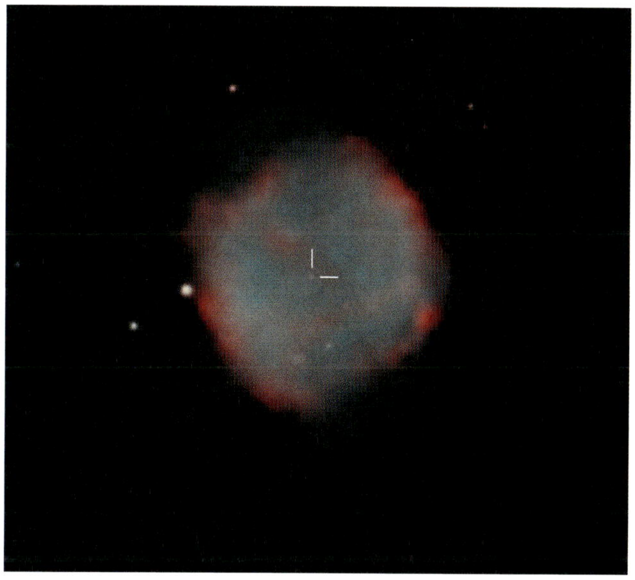

Abell 3, Hubble Space Telescope. Christopher Massa

And Patchick-Strottner-Drechsler 9 Titan Nebula

Patchick-Strottner-Drechsler 9. Andreas Zirke, Bildbearbeitung M. Drechsler

PaStDr 9, PNG 140.4-21.2

Nebel	Zentralstern	Intensitäten
D. Patchick,	FBS 0212+385	HeII
X. Strottner,	02:15:58.38	Hβ
M. Drechsler 2021	+38:46:19.95	[OIII]
5400"	14^m0_{vis}, 14^m1_{Gaia}	Hα
–	sdB/sdO	[NII]
isDSA/G –	1010 Lj (Gaia EDR3)	[SII]

Patchick-Strottner-Drechsler 9 ist der riesige »Titan Nebula«, ein 1,5° großer Nebel an der Grenze der Sternbilder Dreieck und Andromeda, nicht weit von NGC 752 entfernt. Mit seiner enormen Größe gehört er zu den Top 3 der größten Planetarischen Nebel überhaupt. Er wurde Anfang 2021 entdeckt bei der Analyse von Galex-Daten des Zentralsterns und daraufhin auch auf dem blauen POSS gefunden. Der Zentralstern ist der blaue Unterzwerg FBS 0212+385 alias WD 0212+385, der 1990 im First Bjurakan Survey katalogisiert wurde. Die von Gaia ermittelte Distanz liegt bei 1000 Lichtjahren. Der Autor meinte bei einem visuellen Versuch mit 20" Öffnung am nördlichen Rand und im Zentrum Nebel zu sehen, die Beobachtung muss aber als unsicher eingestuft werden.

IPHASX J022045.0+631134

IPHASX J022045.0+631134. Peter Goodhew

IPHASX J022045.0+631134, PNG 132.8+02.0, Sab 7

Nebel	Zentralstern	Intensitäten	
G. Hau, H. Fergu-	TIC 357668187	Hell	
son, O. Lahav, D.	02:20:45.1	Hβ	5
Lynden-Bell 1995	+63:11:34.91	[OIII]	100
35 × 26"	20^m2_{Gaia}	Hα	50
–	–	[NII]	5
isDSA/G –	4300 Lj (Gaia EDR3)	[SII]	

IPHASX J022045.0+631134 ist ein etwa 0,5' großer Planetarischer Nebel. Er wurde auf der IPHAS-Durchmusterung (INT/WFC Photometric Hα Survey of the Northern Galactic Plane) gefunden, einer Abbildung der galaktischen Ebene im Hα-Licht, die 2003 begonnen wurde. Viironen et al. stellten 2009 fest, dass es sich um einen Planetarischen Nebel handelt. Zuvor war das Objekt schon von Hau et al. im Rahmen des ZOAG (Zone of Avoidance Galaxies) als Galaxie G132.80+02.04 katalogisiert worden. Bei dieser Durchmusterung wurden gezielt Galaxien hinter der Milchstraße aufgespürt – in dem als »Zone of Avoidance« bekannten galaxienarmen Bereich, in dem vorgelagerter Staub und Gas der Milchstraße den Blick auf die dahinterliegenden Galaxien erschwert.

Viironen et al. stellten fest, dass der Nebel kaum auf den Kontinuums-Bildern des IPHAS zu sehen war, es sich also nicht um eine Galaxie handeln kann. Wahrscheinlich ist der PN aber schon 1988 im Rahmen der Infrarot-Durchmusterung IRAS katalogisiert worden.

Der Nebel steht vor dem Hintergrund des Supernovarests HBH 3 alias SNR G132.7+1.3, der zuerst 1953 als Radioquelle entdeckt wurde. Auf tiefen Fotos sind Filamente des Supernovarests im Feld des kleinen PN zu erkennen. Da die genaue Entfernung des SNR unbekannt ist, kann nicht gesagt werden, ob der Nebel davor oder dahinter zu verorten ist. Der PN selbst ist stark angeregt und strahlt vor allem in den Linien von Hα und [OIII]. Auf dem Nordwestrand steht ein Stern mit 10^m9. Uwe Glahn gelang es mit 27" den Nebelring visuell zu erkennen.

Per

Abell 4

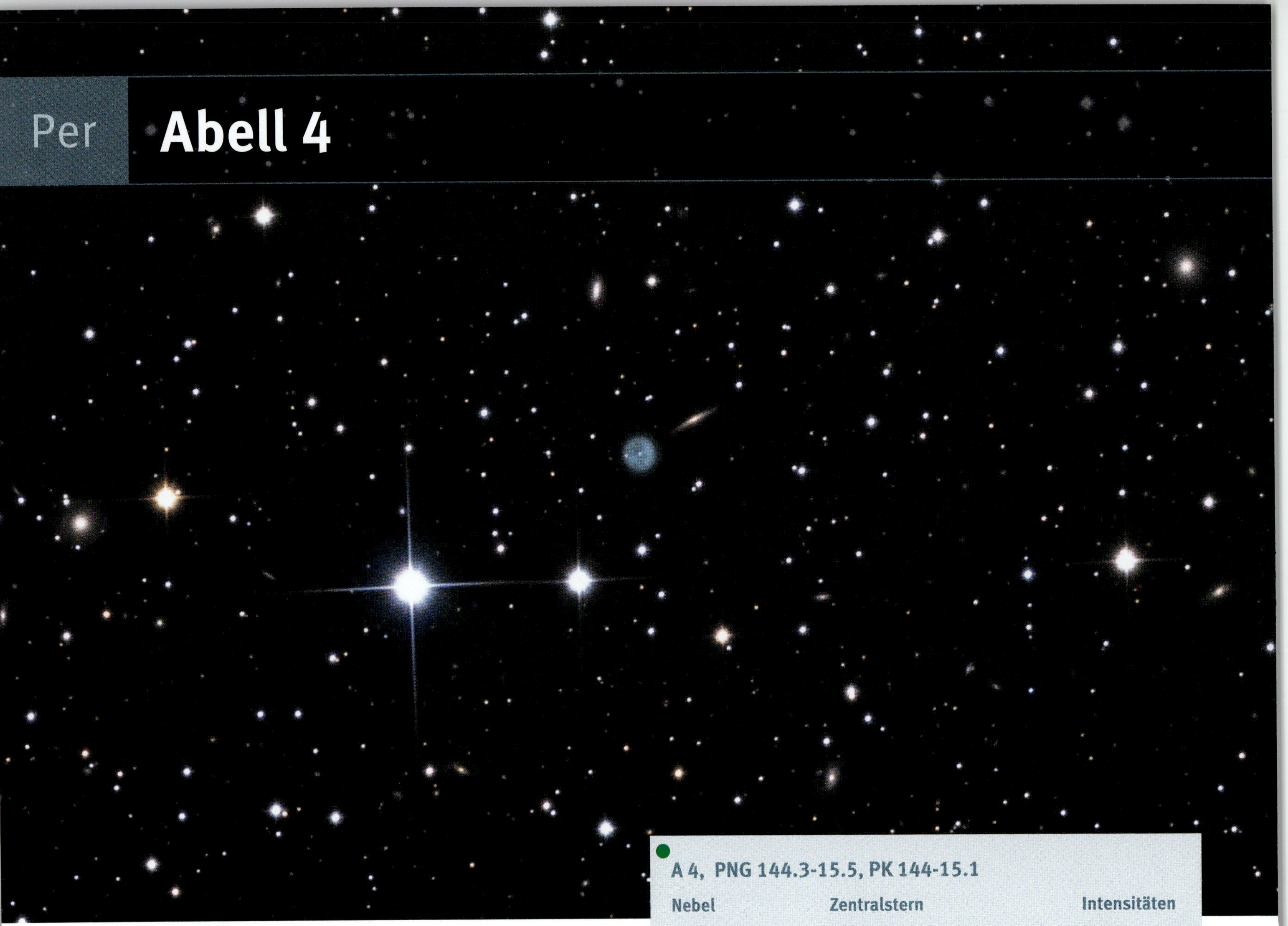

Abell 4. Radek Chromik

A 4, PNG 144.3-15.5, PK 144-15.1			
Nebel	**Zentralstern**	**Intensitäten**	
Entdecker	GSC2 N333111136878	Hell	43
unbekannt	02:45:23.7	Hβ	100
1964	+42:33:04.93	[OIII]	1054
22"	19^m6_{Gaia}	Hα	448
14^m8	–	[NII]	42
isDSA/G 26-11	12.800 Lj (Gaia DR2)	[SII]	–

Abell 4 steht nur wenig östlich des Sternhaufens M 34. Der Nebel befindet sich vor einem reichen Galaxienfeld, die beiden Edge-On-Galaxien PGC 2201333 50" westlich und PGC 2816330 2' nördlich bilden optische Begleiter.

Der Nebel selbst hat 20" Durchmesser. Die Form ist ringartig, wobei der Innenrand eher klumpig erscheint. Auf tiefen Fotos ist der 20^m-Zentralstern zu erkennen. Das Spektrum deutet auf einen hohen Anregungsgrad hin mit einem großen Anteil von [OIII].

Abell 4 wurde 1964 entdeckt, ist also erst in der zweiten Abell-Liste von 1966 enthalten. Wer der Entdecker ist bleibt jedoch unbekannt, da Abell auch Entdeckungen anderer Astronomen mit einbezog und diese nicht einzeln auswies.

Visuell ist Abell 4 ein herausforderndes, aber schönes Objekt. Es ist bereits mit 8" Öffnung und Nebelfilter als kleine runde Scheibe sichtbar. 14" zeigen eine runde Scheibe, unscharf begrenzt. Mit 20" wird die Scheibe klarer gezeichnet. Die nördliche der beiden Galaxien ist nun ebenfalls sichtbar, während die westlich des Nebels stehende Edge-On nur an der Grenze wahrgenommen werden kann. Uwe Glahn konnte mit 27" Öffnung beide klar sehen, ebenso wie Steve Gottlieb mit 48", der bei 610× auch die Ringform erkannte.

Abell 4 mit 20" Öffnung, 222×, 21^m4 SQM. Ronald Stoyan

Longmore 1

Eri

Lo 1, PNG 255.3-59.6, ESO 247-13, K 1-26, PK 255-59.1

Nebel	Zentralstern	Intensitäten
A. Longmore	TIC 146711168	Hell
1976	02:56:58.4	Hβ
	−44:10:17.90	[OIII]
471 × 396"	15^m4_{vis}, 15^m1_{Gaia}	Hα
–	WD?	[NII]
isDSA/G –	2630 Lj (Gaia EDR3)	[SII]

Longmore 1. Richard Hennig

Longmore 1 wurde im Lauf des Jahres 1976 von Andrew J. Longmore auf den gerade fertiggestellten blauen Platten der ESO/SCR-Durchmusterung gefunden. Diese Aufnahmen mit dem 48"-Schmidt-Teleskop des Siding Spring Observatory in Australien bilden die südliche Fortsetzung des POSS. Longmore war der Erste, der sie gezielt nach Plantarischen Nebeln durchforstete.

Der Entdecker beschrieb den Nebel mit »einer sehr großen Winkelgröße, mit einem schwachen Rand ausgehend von einem breiten, ebenfalls schwachen, I-förmigen Balken. Vage röhrenförmig mit einem Anflug eines überlappenden Scheibensystems. Der Balken hat PW 108°, die größte Längsausdehnung ist senkrecht dazu.«

Unabhängig von Longmore fand auch Luboš Kohoutek den Nebel im Jahr 1977, als er auf einer Film-Kopie des ESO/SRC ebenfalls nach PN suchte. Longmore gab 373" als Größe an, Kohoutek 460 × 385". Es kursieren heute die Maße 451 × 385" oder 471 × 396".

Herald und Bianchi untersuchten den schon von Longmore gefundenen Zentralstern im Jahr 2004. Sie bemerkten, dass die Extinktion des in hohen galaktischen Breiten stehenden Objekt minimal ist. Für den Stern ermittelten sie eine Oberflächentemperatur von 120.000K, einen Durchmesser von 3,7% der Sonne, und eine initiale Masse von 2 Sonnenmassen. Das Alter des Nebels gaben sie mit 65.000 Jahren an. Nach Werner et al. gehört der Zentralstern zu der kleinen Gruppe wasserstoffreicher Weißer Zwerge.

Der Autor konnte den Nebel mit einer Öffnung von 16" nicht eindeutig wahrnehmen, ebenso wenig erfolgreich war Kent Wallace mit 20". Erfolgreich waren dagegen Matthias Kronberger mit 24" und der australische Beobachter Michael Kerr, der mit 25" nicht nur den Nebel, sondern auch die schwache Galaxie PGC 110680 im westlichen Bereich des Nebels sichten konnte.

Cas Strottner-Drechsler 61

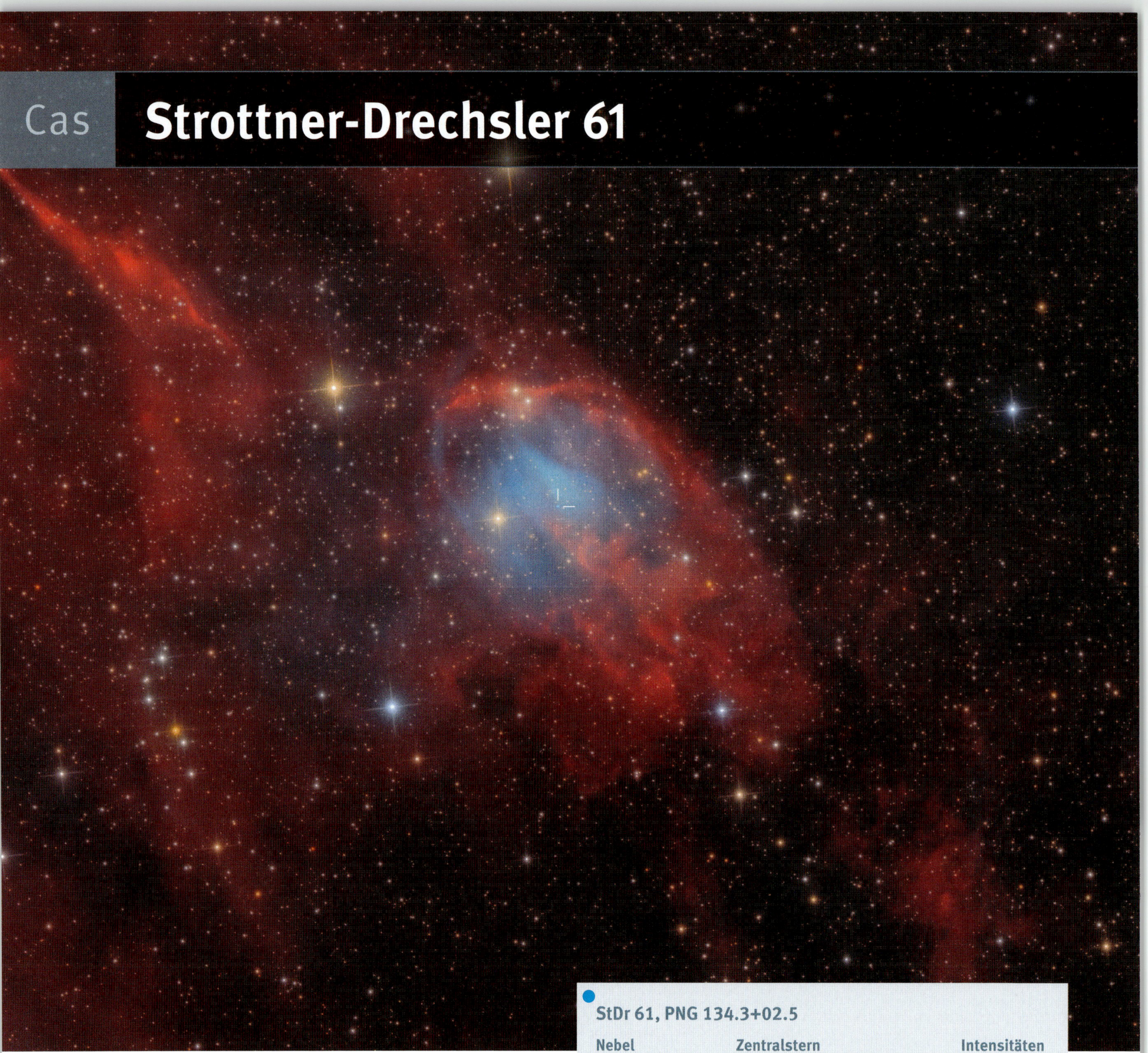

Strottner-Drechsler 61. Mathieu Guinot, Bildbearbeitung M. Drechsler

StDr 61, PNG 134.3+02.5

Nebel	Zentralstern	Intensitäten
X. Strottner,	Galex J023523.9+630302	Hell
M. Drechsler	02:35:23.84	Hβ
2021	+63:03:02.35	[OIII]
780"	15^m5_{Gaia}	Hα
–	Weißer Zwerg Kandidat	[NII]
isDSA/G –	820 Lj (Gaia EDR3)	[SII]

Strottner-Drechsler 61 ist einer der beeindruckenden Funde des französisch-deutschen Amateur-Duos Xavier Strottner und Marcel Drechsler. Der Nebel mit einer Größe von 13' wurde im Jahr 2020 entdeckt. Das Objekt liegt in einer ohnehin schon attraktiven Region nahe des »Herznebels« IC 1805, weniger als 1° nördlich von dessen Zentrum, und ist in dessen Ausläufer eingebettet.

Die Natur als Planetarischer Nebel ist nicht hundertprozentig gesichert. Es dominiert Strahlung der Hα- und [OIII]-Linien, die etwa gleich stark sind.

Die Entdecker identifizierten den möglichen Weißen Zwerg Galex J023523.9+630302 als Zentralstern des Nebels. Dieser wurde von Gaia mit einer Entfernung von 800 Lichtjahren vermessen, der Nebel hätte dann eine Ausdehnung von 3,5 Lichtjahren.

Ein visueller Beobachtungsversuch des Autors mit 20" Öffnung hatte keinen Erfolg.

Webbink-Bond 1

Webbink-Bond 1. Adam Block/Mount Lemmon SkyCenter/ University of Arizona

WeBo 1, PNG 135.6+01.0

Nebel	Zentralstern	Intensitäten
R. Webbink,	V1169 Cas	HeII
H. Bond	02:40:14.37	Hβ
1995	+61:09:16.70	[OIII]
65 × 20"	14^m5_{vis}, 13^m8_{Gaia}	Hα
–	K0	[NII]
isDSA/G 14	5130 Lj (Gaia EDR3)	[SII]

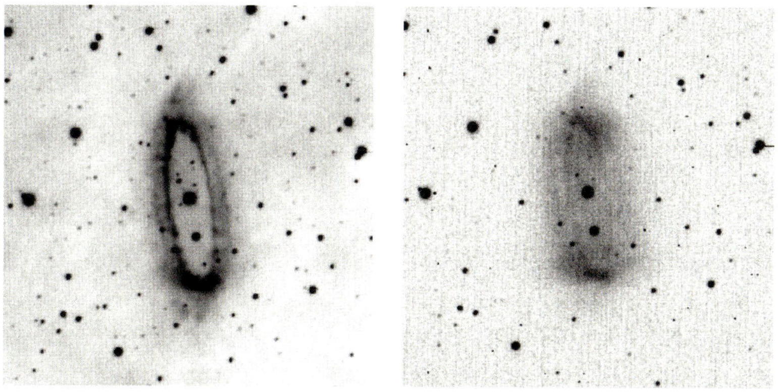

Webbink-Bond 1 in Hα (links) und [OIII](rechts), 4m-Teleskop Kitt Peak. H. Bond, D. Polacco, R. Webbink

Webbink-Bond 1 steht vor dem Hintergrund des Nebelkomplexes IC 1805, in Fotografenkreisen auch als »Herznebel« bekannt. Ronald F. Webbink und Howard E. Bond fanden das Objekt 1995 bei der Prüfung des Umfelds des Röntgensterns V615 Cas, der etwa 5' nordöstlich des Nebels steht. Es wurde aber im selben Jahr auch von Hau et al. im Rahmen des ZOAG-Katalogs entdeckt, bei dem Galaxien hinter der Milchstraße in der so genannten Zone of Avoidance aufgespürt werden sollten.

Bond realisierte 1996 und 1999 Aufnahmen mit dem 4m-Teleskop am Kitt Peak, die die seltsame symmetrische Figur des Nebels offenbarten: Es handelt sich um einen elliptischen, sehr dünnen Ring der Ausmaße 64 × 22", der unter einem Winkel von 69° gegenüber unserer Sichtlinie geneigt ist. Der Ring erscheint besonders im Hα-Licht und [NII] scharf, jedoch diffuser in [OIII].

Der Zentralstern des Nebels ist der Bedeckungsveränderliche V1169 Cas mit einer Periode von 4,7 Tagen und einem Lichtwechsel von 0^m03. Die hellere Komponente ist ein K-Riese oder Barium-Stern: ein Roter Riese, der Kohlenstoff, Strontium und Barium angereichert hat und diese Elemente dann auf die schwächere Komponente überträgt. Der Rote Riese wird in der Folge zum Weißen Zwerg und stößt den PN aus. Der »kontaminierte« Begleiter ist aktuell der hellere und größere Stern mit 5,3 Sonnendurchmessern; während der Weiße Zwerg als eigentlicher Zentralstern nur 0,057 Sonnendurchmesser besitzt (Siegel et al.).

Ko-Entdecker Webbink schreibt in einer Arbeit über den Nebel, dass ursprünglich beide Sterne fast die gleiche Masse aufwiesen; der etwas massereichere Stern emittierte den Nebel, der durch Rotation des Sterns vor allem in der Bahnebene angeordnet ist, was die seltsame Form von WeBo 1 erklärt. Der Wind der Hauptkomponente war mit Barium angereichert und wurde von der masseärmeren Komponente akkretiert. Sie hat inzwischen ihr Äußeres verloren und zeigt ihren heißen Kern, der den Nebel anregt. Die inzwischen hellere Nebenkomponente ist der sichtbare Barium-Stern. Tyndall et al. sehen Ähnlichkeiten zu den PNs SuWt 2 und HaTr 10, bei denen der Ring nur die Taille einer ausgedehnteren bipolaren Struktur ist. Siegel et al. und Tyndall et al. stimmen mit einem Alter von ca. 12.000 Jahren überein. Letztere geben eine Expansionsgeschwindigkeit von 22,6 km/s und eine Größe von 1,5 Lichtjahren.

Uwe Glahn gelang eine visuelle Sichtung des Nebels mit seinem 27"-Teleskop. Er konnte eine diffuse längliche Aufhellung um den deutlichen Zentralstern wahrnehmen.

Per Abell 5

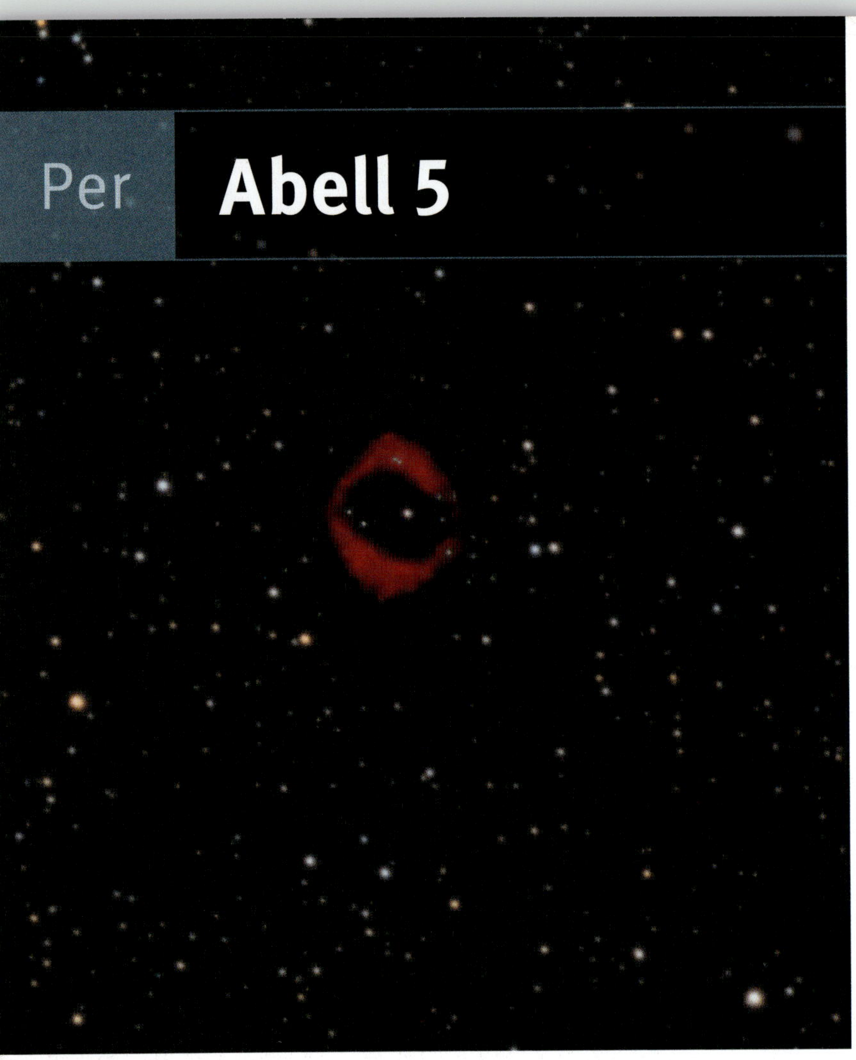

A 5, PNG 141.7-07.8, PK 141-7.1

Nebel	Zentralstern	Intensitäten	
Entdecker	GSC2 N333103211952	Hell	
unbekannt	02:52:15.1	Hβ	100
vor 1955	+50:35:54.06	[OIII]	350
134 × 121"	19^m7_{Gaia}	Hα	510
16^m0_p	–	[NII]	3600
isDSA/G 14	5610 Lj (Gaia EDR3)	[SII]	

Abell 5 wurde vor 1955 entdeckt, er trägt die Nr. 4 in Abells erster Liste. Wer der Entdecker ist kann jedoch nicht ermittelt werden, da Abell auch Funde anderer Astronomen verwendete und dies nicht einzeln auswies. Der sehr schwache Zentralstern – auf den meisten Amateurfotos nicht sichtbar – steht östlich des hellsten Sterns im Nebel. Nach Kwitter ist er im visuellen Licht deutlich schwächer als der optische Begleiter, im Blauen gleich hell, und im UV deutlich heller als dieser.

[NII] besitzt den stärksten Anteil der Emission, gefolgt von Hα. [OIII] ist nur schwach vertreten. Sabbadin et al. geben eine Expansionsgeschwindigkeit von 30 km/s an. Visuell konnte der Autor nur den hellen Stern mit 14" Öffnung sehen, auch mit 16" war ein Versuch vergeblich. Uwe Glahn tat sich mit 16" ebenfalls schwer; eine erfolgreiche Sichtung mit 27" charakterisierte er als »Grenzbeobachtung«.

Abell 5. Peter Goodhew

Cas Abell 6

A 6, PNG 136.1+04.9, PK 136+4.1

Nebel	Zentralstern	Intensitäten	
Entdecker	GSC2 N31333005850	Hell	–
unbekannt	02:58:41.9	Hβ	
vor 1955	+64:30:06.30	[OIII]	250
188 × 174"	18^m4_{Gaia}	Hα	100
15^m0	–	[NII]	92
isDSA/G 15-19	3750 Lj (Gaia EDR3)	[SII]	58

Abell 6 befindet sich in einem spektakulären Sternfeld 30' südwestlich des größeren und helleren Planetarischen Nebels HFG 1. Den Hintergrund füllen Ausläufer der weiter südlich liegenden Nebelregionen IC 1805 und IC 1848 im Sternbild Kassiopeia aus.

Es ist nur wenig über diesen PN bekannt. Morphologisch scheint es sich um eine ringförmige Blase zu handeln, die helleren Ränder (»limb brightening«) deuten auf fortschreitende Expansion des Nebels und Interaktion mit der umgebenden Materie hin. Es dominiert [OIII]-Emission, wobei auch [NII] und Hα ausgesendet werden.

Abell 6 wurde vor 1955 entdeckt, auf der ersten Liste von Abell trägt er die Nummer 5. Der konkrete Entdecker ist nicht bekannt, weil George O. Abell zwar erwähnte, dass mehr als die Hälfte der Objekte des Katalogs von anderen Astronomen wie A. G. Wilson, R. G. Harring-

Abell 6. Peter Goodhew

Abell 6 (unten) und HFG 1 (oben). Marcel Drechsler

ton und R. Minkowski entdeckt wurde, diese Quellen seines Katalogs aber nicht kenntlich machte.

Uwe Glahn berichtet eine visuelle Sichtung schon mit 8" Öffnung. Der Autor nahm den Nebel mit 14" Öffnung als extrem schwache, diffuse Blase war, wobei nur die südwestliche Seite sichtbar war. Mit 27" Öffnung sah Uwe Glahn dagegen die volle Ausdehnung des Nebels und konnte auch die Ringform erkennen.

Abell 6 mit 14" Öffnung, 81×, 21ᵐ6 SQM. Ronald Stoyan

Heckathorn-Fesen-Gull 1

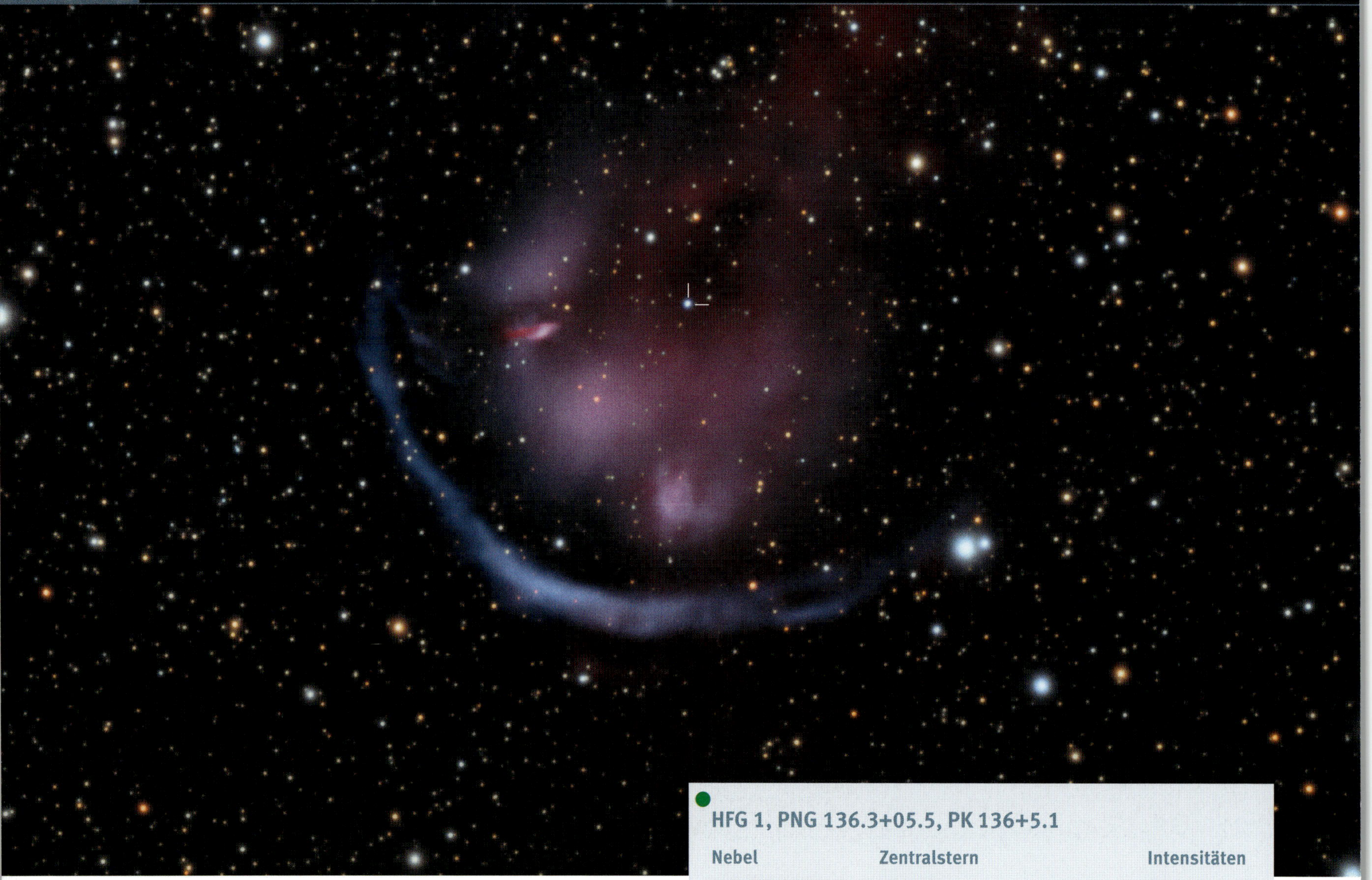

Heckathorn-Fesen-Gull 1. Peter Goodhew

HFG 1, PNG 136.3+05.5, PK 136+5.1

Nebel	Zentralstern	Intensitäten	
J. Heckathorn, R.	V664 Cas	HeII	
Fesen, T. Gull	03:03:47.03	Hβ	100
1982	+64:54:35.4	[OIII]	1250
500 × 460"	14^m6_{vis}, 14^m0_{Gaia}	Hα	475
–	O	[NII]	990
isDSA/G 14-15	2310 Lj (Gaia EDR3	[SII]	

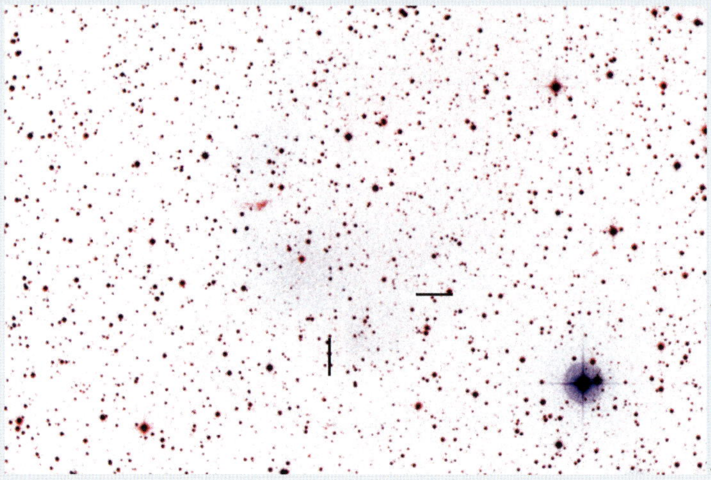

kontrastverstärkt

Heckathorn-Fesen-Gull 1 wurde erst 1982 von Joy N. Heckathorn, Robert A. Fesen und Theodore R. Gull gefunden – obwohl der 30 Jahre zuvor entdeckte, nur ein halbes Grad entfernte Abell 6 in fast allen Wellenlängen schwächer ist als HFG 1. Entdeckt wurde der Nebel auf dem »Emission Line Survey«, einer tiefen Aufnahmenserie der Milchstraße mit Schmalbandfiltern, u.a. in [OIII] (Parker et al. 1979). Tatsächlich ist [OIII] in HFG 1 besonders prominent, daneben ist auch [NII] stark vertreten.

HFG 1 ist ein anschauliches Beispiel für die Bewegung eines Planetarischen Nebels durch das interstellare Medium. Auf tiefen Aufnahmen erkennt man nicht nur eine markante bläuliche Schockfront nach Süden, dort wo der Nebel das interstellare Medium aufstaut, sondern auch

Heckathorn-Fesen-Gull 1. T.A. Rector (University of Alaska Anchorage) und H. Schweiker (WIYN und NOIRLab/NSF/AURA)

Heckathorn-Fesen-Gull 1. Jerry Macon

eine 20' lange und 5' breite Schleppe von Gas in entgegengesetzter Richtung – bei kaum einem anderen PN lässt sich seine Bewegung so schön ablesen.

Chiotellis et al. bezeichnen diese Morphologie als »kometarisch«. Durch zweidimensionale hydrodynamische Simulationen kommen sie zu dem Schluss, dass die Schleppe aus der Zeit des Zentralsterns auf dem Roten Riesenast stammt. Dessen Ausgangsmasse geben sie mit 3 Sonnenmassen an.

Boumis et al. interpretieren die Schleppe, die sie mit einem Positionswinkel von 316° verorten, ebenfalls als aus einer früheren Phase des Zentralsterns zurückgelassenes Material. Sie geben eine Eigengeschwindigkeit von 29 bis 59 km/s an und nennen ein Alter von 105.000 Jahren für das Gebilde. Nach Gaia besitzt der Zentralstern eine Eigenbewegung von 7,9 Millibogensekunden in Rektaszension und 4,9 Millibogensekuden in Deklination.

Besondere Aufmerksamkeit verdient der Zentralstern V664 Cas – ein enges Doppelsternsystem. Bond und Grauer stellten schon 1986 die Veränderlichkeit von $1^{m}1$ in 13 Stunden und 57 Minuten fest. Der Lichtwechsel entsteht dadurch, dass die schwächere Komponente auf der dem Hauptstern zugewandten Seite einen hellen Bereich (»hotspot«) aufweist, der aufgrund der Bahngeometrie um den Stern von unserer Sichtlinie von 177° wechselweise sichtbar ist oder nicht. Malasan und Yamasaki beschreiben, dass vom bis zu 100.000K heißen Hotspot auf dem Begleiter starke Emission ausgeht. Diese Emissionslinien weisen ebenfalls eine Variabilität auf. Acker und Stenholm schufen für V664 Cas die Bezeichung »langperiodische intermediäre polare Klasse von magnetischen kataklysmischen Doppelsternen«.

Das Feld um HFG 1 ist mit der bläulichen Schockfront ([OIII]) und der rötlichen Schleppe ([NII]) sowie dem nahen Abell 6 ein spektakuläres Motiv für Astrofotografen mit entsprechenden Schmalbandfiltern. Visuell geht von dem mysteriösen großen Nebel ebenfalls ein starker Reiz aus. Mit 14" Öffnung unter Alpenhimmel erscheint der Nebel mit [OIII]-Filter als 5' großes rundes Leuchten. Zwei schwache Sterne stehen am nördlichen Rand, der Zentralstern war nicht sichtbar.

Mit größeren Öffnungen wird aus dem diffusen Leuchten eine bis zu 15' große Scheibe. Das Innere zerfällt in drei diffuse Bereiche. Der auf Fotos zwischen dem nordöstlichen und mittleren Fleck erkennbare kleine Knoten von 20 × 40" wurde von Uwe Glahn mit 27" unter Alpenhimmel erkannt.

Heckathorn-Fesen-Gull 1 mit 14" Öffnung, 81×, UHC, $21^{m}6$ SQM. Ronald Stoyan

Cas

IC 289

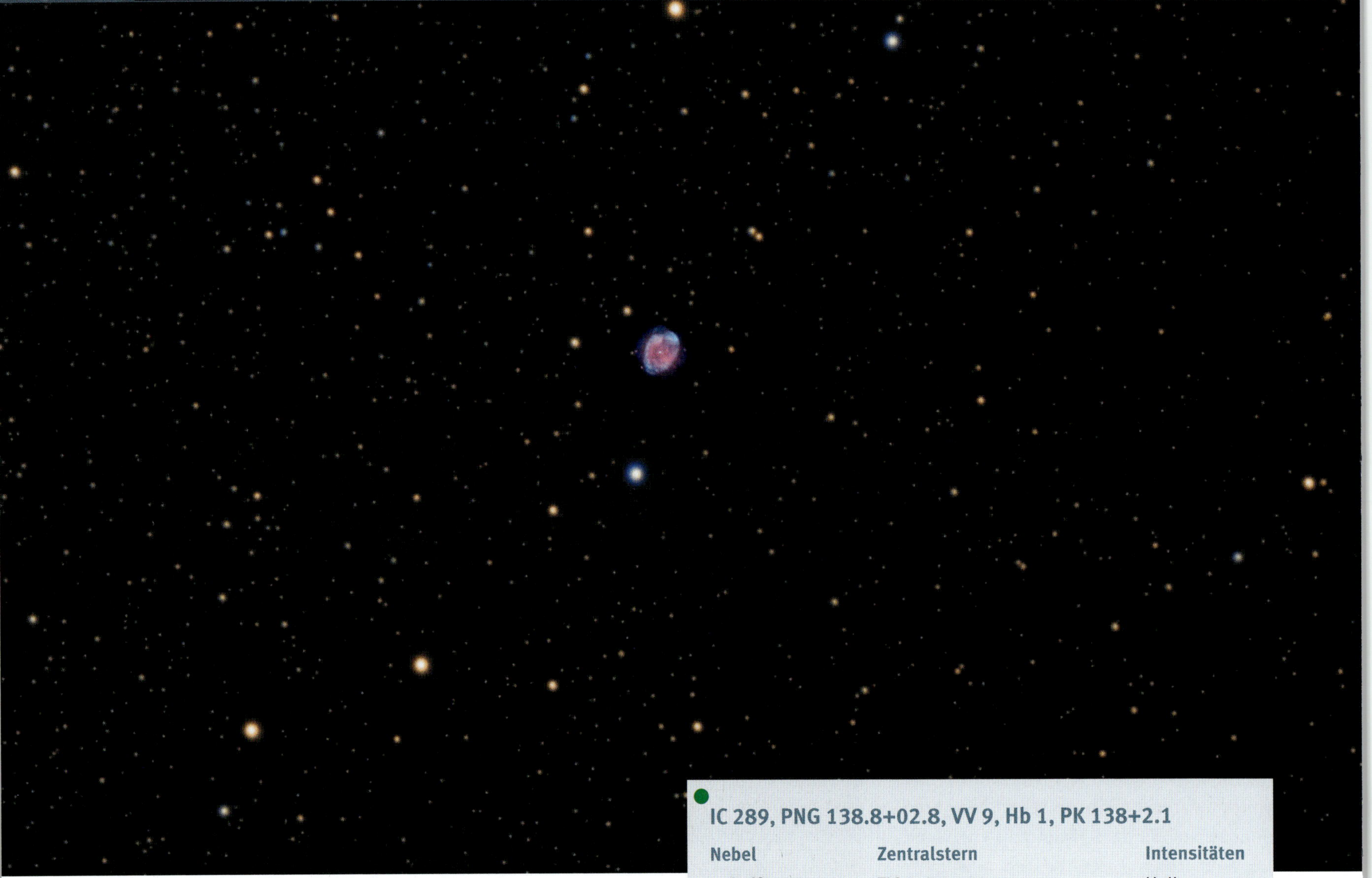

IC 289. Peter Goodhew

IC 289 wurde am 2.9.1888 von Lewis Swift mit dem 16"-Clark-Refraktor des Warner Observatory (USA) entdeckt, aber die Natur des Objekts blieb unklar. Das änderte sich 1920, als Edwin Hubble mit dem 45"-Cooke-Objektiv eine spektroskopische Aufnahme erstellte und neben IC 289 auch 12 andere PN als »kleine, ziemlich schwache Nebel, deren Zentralsterne nicht erkannt werden konnten«, korrekt charakterisierte. IC 289 trägt deshalb auch die Bezeichnung Hubble 1.

IC 289 ist ein junger, hoch angeregter Planetarischer Nebel mit großen Anteilen von [OIII] und Hα im Spektrum. Der 16^m-Zentralstern TIC 81823352 besitzt eine hohe Oberflächentemperatur von 142.000K. Möglicherweise ist er variabel.

Hua gibt eine ausführliche morphologische Beschreibung. Er beschreibt vier Bestandteile von IC 289:

IC 289, PNG 138.8+02.8, VV 9, Hb 1, PK 138+2.1

Nebel	Zentralstern	Intensitäten	
L. Swift	TIC 81823352	HeII	109
2.9.1888	03:10:19.3	Hβ	100
	+61:19:00.91	[OIII]	460
42 × 28"	16^m4_{Gaia}	Hα	659
13^m5	–	[NII]	5
isDSA/G 14-9	5140 Lj (Gaia EDR3)	[SII]	

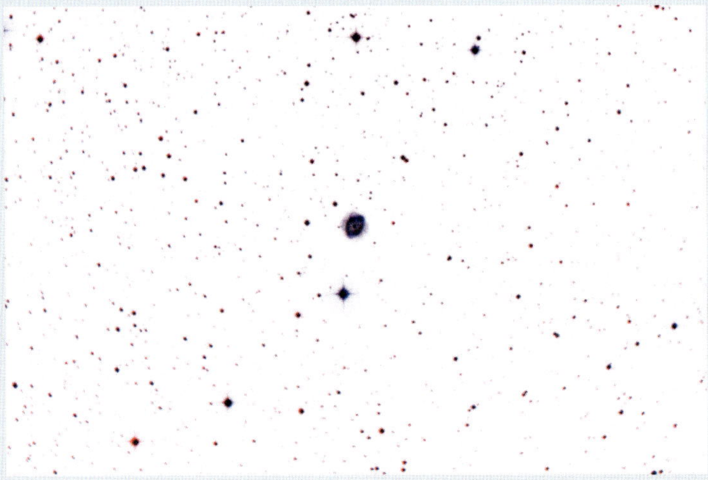

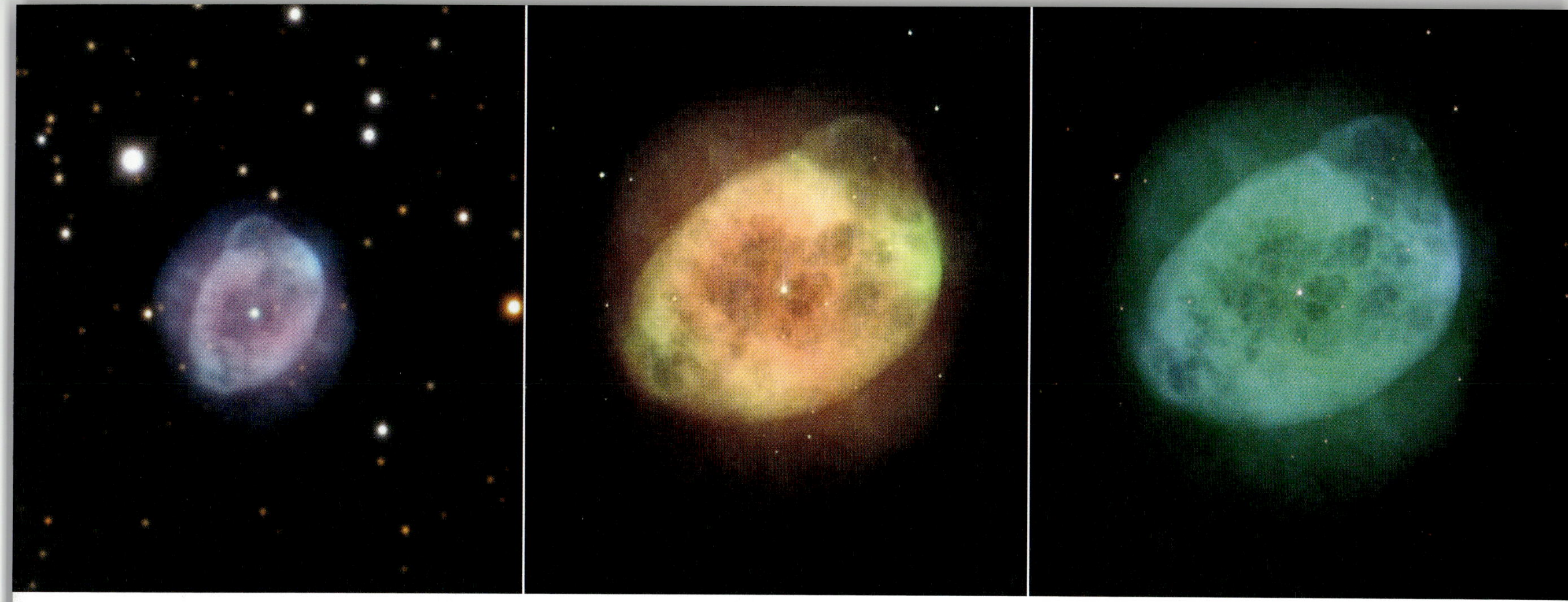

IC 289. Adam Block (links), Hubble Space Telescope, Serge Meunier (Mitte), Judy Schmidt (rechts), ESA/Hubble & NASA

- einen hellen elliptischen inneren Ring von 34 × 27"
- einen zweiten überlagerten elliptischen Ring mit 38 × 30"
- eine runde Schale mit 42" Durchmesser
- einen äußeren Halo von 52" Durchmesser

Der innerste Ring wird von vier Kondensationen gebildet. Sie verbinden sich zu einem gebrochenen Ring. Der Vorgängerstern hatte initial 2 bis 3 Sonnenmassen, wovon aktuell noch 0,6 übrig sind. Das Alter des Nebels könnte weniger als 1000 Jahre betragen.

Visuell ist IC 289 kein einfaches Objekt. Mit 120mm Öffnung ist die Sichtbarkeit an der Grenze – mit Mühe wird ein kleines rundliches Scheibchen erkannt. Besser wird es mit 14" Öffnung: Der Nebel ist jetzt deutlich, aber nicht hell, der Nebelrand ist gut definiert. Die Form ist insgesamt oval, mit hellen Kanten an den langen Seiten. Das Nebelinnere erscheint stark gefleckt, es ist aber auch bei höheren Vergrößerungen nicht möglich klare Details festzumachen.

Mit 20" wird die Ringform klar, die Form ist nun mehr elliptisch mit einem dunkleren Zentrum. Uwe Glahn gelang es mit 27" bei 586× den Zentralstern zu erkennen. Steve Gottlieb erkannte mit 48" auch den schwachen Halo, der gegensätzlich zur hellen Zentralregion elongiert ist.

IC 289. James Shuder

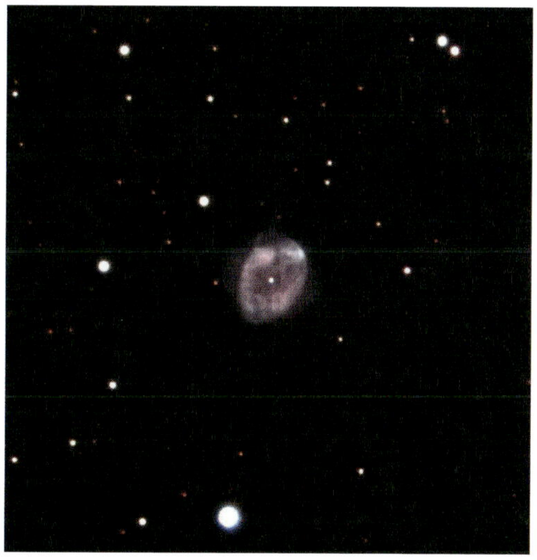

IC 289. Masaru Yamashita

IC 289 mit 20" Öffnung, 333×, $21^{m}4$ SQM. Ronald Stoyan

Hartl-Dengel-Weinberger 2 Bearclaw Nebula

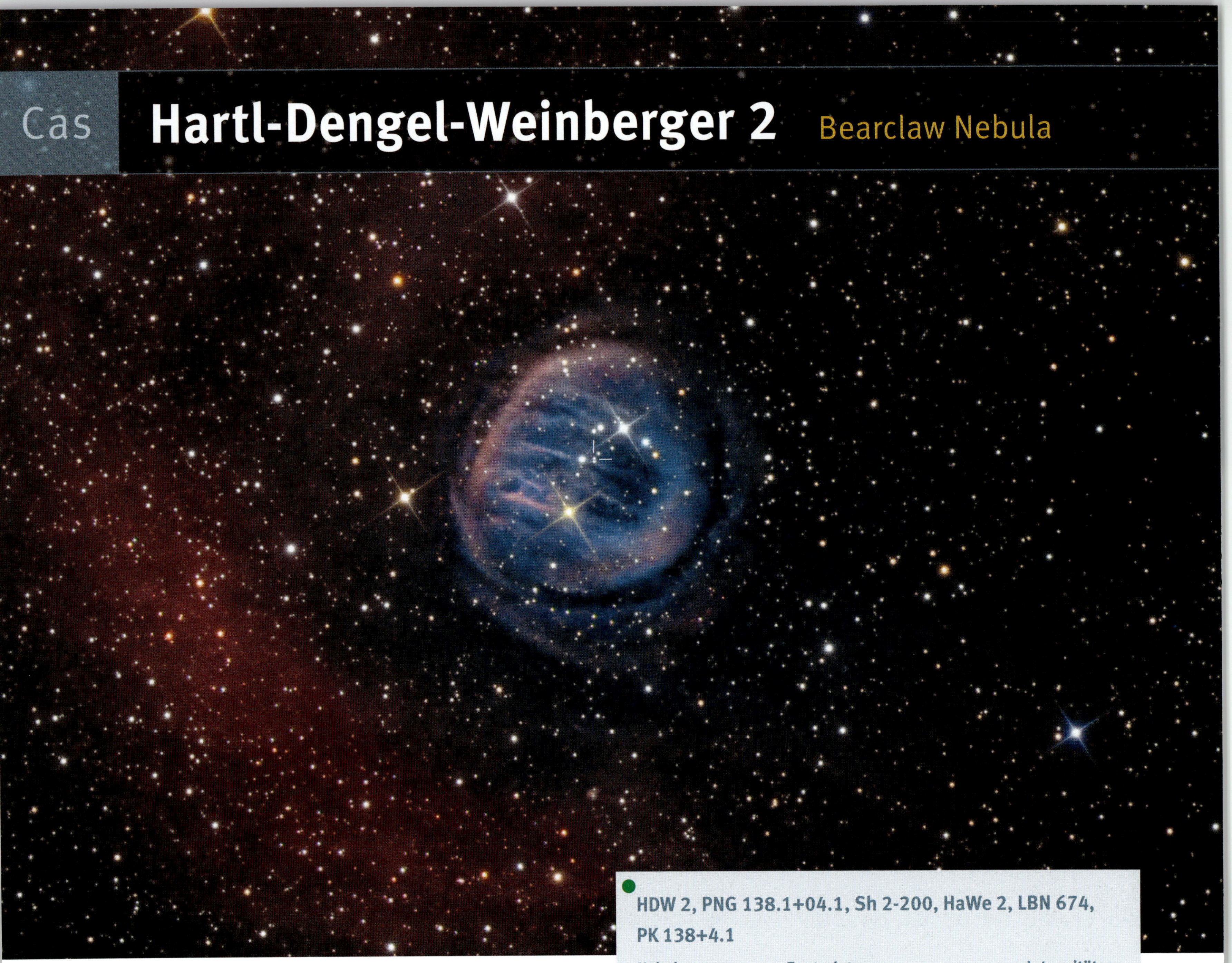

Hartl-Dengel-Weinberger 2. Mike Selby

Hartl-Dengel-Weinberger 2 wurde 1983 von dem österreichischen Profi-Astronomen-Trio Herbert Hartl, Johann Dengel und Ronald Weinberger entdeckt. Sie beschrieben den Nebel als »ziemlich großen, leicht deformierten Ring. Bermerkenswerterweise scheint es einen ausgedehnten Halo um den PN zu geben mit einem Durchmesser vom Sechsfachen des zentralen Nebels.« 1987 stellten die Entdecker selbst fest dass der Nebel bereits 1959 von Steward Sharpless gefunden worden war, der das Objekt in seinem »Catalague of HII regions« missklassifiziert hatte. Er hatte es auf denselben Aufnahmen mit dem 48"-Oschin-Schmidt-Teleskop auf dem Mount Palomar gefunden, die auch die Entdecker zur Verfügung hatten – dem Palomar Observatory Sky Survey (POSS), der auch hier im Buch bei vielen Objekten in den Infokästen reproduziert ist.

HDW 2, PNG 138.1+04.1, Sh 2-200, HaWe 2, LBN 674, PK 138+4.1

Nebel	Zentralstern	Intensitäten	
S. Sharpless	Gaia DR2 466746538582576640	HeII	
1959	03:10:58.86	Hβ	8
	+62:47:54.9	[OIII]	100
360 × 345"	16^m2_{Gaia}	Hα	35
13^m0	–	[NII]	18
isDSA/G 14-5	2950 Lj (Gaia DR2)	[SII]	

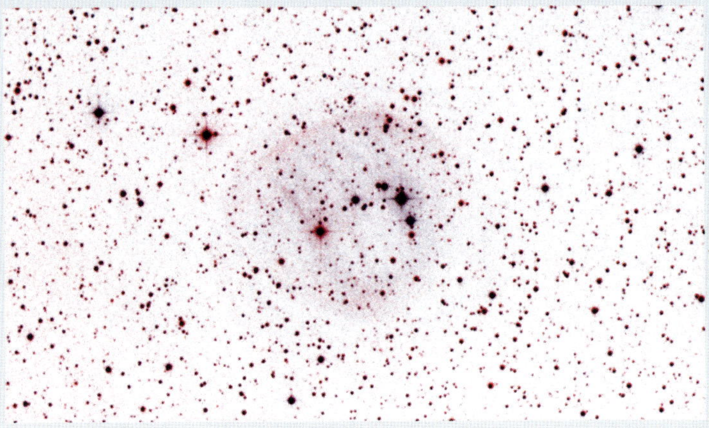

kontrastverstärkt

Hartl-Dengel-Weinberger 2. Jerry Macon

Hartl-Dengel-Weinberger 2. Peter Goodhew

HDW 2 alias Sh 2-200 steht nordöstlich des Nebelkomplexes von IC 1848, der Offene Sternhaufen Trümpler 3 befindet sich 24' nordöstlich. Der zentrale, aus einem Doppelring bestehende Nebel misst ca. 6' im Durchmesser. Auffällig ist ein Halbkreis von helleren Sternen, die scheinbar mit der Morphologie des Nebels angeordnet sind. Das Innere dieses Bereichs ist von linearen Strukturen gezeichnet, die in Nordost-Südwest-Richtung verlaufen. Hier dominiert eindeutig die [OIII]-Strahlung.

Der äußere Bereich erreicht bis zu 40' Durchmesser. Auf Fotos erscheint dieser Halo rot, was auf geringere Anregung der Materie hindeutet, während der Zentralbereich hoch angeregt ist. Womöglich handelt es sich um einen Überrest aus der AGB-Phase des Sterns, der nach zunehmender Expansion mit der interstellaren Materie in seiner Umgebung interagiert hat.

Die Parallaxe des 16^m schwachen Zentralsterns Gaia DR2 466746538582576640 wurde von Gaia gemessen, woraus sich eine Entfernung von knapp 3000 Lichtjahren ergibt.

Das gesamte Feld ist ein hochinteressantes Motiv für Astrofotografen, wobei der Ausschnitt nicht zu klein gewählt werden sollte, um auch den gesamten Halo mit erfassen zu können. Aufgrund der vielfältigen Farbgebung sind LRGB- und Schmalbandfilter-Aufnahmen oder eine Kombination von beiden besonders lohnenswert.

Von Uwe Glahn liegt eine visuelle Beobachtung mit 16" Öffnung vor. Yann Pothier berichtete mit 17,5" einen ovalen homogenen Nebel. Steve Gottlieb fand das Objekt mit 18" »nicht so schwach wie befürchtet« mit etwa 4' Durchmesser. Der Halo dürfte nicht visuell erreichbar sein.

Per

Hartl-Dengel-Weinberger 3

HDW 3, PNG 149.4-09.2, HaWe 4, PK 149-9.1

Nebel	Zentralstern	Intensitäten	
D. Patchick, X.	WD 0322+452	HeII	
Strottner, M.	03:27:15.4	Hβ	
Drechsler 2020	+45:24:20.48	[OIII]	100
540"	$17^{m}2_{vis}$, $17^{m}1_{Gaia}$	Hα	100
–	DA0,6	[NII]	89
isDSA/G 26	2990 Lj (Gaia EDR3)	[SII]	

Hartl-Dengel-Weinberger 3. Peter Goodhew

Hartl-Dengel-Weinberger 3 wurde im Jahr 1983 von den österreichischen Astronomen Herbert Hartl, Johann Dengel und Ronald Weinberger auf dem POSS entdeckt. 1987 wurde das Objekt in einer Arbeit von Hartl und Weinberger noch einmal aufgegriffen und als »sichelartiger Nebel im Norden und Osten eines ziemlich blauen Zentralsterns« bezeichnet. Auf diese Arbeit geht auch die Bezeichnung HaWe 4 zurück.

HDW 3 ist ein außergewöhnlich spektakulär geformter Nebel: Er besteht aus zwei halbkreisförmigen Bögen mit etwa 4' Durchmesser, der äußere eher bläulich und glatt, der innere rot und stark gekräuselt. Hier sind unzweifelhaft Schockfronten zu sehen, die der Planetarische

Hartl-Dengel-Weinberger 3, 4m-Teleskop, Kitt Peak Observatory. T.A. Rector (University of Alaska Anchorage) und H. Schweiker (WIYN und NOIRLab/NSF/AURA)

Nebel im umgebenden interstellaren Material erzeugt hat. HDW 3 wird auch folgerichtig in zahlreichen Studien behandelt, die einseitige PN und ihre Bewegung zum Thema haben.

Interessanterweise steht dieser Zentralstern – der Weiße Zwerg WD 0322+452 mit einer Helligkeit von $17^{m}2$ – gar nicht im Zentrum dieser Blase. Er besitzt eine Eigenbewegung von 7 Millibogensekunden pro Jahr Richtung Nordwest und hat sich bereits merklich vom Zentrum der von ihm verursachten Struktur entfernt. Während der Stern nicht vom interstellaren Medium auf seiner Bahn gestört wird, wurde der Nebel »aufgehalten« und ist an der Position zurückgeblieben, an der er ausgestoßen wurde.

Es gibt keine bekannten visuellen Sichtungen des PN. Uwe Glahn war mit 27" unter Hochalpenhimmel nicht erfolgreich.

NGC 1360 Robin's Egg Nebula

NGC 1360. Chart 32

NGC 1360, PNG 220.3-53.9, ESO 482-7, VV 10, M 1-3, PK 220-53.1

Nebel	Zentralstern	Intensitäten	
L. Swift	HIP 16566	HeII	92
1859	03:33:14.6	Hβ	100
	−25:52:17.94	[OIII]	556
460 × 320"	11^m2_{vis}, 11^m2_{Gaia}	Hα	214
9^m6	sdO	[NII]	–
isDSA/G 86-2	1290 Lj (Gaia EDR3)	[SII]	

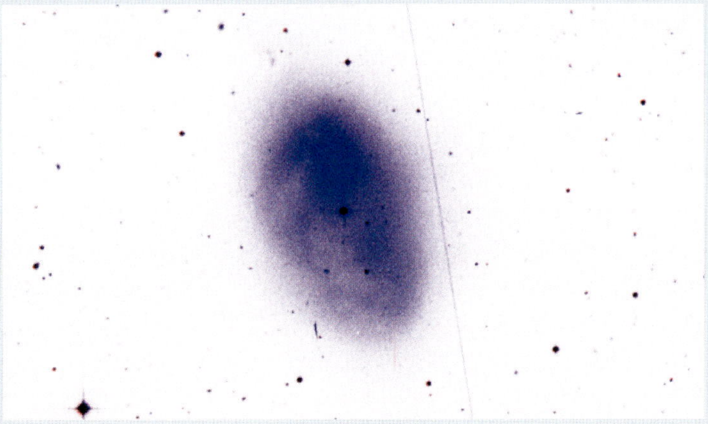

Historie

NGC 1360 hat gleich vier Entdecker. Die Herschels verpassten den Nebel trotz seiner Helligkeit und Größe. Der Amerikaner Lewis Swift war 1859 der erste, der ihn mit einem 4,5"-Refraktor zu Gesicht bekam. Wilhelm Tempel (1861), August Winnecke (1868) und Eugen Block (1878) können alle als unabhängige Entdecker des Nebels gelten.

Astrophysik

Auf den ersten Blick sieht NGC 1360 gar nicht wie ein Planetarischer Nebel aus: Es gibt keinen scharf begrenzten Rand, dafür aber dunkle Staubstrukturen im Nebel. Dieses »Fehlen von Morphologie« führte dazu, dass die Natur als PN oft angezweifelt wurde. Doch das Spektrum und der deut-

NGC 1360. Mike Selby

liche 11^{m}-Zentralstern lassen keinen Zweifel, dass es sich doch um einen solchen handelt: Die blaugrüne Farbe stammt von der [OIII]-Emission, angeregt vom ca. 100.000K heißen Zentralstern, der sich auf dem Weg zum Weißen Zwerg befindet. Garcia-Diaz et al. erklären die Merkmallosigkeit von NGC 1360 damit, dass der Zentralstern keinen starken Sternwind mehr aussendet, der wie bei den meisten PN von innen eine Höhlung in die zuvor ausgestoßene Materie frisst, und somit auch keine der üblichen Formen wie Schalen oder Loben erzeugt. Stattdessen hat der nachlassende Sternwind dafür gesorgt, dass es zu einer »Rückfüllung« bereits geschaffener Hohlräume kommt. Dies ist den Autoren zufolge erst seit wenigen tausend Jahren der Fall. Die Expansionsgeschwindigkeit des Nebels beträgt nur 7 km/s.

Bemerkenswert sind zudem rötlich leuchtende Strukturen an den langen Enden des Nebels, die als bipolare Jets bezeichnet werden können. Nach Garcia-Diaz et al. nimmt ihre Geschwindigkeit nach außen hin zu. Goldman et al. stellen fest, dass diese Strukturen nicht auf einer geraden Linie mit dem Zentralstern liegen, was sie mit der Bewegung des PN durch das interstellare Medium erklären. Diese niedrig angeregten Strukturen werden auch als FLIER (»Fast Low-Ionization Emission Region«) bezeichnet. Basierend auf Expansionsgeschwindigkeiten von bis zu 100 km/s nehmen die Autoren ein Alter von etwa 5000 Jahren an, während der Nebel insgesamt schon doppelt so lange existiert. Sie sind ca. 1,5 Lichtjahre vom Zentralstern entfernt.

1977 entdeckten Mendez und Niemala, dass der Zentralstern (PHL 1556, HIP 16566, TIC 144600802) doppelt ist. Das Paar besteht aus einem Stern der Spektralklasse O und dem Weißen Zwerg – beide von geringer Masse mit dem Äquivalent von 0,55 bzw. 0,68 Sonnen. Der Abstand zueinander beträgt nur 0,56 Astronomische Einheiten, die Umlaufszeit 142 Tage. Das Sternpaar erzeugt ein massives Magnetfeld, eines der stärksten, das in Planetarischen Nebeln bekannt ist.

NGC 1360. Adam Block

NGC 1360. Peter Goodhew

Die Entfernung von NGC 1360 beträgt nur 1300 Lichtjahre, womit es eines der nächsten Objekte seiner Art wäre.

Beobachtung

NGC 1360 ist für die visuelle Beobachtung kein allzu schweres Objekt. Die Sichtung ist sogar schon mit einem 10×50-Fernglas möglich. Mit 120mm Öffnung wird ein großer ovaler Nebel sichtbar, der etwa im Verhältnis 3:1 elongiert ist. Ein heller Fleck ist nördlich des Zentralsterns zu sehen und kommt am besten mit einem Filter heraus. Mit 11" Öffnung von einem südlichen Standort sind die dunklen Strukturen als Markierungen auf beiden Seiten des Zentralsterns zu erkennen. Die Strukturen bleiben auch mit größeren Öffnungen diffus und schwer zu sehen. Tom Polakis beschrieb mit 20" Öffnung den Eindruck einer hantelähnlichen Figur der helleren Partien im Nebel. Steve Gottlieb sah den Nebel nördlich des Zentralsterns heller und konnte im Süden eine bogenartige Struktur ausmachen.

Die visuelle Größe ist deutlich kleiner als die fotografisch erfassbaren Ausmaße und erreicht maximal 6'. Die FLIER dürften aufgrund ihrer spektralen Charakteristik nicht visuell sichtbar sein.

NGC 1360 mit 16" Öffnung, 142×, UHC, $21^{m}4$ SQM. Ronald Stoyan

Strottner-Drechsler 138

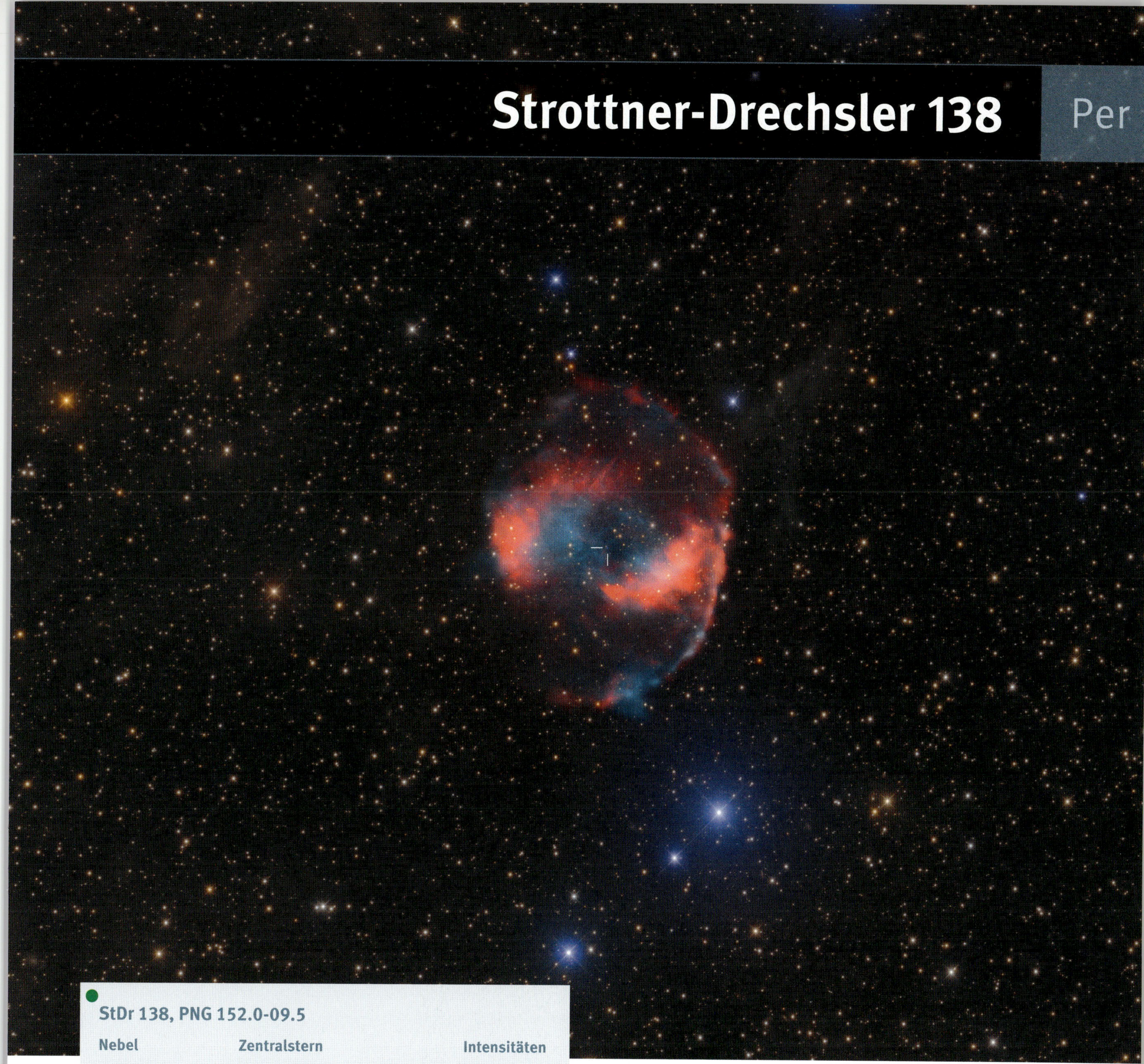

StDr 138, PNG 152.0-09.5

Nebel	Zentralstern	Intensitäten
X. Strottner,	Gaia DR2 238382646416730368	HeII
M. Drechsler	03:37:55.76	Hβ
2021	+43:44:15.71	[OIII]
720 × 570"	18^m0_{Gaia}	Hα
–	WD?	[NII]
isDSA/G –	3190 Lj (Gaia EDR3)	[SII]

Strottner-Drechsler 138. Nicolas Outters, Bearbeitung: M. Drechsler

Strottner-Drechsler 138 wurde im Januar 2021 von Xavier Strottner und Marcel Drechsler entdeckt. Der farbenfrohe Nebel besteht aus einem ovalen Zentralteil in Ost-West-Elongation von ca. 10' Größe und einem rechtwinklig dazu elongierten Halo mit einem Durchmesser von knapp 14'. Deutlich ist die bipolare Form erkennbar.

Spektroskopische Daten liegen nicht vor. Die Entdecker haben den Weißer-Zwerg-Kandidat Gaia DR2 238382646416730368 als Zentralstern des Nebels identifiziert. Die Parallaxenmessung ergibt eine Distanz von 3200 Lichtjahren.

Visuelle Sichtungen sind nicht bekannt.

Minkowski 1-4

Minkowski 1-4 ist einer der vielen kleinen Planetarischen Nebel, die vom deutsch-amerikanischen Astronomen Rudolph Minkowski bei spektroskopischen Durchmusterungen gefunden wurde. Im vorliegenden Fall wertete er im Jahr 1946 Aufnahmen aus, die zuvor mit dem 10"-Weitfeld-Objektiv auf dem Mount Wilson von W. C. Miller aufgenommen worden waren.

Der Nebel besteht nach Peña et al. aus zwei Bestandteilen:

- Nord-Süd elongierter Zentralkörper, 4,2 × 3"
- runder Halo, 6,7"

Parker bezeichnet die Morphologie als »Fußball-Typ«. Rechy-Garcia et al. berichten zusätzlich von zwei bipolaren Knotenpaaren. Medina et al. beziffern die Expansionsgeschwindigkeit auf 11 bis 15 km/s.

Hα und [OIII] sind die stärksten Emissionslinien. Der Nebel strahlt im UV-Licht ebenso wie im Infraroten. Der Zentralstern RL 69 wurde 1971 von Rubin und Lobee in einer Durchmusterung schwacher blauer Sterne gefunden und katalogisiert. Die genaue Klassifikation ist jedoch offen. Nach Messungen von Gaia beträgt die Entfernung über 20.000 Lichtjahre.

Visuell kann M 1-4 schon mit 8" Öffnung als schwacher »Stern« erkannt werden. Mit 14" Öffnung sah der Autor bei 200× eine winzige Scheibe, deutlicher bei 500×. Steve Gottlieb hatte mit einem 18"-Teleskop bei 800× den Eindruck eines stellaren Zentrums innerhalb der Scheibe. Die Wahrnehmung des Zentralsterns im hellen Nebel dürfte jedoch eine ziemliche Herausforderung darstellen, sie gelang auch Uwe Glahn mit 27" nicht. M 1-4 ist eines der Objekte, die bei geringer Vergrößerung gut mit dem [OIII]-Filterblink zu identifizieren sind.

Minkowski 1-4. Dan Crowson

M 1-4, PNG 147.4-02.3, VV 11, PK 147-2.1

Nebel	Zentralstern	Intensitäten	
R. Minkowski	RL 69	HeII	–
1946	03:41:43.4	Hβ	100
	+52:17:00.28	[OIII]	1436
5"	$18^{m}1_{Gaia}$	Hα	2112
$13^{m}6$	–	[NII]	86
isDSA/G 25	20.200 Lj (Gaia EDR3)	[SII]	23

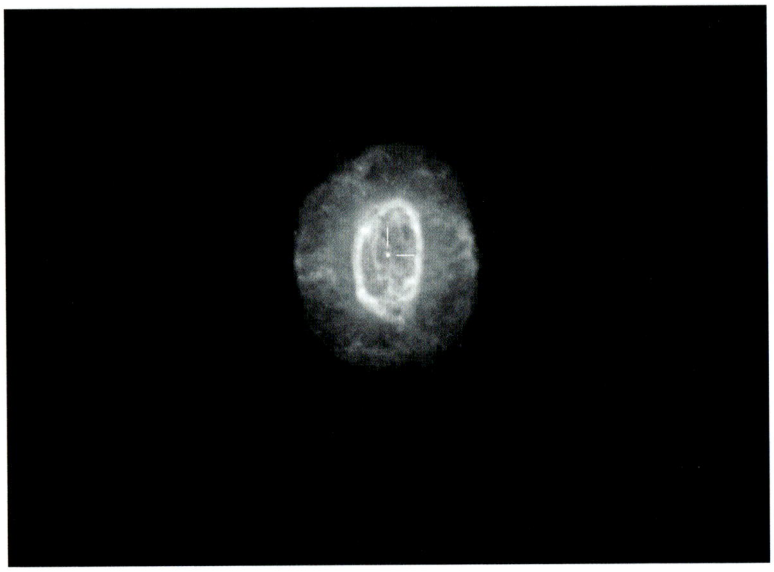

Minkowski 1-4, Hubble Space Telescope. Solomon Hendrix

IC 351

IC 351. Gary Imm

IC 351, PNG 159.0-15.1, VV 12, PK 159-15.1

Nebel	Zentralstern	Intensitäten	
E. Barnard	TIC 26438679	Hell	42
5.12.1890	03:47:33.00	Hβ	100
	+35:02:48.7	[OIII]	1230
8 × 6"	$15^{m}8_{vis}$, $16^{m}4_{Gaia}$	Hα	566
$11^{m}9$	[WCOf]	[NII]	–
isDSA/G 38-4	10.700 Lj (Gaia EDR3)	[SII]	

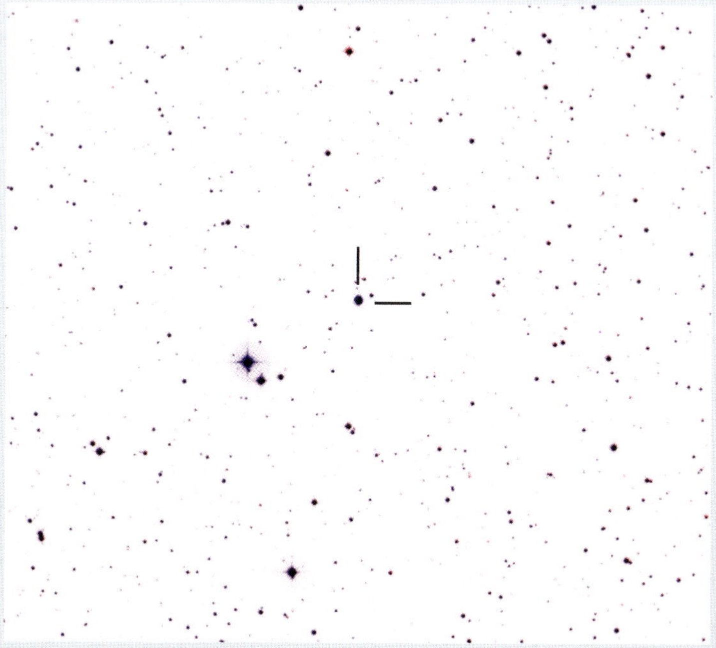

IC 351 ist ein typisches Beispiel der kleinen kompakten IC-PN, die Ende des 19. Jahrhunderts entdeckt wurden. Dieser war ein Zufallsfund, Edward E. Barnard verfolgte eigentlich einen Kometen mit dem 36"-Refraktor des Lick Observatory am Mount Hamilton, als er ihn im Feld entdeckte. Er beschrieb ihn als »nicht perfekt rund, uniform« und gab den Durchmesser mit 4,6" und eine Gesamthelligkeit von $10^{m}5$ oder 11^{m}.

IC 351 besteht aus zwei morphologischen Bestandteilen:

- Kernbereich 7,5 × 6,0"
- Halo 11,5 × 10,5"

Die Gesamtform ist elliptisch in Nord-Süd-Richtung. Hua und Grundseth beschreiben die Struktur des Hauptkörpers als elliptischen Ring, der sich aus kleinen Flecken von etwa 1" Durchmesser zusammensetzt, mit größerer Helligkeit Richtung Westen. Parker sieht dagegen in der Struktur einen hellen S-förmigen bipolaren Charakter nach Aufnahmen von PanSTARRS. Nach Yadoumaru und Tamura beträgt die Expansionsgeschwindigkeit des Nebels 25 km/s. Der Anregungsgrad ist hoch, im Spektrum sind Hα und [OIII] am stärksten.

Der Zentralstern TIC 26438679 besitzt spektroskopische Eigenschaften eines Wolf-Rayet-Sterns. Seine Oberflächentemperatur wird mit 58.000K angegeben, seine Masse mit 0,6 Sonnenmassen. Das Alter des Zentralkörpers wird auf 3200 Jahre geschätzt, der Halo ist vor 4900 Jahren erzeugt worden.

Der belgische Beobachter Jef de Wit konnte IC 351 schon mit 80mm Öffnung erkennen. Mit 120mm bleibt das Objekt sternförmig bei kleinen Vergrößerungen, bei 170× wird die kleine Scheibe sichtbar. Mit 14" Öffnung hatte der Autor bei 500× den Eindruck von sichelförmig heller erscheinenden Enden. Im 20"-Newton bei 540× macht der sehr kleine, nicht ganz runde Nebel den Anschein von Ringförmigkeit. Bei Uwe Glahns Beobachtung mit 27" Öffnung verbinden sich dann beide Eindrücke zu einem ovalen Ringnebel mit helleren Enden. Der Zentralstern ist visuell nicht nachgewiesen worden. IC 351 reagiert gut auf den [OIII]-Filter und kann mit einem Filterblink einfach identifiziert werden.

Ishida-Weinberger 1

Ishida-Weinberger 1. Andreas Bringmann

IsWe 1, PNG 149.7-03.3, PK 149.7-3.3			
Nebel	**Zentralstern**	**Intensitäten**	
K. Ishida,	RL 73	Hell	
R. Weinberger	03:49:05.9	Hβ	
vor 1984	+50:00:14.83	[OIII]	31
780"	16^m5_{vis}, 16^m5_{Gaia}	Hα	100
–	DOZ	[NII]	50
isDSA/G 25	1390 Lj (Gaia EDR3)	[SII]	

Ishida-Weinberger 1 ist einer der vielen auf dem POSS gefundenen Planetarischen Nebel. 1986 erwähnte Weinberger den Nebel in einer Arbeit, er war zwei Jahre zuvor von Keiichi Ishida und Ronald Weinberger entdeckt worden. Die Autoren bezeichneten ihren Fund als »Nebel am exakten Limit der Sichtbarkeit« auf den Platten und als »schwächsten jemals auf dem POSS gefundenen Nebel«. Um das neue Objekt näher zu untersuchen wurden Fotos mit dem 1,05m-Kiso-Schmidt des Tokyo Astronomical Observatory aufgenommen und spektroskopische Studien mit dem 1,23m-Teleskop am Calar Alto durchgeführt, die die Natur als Planetarischer Nebel bestätigten.

Die Expansionsgeschwindigkeit gaben die Entdecker mit 5 bis 12 km/s an, das Alter mit 50.000 Jahren. Xilouris et al. nennen dagegen einen realistischeren Wert von 24.000 Jahren. In jedem Fall ist der Nebel alt und löst sich langsam im interstellaren Medium auf. Nach Norden sind noch Reste einer Schockfront zu erkennen, hier findet noch letzte Interaktion von Nebelmaterie und der umgebenden Materie statt.

Schönberner und Napiwotzki fanden bei einer spektroskopischen Untersuchung von Zentralsternen Planetarischer Nebel heraus, dass derjenige in IsWe 1 die Eigenschaften der PG1159-Sterne aufweist, einer Klasse sehr heißer Sterne auf dem Weg zum Weißen Zwerg mit Helium, Kohlenstoff und Sauerstoff in der Atmosphäre. Napiwotzki nannte eine Temperatur von 100.000K. Der Zentralstern RL 73 war schon 1971 von Vera Rubin auf der Suche nach schwachen blauen Sternen gefunden worden.

Die Detektion von Ishida-Weinberger 1 ist für visuelle Beobachter und Astrofotografen eine Herausforderung. Letztere müssen sehr lange belichten um die Reststrahlung des PN aufzunehmen, vorzugsweise in Hα. Visuelle Beobachter haben nur unter besten Bedingungen eine Chance. Uwe Glahn gelang es mit einer Öffnung von 16" ein vages ovales Leuchten festzustellen.

Baade 1

Baade 1. Radek Chromik

Ba 1, PNG 171.3-25.8, VV 14, PK 171-25.1

Nebel	Zentralstern	Intensitäten	
W. Baade	GSC2 N33110208847	Hell	–
vor 1931	03:53:36.4	Hβ	100
	+19:29:38.94	[OIII]	326
54 × 53"	14^m3_{vis}, 18^m0_{Gaia}	Hα	266
15^m8	–	[NII]	–
isDSA/G 50-8	4380 Lj (Gaia EDR3)	[SII]	

Baade 1 wurde vor 1931 vom deutsch-amerikanischen Astronomen Walter Baade entdeckt. Er hatte den Nebel auf Platten gefunden, die mit dem 40"-Schmidt-Teleskop der Sternwarte Hamburg-Bergedorf aufgenommen worden waren. Später wurde die Entdeckung am 100"-Teleskop auf dem Mount Palomar bestätigt. Baade beschrieb einen »schwachen Ringnebel« mit einem inneren Ringdurchmesser von 16" und einem äußeren Durchmesser von 40". Die Helligkeit des Zentralsterns gab er mit 17^m3 an.

Zusätzlich zum Hauptkörper des Nebels von 40 × 38" ist heute noch ein Halo von 54 × 53" bekannt. Im Spektrum steht [OIII] an erster Stelle, gefolgt von Hα. Baade 1 ist außerdem eine starke Radioquelle.

Über den Zentralstern GSC2 N33110208847 ist nicht viel bekannt. Die Helligkeitsangabe von 14^m3 bei Simbad bezieht sich womöglich auf den gesamten Nebel. Die 18^m0 von Gaia erscheinen dagegen zu hoch gegriffen.

Steve Gottlieb erkannte den Nebel mit 13" Öffnung an seiner Wahrnehmungsgrenze. Dem Autor erschien er dagegen »ziemlich hell« mit 14" Öffnung und [OIII]-Filter. Auch mit 20" war die Ringform nicht zu erkennen. Dies gelang Uwe Glahn mit seinem 27"-Newton unter Hochgebirgsbedingungen. Er konnte auch den schwachen Zentralstern des Nebels sehen.

Baade 1 mit 20" Öffnung, 222×, 21^m4 SQM. Ronald Stoyan

IC 2003

IC 2003 scheint auf den ersten Blick eine Kopie seines Nachbarn IC 351 zu sein: Ein kleiner sehr kompakter IC-PN. Wie dieser war IC 2003 ein Zufallsfund. Thomas E. Espin fand den Nebel am 18. Januar 1907, als er visuell nach Doppelsternen suchte. Er bezeichnete ihn als »deutliches Objekt, gleich einem 10^m-Stern. Die Elongation ist sehr ausgeprägt und manchmal schien es, als ob es zwei Nebel wären.«

Espin gab als Abmessungen 6,90 × 6,35", der heutige Wert ist 10,0 × 8,1". Hα und [OIII] sind prominent im Spektrum vertreten, Feibelman erkannte außerdem starke [OIV]-Emission und bemerkte, dass IC 2003 ein reiches Spektrum von stellaren und nebularen Emissionslinien zeigt. Der Nebel ist auch ein starker Strahler im UV- und IR-Licht und insgesamt stark angeregt.

Eine weitere Gemeinsamkeit mit IC 351 ist der Zentralstern mit Wolf-Rayet-Charakteristik. Köppen gibt eine Oberflächentemperatur von 158.000K. Wenn man der Parallaxenmessung von Gaia trauen kann, ergibt sich eine Distanz von 67.000 Lichtjahren, was das Sechsfache von IC 351 wäre.

Wie IC 351 ist IC 2003 schon mit 80mm Öffnung zu erkennen. Dem Autor erschien er mit 120mm heller als dieser. Bei hohen Vergrößerungen ist deutlich das winzige Scheibchen zu erkennen. Mit 14" Öffnung erscheint die kleine Scheibe bei 600× unregelmäßig ringförmig, weil der helle Rand auf der Westseite fehlt. Ein sternförmiger Knoten sitzt knapp außerhalb des Zentrums im Südosten. Mit 20" bei 540× ist dieser Knoten noch deutlicher zu sehen, während der Zentralstern unsichtbar bleibt. Nur 15" südwestlich des Nebels steht ein Stern den, schon Espin erwähnte. Er ist mit 120mm Öffnung bereits sichtbar und gibt mit größeren Öffnungen ein ideales Fokussierobjekt.

IC 2003. Radek Chromik

IC 2003 mit 20" Öffnung, 540×, 20^m8 SQM. Ronald Stoyan

IC 2003, PNG 161.2-14.8, VV 15, PK 161-14.1

Nebel	Zentralstern	Intensitäten	
T. Espin	HD 279193	HeII	65
18.1.1907	03:56:22.0	Hβ	100
	+33:52:30.58	[OIII]	983
7 × 6"	16^m1_{Gaia}	Hα	365
11^m6	[WC3]	[NII]	–
isDSA/G 38-5	67.000 Lj (Gaia EDR3)	[SII]	3

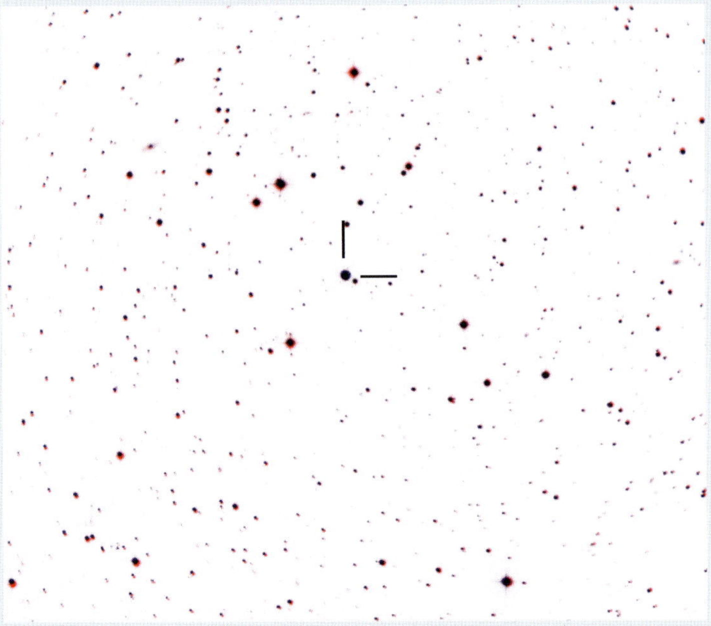

Alv 3, PNG 176.7-33.8

Nebel	Zentralstern	Intensitäten
F. Alves	TIC 471013547	HeII
2011	03:43:14.30	Hβ
	+10:29:38.80	[OIII]
468"	16^m5_{Gaia}	Hα
–	DAH	[NII]
isDSA/G –	470 Lj (Gaia EDR3)	[SII]

Alves 3 ist ein Fund des portugiesischen Amateurastronomen Filipe Alves. Der diffuse Nebel besitzt eine Ausdehnung von 7,8'.

Viel Aufmerksamkeit hat der Zentralstern TIC 471013547 alias WD 0340+103 erhalten. Der Stern wurde 1999 von Wei et al. entdeckt und seitdem mehrfach spektroskopisch untersucht. Navarro und Wilson wiesen nach, dass es sich um einen bedeckungsveränderlichen Doppelstern aus zwei Weißen Zwergen handelt. Die Umlaufszeit beträgt 3,5 Tage, mit einer primären Bedeckungsphase mit 11% Lichtabschwächung und einem sekundären Ereginis mit 3,8%. Der Nebel zeigt innen bläuliche [OIII]- und im äußeren Bereich rote Hα-Emission. Es scheint sich um ein schon älteres Objekt zu handeln, das nicht mehr expandiert und mit dem umgebenden interstellaren Medium verschmilzt.

Uwe Glahn gelang eine visuelle Sichtung mit 27" Öffnung.

Alves 3. Peter Goodhew

StDr 104, PNG 156.7-07.0

Nebel	Zentralstern	Intensitäten
X. Strottner, M.	KPD 0402+4232	HeII
Drechsler	04:06:05.26	Hβ
2020	+42:41:20.37	[OIII]
720"	15^m5_{vis}, 15^m5_{Gaia}	Hα
–	sdB	[NII]
isDSA/G –	3680 Lj (Gaia EDR3)	[SII]

Strottner-Drechsler 104 ist einer der vielen beeindruckenden Funde des französisch-deutschen Entdecker-Duos aus Xavier Strottner und Marcel Drechsler. Er wurde Anfang 2020 gefunden.

Der Nebel ist 12' groß und zeigt auf Fotos einen großen Bereich Hα-Emission, der einen Kern aus [OIII]-Strahlung umgibt.

Unklarheit gibt es über den Zentralstern des Nebels. Die Entdecker identifizierten den heißen Unterzwerg KPD 0402+4232 mit einer Helligkeit von 15^m5 und einer Entfernung von 3700 Lichtjahren. Er ist aber möglicherweise nicht der tatsächliche Zentralstern. Ein alternativer Kandidat wäre WDJ040607.42+423448.67 bei 4:06:07.4, +42:34:49 mit 18^m2 und einer Entfernung von nur 1090 Lichtjahren. Der Planetarische Nebel StDr 104 würde dann zu den nächsten seiner Art gehören.

Strottner-Drechsler 104. Andreas Zirke, Marcel Drechsler

NGC 1501 Camel's Eye Nebula, Blue Oyster Nebula

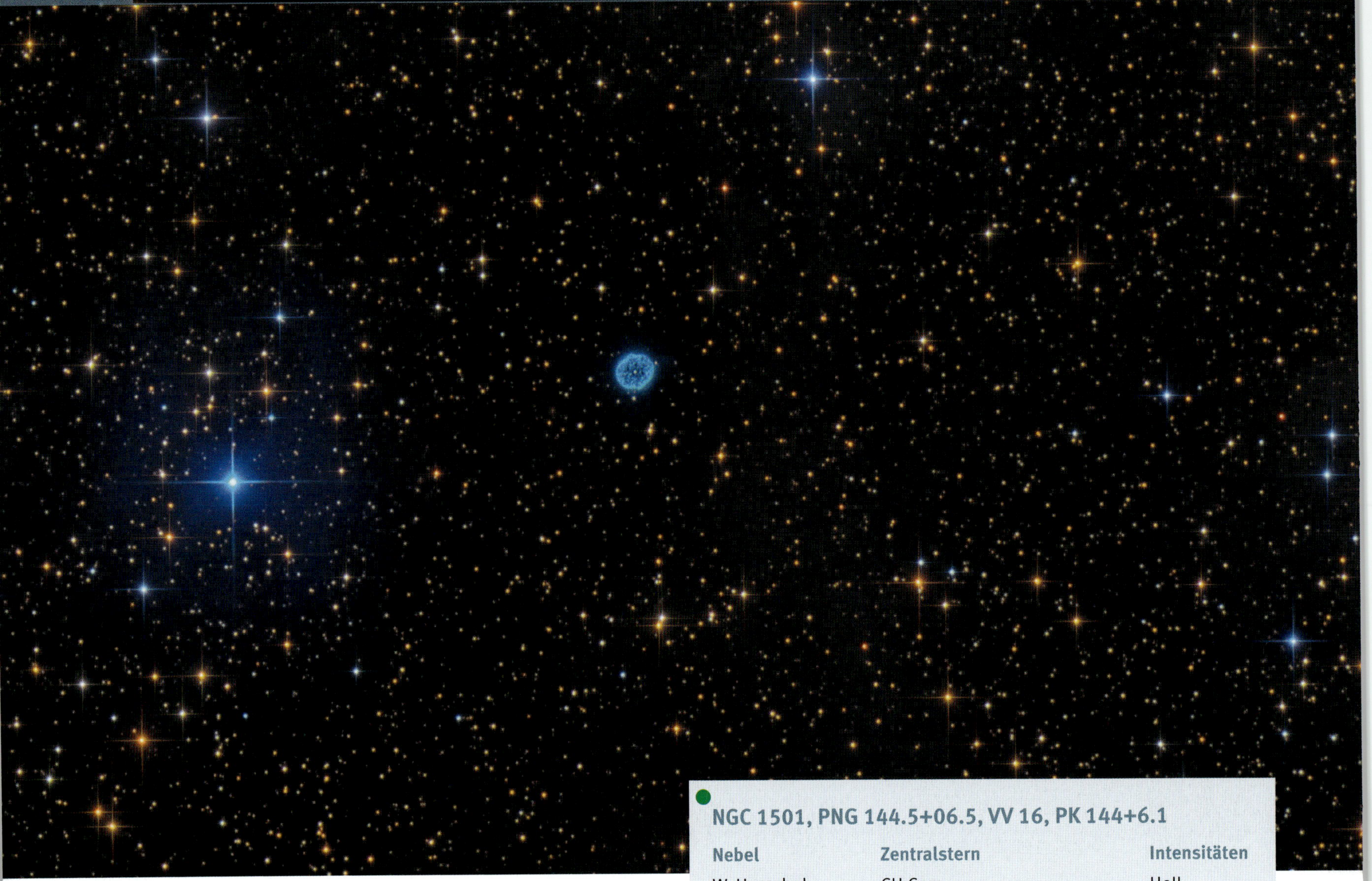

NGC 1501. Mark Hanson

NGC 1501, PNG 144.5+06.5, VV 16, PK 144+6.1

Nebel	Zentralstern	Intensitäten	
W. Herschel	CH Cam	Hell	–
3.11.1787	04:06:59.40	Hβ	100
	+60:55:14.2	[OIII]	932
56 × 48"	14^m4_{vis}, 14^m2_{Gaia}	Hα	824
11^m9	[WC4]	[NII]	–
isDSA/G 14-1	5630 Lj (Gaia EDR3)	[SII]	

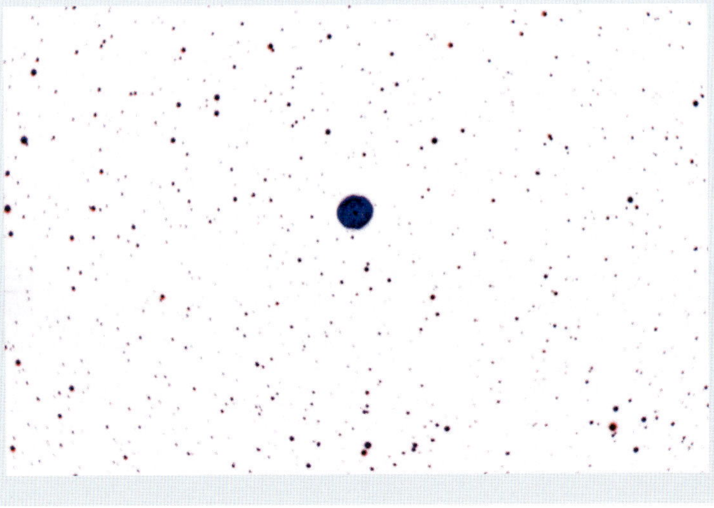

Historie

Wilhelm Herschel war der erste Mensch, der NGC 1501 zu Gesicht bekam. Am 3.11.1787 beschrieb er einen »ziemlich hellen planetarischen Nebel, fast 1' Durchmesser, rund, und ziemlich gut definiert. Mit 360 vergrößernd [...] die Ränder ziemlich abrupt, ein bisschen elliptisch.« Er nahm ihn unter der Nummer 53 in seiner Kategorie Planetarische Nebel auf.

Lord Rosse und seine Assistenten waren die Ersten, die die Ringform und den Zentralstern beschrieben. T. W. Webb fand ihn 1893 »klein und schwach«.

Heber D. Curtis fasste 1918 das damals bekannte Bild treffend zusammen: »Zentralstern fast 12^m, umgeben von einer sehr fleckigen und unregelmäßigen elliptischen Scheibe, etwa 56 × 48" in PW 98°. Der Rand zeigt Spuren

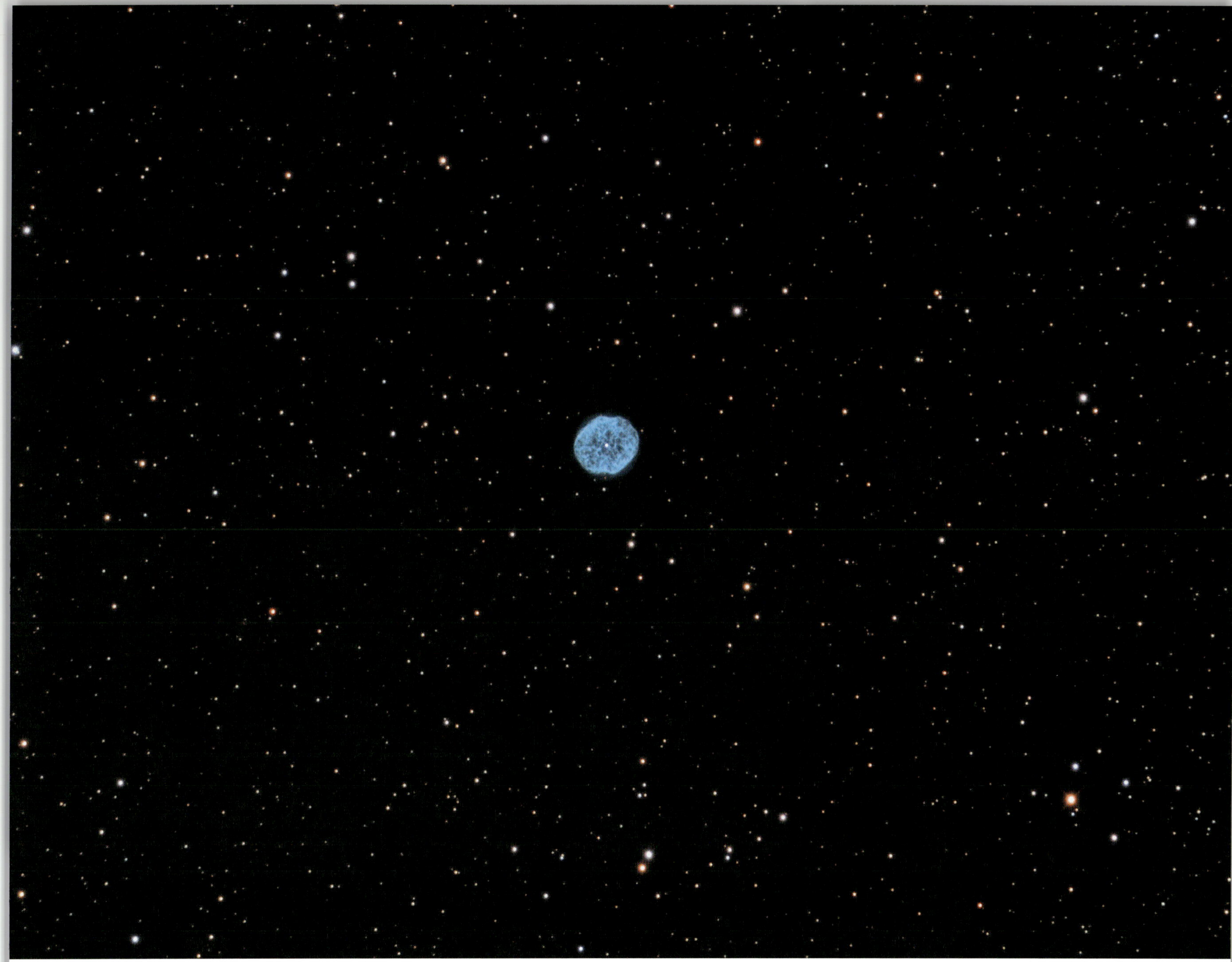

NGC 1501. Adam Block

einer gebrochenen Ringformation; die hellsten Teile sind die Ränder am Ende der kleinen Achse.«

Astrophysik

Die seltsame, stark gekräuselte Morphologie von NGC 1501 hat die Forschung lange umgetrieben. Für Pease (1917) hatte sie »Ähnlichkeit mit den Faltungen des Gehirns«, Minkowski (1968) sah sie als »Anhäufung von unregelmäßigen Kondensationen, mit einigen großen Löchern«. Gleichzeitig fehlen größere Strukturen wie Knoten, Jets oder Ansae – eine »komplette Enttäuschung« wie Raggazoni et al. schreiben. Was also formte NGC 1501?

Der Schlüssel liegt in der Interaktion des Nebelgases mit dem schnellen und energiereichen Wind des Wolf-Rayet-artigen Zentralsterns. CH Cam alias WD 0402+607 alias TIC 084306468 ist ein pulsierender Zwergstern ähnlich dem PG1159-Typ. Bond et al. entdeckten 1989 dessen Variabilität, wobei sich mehrere Perioden überlagern; die deutlichste beträgt 0^m1 in 30 Minuten. Jones und Boffin ermittelten darüber hinaus eine Periode von 3,28 Tagen, die sie auf ein Doppelsternsystem zurückführen, was die Wolf-Rayet-Charakeristik erklärt. Rubio et al. ermittelten 0,6 Sonnenmassen für den Stern, der Vorgängerstern besaß nicht mehr als 1 Sonnenmasse. Für die Oberflächentemperatur gaben verschiedene Autoren Werte zwischen 110.000K und 134.000K.

Der Nebel selbst hat 0,22 Sonnenmassen. Sabbadin et al. sahen in ihm einen einen »Ellipsoid von moderater Elliptizität, deformiert durch große Loben entlang sowohl der Haupt- als auch der mittleren Achse, und einer Vielzahl von Beulen, die über die gesamte Nebelscheibe verteilt sind«. Nach Raggazoni et al. umgibt ein homogener Kokon den Hauptkörper des Nebels mit einem Duchmesser von bis zu 68". Der runde und homogen erscheinende Halo lässt vermuten,

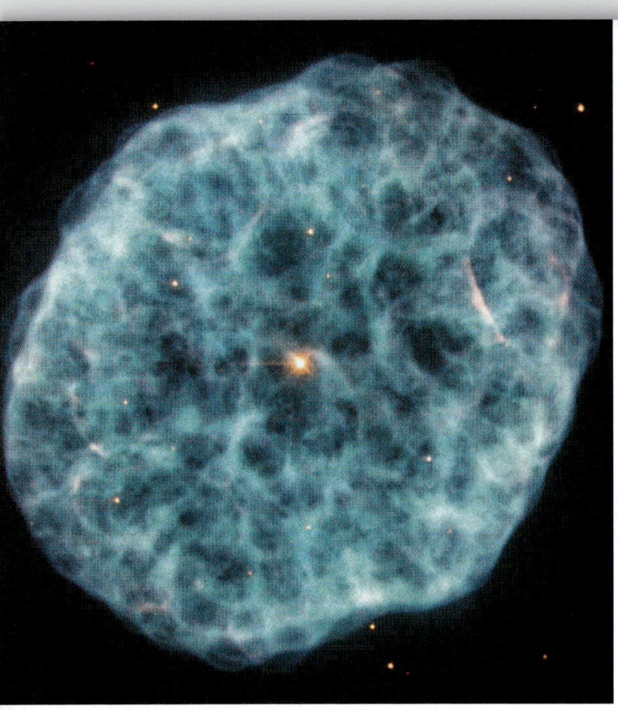

NGC 1501, Hubble Space Telescope. ESA/ Hubble & NASA, Marc Canale

dass er in der Phase des Zentralsterns auf dem Asymptotischen Riesenast (AGB) vor der Entstehung des eigentlichen PN emittiert wurde.

Arion et al. berichteten 2014 von einem Halo um NGC 1501, solche Halos hatten sie auch bei NGC 246, NGC 1501 und NGC 2022 nachgewiesen.

Beobachtung

NGC 1501 ist mit 3" Öffnung und Nebelfilter zu sehen. Er steht südlich einer spektakulär schönen Umgebung mit dem Sternhaufen NGC 1502 und der Sternkette von Kembles Kaskade. Mit 120mm erscheint eine helle und deutliche ovale Scheibe mit gut definierten Rändern, elongiert in NNO-SSW-Richtung. Bei 100× entsteht der Eindruck einer Ringstruktur, während dieser bei 170× wieder verschwunden ist zugusten einer fein gefleckten Scheibe.

Der Zentralstern ist mit 14" Öffnung deutlich, ebenso wie die stark gefleckte Struktur der elliptischen Scheibe. Die Nord- und Südränder des Nebels sind hell und hart nach außen definiert, nach innen jedoch eher weich übergehend. Dies ist am besten mit [OIII]-Filter zu sehen, während der Zentralstern dabei fast verschwindet. Mit größeren Optiken wird der chaotische Eindruck des Feindetails im Inneren des Nebels immer stärker.

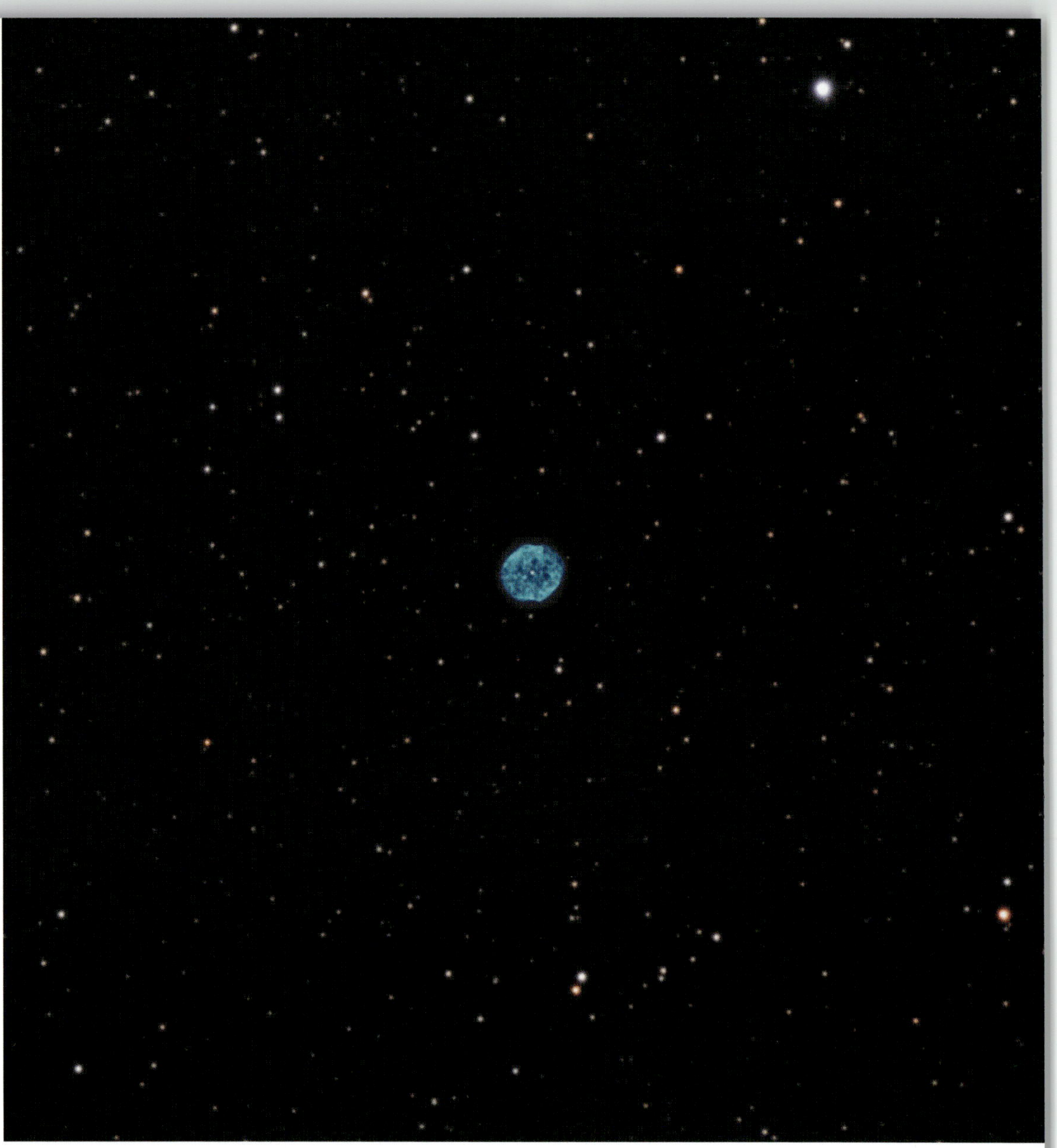

NGC 1501. Peter Goodhew

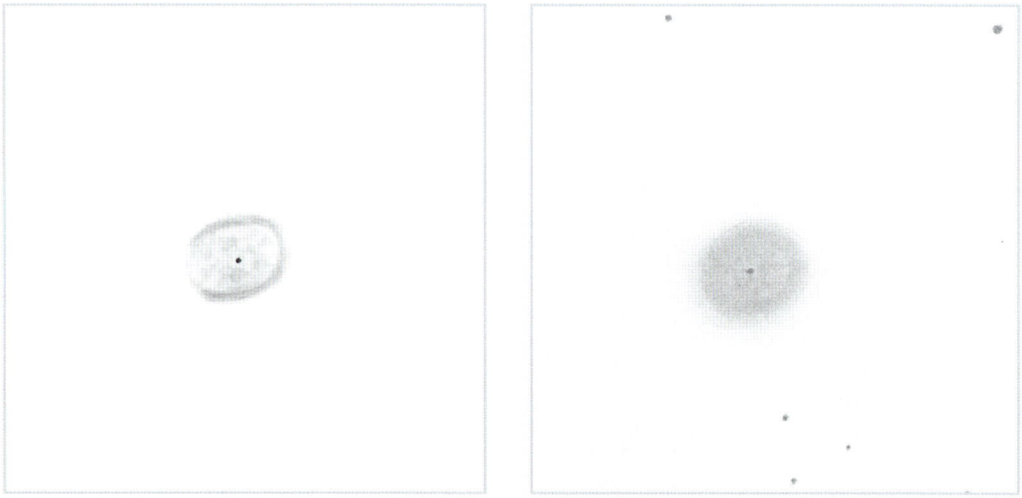

NGC 1501 mit 14" Öffnung, 200×, SQM $21^{m}1$ (links), 16" Öffnung, 425×, $21^{m}5$ SQM (rechts). Ronald Stoyan

Crystal Ball Nebula **NGC 1514** Tau

NGC 1514, PNG 165.5-15.2, VV 23, PK 165-15.1

Nebel	Zentralstern	Intensitäten	
W. Herschel	HD 281679	Hell	–
13.11.1790	04:09:16.99	Hβ	100
	+30:46:33.5	[OIII]	1189
136 × 121"	9^m3_{vis}, 9^m5_{Gaia}	Hα	502
10^m9	(A0)	[NII]	–
isDSA/G 37-7	1470 Lj (Gaia EDR3)	[SII]	

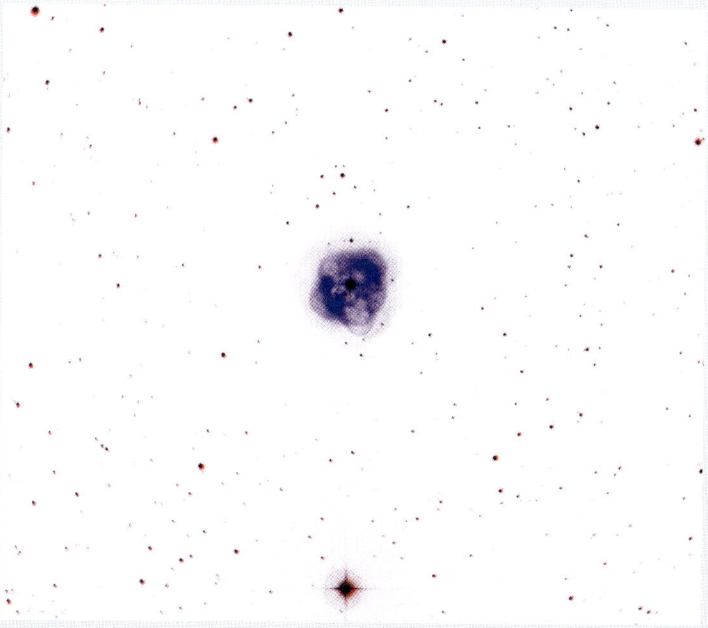

NGC 1514. Rudolf Riedl (links), Mike Selby (rechts)

Historie

NGC 1514 spielte eine herausragende Rolle im physikalischen Verständnis Planetarischer Nebel. Wilhelm Herschel, der den Nebel entdeckte, beschrieb ihn mit dem 18,7-Zöller als »ein höchst eigenartiges Phänomen! Ein Stern von ungefähr 8. Größe, mit einer schwachen leuchtenden Atmosphäre, von einer runden Form, und etwa 3' im Durchmesser. Der Stern ist perfekt in der Mitte, und die Atmosphäre ist so verdünnt, schwach und überall gleich, dass man gar nicht auf die Idee kommt, dass er aus Sternen besteht; noch kann ein Zweifel zwischen der eindeutigen Verbindung von Atmosphäre und Stern bestehen. Ein anderer Stern von nicht viel geringerer Helligkeit, im selben Feld, war völlig frei von solcher Erscheinung.«

Diese Beobachtung veränderte Herschels Verständnis von »Nebeln«, da er bis dahin dachte, dass diese immer aus nicht aufgelösten Sternen bestünden. In einer Veröffentlichung über »Nebelsterne« schrieb er 1791, dass es

NGC 1514. Daniel Nobre/The Liverpool Telescope

NGC 1514 in Infrarot (WISE). NASA/JPL-Caltech/UCLA

nicht wahrscheinlich sei, dass ein Stern alle anderen so stark überstrahle. Vielmehr müsse man von einem »leuchtenden Fluidum von einer Art, die uns völlig unbekannt ist«, ausgehen. Er ordnete den Nebel als Nr. 69 in seine Klasse Planetarische Nebel ein. In seinem Gesamtkatalog erhielt er später die Nr. 311, im General Catalogue die Nr. 810. 80 Jahre nach Herschel betrachtete William Pickering 1879 erstmals das Spektrum von NGC 1514 und erkannte wie auch bei anderen Planetarischen Nebeln die Emissionslinien ionisierten Gases.

Astrophysik

Auch wenn Herschel NGC 1514 bereits den Planertarischen Nebeln zuordnete, so war die Klassifikation nicht immer eindeutig. Cederblad etwa meinte 1946, der Nebel würde »einen Übergangsytp zwischen echten Planetarischen Nebels und hellen diffusen Nebeln einnehmen«.

Von Chu et al. 1987 als »multiple shell planetary« eingestuft, ist der Nebel bekannt für seine komplexe Morphologie. Nach Aller et al. (2021) lassen sich folgende Elemente unterscheiden:

- innere Schale 72", Positionswinkel 0°
- Blase nach SW 136", PW 127°
- Blasen nach NW/SO 156", PW 42°
- äußere Schale 196", PW 0°

Der Hauptkörper von NGC 1514 misst am Himmel etwa 120" × 90". Ihn umgibt ein Halo von 180" × 150", andere Quellen nennen 188 × 182".

Aller at al. skizzieren einige mögliche Szenarien der Entstehung. Dabei gehen sie davon aus, dass die äußere Schale zuerst entstand, womöglich ist sie ein Überbleibsel aus der Zeit des Zentralsterns auf dem Riesenast im Hertzsprung-Russell-Diagramm. Erst danach kam es zur Emission der bipolar angelegten Blasen. Die letzte Stufe stellt die innere Blase dar; hier interagiert der Sternwind des Zentralsterns mit der zuvor emittierten Materie und erzeugt die charakteristischen dunklen Bereiche im Nebel.

Mit dem IRAS-Satelliten wurde im infraroten Spektralbereich eine große Staubregion um NGC 1514 festgestellt, ebenso ein bipolarer Staubnebel um den Nebel, beides dürfte ebenfalls aus der Zeit vor dem heutigen PN stammen. Aufnahmen des Infrarotsatelliten WISE zeigten 2010 eine fassartige Ringstruktur oder ein Paar von Ringen mit einem Abstand von 1,6 Lichtjahren und einer Neigung von 28°, die von Aller et al. nicht mit den Entwicklungsszenarien des Nebels in Einklang gebracht werden konnten.

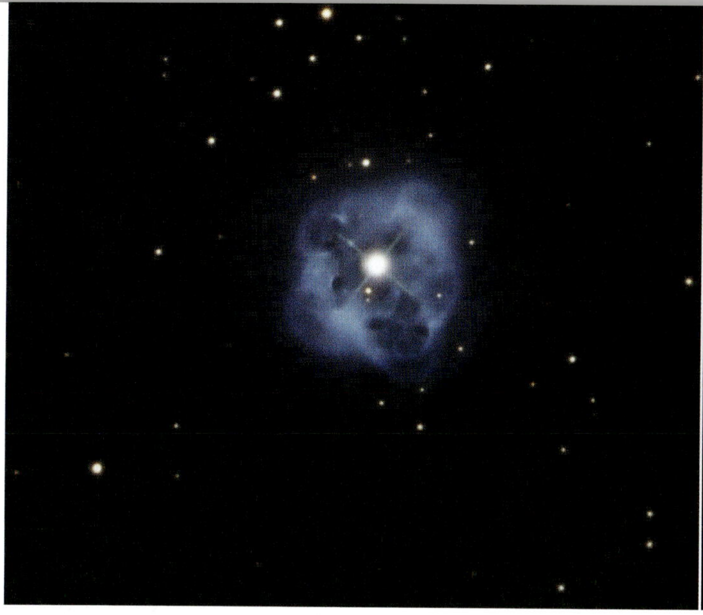

NGC 1514. Carsten Dosche

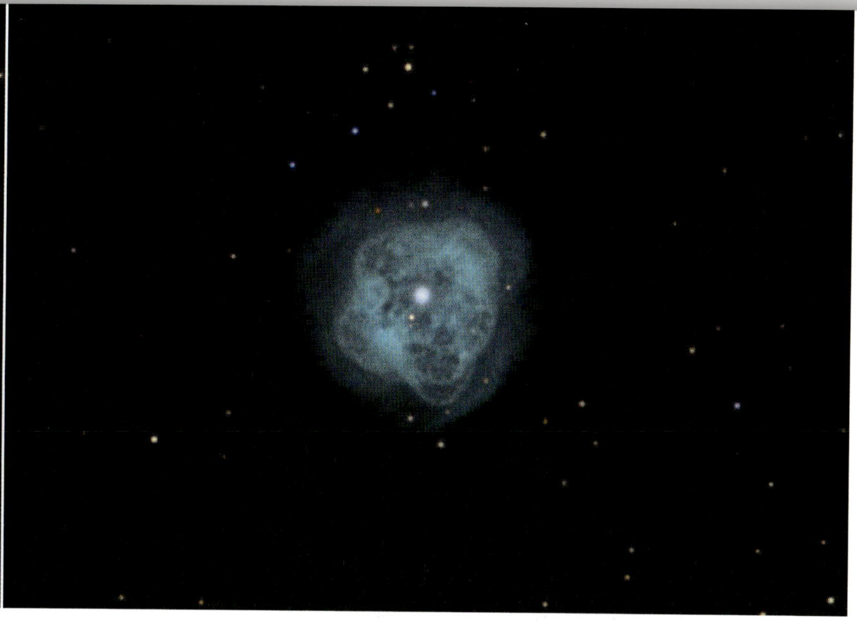

NGC 1514. James Shuder

Eine Besonderheit ist der Zentralstern HD 281679. Der helle Stern ist mit einer Spektralklasse von A0 mit 9850K zu kühl für die Anregung des Nebels. Der eigentliche Zentralstern mit einer Temperatur von 90.000K ist ein Begleiter mit einer Umlaufzeit von 9 Jahren (Jones et al. 2017) in 20 AE Entfernung – außergewöhnlich groß für ein Doppelsternsystem in einem Planetarischen Nebel.

Muthu Anandanao geht davon aus, dass ursprünglich beide Sterne sehr nahe beieinander standen (»common envelope«) und sich in nur 4 bis 9 Tagen umkreisten. Die Bahn dieses Begleiters wurde durch die mit der Entstehung des PN zusammenhängenden Prozesse in astronomisch kurzer Zeit auf den heutigen Wert vergrößert. Der Ausgangsstern hatte danach eine Masse von 4,5 Sonnen.

Nach Mendez et al. unterscheiden sich die Radialgeschwindigkeiten der beiden Sterne jedoch um 13 km/s, die Wahrscheinlichkeit eines optischen Paars läge jedoch bei 1 zu 1 Milliarde.

Beobachtung

NGC 1514 ist wegen des hellen Zentralsterns kein einfaches Objekt für kleine Teleskope. Während der 9^m-Stern problemlos in 2"- oder 2,5"-Teleskopen sichtbar ist, bleibt der Nebel damit verborgen. Mit 4,7" ist ein großer, runder, uniformer Nebel um den hellen Zentralstern zu sehen, besonders wenn man einen UHC- oder [OIII]-Filter einsetzt. Mit mittelgroßen Teleskopen kommen Strukturen im Nebel zum Vorschein. Mit 14" Öffnung und UHC zeigt sich der Rand des Nebels als hellster Bereich. Dunkle und helle Flecken zeichnen ein unregelmäßiges Bild des Innenbereichs.

Mit 20" verstärkt sich der reich strukturierte Eindruck. Die verschiedenen Nebelschalen kristallisieren sich heraus, wobei die Beobachtung ohne Nebelfilter gewinnbringender ist. Auch der Halo, der NGC 1514 diffus umgibt, wird mit dieser Teleskopgröße sichtbar, hier ist allerdings ein [OIII]-Filter sehr anzuraten.

Der Spitzname geht auf den amerikanischen Beobachter David Knisely zurück.

Lord Rosses Spiralnebel-Illusion

Die besondere Struktur von NGC 1514 spielte auch später eine Rolle. Beobachter mit dem 72"-Riesenteleskop »Leviathan« von Lord Rosse glaubten, im Nebel Spiralstruktur zu erkennen, wie diese beiden historischen Skizzen von 1858 (oben) und 1861 (unten) erkennen lassen.
Rosses Assistent sprach gar von »neuen Spiralnebeln von ringförmiger Gestalt«. Dies stellte sich jedoch später als Illusion heraus.

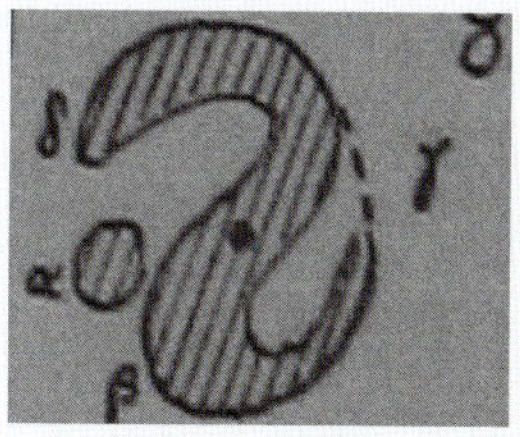

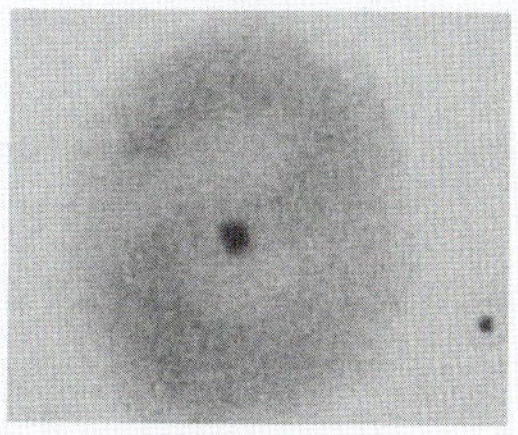

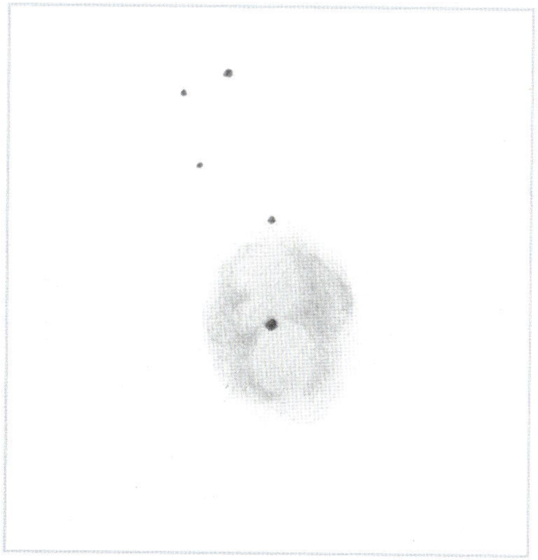

NGC 1514 mit 20" Öffnung, 222×, UHC, 21^m4 SQM. Ronald Stoyan

Minkowski 2-2

Minkowski 2-2. Stefan Lilge

Minkowski 2-2. Richard Hennig

Minkowski 2-2 wurde von Rudolph Minkowski 1947 auf Objektivprismen-Aufnahmen mit dem 10"-Astrograph am Mount Wilson Observatory entdeckt. Der Nebel besteht aus drei verschiedenen Elementen:

- Kernbereich von 5,3 × 4,0"
- innerer Halo von 17 × 13"
- äußerer Halo von 40"

Guerrero et al. geben für den Kern eine Expansionsgeschwindigkeit von 17 bis 24 km/s. Sabbadin erwähnt die hohe Anregung des Nebels; Hα und [OIII] dominieren. Nach Sandin hat der Halo als ältester Teil des Nebels ein Alter von 12.000 Jahren.

Der Zentralstern hat eine Oberflächentemperatur von 80.000K. Wenn die Gaia-Parallaxenmessung korrekt ist – was in hellen kompakten Nebeln nicht immer der Fall ist – steht der PN mit mehr als 15.000 Lichtjahren fast drei Mal so weit entfernt wie NGC 1501 in der Nachbarschaft. M 2-2 ist mit 8" Öffnung stellar zu sehen. Mit 14" war die Strkutur der kleinen Nebelscheibe nicht klar aufzulösen. 16" zeigt eine ovale Ringform. Uwe Glahn konnte mit 27" bei 1172× die winzige innerste Schale und den Zentralstern sehen.

M 2-2, PNG 147.8+04.1, PK 147+4.1

Nebel	Zentralstern	Intensitäten	
R. Minkowski	GSC2 N31223039487	HeII	–
1947	04:13:15.0	Hβ	100
	+56:56:58.09	[OIII]	1181
12 × 11"	15^m8_{Gaia}	Hα	844
14^m0	–	[NII]	20
isDSA/G 14-12	15.500 Lj (Gaia EDR3)	[SII]	6

Minkowski 2-2 mit 16" Öffnung, 425×, 21^m5 SQM. Ronald Stoyan

Cleopatra's Eye

NGC 1535

Eri

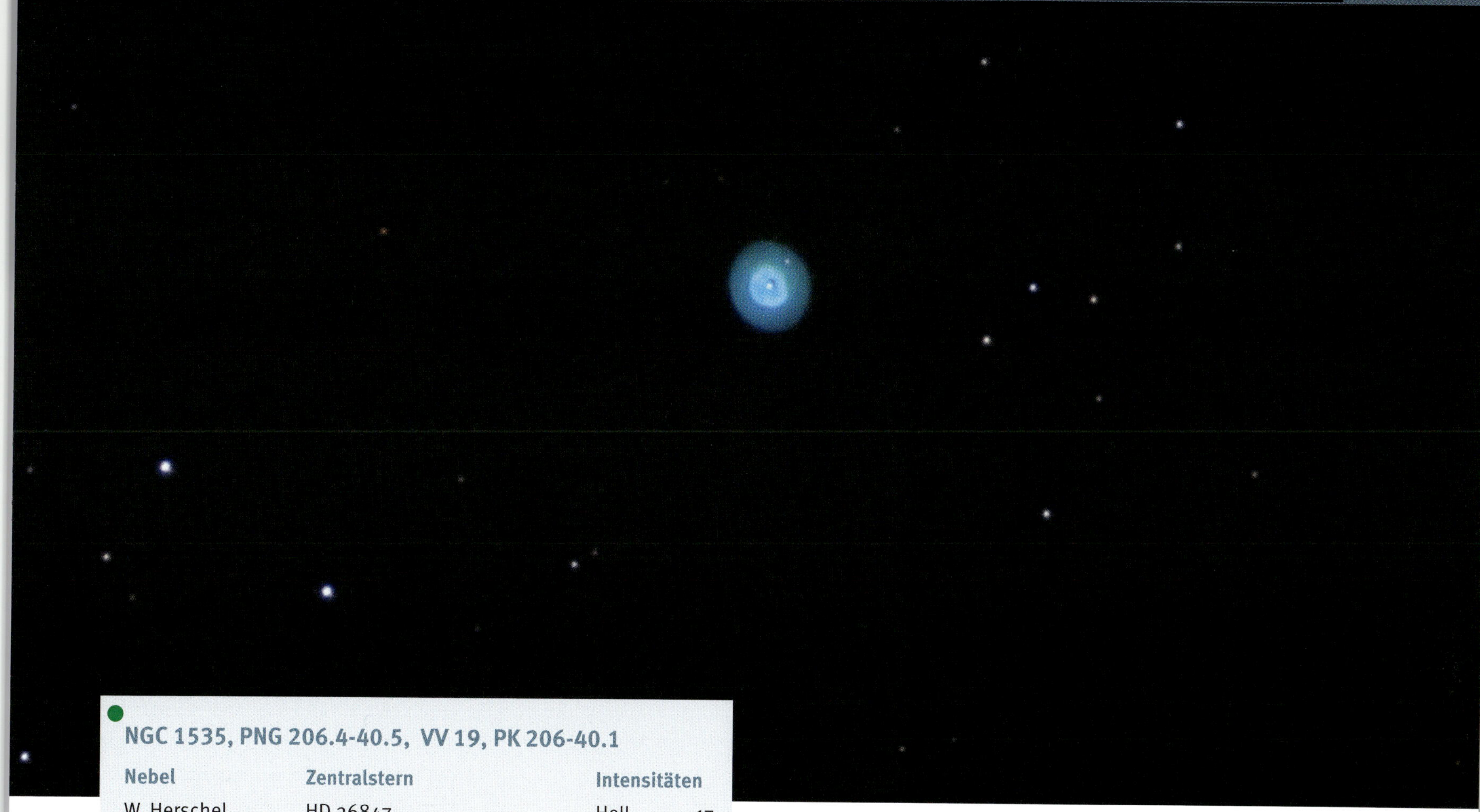

NGC 1535, PNG 206.4-40.5, VV 19, PK 206-40.1

Nebel	Zentralstern	Intensitäten	
W. Herschel	HD 26847	Hell	17
1.2.1785	04:14:15.8	Hβ	100
	−12:44:22.02	[OIII]	1253
48 × 42"	$12^{m}8_{vis}$, $12^{m}1_{Gaia}$	Hα	285
$9^{m}4$	sdO	[NII]	–
isDSA/G 73-2	4480 Lj (Gaia EDR3)	[SII]	

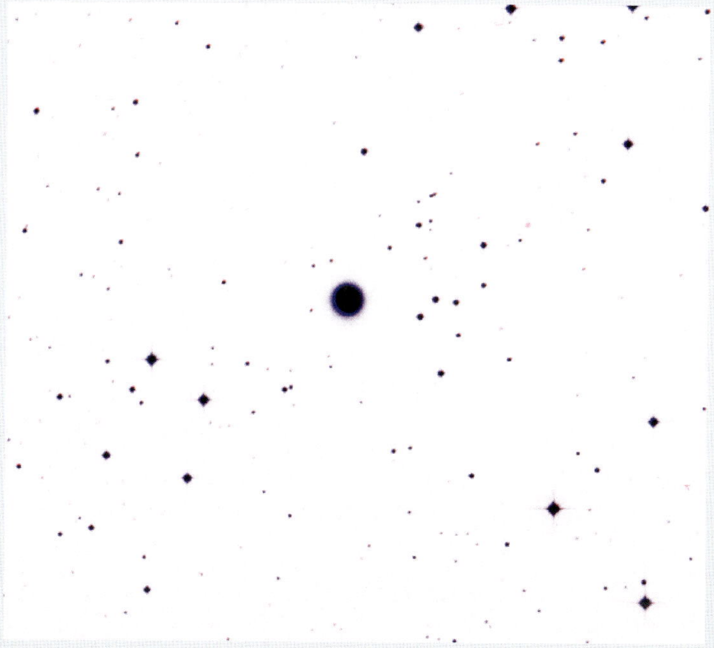

NGC 1535. Mark Lowenthal

Historie

Wilhelm Herschel fand NGC 1535 am 1.2.1785. Er sah einen »sehr hellen planetarischen Nebel, ungefähr eine halbe Minute im Durchmesser, aber die Ränder sind nicht sehr gut definiert. Er ist perfekt rund, oder vielleicht etwas elliptisch, und überall von einer gleichmäßigen Helligkeit.« Bei einer zweiten Beobachtung meinte Herschel, dass das Objekt an den Rändern aufzulösen sei. »Es ist wahrscheinlich ein sehr gedrängter Haufen von Sternen in einer ungeheuren Entfernung.« Diese Beobachtung scheint von den Wahrnehmungen von Kugelsternhaufen inspiriert, bei der Klassifikation blieb Herschel jedoch bei der Kategorie Planetarische Nebel, in der NGC 1535 die Nummer 26 erhielt.

John Herschel folgte der Missinterpretation seines Vaters, als er seine Beobachtung beschrieb: »Eine gefleckte Scheibe, aber so verschwommen an den Rändern, dass ich keinen Zweifel habe, dass es ein sehr entfernter und stark komprimierter Kugelsternhaufen ist. Es ist kein Planetarischer Nebel, jedoch eine nahe Annäherung an einen

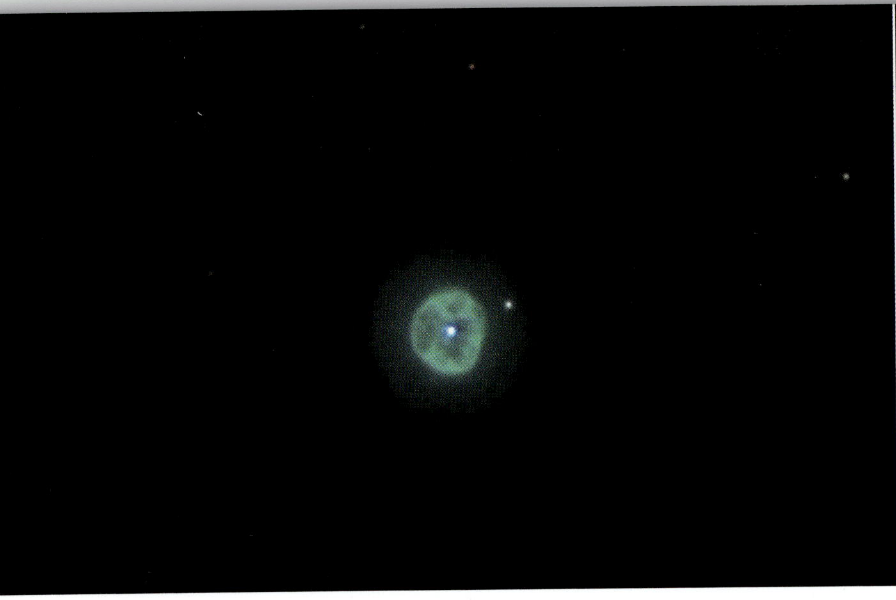 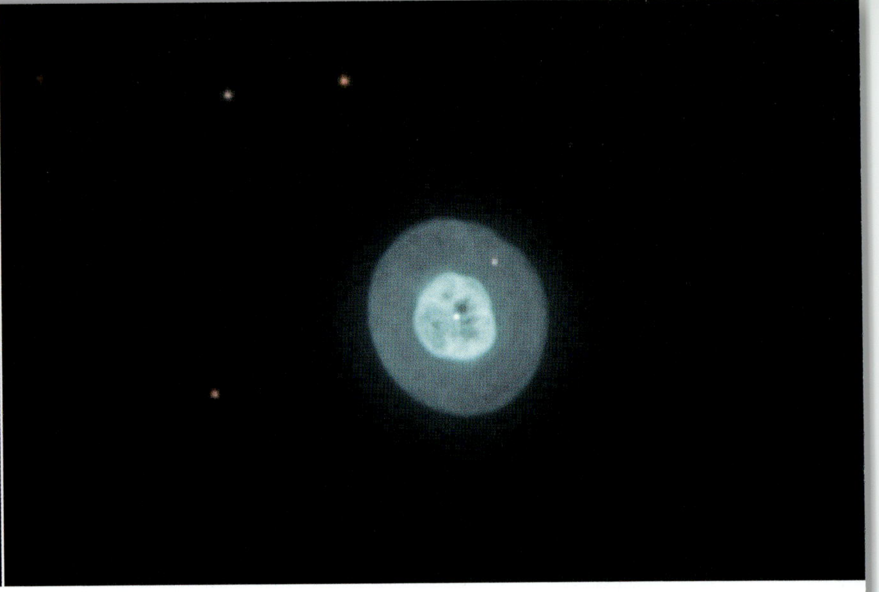

NGC 1535. Adam Block/Mount Lemmon SkyCenter/University of Arizona (links), Chart 32 (rechts)

Die Zentralstern-Kontroverse

Der australische Beobachter Andrew James ist der Ansicht, dass der Zentralstern von NGC 1535 mit Öffnungen von weniger als 10" generell unsichtbar sei, weil er vom hellen Nebelkern verdeckt würde, besonders in schlechtem Seeing. Nach Meinung des Autors ist letzteres sicher richtig, aber bei gutem Seeing ist weniger die Öffnung, sondern die Qualität der Optik und vor allem die Vergrößerung entscheidend. Verwendet man über 200-fach, lässt sich sowohl der Zentralstern als auch der dunkle Bereich um ihn schon mit 4,7" Öffnung klar ausmachen.

Leider scheuen sich viele Beobachter mit kleinen und mittleren Teleskopen hohe Vergrößerungen einzusetzen – zum einen, weil immer noch unsinnige Faustformeln zur Maximalvergrößerung wie »doppelte Öffnung in mm« kursieren und zum anderen, weil das Bild dann flauer und nicht mehr so »schön« wie mit geringerer Vergrößerung wirkt. Wer jedoch bei kleinen hellen Planetarischen Nebeln die Leistung des Teleskops abrufen will, sollte sich bis mindestens zu 0,7mm Austrittspupille vorwagen, weil erst dann das Auflösungsvermögen des Teleskops auf den nötigen Winkel für das menschliche Auge vergrößert wird. Bei gutem Seeing kann man noch deutlich darüber gehen.

solchen [...] Ein sehr bemerkenswertes und interessantes Objekt.« Der Sohn Herschels klassifizierte NGC 1535 folgerichtig auch als Kugelsternhaufen in seinem General Catalogue.

William Lassell nannte den Nebel »außerordentlich und schön [...] der Kern scheint nicht stellar zu sein, sondern ein kleiner heller Lichtfleck.« T. W. Webb beschrieb »einen 11^m-Stern im Zentrum eines runden Nebels, der wiederum zentral auf einem größeren und schwächeren Kreis aus verschwommenem Licht sitzt« – eine passende Beschreibung!

S. W. Burnham erwähnte 1894, dass »neben dem Zentralstern andere schwache Sterne im Nebel stehen. Der auffälligste von diesen ist nahe dem nördlichen Rand der kreisförmigen Scheibe.«

Heber D. Curtis beschrieb das Gesamtbild 1918: »Der Hauptteil ist ein etwas unregelmäßiger elliptischer Ring von 20 × 17", mit seiner Hauptachse in PW 35°. Außerhalb davon ist eine ovale Scheibe von viel schwächerer Materie, nicht ganz symmetrisch mit dem Kern, mit sehr vagen Spuren einer Ringformation im Südosten.«

Astrophysik

NGC 1535 lässt sich morphologisch in zwei Bereiche gliedern:

- den inneren helleren Hauptteil mit den Maßen 17 × 20"
- die äußere Schale mit den Abmessungen 48 × 42"

Der Nebel ist insgesamt leicht elliptisch im Positionswinkel von 35°, wie von Curtis beschrieben.

Bemerkenswert ist die galaktische Breite von NGC 1535 mit –40°. Nach Gaia beträgt die Entfernung 4480 Lichtjahre, der Nebel steht also mehr als drei Mal so weit entfernt wie die Orionnebel-Region.

Banerjee und Anandanao beschrieben die Morphologie als Synthese von »zwei co-axialen gestreckten Sphären von moderater Elliptizität«, wobei die äußere Schale marginal langsamer als die innere expandiert, also von ihr eingeholt werden wird. Sabbadin et al. bezifferten die Ausstoß-Geschwindigkeit mit 50 bis 60 km/s und waren der Ansicht, NGC 1535 befinde sich in einer frühen Entwicklungsphase, wozu der Alterswert von Pottasch et al. von 5300 Jahren passen würde. Clayton beschrieb dagegen eine bipolare Expansion mit 20 km/s und erkannte einen Ring dichten Materials in der Äquatorebene des Zentralsterns.

Dieser Stern HD 26847 alias TIC 332705938 besitzt eine Helligkeit von 12^m8, Gaia maß 12^m1. Pottasch et al. gaben 0,59 Sonnenmassen und eine Oberflächentemperatur von 66.000K, Sabbadin et al. fanden 80.000K. Nach neuesten Forschungen handelt es sich um ein Doppelsternsystem in 2400 Astronomischen Einheiten Entfernung voneinander.

Der hoch angeregte Nebel wird von [OIII]- und Hα-Strahlung dominiert.

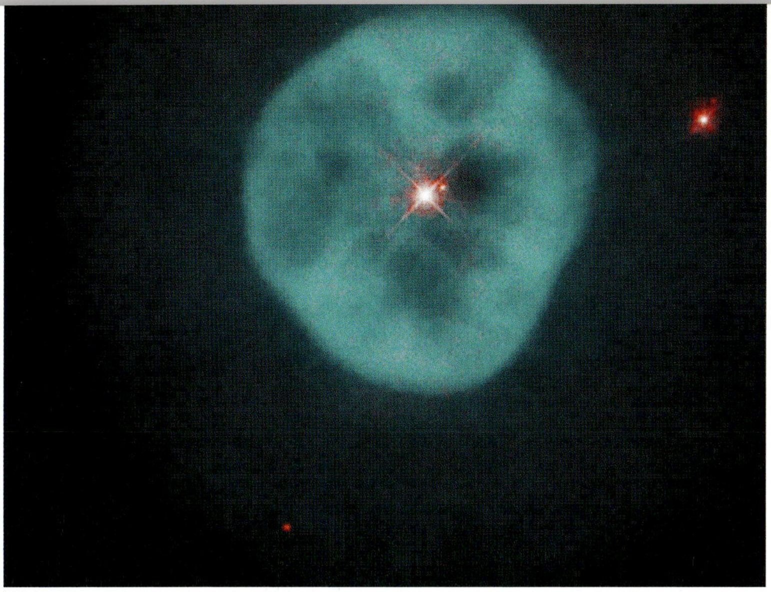

NGC 1535. NASA, ESA, and H. Bond und R. Ciardullo (Pennsylvania State University), et. al.; Bearbeitung: Gladys Kober (NASA/Catholic University of America)

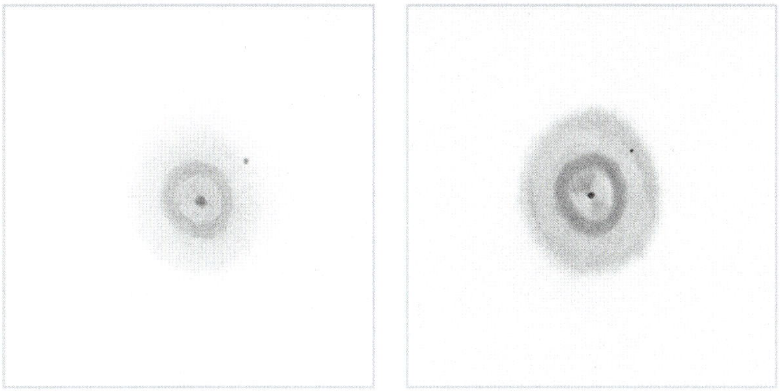

NGC 1535 mit 16" Öffnung, 425×, 21^m5 SQM (links) und 20" Öffnung, 417×, 21^m8 SQM (rechts). Ronald Stoyan

Beobachtung

NGC 1535 ist einer der hellsten Planetarischen Nebel des Herbsthimmels und schon mit einem 10×50-Fernglas stellar erreichbar. Mit 63mm oder 70mm Öffnung ist ein kleines Nebelscheibchen zu sehen. 120mm Öffnung zeigen deutlich mehr, wenn man hoch vergrößert. Der Autor konnte bei 255× die Doppelring-Struktur deutlich erkennen, wobei der schwache Zentralstern von dunklem Gebiet umgeben in der Mitte des helleren inneren Rings von etwa 15" Durchmesser mit hart definierter Außenkante steht. Der äußere Ring erscheint diffus mit einer unregelmäßigen Textur. Mit 20" Öffnung erinnert NGC 1535 an NGC 2392 aufgrund der dunklen Strukturen um den Zentralstern bei hoher Vergrößerung. Der zweite Stern ist innerhalb des Außenrands der äußeren Schale im Westnordwesten sichtbar. Der Spitzname »Cleopatra's Eye« (Kleopatras Auge) ist eine Schöpfung des amerikanischen Beobachters Greg Crinklaw.

Sharpless 2-215

Sh 2-215, PNG 158.3-05.6, Pa 167

Nebel	Zentralstern	Intensitäten	
S. Sharpless	nicht katalogisiert	Hell	
vor 1959	04:17:26.41	Hβ	
	+42:35:57.46	[OIII]	47
252 × 90"	–	Hα	100
–	–	[NII]	25
isDSA/G –	–	[SII]	22

Sharpless 2-215. Peter Goodhew

Sharpless 2-215 war bis vor wenigen Jahren als kleine HII-Region bekannt, die Stewart Sharpless vor 1959 entdeckt und im Rahmen seines zweiten Katalogs veröffentlicht hatte. Er gab die Ausdehnung mit 2' an.

Der amerikanische Amateurastronom Dana Patchick identifizerte einen möglichen Zentralstern im Nebel und postulierte die Natur des Objekts als PN. Inzwischen wurde das Ergebnis von fachastronomischer Seite spektroskopisch bestätigt. Im Spektrum kommen Hα, [OIII], [NII] und [SII] vor.

Der auf Fotos deutlich blaue Zentralstern ist nicht in Katalogen erfasst. Er ist in der ultravioletten Galex-Durchmusterung als Quelle sichtbar. Die fotografische Ausdehnung beträgt 4,2'. Es sind nahezu keine Astrofotos zu dem Objekt bekannt, ebenso wenig visuelle Beobachtungsversuche.

Cam

Minkowski 4-18

Minkowski 4-18 ist der letzte Eintrag im 4. und letzten Katalog von Rudolph Minkowski. Er entdeckte den Nebel auf Objektivprismen-Aufnahmen, die vermutlich in den späten 1940er oder frühen 1950er Jahren erstellt worden waren. Die Entdeckung wurde erst 1959 in privater Kommunikation an Luboš Perek und Luboš Kohoutek übermittelt, den Vätern des PK-Kalalogs.

Die Struktur des kleinen kompakten Nebels wird mit einem elongierten Ring von 2,56 × 1,6" Durchmesser beschrieben, der in einer größeren, weniger exzentrischen Schale eingebettet ist. Der gesamte Durchmesser beträgt 3,7 × 3,5". Parker erkannte dagegen multipolare Strukturen und eine elliptische »Taille«.

Bemerkenswert ist der Zentralstern TIC 148390555, ein Wolf-Rayet-artiger Stern mit einer Oberflächentemperatur von 33.000K. Er ist variabel mit einer Amplitude von 0^m03. De Marco bezeichnet ihn als »niedrig angeregten WR-Zentralstern«, Sabbadin und Bianchini sowie Rudy et al. verglichen ihn mit Campbell´s Star, der ebenfalls Wolf-Rayet-Charaketristiken aufweist. Nach Goodrich und Dahari ist M 4-18 sehr niedrig angeregt. Im Spektrum dominieren [NII] und Hα, [OIII] ist nicht vorhanden. M 4-18 ist eine starke UV-Quelle.

M 4-18 gilt als besonders junger Planetarischer Nebel, ein Alter von 3100 Jahren wird genannt. De Marco beschreibt den Nebel als frühes Stadium zu Beginn der wasserstoffarmen Phase des Zentralsterns, der direkt dem Ausstoß des PN folgt, auf dem oberen Ende des Roten Riesenasts.

Visuell sind Sichtungen ab einer Teleskopöffnung von 12" verbürgt. Dabei erkennen alle Beobachter nur ein stellares Objekt. Steve Gottlieb meinte mit 17,5" Öffnung, dass es sich womöglich nur um den Zentralstern handelt der jeweils wahrgenommen wird. Tatsächlich dürfte aber der 3" kleine Nebel in gängigen Amateurteleskopen kaum aufzulösen sein und sternförmig erscheinen.

Eine Besonderheit von M 4-18 ist, dass er aufgrund seines Spektrums nicht auf den [OIII]-Filter reagiert, der Nebel lässt sich also auch nicht durch einen [OIII]-Filterblink identifizieren. Steve Gottlieb sah eine geringe Reaktion auf den Hβ-Filter.

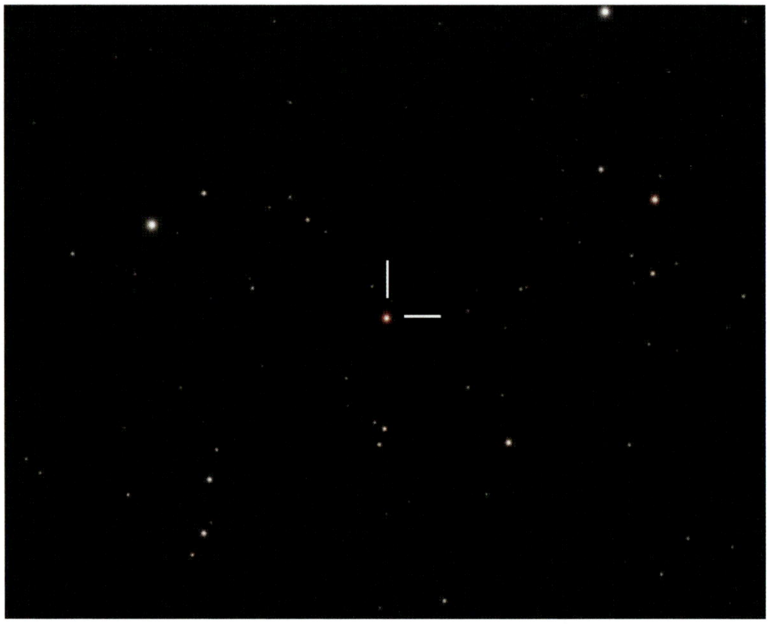

Minkowski 4-18. Stefan Lilge

M 4-18, PNG 146.7+07.6, PK 146+7.1

Nebel	Zentralstern	Intensitäten	
R. Minkowski	TIC 148390555	Hell	–
vor 1959	04:25:50.8	Hβ	22
	+60:07:12.72	[OIII]	–
3,7"	14^m0_{vis}, 13^m7_{Gaia}	Hα	100
15^m8	[WC11]	[NII]	56
isDSA/G –	21.300 Lj (Gaia EDR3)	[SII]	8

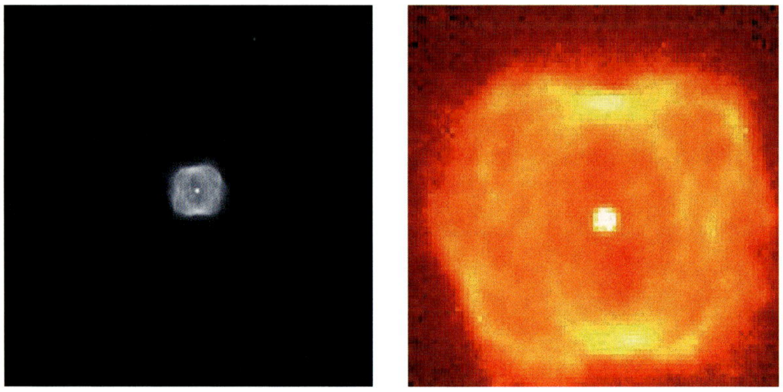

Minkowski 4-18, Hubble Space Telescope. Solomon Hendrix (oben), R. Sahai/J. Trauger (unten).

IRAS 04296+3429

IRAS 04296+3429. Robert Hennig

IRAS 04296+3429, PNG 166.2-09.0, GLMP 74

Nebel	Zentralstern	Intensitäten
Entdecker	TIC 171203534	Hell
unbekannt	04:32:57.0	Hβ
vor 1989	+34:36:12.35	[OIII]
5,6"	14^m1_{vis}, 13^m6_{Gaia}	Hα
–	G0	[NII]
isDSA/G –	–	[SII]

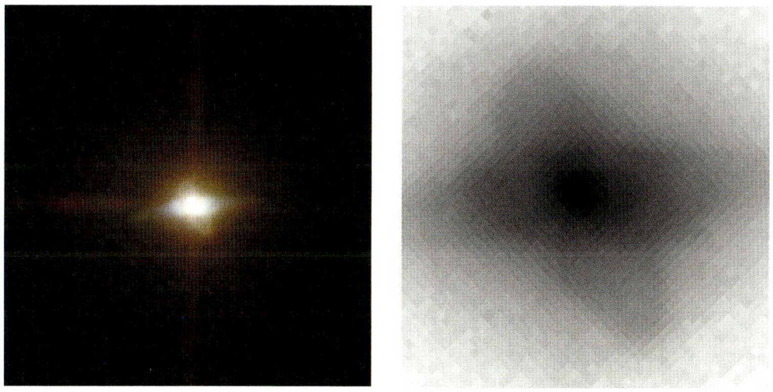

IRAS 04296+3429, Hubble Space Telescope. P. Bobrowski (links), Sahai et al. (rechts)

IRAS 04296+3429 alias GLMP 74 (Garcia-Lario, Manchado, Pych, 1997) ist ein Protoplanetarischer Nebel. Der Zentralstern, TIC 171203534 ist ein Überriese in der Endphase auf dem Asymptotischen Riesenast (AGB) oder kurz danach. Er weist starke Häufigkeiten von Kohlenstoff und Stickstoff auf. Außerdem kommen Metalle wie Ytterbium, Zirkonium, Barium, Lanthan, Cer, Praseodym und Neodym vor.

Der Stern hat in astronomisch jüngerer Zeit zwei Sets von bipolaren Strukturen ausgestoßen. Diese reichen bis 1,9" vom Zentralstern. Außerdem besitzt der Nebel einen runden Halo von 5,6" Durchmesser. Nach Sahai et al. ähnelt die Struktur mit dem ebenfalls jungen Objekt M 1-16. Klochkova et al. verglichen die Emission in den C2-Kohlenstoffbanden mit derjenigen des Kometen Hale-Bopp und kamen zum Ergebnis, dass derselbe Mechanismus von Resonanz-Fluoreszenz dahintersteht.

Wohl aufgrund des umgebenden Nebels ist die Gaia-Parallaxe unsicher, so dass kein Entfernungswert des Objekts bekannt ist. Das Objekt wurde als Infrarotquelle im Rahmen der IRAS-Mission (1983) mit dem Infrarot-Satelliten erstmals katalogisiert und von Kwok et al. (1989) detailliert untersucht.

Die hier abgebildete Fotografie ist das erste Amateurbild des Objekts. Es sind keine visuellen Beobachtungen des Nebels dokumentiert, der Zentralstern sollte aber mit Öffnungen ab 8" sichtbar sein.

Aur CRL 618 Westbrook Nebula

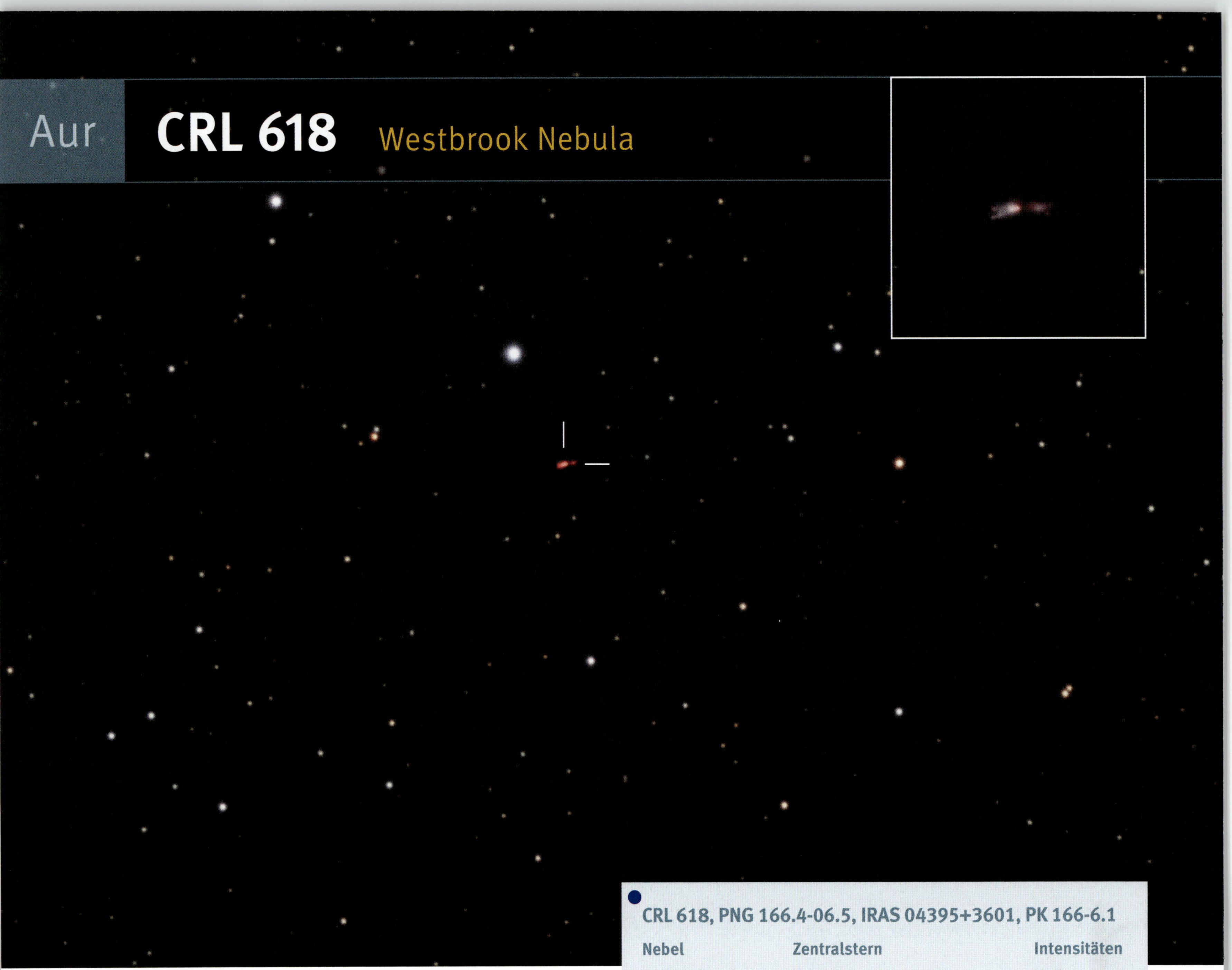

CRL 618. Gary Imm (oben), Masaru Yamashita (Inset)

CRL 618, PNG 166.4-06.5, IRAS 04395+3601, PK 166-6.1

Nebel	Zentralstern	Intensitäten	
W. Westbrook	V353 Aur	Hell	–
1972–1975	04:42:53.7	Hβ	100
	+36:06:53.17	[OIII]	21
16 × 4"	$(18^{m}3_{Gaia})$	Hα	1575
$18^{m}0$	Bo oder WC8?	[NII]	122
isDSA/G 37-16	11.800 Lj (2010)	[SII]	

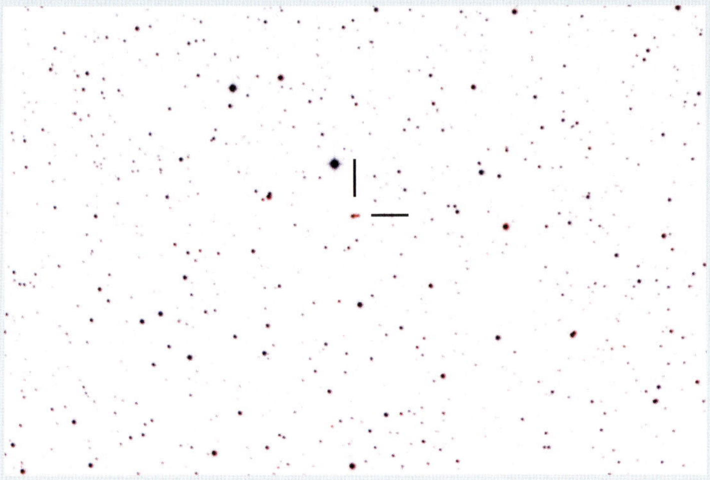

CRL 618 wurde 1972 von William E. Westbrook auf den Daten des Air-Force-Cambridge-Research-Laboratory-Katalogs (CRL) gefunden. Diese Infrarotdurchmusterung verwendete eine Rakete und dokumentierte den Himmel bei 4, 11 und 20 µm. Westbrook, ein Student am Caltech, starb 1975 nach schwerer Krankheit im Alter von 26 Jahren, bevor seine Entdeckung publiziert wurde.

Westbrook fand heraus, dass die helle Infrarotquelle mit einem Paar schwacher Nebel im optischen Spektralbereich übereinstimmte, die jeweils 2" bis 3" im Durchmesser sind. Die Infrarotquelle liegt genau zwischen den beiden Nebeln. Westbrook hatte bereits die Vermutung, dass es sich um einen Planetarischen Nebel handeln könnte, dessen Zentralstern von Staub verdeckt wird.

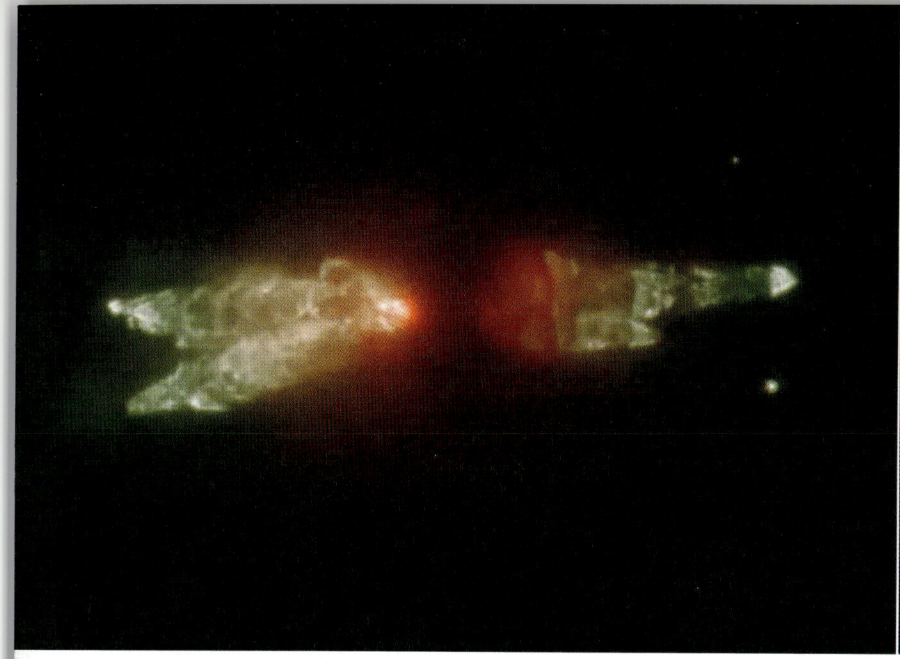

CRL 618, Hubble Space Telescope. NASA, ESA, Judy Schmidt

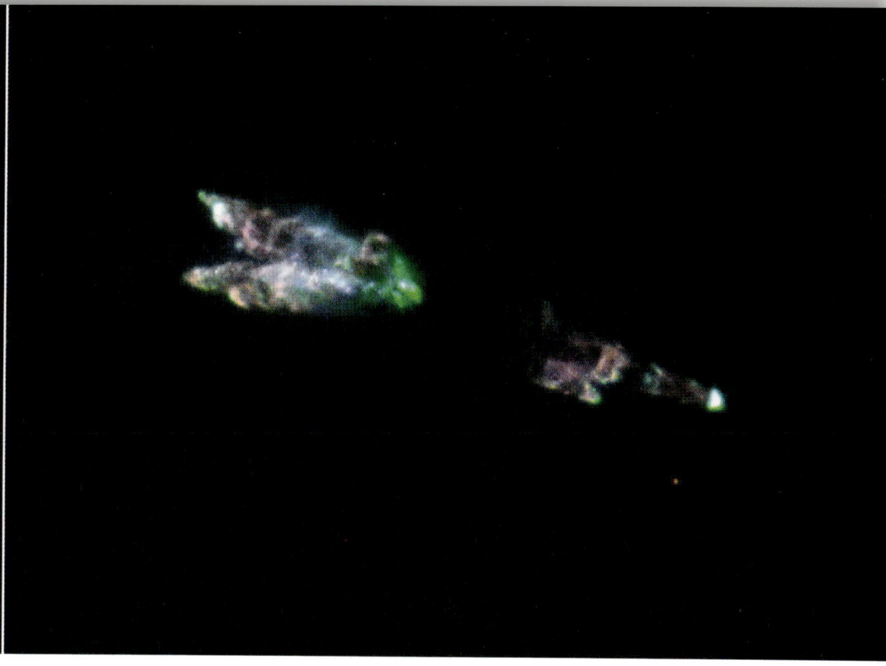

CRL 618, Hubble Space Telescope. ESA/Hubble & NASA

Heute wird CRL 618 als »prototypisches Beispiel eines Protoplanetarischen Nebels« angesehen (Strack et al.). Der Zentralstern von CRL 618, V353 Aur, verließ den Asymptotischen Riesenast (AGB) erst vor etwas mehr als 100 Jahren. Er hat gerade damit begonnen das von ihm vorher ausgestoßene Material zu ionisieren und damit aus der AGB-Hülle einen echten Planetarischen Nebel zu erschaffen, wofür sein nun freigelegter heißer Kern mit einer Oberflächentemperatur von 30.000K in der Lage ist.

Der Zentralstern ist nicht im optischen Licht sichtbar, bildet sich nach Balick et al. aber durch Lichtbrechung an den Staubpartikeln der beiden Loben ab. Danach schließen sie auf ein Wolf-Rayet-Spektrum des Zentralsterns, zusätzlich zum Kontinuum mit den Balmer-Linien des Wasserstoffs eines kühleren Sterns. Dass V353 Aur doppelt sein könnte, war schon vermutet worden.

Nach Tafoya et al. hat der Zentralstern aktuell eine Masse von 0,8 Sonnen, die Ausgangsmasse lag bei etwa 4 Sonnenmassen, was am oberen Ende für Sterne liegt, die Planetarische Nebel erzeugen.

CRL 618 wird durch eine Mixtur von sphärischen Hüllen, Jets und Schockfronten geprägt. Die höchsten Expansionsgeschwindigkeiten werden mit 40 bis 300 km/s beziffert. Sánchez Contreras et al. (2004) fanden Hinweise darauf, dass es in den vergangenen 2500 Jahren zwei Episoden von Massenverlust gegeben hat.

Nach Huang et al. (2020) hat dieser AGB-Sternwind erst vor 1300 Jahren aufgehört, die Loben wurden vor 350 Jahren ausgestoßen, während die jüngsten Strukturen nur 200 Jahre alt sind – astronomisch gesehen äußerst kurze Zeitskalen. Die Ursache letzterer könnten Geschosse sein, die von einer Explosion am Zentralstern herrühren (»bullet ejections«). Huang et al. nahmen 2016 an, dass es zwei Episoden solcher Explosionen gegeben haben könnte.

Tafoya et al. wiesen anhand von Radiostrahlung in CRL 618 nach, dass die thermale Emission um 1971 einsetzte. Danach gelang Westbrook seine Entdeckung also genau zur richtigen Zeit: »Wir werden gerade Zeuge der Geburt eines Planetarischen Nebels.« Damit liegt CRL 618 in der Evolution etwas vor CRL 2688, wo der Zentralstern noch nicht in der Lage ist, die Ionisation des Nebels zu initiieren.

Unklar ist die Entfernung des Nebels. Nach Sánchez Contreras et al. sind es nur knapp 3000 Lichtjahre, während andere Autoren bis zu 12.000 Lichtjahre annehmen. Gaia war nicht in der Lage, eine verlässliche Parallaxenmessung vorzunehmen.

Aufgrund seiner kleinen Winkelgröße und der hauptsächlichen Strahlung im Infraroten ist CRL 618 ein schwieriges Objekt für Amateure. Bei der Fotografie helfen die üblichen Schmalbandfilter nicht, insbesondere [OIII] ist nutzlos. Das gilt auch für die visuelle Beobachtung. Der Autor konnte CRL 618 mit 16" Öffnung und 382-facher Vergrößerung als schwaches stellares Objekt wahrnehmen. Uwe Glahn gelang mit 27" die Erfassung der beiden ungleich hellen Nebelhälften.

CRL 618, PanSTARRS. STScI

Per

Sharpless 2-216

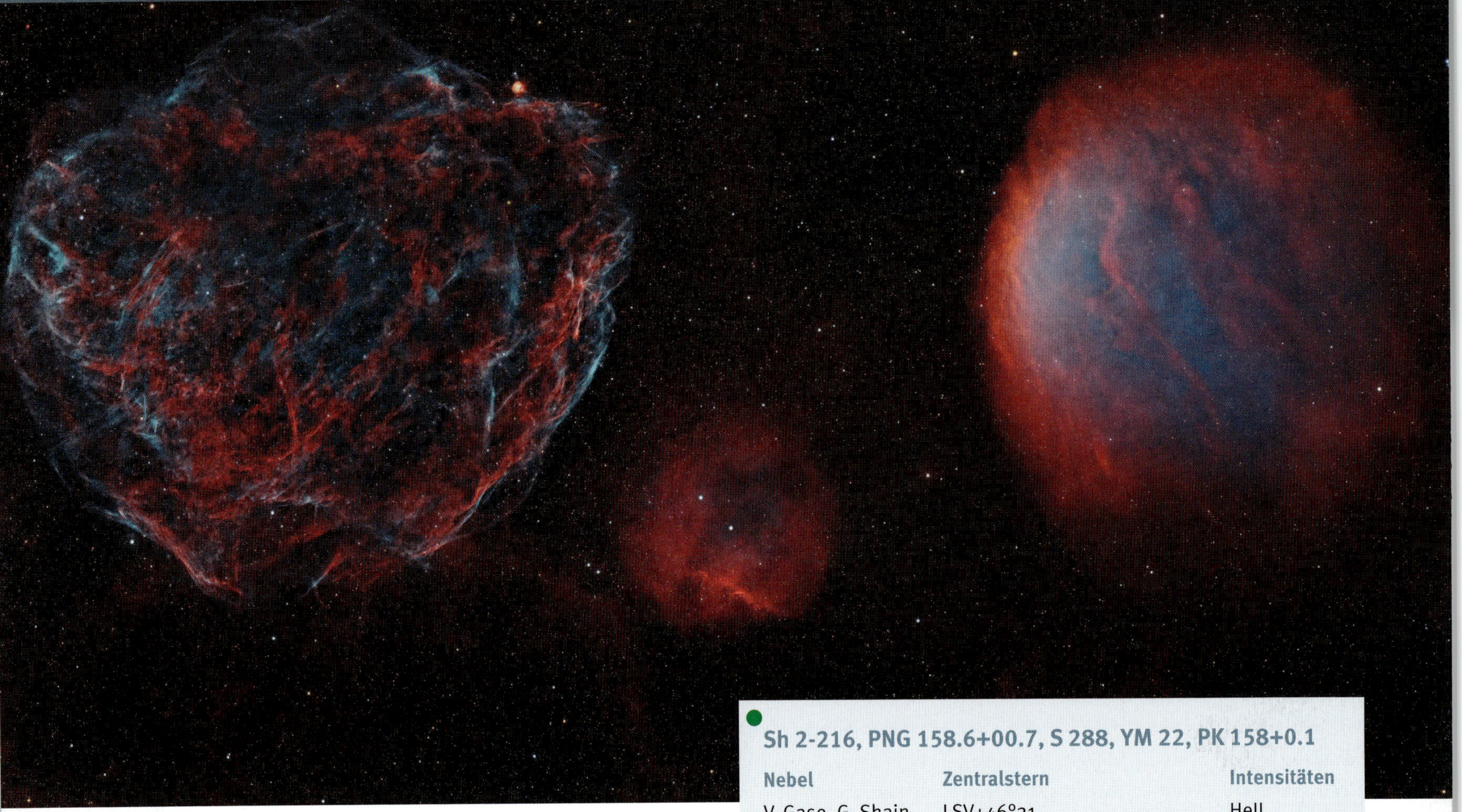

Sharpless 2-216 (rechts) mit dem Supernovarest Sharpless 2-221 (links) und der HII-Region LBN 755 (unten). Rolf Dietrich

Sh 2-216, PNG 158.6+00.7, S 288, YM 22, PK 158+0.1

Nebel	Zentralstern	Intensitäten	
V. Gase, G. Shajn	LSV+46°21	Hell	
1954	04:43:21.3	Hβ	100
	+46:42:05.80	[OIII]	347
6000 × 5940"	12^m9_{vis}, 12^m6_{Gaia}	Hα	354
–	DAO	[NII]	493
isDSA/G 25-13	420 Lj (Gaia EDR3)	[SII]	245

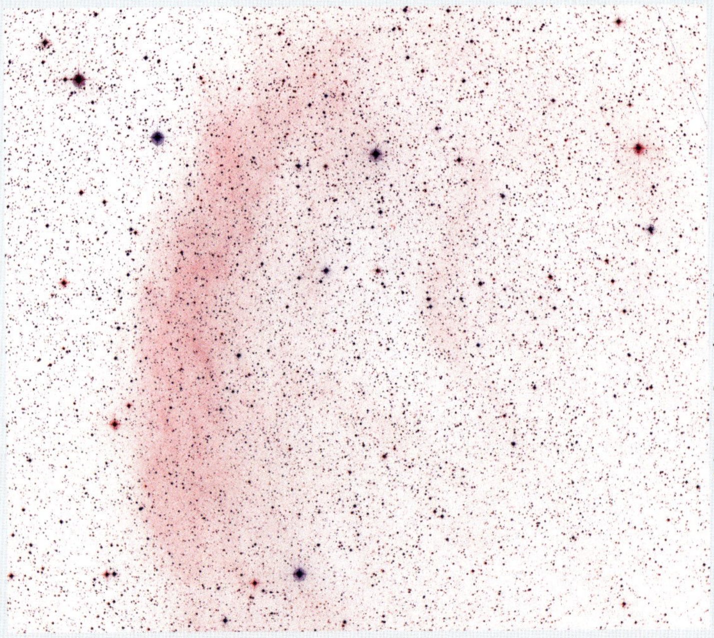

kontrastverstärkt, Maßstab 30%

Sharpless 2-216 ist der heute gebräuchliche Name für den größten und nächsten Planetarischen Nebel am Himmel, obwohl ihn Stewart Sharpless nicht als erster gefunden hat. Als Entdecker konkurrieren die sowjetischen Astronomen Vera Gase (auch: Gaze, Hase), Grigori Shajn (auch: Schain, Schajn, Shain) und Hugh Johnson, die alle 1954 den Nebel erkannten, letzterer auf Aufnahmen mit der 8"-Schmidtkamera des McDonald Observatory. Trotzdem sind die Namen Simeis 288 und YM 22, jeweils nach den entdeckenden Sternwarten Simeis (im Englischen auch Simeiz) und Yerkes/McDonald, heute nicht geläufig.

Alle Forscher katalogisierten jeweils nur den hellsten Teil des Nebels und hielten ihn für eine HII-Region. Die enorme Größe wurde erst 1977 bekannt, als der Emission Line Survey (Parker, Gull, Kirchner) erschien. Dort war der Nebel als riesige, mehr als 1,5° große Blase zu erkennen.

Fesen, Blair und Gull zeigten 1982, dass der Nebel ein Spektrum aufweist, dass nicht zu einer HII-Region passt, sondern eher zu einem Planetarischen Nebel, sie konnten

Sharpless 2-216. Adam Block

aber keinen passenden Zentralstern finden. Weinberger wies 1983 darauf hin, dass der Zentralstern aufgrund von Wechselwirkung des Nebels mit dem umgebenden interstellaren Medium gar nicht mehr im Zentrum stehen könnte. Schließlich entdeckte Reynolds den Zentralstern 1985, 24' vom geometrischen Zentrum entfernt.

Dieser Zentralstern, katalogisiert als Weißer Zwerg WDS 0439+466 und als leuchtkräftiger Stern LSV+46°21, hat die Zentralposition im Nebel schon vor 45.000 Jahren verlassen. Der Nebel insgesamt könnte noch älter sein. Mit 4 km/s ist seine Expansion fast abgeebbt. Richtung Osten hat die Ausdehnung des Nebels Materie der Umgebung aufgestaut, eine scharfe Schockfront ist aber nicht mehr vorhanden.

Der Nebel strahlt am hellsten in der [NII]-Linie, wo er wie in Hα eine filamentartige Struktur hat. In der schwächeren [OIII]-Linie ist er dagegen wesentlich kleiner ausgebildet und zeigt mit 50' Durchmesser nur etwa die Hälfte der eigentlichen Größe.

Der Zentralstern gilt mit $12^{m}9$ als einer der hellsten Weißen Zwerge. Rauch et al. nennen eine Oberflächentemperatur von 95.000K.

Sowohl die Fotografie als auch die visuelle Beobachtung sind aufgrund der großen Ausdehnung herausfordernd. Fotografisch sollte man mindestens ein Feld von 2° abbilden können, um den Nebel insgesamt zu erfassen. Visuell sind mindestens 1,5° Feld am Himmel nötig; zusätzlich ist ein sehr dunkler, streulichtfreier Himmel essentiell. Der deutsche Deep-Sky-Pionier Andreas Alzner konnte Anfang der 1990er Jahre den Nebel mit [OIII]-Filter erstmals erfassen. Der Autor sah 1994 mit 14" Öffnung einen sehr großen und schwachen Nebel als eine fast das ganze Feld einnehmende Aufhellung mit besser definiertem Ostrand. Uwe Glahn gelang es unter Alpenhimmel, Sh 2-216 mit einem 4"-Newton bei 21-facher Vergrößerung und [OIII]-Filter komplett zu sehen.

Haro 3-29

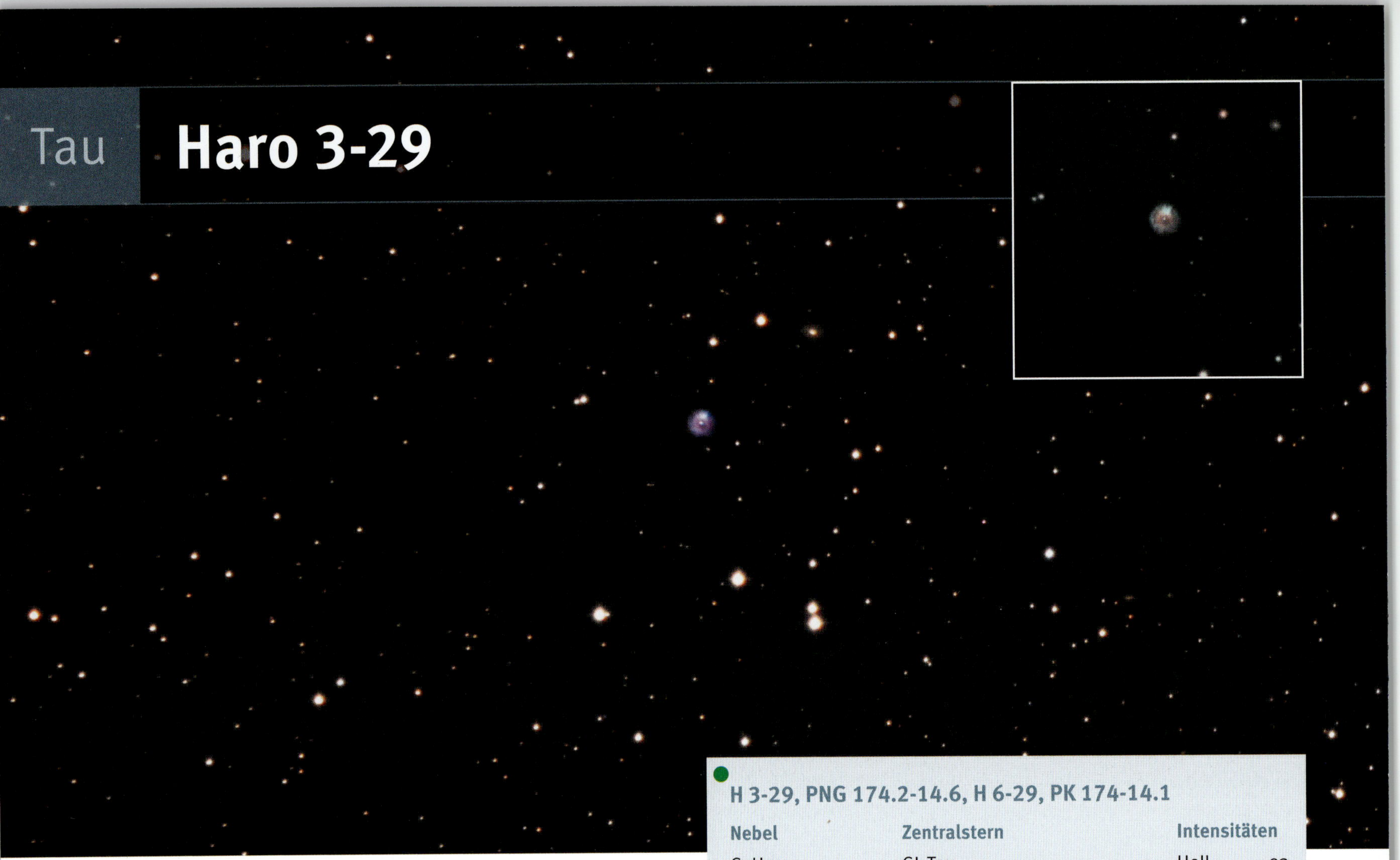

Haro 3-29. Radek Chromik (oben), James Shuder (Inset)

H 3-29, PNG 174.2-14.6, H 6-29, PK 174-14.1

Nebel	Zentralstern	Intensitäten	
G. Haro	GL Tau	HeII	93
1953	04:37:23.4	Hβ	100
	+25:02:38.90	[OIII]	572
24 × 23"	15^m7_b, 18^m2_{Gaia}	Hα	881
15^m3	–	[NII]	–
isDSA/G –	23.800 Lj (Gaia EDR3)	[SII]	

Haro 3-29 – irritierenderweise mitunter auch als Haro 6-29 bezeichnet – wurde vom mexikanischen Astronom Guillermo Haro Barraza 1953 entdeckt. Haro nahm ein Feld der Region mit der 25"-Schmidtkamera der Tonantzintla-Sternwarte nahe der Millionenstadt Puebla auf. Er war auf der Suche nach T-Tauri-Sternen, sehr junge Sonnen, die gerade auf dem Weg zur Sternwerdung sind. Beim Objekt Nr. 29 meinte er einen Emissionsnebel vor sich zu haben. Erst der Amerikaner Nicholas U. Mayall fand 1964 heraus, dass es sich um einen Planetarischen Nebel handelt.

Der Nebel wurde jedoch nicht nur von seinem Entdecker missklassifiziert: In der Literatur geläufig ist auch die Bezeichnung GL Tau, die auf Woldemar Götz zurückgeht, der den vermeintlich veränderlichen Stern unabhängig entdeckt hatte und 1958 an der Sternwarte Sonneberg einen Lichtwechsel zwischen 15^m7 und 17^m5 beobachtete. Damit nicht genug: Auch für eine Galaxie wurde der Nebel gehalten, unter der Bezeichnung Zw V375 katalogisierte sie Fritz Zwicky in den 1970er Jahren.

Lange Zeit war unklar, welche Natur das Objekt tatsächlich hat. Romano erkannte zwar 1974 einen »kleinen Nebel (17" Durchmesser)«, glaubte aber an einen darin eingebetteten Stern. Der Nebel zeige ebenfalls Variationen der Helligkeit, besonders im nördlichen Teil – dort ist auf modernen Aufnahmen eine helle Kondensation zu erkennen. Romano selbst ermittelte Werte zwischen 18^m6 und 19^m0 für den Lichtwechsel. Er dachte an eine Zwischenstufe zwischen Herbig-Haro-Objekten und T-Tauri-Sternen – also kein Stadium am Ende eines Sternlebens, sondern an dessen Anfang. 1983 stellte Magakian klar, dass es sich um einen sehr hoch angeregten PN handelt, der hinter den Staubfeldern der Taurus-Region steht. Er ermittelte eine Extinktion von 5^m4. Hα und [OIII] sind die dominierenden Spektrallinien. Die Struktur ist grob ringförmig mit »starker interner Asymmetrie«, wie es Quentin Parker ausdrückte. Nach Gaia ist die Entfernung fast 24.000 Lichtjahre, was den bisher gängigen Wert verdoppelt. Über den Zentralstern, auf den die Bezeichnung GL Tau übergegangen ist, ist außer dem Gaia-Helligkeitswert 18^m2 wenig bekannt. Insbesondere die seit den 1950er Jahren beobachteten Helligkeitsschwankungen sind nicht geklärt.

Steve Gottlieb konnte schon Mitte der 1980er Jahre den Nebel erfolgreich mit einem 17,5"-Teleskop an der Grenze des Instruments beobachten. Uwe Glahn gelang es mit 27" unter Extrembedingungen bei 586×, nicht nur die Asymmetrie des Nebels, sondern auch den Zentralstern zu erkennen.

We 1-2, PNG 160.5-00.5, PK 160-0.1

Nebel	Zentralstern	Intensitäten	
R. Weinberger	Gaia DR3 2048855779983872	Hell	
1977	04:46:43.04	Hβ	100
	+44:28:01.6	[OIII]	355
92"	20^m8_{Gaia}	Hα	916
17^m9	–	[NII]	1768
isDSA/G –	–	[SII]	

Weinberger 1-2 wurde von dem österreichischen Fachastronomen Ronald Weinberger 1977 entdeckt. Weinberger fand ihn auf dem POSS, der Nebel war allerdings nur »Beifang« bei der Suche nach Galaxien in der galaktischen Ebene, also hinter dem Staub und Gas der Milchstraße. Die Ausdehnung des Nebels beträgt 1,5', auf tiefen Fotos ist eine ringförmige Struktur zu erkennen. Mehrere Sterne stehen im nordöstlichem Bereich vor oder hinter dem Nebel.

Auch über den Zentralstern Gaia DR3 204885577998383872 ist kaum etwas bekannt. Weinberger selbst gab seine Helligkeit mit schwächer als 20^m im roten und 20^m5 im blauen Licht an. Gaia ermittelte 20^m8. Trotz einer Messung konnte Gaia keinen aktuellen Entfernungswert ermitteln. Bisherige Quellen geben zwischen 1700 und 7000 Lichtjahren. Uwe Glahn gelang mit 27" Öffnung keine Sichtung.

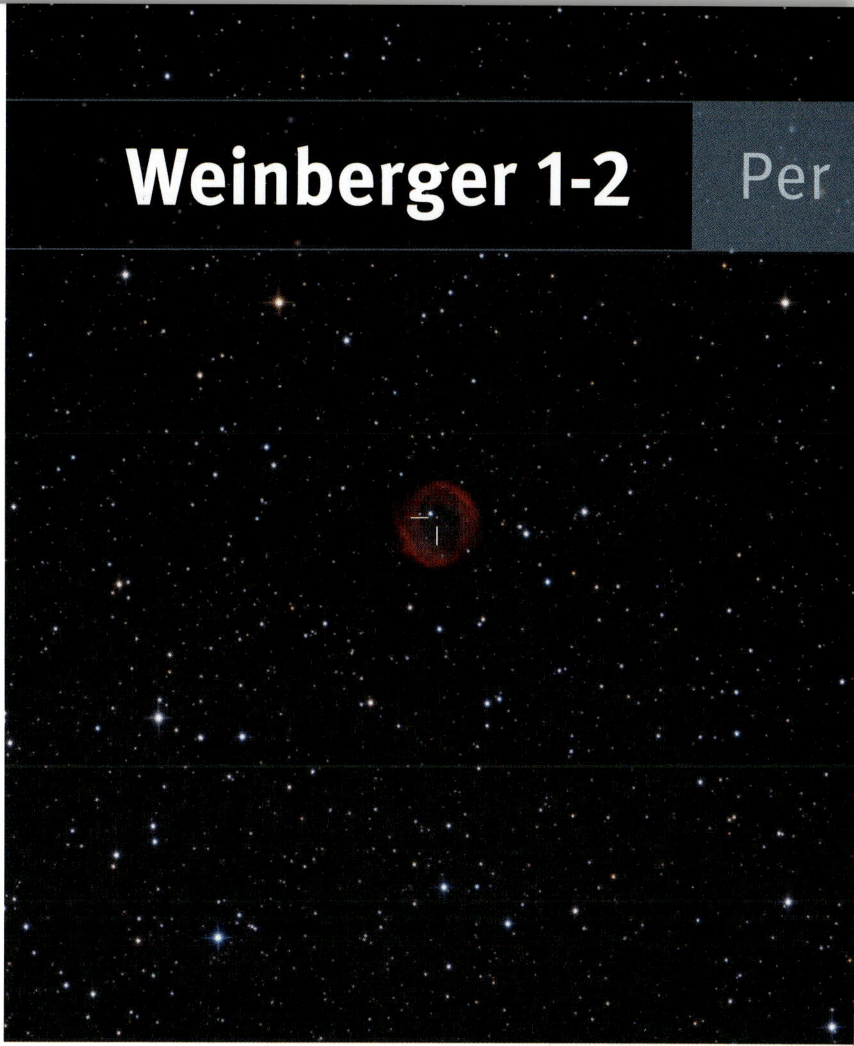

Weinberger 1-2. Sternwarte Brentenriegel

We 92, Kn 131, PNG 162.9-01.6

Nebel	Zentralstern	Intensitäten	
R. Weinberger	Gaia DR3 203426487411436160	Hell	
1980	04:50:17.7	Hβ	8
	+41:54:53.2	[OIII]	100
266 × 192"	19^m7	Hα	40
–	–	[NII]	36
isDSA/G –	2700 Lj (Gaia EDR3)	[SII]	

Weinberger 92 alias Kronberger 131 wurde vom österreichischen Fachastronom Ronald Weinberger entdeckt, er hielt das Objekt jedoch für eine Galaxie. In der Folge erhielt der Nebel deshalb auch die Bezeichnung PGC 16132. Sein Landsmann, der Amateurastronom Matthias Kronberger, fand 2017 heraus, dass es sich um einen hoch angeregten Planetarischen Nebel handelt. Sein Kernbereich misst 40", die komplexen Ausläufer reichen bis zu einem Durchmesser von 4,5'. Die Struktur ist bipolar. [OIII], [NII] und Hα dominieren.

Als Zentralstern wurde Gaia DR3 203426487411436160 identifiziert. Der Emissionslinienstern UCAC4 660-027442 mit 13^m4 steht nur 22" östlich des Zentralsterns; mit 4470 Lichtjahren befindet er sich im Hintergrund.

Uwe Glahn gelang eine Sichtung des Kernbereichs mit 27" Öffnung.

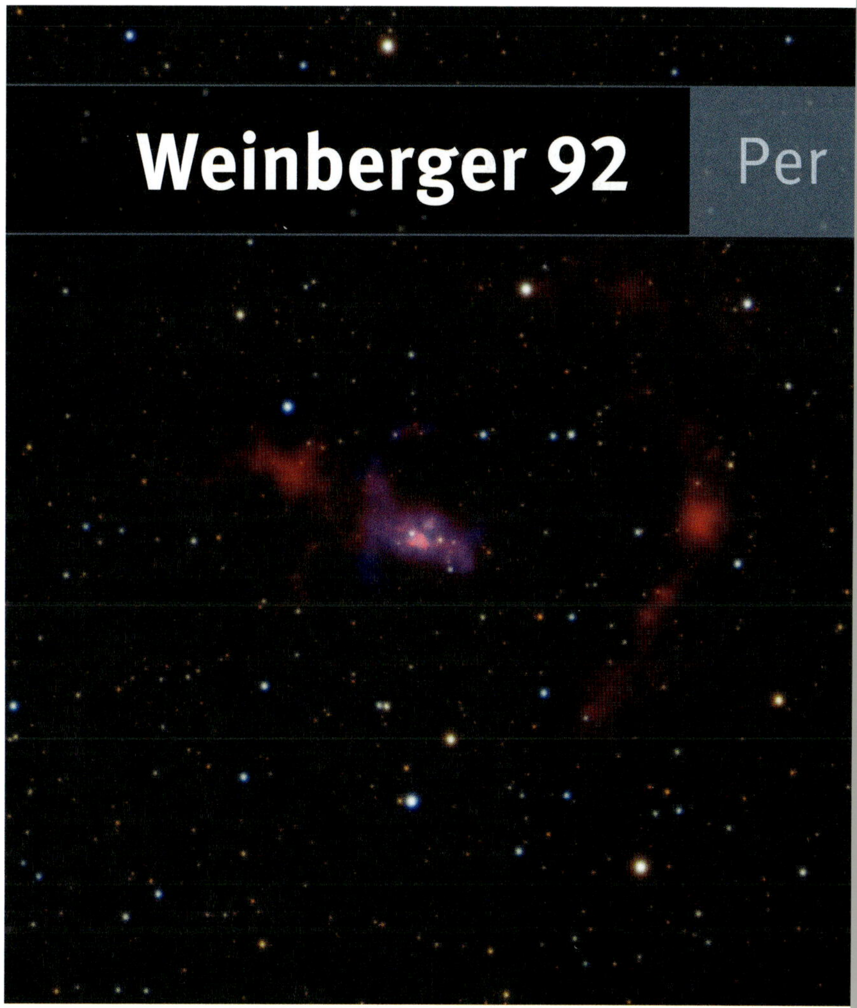

Weinberger 92. Peter Goodhew

Cae Peña-Ruiz-Torres-Maza 1

Peña-Ruiz-Torres-Maza 1. Richard Hennig

PRTM 1, PNG 243.8-37.1, Pa-Ru 2-1, PK 243-37.1

Nebel	Zentralstern	Intensitäten	
M. de Grijp, G.	TIC 13984150	HeII	
Miley, J. Lub	05:03:01.7	Hβ	18
1986	−39:45:44.46	[OIII]	100
21"	$15^{m}5_{Gaia}$	Hα	58
–	–	[NII]	
isDSA/G 97-9	25.000 Lj (Gaia EDR3)	[SII]	

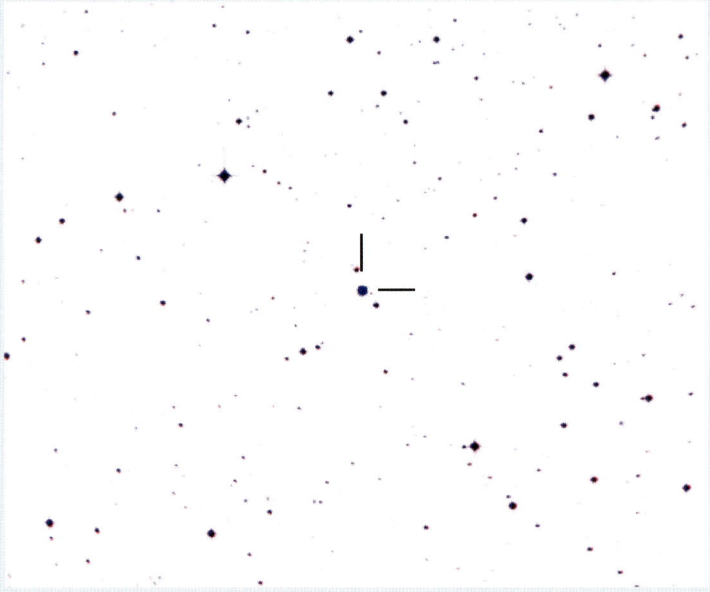

Peña-Ruiz-Torres-Maza 1 ist nach den drei mexikanischen Astronominnen Miriam Peña, Maria Teresa Ruiz, Silvia Torres-Peimbert und ihrem männlichen Kollegen José Maza benannt, die den Planetarischen Nebel 1988 auf Objektivprismen-Aufnahmen der Calán-Tololo-Durchmusterung fanden, die nach Emissionslinien-Objekten suchte. Eine weitere gängige Bezeichnung des Nebels ist PaRu 2-1. Tatsächlich wurde der Nebel aber schon zwei Jahre vorher von den niederländischen Astronomen M. H. K. de Grijp, G. K. Miley und J. Lub in den Daten des Infrarotsatelliten IRAS gefunden.

Der Nebel liegt bei einer galaktischen Breite von −37° und wird dem galaktischen Halo zugeordnet. Kohlenstoff ist weniger vorhanden, Helium dagegen besonders häufig. Der hoch angeregte Nebel weist vor allem Strahlung von Hα und [OIII] auf.

Nach Boffin et al. besteht er aus einem hellen Kern von 1 bis 15" Durchmesser und einem Halo von 21,3 × 20,5" in PW 135°. Die Expansionsgeschwindigkeit beträgt 30 km/s. Der Zentralstern TIC 13984150 besitzt nach Rauch et al. eine Oberflächentemperatur von 98.000K und hat eine Masse von 0,73 Sonnenmassen. Nach Peña und Ruiz ist er variabel. Boffin et al. bezeichneten einen Doppelstern als sehr wahrscheinlich.

Der Nebel ist visuell nicht schwer zu sehen; der Autor hatte kein Problem mit 16" Öffnung ein kleines rundes Scheibchen und den Zentralstern zu erkennen. Ein UHC-Filter half besser als der [OIII].

Abell 7 Lep

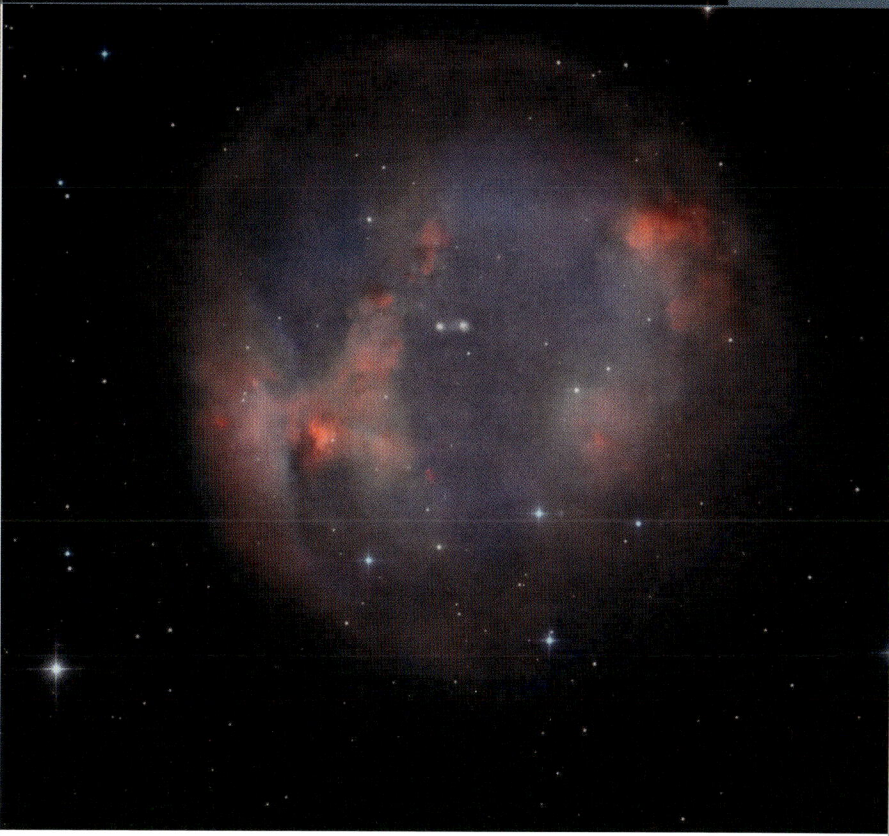

Abell 7. Chart 32 (links), Mike Selby (rechts)

A 7, PNG 215.5-30.8, PK 215-30.1

Nebel	Zentralstern	Intensitäten	
Entdecker	TIC 169305167	Hell	
unbekannt	05:03:07.5	Hβ	
vor 1955	−15:36:22.82	[OIII]	120
871 × 670"	15^m5_{vis}, 15^m4_{Gaia}	Hα	100
13^m2p	–	[NII]	100
isDSA/G 73-17	1690 Lj (Gaia EDR3)	[SII]	

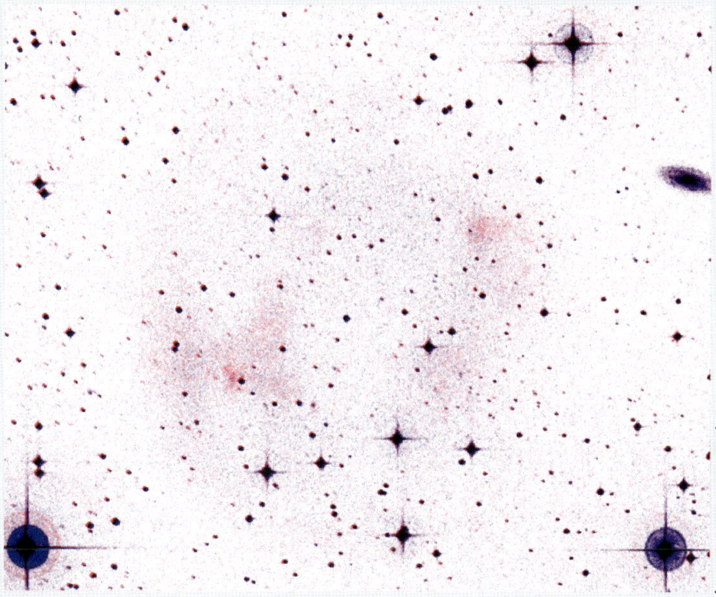

Abell 7 gehört zu den größten Mitgliedern des Katalogs. Wie bei allen Abell-PN ist der Entdecker unbekannt, weil Abell verschiedene Quellen verwendete. In der ersten Liste von 1955 trägt er die Nummer 6.

In der Literatur sind Größen bis 15' zu finden. Die Gestalt ist unregelmäßig, mit einer klumpigen Struktur. Der Zentralstern TIC 169305167 oder WD 0500-15 ist ein Mehrfachsystem. 1999 fanden Ciardullo et al. auf Daten des Hubble-Weltraumteleskops einen Begleiter von 20^m8 in 0,91" Abstand vom Hauptstern. Es handelt sich um einen roten Zwergstern der Spektralklasse M. Aller et al. untersuchten 2022 den Hauptstern und fanden Hinweise auf weitere Begleiter. Auf photometrischen Daten, die mit dem eigentlich für die Aufspürung von Exoplaneten konzipierten Weltraumteleskop TESS aufgenommen worden waren, konnten sie Rotationsperioden von 3,0 und 2,6 Tagen identifizieren, die sie mit weiteren Sternen in Zusammenhang bringen.

Uwe Glahn gelang eine Sichtung mit einem binokularen 4"-Teleskop unter exzellenten Bedingungen. Der Autor konnte mit 4,7" die hellsten Flecken des Nebels wahrnehmen. Mit 16" Öffnung erscheint Abell 7 überraschend groß und diffus, wobei der hellste Bereich an der Westseite liegt. Ein [OIII]-Filter hilft sehr bei der Wahrnehmung. Mehrere Sterne stehen im Nebel, die gut als Orientierunghilfe dienen, um die Größe des Nebels abzuschätzen. Für eine erfolgreiche Beobachtung ist guter Himmel wichtiger als große Öffnung.

Jonckheere 320

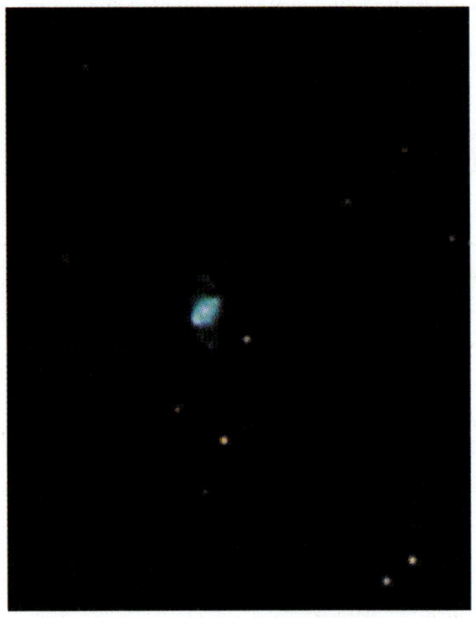

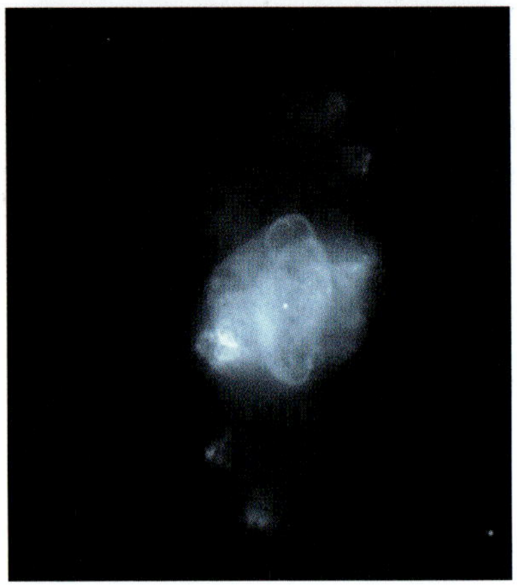

Jonckheere 320. James Shuder (oben links), Mark Lowenthal (oben rechts), Hubble Space Telescope. NASA, ESA, Judy Schmidt (links)

Jonckheere 320 ist einer von zwei kleinen Planetarischen Nebeln, die von dem französischen Amateurastronom Robert Jonckheere entdeckt wurden. Jonckheere hatte sich in der Nähe von Lille mit dem Observatoire d´Hem eine bemerkenswerte Sternwarte mit einem 12"-Teleskop errichtet, mit dem er vor allem Doppelsterne suchte. 1911 stufte er J 320 zunächst als solchen ein, die Distanz der Komponenten gab er mit 2,99". Während der deutschen Besatzung im Ersten Weltkrieg, die ihn zur Flucht nach England zwang, beobachtete er das Objekt mit dem 28"-Refraktor der Sternwarte Greenwich erneut, sah aber am 22. Januar 1916 einen »extrem kleinen hellen elongierten Nebel«.

Die Größe wird heute mit 11 × 8" oder 9,4 × 6,3" angegeben. Harman et al. beschreiben zwei Sätze bipolarer Loben in PW 21° und 355°. Darüber hinaus sind zwei weiter außen liegende Paare von Knoten in PW 155° und 170° mit 7,8" bzw. 10,2" Abstand zum Zentralstern vorhanden. Die Loben expandieren mit einer Geschwindigkeit von 46 km/s, die Autoren ermitteln daraus ein Alter von 1825 Jahren. Die Knoten könnten deutlich höhere Geschwindigkeiten von mehreren 100 km/s haben. Sie haben wohl keinen Einfluss auf die Entstehung der inneren Loben gehabt.

J 320 ist ein gering angeregter Nebel. Im Spektrum sind Hα und [OIII] am stärksten vertreten. Der Zentralstern HD 32701 oder TIC 373451323, nach Gaia mit 14^{m}5, besitzt 0,79 Sonnenmassen und eine Oberflächentemperatur von 85.000K.

Die visuelle Sichtung gelingt ab 6" bis 8" Öffnung. Beim Aufsuchen hilft der [OIII]-Filterblink. Mit 14" löste der Autor die kleine helle Scheibe mit 200× gerade auf. Mit 20" erscheint J 320 deutlich länglich, mit zwei symmetrischen Armen in entgegengesetzter Richtung. Der Zentralstern ist nicht sichtbar. Mit 27" Öffnung konnte Uwe Glahn zusätzlich das zweite Paar der bipolaren Loben ausmachen. Das Zentrum erscheint nahezu stellar, es ist unklar, ob es sich dabei um ein Nebeldetail oder den Zentralstern handelt.

Jonckheere 320 mit 20" Öffnung, 540×, 20^{m}8 SQM. Ronald Stoyan

J 320, PNG 190.3-17.7, VV 20, PK 190-17.1

Nebel	Zentralstern	Intensitäten	
R. Jonckheere	HD 32701	HeII	4
1911	05:05:34.3	Hβ	100
	+10:42:22.72	[OIII]	1336
11 × 8"	14$^m5_{Gaia}$	Hα	394
11^{m}8	O3	[NII]	9
isDSA/G 49-3	10.600 Lj (Gaia EDR3)	[SII]	1

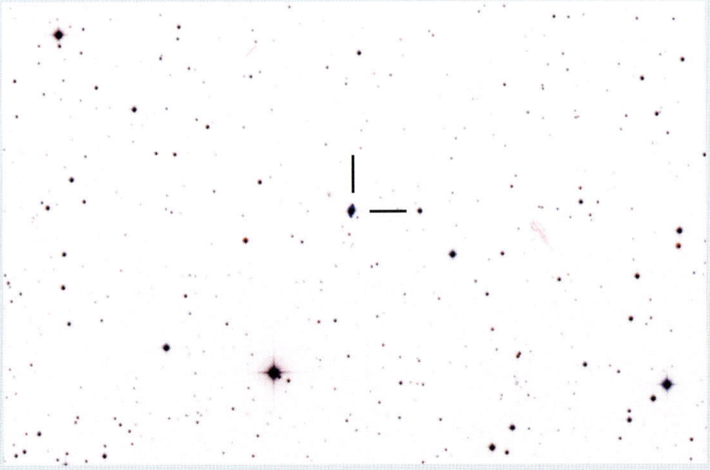

Abell 8

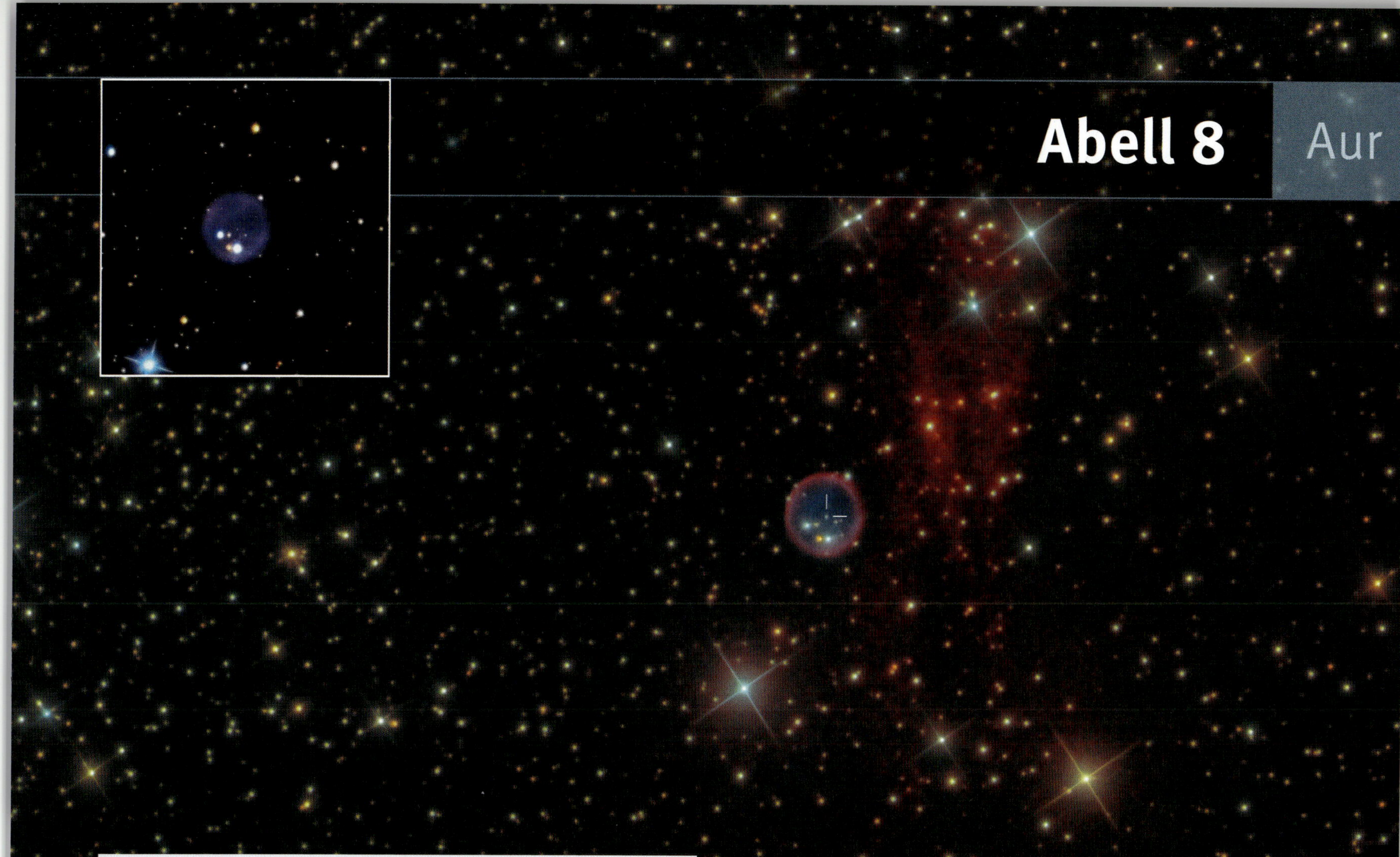

Abell 8. Mark Hanson (oben), Jerry Macon (Inset)

A 8, PNG 167.0-00.9, PK 167-0.1

Nebel	Zentralstern	Intensitäten	
Entdecker	GSC2 N332023328629	HeII	–
unbekannt	05:06:38.42	Hβ	–
vor 1955	+39:08:08.6	[OIII]	70
62"	$20^{m}1_{Gaia}$	Hα	100
$17^{m}6$	–	[NII]	–
isDSA/G 25	4600 Lj (Gaia EDR3)	[SII]	

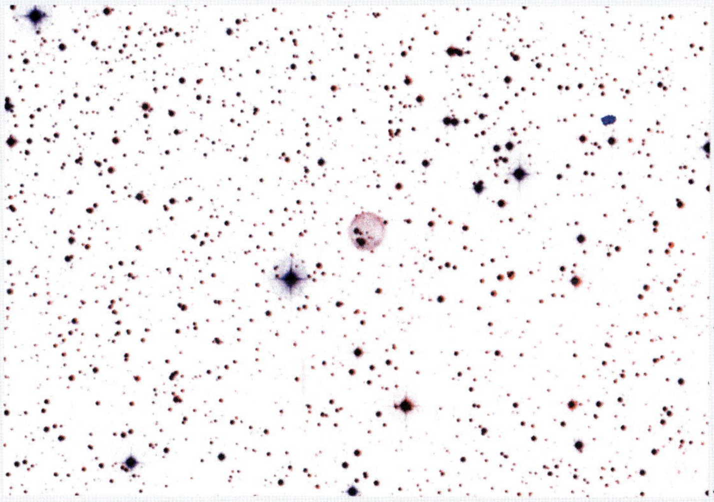

Abell 8 ist einer der wenigen Planetarischen Nebel, die einem Offenen Sternhaufen zugeordnet werden. Turner et al. geben an dass die Rötung, Entfernungsschätzungen und Radialgeschwindigkeiten des Nebels mit dem Haufen Bica 6 übereinstimmen. Abell 8 wurde deshalb vielfach als Kalibrationsobjekt für andere Planetarische Nebel verwendet. Der Sternhaufen wurde von E. Bica vor 2008 identifiziert, das Haufenzentrum ist demnach 4,9' vom Nebel entfernt. Auch Bonatto et al. bestätigten den Befund.

Die Gaia-Entfernung von Abell 8 beträgt 4600 Lichtjahre, die für Bica 6 zuletzt veröffentlichten Entfernungen betrugen 5400 (2011), 12.800 (2017) und 3750 (2018) Lichtjahre. Zumindest scheint eine Mitgliedschaft weiterhin möglich. Der Zentralstern von Abell 8 ist ein optischer Doppelstern. Der Progenitor hatte eine Masse von 2,3 Sonnenmassen.

Visuell ist mit 14" Öffnung ein inhomogenes Leuchten zu sehen, das ein Sternpaar umgibt, von denen der südwestliche heller ist. Der Nebel ist nordwestlich dieses Sterns am deutlichsten, wobei UHC- oder [OIII]-Filter sehr helfen. Die auf Fotos zu sehende Ringstruktur war auch für Uwe Glahn mit 27" Öffnung nicht zu erreichen. Der Sternhaufen ist visuell nicht auffällig, allerdings steht mit King 17 ein weiterer Haufen ca. 20' östlich.

Kohoutek 2-1

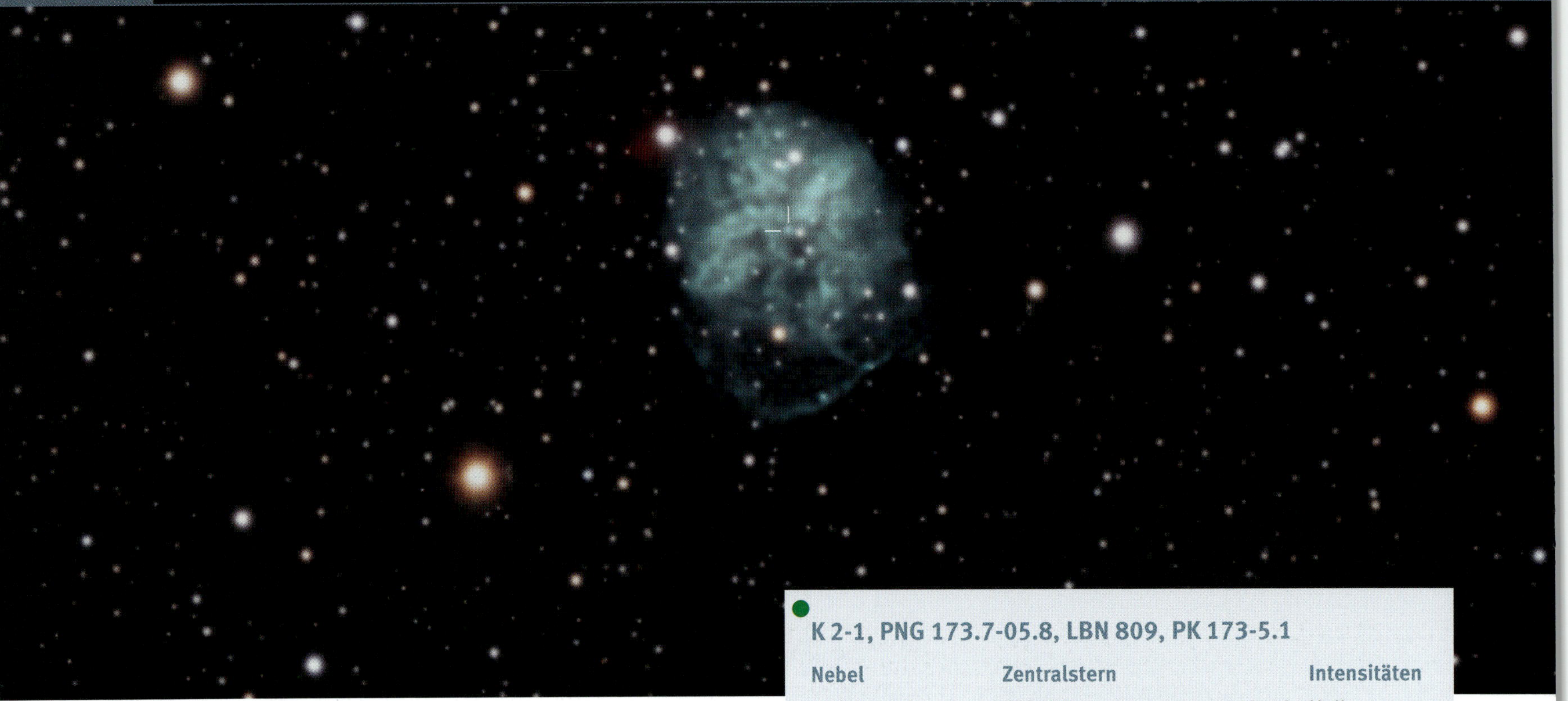

Kohoutek 2-1. Peter Goodhew

Kohoutek 2-1 hat zwei unabhängige Entdecker(gruppen). Der tschechische Astronom Luboš Kohoutek fand das Objekt 1962 und beschrieb einen »hellen Nebel nicht-uniformer Dichte mit diffusen Rändern.« Die Ausdehnung gab er mit 2,2', die Helligkeit des Zentralsterns mit $18^{m}8_{r}$ und $18^{m}2_{b}$. Ohne Kenntnis davon fanden auch Schüler einer Astronomieklasse am California Institute of Technology den Nebel, was Otto Struve und W. C. Straka ebenfalls 1962 berichteten.

Schon Kohoutek war sich nicht sicher, ob K 2-1 ein »planetarischer oder diffuser Nebel« sei. Dorschner und Gürtler hielten ihn 1967 für einen Reflexionsnebel, er wurde in der Folge auch als Galaxie UGCA 100 missklassifiziert. Doch macht das Spektrum klar, dass es sich um einen hoch angeregten Planetarischen Nebel handelt. Zum Zentralstern ist außer der Helligkeit von $18^{m}1$ kaum etwas bekannt.

K 2-1 kann schon mit relativ kleinen Öffnungen von 8" gesehen werden. Mit 14" ist ein beeindruckend auf den [OIII]-Filter reagierender Nebel in einer dreieckigen amorphen Form zu sehen, am hellsten im nördlichen Bereich. Mehrere Sterne stehen im Nebel. Der Nebel ist in mittelgroßen Öffnungen auch schon ohne Filter zu sehen, wobei bei geringen Vergrößerungen die Sterne Nebel vortäuschen können.

K 2-1, PNG 173.7-05.8, LBN 809, PK 173-5.1

Nebel	Zentralstern	Intensitäten	
L. Kohoutek	Gaia DR2 156455900431326976	Hell	–
1962	05:07:08.30	Hβ	–
	+30:49:18.4	[OIII]	175
126 × 115"	$18^{m}1_{Gaia}$	Hα	100
$12^{m}0$	–	[NII]	–
isDSA/G 37-10	7200 Lj (Gaia EDR3)	[SII]	

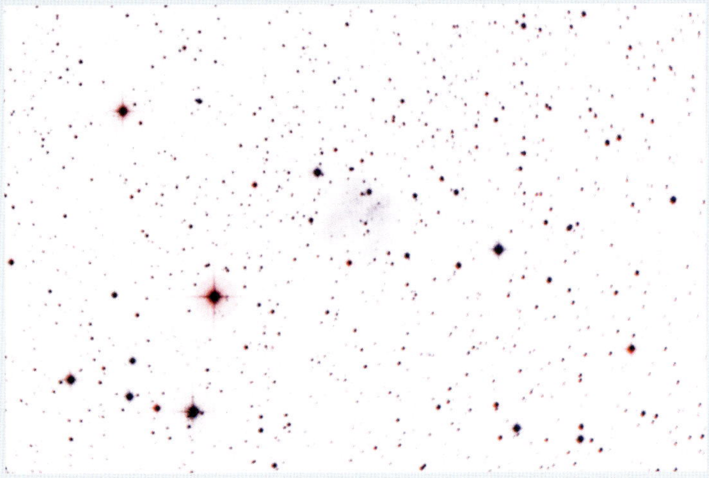

Kohoutek 2-1 mit 16" Öffnung, 222×, UHC, $21^{m}5$ SQM. Ronald Stoyan

Spirograph Nebula, Red Planetary IC 418

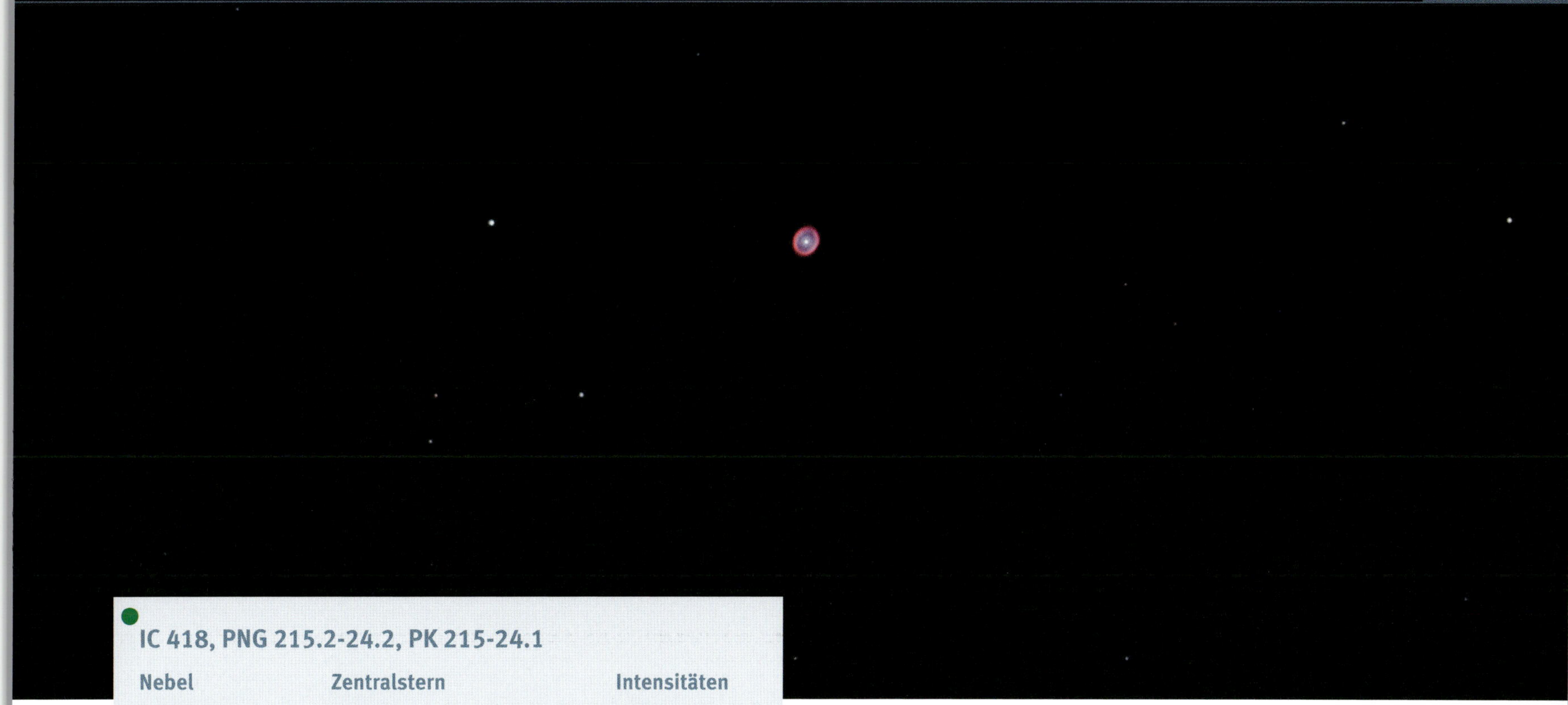

IC 418, PNG 215.2-24.2, PK 215-24.1

Nebel	Zentralstern	Intensitäten	
E. Schönfeld	ZZ Lep	Hell	–
1875–1881	05:27:28.2	Hβ	100
	−12:41:50.24	[OIII]	149
12"	10^m1_{Gaia}	Hα	›2000
9^m3	Of	[NII]	178
isDSA/G 73-5	4440 Lj (Gaia EDR3)	[SII]	5

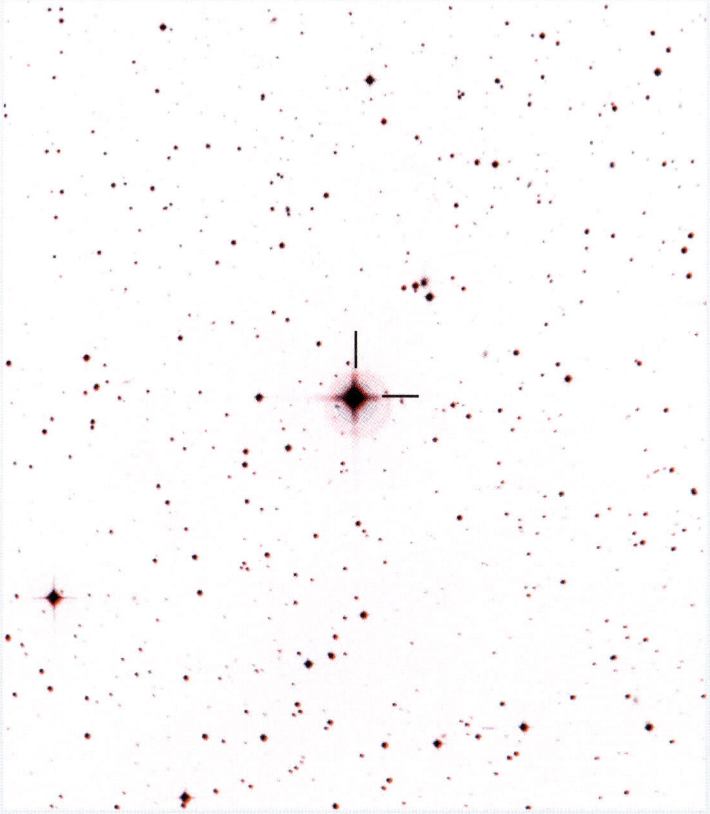

IC 418. Chart 32

Historie

IC 418 wurde zwischen 1875 und 1881 an der Bonner Sternwarte entdeckt, als Eduard Schönfeld dort die südliche Fortsetzung der Bonner Durchmusterung mit dem 77mm-Kometensucher durchführte. Allerdings wurde die Natur als Nebel nicht erkannt, stattdessen erhielt der »Stern« die Bezeichnung BD–12°1172. So blieb es der schottisch-amerikanischen Astronomin Williamina Fleming am 26.3.1891 vorbehalten, den Nebel als solchen zu entdecken. Die Entdeckerehren im 1895 veröffentlichten ersten IC-Katalog von Johan L. E. Dreyer erhielt allerdings ihr Chef Edward Pickering.

Curtis beschrieb 1918 einen »Zentralstern von 9. Größe, umgeben von einem hellen, halbwegs elliptischen Ring von 14 × 11" Außendurchmesser, und etwa 12 × 10" entlang der langen Achse, PW 163° [...] Es gibt keine Ansae oder Ausläufer. Außerordentlich hell.«

Astrophysik

Der Eigenname »Spirograph Nebula« leitet sich von dem gleichnamigen Spielzeug ab, mit dem ähnliche geometrische Muster wie Epizykloiden und Hypozykloiden erschaffen werden können, wie sie der Nebel im Inneren zeigt.

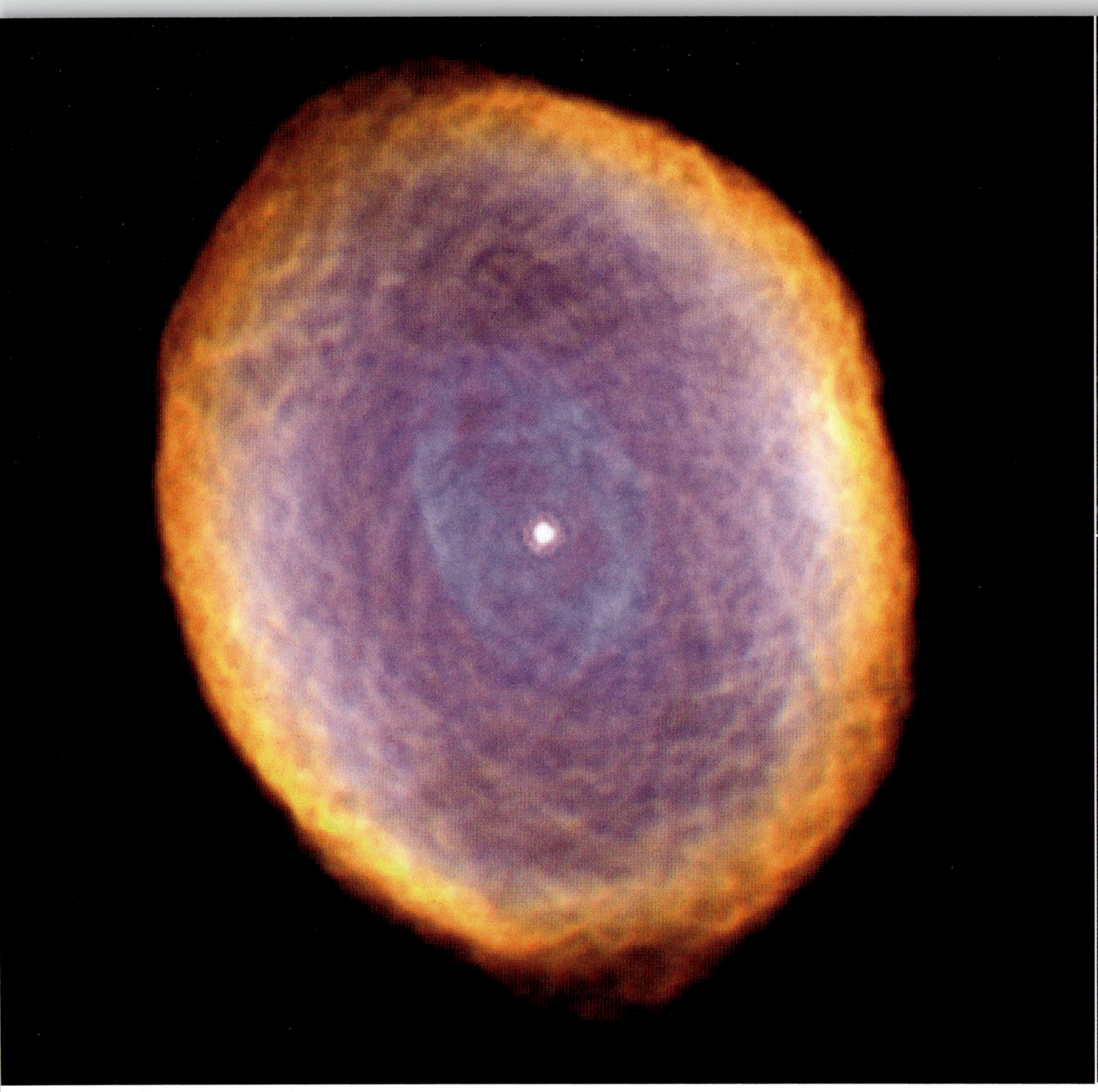

IC 418, Hubble Space Telescope. NASA und The Hubble Heritage Team (STScI)/AURA); Dr. Raghvendra Sahai (JPL) und Dr. Arsen R. Hajian (USNO)

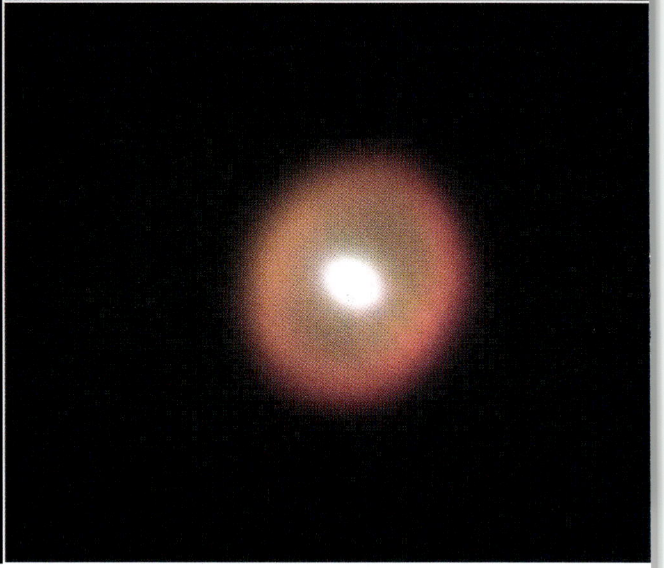

IC 418 mit Halo, Mike Herbaut & ESA/ESO/NASA (oben), National Astronomical Observatory of Japan (unten).

Passender ist aber die Bezeichnung »Red Planetary« aufgrund seiner markanten Farbe, die auf die Hα-Emission des niedrig angeregten Nebels zurückgeht.

Nach Dopita et al. (2017) besteht die Morphologie von IC 418 aus drei Strukturen:

- innere Blase einer Photoionisations-Schockfront, erzeugt vom 500 km/s schnellen Sternwind des Zentralsterns, als bläuliches Gebilde auf den HST-Bildern zu erkennen
- die helle Blase des eigentlichen Planetarischen Nebels, 14 × 11" im Durchmesser
- eine äußere Blase aus der Zeit des Zentralsterns auf dem Asymptotischen Riesenast, 2' im Durchmesser, Expansion 14 km/s

Die eigenartige Textur des Nebels erklären die Autoren durch Instabilitäten in der Ionisationsfront des Nebels, in der isolierte neutrale Einschlüsse zurückbleiben, während die Front aus feinen Ausbuchtungen oder Runzeln zu bestehen scheint, die miteinander verschmelzen.

Ramos-Larios et al. untersuchten den Halo des Nebels. Sie erkannten darin radiale Filamente oder Strahlen, ein System aus drei konzentrischen Ringen und zwei davon abgesetzte Halos mit 150" und 22 × 250" Durchmesser. Diese Strukturen sind leicht azentrisch in Bezug zum Inneren des Nebels. Die zeitliche Entstehungsdifferenz der beiden Halos geben sie mit 10.000 bis 50.000 Jahren an, während die Ringstrukturen in nur 630 Jahren Abstand entstanden sind.

Dopita et al. gehen nach Studien der Dynamik der inneren Nebelbereiche und aufgrund stellarer Entwicklungsmodelle davon aus, dass IC 418 erst vor 100 bis 200 Jahren ionisiert worden ist. Die Nebelhülle hat sich aber schon in den letzten 2000 Jahren gebildet, seit der Zentralstern den Aysmptotischen Riesenast verlassen hat. Morisset und Georgiev nannten 2009 ein Alter von 1400 Jahren.

IC 418 ist reich an Kohlenstoff, was auf einen massereichen Kohlenstoffstern als Progenitor hindeuten könnte. Die Anfangsmasse könnte ca. 2,8 Sonnenmassen betragen haben.

Der Zentralstern HD 35914 alias ZZ Lep ist für einen PN bemerkenswert »kühl« mit einer Oberflächentemperatur von 36.700K, nicht viel mehr als die für die Ionisation mindestens nötigen 26.000K. Dies führt zu einer besonders niedrigen Anregung des Nebels;

so wird nach Kaler nur 75% des Heliums im Nebel ionisiert. Neben Wasserstoff und Helium ist im Spektrum auch der Kohlenstoff sichtbar.

Gilra et al. entdeckten 1978 die Variabilität des Zentralsterns, als sie Daten des niederländischen Astronomie-Satelliten ANS im UV-Bereich auswerteten. Kuczawska et al. ermittelten 1997 einen Lichtwechsel des Zentralsterns von $0^{m}048$ mit einer Periode von 6,5 Stunden. Handler et al. führten im selben Jahr eine detailliertere Studie der Variationen durch. Danach geht ein Teil auf unregelmäßige Modulationen auf einer Zeitskala von einigen Tagen zurück, während ein anderer Teil eine halbregelmäßige Periode von 6,5 Stunden aufweist. Danach ist der Stern röter im Maximum. Dieses Verhalten hat sich nach Handler et al. in den letzten 15 Jahren nicht geändert. Seit seiner Entdeckung ist ZZ Lep zwischen $9^{m}85$ und $10^{m}00$ geblieben.

Beobachtung

IC 418 ist eines der wenigen roten Objekte am Himmel (vgl. Kasten). Wie seine Entdeckung beweist, ist der Nebel als »Sternchen« schon in kleinen Teleskopen erreichbar. 50mm sind ausreichend, wie Kent Wallace mit einem Filterblink in seinem Sucherteleskop demonstrierte. Mindestens 100× sind nötig, um das kleine Nebelscheibchen mit Öffnungen ab 100mm vom Zentralstern zu trennen. Mit 14" Öffnung sah der Autor bei 120-facher Vergrößerung einen deutlichen kleinen roten Ring um den Zentralstern. Bei höheren Vergrößerungen verschwand die Farbe, dann ist jedoch der etwa 3" breite Ring besser zu sehen, der besonders im Süden und Norden heller erscheint. Mit einem Hβ-Filter ist der Nebel gut sichtbar, erscheint aber kleiner als mit einem [OIII]-Filter.

Der Autor konnte den Halo mit 16" Öffnung nur vermuten, während es Uwe Glahn mit 27" unter Extrembedingungen gelang, das ganze Ausmaß nachzuweisen. IC 418 ist eines der besten Ziele für sehr große Teleskope, auch wenn diese in lichtverschmutzten Gegenden stehen. Allerdings muss das Seeing dafür gut sein, was Standorte auf der Südhalbkugel der Erde begünstigt. Steve Gottlieb fand IC 418 mit 48" Öffnung »wahrhaftig beeindruckend« und beschreibt einen Ring von sehr hoher Flächenhelligkeit um den sehr hellen Zentralstern. Er war überrascht, den Nebel so klar ringförmig zu sehen mit einem unregelmäßigen hellen Rand und einem deutlich dunklen »Loch« um den Zentralstern. Tom Polakis hatte die Möglichkeit IC 418 mit einem 61"-Teleskop zu beobachten. Das Innere erschien stark gefleckt. Der innere Halo verdoppelte die Größe des hellen Nebels – womöglich die von Ramos-Larios et al. beschriebenen konzentrischen Ringe.

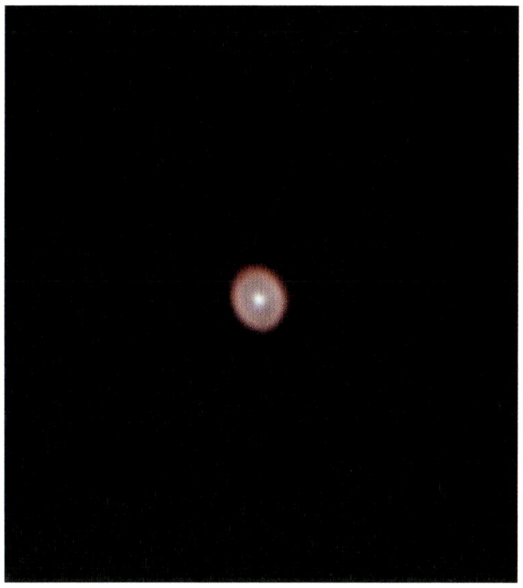

IC 418. Masaru Yamashita

IC 418 mit 16" Öffnung, 425×, $21^{m}5$ SQM. Ronald Stoyan

Farbe sehen in IC 418

Über die Farbwahrnehmungen in IC 418 gibt es verschiedene Berichte. Der französische Beobachter Yann Pothier beschrieb IC 418 mit 22" Öffnung als »klar rosa-rötlich überhaucht«, während er den Zentralstern im Kontrast gelblich wahrnahm. Der amerikanische Beobachter Jay LeBlanc meinte mit 30" Öffnung, den Zentralstern blau zu sehen im Gegensatz zum roten Nebelring. Uwe Glahn sah mit 41" tief rote Außenkanten um eine orange Schale, Steve Gottlieb nannte die Farbe mit 48" »schockierend tief himbeerrot«, Tom Polakis fand mit 61" Öffnung die Scheibe rosa, während der Rand des Rings »angebrannt orange« erschien.

Bei eigenen Versuchen ist zu bedenken, dass Menschen ein sehr unterschiedliches Farbsehvermögen haben. Wer etwa Schwierigkeiten mit der Wahrnehmung der Farbe des Großen Roten Flecks auf Jupiter hat (üblicherweise deutlich orange mit Öffnungen ab 100mm), der wird bei IC 418 auch mit größeren Öffnungen kaum erfolgreich sein.

Der amerikanische Beobachter Jeff Medkeff berichtete, dass er den rötlichen Ton in IC 418 mit Öffnungen von nur 5" erkennen konnte, wenn er einen Trick anwendete: Um die farbempfindlichen Zapfen im Auge anzuregen, schaute er 10 Minuten in eine schwache **weiße** Taschenlampe. Das zerstört zwar die Adaption der Stäbchen, die für das Erkennen schwacher Details zuständig sind, machte aber die Wahrnehmung der Farbe im hellen IC 418 einfacher.

Aur Abell 9

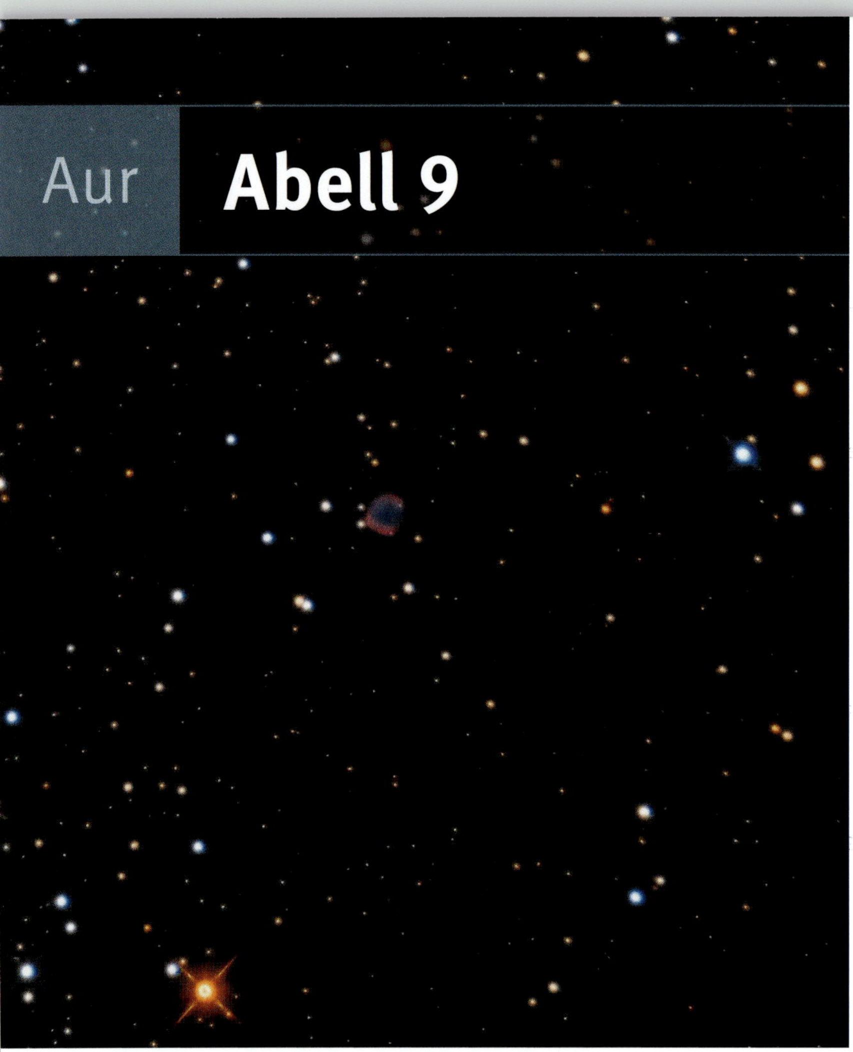

A 9, PNG 172.1+00.8, PK 172+0.1

Nebel	Zentralstern	Intensitäten	
Entdecker	nicht katalogisiert	Hell	
unbekannt	05:28:56.80	Hβ	100
vor 1955	+36:03:03.49	[OIII]	1098
40 × 34"	23^m5_{vis}	Hα	815
–	–	[NII]	942
isDSA/G 25	13.000 Lj (1980)	[SII]	

Abell 9 steht 12' nördlich des Offenen Sternhaufens M 38. Der Zentralstern hat nur eine Helligkeit von 23^m5; Abell selbst nannte 20^m8_p. Der Stern befindet sich somit jenseits der Grenze innerhalb der Gaia Sterne erfassen kann. Nach Majaess und Turner ist die Schwäche des Zentralsterns und die starke Rötung des Nebels ein Hinweis darauf, dass Abell 9 weit hinter dem Sternhaufen steht – Neckel und Klare nannten 1980 bis zu 13.000 Lichtjahre. Für M 38 gelten nach Gaia (EDR3, 2020) 3700 Lichtjahre. Abell 9 wurde vor 1955 entdeckt, es ist aber unklar von wem, da Abell verschiedene Quellen verwendete, diese aber nicht auswies. Seltsamerweise ist der Nebel nicht im Strasbourg-ESO Catalogue of Galactic Planetary Nebulae (SECGPN) enthalten. Der Autor konnte den Nebel mit 14" und 16" Öffnung unter besten Bedingungen nicht sehen. Auch Uwe Glahn konnte mit 27" nichts ausrichten.

Abell 9 bei M 38 (unten). Jerry Macon

Ori Abell 10

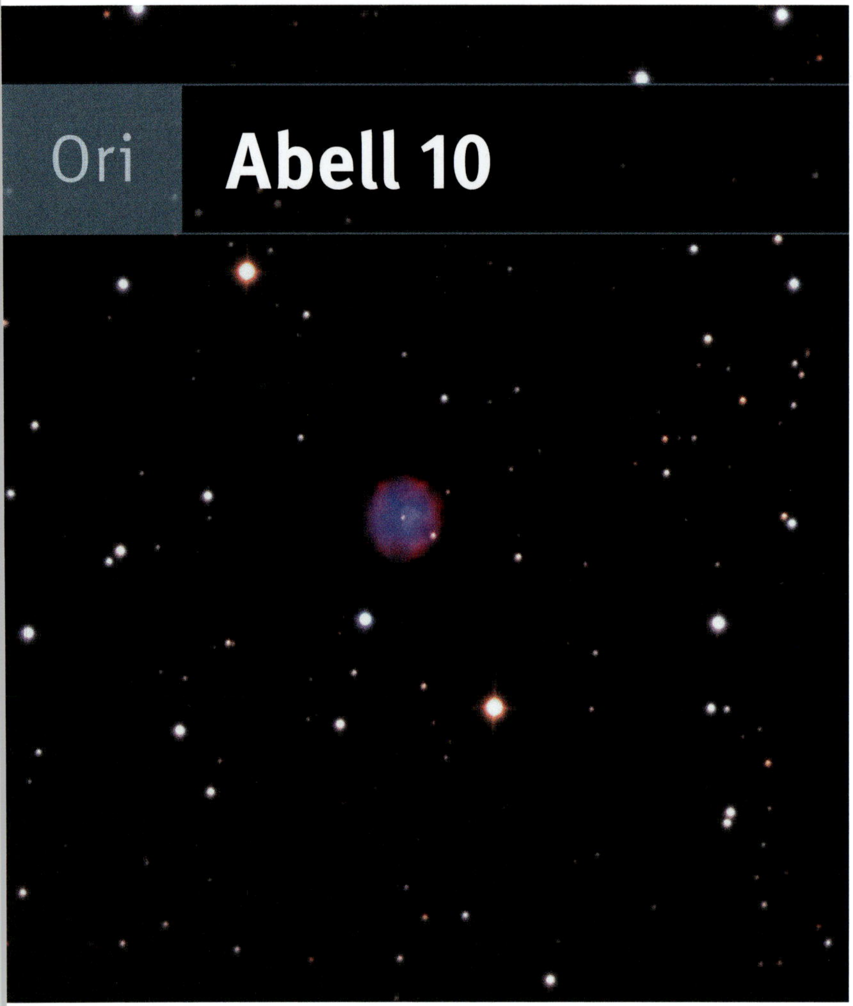

A 10, K 1-7, PNG 197.2-14.2, PK 197-14.1

Nebel	Zentralstern	Intensitäten	
L. Kohoutek	GSC2 N300330312906	Hell	–
1962	05:31:45.69	Hβ	100
	+06:56:02.0	[OIII]	940
37 × 36"	18^m7_{Gaia}	Hα	668
14^m0	–	[NII]	–
isDSA/G 49	–	[SII]	94

Abell 10 wurde 1962 von dem tschechischen Astronom Luboš Kohoutek gefunden. Er ist auch im Abell-Katalog von 1966 enthalten, dort ist Kohoutek als Entdecker genannt. Kohoutek selbst gab die Größe mit 34 × 36" im roten und 32 × 35" im blauen Licht an. Die Helligkeit des Zentralsterns gab er mit 19^m7. Der von Gaia ermittelte Wert ist 18^m7. Leider weist die Parallaxenmessung einen Fehler auf, so dass die Entfernung von Abell 10 unbekannt bleibt. Hα und [OIII] dominieren das Spektrum. Visuell ist Abell 10 deutlich leichter zu sehen als Abell 9. Mit 14" Öffnung war der Nebel für den Autor selbst ohne Filter deutlich. Mit [OIII]-Filter wird eine gut definierte Scheibe von 20" Durchmesser sichtbar, eine Ringstruktur ist angedeutet. Der deutsche Beobachter Uwe Glahn konnte den Nebel schon mit 4" Öffnung und [OIII]-Filter erkennen, 8" reichten für eine Sichtung ohne Filter. Mit 27" Öffnung war der Zentralstern auszumachen – die visuelle Helligkeit liegt wohl um 17^m.

Abell 10. Chart 32

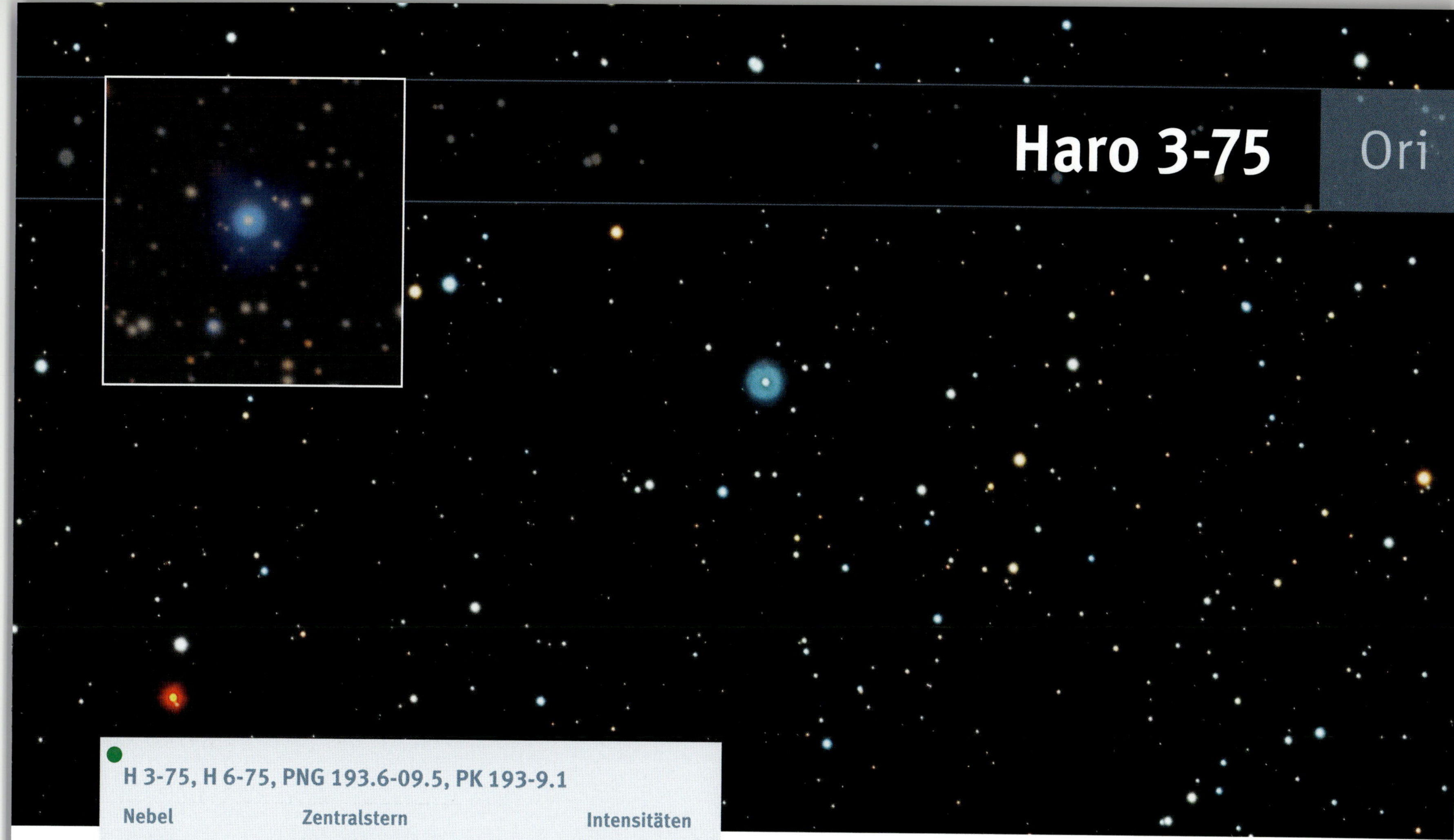

Haro 3-75

Ori

Haro 3-75 mit dem Kohlenstoffstern Lee 27 (links unten). Jerry Macon (oben), Peter Goodhew (Inset)

H 3-75, H 6-75, PNG 193.6-09.5, PK 193-9.1

Nebel	Zentralstern	Intensitäten	
G. Haro	TIC 127304506	HeII	21
1953	05:40:45.0	Hβ	100
	+12:21:23.26	[OIII]	1359
31 × 30"	14^m8_{vis}, 13^m8_{Gaia}	Hα	427
13^m9	–	[NII]	84
isDSA/G 49-7	13.100 Lj (Gaia EDR3)	[SII]	16

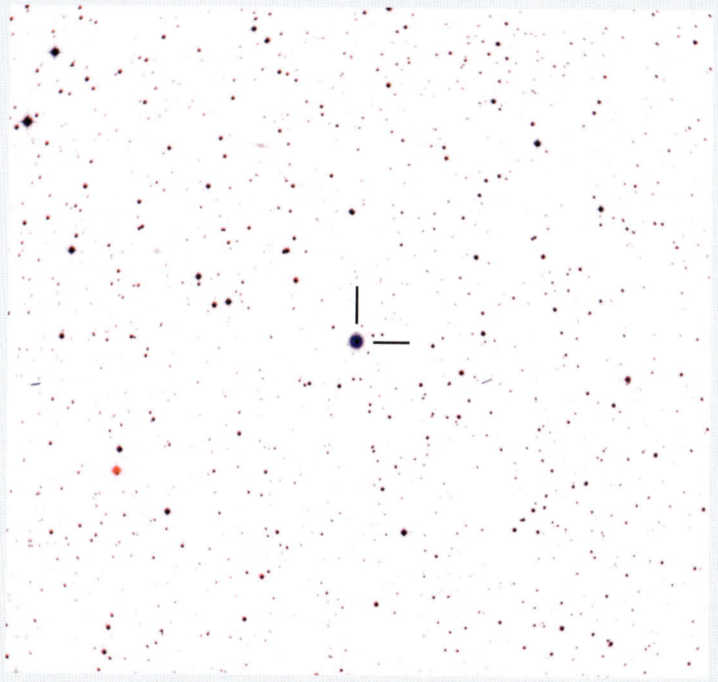

Haro 3-75 – auch als Haro 6-75 bezeichnet – hat eine ähnliche Entdeckungsgeschichte wie H 3-29. Wie bei diesem ging es dem mexikanischen Astronom Guillermo Haro Barraza eigentlich um junge T-Tauri-Sterne in den Staubwolken der Wintermilchstraße. Mit der 25"-Schmidt-Kamera der Tonantzintla-Sternwarte bei Puebla nahm er 1953 H 3-75 auf und notierte: »Eigenartiges Objekt. Der Stern ist von einem Halo umgeben.« Wie bei H 3-29 war es aber erst Nicholas Mayall, der 1964 die Natur des Objekts als Planetarischen Nebel erkannte.

Haro 3-75 unterscheidet sich im Erscheinungsbild deutlich von H 3-29, wenn auch erst auf den zweiten Blick. Auf den ersten ist ein kleiner runder Nebel von ca. 0,5' Durchmesser zu charakterisieren. Auf tiefen Aufnahmen zeigt sich ein asymmetrischer Halo, der den Gesamtdurchmesser auf ca. 1,5' bringt. Der Zentralstern TIC 127304506 ist mit einer Helligkeit von 14^m8_{vis} deutlich heller als bei H 3-29, Gaia ermittelte sogar 13^m8. Die Entfernung beträgt 13.000 Lichtjahre. Der Nebel ist stark angeregt, [OIII] ist die stärkste Emissionslinie. H 3-75 ist auch im Infraroten (2MASS) und Radiobereich (NVSS) ein starker Strahler.

Aufgrund der starken [OIII]-Emission lässt sich H 3-75 in Teleskopen ab 8" Öffnung erkennen, wie Kent Wallace nachwies. Der Autor sah mit 14" Öffnung eine kreisrunde Scheibe. Mit 16" waren Zentralstern und Ringform zu erkennen. Uwe Glahn konnte mit 27" und [OIII]-Filter den asymmetrischen Halo ausmachen. 8' südöstlich steht der rote Kohlenstoffstern Lee 27 mit 11^m5.

NGC 2022 Collarbone Nebula

NGC 2022. Chart 32

NGC 2022, PNG 196.6-10.9, VV 23, PK 196-10.1

Nebel	Zentralstern	Intensitäten	
W. Herschel	HD 37882	HeII	104
28.12.1785	05:42:06.19	Hβ	100
	+09:05:10.5	[OIII]	755
29 × 28"	15^m9_{vis}, 15^m7_{Gaia}	Hα	398
11^m7	[WC]	[NII]	–
isDSA/G 49-2	7450 Lj (Gaia EDR3)	[SII]	

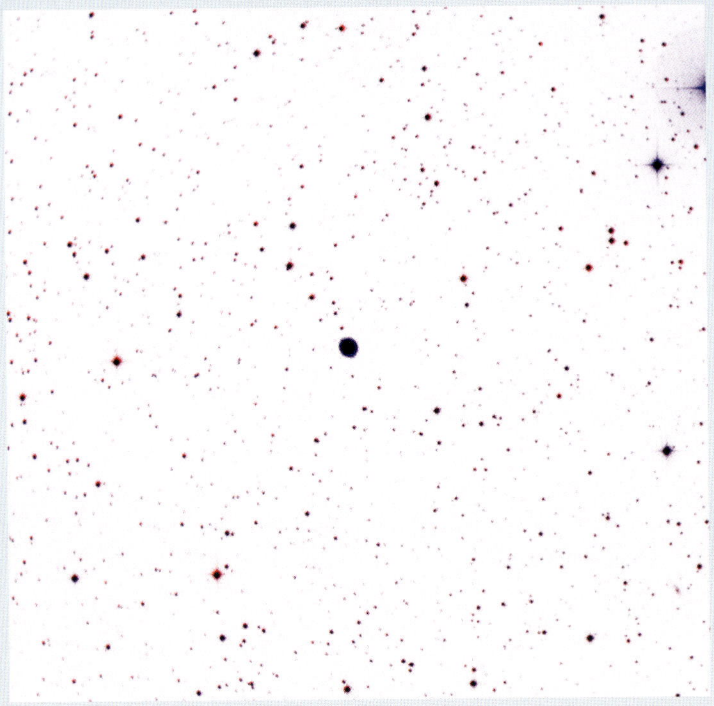

Historie

Wilhelm Herschel war der erste, der NGC 2022 im Winter 1785/86 zu Gesicht bekam. »Mit 240 Vergrößerung wie ein schlecht definierter planetarischer Nebel.« Er gab ihm die Nummer 34 in der Klasse, die den Typnamen der PN prägte. Lord Rosse glaubte mit wesentlich größerer Öffnung, der Nebel ließe sich »auflösen: Ich vermute stark, dass er ringförmig ist.« Lassell meinte dass »einige helle Flecken oder Knoten in ihm zu exisitieren scheinen.« Curtis fasste das Erscheinungsbild 1918 so zusammen: »Scharfer stellarer Kern von etwa 13. Größe, umgeben von einem elliptischen Ring 22 × 11" in PW 29°. Außerhalb davon ist eine ovale Scheibe schwächerer Materie 28 × 27". Die hellsten Teile sind die zwei Massen an den Enden der großen Achse des inneren Rings.«

Astrophysik

Der amerikanische Astronom James B. Kaler bezeichnete NGC 2022 als »klassischen Doppelschalen-Nebel« ähnlich NGC 3432 und NGC 7662. Die innere Schale wird durch den starken Sternwind des Zentralsterns erzeugt, der im Inneren der zuvor ausgestoßenen Materie einen Hohlraum freilegt. Dieser ist etwa 0,7 Lichtjahre im Durchmesser, der äußere Ring hat 1,0 Lichtjahre – oder 27,9 × 25,5".

Aus einer früheren Phase des Massenverlusts stammt dagegen der auf tiefen Fotos erkennbare Halo, der 88" Durchmesser besitzt, was umgerechnet etwa 3 Lichtjahren entspricht. Dieser wurde von Corradi et al. 2003 auf Aufnahmen mit dem 3,5m-NTT-Teleskop gefunden.

Sabbadin et al. charakterisierten die beiden hellen Nebelteile als »gestreckte Sphäre von moderater Elliptizität«, umgeben von einer »fast sphärischen, schwächer emittierenden Region«, die langsamer expandiert als der zentrale Part. Die Expansionsgeschwindigkeit des inneren Teils liegt bei 28 km/s, während der äußere Bereich mit 15 km/s nach außen strebt. Die Neigung zu unserer Sichtachse beträgt demnach 45°. Corradi et al. gaben das Alter des Nebels mit 8000 Jahren, während der Halo vor 40.000 Jahren, also weit vor der Entstehung des eigentlichen PN, emittiert wurde.

Der Zentralstern HD 37882 oder TIC 290173959 besitzt ein Wolf-Rayet-Spektrum mit einer Oberflächentemperatur von 120.000K. Dies führt zu einer starken Anregung des Nebels mit viel [OIII]-Emission. Da NGC 2022 nur 11° von der galaktischen Ebene entfernt liegt, dürfte der Ausgangsstern sonnenähnliche Eigenschaften gehabt haben; lediglich Kohlenstoff und Schwefel sind stärker vertreten als in unserer Sonne.

Nach Kaler ist NGC 2022 möglicherweise auf dem Zenit seiner Entwicklung als Planetarischer Nebel: Der Stern hat seine maximale Temperatur erreicht und wird sich im Folgenden wieder langsam abkühlen, so dass die hohe Anregung des Nebels nachlassen wird. Der Zentralstern wird zum Weißen Zwerg, während der Nebel langsam verblasst und in einen schwächeren Anregungszustand übergeht, während er sich noch weiter ausdehnt.

Beobachtung

NGC 2022 ist einer der besten Planetarischen Nebel des Winterhimmels für die visuelle Beobachtung. Schon mit 80mm sichtbar, zeigen 120mm die Doppelringstruktur unzweideutig, wenn man sich traut, höher zu vergrößern. Mit 14" Öffnung erscheint NGC 2022 hell, insbesondere wenn ein [OIII]-Filter verwendet wird. Die Form ist oval mit einem länglichen dunklen Zentrum und schmalem Rand. Eine schwache äußere Schale umgibt das helle Ellipsoid. Mit 600× erscheint das südliche Ende heller, eventuell durch einen Knoten auf dem Rand, der stark auf den [OIII]-Filter reagiert. Ohne Filter erscheint der gesamte Nebel schmäler.

Auch mit 20" bleibt der Zentralstern verborgen. Der amerikanische Beobachter Neal Galt konnte ihn auch mit 36" nicht erkennen, Steve Gottlieb sah ihn »extrem schwach« mit 24". Mit dieser Öffnung hatte er den Eindruck, der gesamte Rand des hellen Nebels »sprudele«, als ob er aus einzelnen hellen Knoten bestünde, die deutlichsten an den langen Enden des Nebels. Mit 48" Öffnung war er der Meinung, dass die äußere Schale leicht rosa erscheinen würde.

Uwe Glahn konnte mit 27" unter Alpenhimmel den Halo des Nebels erkennen, wobei dieser eine hellere Stelle in Verlängerung der langen Achse des hellen Nebels nach Südwesten aufweist. Dies ist nur mit [OIII]-Filter sichtbar. Der seltsame Name »Schlüsselbein-Nebel« ist wohl durch die angebliche Ähnlichkeit des Nebels auf den Aufnahmen des Hubble-Weltraumteleskops mit dem Querschnitt eines Schlüsselbein-Knochens entstanden.

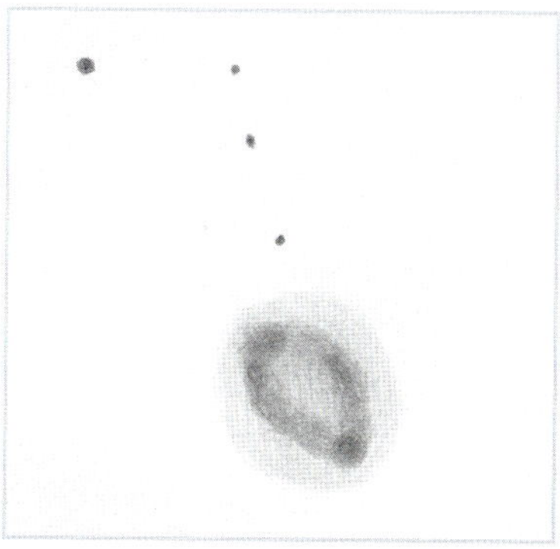

NGC 2022 mit 20" Öffnung, 425×, [OIII], 21^{m}0 SQM. Ronald Stoyan

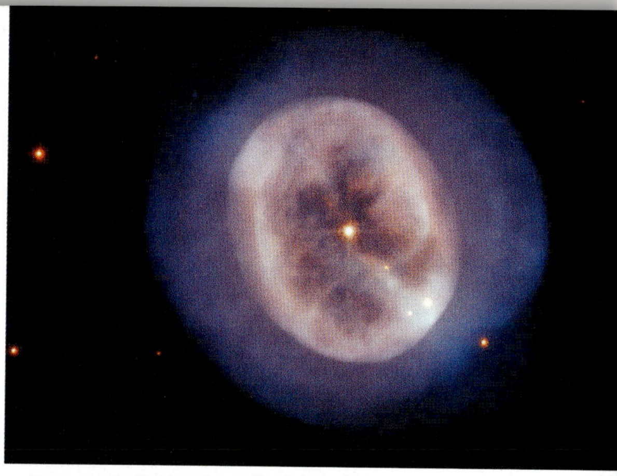

NGC 2022, Hubble Space Telescope. ESA/Hubble & NASA, R. Wade

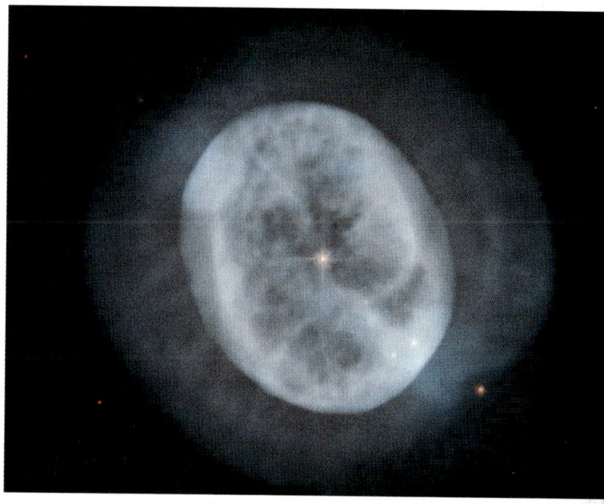

NGC 2022, Hubble Space Telescope. J. Schmidt

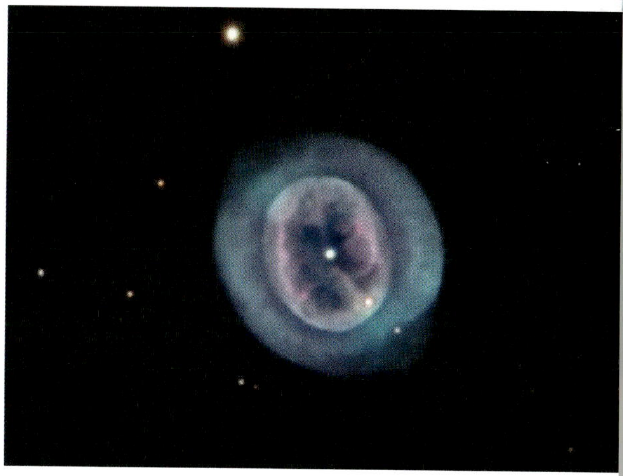

NGC 2022. Adam Block

NGC 2022. Kevin Quin

Patchick-Strottner-Drechsler 10

Patchick-Strottner-Drechsler 10. Aygen Erskalan, Marcel Drechsler, Xavier Strottner, Dana Patchick

PaStDr 10, PNG 259.6-32.0

Nebel	Zentralstern	Intensitäten
D. Patchick,	nicht katalogisiert	Hell
X. Strottner,	05:38:36.82	Hβ
M. Drechsler 2020	−52:16:54.50	[OIII]
3300"	18^m9_{Gaia}	Hα
–	Weißer Zwerg Kandidat	[NII]
isDSA/G –	1120 Lj (Gaia EDR3)	[SII]

Patchick-Strottner-Drechsler 10 steht tief am Südhimmel im Sternbild Bildhauer. Canopus steht 7° entfernt auf derselben Deklination.

Der Nebel wurde im Jahr 2020 von den drei Amateur-Entdeckern Dana Patchick (USA), Xavier Strottner (Frankreich) und Marcel Drechsler (Deutschland) auf dem POSS gefunden. Der Nebel ist auch auf einigen tiefen Durchmusterungen zu erkennen, darunter SHASSA, dem Southern H-alpha Sky Survey Atlas.

Die Gesamtausdehnung beträgt fast 1°, damit gehört PaStDr 10 zu den größten PN am Himmel. Die Morphologie ähnelt einem sehr alten Objekt, mit einer äußeren Hülle, die schon nicht mehr scharf begrenzt ist, so dass man annehmen kann dass die Expansion des Nebels schon stark nachgelassen hat. Der Kernbereich wird von [OIII]-Emission dominiert, die der Weiße Zwerg zum Leuchten anregt.

Visuelle Beobachtungsversuche sind nicht bekannt.

Medalion Nebula **Kronberger 63** Ori

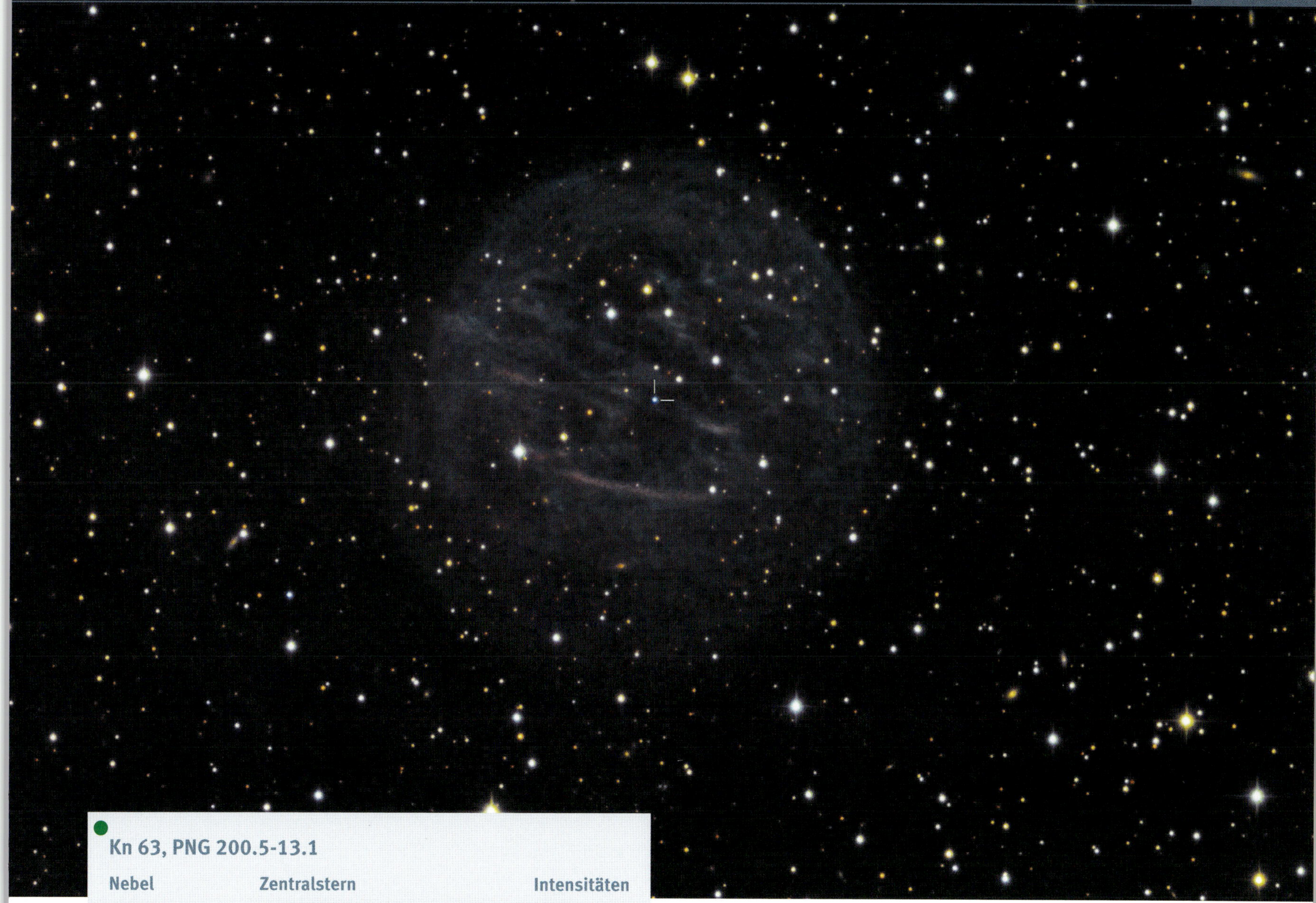

Kronberger 63. Chart 32

Kn 63, PNG 200.5-13.1

Nebel	Zentralstern	Intensitäten
M. Kronberger	Gaia DR2 3320608713128049280	HeII
2010	05:42:06.71	Hβ
	+04:43:02.7	[OIII]
352 × 302"	17^m5_{Gaia}	Hα
–	Weißer Zwerg Kandidat	[NII]
isDSA/G 61	4250 Lj (Gaia EDR3)	[SII]

Kronberger 63 ist eine Entdeckung des österreichischen Amateurastronomen Matthias Kronberger. Er fand den Nebel bei der systematischen Suche nach PN im Rahmen der internationalen »Deep Sky Hunters«-Gruppe. Kronberger gab als Durchmesser 388 × 358", der Katalogwert von HASH ist etwas kleiner. In der Folge wurden Aufnahmen mit dem 4m-Kitt-Peak-Teleskop erstellt, die den Fund bestätigten.

Quentin Parker bemerkte seine gestreifte Morphologie. Im Spektrum ist [OIII] am stärksten vertreten. Der Zentralstern Gaia DR2 3320608713128049280, als Weißer-Zwerg-Kandidat katalogisiert, wurde von Gaia vermessen, was eine Entfernung von etwas mehr als 4000 Lichtjahren ergibt. Viel mehr ist über den Nebel aktuell nicht bekannt.

Dem Entdecker, selbst ein passionierter und erfahrener visueller Beobachter, gelang mit 24" keine eindeutige Sichtung des Nebels. Der Autor war mit 16" ebenfalls erfolglos. Besser erging es Uwe Glahn, der den Nebel mit 27" bei niedriger Vergrößerung und mit [OIII] wahrnehmen konnte. Fotografen wird ein Versuch mit [OIII]-Schmalbandfiltern empfohlen, Hα ist dagegen kaum vertreten.

Aur

Purgathofer 2

Purgathofer 2 wurde vom österreichischen Astronomen Alois Purgathofer 1980 gefunden. Der kleine Planetarische Nebel wurde bei spektroskopischen Aufnahmen am 60"-Teleskop des Leopold-Figl-Observatoriums entdeckt und dann auch auf dem POSS gefunden.

Bemerkenswert ist die Lage von Pu 2 hinter den Feldern des Galaktischen Nebels Sharpless 2-232. Anders als dieser strahlt der PN jedoch vor allem im blau-grünen [OIII]-Licht.

»Zentralstern nahe am Plattenlimit«, bemerkte Purgathofer bei der Entdeckung und schätzte $20^{m}5$. Gaia ermittelte $19^{m}5$. Wenn die winzige Parallaxe von Gaia DR3 3455834079110379648 stimmt, ist der Nebel mehr als 120.000 Lichtjahre entfernt.

Der Entdecker selbst gab die Flächenhelligkeit pro Quadratbogensekunde mit $22^{m}5$ im roten und $26^{m}5$ im blauen Spektralbereich. Von Uwe Glahn liegt eine positive Sichtung mit 27" Öffnung vor.

Pu 2, PNG 173.5+03.2, PK 173+3.1

Nebel	Zentralstern	Intensitäten	
A. Purgathofer	Gaia DR3 3455834079110379648	Hell	–
1980	05:42:34.1	Hβ	100
	+36:09:07.42	[OIII]	592
22 × 24"	$20^{m}5$, $19^{m}5_{Gaia}$	Hα	500
$18^{m}1$	–	[NII]	–
isDSA/G –	124.000 Lj (Gaia EDR3)	[SII]	

Purgathofer 2. Sternwarte Brentenriegel

Tau

Minkowski 1-5

Minkowski 1-5 ist ein sehr kleiner Planetarischer Nebel im Sternbild Stier. Mit einer Größe von weniger als 3" erscheint er für irdische Beobachter und Detektoren als sternförmig. Erst mit dem Hubble Space Telescope offenbarte der Nebel seine asymmetrische fünfeckige Form. Hα, [NII] und [OIII] sind im Spektrum zu erkennen. Der $15^{m}9$ schwache Zentralstern TIC 76294507 wurde von Gaia vermessen, was eine Entfernung von mehr als 16.000 Lichtjahren ergibt.

Der deutsch-amerikanische Astronom Rudolph Minkowski entdeckte den Nebel 1946 auf einer Aufnahme, die W. C. Miller mit dem 10" f/5.2 Astrographen des Mount Wilson Observatory aufgenommen hatte.

Visuell ist der Nebel mit mittelgroßen Teleskopen nicht schwer wahrzunehmen, dem Autor erschien er mit 14" schon ohne Filter deutlich. Wie Kent Wallace mit 20" Öffnung ließ sich aber keine Scheibe erkennen, so dass der Eindruck sternförmig blieb.

M 1-5, PNG 184.0-02.1, PK 184-2.1

Nebel	Zentralstern	Intensitäten	
R. Minkowski	TIC 76294507	Hell	
1946	05:46:49.999	Hβ	12
	+24:22:02.923	[OIII]	50
2,8 × 2,3"	$15^{m}9_{Gaia}$	Hα	100
$14^{m}6$	–	[NII]	35
isDSA/G 37	16.300 Lj (Gaia EDR3)	[SII]	

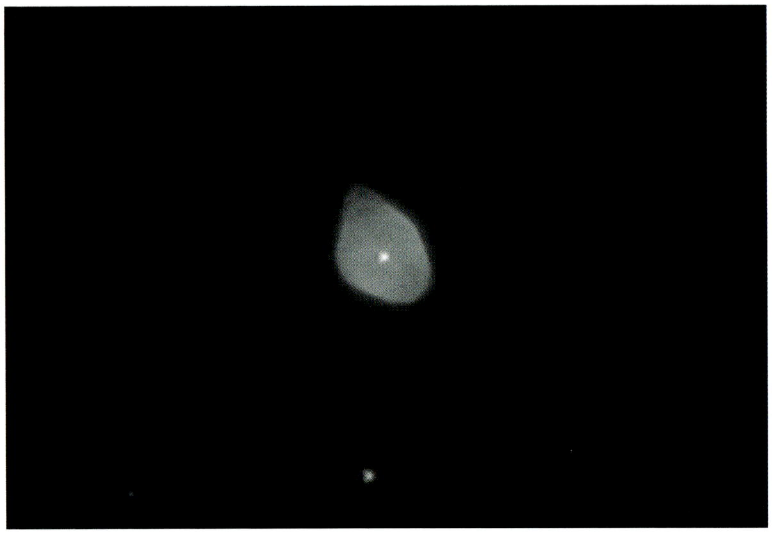

Minkowski 1-5, Hubble Space Telescope. Solomon Hendrix

IPHASX J055226.2+323724

IPHASX J055226.2+323724 in M 37. Peter Goodhew, Marcel Drechsler

IPHASX J055226.2+323724, PNG 177.5+03.1

Nebel	Zentralstern	Intensitäten
L. Sabin	CBH V1975	HeII
2008	05:52:26.18	Hβ
	+32:37:24.63	[OIII]
445 × 290"	19^m2_{Gaia}	Hα
–	PG1159	[NII]
isDSA/G –	4150 Lj (Gaia EDR3)	[SII]

IPHASX J055226.2+323724 ist trotz des sperrigen Namens einer der spektakulärsten PN-Neuentdeckungen der letzten 15 Jahre, denn er ist eines der wenigen bestätigten Beispiele eines Planetarischen Nebels in einem Offenen Sternhaufen. Der »Wirtshaufen« ist zudem einer der schönsten seiner Art am Himmel – Messier 37 im Fuhrmann.

Das Objekt wurde von Astronomen des Laboratory for Space Research (LSR) und dem Department Physik an der Universität von Hong-Kong (HKU) gefunden. Team-Mitglied Laurence Sabin identifizierte mehr als 200 PN-Kandidaten auf der IPHAS-Durchmusterung, dem »INT Photometric Halpha Survey of the Northern Galactic Plane«, wobei INT für das Isaac-Newton-Teleskop auf La Palma steht. Im Rahmen dieses Programms wurde ab dem Jahr 2003 die Galaktische Ebene im roten, infraroten und Hα-Licht bis jenseits der 20. Größenklasse erfasst. Der veränderliche Zentralstern wurde unabhängig davon in einer Studie von Veränderlichen in M 37 von Chang et al. 2015 gefunden, danach schwankt seine Helligkeit zwischen 19^m35 und 19^m43. Er besitzt den Typ PG1159 wie etliche andere Zentralsterne von PN. Die Oberflächentemperatur beträgt 90.000 bis 100.000K, seine Masse liegt bei 0,63 bis 0,85 Sonnenmassen. Ursprünglich waren es 2,8 Sonnenäquivalente.

Schon die Entdecker bemerkten das außerordentlich hohe Alter des Nebels. Fragkou et al. gaben 78.000 Jahre, Werner et al. erhöhten den Wert auf 350.000! Damit wäre das Objekt der älteste jemals gefundene PN. Allerdings dürften diese rein kinematisch berechneten Werte das tatsächliche physikalische Alter deutlich überschätzen.

Offensichtlich ist die bipolare Form des Nebels mit stärkeren Kanten und einer fleckigen Struktur. Werner et al. weisen darauf hin, dass im Amateurbild von Peter Goodhew (siehe oben links) noch eine weitere äußere Struktur zu existieren scheint, die in Richtung Südosten erkennbar ist.

Die Dokumentation des Nebels ist eine extreme Herausforderung für Astrofotografen. Visuelle Beobachter sind chancenlos.

Tau

Purgathofer 1

Purgathofer 1 wurde 1978 vom österreichischen Astronom Alois Purgathofer auf dem POSS entdeckt. Er gab die Größe mit 70 × 60" und die Flächenhelligkeit mit $22^{m}5$ pro Quadratbogensekunde im roten und $26^{m}5$ im blauen Spektralbereich. Purgathofer bemerkte auf den blauen POSS-Platten eine »schwaches sternähnliches Objekt nahe seines geometrischen Zentrums«.

Der von Gaia mit einer Helligkeit von $20^{m}8$ gemessene Zentralstern Gaia DR2 3431140972097482368 ermöglichte auch die Entfernungsbestimmung mit knapp 7000 Lichtjahren. Auf tiefen Fotos erkennt man einen bläulichen inneren Bereich, umgeben von einem rötlich erscheinenden Randbereich. Im Spektrum sind [NII], Hα und [OIII] die stärksten Linien. Uwe Glahn gelang eine Beobachtung mit 27" Öffnung unter Hochgebirgsbedingungen.

Pu 1, PNG 181.5+00.9, PK 181+1.1

Nebel	Zentralstern	Intensitäten	
A. Purgathofer	Gaia DR2 3431140972097482368	Hell	–
1978	05:52:48.46	Hβ	–
	+28:05:59.2	[OIII]	257
65"	$20^{m}8_{Gaia}$	Hα	100
$15^{m}9$	–	[NII]	76
isDSA/G –	6720 Lj (Gaia EDR3)	[SII]	

Purgathofer 1. Sternwarte Brentenriegel

Tau

StDr 1

Strottner-Drechsler 1 ist die erste Entdeckung des deutsch-französischen Amateur-Duos Xavier Strottner und Marcel Drechsler. Er wurde im Oktober 2019 gefunden und bildete den Auftakt zu vielen weiteren, teils spektakulären Entdeckungen der beiden, die inzwischen auf mehr als 170 Objekte angewachsen ist. Einige Entdeckungen gelangen auch gemeinsam mit weiteren Amateuren. Ein Team um den französischen PN-Experten Pascal De Dû bestätigte im Januar 2020 den Fund.

Der Nebel besteht aus einer vor allem in [OIII] strahlenden inneren Blase und einem äußeren Bereich, in dem Hα-Emission dominiert. Der mögliche Zentralstern des Nebels ist in keinem Katalog erfasst. Seine Helligkeit beträgt nach Dana Patchick $18^{m}59$. Die Distanz beträgt 9200 Lichtjahre. Der $10^{m}4$-Stern HD 248814 steht im westlichen Bereich des Nebels. Uwe Glahn gelang eine visuelle Sichtung des Nebels mit 27" Öffnung.

StDr 1, PNG 185.1-00.9

Nebel	Zentralstern	Intensitäten	
X. Strottner,	nicht katalogisiert	Hell	
M. Drechsler	05:53:48.87	Hβ	
2019	+24:02:40.8	[OIII]	100
288"	$18^{m}6$	Hα	82
–	–	[NII]	35
isDSA/G –	9200 Lj (2020)	[SII]	

Strottner-Drechsler 1. Peter Goodhew

Strottner-Drechsler 1. Jerry Macon

Lep

Dengel-Hartl 1

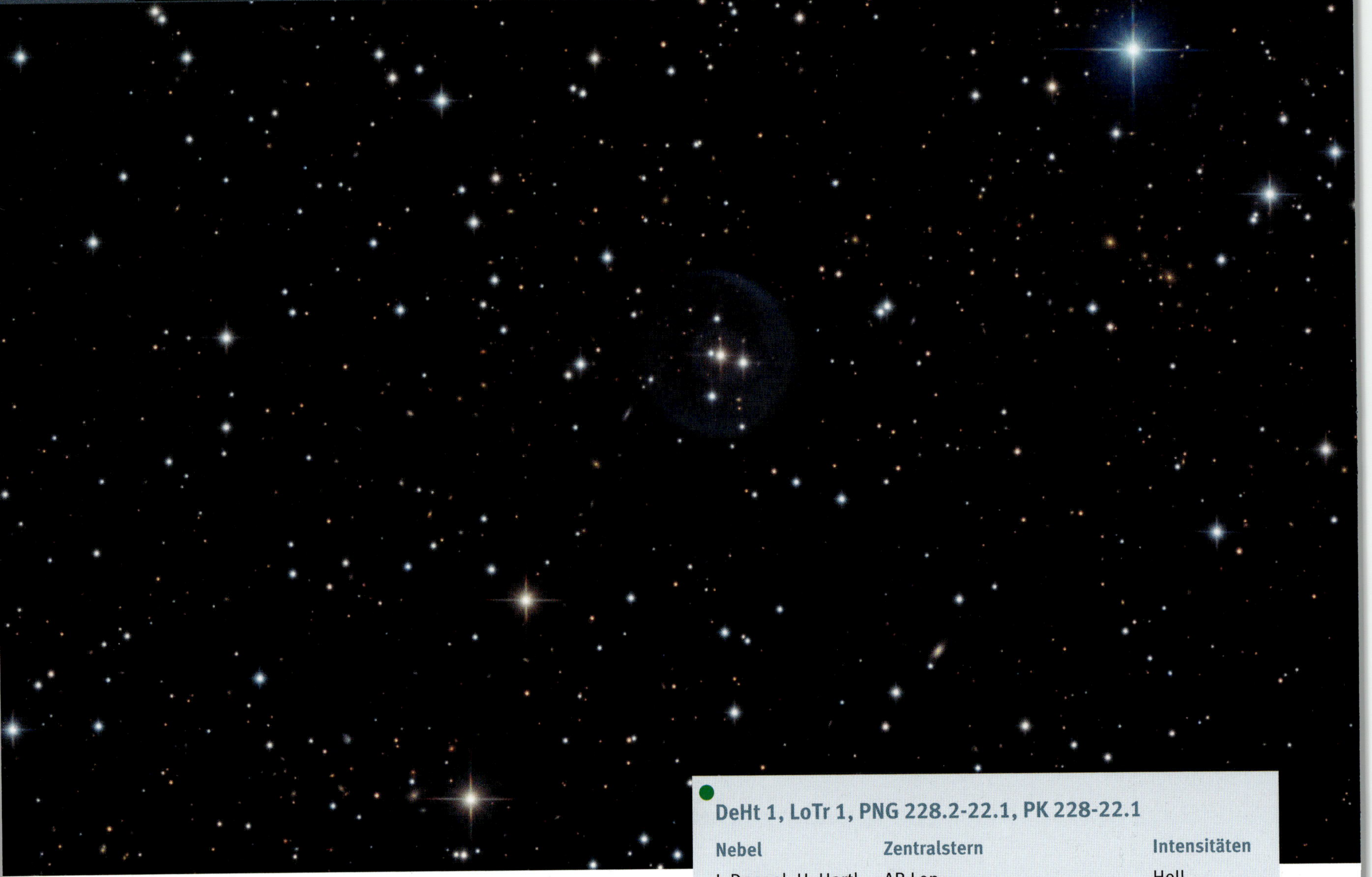

Dengel-Hartl 1. Chart 32

DeHt 1, LoTr 1, PNG 228.2-22.1, PK 228-22.1

Nebel	Zentralstern	Intensitäten	
J. Dengel, H. Hartl,	AB Lep	Hell	
R. Weinberger	05:55:06.7	Hβ	
1979	−22:54:02.20	[OIII]	89
142"	12^m4_{Gaia}	Hα	100
15^m5	sdO	[NII]	
isDSA/G 85-17	5930 Lj (Gaia EDR3)	[SII]	

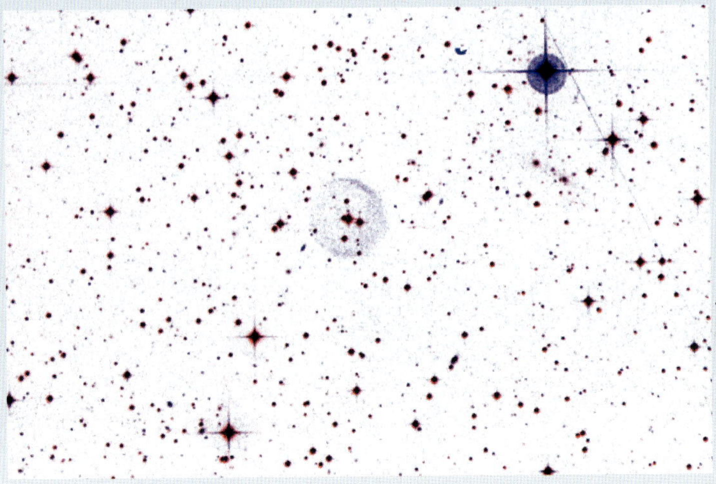

Dengel-Hartl 1 ist im englischen Sprachraum vor allem unter der Bezeichnung Longmore-Tritton 1 bekannt. Die Entdeckerehren gebühren aber den österreichischen Astronomen Johann Dengel und Herbert Hartl, die den Nebel gemeinsam mit Ronald Weinberger 1979 auf dem POSS entdeckten; der Fund wurde 1980 publiziert. Andrew J. Longmore und S. B. Tritton fanden ihn unabhängig davon 1980 auf Aufnahmen mit dem 48"-Schmidt-Teleskop am Siding Spring Observatory in Australien. In ihrer Veröffentlichung weisen sie auf die österreichischen Kollegen hin.

Die Entdecker gaben eine Größe von 132" an, Longmore und Tritton 135 × 130". Moderne Kataloge nennen bis zu 142". Als »sehr schwachen diffusen Ring oder Scheibe, mit leicht betonter Emission in PW 150° und −30°« beschrieben Longmore und Tritton das Objekt. »Es gibt einen mög-

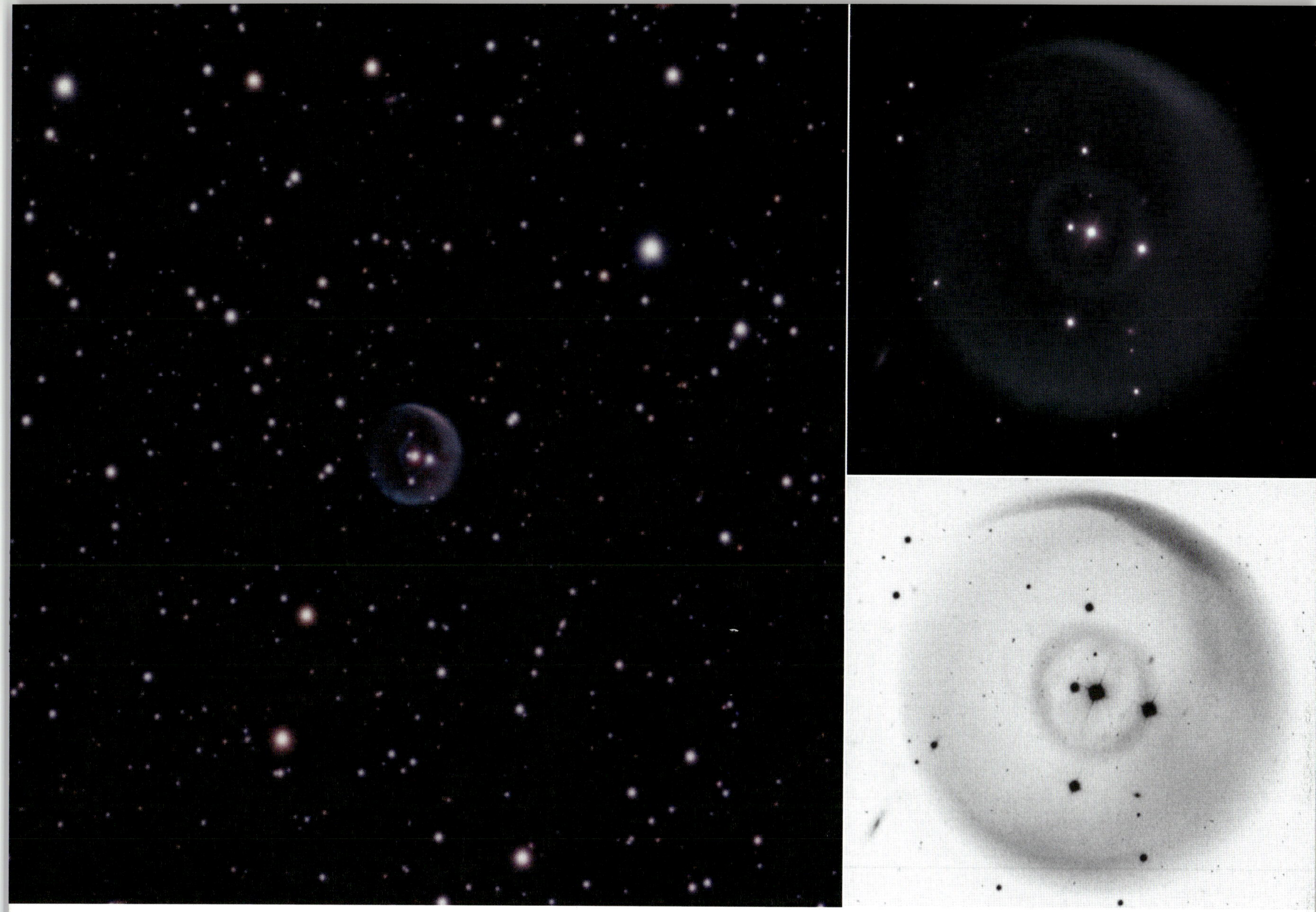

Dengel-Hartl 1, Peter Goodhew (links), Hubble Space Telescope. NASA, ESA, Solomon Hendrix (rechts oben), Tyndall et al. (rechts unten)

lichen inneren Ring mit einem Durchmesser von 40". Zwei Kandidaten für den Zentralstern mit dem helleren mittiger.«

Der Zentralstern ist der Veränderliche AB Lep, der einen Lichtwechsel von $0^{m}061$ mit einer Periode von 6,4 Tagen aufweist. Diese Veränderungen resultieren aus der Rotation der Hauptkomponente eines Doppelsternsystems, einem Riesenstern der Spektralklasse K. Er wird von einem Weißen Zwerg begleitet, der für den Planetarischen Nebel verantwortlich ist – schon die Entdecker vermuteten, dass der helle Stern in der Mitte des Nebels den eigentlichen Zentralstern überdeckt. Sehr wahrscheinlich findet ein Massentransfer zwischen beiden Sternen statt. Der Weiße Zwerg besitzt eine Masse von 0,6 Sonnen und hat eine Oberflächentemperatur von 120.000K.

Tyndall et al. beschreiben DeHt 1 als doppelschaligen Nebel. Die innere Blase weist ein kreisförmiges Profil auf mit einem Durchmesser von 47". Die äußere Schale ist unregelmäßiger, aber dennoch grob kreisförmig, mit einem Durchmesser von 146". Im [OIII]-Licht erscheint die äußere Struktur heller im Nordwesten und Südosten. Die Autoren erklären dies mit einer Inklination einer eigentlich länglichen Form, in der die helleren Gebiete aus unserer Sichtachse resultieren. Auch die leichte Abweichung der äußeren Hülle von der Kreisform sei ein Hinweis darauf.

Tyndall et al. geben ein Alter von 17.000 Jahren für die innere und 35.000 Jahren für die äußere Blase. Beide Strukturen könnten durch schnelle Änderungen des Massentransfers im Zentralstern entstanden sein. Dabei sei allerdings die Differenz des Alters der beiden Strukturen von 18.000 Jahren wesentlich kürzer als die Zeitskalen, auf der solche Änderungen im Stern erfolgten.

Der Autor konnte mit 16" Öffnung DeHt 1 visuell als extrem schwache Aufhellung um das zentrale Sternpaar wahrnehmen. Matthias Kronberger gelang eine ähnliche Beobachtung mit 15". Steve Gottlieb beschrieb den Nebel mit 48" ebenfalls als »extrem schwaches« rundes Leuchten, das die zentrale Sterngruppe umgibt. Dabei erschien ihm der dünne Rand etwas heller zu sein, was den Eindruck von Ringfömigkeit erzeugte. Ein [OIII]-Filter ist bei DeHt 1 unverzichtbar, der Nebel ist ohne Filter unsichtbar.

Aur

IC 2149

IC 2149 wurde als Stern BD+46°1067 von Friedrich Wilhelm August Argelander im Rahmen der Bonner Durchmusterung erfasst. Von 1846 bis 1863 vermaß er an der Bonner Sternwarte die Position von über 300.000 Sternen mit einem Refraktor von 77mm Durchmesser und 650mm Brennweite. Dabei unterlief Argelander mit dem 1067. Stern der Deklinationszone +46° ein Fehler von 2,8' in Deklination. 1906 erkannte Williamina Fleming diesen Fehler und darüber hinaus, dass der angebliche Stern spektroskopisch helle Emissionslinien zeigt und somit ein Gasnebel sein muss.

IC 2149 ist ein kompakter und sehr ungewöhnlich geformter Planetarischer Nebel. Der helle Kernbereich misst etwa 12,5 × 8,0". Vázques et al. beschrieben die Struktur als länglich mit zwei Helligkeitsmaxima, eines an der Stelle des Zentralsterns und eines am östlichen Ende. Erst mit dem Hubble Space Telescope wurde die ganze Komplexität der Form offenbart. Darauf erkennt man parallele Ausbrüche in verschiedene Richtungen (»collimated outflows«), die vom Zentralstern auszugehen scheinen.

Nach neuesten Studien besteht IC 2149 tatsächlich aus einem hellen unregelmäßigen Ring, der in eine längliche elliptische Schale eingebettet ist. Zusätzlich sind Anzeichen bipolarer Loben zu erkennen. Vázques et al. folgerten, dass die beste Klassifikation des Nebels die eines bipolaren Objekts mit einer Geometrie ähnlich eines Diabolos ist, einem für Jo-Jo-Spiele eingesetzten Gerät, das aus einem Doppelkegel besteht.

Nach seiner Struktur könnte IC 2149 ein bereits weiter entwickelter PN sein. Dagegen sprechen jedoch die kompakte Form mit hohen Dichtewerten sowie der Zentralstern, dessen Oberflächentemperatur von Feibelman et al. mit 32.000K angegeben wird. Hier hat offenbar ein Zentralstern von eher geringer Masse vor vergleichsweise kurzer Zeit einen Planetarischen Nebel erzeugt; der Stern ist an der Untergrenze für die Anregung der Nebelmaterie, die nur gering ist. Die aktuelle Masse des Sterns beträgt 0,55 Sonnenmassen, der Nebel selbst enthält nach Vásquez et al. nur die Masse von 0,03 Sonnen. Jones und Boffin geben an, dass der Zentralstern doppelt ist; mit einer Umlaufszeit von 2,64 Tagen dürfte es ein sehr enges System sein.

Sistla und Kaftan-Kassim fanden heraus, dass die Radiosignatur im Feld von IC 2149 mit der Quelle 1RXS J055628.6+461109 in Verbindung zu bringen ist und nicht mit IC 2149, da sie etwa 5' entfernt liegt.

IC 2149. Jean-François Bax, Serge Brunier und OCA/C2PU

IC 2149, PNG 166.1+10.4, VV 26, PK 166+10.1

Nebel	Zentralstern	Intensitäten	
F.W.A. Argelander	HD 39659	Hell	
1846 bis 1863	05:56:23.9	Hβ	21
	+46:06:17.32	[OIII]	100
15 × 10"	11^m4_{vis}, 11^m3_{Gaia}	Hα	60
10^m6	O7,5	[NII]	10
isDSA/G 25-1	6090 Lj (Gaia EDR3)	[SII]	

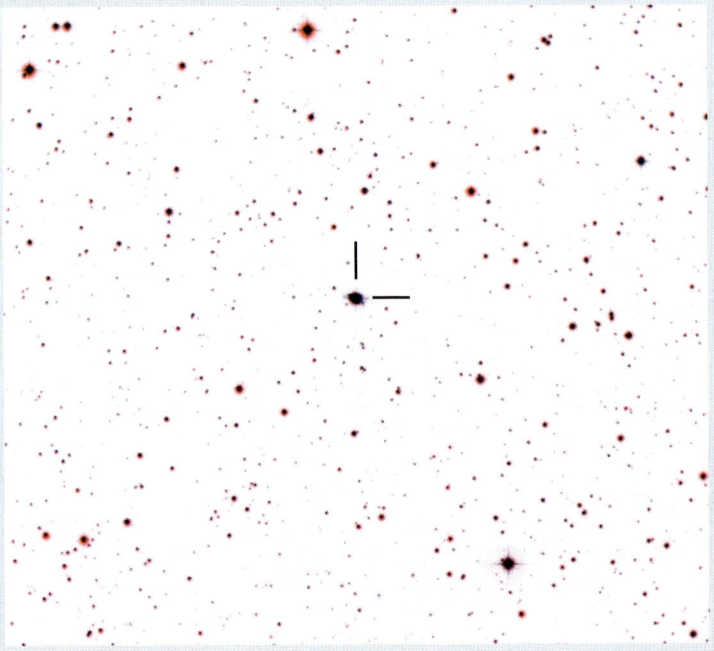

IC 2149 ist schon mit kleinen Teleskopen als stellares Objekt zu erkennen. Dabei hilft ein Filterblink mit einem UHC- oder [OIII]-Filter, den Nebel von Sternen zu unterscheiden. Mit 120mm Öffnung erkannte der Autor eine ovale Form mit einer 2:1-Elongation in Ost-West-Richtung. Der Zentralstern war dabei trotz seiner Helligkeit vor dem hellen Hintergrund des Nebels nur angedeutet sichtbar.

Mit 14" Öffnung ist der Zentralstern deutlich. Das östliche Ende des Nebels erscheint heller, während eine lineare Struktur entlang der langen Achse durch den Nebel zu laufen scheint. Diese Struktur wurde bereits Anfang der 1990er Jahre vom deutschen Beobachter Andreas Alzner beschrieben. Mit 20" erscheinen die Enden des Nebels am hellsten, vor allem das östliche. Die helle symmetrische Achse ist auffällig, der Rand wirkt ausgefranst.

IC 2149 ist ein Objekt, bei dem man sich nicht scheuen darf, sehr hoch zu vergrößern; höher als es die gängigen Faustregeln zulassen würden. So lag die beste Vergrößerung mit 14" und 20" bei 500× oder darüber. Dabei sind exzellente Optik und Seeing gleichermaßen Voraussetzung.

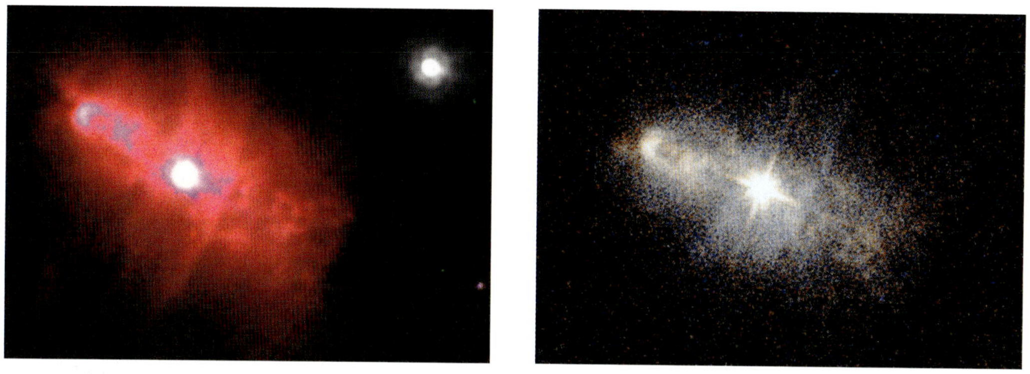

IC 2149, Hubble Space Telescope. NASA, ESA, Patrick A. Young (links), Fabian R. (rechts)

IC 2149. Stefan Lilge

IC 2149. Masaru Yamashita

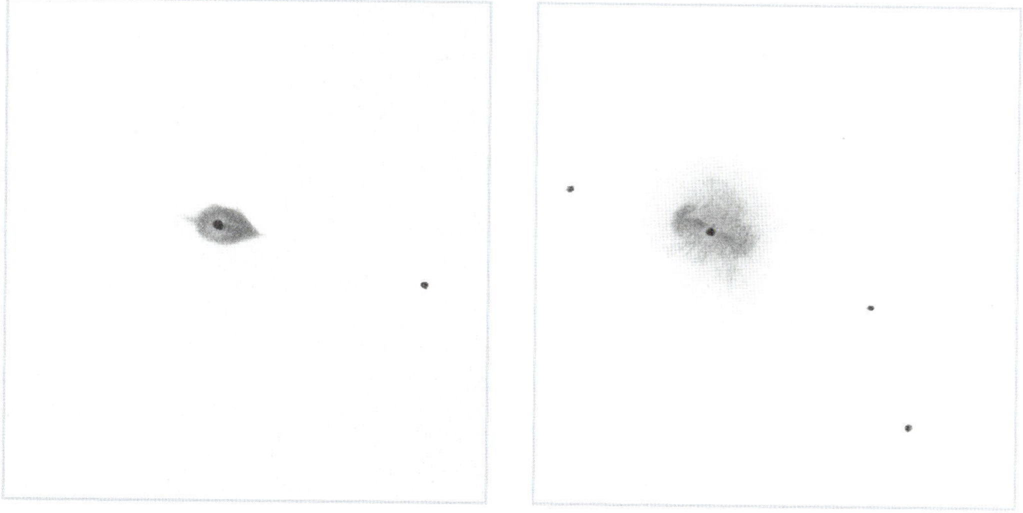

IC 2149 mit 14" Öffnung, 500×, 21^{m}3 SQM (links) und 20" Öffnung, 540×, 20^{m}8 SQM (rechts). Ronald Stoyan

Men

Kohoutek 1-27

Kohoutek 1-27 befindet sich 6,5° vom Zentrum der Großen Magellanschen Wolke entfernt und wurde von Luboš Kohoutek in den 1970er Jahren auf dem POSS entdeckt. 1978 wurde das Objekt von Holmberg et al. unabhängig gefunden. Fairall hielt es für eine Galaxie, es trägt deshalb auch die Bezeichnung PGC 18110. In einer Arbeit mit PN-Experte Henize erkärte er die Missklassifikation aufgrund der Morphologie mit tangentialen Bögen, die einer schwachen Spiralgalaxie ähnele.

Die Atmosphäre des Zentralsterns TIC 141611483 oder WD 0558-756 wird von Helium dominiert, während kein Wasserstoff nachgewiesen werden kann. Nach Rauch et al. deutet das darauf hin, dass der Stern sich in der Phase des letzten Helium-Schalen-Blitzes befindet und seine wasserstoffreiche Hülle abgestoßen hat. Er besitzt 0,52 Sonnenmassen und eine Temperatur von 100.000K. Kent Wallace konnte mit 20" lediglich den Zentralstern sehen, Les Dalrymple sah mit 18" dagegen einen kleinen Halo um diesen. Nebelfilter helfen nicht.

K 1-27, PNG 286.8-29.5, ESO 33-33, PK 286-29.1

Nebel	Zentralstern	Intensitäten	
L. Kohoutek	TIC 141611483	HeII	138
1977	05:57:02.1	Hβ	100
	−75:40:22.51	[OIII]	213
61 × 47"	O(He)	Hα	338
16^m5	–	[NII]	–
isDSA/G –	12.900 Lj (Gaia EDR3)	[SII]	

Kohoutek 1-27. Josep Drudis

Ori

WeDe 1

Weinberger-Dengel 1 wurde 1980 auf dem POSS von Ronald Weinberger und Johann Dengel gefunden. Noch im gleichen Jahr erfolgten Aufnahmen mit der Schmidtkamera der Sternwarte Tautenburg und 1981 spektroskopische Untersuchungen an der Sternwarte Asiago. Die Veröffentlichung geschah 1983 zusammen mit Hartl und Sabbadin.

Die Entdecker beschrieben den Nebel als »vagen elliptischen Ring« von 17 × 14' Größe in PW 25°. Die Dicke des Rings gaben sie mit 2'. Der Zentralstern war mit einer Helligkeit von 17^m4 auf den Aufnahmen aus Tautenburg entdeckt worden, der heutige Wert beträgt 17^m2. Reindl et al. fanden heraus, dass der Zentralstern WD 0556+106 veränderlich ist mit einer Amplitude von 0^m06 und einer Periode von 0,57 Tagen. Nach Jones und Boffin könnte dies ein Hinweis auf eine Doppelsternnatur sein. Napiwotzki ermittelte 1999 eine Temperatur von 141.000K.

WeDe 1 wurde von seinen Entdeckern als »alt und nah« beschrieben. Mit knapp 2000 Lichtjahren liegt er tatsächlich näher als viele andere PN, die aufgrund von [NII]- und Hα-Emission rote Farbe deutet ebenfalls darauf hin.

WeDe 1, PNG 197.4-06.4, PK 197-6.1

Nebel	Zentralstern	Intensitäten
R. Weinberger,	WD 0556+106	HeII
J. Dengel	05:59:24.87	Hβ
1980	+10:41:40.4	[OIII]
925"	17^m2_{vis}, 17^m2_{Gaia}	Hα
–	DA.3	[NII]
isDSA/G 48	1890 Lj (Gaia EDR3)	[SII]

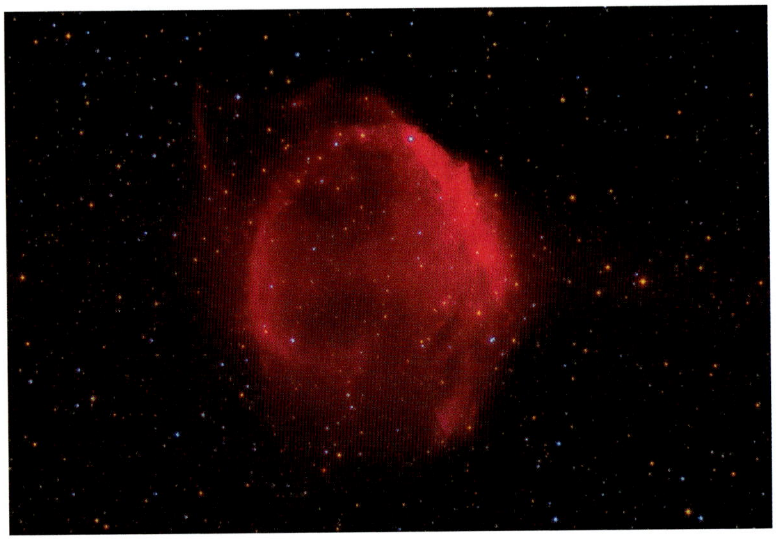

Weinberger-Dengel 1. Andreas Bringmann

Weinberger-Dengel 1 (rechts oben) mit dem Sternhaufen NGC 2141 (links) und Abell 12 (unten links, markiert). Gregg Ruppel

Uwe Glahn gelang es mit 8" Öffnung, den Nebel als große elongierte Blase wahrzunehmen, wobei der Westrand heller erschien. Eine Sichtung dieses Teils gelang zuvor Johannes Brachtendorf mit 25" Öffnung.

WeDe 1 liegt in einer spannenden Umgebung mit dem Offenen Sternhaufen NGC 2141 und dem hellen Stern μ Ori, neben dem der Planetarische Nebel Abell 12 steht.

Abell 12 Hidden Planetary

Abell 12 ist einer der berühmtesten Nebel des Katalogs. Der Grund dafür ist aber nicht das Objekt selbst, sondern die scheinbare Nähe zum Stern μ Ori, der nur 48" südöstlich des Zentralsterns steht. Der Nebel selbst misst 44 × 39", der Abstand vom südöstlichen Rand zum Stern beträgt also nur ca. 24". Der Nebel wurde vor 1966 gefunden; von wem genau ist unklar, da Abell auch andere Quellen verwendete und diese nicht einzeln auswies.

Über die Physik von Abell 12 ist kaum etwas bekannt; vermutlich aufgrund der Überstrahlung von μ Ori sind professionelle Arbeiten schwierig. Im Spektrum sind [NII], Hα und [OIII] die hellsten Linien; auch im UV und IR strahlt der Nebel. Der Zentralstern ist $19^{m}1$ schwach.

Abell 12 ist mit 4" Öffnung sichtbar. Mit 120mm sah der Autor eine schwache runde Scheibe, die den Stern nahezu berührt. Mit 8" ist eine homogene Scheibe von der doppelten Größe von Mars zu erkennen. Mit 14" erscheint A 12 als relativ heller Ring mit helleren Stellen in Richtung des Sterns und gegenüber davon. Er wäre wohl ein sehr beliebtes Beobachtungsobjekt, würde μ Ori nicht so stark stören.

μ Ori ist ein interessantes Vierfachsystem. Die beiden hellsten Komponenten mit $4^{m}3$ und $6^{m}3$ besitzen eine Umlaufszeit von 18,6 Jahren, der Maximalabstand von 0,4" wird 2029 erreicht. Stern A ist doppelt mit 4,4 Tagen, Stern B mit 4,7 Tagen Umlaufszeit. Mit 155 Lichtjahren steht uns μ Ori 27-mal näher als Abell 12.

Abell 12. Peter Goodhew

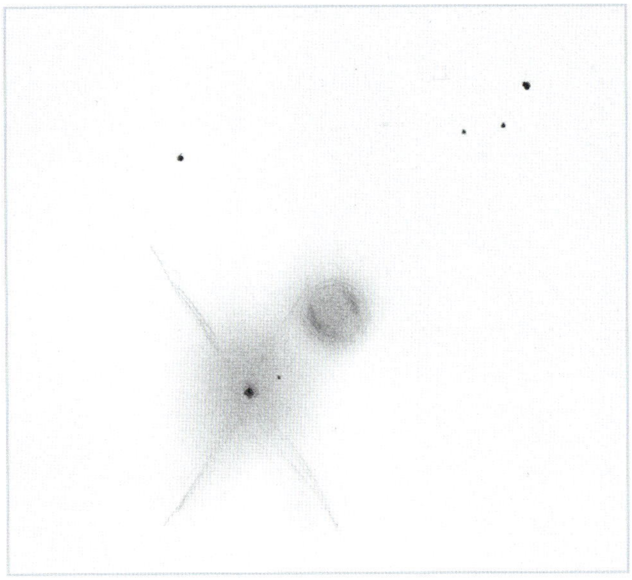

Abell 12 mit 16" Öffnung, 425×,UHC, $21^{m}4$ SQM.
Ronald Stoyan

A 12, PNG 198.6-06.3, PK 198-6.1

Nebel	Zentralstern	Intensitäten	
Entdecker	Gaia DR3 3329653849828221696	Hell	–
unbekannt	06:02:20.0	Hβ	100
vor 1966	+09:39:14.08	[OIII]	1218
44 × 39"	$19^{m}1_{vis}$, $18^{m}6_{Gaia}$	Hα	509
$12^{m}4$	–	[NII]	475
isDSA/G 48-15	4200 Lj (Gaia EDR3)	[SII]	70

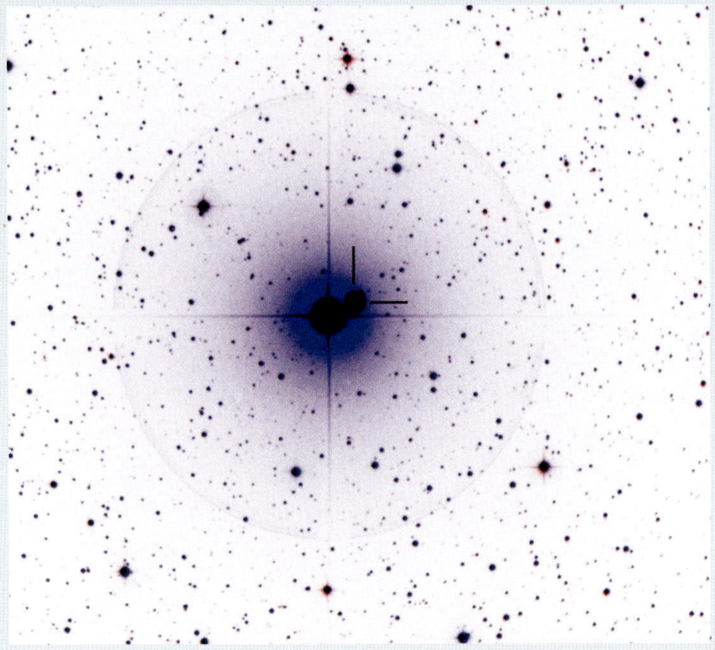

Abell 13 Ori

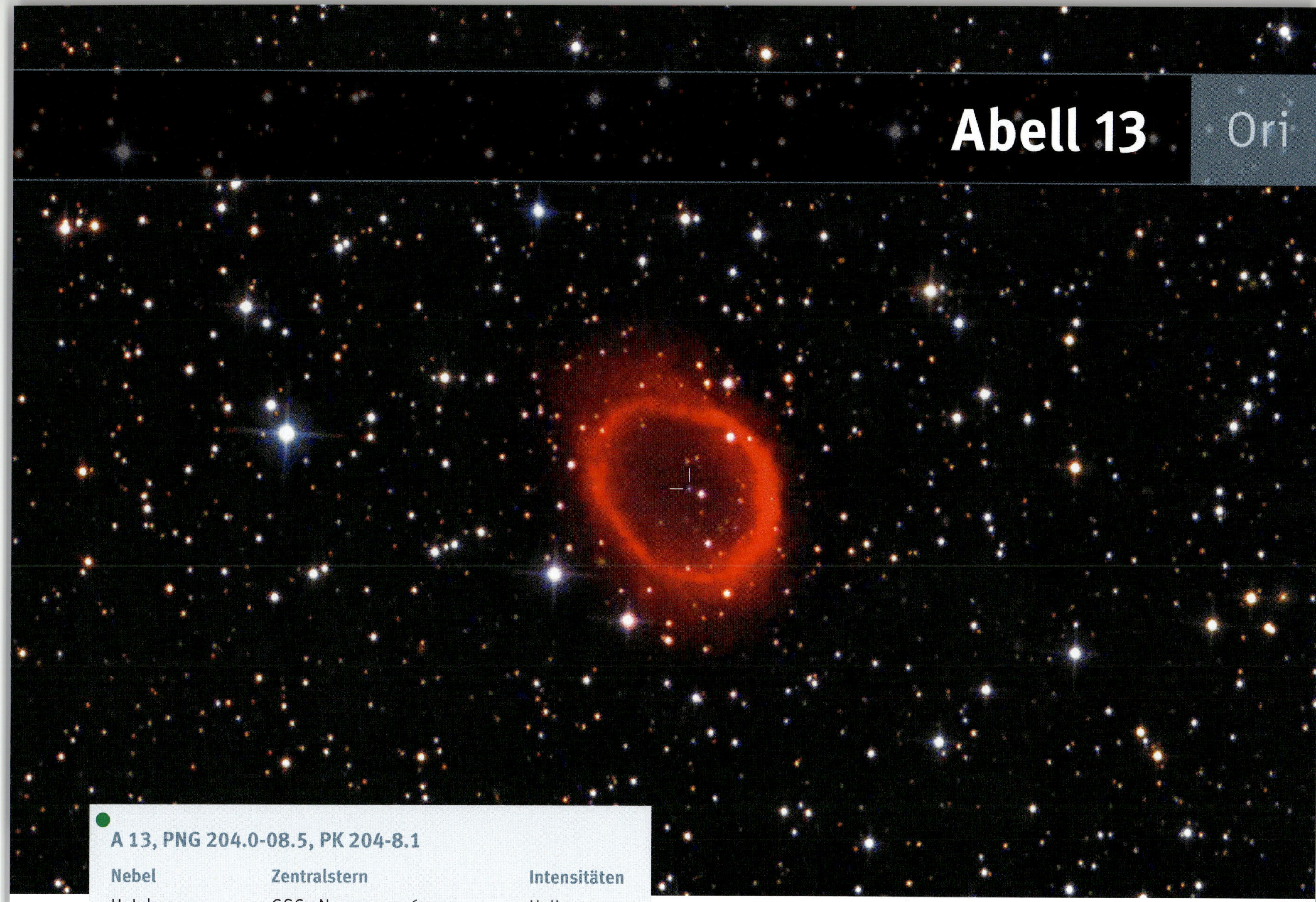

A 13, PNG 204.0-08.5, PK 204-8.1

Nebel	Zentralstern	Intensitäten	
H. Johnson	GSC2 N220002316027	Hell	
1954	06:04:47.9	Hβ	100
	+03:56:35.77	[OIII]	164
174 × 134"	19^m9_{vis}, 19^m6_{Gaia}	Hα	495
15^m3	–	[NII]	2146
isDSA/G 60	3920 Lj (2010)	[SII]	157

Abell 13. Chart 32

Abell 13 wurde 1954 von Hugh Johnson entdeckt. Er gab einen Durchmesser von 2,9'. Da Johnson für das McDonald und Yerkes Observatory tätig war, benannte er seinen Katalog nach beiden Sternwarten, Y und M. Im Abell-Katalog von 1955 trägt der die Nummer 9.

Hua und Kwok beschrieben die Form als »schädelartig« mit einer Größe von 105 × 135". Demnach ist der große Helligkeitsunterschied zwischen dem Ring und dem »Loch« in der Mitte ein Anzeichen dafür, dass es sich nicht um eine sphärische Blase in Projektion handelt, sondern eher einen bipolaren Nebel, auf den wir von einem der Pole blicken. Dabei ist unsere Sichtlinie etwas neben der Achse, was dazu führt, dass der Zentralstern nicht genau in der Mitte zu sein scheint. Den hellen Ring interpretieren die Autoren als äquatorialen »Bauchring« um den bipolaren Nebel.

Die Ausmaße im [NII]-Licht sind mit 155 × 114" größer als Hα. Rosado und Moreno geben 174 × 134" für die Ausdehnung an, wobei sie diffuse Ausläufer in [NII] beschreiben, die bis zu 55" von der Außenkante des hellen Rings reichen. Der Zentralstern hat eine Temperatur von 113.000K; leider ist die Gaia-Parallaxe fehlerhaft.

Abell 13 ist sehr fotogen, wobei die [NII]-Linie mit abgebildet werden sollte. Dagegen ist die visuelle Beobachtung schwierig; der Autor konnte mit 16" nichts erkennen, Uwe Glahn ebenfalls nicht mit 20" und 27" Öffnung. Von Kent Blackwell ist eine Sichtung mit 25" bekannt, jedoch nur ohne Filter. 66 Ori (5^m6) steht 13' nördlich.

Ori

Abell 14

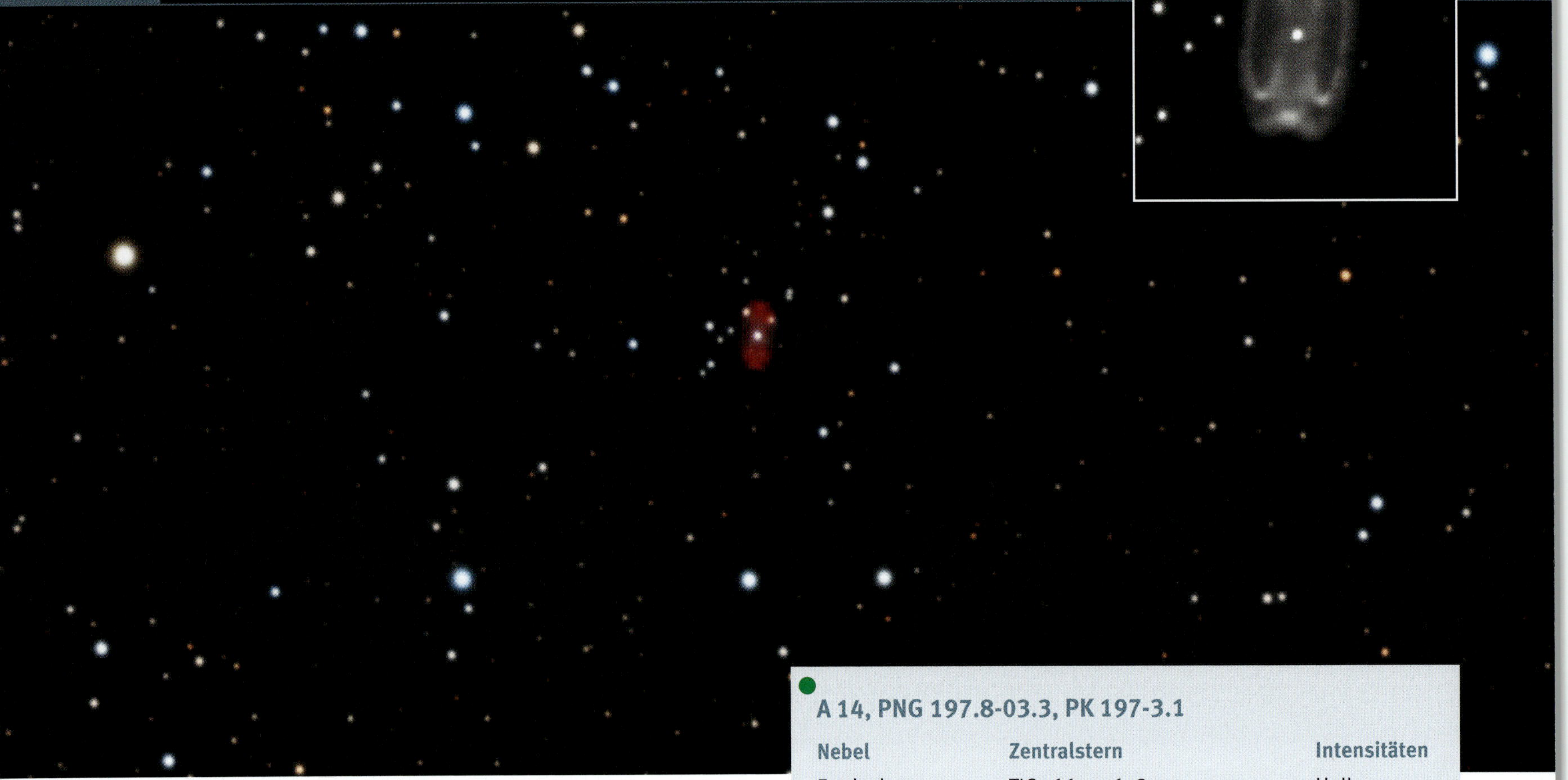

Abell 14. Gary Imm (oben), Nordic Optical Telescope, A. Manchado & M. Guerrero (Inset)

A 14, PNG 197.8-03.3, PK 197-3.1

Nebel	Zentralstern	Intensitäten	
Entdecker	TIC 166922698	HeII	–
unbekannt	06:11:08.7	Hβ	–
vor 1955	+11:46:43.36	[OIII]	54
40 × 27"	15^m2_{vis}, 15^m1_{Gaia}	Hα	100
17^m5_p	(A5)	[NII]	417
isDSA/G 48	15.000 Lj (Gaia EDR3)	[SII]	

Abell 14 beeindruckt durch seine »bemerkenswert komplizierte und symmetrische Morphologie«, wie Lutz und Kaler feststellen. Hauptelemente sind zwei bipolar angeordnete Ringe von je 23" Durchmesser. Akras et al. (2020) bezeichnen A 14 als »höchst symmetrisch und homogen«. Bei genauerem Hinsehen zeigen sich im [SII]- und [NII]-Licht jedoch Unterschiede. Demnach weisen beide Ringe am südlichen Rand einen hellen Fleck auf. Zudem ist der westliche Ring heller im Vergleich zu seinem östlichen Gegenstück. Der hellere Fleck im Süden der die beiden Ringe verbindenden äquatorialen Region könnte das Resultat eines Projektionseffekts einer größeren schwächeren Sanduhr-förmigen Struktur sein. Im Hα- und [OIII]-Licht ist von der komplexen Struktur dagegen nichts zu sehen, es zeigt sich vielmehr eine insgesamt elliptische Form. Der Nebel ist in diesen Wellenlängen mit einer Audehnung von 15 × 20" auch deutlich kleiner als die 41 × 23" in [NII]. [NII] ist auch die stärkste Wellenlänge im Spektrum. Akras et al. (2016) bezeichnen A 14 als »weit entwickeltes« Objekt, sein Alter wird mit 19.400 Jahren beziffert. Die beiden Ringe expandieren mit 17 km/s.

Der Zentralstern TIC 166922698 gibt ein Rätsel auf. Mit einer Temperatur von 7900K ist er zu kühl, um den Planetarischen Nebel zu ionisieren, man würde eher einen Wert von 150.000K erwarten. Auch passt die Spektralklasse A5 nicht und eine scheinbare Helligkeit von 22^m9 wäre anzunehmen. Es ist deshalb wahrscheinlich, dass der beobachtete Stern den eigentlichen Zentralstern des Nebels überstrahlt. Der Ausgangsstern des Planetarischen Nebels dürfte etwa 5 Sonnenmassen besessen haben.

Abell 14 wurde vor 1955 entdeckt; von wem genau ist unklar, da George O. Abell verschiedene Quellen verwendete und diese nicht einzeln auswies. Die visuelle Beobachtung ist aufgrund des Spektrums schwer. Zudem täuscht eine kleine Sterngruppe Nebel vor. Mit 16" Öffnung konnte der Autor nur diese Sterne sehen. Uwe Glahn gelang mit 27" Öffnung eine Grenzbeobachtung. Von der einzigartigen Morphologie ist leider nichts zu sehen. Diese ist aufgrund der geringen Größe auch eine Herausforderung für Astrofotografen. Dabei sollte nach Möglichkeit in der [NII]-Linie fotografiert werden.

We 1-4, PNG 201.9-04.6, PK 201-4.1

Nebel	Zentralstern	Intensitäten	
R. Weinberger	nicht katalogisiert	HeII	–
1977	06:14:33.7	Hβ	–
	+07:34:29.86	[OIII]	–
40"	21^m0_b	Hα	100
17^m0	–	[NII]	363
isDSA/G –	–	[SII]	125

Weinberger 1-4 wurde von Ronald Weinberger 1977 entdeckt, als er den POSS auf der Suche nach Galaxien in der galaktischen Ebene durchforstete. Obwohl Weinberger einen Planetarischen Nebel identifizierte, wurde We 1-4 als Galaxie missklassifiziert und erhielt die Bezeichnung PGC 3097159.

Weinberger gab für den Nebel eine Helligkeit von 14^m0 im Roten und 18^m7 bis 19^m8 im Blauen. Den Zentralstern maß er mit $>20^m$ im Roten und 21^m im Blauen. Bear und Soker gaben an, dass der Zentralstern wahrscheinlich ein Dreifachsystem ist. Nach Pereyra beträgt die Expansionsgeschwindigkeit zwischen 18 und 21 km/s. Die stärkste Emissionslinie ist [NII]. Der Nebel hat eine bipolare Struktur.

Uwe Glahn konnte den Nebel mit 27" Öffnung als strukturlose Scheibe erkennen.

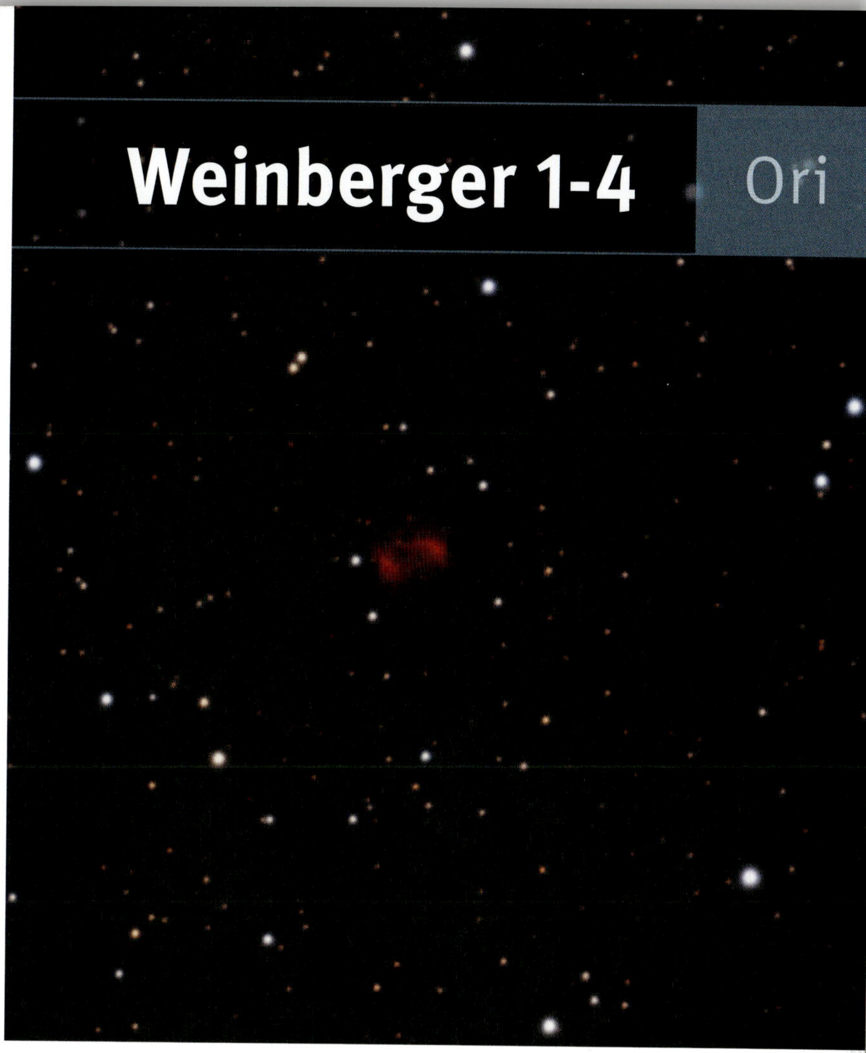

Weinberger 1-4. Gary Imm

WeSb 2, PNG 183.8+05.5, PK 183+5.1

Nebel	Zentralstern	Intensitäten	
R. Weinberger,	nicht bekannt	HeII	
F. Sabbadin	06:16:11.8	Hβ	
1981	+28:22:13.58	[OIII]	
135"	–	Hα	65
–	–	[NII]	100
isDSA/G –	5800 Lj (2014)	[SII]	

Weinberger-Sabbadin 2 wurde 1981 von Ronald Weinberger und Franco Sabbadin auf dem roten POSS entdeckt und sodann mit dem 182cm-Reflektor der Sternwarte Asiago in Hα und [OIII] fotografiert. Die Entdecker beschrieben einen »Halbring mit einer mittleren Dicke von 15" [...] und einer ziemlich homogenen, kaum sichtbaren Scheibe. [...] Auf den blauempfindlichen Ausdrucken ist nichts zu sehen.«

Im Spektrum sind [NII], [OIII] und Hα vorhanden. David Frew gab den Radius mit etwas mehr als 2 Lichtjahren bei einer Entfernung von 5800 Lichtjahren. Der Zentralstern ist bislang nicht gefunden und identifiziert worden.

Es sind keine visuellen Sichtungen bekannt. Der Autor war mit 16" Öffnung erfolglos.

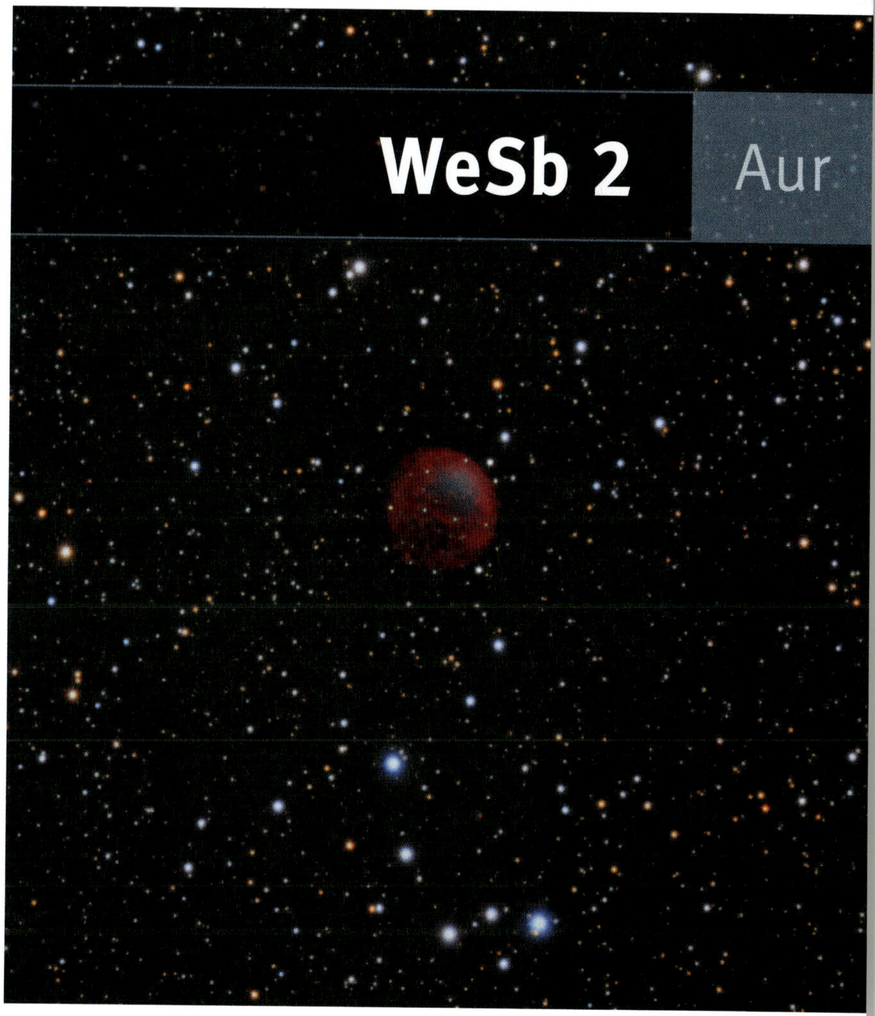

Weinberger-Sabbadin 2. Peter Goodhew

Gem StDr 163

StDr 163, PNG 184.4+05.4

Nebel	Zentralstern	Intensitäten
X. Strottner,	WDJ061716.18+274636.77	Hell
M. Drechsler	06:17:16.19	Hβ
2022	+27:46:36.91	[OIII]
240"	18^m9	Hα
–	WD	[NII]
isDSA/G –	4330 Lj (Gaia EDR3)	[SII]

Strottner-Drechsler 163 ist einer der jüngsten Funde des französisch-deutschen Amateur-Duos Xavier Strottner und Marcel Drechsler. Der Nebel wurde im August 2022 im Sternbild Zwillinge entdeckt.

Mit 4' ist der Nebel relativ ausgedehnt. Bemerkenswert ist die Doppelschalen-Struktur mit schwachen Ausläufern. [OIII] und Hα sind im Spektrum am deutlichsten. Der Zentralstern ist der Weißer-Zwerg-Kandidat WD J061716.18+274636.77 alias Daia DR2 3433320509085893632 mit einer Helligkeit von 18^m9 und einer Entfernung von 4330 Lichtjahren.

Es sind keine visuellen Beobachtungen dieses schönen Nebels bekannt, und auch Amateurfotos sind rar.

Strottner-Drechsler 163. Peter Goodhew

Lyn PuWe 1

PuWe 1, PNG 158.9+17.8, PK 158+17.1

Nebel	Zentralstern	Intensitäten	
A. Purgathofer,	WD 0615+556	Hell	
R. Weinberger	06:19:33.95	Hβ	100
1980	+55:36:43.8	[OIII]	369
1200"	15^m5_{vis}, 15^m5_{Gaia}	Hα	340
11^m2_p	DAO.5	[NII]	280
isDSA/G 13-7	1280 Lj (Gaia EDR3)	[SII]	

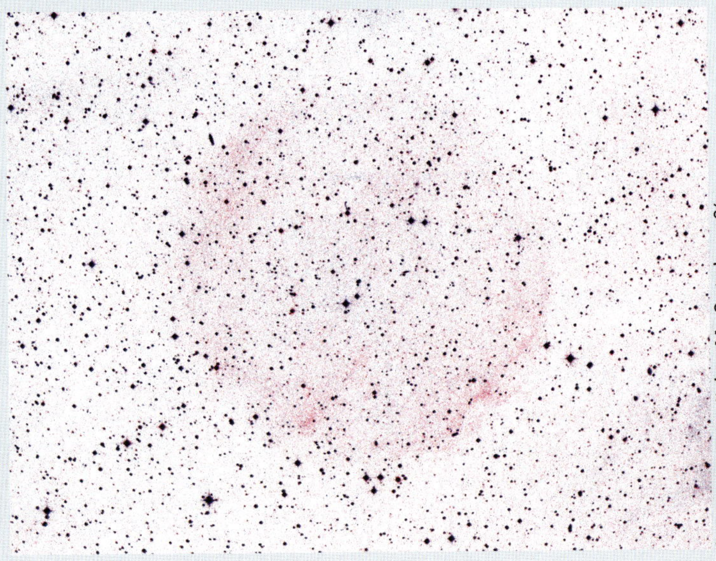

kontrastverstärkt, Maßstab 50%

Purgathofer-Weinberger 1. Stefan Thrun

Purgathofer-Weinberger 1 mit 16" Öffnung, 64×, [OIII] 21^m5 SQM. Ronald Stoyan

Purgathofer-Weinberger 1. T.A. Rector (University of Alaska Anchorage) und H. Schweiker (WIYN and NOIRLab/NSF/AURA)

Purgathofer-Weinberger 1 ist eine Entdeckung der österreichischen Fachastronomen Alois Purgathofer und Ronald Weinberger. Sie fanden auf der Suche nach Flare-Sternen im Jahr 1980 »einen riesigen runden neuen Planetarischen Nebel« und bemerkten, dass »einige Galaxien durch seinen Körper scheinen«. Die Entdecker nannten eine Gesamthelligkeit von 8^m6 im roten und 11^m2 im blauen Licht. Die Flächenhelligkeiten bezifferten sie mit 23^m7 (rot) und 26^m3 (blau) pro Quadratbogensekunde.

Unabhängig von den Entdeckern waren auch der deutsche Astronom Thorsten Neckel und der Astrofotograf Hans Vehrenberg bei ihrer Arbeit am Atlas der Galaktischen Nebel 1985 auf das Objekt gestoßen. Sie gaben ihm die Bezeichnung GN 06.15.2, versehen mit der Bemerkung »PN?«

Purgathofer und Weinberger identifizierten auch den Zentralstern (heutige Bezeichnung WD 0615+556 oder Gaia DR2 997854527884948992) als Teil eines optischen Paars im Nebelzentrum. Gaia gelang eine Parallaxenmessung, die eine Entfernung von knapp 1300 Lichtjahren ergibt – damit ist PuWe 1 einer der nahen Planetarischen Nebel.

PuWe 1 ist ein schwieriges Objekt für die visuelle Beobachtung. Entscheidend für eine erfolgreiche Sichtung ist nicht die Größe der Optik, sondern die Qualität des Himmels, insbesondere was Transparenz und Freiheit von Lichtverschmutzung betrifft. Außerdem muss sehr niedrig vergrößert werden, um den großen Nebel mit Umfeld ins Gesichtsfeld und die Austrittspupille so groß wie möglich zu bekommen

Der Autor war mehrfach mit Öffnungen von 14" und 20" gescheitert. Schließlich gelang eine Beobachtung mit 16", dabei war der Nebel gut zu sehen, wenn man ihn einmal gefunden hatte. Ein [OIII]-Filter ist unerlässlich für einen Versuch.

Mon CRL 915 Rotes Rechteck

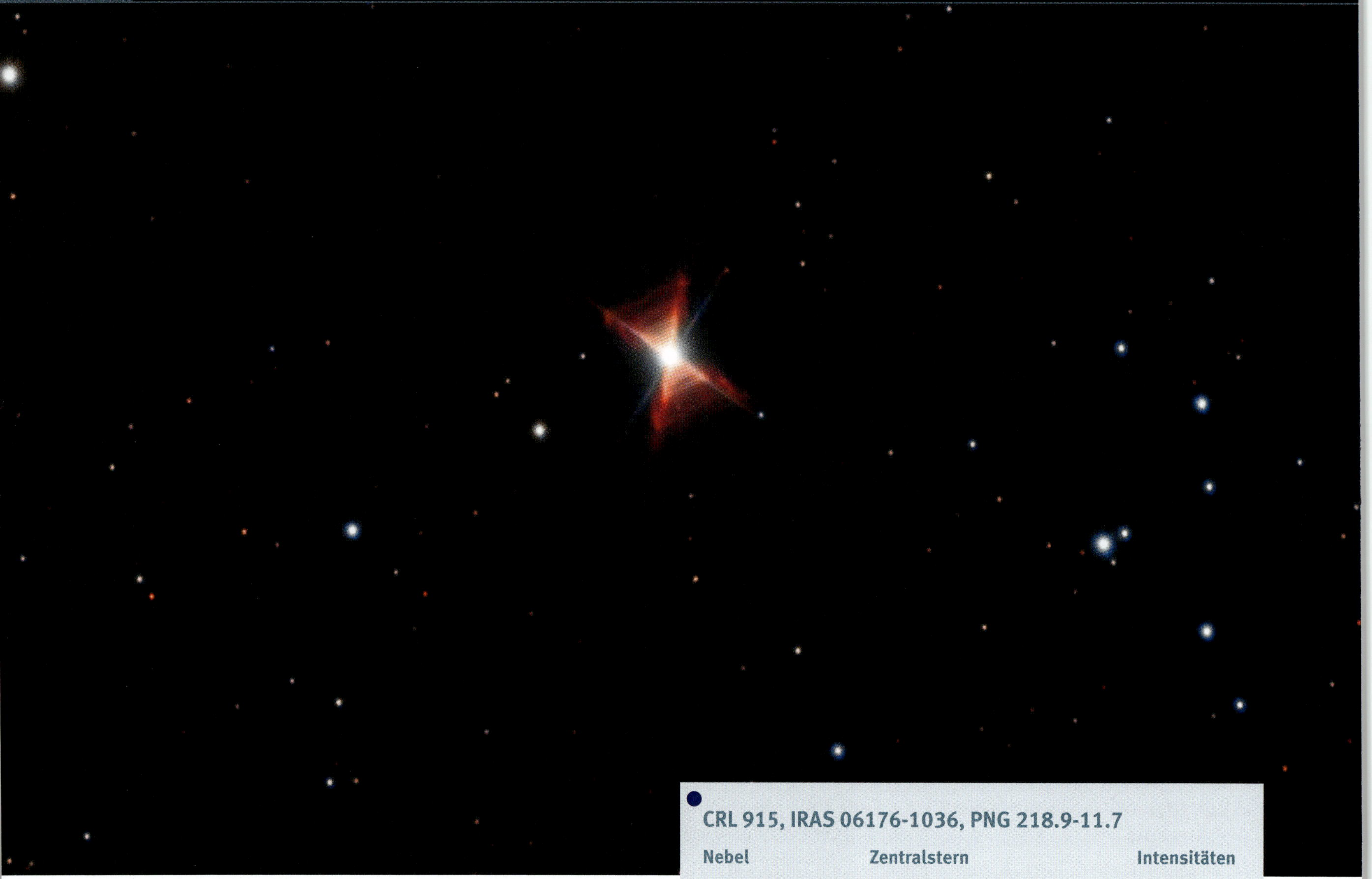

CRL 915, IRAS 06176-1036, PNG 218.9-11.7

Nebel	Zentralstern	Intensitäten
E. Schönfeld	HD 44179 = V777 Mon	Hell
1875 bis 1881	06:19:58.2	Hβ
	−10:38:14.71	[OIII]
50"	8^m8–8^m9	Hα
9^m0	B9	[NII]
isDSA/G 72-10	1440 Lj (Hip 2007)	[SII]

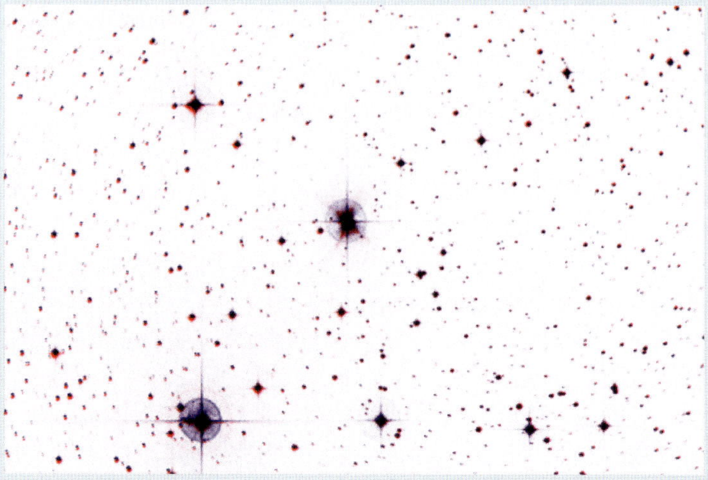

CRL 915. Adam Block

Historie

Als Stern BD–10°1476 wurde das Rote Rechteck zwischen 1875 und 1881 an der Bonner Sternwarte katalogisiert, als Eduard Schönfeld dort die südliche Fortsetzung der Bonner Durchmusterung mit dem 77mm-Kometensucher durchführte. Robert G. Aitken beobachtete den Stern 1915 und beschrieb einen Doppelstern mit zwei gleich hellen Komponenten in 0,3" Abstand; er erhielt die Katalogbezeichnung Aitken 2925 oder ADS 4954. Bis 1962 erfolgten weitere visuelle Beobachtungen diverser Beobachter, die Abstände von 0,1" maßen. Heute gilt dieser Doppelstern jedoch als nicht existent (vgl. Kasten). Der eigentliche Nebel wurde erst 1973 von Martin Cohen beim Abgleich von Infrarotquellen des AFCRL-Katalogs mit dem POSS entdeckt. Dabei sah er auf dem POSS »einen nebligen Stern im Blauen und ein scharfes rechteckiges Objekt im Roten«. Diese Beschreibung war namensgebend für den Spitznamen des Objekts: Rotes Rechteck.

Astrophysik

»Das hochgradig ausgeprägte symmetrische Erscheinungsbild des Nebels ist beeindruckend«, schrieben Cohen et al. in der Entdeckungs-Veröffentlichung. »Viel Detail ist vorhanden außerhalb des hellen rechteckigen Kerns; zum Beispiel ein zweiter schwächerer Nebel in den nördlichen und südlichen Quadranten, der gerade und scharf parallel zu den kürzeren Seiten des Rechtecks begrenzt ist. Dieser schwächere Nebel verbindet die Stacheln (»spikes«) an vier kleinen hellen Knoten, die auch die hellsten Partien der Stacheln begrenzen. Die Stacheln reichen jenseits dieser Punkte mit sehr viel geringerer Flächenhelligkeit. Der Nebel ist ungefähr 40" in Nord-Süd-Ausdehnung, wobei dünnere Fortsetzungen weiter nach außen verfolgt werden können.« Cohen et al. bemerkten auch, dass das Erscheinungsbild nur im roten Spektralbereich mit den hellen »Stacheln« so scharf umrissen wirkt. Im nahen Infrarot sind die Stacheln nur noch schwach sichtbar, im gelben Licht hat der Nebel eine kleinere elliptische Form, während im blauen Licht nur ein sehr schwacher amopher Nebel vorhanden ist.

Bujarrabal et al. fassten 2023 das Erscheinungsbild aus heutiger Sicht zusammen. Sie beschreiben das Rote Rechteck als »schönen X-förmigen axialsymmetrischen Nebel in Expansion«. Die Achse ist um 5° gegen unsere Sichtlinie geneigt, der Positionswinkel beträgt 10-15°. Sie gliedern den Nebel in drei Bereiche:

- einen zentralen Hohlraum mit einem Durchmesser von 28 AE
- den innersten Nebelbereich mit konstanter Dichte und einer Temperatur von 300 bis 1000K mit einem Durchmesser von 146 AE
- einen äußeren Bereich mit geringerer Dichte, der bis 660 AE reicht

Im Zentrum steht ein sehr kompaktes Objekt von 7 bis 11 AE Durchmesser (10 bis 15 Millibogensekunden), das nicht weiter aufgelöst werden kann.

Einen großen Fortschritt brachten die Aufnahmen des Hubble Space Telescope, die Cohen et al. 2004 in einer neuen Arbeit beschrieben. Die Aufnahmen zeigten erstmals die Strukturen der symmetrischen »Leitern« an den zwei langen Nebelseiten, gegliedert durch »Sprossen«, die parallel zu den Begrenzungen des Rechtecks und der zentralen zirkumstellaren Scheibe orientiert sind. Außerdem erscheinen darauf »Wirbel«, die an den Stacheln ansetzen, und die Stacheln selber, die Cohen et al. als Zusammenströmen der anderen Strukturen interpretieren. Erstaunt stellen die Autoren fest: »Keine dieser Morphologien ist ein Artefakt!«

Das Rote Rechteck ist ein relativ junges Objekt, das Alter wird mit etwa 14.000 Jahren beziffert. Alle 100 bis 700 Jahre kommt es zu einem Massenverlust-Ereignis, was die symmetrischen Strukturen der Leitersprossen erzeugt. Nach Koning et al. kann der Nebel jedoch vor nicht mehr als 920 Jahren erzeugt worden sein, danach beträgt die Expansion mindestens 158 km/s. Sie erklärten außerdem, dass die X-förmige Struktur durch Sternlicht erzeugt wird, das an den Wänden einer bipolaren Höhlung in einer Staubhülle erzeugt wird. Danach sind die Leitersprossen Projektionen eigentlich konzentrischer Bögen an der Wand des Hohlraums, die wir von der Seite aus betrachten (»edge-on«). Die hellen Knoten, die die Sprossen verbinden, sind ebenfalls das Resultat der Geometrie unserer Sichtlinie, weil wir hier durch mehr Materie an den Enden sehen. Schließlich sind auch

Der verschwundene Doppelstern ADS 4954

Zwischen 1915 und 1962, also bevor das Rote Rechteck gefunden wurde, war HD 44179, der helle Kern des Roten Rechtecks, nur als Doppelstern bekannt. Dabei wurden direkte visuelle Beobachtungen eines Paars gleichheller Komponenten dokumentiert. Teilweise wurde auch eine dritte Komponente gesehen. Dagegen war 1974 eine visuelle Inspektion am 92cm-Lick-Refraktor bei 1700-facher Vergrößerung nicht erfolgreich. Die letzte Beobachtung stammt vom exzellenten Doppelstern-Beobachter W. D. Heintz aus dem Jahr 1990; er maß mit 910mm Öffnung eine Distanz von 0,17" und einen Positionswinkel von 10,8° bei gleich hellen Komponenten. Heintz berechnete auf Basis der bis dahin vorliegenden Daten auch eine Bahn und kam auf eine Umlaufszeit von 600 Jahren, wobei die Daten auch als lineare Bewegung interpretiert werden können, wenn man bedenkt, dass Aitkens Entdeckungsmessung 0,3" in PW 322° lautete. 1983 führten Meaburn et al. Messungen mit Speckle-Interferometrie durch und bestätigten die visuellen Funde. Auch bodenbasierte Beobachtungen von Roddier et al. (1995) und Oserbart et al. (1997) zeigten einen »Doppelstern«. Seitdem erfolgten keine Dokumentationen mehr.

Was haben die erfahrenen Beobachter von Aitken bis Heintz und die erdbasierte Astronomie gesehen? Heute ist gesichert, dass es keinen Doppelstern ADS 4954 gibt, das Objekt gilt als verschollen. Der gesichert nachgewiesene spektroskopische Doppelstern ist für die optische Astronomie nicht erreichbar. Was bleibt sind die beiden Kerne des Roten Rechtecks, die hier wohl beobachtet wurden. Es ist jedoch kaum anzunehmen, dass diese bipolaren Kerne des Roten Rechtecks in den letzten 100 Jahren eine Positionsveränderung zueinander vorgenommen haben, wie es die Daten von Heintz suggerieren. Es bleibt somit schwierig, die Beobachtungen der letzten 110 Jahre zu interpretieren.

CRL 915. Chart 32

CRL 915. Mike Selby

die scheinbaren Gasausflüsse an den Knoten eigentlich nur Ausläufer der konzentrischen Ringe, die außerhalb des bipolaren kegelförmigen Hohlraums liegen.

Das zentrale, den Nebel erleuchtende Objekt ist nicht sichtbar und vollständig hinter einem dichten Staubband verborgen. Auf den HST-Aufnahmen ist zu erkennen dass im Zentrum zwei sich berührende hyperbolische Bögen stehen, die durch gestreutes Sternlicht entstehen. Der Stern selbst ist jedoch vollständig hinter der Staubscheibe verborgen, auf die wir von der Kante blicken. Die Wahrnehmung eines Sterns ist also Illusion, es ist nur der helle Nebelkern sichtbar. Dessen Helligkeit wird als veränderlich zwischen 8^m78 und 8^m94 angegeben, was ihm die Bezeichnung V777 Mon eintrug.

Der unsichtbare eigentliche Stern HD 44179 ist ein spektroskopischer Doppelstern mit einer Periode von 322 Tagen. Nach Menschikov et al. besteht er aus dem Stern, der den Nebel verursacht, mit einer Masse von 0,57 Sonnen und einer Oberflächentemperatur von 7500K, und einem Weißen Zwerg mit 0,35 Sonnenmassen und einer Temperatur von 60.000K. Der Weiße Zwerg ionisiert die Höhlungen des bipolaren Ausflusses innerhalb des dichten und massereichen Staubtorus, der das Paar umgibt. Dabei entsteht eine kleine HII-Region, die sich im Radiobereich durch Emission bemerkbar macht. Nach Menschikov et al. hatten die beiden Sterne ursprünglich Massen von 2,3 und 1,9 Sonnen. Der aktuelle Abstand beträgt nur 2 AE.

Weil der Zentralstern unsichtbar ist, konnte Gaia keine Parallaxe messen. Eine Parallaxenmessung von Hipparcos ergab 1440 Lichtjahre, Menschikov et al. nannten 2300.

Beobachtung

Das Rote Rechteck ist der mit Abstand hellste Protoplanetarische Nebel am Himmel. Die Sichtung ist schon mit einem Fernglas möglich, auch wenn das Objekt nicht von einem Stern zu unterscheiden ist. Der Stern selbst ist jedoch nicht sichtbar, denn was hier sternförmig erscheint sind die hellsten Partien des Nebels.

Die visuelle Beobachtung der äußeren, namensgebenden rechteckigen Partien ist jedoch aufgrund der spektralen Verhältnisse nicht einfach. Mit mittelgroßen Optiken ist nichts zu sehen, der Autor scheiterte mit 14"

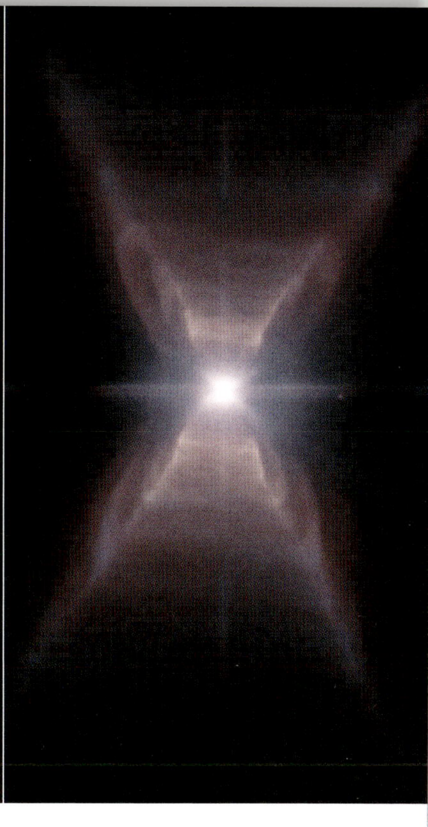

CRL 915. Hubble Space Telescope, verschiedene Bearbeitungen. ESA/Hubble and NASA (links, oben rechts), Judy Schmidt (oben links).

wiederholt. Positive Sichtungen sind mit 15" Öffnung dokumentiert, der Autor konnte mit 16" und 382-facher Vergrößerung einen schwachen Nebel in der korrekten Ausrichtung erkennen. Die Schwierigkeit besteht darin, den Nebel vom Glanz des hellen stellaren Nebelkerns zu trennen. Barbara Wilson nannte das Rote Rechteck auch mit 20" Öffnung ein »hartes Objekt«. Ihr half es, den zentralen Teil auszublenden.

Der deutsche Beobachter Johannes Brachtendorf war mit 25" Öffnung in der Lage, die feinen »Stacheln« des Nebels zu sehen. Dabei erschien ihm das südliche Paar einfacher, wobei der östliche der beiden »Stacheln« am besten zu sehen war. Das nördliche Paar war dagegen nur schwer zu sehen, und es gelang ihm nicht, alle Stacheln gleichzeitig zu erfassen. Dies war jedoch Uwe Glahn mit 27" möglich.

Die Zweiteilung des hellen Kerns im Subbogensekunden-Bereich wurde seit 1990 nicht mehr visuell gesehen.

CRL 915. Masaru Yamashita

CRL 915 mit 16" Öffnung, 425×, $21^{m}4$ SQM. Ronald Stoyan

IC 2165

IC 2165 wurde im Jahr 1898 von der amerikanischen Astronomin Williamina Fleming am Harvard Observatory entdeckt. Der Hauptkörper des kleinen kompakten Nebels hat die Ausmaße 9,3 × 8,9". Corradi et al. unterscheiden vier morphologische Einheiten:

- innere Schale 4" Durchmesser
- äußere Schale 8" Durchmesser
- innerer Halo 40" Durchmesser
- äußerer Halo 66" Durchmesser

Otsuka nannte für die sphärische innere Blase dagegen 1,8" Durchmesser. Der Zentralstern hat nach Pottasch et al. eine Temperatur von 134.000K, Otsuka gibt 159.000K. Die Masse des Vorgängersterns bestimmt er mit 1,75 Sonnen. Dem Nebel wird ein Alter von nur 4000 Jahren zugeschrieben, der innere bzw. äußere Halo könnte vor 25.000 und 42.000 Jahren entstanden sein. [OIII] ist die hellste Linie.

IC 2165 ist schon mit kleinen Teleskopen als stellares Objekt zu erkennen, mit 120mm Öffnung war das auch noch bei 170-facher Vergrößerung der Fall. Mit 16" wirkte der Nebel bei 600× sehr klein und hell, ringförmig, aber nicht exakt rund. Uwe Glahn sah mit 27" einen ovalen Ring; mit [OIII]-Filter konnte er die beiden Halo-Schalen erkennen. Leider gibt es kaum Amateurfotos dieses schönen Nebels.

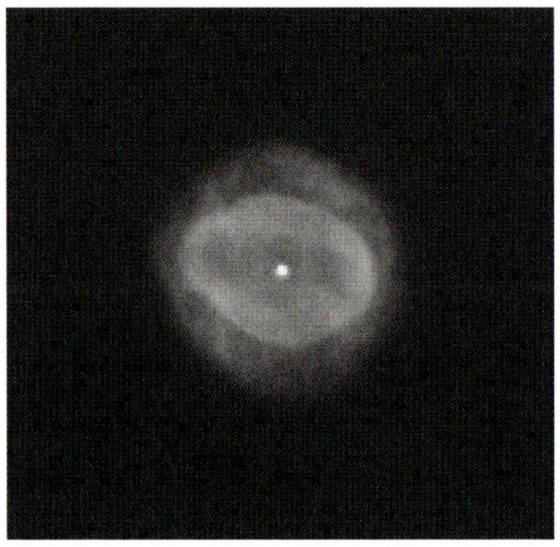

IC 2165. Hubble Space Telescope. NASA/ESA Hubble; J. Westphal et al.

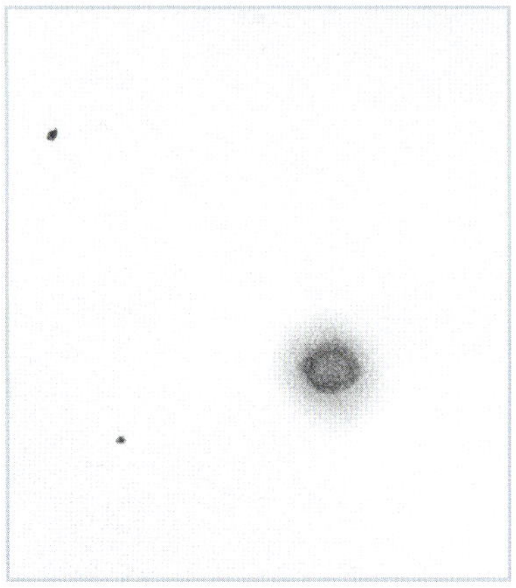

IC 2165 mit 16" Öffnung, 666×, 21^m5 SQM. Ronald Stoyan

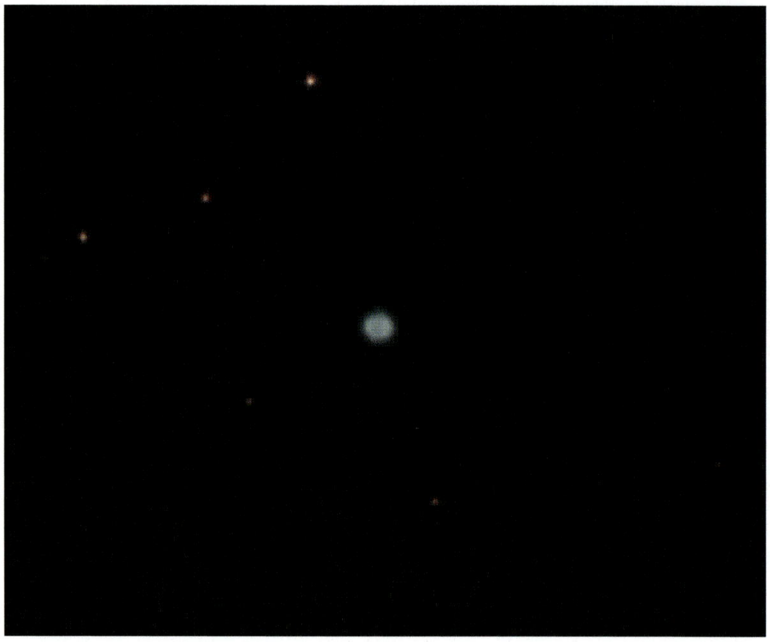

IC 2165. Masaru Yamashita

IC 2165, PNG 221.3-12.3, VV 27, Sa 2-1, PK 221-12.1

Nebel	Zentralstern	Intensitäten	
W. Fleming	HD 44519	HeII	48
1898	06:21:42.8	Hβ	100
	−12:59:13.96	[OIII]	1260
9 × 7"	17^m5_{Gaia}	Hα	473
10^m6	–	[NII]	52
isDSA/G 72-4	4070 Lj (Gaia EDR3)	[SII]	4

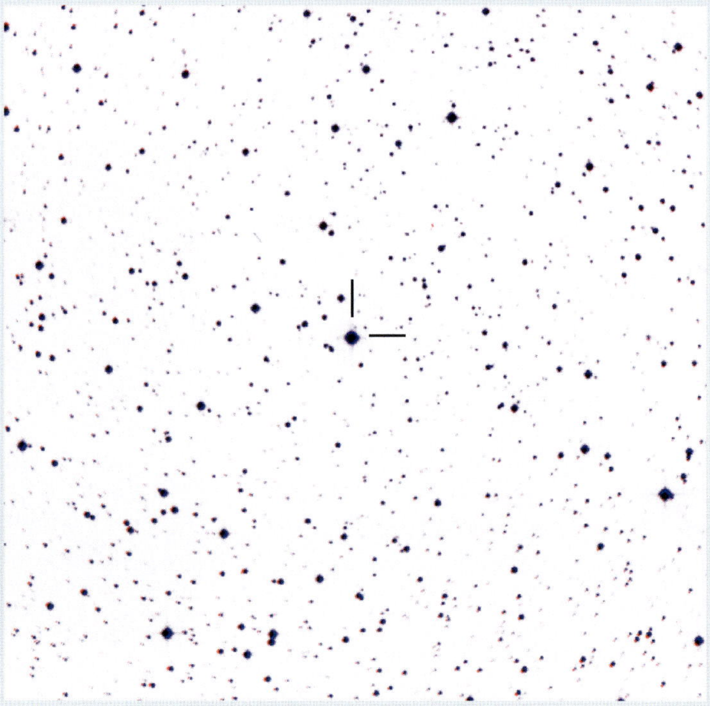

Howell-Crisp 1

Howell-Crisp 1. Peter Goodhew

HoCr 1, PNG 188.6+04.4, IPHASX J062141.1+233513

Nebel	Zentralstern	Intensitäten	
M. Howell,	Gaia DR3 3377578125711130752	Hell	
R. Crisp	06:21:41.0	Hβ	15
4.11.2006	+23:35:12.84	[OIII]	100
73 × 59"	20^{m}7	Hα	50
–	–	[NII]	42
isDSA/G 36-12	1740 Lj (Gaia EDR3)	[SII]	

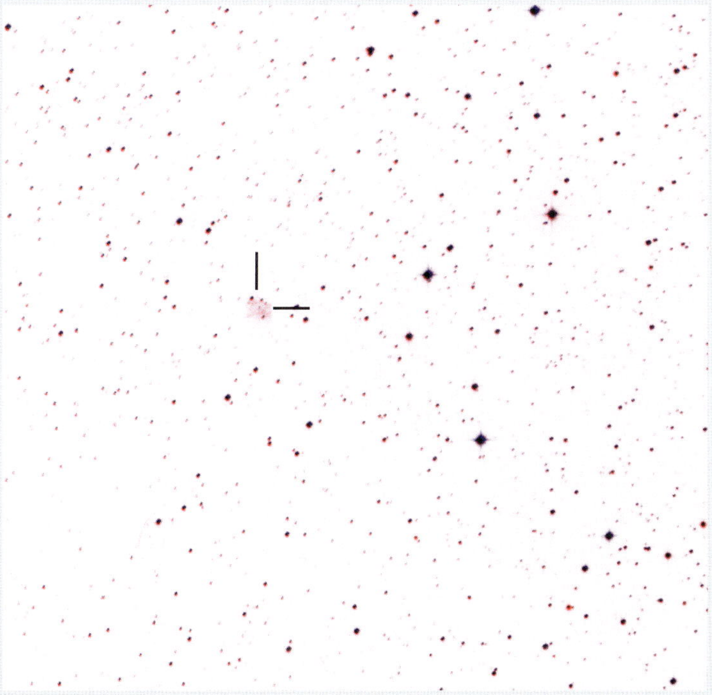

Howell-Crisp 1 wurde von den australischen Astrofotografen Michael Howell und Richard Crisp per Zufall entdeckt. Howell hatte Aufnahmen des Supernovarests IC 443 erstellt und mit einem 80mm-Refraktor die Emissionslinien Hα, [SII] und [OIII] aufgenommen. Der Nebel wurde jedoch erst 9 Monate später auf dem fertigen Bild von Crisp entdeckt.

2008 wurde die Natur als Planetarischer Nebel mit dem 1,9m-Teleskop des South African Astronomical Observatory bestätigt. Im Spektrum sind [NII], Hα und [OIII] die hellsten Linien. Der Nebel ist auch im Infraroten und Radiobereich nachweisbar. Die Infrarotquelle IRAS 06185+2336 befindet sich 1' westlich, hat mit dem Nebel aber wohl nichts zu tun. Der Zentralstern Gaia DR3 3377578125711130752 ist auf sehr tiefen Aufnahmen schwach zu erkennen. Gaia gelang jedoch keine Parallaxenmessung, so dass die Entfernung unbekannt ist.

Visuell ist HoCr 1 erstaunlich einfach zu beobachten. Matthias Kronberger gelang eine Sichtung mit 10" Öffnung. Der Autor sah mit 16" einen kleinen rundlichen Nebel.

Mon

Hartl-Dengel-Weinberger 5

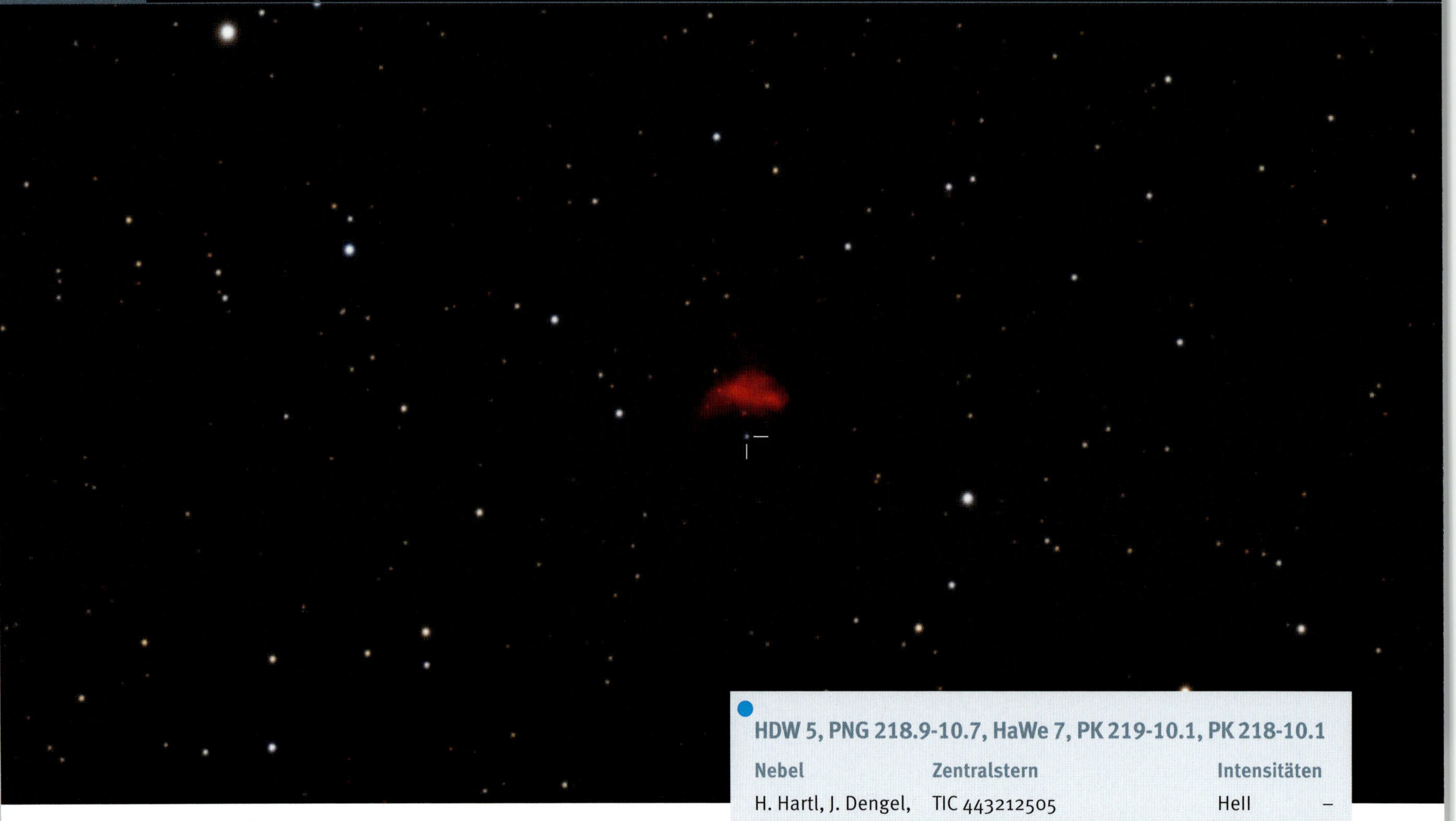

Hartl-Dengel-Weinberger 5. Gary Imm

HDW 5, PNG 218.9-10.7, HaWe 7, PK 219-10.1, PK 218-10.1

Nebel	Zentralstern	Intensitäten	
H. Hartl, J. Dengel,	TIC 443212505	HeII	–
R. Weinberger	06:23:37.15	Hβ	100
1983	−10:13:23.9	[OIII]	50
94 × 82"	$16^{m}1_{Gaia}$	Hα	444
$15^{m}4$	–	[NII]	249
isDSA/G 72	3520 Lj (Gaia EDR3)	[SII]	84

Hartl-Dengel-Weinberger 5 ist ein Fund der österreichischen Astronomen Herbert Hartl, Johann Dengel und Ronald Weinberger aus dem Jahr 1983. In einer Veröffentlichung aus dem Jahr 1987 von Hartl und Weinberger, die auch die konkurrierende Bezeichnung HaWe 7 zur Folge hatte, wird er als »hellstes Objekt unserer Liste« beschrieben: »Eine Sphäre mit dem blauen Zentralstern in der Mitte, wobei nur der sichelförmige Nebel auf dem POSS sichtbar ist.« Aufgrund der beiden Katalogbezeichnungen hat der Nebel auch zwei PK-Nummern. Es handelt sich jedoch um dasselbe Objekt.

Ali und Pfleiderer behandelten HDW 5 im Jahr 1999 ausführlich. Die Morphologie bezeichnen sie als »ungewöhnlich: Der Nebel scheint aus zwei symmetrischen und zwei asymmetrischen Komponenten zu bestehen und zeigt außerdem im östlichen Bereich lange gerade Filamente. Er zeigt eine Kombination von morphologischen Merkmalen, die man in HII-Regionen, Supernovaresten und Planetarischen Nebeln findet. Der Nebel hat schwache [OIII]-Emission, und ist nahe einem schwachen blauen Stern.«

In einer Arbeit aus dem Jahr 1997 schrieben beide Autoren, dass der scheinbare Abstand zwischen dem hellsten Teil des Nebels »mit zwei Klecksen, die einem bipolaren PN ähneln«, zum Zentralstern weiter südlich durch einen elliptischen Ring aus Materie um den Zentralstern erklärt werden könnte, der nicht mehr als 120° reiche. Nördlich davon ist schwache und diffuse Materie, während sich östlich, getrennt vom restlichen Nebel, ein schwacher Stern und die geraden Filamente befinden. Weitere Filamente befinden sich nördlich des Hauptteils. Dass die südlichen Teile des Nebels fehlen, könnte auch mit einer Staubwolke im Vordergrund erklärt werden. Die Filamente könnten durch Interaktion des Nebels mit dem umgebenden interstellaren Medium erklärt werden. Der Nebel befindet sich insgesamt wohl in einem fortgeschrittenen Stadium. Dagegen spricht, dass der Zentralstern TIC 443212505 nur mit einer Oberflächentemperatur von 27.500K registriert wurde, was an der Untergrenze für eine Ionisation eines Planetarischen Nebels liegt.

Es liegt eine Beobachtung von Uwe Glahn mit 16" Öffnung vor; er sah einen schwachen kleinen Nebel nördlich des Zentralsterns.

Jonckheere 900

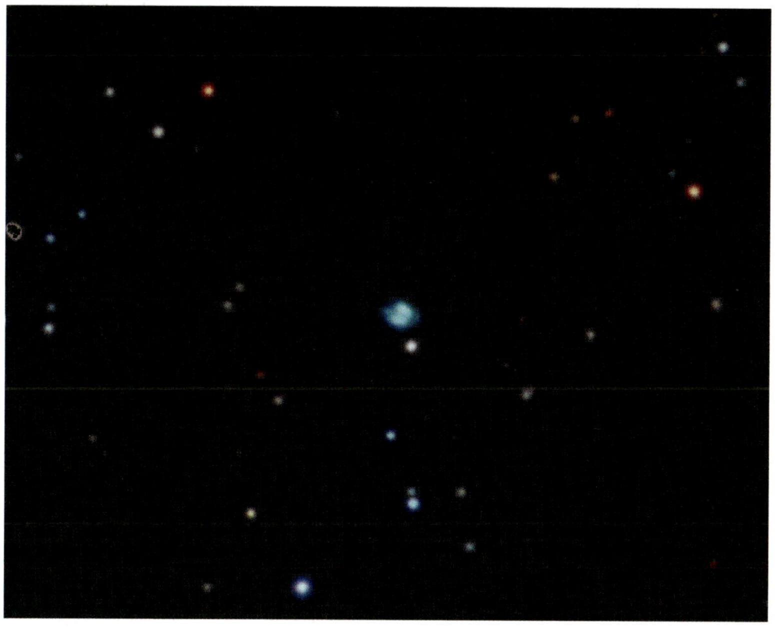

Jonckheere 900. James Shuder

J 900, PNG 194.2+02.5, VV 28, PK 194+2.1

Nebel	Zentralstern	Intensitäten	
R. Jonckheere	HD 45043	HeII	35
8.10.1912	06:25:57.3	Hβ	100
	+17:47:27.20	[OIII]	1127
12 × 10"	$17^{m}1_{Gaia}$	Hα	449
$11^{m}8$	[WC]	[NII]	80
isDSA/G 48-11	12.700 Lj (2010)	[SII]	6

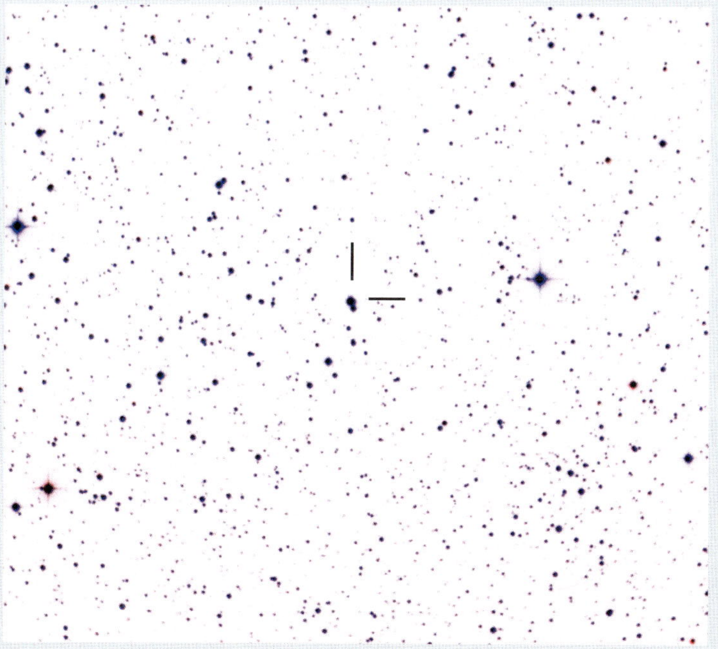

Jonckheere 900 wurde am 8.10.1912 vom französischen Amateurastronom Robert Jonckheere an seiner Sternwarte »Observatoire d'Hem« bei Lille entdeckt. Jonckheere war eigentlich auf der Suche nach Doppelsternen, als er auf den Nebel stieß. Er bemerkte: »Planetarischer Nebel von 3" Durchmesser, zeigt zwei stellare Punkte, die einen Doppelstern in PW 148°, 2,17" $9^{m}8$ und $9^{m}8$ erzeugen«. Die Helligkeit des gesamten Nebels gab Jonckheere mit $9^{m}5$ und bemerkte auch einen $10^{m}3$-Stern 11" südwestlich in PW 193°. Die Entdeckung wurde 1913 publiziert.

Heute wird der Durchmesser mit 12" oder 8,2 × 7,8" angegeben. Otsuka und Hyung beschreiben das Objekt als »faszinierenden PN hinsichtlich seiner Elementhäufigkeiten, molekularem Gas und Staub«. Sie beschreiben eine »zylindrische Geometrie mit einer Höhe von 3"«. Die stärksten Linien im Nebelspektrum stammen von Helium, Kohlenstoff und Sauerstoff, auch Argon und Neon kommen vor. Der Zentralstern HD 45043 besitzt eine Oberflächentemperatur von 130.000K. Die ursprüngliche Masse entsprach der von 2 Sonnen.

Shupe et al. berichteten von der Entdeckung einer »Gruppe von Armen molekularen Wasserstoffs«, die vom bipolaren Zentrum nach außen reichen bis mindestens 10" vom Zentralstern. Außerdem fanden sie zwei isolierte Klumpen von Emission mehr als 25" nördlich des Zentralsterns. Diese Strukturen könnten einerseits durch Strahlung des Zentralstrerns entstehen, die durch Löcher im Zentralkörper nach außen dringt, oder durch schräg gerichtete Schockwellen erzeugt worden sein, die aus ausgestoßener Nebelmaterie bestehen.

Jonckheere 900 mit 20" Öffnung, 540×, $20^{m}8$ SQM. Ronald Stoyan

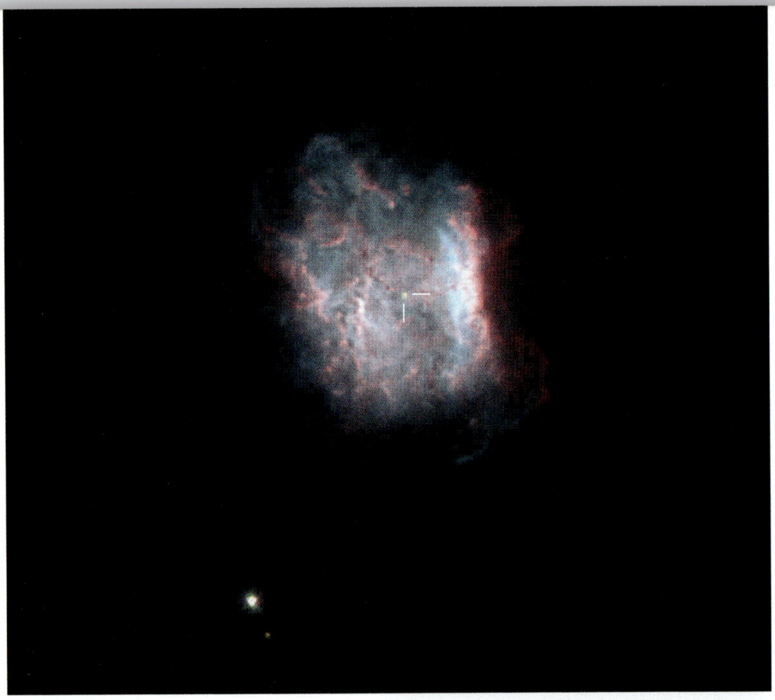

Jonckheere 900 ist als sternförmiges Objekt mit Öffnungen von weniger als 4" sichtbar. Mit 14" Öffnung fiel dem Autor der intensive [OIII]-Filterblink bei niedriger Vergrößerung auf. Bei 450× war eine kleine Scheibe von 5" Durchmesser sichtbar, die eine unregemäßig eckige Form zeigte. Direkt südwestlich des Nebels steht ein Stern von 13. bis 14. Größe. Mit 20" Öffnung wird die bipolare Struktur aus zwei sich gegenüberliegenden parallelen Balken offensichtlich. Der Zentralstern ist nicht sichtbar. Uwe Glahn konnte am 27"-Newton 1172-Fach vergrößern und noch weitere Strukturen wahrnehmen.

Jonckheere 900,
Hubble Space Telescope. ESA/
Hubble und NASA (oben),
Masaru Yamashita (unten)

CMa

Abell 15

Abell 15 sieht auf den ersten Blick wie ein klassischer ringförmiger Planetarischer Nebel aus. Er wurde vor 1966 auf dem POSS entdeckt, wobei nicht sicher ist, ob George O. Abell den Nebel tatsächlich selbst gefunden hat, da er auch andere Quellen verwendete, diese aber nicht einzeln auswies.

Aller et al. warnen anhand der dünnen Datenlage vor einfachen Schlüssen. Sie untersuchten den Zentralstern auf Variabilität und konnten eine solche nicht nachweisen – nach ihrer Meinung ein Hinweis darauf, dass die einfache Morphologie ringförmiger runder PN tatsächlich durch Einzelsterne erzeugt worden sein könnte.

Der Zentralstern TIC 471013573 = WD 0625-253 weist eine visuelle Helligkeit von 15^m7 auf. Die von Gaia gemessene Parallaxe ergibt eine Entfernung von fast 20.000 Lichtjahren, Abell 15 ist damit einer der am weitesten entfernten Nebel des Katalogs. Emprechtinger et al. ermittelten eine Oberflächentemperatur von 110.000K. Bei der Untersuchung des Nebels stellten sie fest, dass die Schale sehr dünn ist, das Innere aber nicht komplett leer, sondern ebenfalls mit Materie gefüllt ist. Außerdem sprechen sie

A 15, PNG 233.5-16.3, ESO 490-1, PK 233-16.1

Nebel	Zentralstern	Intensitäten	
Entdecker	TIC 471013573	Hell	153
unbekannt	06:27:02.0	Hβ	100
vor 1966	−25:22:49.80	[OIII]	264
37 × 35"	15^m7_{vis}, 15^m9_{Gaia}	Hα	572
15^m8	sdOp	[NII]	–
isDSA/G 84-14	19.700 Lj (Gaia EDR3)	[SII]	

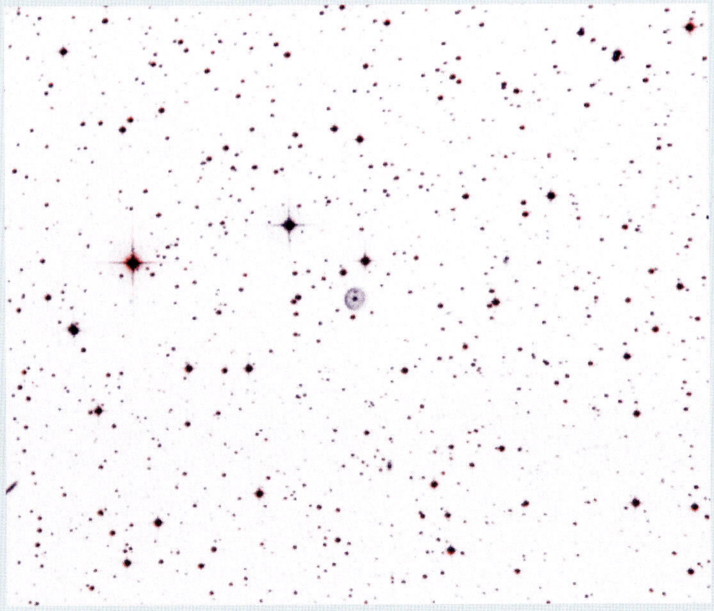

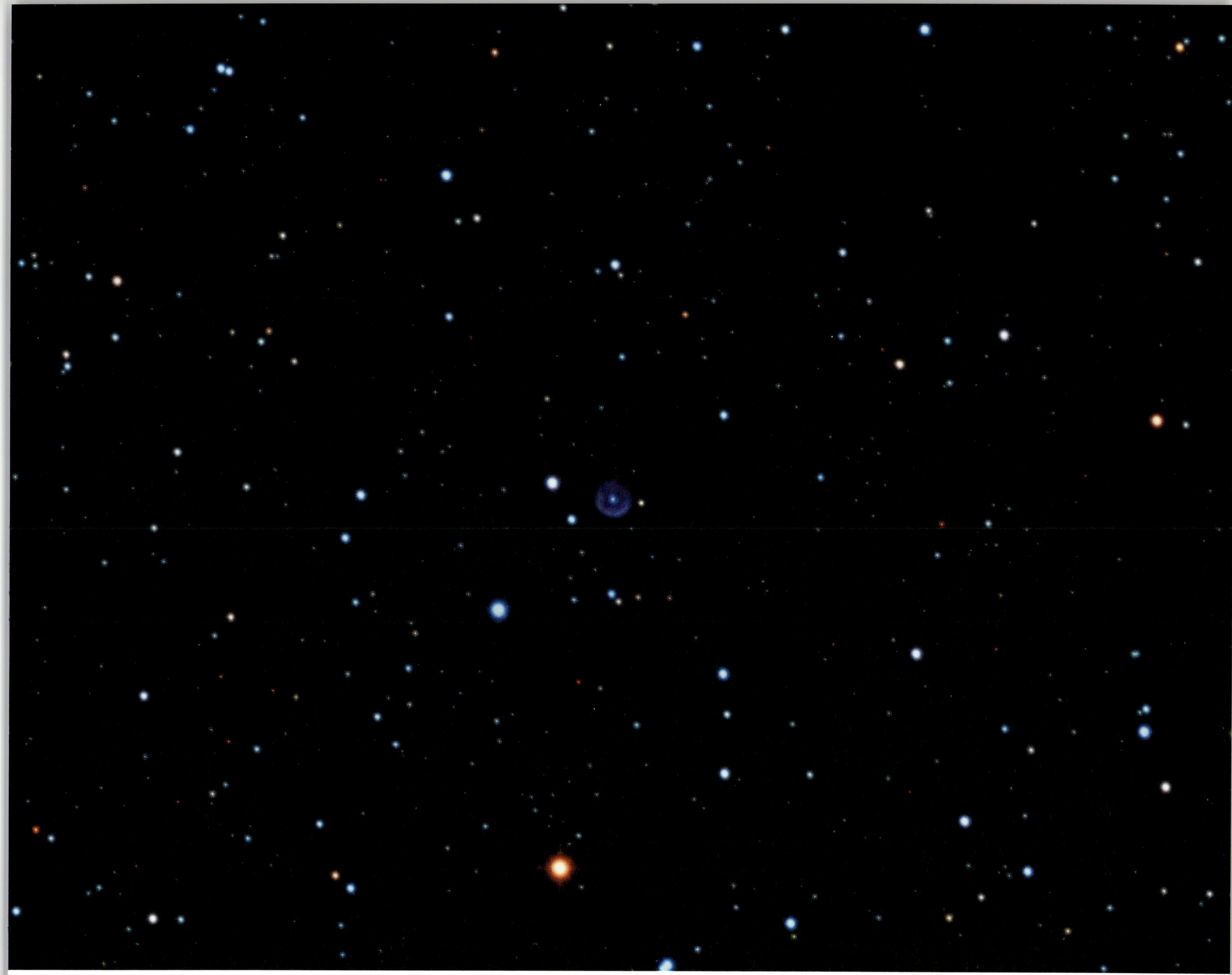

Abell 15. Jerry Macon

von einem »relativ ausgedehnten und dichten Halo«. Es ist aber nicht klar, welche Struktur damit gemeint ist. Im Spektrum sind Hα und [OIII] am hellsten. Der Nebel strahlt auch im nahen Infrarot.

Für die visuelle Beobachtung stellt Abell 15 ein herausforderndes, aber lösbares Problem. Tom Polakis berichtet von einer erfolgreichen Sichtung mit 13". Der Autor verwendete 16", dabei blitzte ohne Filter der Zentralstern auf, mit UHC- und [OIII]-Filter entstand blickweise der Eindruck einer Nebelscheibe an der Stelle. Steve Gottlieb empfand den Nebel mit 17,5" dagegen grenzwertig. Mit 30" Öffnung von Australien aus erschien dem Autor Abell 15 nicht schwach, rund und diffus. Der Zentralstern war einfach zu sehen.

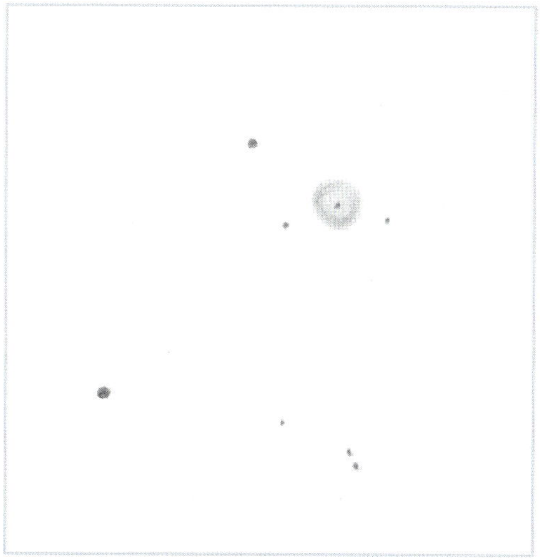

Abell 15 mit 30" Öffnung, 300×, [OIII], 21^m7 SQM. Ronald Stoyan

NGC 2242

NGC 2242 wurde als letzter Planetarischer Nebel im NGC gefunden. Lewis Swift entdeckte den Nebel am 24.11.1886 am Warner Observatory mit 16" Öffnung. Es ist das 27. Objekt in seiner 6. Liste von 1887. Die Bemerkung dazu lautet: »extrem extrem schwach, sehr klein, rund, flächig, Stern nördlich folgend«. Die Natur als PN wurde lange nicht erkannt, NGC 2242 ist auch als Galaxie CGCG 204-5 und Emissionsliniengalaxie LJHY 1 sowie unter der Bezeichnung PGC 3517753 missklassifiziert. Erst in den 1980er Jahren wurden diese Fehler berichtigt.

NGC 2242 ist ein Objekt des galaktischen Halos in knapp 10.000 Lichtjahren Entfernung. Schwere Elemente (»Metalle«) kommen deshalb kaum vor. Torres-Peimbert et al. verglichen den Nebel mit NGC 4361, der ebenfalls dem Halo zugerechnet wird, und ermittelten eine Elementhäufigkeit zwischen diesem und der Sonne.

Die Morphologie des 22" oder 25" messenden Scheibchens entspricht einer Doppelschale. Der Zentralstern GSC2 N2300022809, für den Howard et al. 137.000K ermittelten, Pena et al. dagegen nur 80.000K, regt den Nebel sehr stark an. Hα und [OIII] dominieren im Spektrum.

NGC 2242 ist der schwächste NGC-PN. Von Bergstandorten sind Beobachtungen mit 12" bis 14" berichtet worden. Der Autor war mit 14" Öffnung nicht erfolgreich. Mit 20" erscheint der Nebel klein, sehr schwach, leicht elongiert. Der Zentralstern ist nicht zu erkennen.

Die Asterismen IC 2168 und 2170 stehen in der Nähe des Nebels. Es handelt sich nicht um physische Objekte.

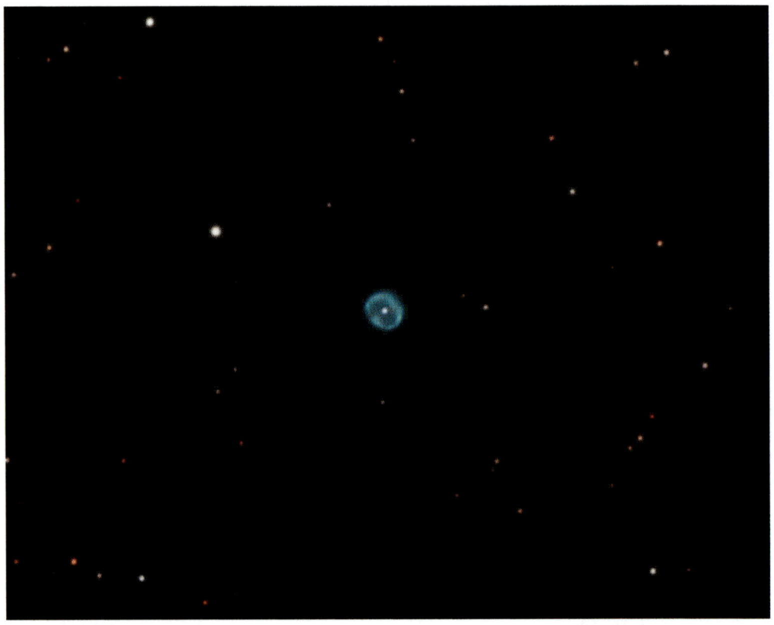

NGC 2242. Gary Imm

NGC 2242 mit 20" Öffnung, 333×, 21^m1 SQM. Ronald Stoyan

NGC 2242, PNG 170.3+15.8, PK 170+15.1

Nebel	Zentralstern	Intensitäten	
L. Swift	GSC2 N2300022809	HeII	102
24.11.1886	06:34:07.4	Hβ	100
	+44:46:38.10	[OIII]	191
22"	17^m1_{vis}, 16^m8_{Gaia}	Hα	267
15^m2	O(H)	[NII]	–
isDSA/G 24-4	9640 Lj (Gaia EDR3)	[SII]	

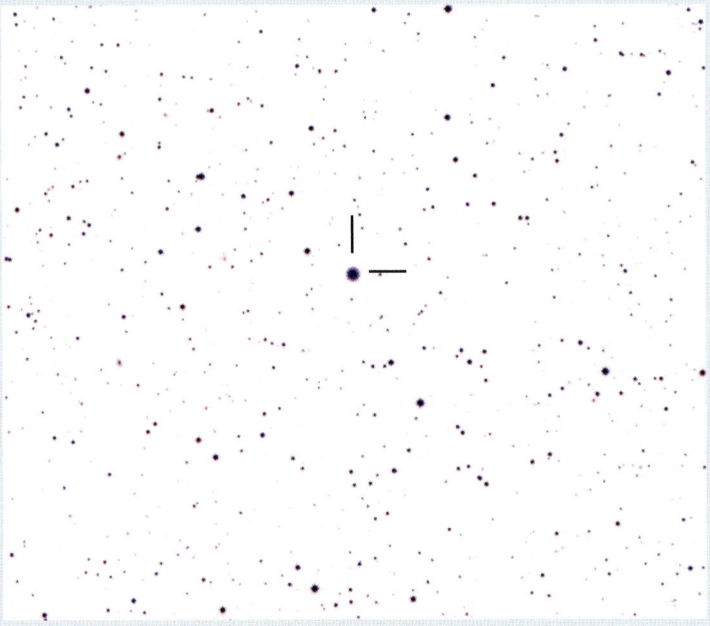

StDr 13, PNG 204.4-00.4

Nebel	Zentralstern	Intensitäten	
X. Strottner,	Gaia DR2 3325917503163188096	Hell	
M. Drechsler	06:34:22.65	Hβ	8
2019	+07:22:20.24	[OIII]	25
450"	18^m1_{Gaia}	Hα	45
–	Weißer Zwerg Kandidat	[NII]	100
isDSA/G –	3900 Lj (Gaia EDR3)	[SII]	

Strottner-Drechsler 13 befindet sich 23' östlich des Sterns 13 Mon in einem reichen Milchstraßenfeld. Er wurde im Jahr 2019 von dem französischen Amateurastronomen Xavier Strottner und seinem deutschen Kollegen Marcel Drechsler entdeckt. Der Hintergrund des 7,5' großen Nebels wird von den Gasmassen des Monoceros Loop, eines riesigen Supernovarests, durchzogen. Im Spektrum sind [NII] und [OIII] vertreten.

Der Zentralstern Gaia DR2 3325917503163188096 ist als Kandidat für einen Weißen Zwerg katalogisiert. Gaia maß die Entfernung mit 3900 Lichtjahren.

Visuelle Beobachtungen sind nicht bekannt.

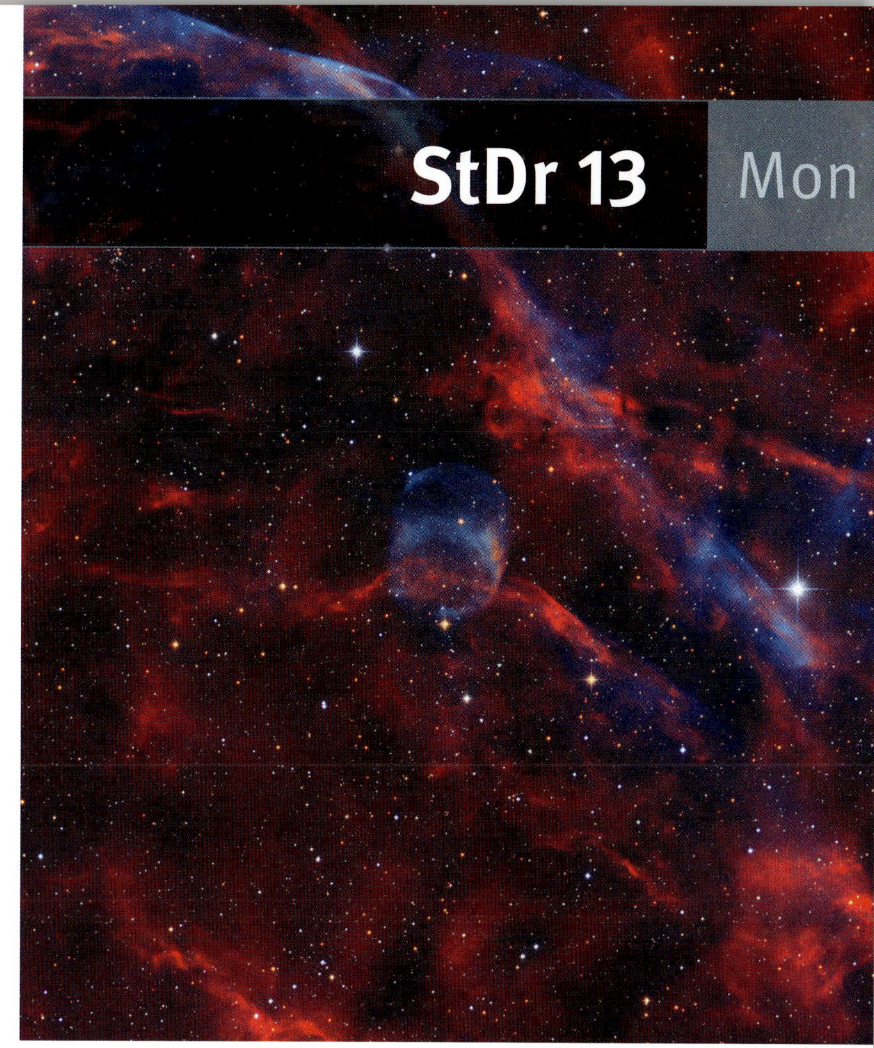

Strottner-Drechsler 13. Andreas Bringmann

M 1-7, PNG 189.8+07.7, VV 30, PK 189+7.1

Nebel	Zentralstern	Intensitäten	
R. Minkowski	GSC2 N2221121192	Hell	19
1946	06:37:20.94	Hβ	100
	+24:00:35.6	[OIII]	1315
21 × 11"	19^m8_{Gaia}	Hα	428
13^m5	–	[NII]	465
isDSA/G 36	2370 Lj (Gaia EDR3)	[SII]	23

Minkowski 1-7 wurde 1946 vom deutsch-amerikanischen Astronomen Rudolph Minkowski auf Aufnahmen gefunden, die W. C. Miller mit dem 10"-Weitfeld-Astrograph am Mount Wilson Observatory aufgenommen hatte. Der Nebel besteht aus einem bipolaren Hauptkörper mit 8,8" Durchmesser und einem senkrecht dazu ausgerichteten, ebenfalls bipolaren schwächeren Part mit 26" Durchmesser. Insgesamt ist die Form elliptisch. [NII] und [OIII] sind die stärksten Linien.

M 1-7 ist schon mit 120mm Öffnung als schwacher Fleck sichtbar; er bildet ein Paar mit einem helleren Stern im Westen. Mit 14" macht er einen spindelförmigen Eindruck. Mit 16" Öffnung sind die bipolaren Ausläufer angedeutet; Uwe Glahn erkannte sie mit 27" deutlich, wobei der Kern des Nebels eher rundlich bleibt.

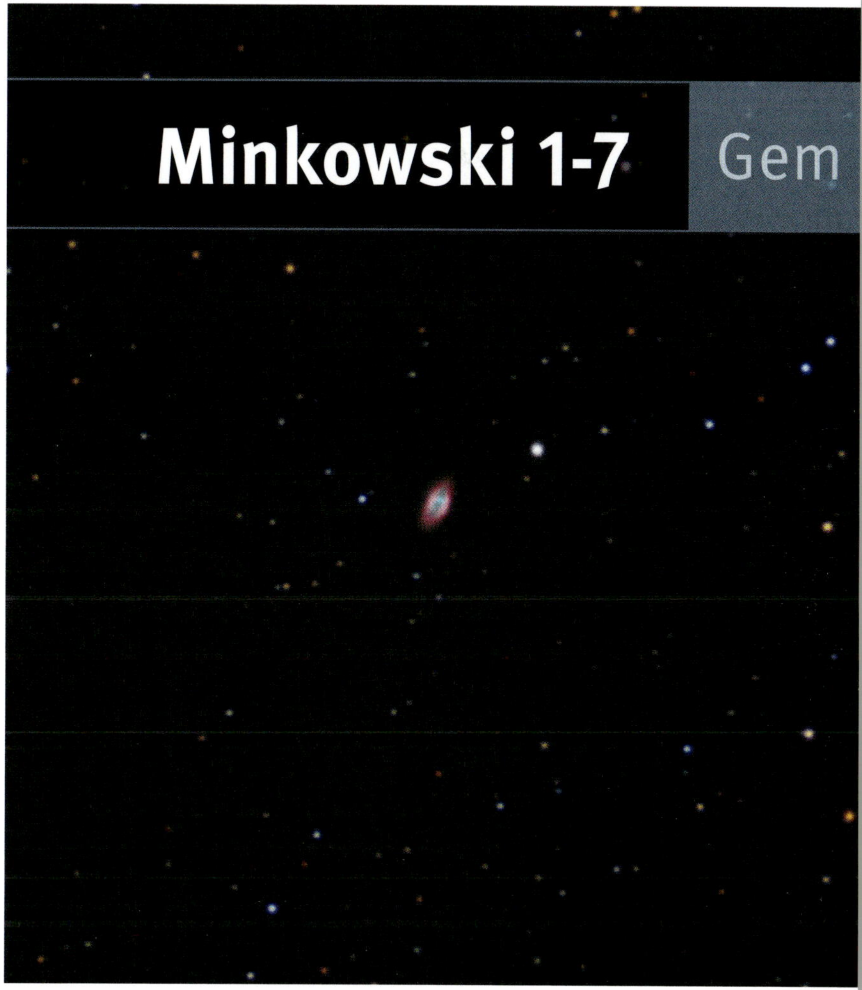

Minkowski 1-7. James Shuder

Aur WPS 60

WPS 60, PNG 181.2+11.8, Pa J0637.4+3327

Nebel	Zentralstern	Intensitäten
R. Reynolds et al.	Galex J063728.2+332706	HeII
2004	06:37:28.2	Hβ
	+33:27:07.5	[OIII]
2100 × 1500"	17^m2_{Gaia}	Hα
–	Weißer Zwerg Kandidat	[NII]
isDSA/G –	3430 Lj (Gaia EDR3)	[SII]

WPS 60 ist ein Objekt aus dem WHAM-Point-Source-Katalog. WHAM steht für »Wisconsin Hα Mapper«, ein Teleskop der University of Wisconsin, das den Himmel vom Kitt Peak und später vom Cerro Tololo in der Hα-Wellenlänge spektroskopierte. Reynolds et al. publizierten 2004 einen Katalog von damit gefundenen Objekten, zu denen dieser Nebel gehört. Der amerikanische Amateur Dana Patchick entdeckte den Nebel im Dezember 2018 unter der Bezeichnung Pa J0637.4 +3327 getrennt davon und erkannte, dass es sich wahrscheinlich um einen PN handelt. Der Kern misst 16', Ausläufer reichen bis zu 30'.

Morphologisch ähnelt der Nebel StDr 61. Der Zentralstern Galex J063728.2+332706 ist als Kandidat für einen Weißen Zwerg katalogisiert.

Visuelle Beobachtungen sind nicht bekannt.

WPS 60. Jonathan Talbot

Gem HDW 6

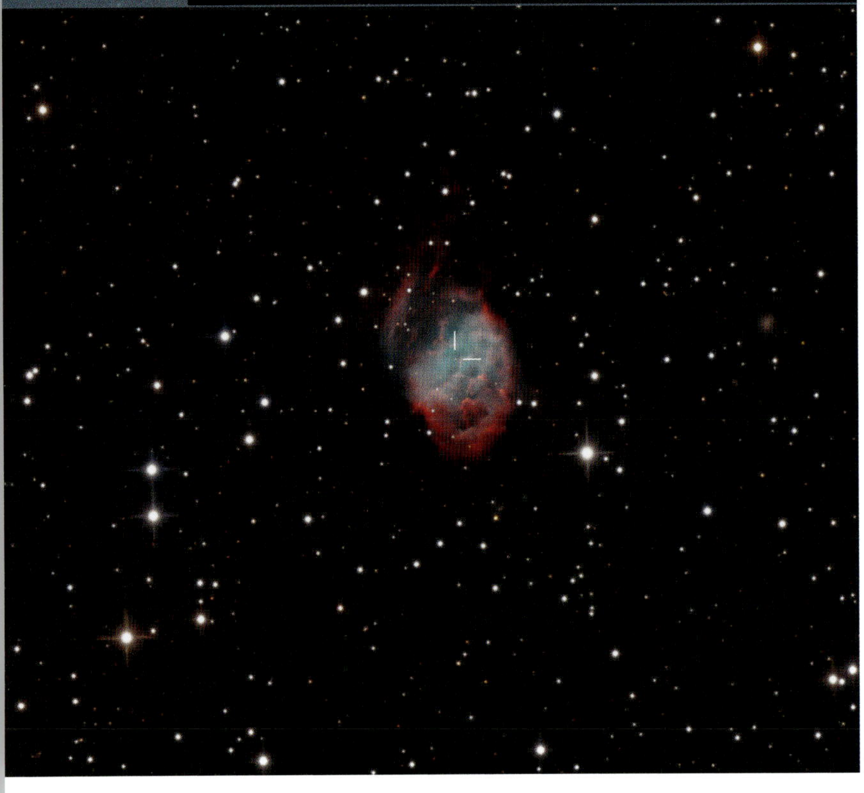

HDW 6, PNG 192.5+07.2, HaWe 8, PK 192+7.1

Nebel	Zentralstern	Intensitäten	
H. Hartl, J. Dengel, R. Weinberger	Gaia DR2 3378885131503804544	HeII	–
	06:40:09.69	Hβ	–
1983	+21:25:01.7	[OIII]	234
105 × 70"	18^m9_{Gaia}	Hα	100
16^m0	–	[NII]	–
isDSA/G 36	3930 Lj (Gaia EDR3)	[SII]	

Hartl-Dengel-Weinberger 6 wurde 1983 vom österreichischen Astronomen-Trio Herbert Hartl, Johann Dengel und Ronald Weinberger auf dem POSS gefunden. 1987 stellten Hartl und Weinberger das Objekt in einer zweiten Veröffentlichung vor; daraus resultiert die Bezeichnung HaWe 8. Sie bezeichneten den Nebel darin als »ungefähr eiförmig«.

Der 18^m9 schwache Zentralstern Gaia DR2 3378885131503804544 ist veränderlich mit einer Amplitude von 0^m4. Nach Chornay et al. handelt es sich um einen Doppelstern. Ali et al. fanden [OIII] als die stärkste Linie im Spektrum. Sie erfassten dabei jedoch nur den zentralen Bereich. Auf modernen Fotos sind schwächere Ausläufer zu sehen, die rötlich im Licht der Hα-Linie emittieren.

Es sind keine visuellen Beobachtungen bekannt, Uwe Glahn scheiterte mit 16" Öffnung wiederholt.

Hartl-Dengel-Weinberger 6. Sternwarte Brentenriegel

Bubblegum Nebula Patchick-Rasool-Mohan-Mishra 1

Patchick-Rasool-Mohan-Mishra 1. Patrick Dufour

PaRasMoMi 1, PNG 206.2+00.6

Nebel	Zentralstern	Intensitäten
D. Patchick, S.	HD 48099	Hell
Rasool, S. Mohan,	06:41:30.00	Hβ
U. Mishra 2021	+06:16:30.00	[OIII]
1560"	6^m4_{vis}	Hα
–	O5	[NII]
isDSA/G –	4270 Lj (Gaia EDR3)	[SII]

Patchick-Rasool-Mohan-Mishra 1 ist eine Ko-Entdeckung des amerikanischen Amateurs Dana Patchick, des britischen PN-Experten Sakib Rasool, und der indischen Astrofotografen Sankalp Mohan und Utkarsh Mishra. Der Nebel wurde von den Beteiligten auf dem POSS und auf Amateurfotos im April 2021 gefunden.

Der 26' große, aus einem Ring aus [OIII]-Emission bestehende Nebel befindet sich nahe des bekannten Rosettennebels. Die Natur des Objekts ist nicht zu 100% gesichert, eventuell handelt es sich um eine HII-Region oder eine Strömgren-Sphäre.

Einer von mehreren möglichen Zentralsternen, den die Entdecker identifizierten, ist HD 48099 in der Nordost-Ecke des Nebels. Wenn dies zutrifft, wäre es mit 6^m4 der scheinbar hellste PN-Zentralstern am Himmel. Er besitzt eine Oberflächentemperatur von 41.000K, was für die Ionisation des Nebels ausreichen würde. Die Entfernung beträgt etwas mehr als 4000 Lichtjahre, was in etwa der Distanz zum Monoceros-Supernovarest entspricht, der sich in unmittelbarer Nähe befindet.

Lyn

Abell 16

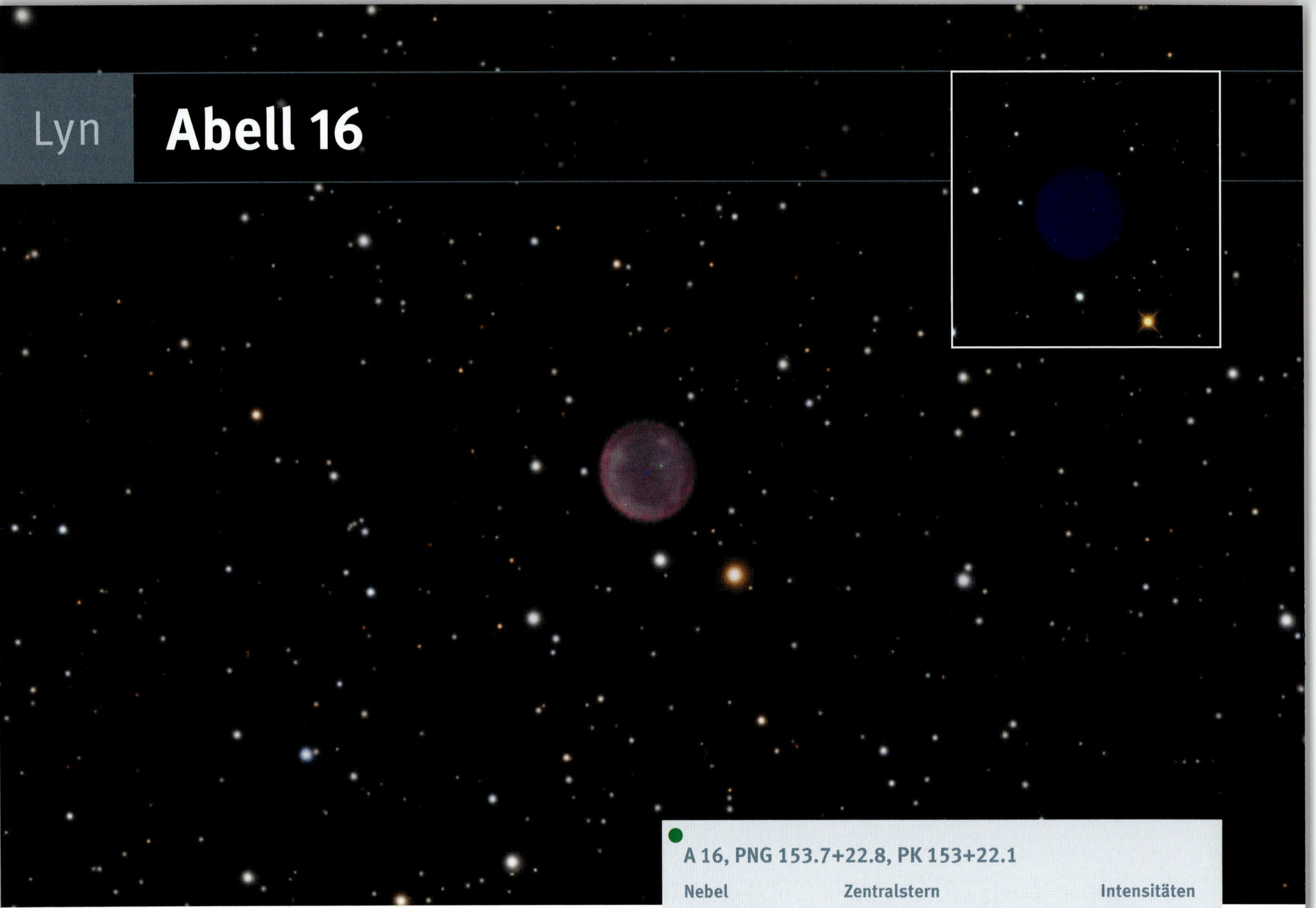

Abell 16. Peter Godhew (oben), Jerry Macon (Inset)

A 16, PNG 153.7+22.8, PK 153+22.1

Nebel	Zentralstern	Intensitäten	
Entdecker	GSC2 N21123037383	HeII	–
unbekannt	06:43:55.5	Hβ	–
vor 1955	+61:47:24.68	[OIII]	117
143 × 133"	18^m7_{vis}, 18^m6_{Gaia}	Hα	100
15^m4	–	[NII]	–
isDSA/G 13-10	4280 Lj (Gaia EDR3)	[SII]	–

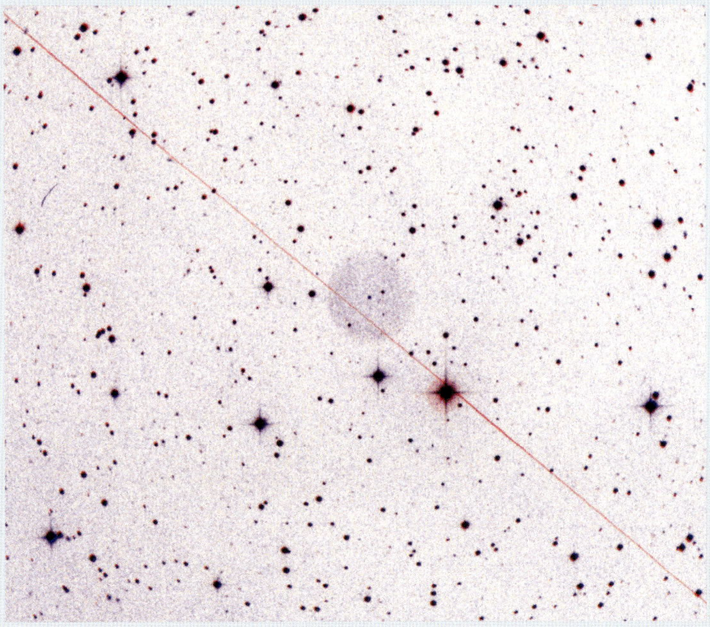

kontrastverstärkt

Abell 16 gehört zu den Objekten der ersten Abell-Liste von 1955, auf der er die Nummer 11 trägt. Der Entdecker ist unbekannt, denn laut eigener Aussage von George O. Abell hatte er weniger als die Hälfte der Objekte selbst gefunden. Chu et al. bezeichnen A 16 als mehrschaliges Objekt mit einer inneren Blase von 105" Durchmesser und einer äußerden Schale von 146 × 132". Wareing et al. sahen Hinweise auf einen Bugwellenschock und Interaktion mit dem interstellaren Medium in südöstliche Richtung. Die Expansionsgeschwindigkeit beträgt 37 km/s. Der Zentralstern GSC2 N21123037383 besitzt eine Oberflächentemperatur von 95.000K. Er ist möglicherweise ein Doppelsternsystem. Visuell ist Abell 16 eine harte Nuss. Unter hochalpinen Bedingungen konnte der Autor mit 14" mehrfach nichts sehen. Mit 16" war nach längerer Beobachtung ein extrem schwacher Nebel zu sehen, der mit [OIII]-Filter kaum besser zu erkennen war. Matthias Kronberger war unter Hochgebirgshimmel mit 15" erfolgreich, auch wenn er seine Sichtung als »grenzwertig« einstuft. Auch Uwe Glahn beschrieb seine Beobachtung mit 27" als schwer.

Minkowski 1-8

Minkowski 1-8. Sternwarte Brentenriegel

M 1-8, PNG 210.3+01.9, VV 31, PK 210+1.1

Nebel	Zentralstern	Intensitäten	
R. Minkowski	nicht katalogisiert	HeII	45
1946	06:53:33.8	Hβ	100
	+03:08:26.95	[OIII]	1319
22 × 15"	21ᵐ4	Hα	616
14ᵐ3	–	[NII]	673
isDSA/G 60-13	13.000 Lj (2010)	[SII]	30

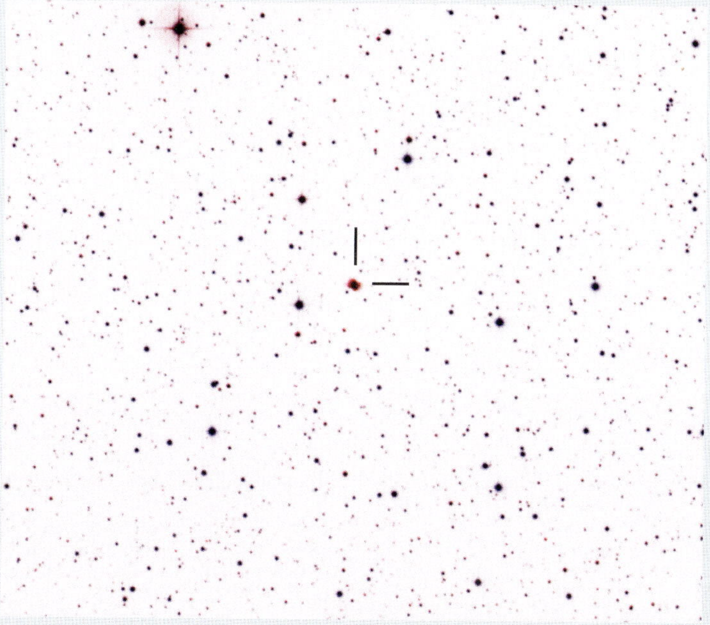

Minkowski 1-8 gehört zu den Objekten, die Rudolph Minkowski 1946 auf Aufnahmen des 10"-Astrographen am Mount Wilson Observatory fand.

Ramos-Larios et al. beschreiben die Morphologie des Nebels mit »bi-lobalen Flügeln, zentraler heller Kondensation, innerhalb derer sich Hinweise auf eine kompakte Ringstruktur finden«. Der Zentralstern scheint sich innerhalb eines Staubtorus zu befinden, der seine Helligkeit massiv beeinträchtigt. Seine Temperatur wird mit 150.000K angegeben. Der Nebel ist stark angeregt, [NII] und [OIII] sind die hellsten Emissionslinien im Spektrum. Auch im UV-und Infrarot-Bereich strahlt der Nebel stark.

Visuell erscheint M 1-8 mit 16" Öffnung als kleines längliches Objekt, das recht formlos erscheint. Es ist nicht schwach. Ein 15ᵐ-Stern steht unmittelbar südöstlich neben dem Nebel. Kent Wallace sah mit 20" Öffnung eine kleine dunstige Scheibe. Uwe Glahn konnte mit 27" bei 837-facher Vergrößerung die schwächeren Außenbereiche erkennen, während in der Zentralregion der bipolare Charakter deutlich wird.

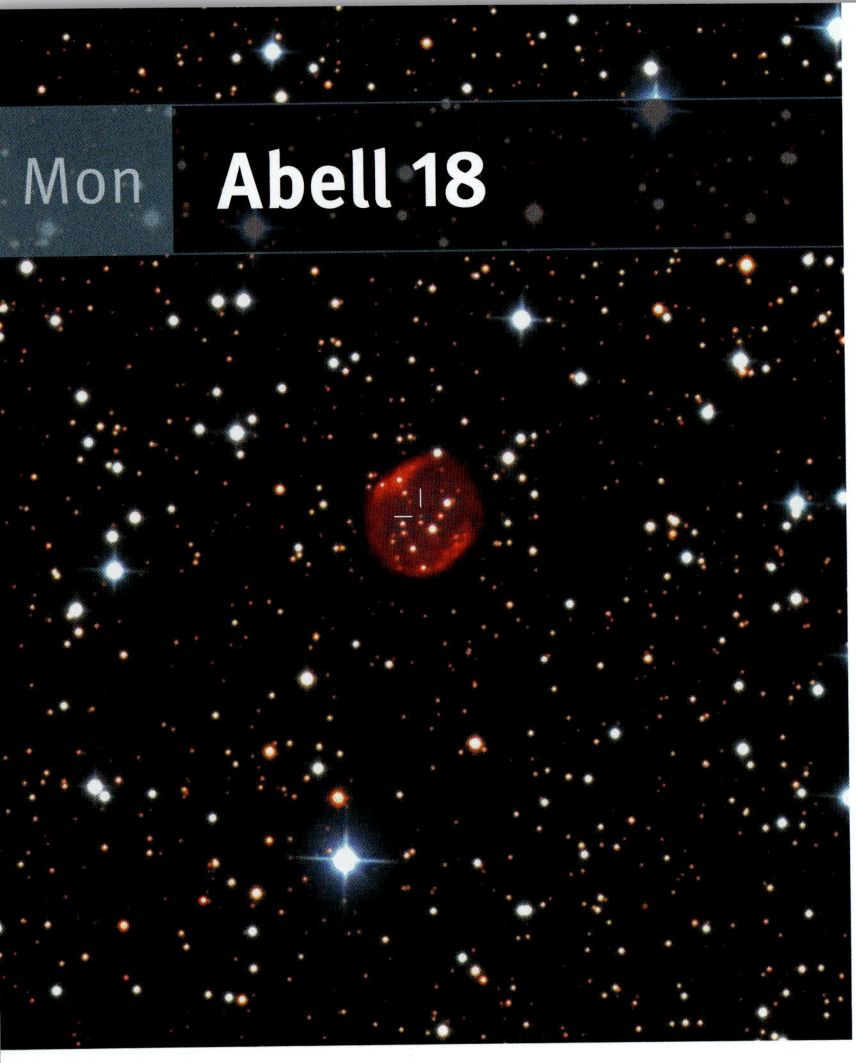

Mon Abell 18

A 18, PNG 216.0-00.2, PK 216-0.1

Nebel	Zentralstern	Intensitäten	
Entdecker	nicht katalogisiert	Hell	–
unbekannt	06:56:14.44	Hβ	–
vor 1955	−02:53:08.1	[OIII]	60
71 × 66"	$20^{m}9_{vis}$	Hα	70
$17^{m}0$	–	[NII]	100
isDSA/G 60	5200 Lj (2010)	[SII]	

Abell 18 ist ein kaum untersuchter Nebel im Sternbild Einhorn. Der ovale Nebel misst nach verschiedenen Quelle 80 × 67" oder 71 × 66". Die Helligkeit des Zentralsterns ermittelten Kwitter et al. zu $20^{m}9$. Der Stern ist jedoch nicht katalogisiert und auch nicht von Gaia vermessen worden, so dass kein verlässlicher Entfernungswert bekannt ist. Im Spektrum des Nebels sind [NII], Hα und [OIII] die hellsten Linien.

Abell 18 wurde vor 1955 auf dem POSS gefunden. Der Entdecker ist unbekannt, da George O. Abell bei der Erstellung seines Katalogs auf verschiedene Quellen zurückgriff, diese aber nicht einzeln auswies. In der Liste von 1955 trägt er die Nummer 13. Abell 18 ist visuell ein anspruchsvolles Objekt. Der Autor konnte ihn mit 16" Öffnung nicht sehen. Für Uwe Glahn war der Nebel mit derselben Öffnung für mehrere Sekunden zu halten, blieb aber auch mit 27" schwierig.

Abell 18. Chart 32

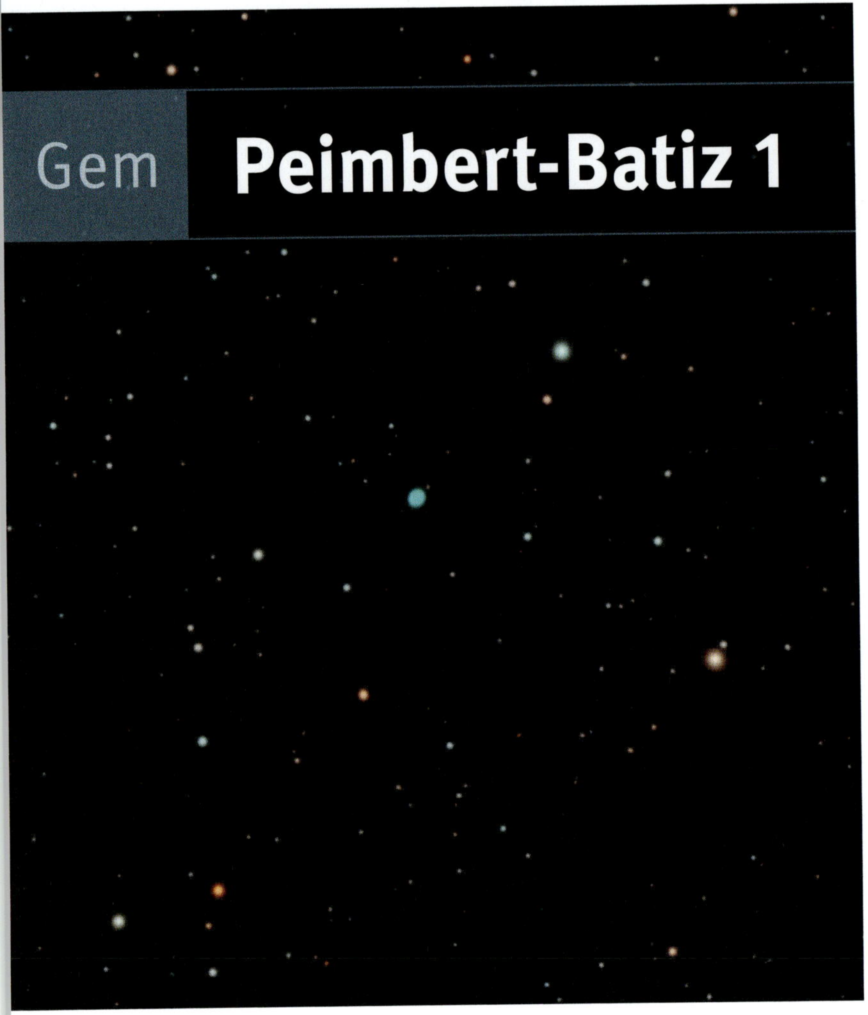

Gem Peimbert-Batiz 1

PB 1, PNG 226.4-03.7, Sa 2-2, PK 226-3.1

Nebel	Zentralstern	Intensitäten	
M. Peimbert Sierra,	GSC2 S103302224829	Hell	40
G. Bátiz	07:02:46.76	Hβ	100
1960	−13:42:35.5	[OIII]	1413
6"	$16^{m}4$	Hα	›2000
$13^{m}3$	–	[NII]	–
isDSA/G 72	16.800 Lj (Gaia EDR3)	[SII]	

Peimbert-Batiz 1 wurde 1960 von Manuel Peimbert Sierra und Gerardo Bátiz mit der 26"-Schmidtkamera der Tonantzintla-Sternwarte in Mexiko entdeckt und als »halbstellar« beschrieben. Bandyopadhay et al. beschreiben eine innere, elliptische Schale in Nordwest-Südost-Elongation von 5", umgeben von einem bipolaren Halo mit 10". Der innere Hauptkörper, von Parker als »ovale Fußball-Blasen-Struktur« bezeichnet, expandiert mit 40 km/s. Der Zentralstern hat eine Temperatur von 86.500K, die ursprüngliche Masse betrug das Zweifache der Sonne. Gaia ermittelte eine Distanz von knapp 17.000 Lichtjahren.

PB 1 kann schon mit 8" Öffnung gesehen werden und ist mit 14" als sehr kleines Scheibchen erkennbar. Uwe Glahn sah mit 27" ein Oval, das an den Enden der langen und kurzen Achsen jeweils helle Knoten zeigt.

Peimbert-Bátiz 1. Richard Hennig

A 19, PNG 200.7+08.4, PK 200+8.1			
Nebel	**Zentralstern**	**Intensitäten**	
Entdecker	nicht bekannt	Hell	–
unbekannt	06:59:56.9	Hβ	–
vor 1955	+14:36:33.30	[OIII]	215
80 × 67"	–	Hα	100
16^m3	–	[NII]	–
isDSA/G 48	7600 Lj (2010)	[SII]	

Abell 19

Abell 19. Kevin Quin

Abell 19 gehört zu den wenigen wahrscheinlichen Planetarischen Nebeln, bei denen kein Zentralstern bekannt ist. Zwar steht der 12^m5-Stern Gaia EDR3 3353841417717450112 nahe der Mitte, der Abstand zum geometrischen Nebelzentrum beträgt jedoch 0,93". Zudem wurde der Stern mit einer Distanz von nur 810 Lichtjahren von Abell vermessen – in krassem Missverhältnis zu den 7600 Lichtjahren, die Kwitter et al. beziffern und die eher dem wahren Abstand dieses Nebels entsprechen dürften. Der Durchmesser wird von unterschiedlichen Quellen mit 75 × 52" oder 80 × 67" angegeben. Auf tiefen Fotos ist eine bipolare Struktur erkennbar.

Mit 14" Öffnung ist ein extrem schwacher Nebel um den scheinbaren Zentralstern sichtbar. Mit 16" erscheint er diffus und länglich, es sind zwei weitere Sterne im Nebel zu sehen.

We 2-34, PNG 210.0+03.9, PK 210+3.1		
Nebel	**Zentralstern**	**Intensitäten**
R. Weinberger	GSC2 N22013312181	Hell
1977	07:00:28.38	Hβ
	+04:20:30.5	[OIII]
230"	19^m4_{vis}, 20^m0_{Gaia}	Hα
–	–	[NII]
isDSA/G –	3470 Lj (Gaia EDR3)	[SII]

Weinberger 2-34

Weinberger 2-34. Kevin Quin

Weinberger 2-34 ist eine Entdeckung des österreichischen Astronomen Ronald Weinberger auf dem POSS. Douchin et al. bezeichnen die Morphologie des knapp 4' großen Nebels als »entweder bipolar oder zylindrisch«. Nach diesen Autoren ist der Zentralstern doppelt, mit einem kühlen Begleiter der Spektralklasse M3. Im Spektrum des Nebels sind Hα und [NII] am stärksten vertreten. Aufgrund dieser Charakteristik dürften visuelle Beobachtungen äußerst schwierig sein, es sind keine erfolgreichen Sichtungen bekannt.

Minkowski 3-1

Minkowski 3-1 ist ein bemerkenswerter kleiner Planetarischer Nebel. Rudolph Minkowski fand ihn 1948 auf einer Objektivprismenaufnahme des 10" f/5,2-Teleskops auf dem Mount Wilson. Es ist das erste Objekt auf seiner dritten und der letzten von ihm selbst publizierten Liste. M 3-1 ist auch als Galaxie PGC/LEDA 149404 missklassifiziert.

M 3-1 besitzt eine komplexe Morphologie. Von der Erde aus gesehen scheinen von einem quadratischen Hauptkörper zwei gekrümmte Arme auszugehen, »wie bei einer Art Rasensprenger«, wie Kent Wallace bemerkte. Mit dem Hubble Space Telescope wurde das Bild des Nebels in seiner ganzen Komplexität klar. Corradi et al. beschrieben zwei symmetrische radiale halb-verbundene Ansae und zwei radiale symmetrische Knoten. Die Autoren sehen Ähnlichkeiten zu den Planetarischen Nebeln Hubble 4 und Henize 2-141. Während der Zentralkörper nicht mehr als 10" misst, reichen die Ansae bis zu 12,6" Durchmesser.

Minkowski 3-1 besitzt ein einzigartiges Zentralsternsystem. GCS2 S101123119 besitzt eine Helligkeit von 15^m2 (Gaia DR2) bzw. 15^m6 (Gaia EDR3); der in Simbad angegebene Wert von 12^m7_{vis} gilt wahrscheinlich für den gesamten Nebel. Jones et al. untersuchten den Zentralstern über mehrere Jahre ausführlich. Danach ist er ein äußerst enges Doppelsternsystem, das sich durch gegenseitige Bedeckungen der Sterne und damit einen regelmäßig wiederkehrenden Lichtwechsel offenbart:

- Hauptstern: Weißer Zwerg mit 48.000K, 0,65 Sonnenmassen, 0,41 Sonnenradien
- Begleiter: Hauptreihenstern mit 5000K, 0,23 Sonnenmassen, 0,17 Sonnenradien

Die Periode beträgt nur 3 Stunden und 5 Minuten, was nach Jones et al. zum Zeitpunkt der Veröffentlichung die kürzeste Umlaufszeit eines PN-Zentralsterns bedeutet.

Tatsächlich stehen sich die beiden Komponenten extrem nah – so nah, dass sie kurz davor sind, ihre Roche-Grenzen zu füllen und sich gegenseitig zu berühren. Dieses Szenario legt die Möglichkeit eines Massentransfers zwischen beiden Sternen nahe. Jones et al. spekulieren, dass dies eine Nova auslösen könnte: Wenn einer der beiden Sterne eine kritische Masse überschreitet, zündet eine thermonukleare Reaktion, die die Helligkeit des Gesamtsystems bis zu einer Million Mal anschwellen lassen kann. Jones

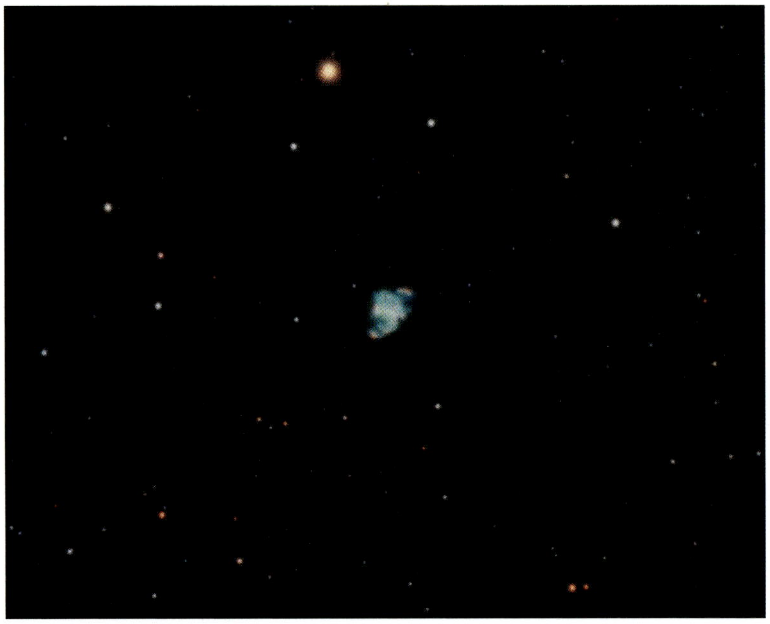

Minkowski 3-1. Richard Hennig

M 3-1, PNG 242.6-11.6, He 2-1, Sa 2-3, Wray 16-1, StWr 3-1, PK 242-11.1

Nebel	Zentralstern	Intensitäten	
R. Minkowski	GCS2 S101123119	HeII	–
1948	07:02:49.9	Hβ	100
	−31:35:30.12	[OIII]	931
14 × 9"	12^m7_{vis}, 15^m6_{Gaia}	Hα	372
12^m0	–	[NII]	81
isDSA/G 84-4	22.400 Lj (Gaia DR2)	[SII]	10

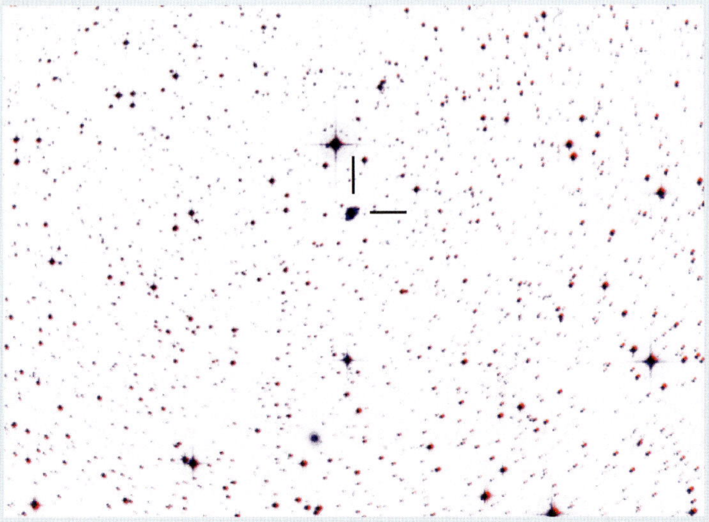

et al. gegen davon aus, dass dies im Zentralstern von M 3-1 in »relativ naher Zeit« eintreten kann.

In ihrer Arbeit führen die Autoren aus, dass als die ein solches Ereignis auslösende Komponente nur der Begleiter infrage kommt. Der Hauptstern ist danach eher auf dem Weg sich zu komprimieren und sich somit räumlich von der Roche-Grenze zu entfernen, was kontrollierten Massentransfer möglich machen würde. Der Begleiter wird dagegen in naher Zukunft nicht schrumpfen, so dass schon kleine Änderungen im Abstand der beiden Sterne, ausgelöst durch die Veränderungen des Hauptsterns, zu einem »Überlaufen« seiner Roche-Grenze führen können, was die Akkretion von dessen Materie durch den Hauptstern und somit die Nova auslösen würde.

Leider ist aktuell keine verlässliche Entfernung zu M 3-1 bekannt. Gaia ermittelte mehr als 22.000 Lichtjahre (DR2), der Wert aus der aktuellen Messreihe (EDR3) ist jedoch fehlerhaft.

M 3-1 ist aufgrund seiner Helligkeit schon mit 6" Öffnung zu sehen, bleibt aber stellar. Mit mittelgrößen Öffnungen sind hohe Vergrößerungen erforderlich, um das Scheibchen zu erkennen. Mit 16" Öffnung erschien der Nebel dem Autor bei 600× sehr klein, sehr hell, länglich mit hellen Knoten. Uwe Glahn konnte mit derselben Öffnung bei bis zu 831× auch die schwachen bipolaren Ausläufer erkennen.

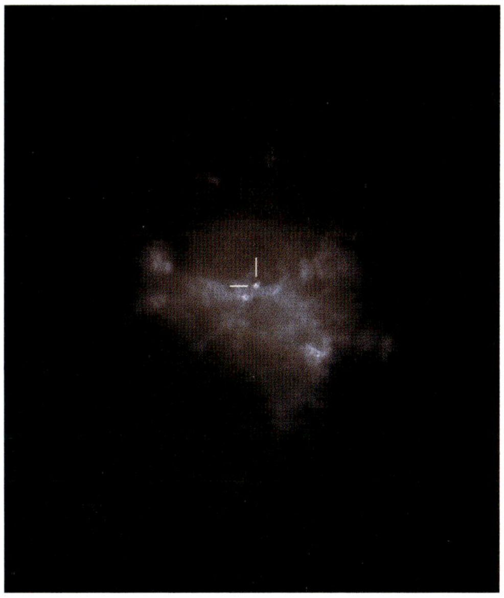

Minkowski 3-1, Hubble Space Telescope. Solomon Hendrix (oben), David Jones/Daniel López, IAC (unten)

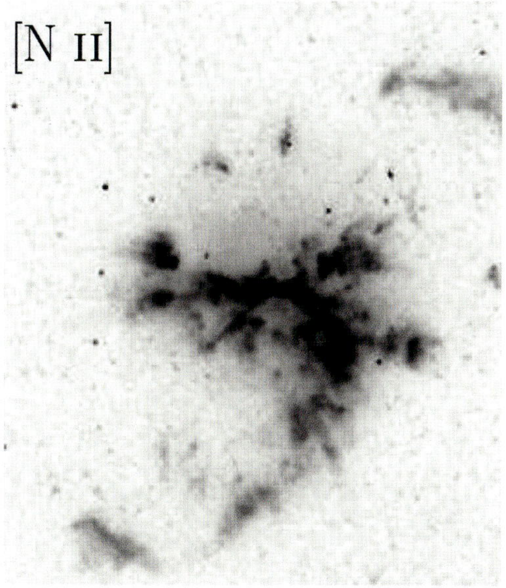

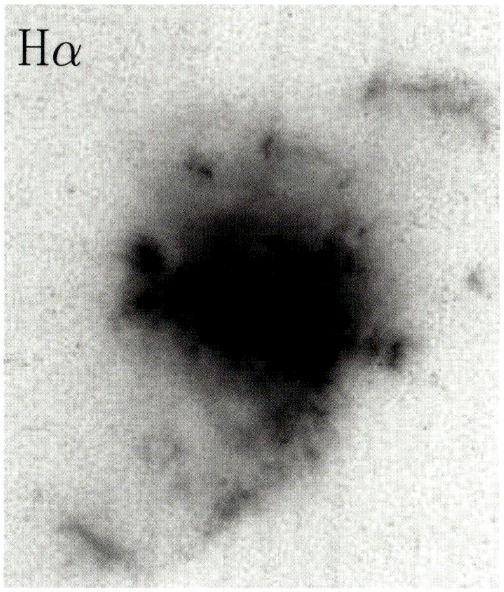

Minkowski 3-1, Hubble Space Telescope. Jones et al.

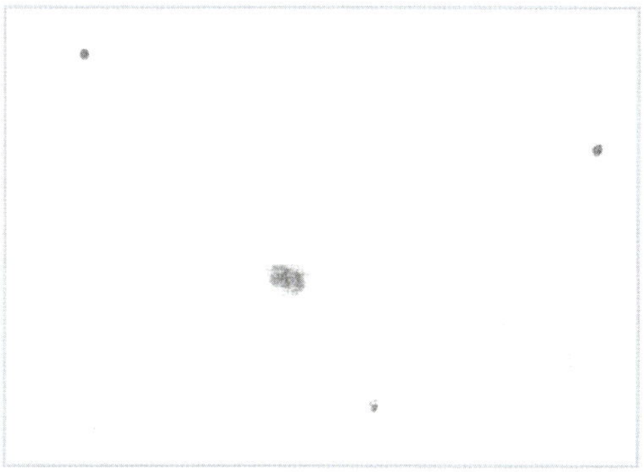

Minkowski 3-1 mit 16" Öffnung, 666×, 21^{m}4 SQM. Ronald Stoyan

Strottner-Drechsler 44

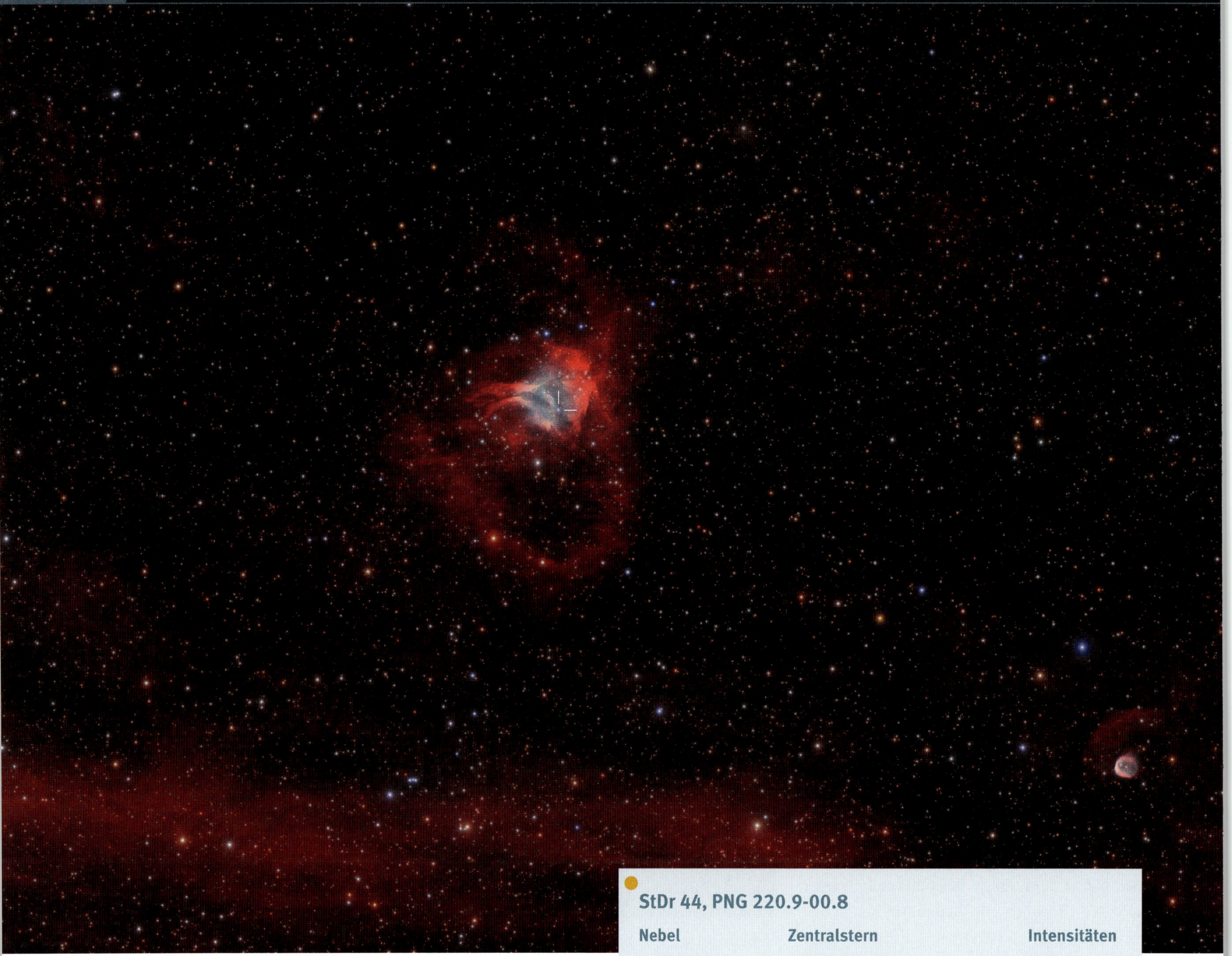

Strottner-Drechsler 44. Jonathan Talbot

StDr 44, PNG 220.9-00.8

Nebel	Zentralstern	Intensitäten
X. Strottner,	TYC 5381-1316-1	HeII
M. Drechsler	07:03:06.26	Hβ
2020	−07:31:45.40	[OIII]
1260 × 780"	11^m5_{vis}, 11^m4_{Gaia}	Hα
–	–	[NII]
isDSA/G –	3350 Lj (Gaia EDR3)	[SII]

Strottner-Drechsler 44 wurde im März 2020 vom französisch-deutschen Entdecker-Duo Xavier Strottner und Marcel Drechsler gefunden. Der 21 × 13' große Nebel befindet sich im Sternbild Einhorn 50' östlich des Reflexionsnebels NGC 2316 und 50' nördlich des Offenen Sternhaufens Messier 50. Als Zentralstern identifizierten die Entdecker den 11^m5-Stern TYC 5381-1316-1. Nach Gaia beträgt dessen Entfernung 3350 Lichtjahre. Weitere Details sind ebenso wenig bekannt wie visuelle Beobachtungsversuche.

Stephenson 3-1

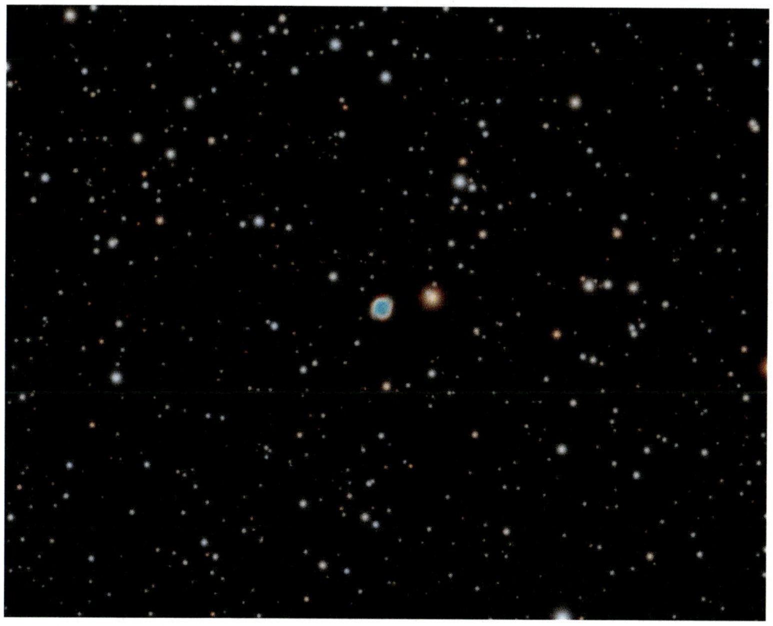

Stephenson 3-1. Richard Hennig

St 3-1, PNG 217.4+02.0, SP 3-1, PK 217+2.1

Nebel	Zentralstern	Intensitäten	
A. Purgathofer,	GSC 04818-00131	HeII	26
R. Weinberger	07:06:50.87	Hβ	100
1976	−03:05:09.0	[OIII]	947
15"	$20^{m}8$	Hα	468
$14^{m}2$	–	[NII]	332
isDSA/G 60-9	18.900 Lj (2010)	[SII]	37

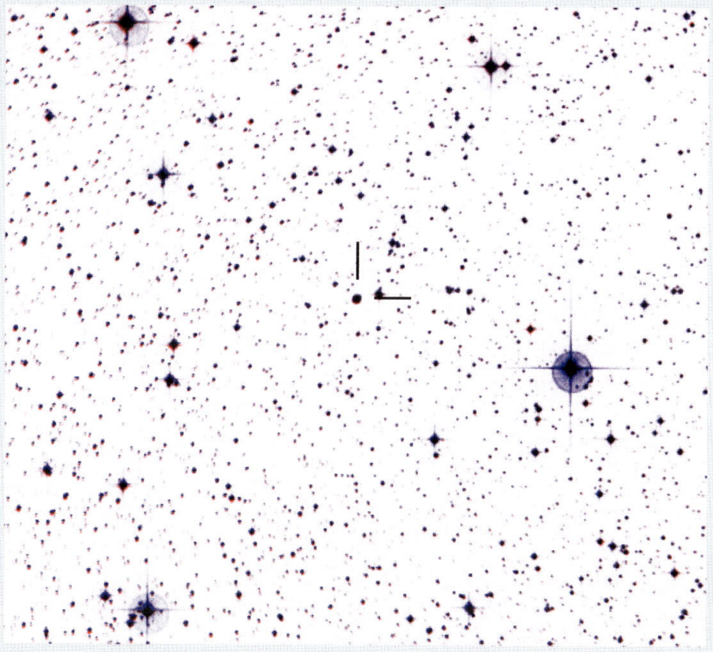

Stephenson 3-1 wurde 1978 von Charles Stephenson auf Objektivprismen-Aufnahmen mit der 24" f/3,5 Burnell-Schmidtkamera am Kitt Peak Observatory entdeckt.

Stephenson beschrieb seinen Fund als 12 × 5" im Durchmesser, von mittlerer Anregung, Blauhelligkeit 16. Größe. Der Nebel war aber schon 1976 von Ronald Weinberger und Alois Purgathofer auf dem POSS gefunden worden. Sie hatten Aufnahmen am Calar Alto und Radiobeobachtungen in Effelsberg initiiert, es ergaben sich aber aus Sicht der Autoren zu wenig Anhaltspunkte für eine Klassifikation als PN, um ihren Fund zu veröffentlichen. Sie beschrieben den Nebel als »runden Fleck« mit einer Größe von 17" im roten und 15" im blauen Spektralbereich.

Aufgrund des Nebelspektrums mit [NII] und [OIII] als starken Linien gilt die Natur als PN heute gesichert. Gaia konnte zwar die Helligkeit des Zentralsterns GSC 04818-00131 mit $20^{m}8$ bestimmen, eine Parallaxenmessung liegt aber nicht vor. Ältere Quellen nennen 19.000 Lichtjahre. St 3-1 ist als schwacher stellarer Punkt schon mit 8" Öffnung zu sehen, wie Kent Wallace nachwies. Der Autor sah mit 14" ein deutliches Scheibchen von 5" Durchmesser. Steve Gottlieb nannte den Nebel mit 17,5" »nicht schwierig«, klein und leicht elongiert. Uwe Glahn konnte mit 27" die auf Fotos sichtbare Ringform erkennen.

Stephenson 3-1 mit 16" Öffnung, 425×, $21^{m}6$ SQM. Ronald Stoyan

Kohoutek 1-9

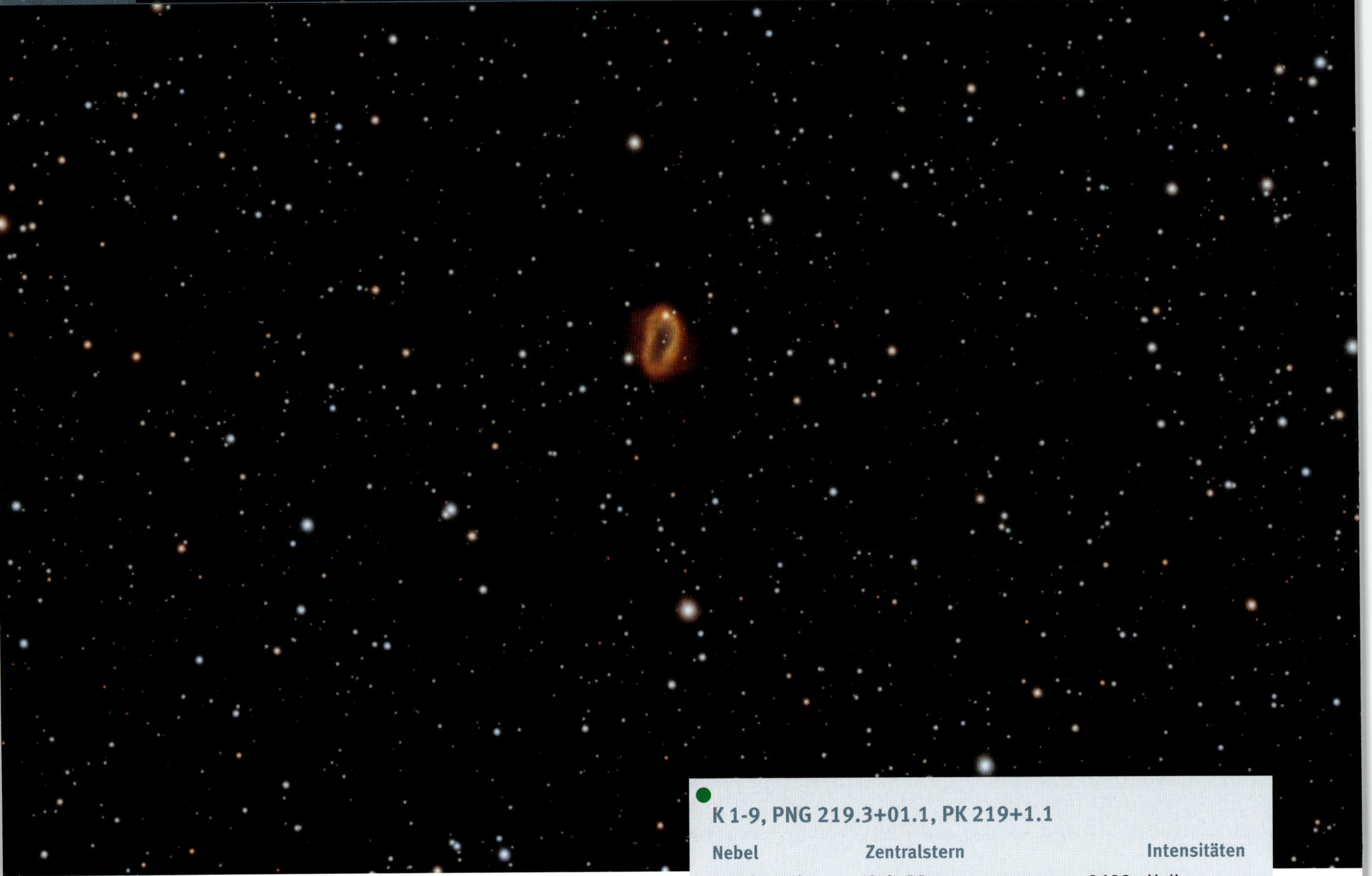

Kohoutek 1-9. Richard Hennig

K 1-9, PNG 219.3+01.1, PK 219+1.1

Nebel	Zentralstern	Intensitäten	
L. Kohoutek	Gaia DR2 3053413132594418688	Hell	
1962	07:07:15.60	Hβ	100
	−5:10:07.00	[OIII]	162
48 × 28"	$19^{m}1_{vis}$, $16^{m}9_{Gaia}$	Hα	444
–	–	[NII]	3230
isDSA/G –	5400 Lj (Gaia EDR3)	[SII]	107

Kohoutek 1-9 ist auf der ersten Liste von Planetarischen Nebeln des tschechischen Astronomen Luboš Kohoutek enthalten, die er 1962 publizierte. Er beschrieb den Nebel als »ovalen, aber nicht ganz symmetrischen Ring mit einer Andeutung einer äußeren Hülle. Größe des Rings 48 × 28", mittlere Dicke 8,3". Größe der äußeren Hülle ~60". Der Stern nahe des geometrischen Zentrums ist wahrscheinlich nicht identisch mit dem Kern des PN.«

Die Natur des Objekts als Planetarischer Nebel war umstritten. Wegen zu geringer [OIII]-Emission berücksichtigten Acker et al. den Nebel nicht im SECGPN. Kondratyeva und Denissyuk führten jedoch an, dass es sich durchaus um einen alten PN mit eigentlich bipolarer Struktur handeln könne, bei dem der sichtbare Ring lediglich ein Überbleibsel in der Äquatorebene darstellt. Die Expansionsgeschwindigkeit gaben sie mit 50 km/s. [NII] ist 8-mal so stark im Spektrum vertreten wie Hα.

Der Zentralstern Gaia DR2 3053413132594418688 besitzt nach Kaler $19^{m}1_{vis}$, Gaia maß $16^{m}9$. Die Entfernung beträgt etwas mehr als 5000 Lichtjahre. Kondratyeva und Denissyuk gaben eine Temperatur von mindestens 54.000K für den Zentralstern.

Der Autor konnte mit 16" Öffnung an der Stelle lediglich einen Stern sehen (wahrscheinlich der auf dem nördlichen Rand). Uwe Glahn gelang mit 27" eine Sichtung des Zentralsterns, der Nebel blieb verborgen.

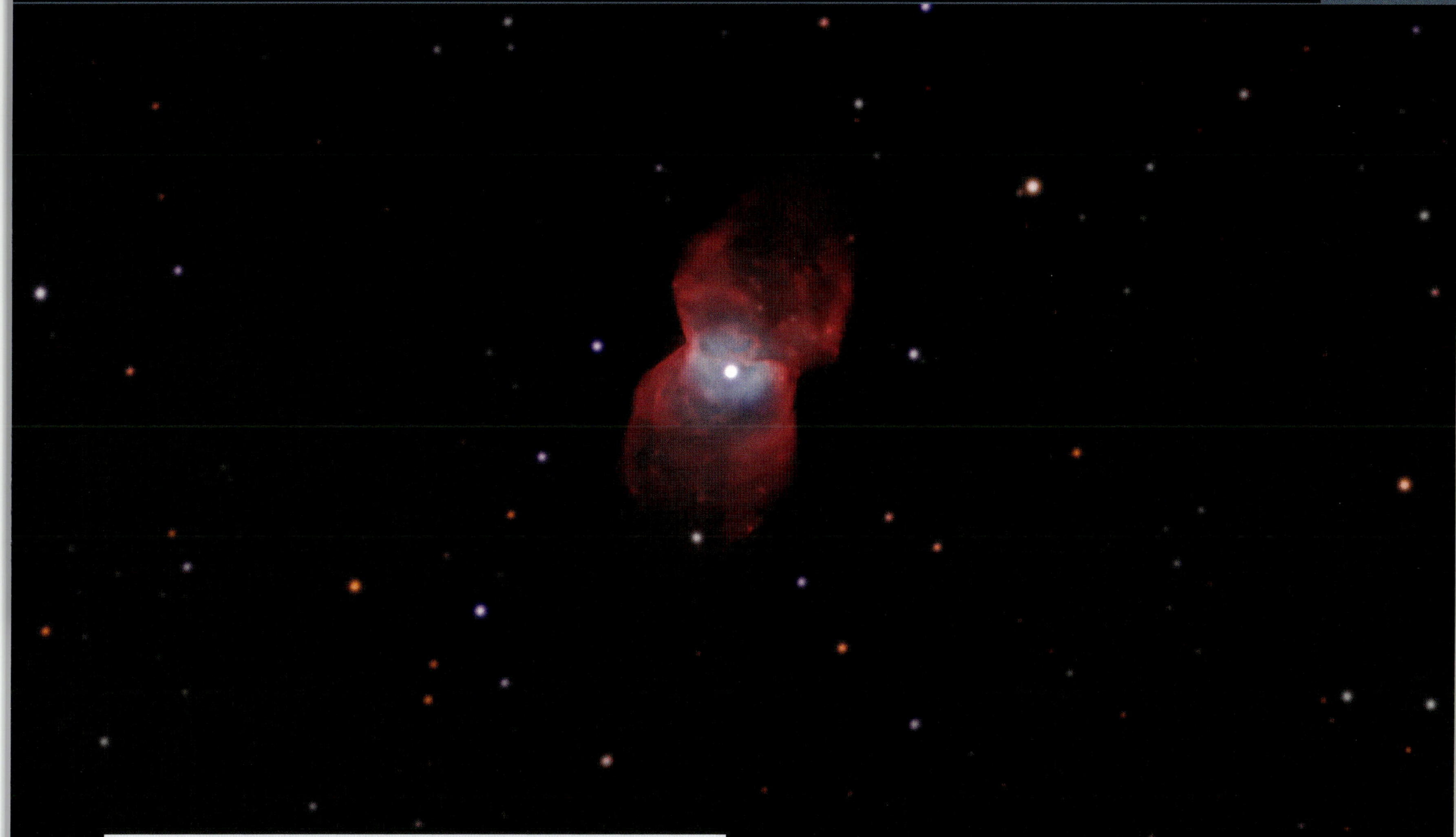

NGC 2346, PNG 215.6+03.6, Sa 2-5, VV 33, M 1-10, PK 215+3.1

Nebel	Zentralstern	Intensitäten	
W. Herschel	HD 293373 = V651 Mon	Hell	34
5.3.1790	07:09:22.5	Hβ	100
	−00:48:22.97	[OIII]	1088
60 × 50"	11^m6_{vis}, 11^m2_{Gaia}	Hα	236
11^m9	(A5)	[NII]	388
isDSA/G 60-6	4510 Lj (Gaia EDR3)	[SII]	16

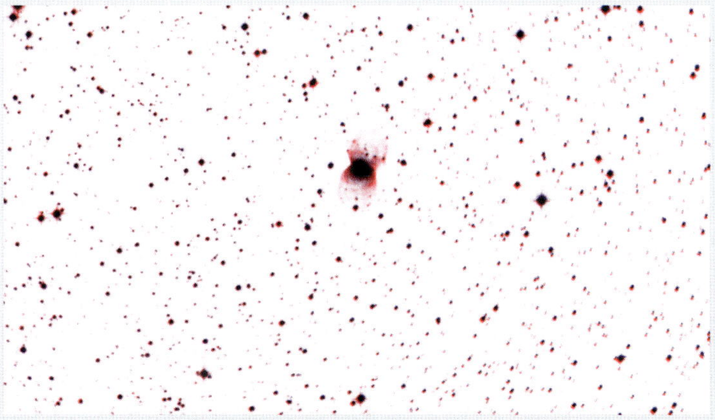

NGC 2346. Marc-Antonio Fischer

Historie

Der unermüdliche Wilhelm Herschel entdeckte NGC 2346 am 5.3.1790 und notierte: »ein ziemlich beträchtlicher Stern, 9. oder 10. Größe, sichtlich beeinflusst von sehr schwachem Nebel von sehr geringer Ausdehnung um ihn herum. [...] Der 22te Monocerotis war ziemlich frei von Nebel.« Damit nahm Herschel bezug auf den Stern 22 Mon, auch als δ Mon bekannt, knapp 1° nordöstlich des Nebels.

Astrophysik

Der helle Zentralstern HD 293373 alias V651 Mon dominiert nicht nur den Anblick des Nebels, sondern ist auch für das physikalische Verständnis zentral. Von 1899 bis

NGC 2346, Hubble Space Telescope. NASA und STScI ESA

NGC 2346, International Gemini Observatory. Letizia Stanghellini

1981 war seine Helligkeit konstant bei 11^m. 1982 stellte man fest, dass der Stern alle 16 Tage auf 13^m fiel. Zum Jahreswechsel 1982/83 schwankte die Helligkeit zwischen 12^m und 14^m5, 1983 blieb sie dann konstant bei 15^m. 1984 und 1985 wurde der Stern wieder heller, im Herbst zeigte sich Variabilität zwischen 11^m2 und 13^m, und Ende 1985 schien die Episode ein Ende zu haben, V651 Mon blieb bei einer konstanten Helligkeit von 11^m2. 1996 und 1997 kam es jedoch zu einem ähnlichen Helligkeitseinbruch auf unter 15^m, diesmal dauerte das Ereignis 400 Tage. Weitere »Fadings« traten 2004 und 2008 auf.

Kohoutek fand 1995 heraus, dass die Helligkeit bereits zwischen 1955 und 1978 um 0^m15 abgenommen hatte. Auch im »Ruhezustand« weist V651 Mon einen Lichtwechsel von 0^m5 bis 0^m8 zwischen 10^m7 bis 11^m5 auf. Dieses Verhalten ist durch die Doppelsternnatur des Zentralsterns zu erklären. Sie wurde schon 1973 von Kohoutek und Senkbeil postuliert, aber erst 1981 von Mendez und Niemala bestätigt.

Das sehr enge System hat einen Abstand von nur 0,2 AE. Die Umlaufszeit beträgt 16 Tage. Die Hauptkomponente ist ein Stern der Spektralklasse A5 mit einer Temperatur von 7500K bis 8000K. Der Begleiter ist ein Weißer Zwerg mit 100.000K bis 130.000K; bei ihm handelt es sich um den eigentlichen Zentralstern des Planetarischen Nebels.

Die »Fadings« werden durch Staubwolken ausgelöst, durch die der helle A5-Stern auf seiner Bahn um den gemeinsamen Schwerpunkt des Systems zieht. Dabei wird er alle 16 Tage durch die Wolke verfinstert. Pena und Hobart gingen zusätzlich von einem dritten Stern aus, dafür wurde aber bisher kein Nachweis erbracht.

Gomez-Munoz et al. untersuchten das Paar 2019 genauer. Danach ist der Zentralstern, also der kleinere Stern des Systems, selbst nicht variabel. Die Autoren geben eine eine Masse von 0,7 Sonnenmassen; der Vorgängerstern besaß 3,5 Sonnenmassen. Der helle A-Stern hat eine Masse von 2,3 Sonnen. Der A-Stern hat einen Teil seiner Masse

Common Envelope Phase

Als »Common Envelope«, zu deutsch »gemeinsame Hülle«, wird ein Zustand von engen Doppelsternsystemen bezeichnet, die sich in einer gemeinsamen Materiehülle befinden. Möglich ist dies durch Massentransfer zwischen den beiden Sternen, wenn eine der Komponenten seine Roche-Grenze überschreitet. Fließt mehr Materie vom Hauptstern auf seinen Begleiter als dieser aufnehmen kann, bildet sich eine solche gemeinsame Hülle. Gleichzeitig nähern sich beide Komponenten in so einem Szenario an. Es kann sogar zu einer Verschmelzung der Sterne kommen. Man nimmt heute an, dass eine Common-Envelope-Phase bei zahlreichen Planetarischen Nebeln Teil ihres Entwicklungswegs war.

NGC 2346. Masaru Yamashita

NGC 2346. Peter Goodhew

vom Begleiter erhalten. Der Abstand der beiden Sterne beträgt aktuell 0,18 bis 0,19 AE, war aber ursprünglich wohl größer, denn der Radius des Zentralsterns muss vor der Erzeugung des PN größer als der jetzige Abstand gewesen sein.

Brown et al. gaben 2019 die Massen mit 0,6 und 3,5 bis 5,3 Sonnenmassen an. Sie bezeichnen den Zentralstern als eines der Systeme mit der längsten Umlaufszeit für in der so genannten »Common-Envelope«-Phase entstandene PN (vgl. Kasten). Der Begleiter sei gleichzeitig einer der massereichsten Zentralsterne, die in der Phase nach dem »Common Envelope« bekannt sind.

Manchado et al. stellten in NGC 2346 die Existenz von Klumpen von Wasserstoff fest, die in einem Abstand von 0,06 bis 1 Lichtjahr vom Zentralstern vorkommen. Sie haben eine Größe von 200 bis 500 AE. Nach den Autoren stammen diese Klumpen aus der Frühphase des PN: Nachdem der heiße Sternwind die vor dem Planetarischen Nebel erzeugte Scheibe oder den Torus erreicht hat, zerbricht diese(r) in einzelne Klumpen. Besonders dichte Klumpen überleben die Ionisationsfront und gehen schließlich in das interstellare Medium über, wenn der Planetarische Nebel verlischt. Damit könnten sie zur dunklen Materie in unserer Galaxie beitragen.

Die Morphologie des Nebels ist bipolar. Im Spektrum dominieren [NII], Hα, [OIII]; auch HeII ist vorhanden. Der Kernbereich misst ca. 60 × 50", mit den schwächeren Bereichen ist die Gesamtausdehnung 124 × 59".

Beobachtung

NGC 2346 ist ab etwa 4" Öffnung sichtbar. Mit 120mm konnte der Autor um den hellen Zentralstern einen schwachen runden Nebel erkennen. Mit 14" Öffnung erscheint ein unregelmäßiger dicker Ring von ovaler Form um den hellen Stern. Der äußere Bereich erscheint gefleckt, und vom hellen Stern getrennt. Mit [OIII]-Filter ändert sich der Anblick dramatisch; der Nebel ist nun an den Zentralstern angebunden und zeigt eine vage bipolare Struktur.

Kent Blackwell bemerkt, dass NGC 2346 in großen Öffnungen ein gut funktionierender »blinkender PN« ist – besser als der eigentlich so benannte NGC 6826, denn der Nebel wird mit [OIII]-Filter sehr stark verstärkt und ist ohne Filter kaum sichtbar, während der Zentralstern hell bleibt. Der amerikanische Beobachter Steve Coe schreibt, dass er einen Blinkeffekt in NGC 2346 ohne Filterwechsel erzeugen konnte durch Wechsel zwischen direktem und indirektem Sehen, wenn ein UHC-Filter in das Okular geschraubt war.

Kohoutek 1-10

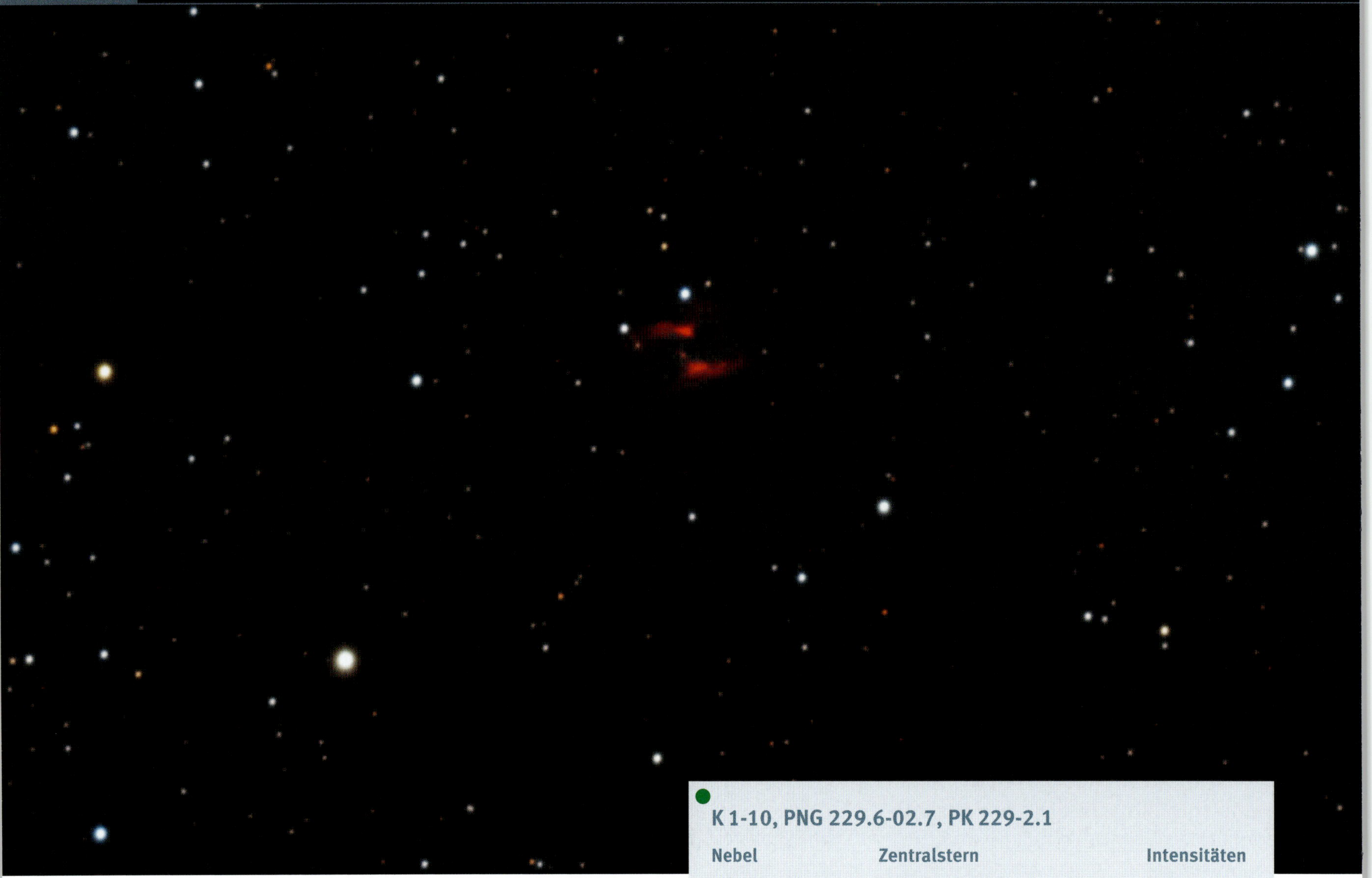

Kohoutek 1-10. Gary Imm

K 1-10, PNG 229.6-02.7, PK 229-2.1

Nebel	Zentralstern	Intensitäten	
L. Kohoutek	nicht katalogisiert	HeII	–
1961	07:12:35.5	Hβ	–
	–16:05:59.71	[OIII]	55
86 × 45"	–	Hα	100
–	–	[NII]	534
isDSA/G –	–	[SII]	

Kohoutek 1-10 ist einer der vielen Planetarischen Nebel, die auf dem POSS gefunden wurden, in diesem Fall von Luboš Kohoutek vor 1961. Er publizierte seinen Fund im Jahr 1962 und beschrieb ihn als »schmetterlingsförmiger Nebel mit zwei symmetrischen Kondensationen«. Die Gesamtausdehnung gab er mit 86" an, die Länge der beiden Arme mit 45" und den Abstand der beiden Kondensationen mit 34". Diese Notizen beziehen sich auf das Bild auf dem roten POSS, auf dem blauen POSS ist der Nebel komplett unsichtbar. Schuld daran ist das Spektrum des Nebels, denn die stärkste Linien ist [NII], während [OIII] nur ein Zehntel von deren Intensität erreicht.

Corradi et al. sahen eine Ähnlichkeit mit NGC 2899 und beschrieben A 20 als »hohle Zylinder mit symmetrischen Knoten, begegnen sich an den Enden«. Kohoutek konnte keinen Zentralstern feststellen; auf den Bildern der Pan-STARRS-Durchmusterung ist ein sehr schwacher Stern zu erkennen. Nähere Daten zu ihm liegen nicht vor.

Der Autor konnte den Nebel mit 16" Öffnung nicht sehen. Uwe Glahn glaubte den Südteil mit 27" Öffnung zu erkennen, stuft die Beobachtung aber als unsicher ein.

Longmore 3

Longmore 3. Chart 32

Lo 3, Wray 17-1, PNG 258.0-15.7, StWr 3-2, Sa 2-6, ESO 256-19, PK 258-15.1

Nebel	Zentralstern	Intensitäten	
J. Wray	TIC 134545349	HeII	76
1966	07:14:49.4	Hβ	100
	−46:57:39.67	[OIII]	1283
108 × 80"	16^m7_{Gaia}	Hα	309
11^m8	PG1159	[NII]	53
isDSA/G 96	6990 Lj (Gaia EDR3)	[SII]	

Longmore 3 wurde von James Wray im Rahmen seiner Doktorarbeit 1966 erstmals berichtet. Unabhängig davon fanden den Nebel auch Stock und Wroblewski 1972, Sanduleak 1975 und Longmore 1976. Letzterer erkannte das Objekt auf Fotos, die mit dem 48" UK Schmidt am Siding Spring Observatory in Australien aufgenommen worden waren, und publizierte die Entdeckung 1977. Obwohl er also bei Weitem nicht der Erste war der den Nebel fand, wird in den meisten Quellen die Bezeichnung Longmore 3 verwendet. Longmore lieferte auch eine Beschreibung des Objekts: »Besteht aus einem dicken, nicht uniformen Ring mit zwei Kondensationen in PW 152° in Relation zueinander. Schwach sichtbare Ausläufer definieren eine Hauptachse in PW 135°. Sie könnten auch als Ansae, Tuben oder unvollständiger Ring bezeichnet werden. Auffälliger Zentralstern.«

Corradi et al. brachten 1999 eine ausführliche Beschreibung. Sie bezeichnen Wray 17-1 als »komplex und höchst ungewöhnlich«. »Die übergeordnete Struktur ist die einer diffusen Blase, ungefähr rund im inneren Bereich, aber mit komplexer ausgedehnter Emission. Eingebettet in den diffusen Nebel sind zwei bemerkenswerte Paare von symmetrischen, gering ionisierten Strukturen. Die zwei Paare sind in fast senkrechter Stellung zueinander angeordnet. Jedes Paar ist dem anderen in der Distanz zum Zentralstern und der niedrigeren Anregung verglichen mit der Umgebung ähnlich. Sie zeigen aber auch bemerkenswerte morphologische Unterschiede.«

Diese Knoten-Paare werden von den Autoren in PW 28° und 103° vom Zentralstern sowie jeweils gegenüber verortet, ihre Anordnung bezeichnen sie als »Kleeblatt-Morphologie«. Der Zentralstern steht nicht exakt in der Mitte des Musters. In der [OIII]-Linie sind im Außenbereich helle bogenförmige Strukturen zu erkennen. Corradi et al. weisen zudem auf einen Feldstern im nordwestlichen Teil des Nebels hin, nordwestlich des hellsten Knotens (im Foto markiert). Er scheint mit diesem durch eine »mysteriöse« lineare Struktur verbunden zu sein. Die Autoren spekulieren, dass es sich möglicherweise um einen Stern handelt, der sich durch den Nebel bewegt.

Akras und Goncalves erklären die Entstehung der symmetrischen Strukturen durch eine Ausstoßung von Materie entlang einer Kegelform. Die äußeren Filamente könnten aus der Interaktion dieses Prozesses und der äußeren Schale erzeugt werden. Der nordwestliche Knoten läge dann hinter dem Nebel. Die Autoren geben die Expansionsgeschwindigkeit der Knoten mit 40 km/s, während der umgebende Nebel mit 60 km/s ins All strebt. Corradi et al. nennen dagegen nur 28 km/s. Der Zentralstern TIC 134545349 oder WD 0713-468 besitzt die Eigenschaften eines PG1159-Sterns. Er befindet in einem Stadium bevor sich aus ihm ein Weißer Zwerg entwickelt. Akras und Goncalves bestimmen die Oberflächentemperatur mit 140.000K. Der Zentralstern ist 16^m7 schwach (Gaia).

Visuell ist Wray 17-1 kein schweres Objekt und mit 8" Öffnung deutlich als Nebel zu sehen. Der Autor sah den PN mit 16" schon bei Aufsuchvergrößerung, jedoch ohne weitere Strukturen. Bei hohem Stand des Objekts sind von Amateuren auch die beiden helleren Knoten gesichtet worden.

CMi

Ellis-Grayson-Bond 9

Ellis-Grayson-Bond 9. Marcel Drechsler, Markus Blauensteiner

EGB 9, PNG 209.4+09.4, StDr 137

Nebel	Zentralstern	Intensitäten	
G. Ellis, E. Gray-son, H. Bond	nicht katalogisiert	Hell	
1984	07:18:57.8	Hβ	10
377 × 234"	+07:22:23.20	[OIII]	100
–	–	Hα	40
isDSA/G –	–	[NII]	25
	–	[SII]	

Ellis-Grayson-Bond 9 wurde 1984 von den Fachastronomen Glenn L. Ellis, Earl T. Grayson und Howard E. Bond auf dem POSS gefunden. Die Entdecker sichteten die Glasplatten nicht in einem vergrößernden Betrachter, sondern hielten sie am ausgestreckten Arm und untersuchten sie für mehrere Minuten. Sie bezeichneten ihren Fund als länglichen schwachen Nebel und waren der Meinung, entweder einen PN oder eine »Galaxie von außerordentlich geringer Sterndichte« gefunden zu haben, da sie keinen passenden Zentralstern ausmachen konnten. Von Hoessel et al. wurde EGB 9 1988 auch als Teil des interstellaren Mediums angesehen.

David Frew bemerkte 2008, dass zwar ein blauer 13^m-Stern als Kandidat infrage käme, dieser aber zu kühl sei, um den Planetarischen Nebel zu ionisieren. Er postulierte, dass es einen anderen Zentralstern geben müsse. Douchin et al. fanden einen Begleiter des optischen Zentralsterns, jedoch mit der Spektralklasse G4 – ebenfalls zu kühl für einen PN. 2020 untersuchten Xavier Strottner und Marcel Drechsler den Nebel und identifizierten einen anderen Stern als möglichen Zentralstern. Dieser steht knapp östlich des 13^m-Sterns als Teil eines engen Paars. Es wurde außerdem ein Spektrum erstellt, das typische PN-Emissionslinien wie [NII], Hα und [OIII] zeigt. Die Gesamtausdehnung gaben die Entdecker mit 3,7 × 0,7' an. Drechsler kommt auf seiner tiefen Aufnahme dagegen auf etwa 7 bis 8', mit den sehr schwachen Ausläufern werden daraus sogar 13'. Es sind keine visuellen Beobachtungen bekannt.

Pierce-Frew-Parker 1

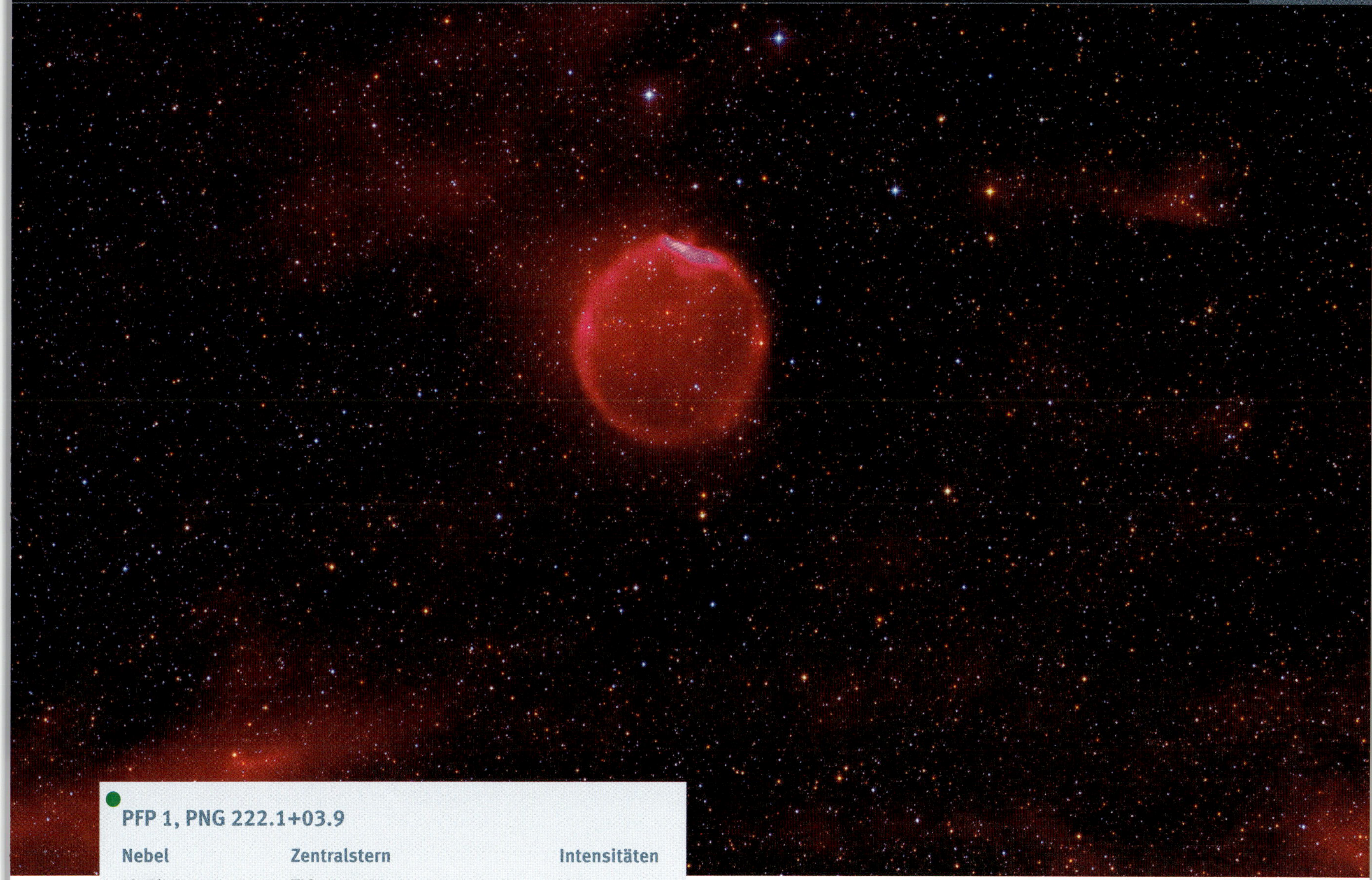

Pierce-Frew-Parker 1. Andreas Bringmann

PFP 1, PNG 222.1+03.9

Nebel	Zentralstern	Intensitäten	
M. Pierce	TIC 187516875	HeII	
2004	07:22:20.30	Hβ	10
	−6:21:56.02	[OIII]	10
1150 × 1100"	$15^{m}8_{Gaia}$	Hα	40
–	DO	[NII]	100
isDSA/G –	1740 Lj (Gaia EDR3)	[SII]	

Pierce-Frew-Parker 1 wurde im Jahr 2024 von Mark Pierce per Zufall entdeckt, als er auf dem AAO/UKST Hα Survey stellare Hα-Quellen in der CMa-OB1-Sternassoziation suchte. Die Veröffentlichung verfassten Pierce, David Frew, Quentin Parker und Joachim Köppen. Frew und Parker fertigten daraufhin Spektren an. Auf dem POSS ist nur der hellste Teil des Nebelrands im Nordwesten zu erkennen. Hier stößt die Nebelmaterie auf das interstellare Medium und interagiert mit diesem. Die Gesamtgröße ist 19,2' × 18,3', damit ist PFP 1 einer der größten Planetarischen Nebel am Himmel. Der Zentralstern TIC 187516875 besitzt eine Helligkeit von $15^{m}8$, Gaia ermittelte eine Entfernung von 1740 Lichtjahren. Der Durchmesser beträgt 3 Lichtjahre.

PFP 1 ist mit einem kinematischen Alter von 70.000 Jahren sehr alt; sein physikalisches Alter dürfte aber eher bei etwa 20.000 Jahren liegen, da sich seine Expansion stark abgeschwächt hat. Das Spektrum des Nebels liefert [NII] als hellste Spektrallinie, 3-mal so intensiv wie Hα. Dagegen ist kaum [OIII] vorhanden, visuelle Beobachter haben also schlechte Karten.

Uwe Glahn war der Meinung mit 8" Öffnung und UHC-Filter eine flächige Aufhellung zu sehen, dagegen gelang ihm mit 16" und 27" keine Sichtung.

CMi Abell 20

Abell 20. Chart 32

A 20, PNG 214.9+07.8, PK 214+7.1

Nebel	Zentralstern	Intensitäten	
Entdecker	GSC2 N220100127413	Hell	88
unbekannt	07:22:57.7	Hβ	100
vor 1955	+01:45:32.83	[OIII]	678
67 × 61"	16^m5_{vis}, 16^m4_{Gaia}	Hα	430
14^m0	DA	[NII]	–
isDSA/G 60	6020 Lj (Gaia EDR3)	[SII]	

Abell 20 wurde in George Abells Liste von 1955 erstmals aufgeführt, dort trägt er die Nummer 15. Der genaue Entdecker ist unbekannt, da Abell viele verschiedene Quellen verwendete, diese aber nicht einzeln kennzeichnete.

Die Ausdehnung beträgt 67 × 61", mit Halo reicht der Nebel bis zu einem Durchmesser von 96". De Marco et al. charakterisierten Abell 20 als rundes Objekt mit einem Hohlraum um den Zentralstern. Sie verglichen die Form mit einem Donut, auf den wir von einem der Pole blicken. Emprechtinger et al. beobachteten A 20 mit goßen Optiken mit bis zu 3,6m Öffnung und erfassten den »hoch ionisierten« Halo. Rauch et al. bemerkten radiale »Wagenrad-Strukturen« im Zentrum und schwache polare Loben. Die Temperatur des Zentralsterns wird mit 119.000 bis 140.000K angegeben, das kinematische Alter des Nebels mit 18.000 bis 42.000 Jahren. Die Expansionsgeschwindigkeit beträgt 21 km/s.

Abell 20 ist visuell ein schwer zu beobachtendes Ziel. Der Autor konnte den Nebel mit 14" Öffnung nicht sehen. Mit 16" zeigte sich ein sehr schwacher runder Nebel, ebenso mit 20". UHC- oder [OIII]-Filter sind Pflicht. Der Zentralstern konnte mit 16" nur vermutet werden; in Uwe Glahns 27"-Newton war es möglich ihn zu halten.

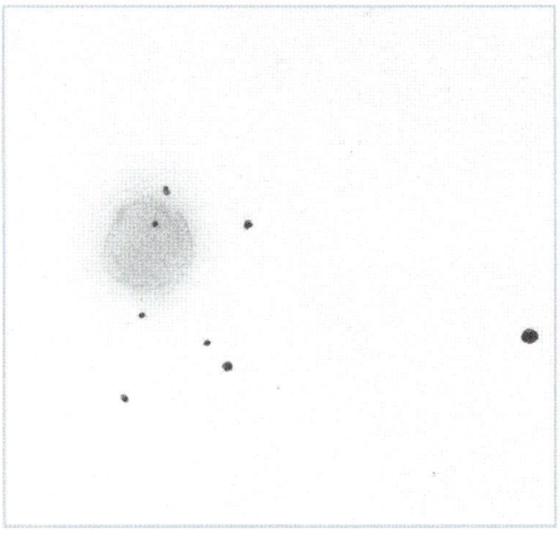

Abell 20 mit 16" Öffnung, 222×, [OIII], 21^m5 SQM. Ronald Stoyan

Double Bubble, Candy Nebula NGC 2371/2

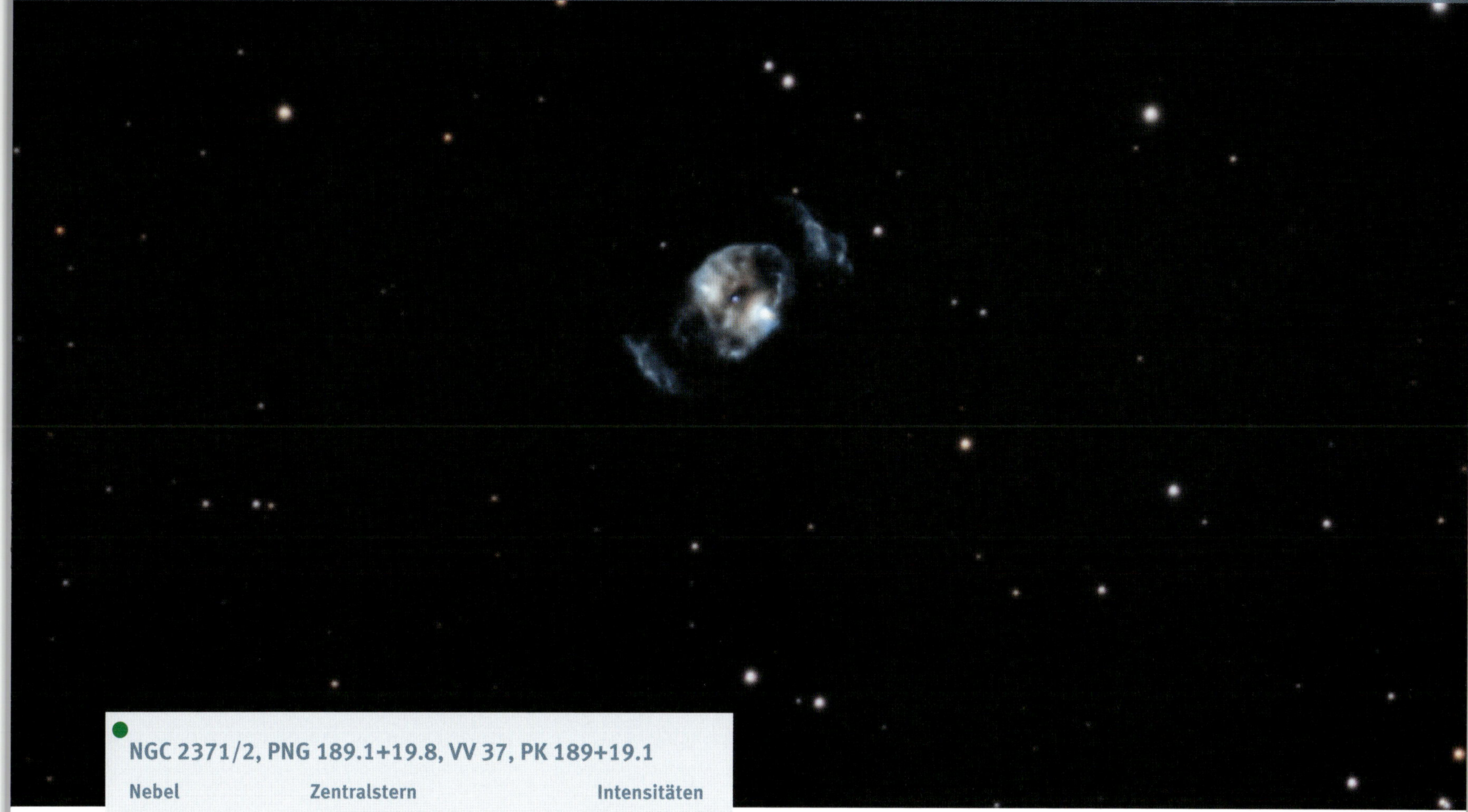

NGC 2371/2, PNG 189.1+19.8, VV 37, PK 189+19.1

Nebel	Zentralstern	Intensitäten	
W. Herschel	TIC 446005482	HeII	123
12.3.1785	07:25:34.68	Hβ	100
	+29:29:26.4	[OIII]	838
74 × 54"	13^m5_{vis}, 14^m8_{Gaia}	Hα	397
11^m2	PG1159	[NII]	27
isDSA/G 36-4	5610 Lj (Gaia EDR3)	[SII]	17

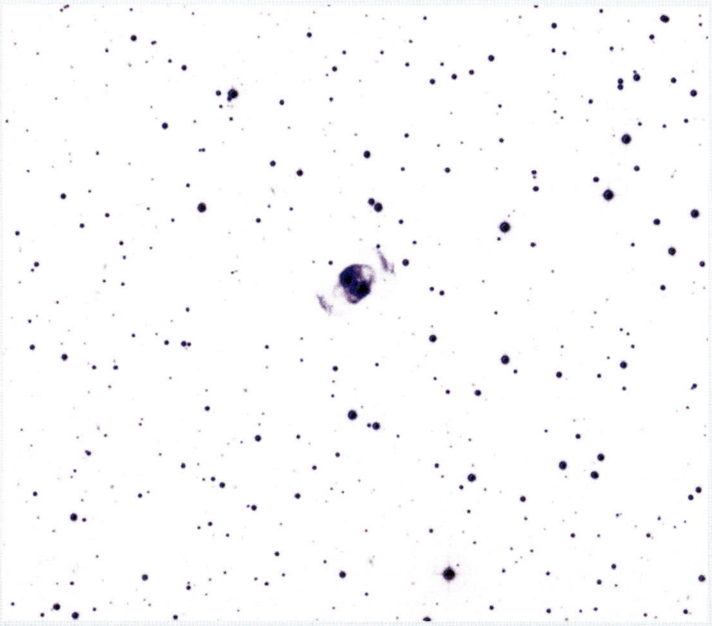

NGC 2371/2. Gary Imm

Historie

Wilhelm Herschel fand NGC 2371/2 am 12. März 1785; er erkannte jedoch nicht ein Objekt, sondern ein Nebel-Paar. Seine Notiz lautet: »Zwei. Distanz 1', Außenbereiche vermischt. Beide schwach, klein, gleichartig, haben einen Kern.« Er ordnete beide Objekte in seine Klasse II »schwache Nebel« ein, wo sie die Nummern 316 und 317 erhielten. Diese Zweiteilung wurde später in den NGC übernommen, NGC 2371 stellt also den südwestlichen Teil dar, NGC 2372 den nordöstlichen. Mit M 76 gibt es noch einen weiteren NGC-PN mit zwei Nummern, IC 5148-50 ist ein Beispiel aus dem IC. In allen drei Fällen handelt es sich physisch um ein Objekt.

William Lassell nannte NGC 2371/2 einen »bemerkenswerten kleinen Doppelnebel«. Curtis schrieb 1918: »Hellster Teil besteht aus zwei Loben, die zusammen ein unregelmäßiges und fleckiges Oval formen. Die hellsten Teile dieser Loben sind 35" voneinander entfernt in PW 65°, der

NGC 2371/2. Masaru Yamashita (links), Rudolf Riedl (Mitte), James Shuder (rechts)

komplette Durchmesser in dieser Richtung ist 54". Zwei sehr schwache, leicht gekrümmte Ausläufer sind jeweils 60" entfernt in Verlängerung der langen Achse von PW 126-306°. Eine schmale dunkle Linie verläuft zwischen den Loben nahezu in der langen Achse und verbreitert sich um den Zentralstern. Viele sehr kleine und schwache Nebelflecken in dieser Region.«

Astrophysik

Auf den ersten Blick ist die symmetrische bipolare Struktur von NGC 2371/2 zu erkennen, die zu den beiden NGC-Nummern geführt hat. Gomez-Gonzalez et al. identifizierten vier morphologische Einheiten:

- ein hoch angeregter Zentralkörper mit elliptischer Form in PW 128°, 49 × 51"
- darin eingebettet ein Paar kompakter, niedrig angeregter Knoten senkrecht dazu in PW 65°, je 16,5" vom Zentralstern
- ein Paar äußere Loben, orientiert in Richtung PW 128° / 308° vom Zentralstern, 132 × 50"
- ein nur im fernen UV-Bereich nachweisbarer Halo von 140" Durchmesser

Im Hauptkörper sind neben den hellen Kondensationen auch polare Gasausbrüche zu erkennen, die sich nur wenig abgelenkt in den äußeren Loben fortsetzen. Hier haben sich Schockfronten durch die Interaktion des mit bis zu 70 km/s ausströmenden Materials mit dem interstellaren Medium gebildet.

Die hellen Knoten im Hauptkörper besitzen eine niedrigere Expansionsgeschwindigkeit von 7 km/s. Hier sind Schockfronten zur Ionisationsquelle des Zentralsterns hin zu beobachten. Klumpen dichteren Materials werden hier durch den energiereichen Sternwind des Zentralsterns freigelegt (»Photoevaporation«). Im »Schatten« der Klumpen haben sich kometenartige Schweife gebildet, hier kann die Strahlung des Zentralsterns nicht eindringen und es besteht eine weitaus geringere Anregung als im Rest des Nebels.

Ramos-Larios und Philips haben diese radial vom Zentralstern weg gerichteten Schweife genauer betrachtet. Sie sind bis zu 0,8" lang und strahlen vor allem im Bereich der [NII]-Linie, wirken auf Fotos also rötlich. Die Autoren beschreiben »Kragen« von [OIII]-Emission, die sich um die Schweife herum legen. Dabei könnte es sich um Stellen handeln, an denen die Strahlung des Zentralsterns die Nebelwand durchdrungen hat. An der Bildung der »Schweife« und »Kragen« ist auch das Magnetfeld des in Präzessionsbewegungen um seine Achse »taumelnden« Sterns beteiligt.

Die äußeren Loben werden nach Kaler von den Anteilen ultravioletten Lichts angeregt, das durch den Kernbereich des Nebels dringen kann. Sie expandieren mit 30 km/s. Die inneren Strukturen vergleicht er dagegen mit den Ansen in NGC 7009 – so genannte FLIER (»Fast Low-Ionization Emission Region«), ausgerichtet in der Rotationsachse des Zentralsterns. Auf den Bildern des Weltraumteleskops Hubble ist zu sehen, wie hier die Nachbarschaft der FLIER ebenfalls beeinflusst wird.

Nach Kaler befindet sich der Zentralstern TIC 446005482 = WD 0722+295 mit 118.000K nahe seiner Maximaltemperatur. Sein Licht wird wieder schwächer werden und er wird schließlich als Weißer Zwerg enden. Andere Autoren nennen sogar 120.000 bis 135.000K.

Der Zentralstern zeigt eine leichte Variabilität. Er befindet sich in einer Übergangsphase von Wolf-Rayet-Charakteristika im Spektrum zu der eines PG1159-Variablen. Corsico et al. ermittelten acht Lichtwechselperioden zwischen 14,6 und 17,2 Minuten. Seine Masse gaben sie mit 0,76 Sonnenmassen.

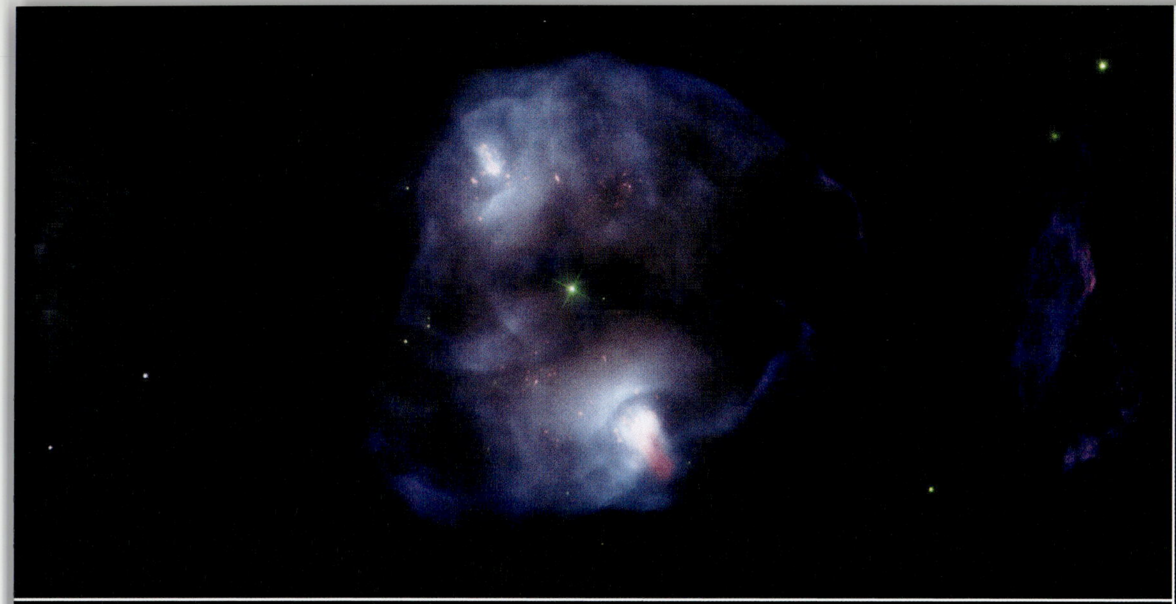

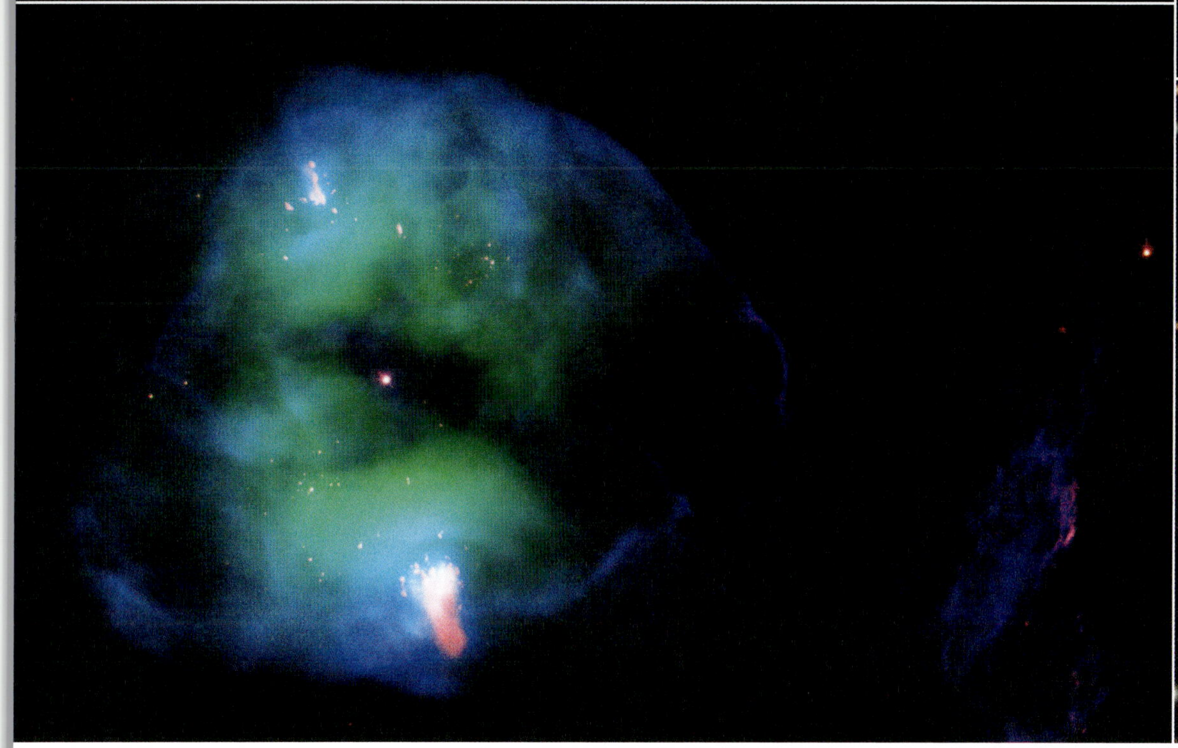

NGC 2371/2, HST. ESA/Hubble & NASA, Judy Schmidt (oben), R. Wade et al. (unten), K. Noll, H. Bond, C. Christian. L. Frattare, F. Hamilton, Z. Levay, M. Mutchler, W. Januszewski (rechts oben).

NGC 2371/2. Legacy Surveys / D. Lang (Perimeter Institute), NERSC

Beobachtung

NGC 2371/2 ist ein spannendes Beobachtungsobjekt vor allem für große Optiken. Mit 120mm Öffnung sind zwei kleine Nebelflecken sichtbar, die sich fast berühren. Der südwestliche Teil ist etwas heller mit Nebefilter.

Mit 14" Öffnung wird das Bild detaillierter: Die südwestliche Kondensation ist deutlich heller, mit einem fast stellaren Knoten auf ihrer westlichen Außenkante. Beide sind von dreieckiger Form mit nach außen spiralenden Ausläufern, was der insgesamt bipolaren Form einen schiefen Aspekt verleiht. Der schwache Zentralstern ist klar sichtbar. Senkrecht zu den beiden hellen Kondensationen sind die beiden sehr schwachen Fragmente der äußeren Hülle ausgerichtet, die nur schwach mit dem Hauptkörper verbunden sind. Für diese Loben wird auch mit 20" zwingend ein [OIII]-Filter benötigt, während der innere Nebelteil gut ohne Filter betrachtet werden kann. Mit 30" Öffnung erscheint der Zentralstern hell zwischen den beiden inneren Nebelhälften. Der Knoten im südwestlichen Teil ist deutlich flächig. Die äußeren Loben sind beeindruckend kurvig und schließen das Objekt wie eine Klammer ein. Mit 48" Öffnung betrachtet waren diese auch ohne Filter zu sehen, wie Steve Gottlieb bemerkt. Mit dieser Optik »zeigt das Objekt so viele feine Details, dass es wenig Ähnlichkeit hat mit den Anblicken mit 18"-Teleskopen«.

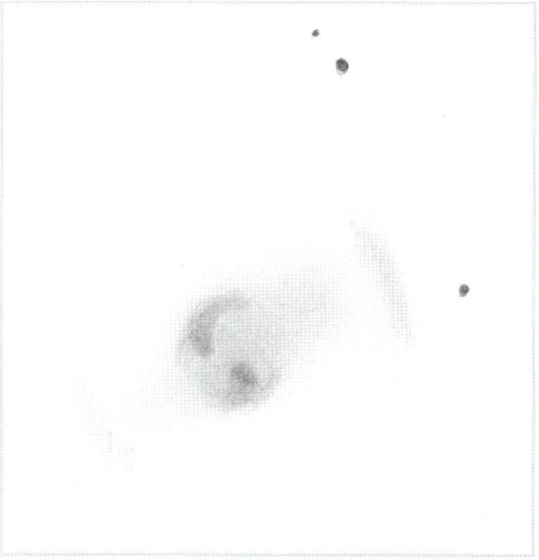

NGC 2371/2 mit 20" Öffnung, 333×, [OIII], $21^{m}0$ SQM. Ronald Stoyan

Gem Abell 21 Medusanebel

Abell 21. Chart 32

A 21, PNG 205.1+14.2, Sh 2-274, YM 29, PK 205+14.1

Nebel	Zentralstern	Intensitäten	
H. Johnson	TIC 247056967	HeII	–
1953	07:29:02.7	Hβ	100
	+13:14:48.77	[OIII]	147
744 × 509"	$16^{m}0_{vis}$, $15^{m}9_{Gaia}$	Hα	250
$10^{m}2$	DOZ, PG1159	[NII]	425
isDSA/G 48-2	1930 Lj (Gaia EDR3)	[SII]	

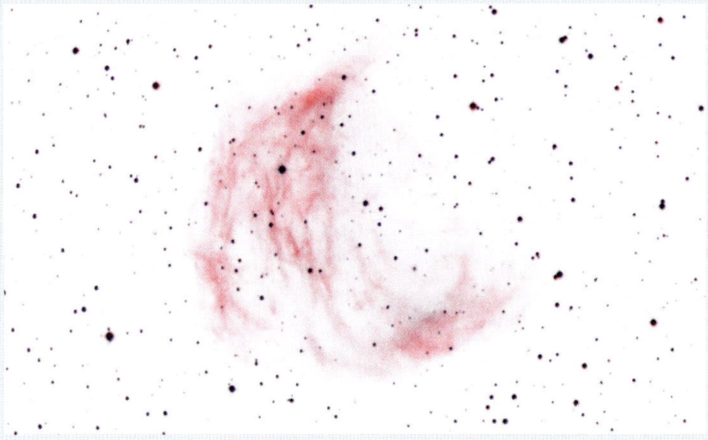

Historie

Abell 21 ist der vielleicht bekannteste Nebel des Abell-Katalogs. Erstaunlicherweise ist er kaum eingehender untersucht worden.

Hugh Johnson entdeckte den Nebel zwischen 1953 und 1955, als er mit einer 8"-Schmidtkamera in der Hα-Linie fotografierte. Johnson, der zuerst an der Yerkes-Sternwarte und dann am McDonald Observatory arbeitete, veröffentlichte seinen Fund in einer Liste, deren Kürzel YM nach beiden Sternwarten benannt ist. Trotzdem ist heute die Abell-Nummer von 1966 die geläufigste Bezeichnung. 1955 hatte George Abell den Nebel in die erste Version seines Katalogs unter der Nummer 16 aufgenommen.

Abell 21. Mike Selby

Astrophysik

Johnsons Veröffentlichung beschäftigte sich mit »symmetrischen Nebeln«, obwohl Abell 21 ja eindrucksvoll asymmetrisch ist: Der hellen Ostseite steht eine schwache Westseite gegenüber. Diese Asymmetrie beruht auf der unterschiedlichen Reaktion der mit 50 km/s expandierenden Nebelmaterie mit dem interstellaren Medium. In den ersten 20 Jahren nach seiner Entdeckung war die Identifikation als PN aufgrund seiner untypischen Form auch stark umstritten; Minkowski klassifizierte ihn 1958 als Supernovarest, Sharpless 1959 als Galaktischen Nebel und auch Vorontsov-Veljaminov, der ihm 1960 seinen Spitznamen gab, hielt ihn für einen SNR. Er war deshalb auch nicht im originalen PK-Katalog enthalten. Erst 1971 klärten Johnson und Rubin, dass es sich um einen eigentümlichen Planetarischen Nebel handelt.

Der nur 16^m schwache Zentralstern TIC 247056967 = WD 0726+133 ist mit 140.000K Oberflächentemperatur sehr heiß und regt den Nebel stark an. [NII] dominiert, [OIII] und Hα sind ebenfalls stark vertreten. Die Ausdehnung des hellsten Teils misst etwa 12', schwache Ausläufer gehen aber vor allem nach Norden weit darüber hinaus, wie tiefe Aufnahmen zeigen. Das kinematische Alter wird mit 17.700 bis 44.000 Jahren angegeben. Gaia ermittelte eine Entfernung von knapp 2000 Lichtjahren. Damit gehört Abell 21 zu den uns näheren PN.

Beobachtung

Der Medusanebel ist einer der hellsten Planetarischen Nebel jenseits des NGC. Uwe Glahn konnte A 21 unter Hochgebirgshimmel schon mit 70mm Öffnung erwischen, unter üblichen Landhimmel-Bedingungen reichen 4". Mit 120mm Öffnung und UHC-Filter erscheint eine schwache, aber klare, sehr große Aufhellung. Mit etwas Geduld sieht man bereits die Sichelform.

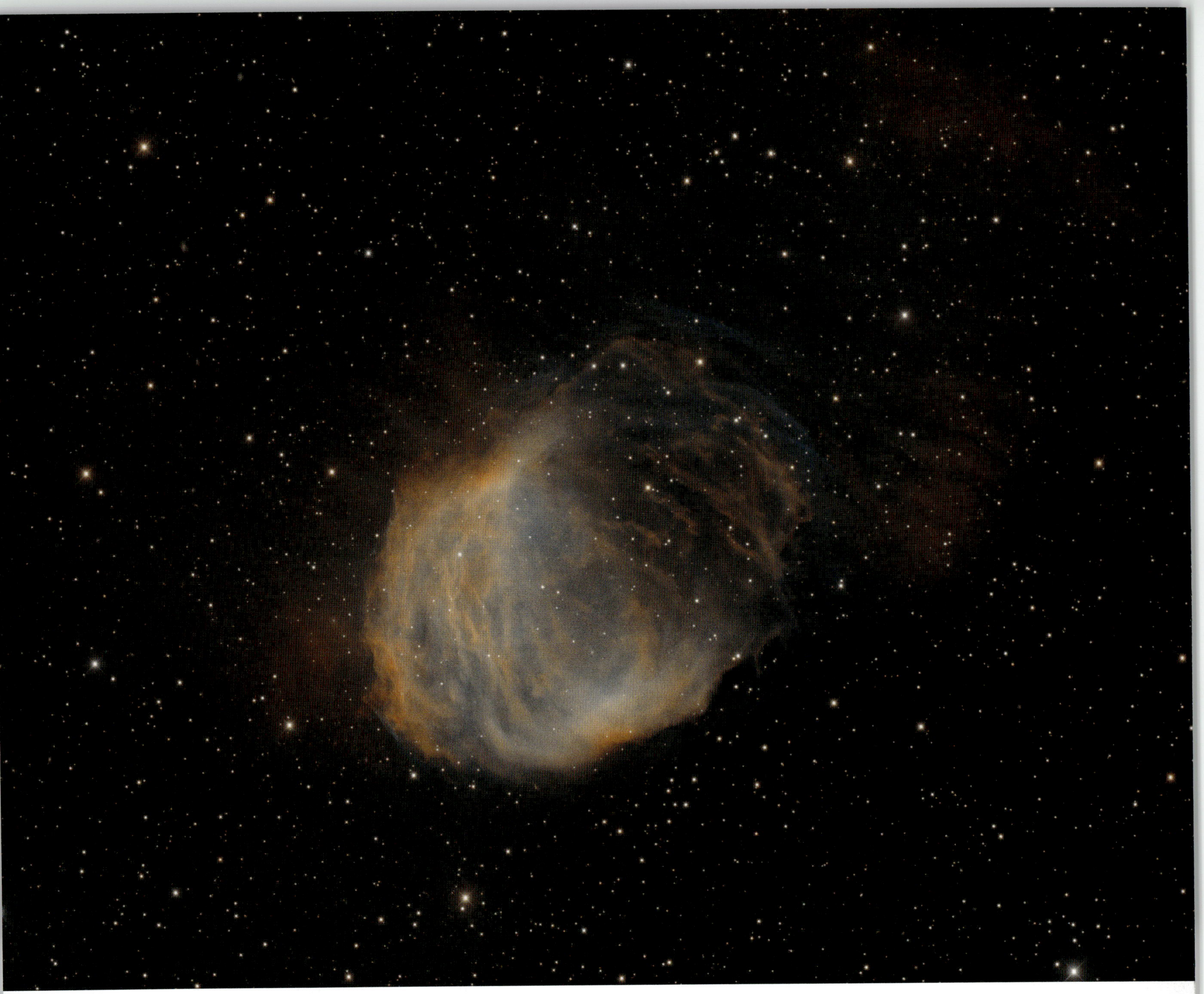

Abell 21. T. A. Rector/University of Alaska Anchorage und H. Schweiker/NOIRLab/NSF/AURA und NOIRLab/NSF/AURA

Mit 14" Öffnung sieht Abell 21 bei niedriger Vergrößerung wie ein Halbmond aus. Mit mittelhohen Vergrößerungen lassen sich mehr Strukturen herausarbeiten. Dabei fällt ein Filament am Südrand auf, das eine knotenartige Verdickung zeigt. Im Norden verflechten sich mehrere Nebelstränge und münden in eine dreieckige Spitze. Am Ostrand des Nebels ist eine Art »Vorsprung« von Norden her zu erkennen.

Ein [OIII]-Filter hilft beim Medusanebel sehr. Ohne Filter sind die filamentartigen Strukturen auch mit größeren Geräten kaum zu sehen. Es stehen mehrere sehr schwache Galaxien hinter dem Medusanebel. Von diesen sind keine visuellen Beobachtungen bekannt.

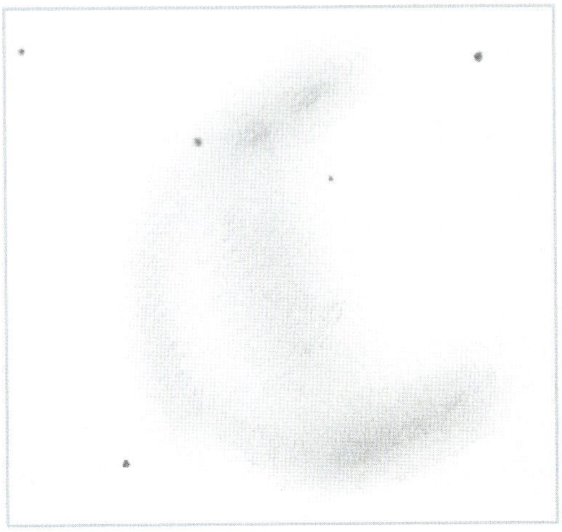

Abell 21 mit 16" Öffnung, 64×, [OIII], $21^{m}5$ SQM. Ronald Stoyan

Abell 21, Very Large Telescope. ESO

Gem NGC 2392 Eskimonebel, Clown Face Nebula

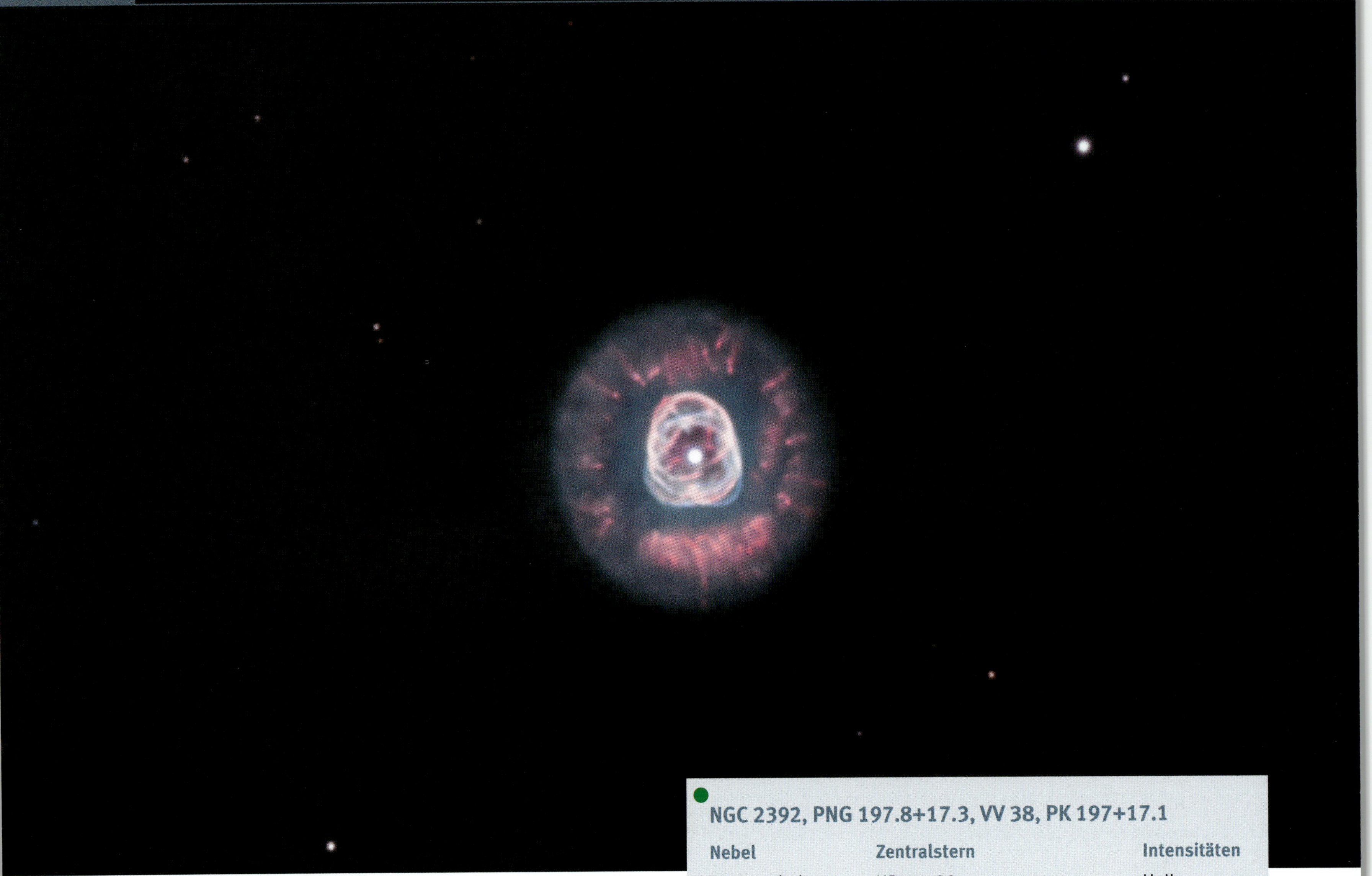

NGC 2392. Adam Block

NGC 2392, PNG 197.8+17.3, VV 38, PK 197+17.1

Nebel	Zentralstern	Intensitäten	
W. Herschel	HD 59088	Hell	29
17.1.1787	07:29:10.8	Hβ	100
	+20:54:42.44	[OIII]	1406
47 × 43"	9^m7_{vis}, 10^m7_{Gaia}	Hα	395
9^m2	(O6)	[NII]	160
isDSA/G 48-4	5980 Lj (Gaia EDR3)	[SII]	14

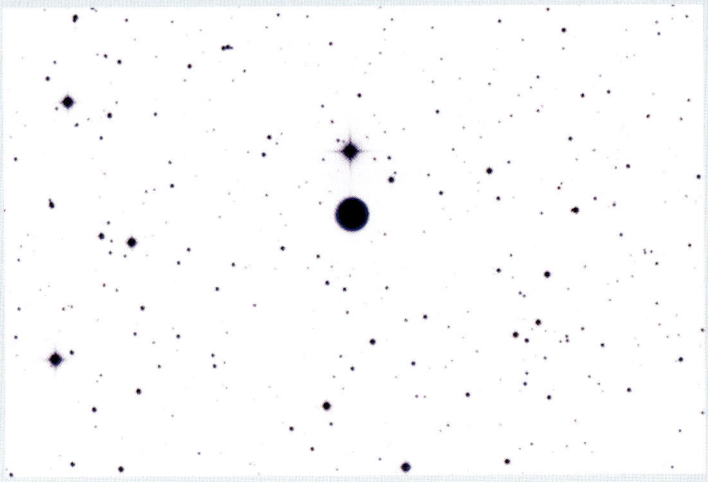

Historie

Wilhelm Herschel traute im Januar 1787 zunächst seinen Augen kaum. Er sah »einen Stern mit ziemlich starkem milchigem Nebel, gleichmäßig um ihn ausgebreitet [...] Ich hatte gerade begonnen, deshalb vermutete ich zuerst dass das Glas beschlagen war, oder das Auge nicht in Ordnung. Doch ein Stern von 10ter oder 11ter Größe, knapp nördlich davon, war frei von einer solchen Erscheinung.« Bei einer späteren Beobachtung nannte Herschel den Nebel »eines der bemerkenswertesten Phänomene, das ich je gesehen habe«. Es erhielt die Nummer 45 in seiner Klasse IV, »Planetarische Nebel«.

Lord Rosse sah »nicht die geringsten Anzeichen für Auflösbarkeit. Der äußere Ring ist in einer ziemlich guten Nacht komplett vom den hellen Punkt oder Stern umge-

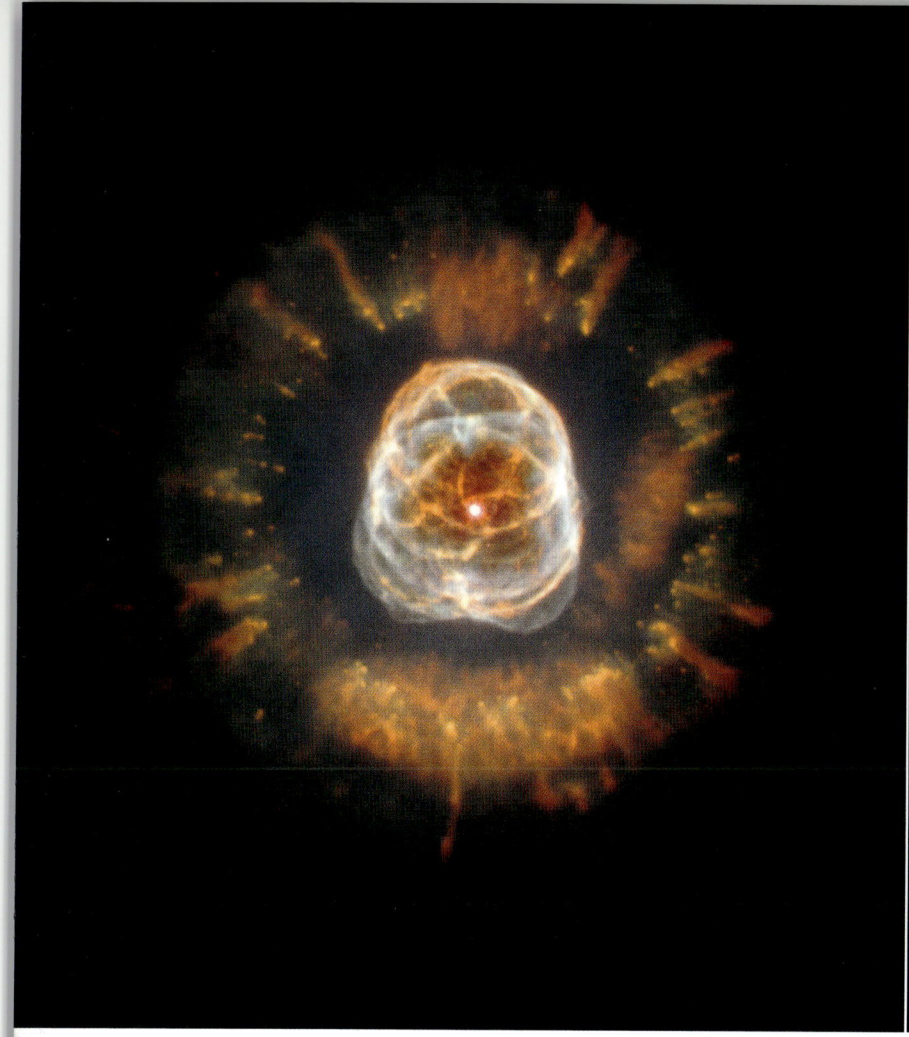

NGC 2392, Hubble Space Telescope. NASA, ESA, Andrew Fruchter (STScI), und das ERO-Team (STScI + ST-ECF)

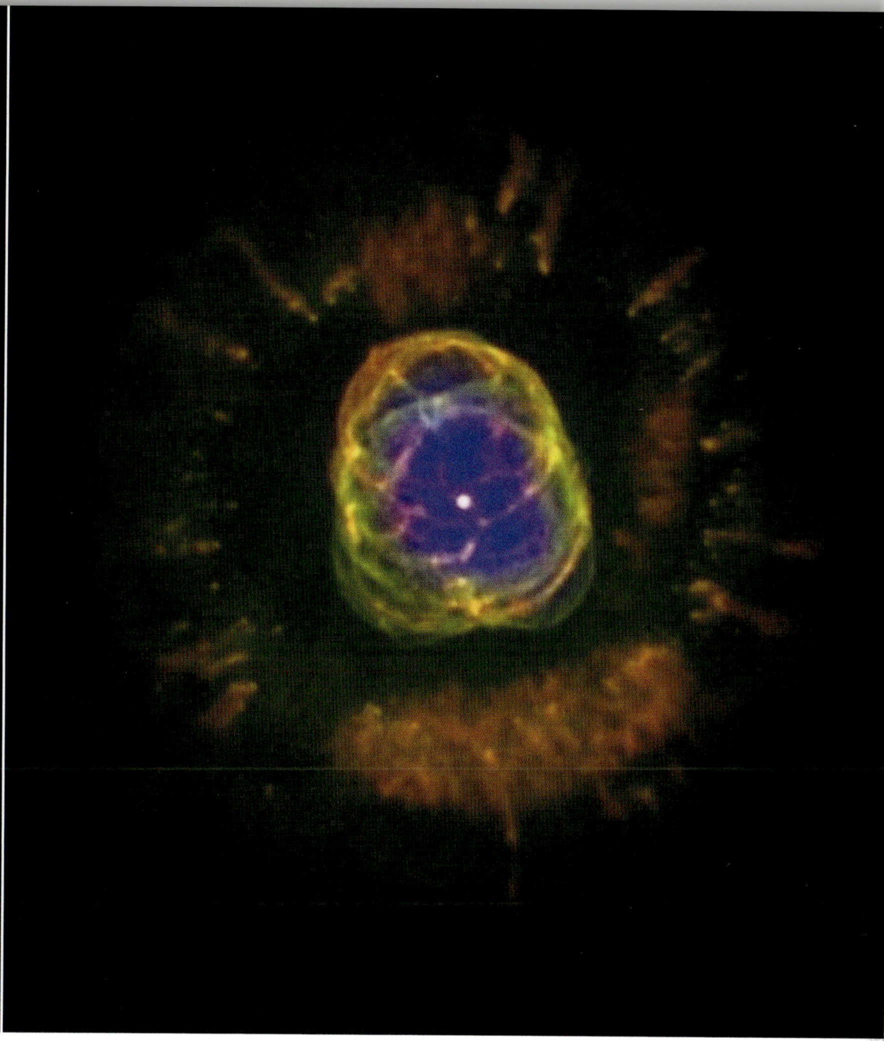

NGC 2392, Hubble Space Telescope. ESA/NASA and M.A. Guerrero (IAA-CSIC)

benden Kern getrennt. […] Es gibt einen kleinen dunklen Fleck rechts von dem Stern, der eine Perforation anzeigt.« Lassell hielt NGC 2392 ebenfalls für »sehr bemerkenswert«.

Curtis' Beschreibung von 1918 lautete: »Zentralstern von 9. Größe, umgeben von einem unregelmäßigen elliptischen Ring 10 × 15", 7 oder 8" außerhalb des Rings befinden sich unterbrochene Flecken eines äußeren Rings. Schwächere Materie bildet eine ovale Scheibe 47 × 43" in PW ca. 18°.«

Astrophysik

Auf den ersten Blick erscheint NGC 2392 als prototypischer Doppelschalen-PN:

- Zentralkörper 19 × 17" in PW 205°
- äußere Schale 46 × 44"

Tatsächlich handelt es sich jedoch um einen bipolaren Nebel, auf den wir von einem der Pole blicken. Das Bild würde dem Katzenaugennebel NGC 6543 oder dem Saturnnebel NGC 7009 ähneln, würden wir das Objekt von der Seite sehen.

Eine der markantesten Elemente von NGC 2392 ist aus unserer Perspektive nur sehr schlecht wahrzunehmen. Gieseking et al. entdeckten 1985, dass ein stark beschleunigter Massenausbruch oder Jet den Nebel prägt. Dieser Jet ist fast genau auf uns gerichtet, die Neigung beträgt nur 5°. Er wird fast vollständig vom hellen Nebel überstrahlt, so dass er im optischen Spektralbereich nicht erfasst werden kann. Im Röntgenbereich ist er dagegen eine starke Quelle.

Guerrero et al. untersuchten dieses Gebilde genauer. Demnach besteht er S-förmig ausgebildet aus zwei großen Tropfen und einigen kleineren Knoten, die vom Zentralstern aus gesehen im Positionswinkel 55-70° gerichtet sind. Der Jet durchbricht die helle innere Schale, den Autoren zufolge ist er für deren Struktur ebenso verantwortlich wie für ihre hohe Expansionsgeschwindigkeit von 120 km/s. Auch die äußere Schale wird durchbrochen, was den Jet 2,3-mal so groß macht wie den gesamten Nebel. Die Autoren ermittelten Geschwindigkeiten von bis zu 206 km/s und eine Ausdehnung von 3,6 Lichtjahren. Das Alter wird mit 2600 Jahren geschätzt. Nach Diaz et al., die nur 1800 Jahre nennen, entstand der Jet also zu einer viel späteren Zeit als die Ionisation des Planetarischen Nebels begann. Das Alter der äußeren Schale wird mit 9300 Jahren beziffert. Ihre Expansionsgeschwindigkeit beträgt 16 km/s.

Diaz et al. haben außerdem die radialen Strukturen in der äußeren Schale betrachtet. Sie sind ebenfalls bipolar angelegt, die nördlichen und westlichen Teile befinden sich hinter dem Zentralstern, die südlichen sind uns dagegen näher. Sie expandieren mit einer Geschwindigkeit von 55 km/s. Das Hubble-Weltraumteleskop hat zudem kometare Knoten aufgelöst, die radial vom Zentralstern weg gerichtet sind. Nach Diaz et al. überlagern sich diese mit den zuvor beschriebenen

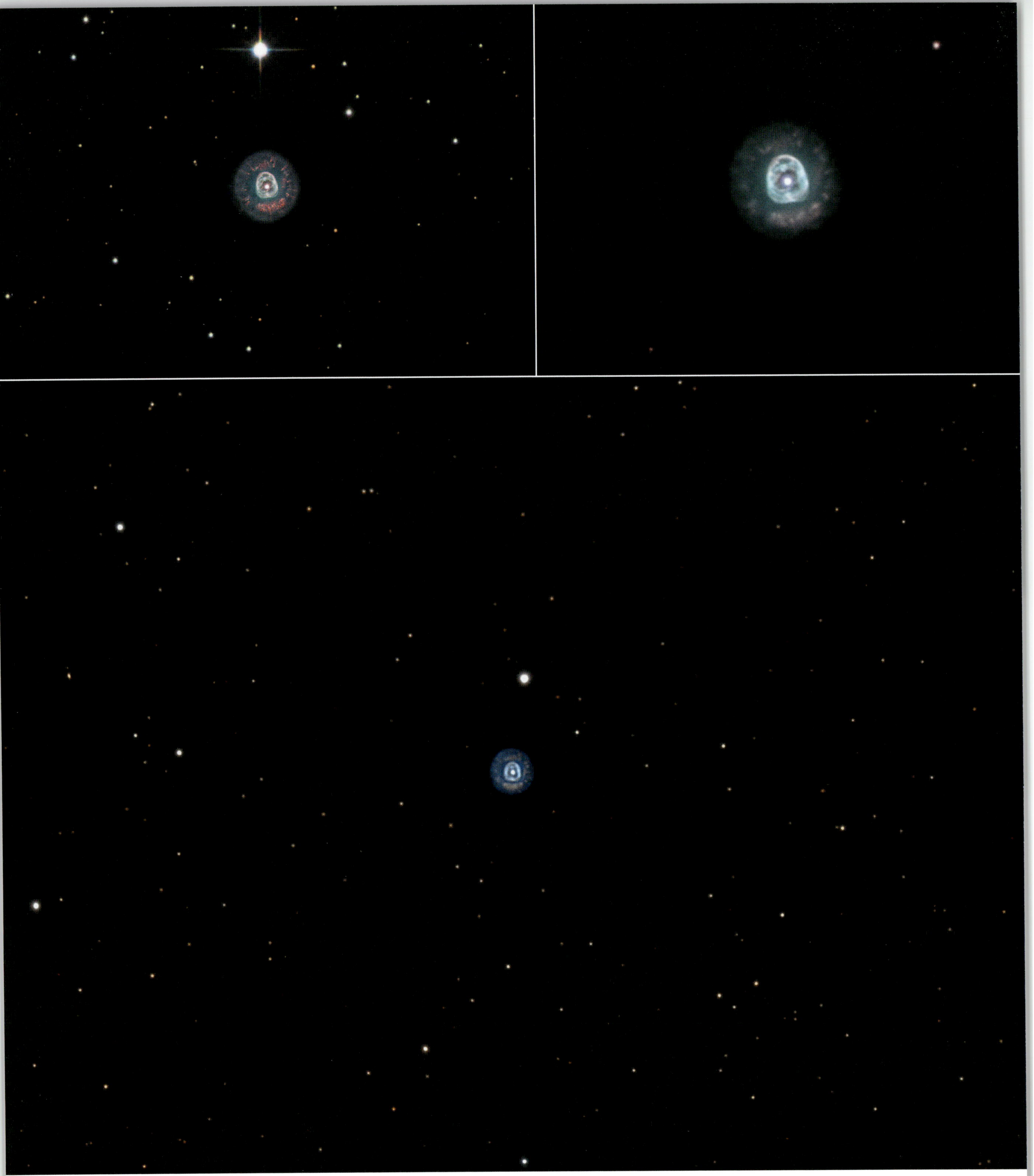

NGC 2392. Chart 32 (oben links), Masaru Yamashita (oben rechts), Rudolf Riedl (unten)

Strukturen aus unserer Sichtlinie, sind aber tatsächlich in einer äquatorialen Scheibe angeordnet. Sie expandieren nicht, hier trifft der heiße Sternwind des Zentralsterns auf Materieklumpen und erodiert diese. Dieser Prozess wird als Photoevaporation bezeichnet.

Rätsel gibt der helle Zentralstern auf. HD 59088 ist mit einer Oberflächentemperatur von 35.000 bis 47.000K eigentlich zu kühl, um den Nebel so stark zu ionisieren wie beobachtet. Ciardullo et al. fanden in 2,65" Entfernung einen schwächeren Stern (>$17^{m}5$), nach Pottasch et al. wäre aber auch dieser zu schwach für die beobachtete Ionisation; die scheinbare Helligkeit eines solchen Zentralsterns dürfte nicht schwächer als $14^{m}5$ sein. Nach Jones und Boffin ist der helle Zentralstern doppelt; mit einer Umlaufszeit von nur 1,9 Tagen würde es sich um ein sehr enges System handeln. In Zusammenhang damit steht möglicherweise auch eine vermutete Variabilität; Handler ermittelte schon 1996 dass der Zentralstern alle 4 bis 5 Stunden um $0^{m}05$ variiert.

1,7' nördlich von NGC 2392 steht der Stern HD 59087. Mit $8^{m}3$ ist er deutlich heller als der Zentralstern ($9^{m}7$). Mit 1380 Lichtjahren steht er vor NGC 2392, für den Gaia knapp 6000 Lichtjahre ermittelte.

Beobachtung

NGC 2392 ist der hellste Planetarische Nebel des Winterhimmels und ein sehr populäres Beobachtungsobjekt, nicht zuletzt seit dem Eintrag als Nr. 39 in der Caldwell-Liste und unter der Nr. 63 in den Herschel 100.

50mm Öffnung reichen aus, um NGC 2392 zu zeigen. Bei niedriger Vergrößerung sternförmig, ist mit 100× ein kleiner runder Nebel um den Zentralstern zu sehen. Tatsächlich ist der Zentralstern in NGC 2392 einer der hellsten am gesamten Himmel. Mit 120mm ist die Doppelschalenstruktur zu sehen: Die Kernregion ist sehr hell mit gut definierten Rändern, der Zentralstern sitzt nicht exakt mittig darin. Die äußere Schale ist als Ring von unregelmäßiger Helligkeit mit dunklem Zwischenraum davon getrennt.

Abschied vom Eskimo

Am 1.8.2020 verkündete die NASA, fortan in ihren Veröffentlichungen den Namen »Eskimonebel« nicht mehr zu verweden: »Es ist offensichtlich geworden, dass gewisse kosmische Spitznamen nicht nur unsensibel, sondern aktiv schädlich sind. 'Eskimo' wird weitgehend als kolonialistischer Begriff mit einer rassistischen Geschichte wahrgenommen, der den indigenen Völkern der Arktis auferlegt wurde.« In der Tat wird das Wort »Eskimo« von großen Teilen der Inuit als herabwürdigend oder abwertend betrachtet und ist in Kanada und Grönland aus dem Sprachgebrauch verbannt. In Alaska und Sibirien ist der Begriff aber teilweise noch in Gebrauch, ebenso in der ethnologischen und historischen Wissenschaft.

Inzwischen haben sich auch die Arbeitsgruppe zu Benennungen astronomischer Objekte der IAU und das Centre des données astronomiques de Strasbourg (CDS) und andere Einrichtungen der Entscheidung angeschlossen und verwenden den Namen nicht mehr.

Mit 14" Öffnung kann man bei gutem Seeing und Vergrößerungen von mindestens 250× dunkle Flecken in der Zentralregion erkennen. Diese verbinden sich zu einem Gesicht mit Augen und Schnauzbart, wobei der Zentralstern die Nase darstellt. Dies ist mit 20" bei mehr als 500× ein beeindruckender Anblick. Die radialen Strukturen der äußeren Schale sind dagegen auch in großen Teleskopen nur angedeutet wahrzunehmen.

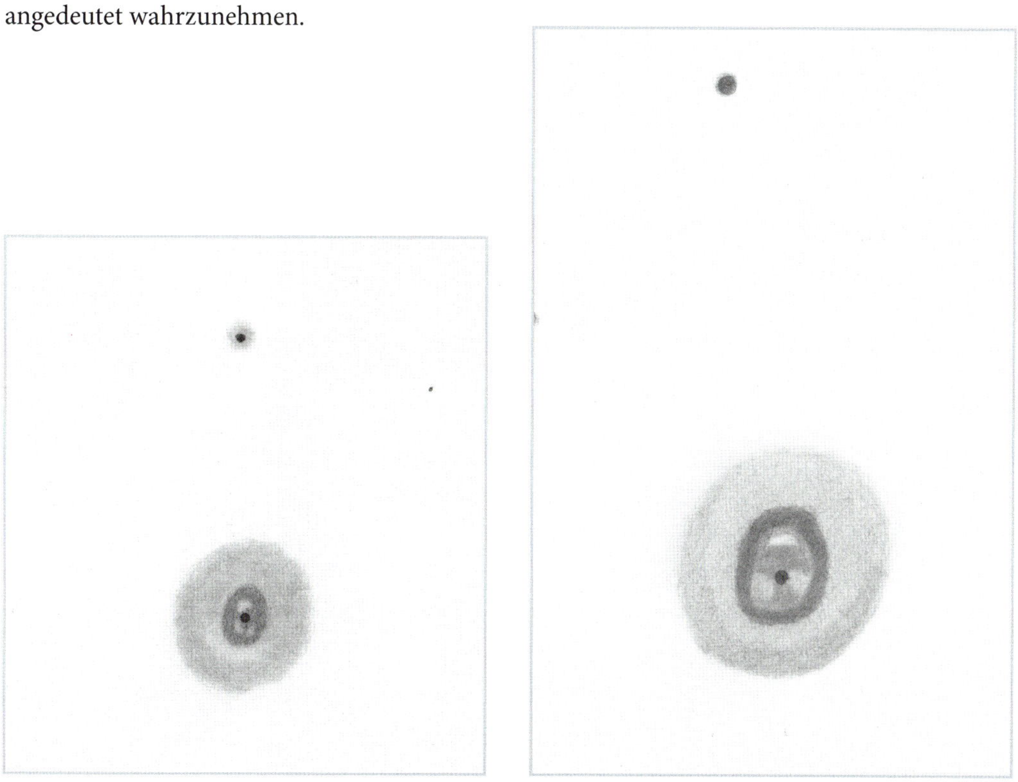

NGC 2392 mit 14" Öffnung, 500×, $21^{m}1$ SQM (links) und 24" Öffnung, 400×, $19^{m}0$ SQM (rechts). Ronald Stoyan

Pup StDr Objekt 9

StDr Objekt 9, PNG 235.0-00.8

Nebel	Zentralstern	Intensitäten
X. Strottner,	Gaia DR2 5620459624489278080	Hell
M. Drechsler	07:30:16.64	Hβ
2019	−19:59:22.43	[OIII]
660"	$17^{m}2_{Gaia}$	Hα
–	–	[NII]
isDSA/G –	2710 Lj (Gaia EDR3)	[SII]

Strottner-Drechsler Objekt 9 wurde aufgrund seines Erscheinungsbilds von den Entdeckern Xavier Strottner und Marcel Drechsler zunächst nicht für einen Planetarischen Nebel gehalten und erhielt deshalb den Zusatz »Objekt« bzw. französisch »Objet« im Namen. Es stellte sich jedoch nach der ersten Dokumentation vom November 2019 heraus, dass es sich mit großer Wahrscheinlichkeit doch um einen PN handelt. Die Autoren identifizierten den »heißen Unterzwerg-Kandidat« Gaia DR2 5620459624489278080 als möglichen Zentralstern. Dies ermöglichte die Entfernungsbestimmung zu 2700 Lichtjahren.

Der komplexe, 13' große Nebel steht 45' südwestlich von Sh 2-309 (LBN 1053, RCW 13), einer ausgedehnten HII-Region. Es sind keine visuellen Beobachtungen bekannt.

Strottner-Drechsler Objekt 9. Marcel Drechsler

CMi Huet 5

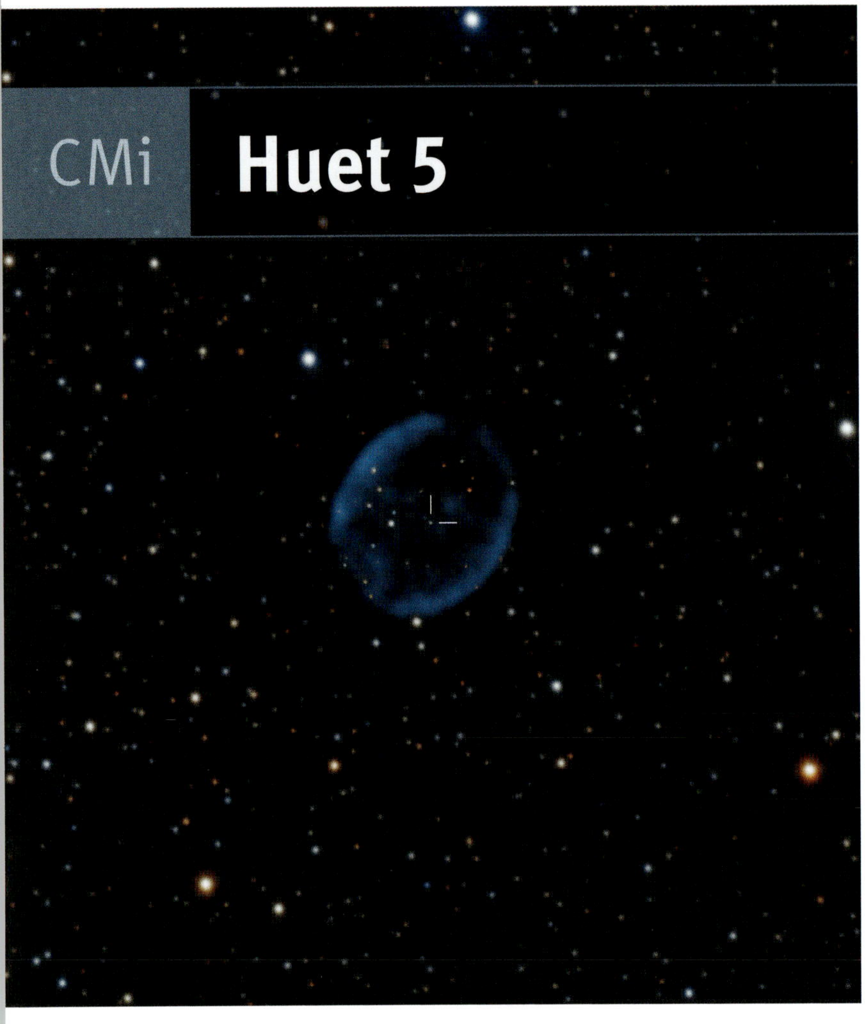

Huet 5, PNG 213.3+11.4

Nebel	Zentralstern	Intensitäten
L. Huet	Gaia DR2 3138270863035469952	Hell
2017	07:33:04.46	Hβ
	+04:52:02.7	[OIII]
264 × 210"	$17^{m}9_{Gaia}$	Hα
–	–	[NII]
isDSA/G –	–	[SII]

Huet 5 ist ein schöner ovaler Ringnebel. Entdeckt wurde er vom französischen Amateur Laurent Huet im Jahr 2017. Auf den wenigen Fotos ist klar die bläuliche Färbung zu erkennen, was auf dominante [OIII]-Emission hinweist.

Der heiße Unterzwerg Gaia DR2 3138270863035469952 wurde als Zentralstern des Nebels identifiziert. Seine Helligkeit beträgt $17^{m}9$. Leider scheint die Gaia-Parallaxe fehlerhaft zu sein, denn sie würde eine Entfernung von mehr als 500.000 Lichtjahren, also außerhalb der Milchstraße, ergeben.

Visuelle Beobachtungen des 4,4 × 3,5' großen Nebels sind nicht bekannt.

Huet 5. Peter Goodhew

KW 8, PNG 238.4-01.8, KeWe 3, KLSS 1-8, PK 238-1.1

Nebel	Zentralstern	Intensitäten
F. Kerber,	unbekannt	Hell
R. Weinberger	07:33:25.2	Hβ
1994	−23:25:40.80	[OIII]
214"	–	Hα
–	–	[NII]
isDSA/G –	–	[SII]

Kerber-Weinberger 8 wird vielfach auch als KeWe 3 bezeichnet. Beide Abkürzungen nennen die Namen der Entdecker Florian Kerber und Ronald Weinberger, zwei österreichische Profi-Astronomen, die den Nebel auf dem ESO/SRC-Survey fanden, der südlichen Fortsetzung des POSS. KW 8 bezieht sich auf die Entdeckung von 1994, während KeWe 3 aus einer Arbeit von 1998 stammt. Schließlich kursiert noch das Kürzel KLSS, das auf eine Veröffentlichung von Kerber, Lercher, Saurer, Seeberger und Weinberger 1994 Bezug nimmt.

Kerber gab den Durchmesser wahlweise mit 2,5 × 2,1' oder 2' und beschrieb den Nebel als »zwei Sichelbögen, die eine sehr unvollständige Schale bilden. Die östliche Sichel ist heller. [...] Das Spektrum ist bemerkenswert mit starker [NII]-Emission, aber sehr schwachen Linien von Hα und [OIII].« Visuelle Beobachter dürften deshalb keine Chance haben.

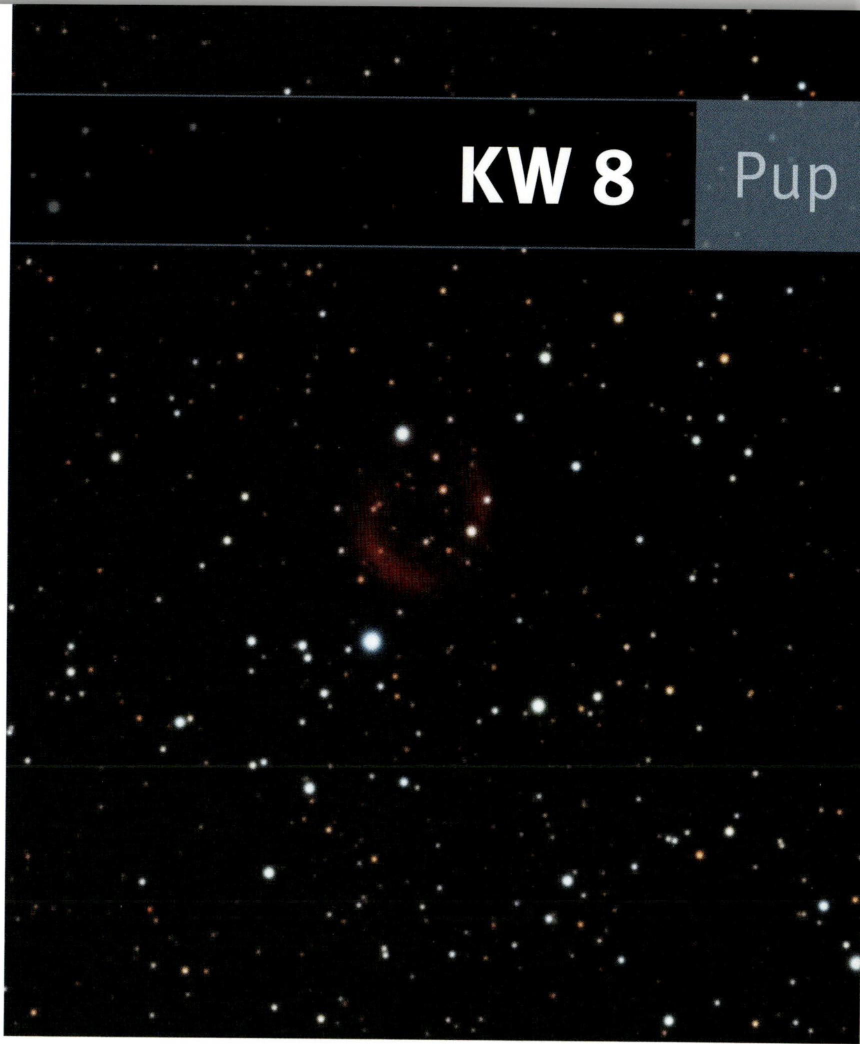

Kerber-Weinberger 8. Gary Imm

A 22, K 1-11, PNG 215.6+11.1, PK 215+11.1

Nebel	Zentralstern	Intensitäten	
S. van den Bergh	UBV 7306	Hell	–
vor 1959	07:36:07.9	Hβ	–
	+02:42:27.76	[OIII]	215
125 × 82"	19^m6_{vis}, 19^m5_{Gaia}	Hα	100
15^m4_p	–	[NII]	135
isDSA/G –	2790 Lj (Gaia EDR3)	[SII]	

Abell 22 wird auch als Kohoutek 1-11 bezeichnet. Entdecker waren aber weder Luboš Kohoutek noch George Abell, sondern Sidney van den Bergh. Er fand das Objekt vor 1959 auf dem POSS bei der Suche nach Zwerggalaxien und notierte: »Verschleiert. Emissionsnebel?« Trotzdem erhielt das Objekt die Bezeichnung DDO 45 in seinem Galaxien-Katalog und wurde in der Folge auch als Galaxie UGCA 134 missklassifiziert.

Kohoutek fand den Nebel 1963 unabhängig. Er bemerkte einen »Nebel in Form eines Rhombus [...] mit zwei gegenüberliegenden Kondensationen«. Im Spektrum sind [NII], Hα und [OIII] nachzuweisen.

Visuell ist Abell 22 nicht einfach zu sehen, weil ein 7^m-Stern nördlich des Nebels stört. Mit 14" ist ein 1' großer Fleck zu erkennen. 16" zeigt einen Stern im länglichen Nebel, der von ihm eingehüllt wird. Mit 20" konnte Uwe Glahn die bipolare Struktur wahrnehmen.

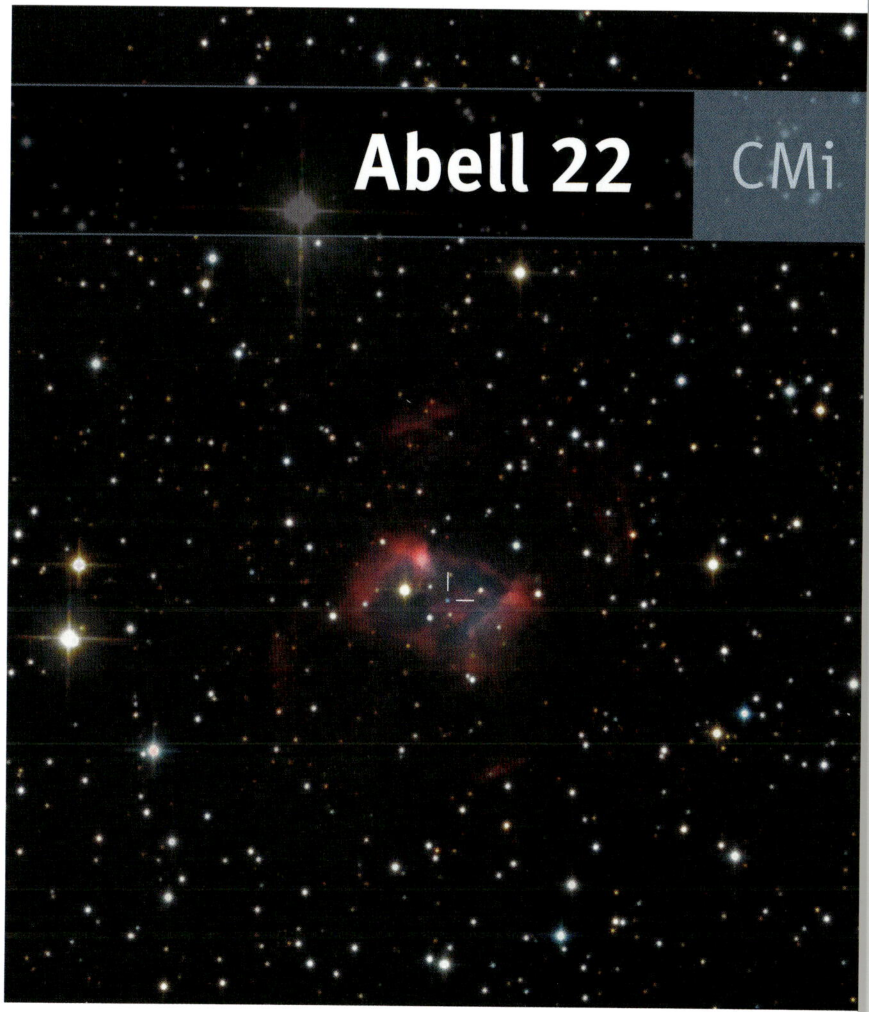

Abell 22. Chart 32

Pup NGC 2438

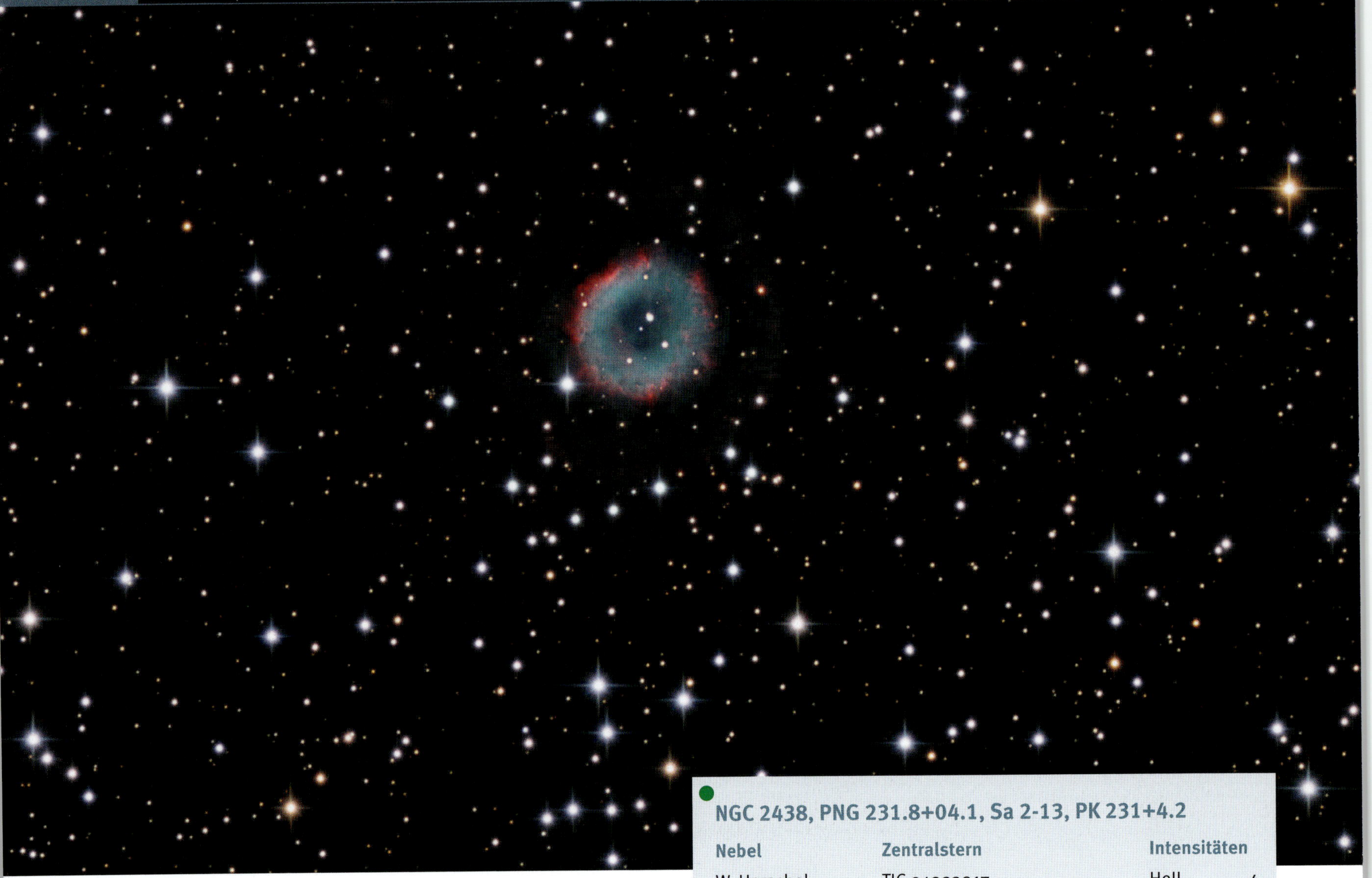

NGC 2438. Chart 32

NGC 2438, PNG 231.8+04.1, Sa 2-13, PK 231+4.2

Nebel	Zentralstern	Intensitäten	
W. Herschel	TIC 94323017	Hell	4
19.3.1786	07:41:50.52	Hβ	100
	−14:44:07.5	[OIII]	758
73 × 68"	$17^{m}1_{Gaia}$	Hα	308
$11^{m}5$	–	[NII]	577
isDSA/G 72-11	2360 Lj (Gaia EDR3)	[SII]	51

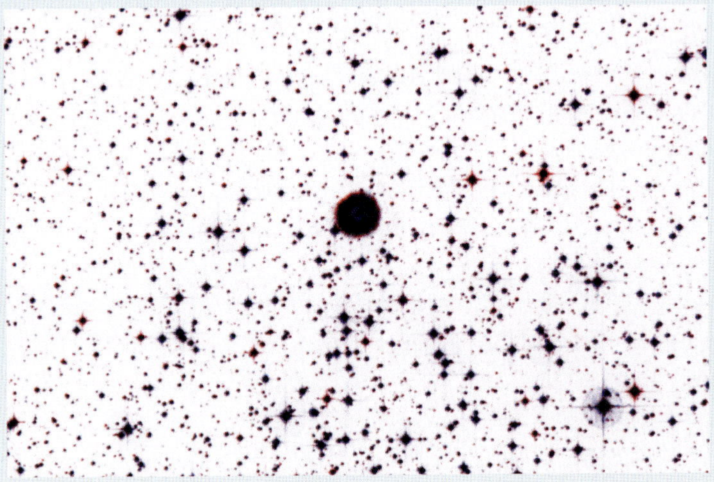

Historie

»Als ich den Sternhaufen untersuchte, der dem Kopf des Großen Hunds folgt, fand ich am 19. März 1786, dass innerhalb des Haufens ein runder, auflösbarer Nebel von etwa 2' Durchmesser und einem gleichmäßigen Licht ist. An dieser Stelle erschien es mir sehr wahrscheinlich, dass der Nebel keine Verbindung zum Sternhaufen hat, bedenkend, dass der Haufen sonst frei von Nebel erschien und es viele solcher Sternhaufen und Nebel in anderen Teilen des Himmels gibt.« Wilhelm Herschel, der Entdecker von NGC 2348, schrieb diese prophetischen Zeilen. Sein Fund erhielt die Nummer 39 in seiner Liste »Planetarische Nebel«. Es sollte jedoch mehr als 200 Jahre dauern, bis die These, dass Nebel und Sternhaufen nichts miteinander zu tun haben, auch sicher bestätigt werden konnte.

NGC 2438 in M 46. Rudolf Riedl

John Herschel bezeichnete NGC 2438 als »einen schönen, fast uniformen, leicht elliptischen planetarischen Nebel, 40" im Durchmesser. Ein 13^m-Stern steht exzentrisch darin oder davor, er ist zweifellos nur überlagert und gehört zum schönen Sternhaufen Messier 46 in dem (etwas nördlich des dichtesten Teils) dieses Objekt liegt. Eine sehr ungewöhnliche und tatsächlich einzigartige Kombination, wäre da nicht noch der Fall [NGC 2818].«

Der englische Amateurastronom T. W. Webb sah »einen schwachen Nebel am nördlichen Rand [von M 46]«, während William Lassell ihn als »erstaunlich und interessant« und Lord Rosse als ringförmig bezeichneten. Curtis erkannte 1918, dass »der schwächeren Stern im Zentrum vielleicht der Zentralstern 16^m [ist]. Der Nebel ist ein sehr unregelmäßiger, breiter, lückenhafter Ring 68" im Durchmesser. [...] Der Stern im Südwesten liegt in einer Lücke im Ring, andere scheinen einfach auf den Nebel projiziert zu sein. Ring ziemlich schwach.«

Astrophysik

Die jahrhundertelang gestellte Frage, ob der Planetarische Nebel NGC 2438 physisch zum Offenen Sternhaufen M 46 gehört, wurde von Gaia im Jahr 2020 mit Nein beantwortet. Während der Sternhaufen eine Entfernung von 4930 Lichtjahren aufweist, steht der PN mit 2360 Lichtjahren in etwa der Hälfte der Distanz. Es handelt sich also um eine zufällige Projektion aus unserer Sichtlinie. Davidge hatte 2013 schon festgestellt, dass bei den Radialgeschwindigkeiten zwischen Sternhaufen und Nebel eine Differenz von 30 km/s besteht. Er spekulierte dass NGC 2438 womöglich zu einem zweiten Haufen gehört, der im Vordergrund M 46 überlagert. Auch Kiss et al. und O'Dell kamen schon früher anhand der Radialgeschwindigkeiten zum selben Ergebnis wie Gaia. Der Zentralstern ist höchstwahrscheinlich auch kein »Runaway-Stern« von M 46, also ein gravitativ herausgeschleudertes ehemaliges Mitglied.

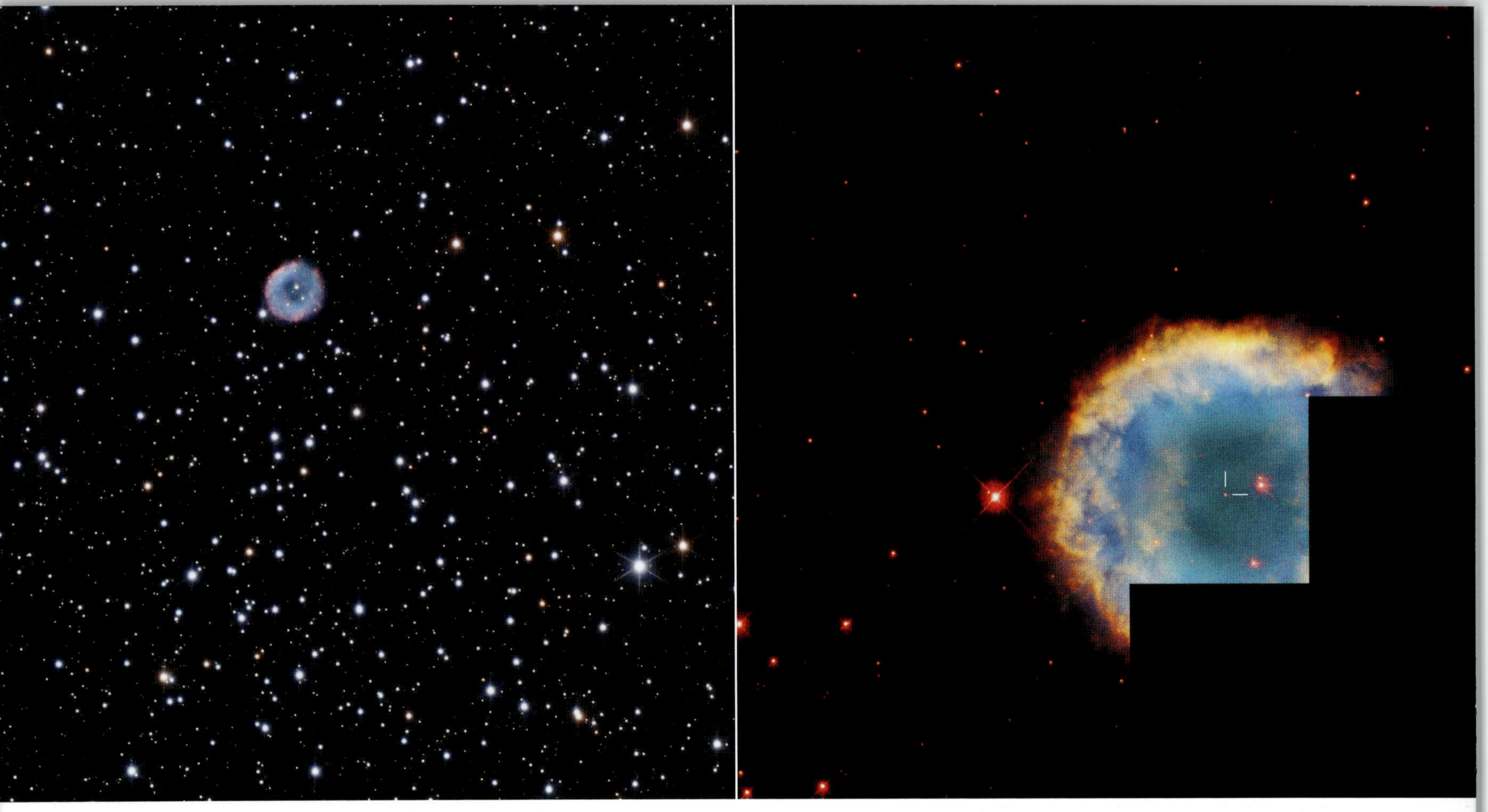

NGC 2438, Bernhard Blank (links). Hubble Space Telescope, NASA, ESA, K. Knoll (NASA Goddard), und S. Öttl (Leopold Franzens Universität Innsbruck), et. al.; Bearbeitung: Gladys Kober (NASA/Catholic University of America)(rechts)

Öttl et al. bezeichnen NGC 2438 als »Vergleichsobjekt für die Modellierung«, weil er so symmetrisch und ringförmig erscheint. Seine Morphologie beschreiben die Autoren mit »zwei leicht voneinander getrennten Schalen und einem sehr schwachen Halo«:

- innere Schale 60" Durchmesser
- äußere Schale 81 × 78" Durchmesser
- Halo 226" Durchmesser

Nach Öttl et al. ist »der schwache Halo am besten im westlichen Teil des Nebels zu sehen und scheint einen kreisförmigen Umriss zu haben«. Corradi et al. geben für den inneren Nebel ein Alter von 8000 Jahren, der Halo wurde vor 54.000 Jahren ausgestoßen, also weit vor der Bildung des eigentlichen PN.

Der Zentralstern von NGC 2438 ist nicht der $12^{m}8$ helle Stern TIC 94323025, der etwas versetzt von der Mitte des Nebels steht, sondern der $17^{m}1$ schwache TIC 94323017. Er besitzt eine Oberflächentemperatur von 114.000K und die 0,56-fache Masse der Sonne.

Nur 6' östlich von NGC 2438 befindet sich der Protoplanetarische Nebel CRL 5237, besser bekannt als »Calabash Nebula« – nach aktuellem Forschungsstand ein tatsächliches Mitglied von M 46 und somit deutlich hinter NGC 2438 gelegen.

Beobachtung

Die Kombination von Offenem Sternhaufen und Planetarischem Nebel erzeugt eine der schönsten Sehenswürdigkeiten des Winterhimmels. Während der Haufen schon in kleinen Ferngläsern erkannt werden kann, wird für den Nebel mindestens 80mm benötigt, wenn ein [OIII]-Filter zum Einsatz kommt.

Mit 120mm Öffnung ist der Nebel mit Filter ringförmig zu sehen, ohne Filter erscheint der vermeintliche Zentralstern. 14" Öffnung zeigen die unregelmäßige Ausprägung des Rings: Der schwächste Teil ist im Westen, während die nördliche Kante am hellsten erscheint. Ein hellerer Stern steht außerhalb am Südostrand und ein schwächerer südlich des 17^{m}-Zentralsterns, der selbst mit 48" Öffnung für Steve Gottlieb nicht sichtbar wurde. Dafür erscheinen im Ring bei dieser Öffnung radiale Strukturen, und das Gesamtbild der Fluktuationen im Ring wandelt sich zu einem bipolaren Eindruck. Fünf Sterne waren insgesamt im Nebel zu sehen. Uwe Glahn konnte den Halo auch unter besten Bedingungen mit 27" nicht erkennen.

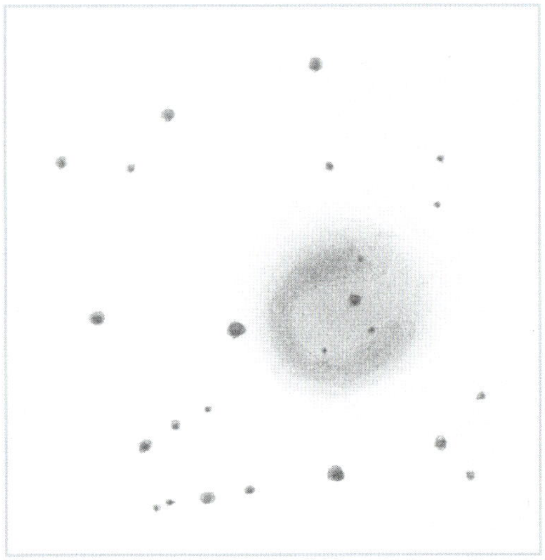

NGC 2438 mit 16" Öffnung, 425×, $21^{m}5$ SQM. Ronald Stoyan

Rotten Egg Nebula, Calabash Nebula CRL 5237

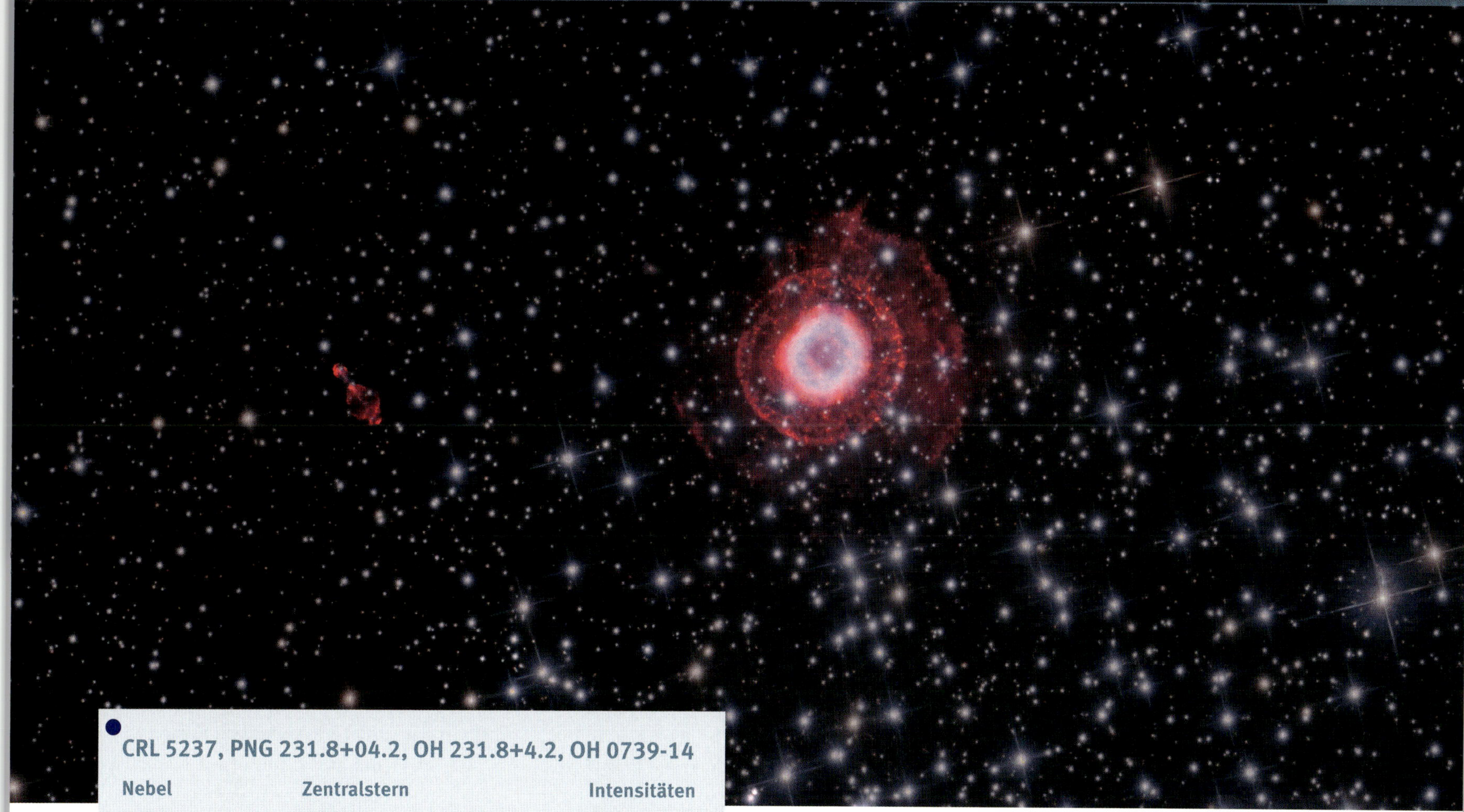

CRL 5237 (links) und NGC 2438 (rechts) in M 46. Rocco Sung

CRL 5237, PNG 231.8+04.2, OH 231.8+4.2, OH 0739-14

Nebel	Zentralstern	Intensitäten
B. Turner	QX Pup	HeII
1971	07:42:16.8	Hβ
	−14:42:53.21	[OIII]
60"	–	Hα
–	M10 + A0	[NII]
isDSA/G 72-11	5050 Lj (2012)	[SII]

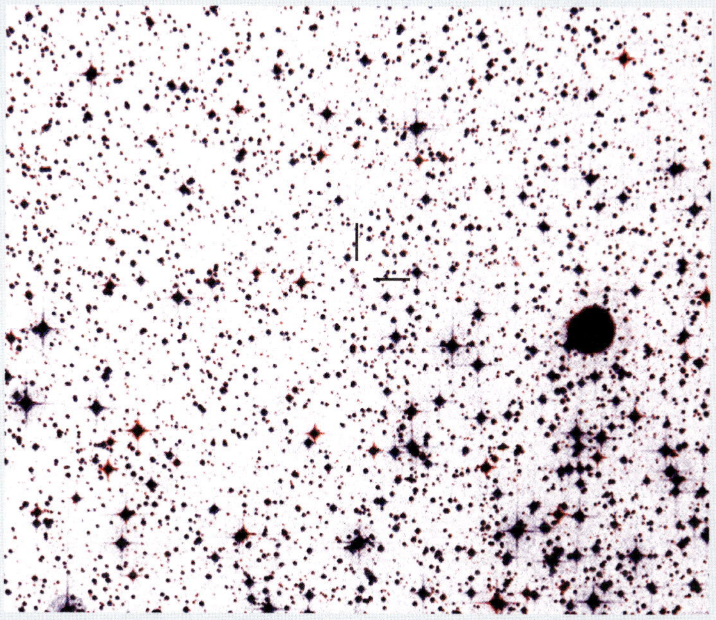

CRL 5237 war ein Zufallsfund. B. E. Turner wollte im Jahr 1971 eigentlich NGC 2438 untersuchen, als er mit dem Radioteleskop von Green Bank eine starke Quelle feststellte. Turner hielt die Emission in der 1667-MHz-Linie auch tatsächlich für NGC 2438, obwohl die Position 5' entfernt von dem PN in M 46 lag. Es stellte sich jedoch in der Folge heraus, dass es sich nicht um ein Radiosignal des bekannten Nebels, sondern ein gänzlich neues Objekt handelte.

CRL 5237 und OH 231.8+4.2 sind die gängigsten Bezeichnungen dieses Protoplanetarischen Nebels, der ebenso wie NGC 2438 im Feld des Offenen Sternhaufens M 46 steht. Bekannter ist das Objekt aber unter der Bezeichnung »Calabash Nebula«, welche auf Icke und Preston 1989 zurückgeht, die das Objekt nach seiner morphologischen Ähnlichkeit mit einem Flaschenkürbis so benannten.

Sanchez Contreras et al. fassten das Wissen 2022 in einer aktuellen Studie zusammen. Danach ist CRL 5237 ein bipolarer Nebel um den Mira-Stern QX Pup. Dieser befindet sich auf dem asymptotischen Riesenast noch deutlich

CRL 5237. Masaru Yamashita

CRL 5237, Hubble Space Telescope. ESA/Hubble & NASA, Judy Schmidt

vor der Phase, in der er einmal einen Planetarischen Nebel erzeugen wird. Er ist jedoch schon in einer Phase, in der er Masse verliert, und hat einen Nebel ausgestoßen, der mit mehreren 100 km/s nach außen strebt. Die dabei erzeugten bipolaren Loben besitzen eine Ausdehnung von 0,4 bis 0,6 Lichtjahren. Die Expansion des Nebels ist deutlich größer als das, was von einem Sternwind in dieser Entwicklungsphase des Roten Riesen zu erwarten wäre. Es muss also noch einen anderen Mechanismus geben, der die Ausstoßung antreibt.

Der Rote Riese ist außerdem von einem dichten Staubring in seiner Äquatorebene umgeben, der ihn im optischen Spektralbereich völlig unsichtbar macht. Dieser Torus reicht von 250 AE bis zu einer Entfernung von 2700 AE vom Stern, die Expansionsgeschwindigkeit beträgt nur 3 km/s am inneren und 25 km/s am äußeren Rand. Nach Sanchez Contreras et al. wurden Nebel und Staubring gleichzeitig vor etwa 800 bis 900 Jahren geschaffen.

CRL 5237 befindet sich im Offenen Sternhaufen M 46 in ca. 5000 Lichtjahren Entfernung. Choi et al. konnten 2012 die Entfernung mittels der Parallaxe von H_2O-Masern mit 5050 Lichtjahren bestimmen, was nahe am Gaia-Wert für M 46 von 4930 Lichtjahren liegt.

QX Pup besitzt aktuell eine Oberflächentemperatur von 2500K, ist also deutlich kühler als die Sonne. Der Stern ist aber wesentlich größer als diese, sein Radius reicht bis zur doppelten Erdbahnentfernung (2,1 AE). Von ursprünglich 3,5 Sonnenmassen sind noch 0,7 übrig. Er ist pulsationsveränderlich mit einer Periode von rund 700 Tagen. Der Lichtwechsel lässt sich aber nicht direkt verfolgen, sondern nur an der wechselnden Intensität des Nebels ablesen.

Sanchez Contreras et al. wiesen 2004 in einer früheren Arbeit einen Begleiter der Spektralklasse A nach, der den Nebel beleuchtet. Weitere Details zu diesem Begleiter sind nicht bekannt, seine Anwesenheit dürfte aber die komplexe Morphologie des Nebels erklären. Diese wurde auf den Bildern des Hubble-Weltraumteleskops erstmals aufgezeigt. Es bildete nicht nur die frisch ausgestoßene Materie des Zentralsterns ab, die mit großer Geschwindigkeit nach außen strebt, sondern auch bläulich erscheinende Schockfronten, dort, wo diese mit dem interstellaren Medium kollidiert. Diese Strukturen könnten die ersten Vorboten auf dem Weg zur Erzeugung eines Planetarischen Nebels darstellen, der sich in etwa 1000 Jahren bilden dürfte.

Im Spektrum des Nebels finden sich vor allem [NII] und Hα, aber auch Schwefel. Dies führte zum zweiten Spitznamen des Objekts, »Rotten Egg Nebula«, der an solche geruchsintensiven Emissionen denken lässt.

Aufgrund der spektralen Charakteristik ist CRL 5237 ein äußerst schweres Ziel für visuelle Beobachter. Uwe Glahn konnte mit 27" Öffnung einen sehr schwachen Knoten an der Stelle erkennen, der nur hin und wieder aufblitzte. Mit 36" war dieser zu halten, blieb aber sehr schwach. Der amerikanische Beobachter Jimmi Lowry berichtete von einer Sichtung mit 48", bei der das Objekt »wie eine schwache Edge-On-Galaxie« erschien.

Bat Nebula NGC 2440

NGC 2440, PNG 234.8+02.4, ESO 560-9, VV 45, Sa 2-14, PK 234+2.1

Nebel	Zentralstern	Intensitäten	
W. Herschel	HD 62166	Hell	61
4.3.1790	07:41:55.38	Hβ	100
	−18:12:31.3	[OIII]	1790
74 × 42"	14^m2_{vis}, 17^m5_{Gaia}	Hα	464
9^m3	–	[NII]	1236
isDSA/G 72-16	2210 Lj (Gaia EDR3)	[SII]	14

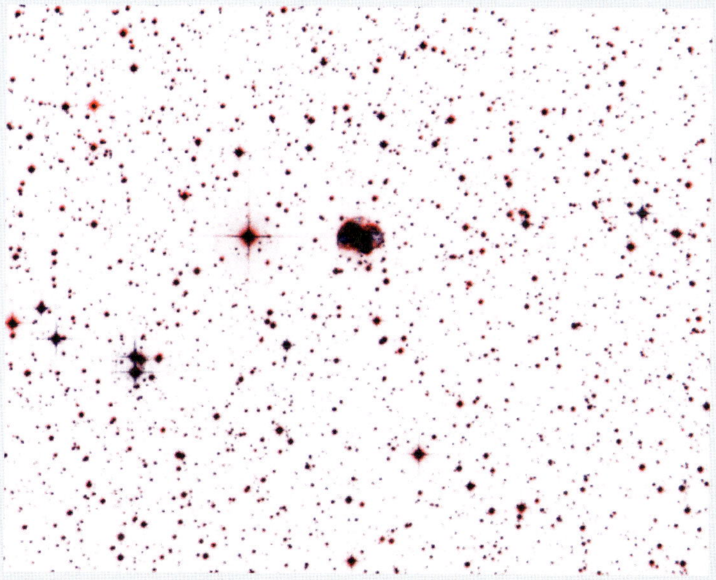

NGC 2440. Chart 32

Historie

Wilhelm Herschel fand NGC 2440 am 4. März 1790. Er sah »einen schönen planetarischen Nebel, von einem beträchtlichen Grad an Helligkeit; nicht sehr gut definiert, ungefähr 12 oder 15" Durchmesser«. Sein Sohn John Herschel hatte bei seiner Beobachtung mit schlechten Bedingungen zu kämpfen, als er notierte: »Sicher kein Stern, aber wenn es ein Planetarischer Nebel ist, dann einer der weniger scharf gezeichneten.«

Der englische Pastor und Amateurastronom T. W. Webb beobachtete einen »hellen, fahl bläulich-weißen« Nebel, »umgeben von ein wenig sehr schwacher Dunstigkeit«. Lord Rosse fiel die rötliche Farbe des Sterns HD 62167 auf, der nur 3' östlich des Nebels steht. Tatsächlich handelt es sich um einen Stern der Spektralklasse K mit einer Helligkeit von 8^m5.

NGC 2440, Hubble Space Telescope. H. Bond (STSci), R. Ciardullo (PSU), WFPC2, HST, NASA (oben), NASA, ESA, und K. Noll (STScl) (links).

Curtis fasste 1918 das damals bekannte Bild so zusammen: »Hat keinen Zentralstern, die starken zentralen Massen sind neblig in den kürzesten Belichtungen. Ein sehr unregelmäßiges und lückenhaftes Oval, mit einem schwachen Ausläufer nach Osten, nördlich der Mitte. Sehr hell, die rhombenförmigen zentralen Massen sind 7" voneinander entfernt in PW 153°.«

Astrophysik

Der polypolare Planetarische Nebel NGC 2440 zeigt eine komplexe Morphologie: Der Kernbereich besteht aus zwei bipolar um den Zentralstern angeordneten hellen Kernen in 6,2" Abstand. Die Expansionsgeschwindigkeit in dieser Region beträgt 22 km/s. Lopez et al. identifizierten in der Kernregion, deren Durchmesser von verschiedenen Quellen mit 75 × 55" oder 59 × 25" angegeben wird, drei verschiedene Paare bipolarer Strukturen. Die größte von ihnen ist vom Zentralstern aus in PW 85° orientiert und um 40° zu unserer Sichtlinie geneigt, sie expandiert mit 150 km/s. Die zweite, hellste Struktur liegt in PW 35° mit einer Neigung von 30°, hier beträgt die Expansion 135 km/s. Die jüngste bipolare Struktur hat schließlich einen PW von 60°, die Expansion wird mit bis zu 200 km/s beziffert. Wang et al. beschreiben zusätzlich einen im Radiobereich sichtbaren bipolaren Ausfluss von Kohlenmonoxid, der bis 24" beiderseits des Zentralsterns in PW 35° reicht.

Nach Jim Kaler ist NGC 2440 einer der am höchsten angeregten Planetarischen Nebel überhaupt. Dies liegt am extrem heißen Zentralstern, der nach Kaler eine Oberflächentemperatur von 219.000K aufweist; andere Quellen nennen 170.000 bis 200.000K. Die hohe Temperatur führt dazu, dass die inneren Nebelregionen so hell sind, dass sie den Zentralstern fast überstrahlen. Andererseits weist NGC 2440 ein durch starke [NII]- und [OIII]-Emission gekennzeichnetes Spektrum auf, auch HeII ist vorhanden.

Die Abbildung des Zentralsterns gelang erst mit dem Hubble-Weltraumteleskop. Es kursieren verschiedene Helligkeitswerte, die von Weidmann 2020 genannten $14^{m}2$ dürften eher zu hell gegriffen sein. Leider hat die hohe Flächenhelligkeit des Nebels negative Auswirkungen auf Gaia. Der Satellit identifizerte gleich fünf »Sterne« im Nebelkern. Nach Chornay et al. 2021 ist Gaia DR3 5716990599321527552 der korrekte Zentralstern, was eine Entfernung von 2200 Lichtjahren ergeben würde.

Beobachtung

NGC 2440 ist mit 80mm Öffnung stellar sichtbar. Mit 120mm ist eine sehr kleine Scheibe zu sehen, die unregelmäßg gefleckt erscheint. Sie ist leicht in NNO-SSW elongiert. Schwache bipolare Ausläufer, orientiert in der Hauptachse des Nebels, können über die Zentralregion hinaus erkannt werden.

Mit 14" Öffnung erscheinen diese hell, mit gekrümmten Anhängseln an den Enden. Der südliche Ausläufer ist besser definiert und beschreibt einen 90°-Bogen nach Westen. Der Nebelkern zerfällt in zwei helle Kerne und erinnert ein wenig an NGC 7026. Ein diffuser Halo umgibt den Nebel.

NGC 2440 ist ein beeindruckendes Objekt für große Öffnungen, insbesondere wenn das Seeing passt und hohe Vergrößerungen möglich werden. Steve Gottlieb hatte mit 48" den Eindruck, dass der Nebel dabei ist zu explodieren oder auseinanderzubersten. In der Innenregion erscheinen radial vom Zentralstern weg weisende Knoten, während die Außenbereiche an die Spiralen einer Galaxie erinnern.

NGC 2440 mit 16" Öffnung, 500×, $21^{m}5$ SQM. Ronald Stoyan

NGC 2440. Mike Selby

Pup StDr 20

StDr 20, PNG 233.0+03.5

Nebel	Zentralstern	Intensitäten
X. Strottner,	Gaia DR2 3028738476748576768	Hell
M. Drechsler	07:42:18.85	Hβ
2020	−16:08:41.14	[OIII]
360"	17^m8	Hα
–	Weißer Zwerg Kandidat	[NII]
isDSA/G –	3830 Lj (Gaia EDR3)	[SII]

Strottner-Drechsler 20 ist ein 6' großer runder Nebel im Sternbild Hinterdeck. Er berührt im Norden fast den 7^m-Stern HD 62202. Der Nebel ist eine Entdeckung der Amateurastronomen Xavier Strottner und Marcel Drechsler vom Februar 2020. Hα und [OIII] sind die hellsten Emissionslinien im Spektrum. Das Alter des Nebels wird mit ca. 20.000 Jahren angegeben.

Die Entdecker identifizierten Gaia DR2 3028738476748576768 als den Zentralstern des Nebels, einen 17^m2 schwachen möglichen Weißen Zwerg. Stimmt die Zuordnung, besitzt der Nebel eine Entfernung von 3800 Lichtjahren.

Es sind keine visuellen Beobachtungen bekannt.

Strottner-Drechsler 20. Marcel Drechsler und Xavier Strottner

Pup Abell 23

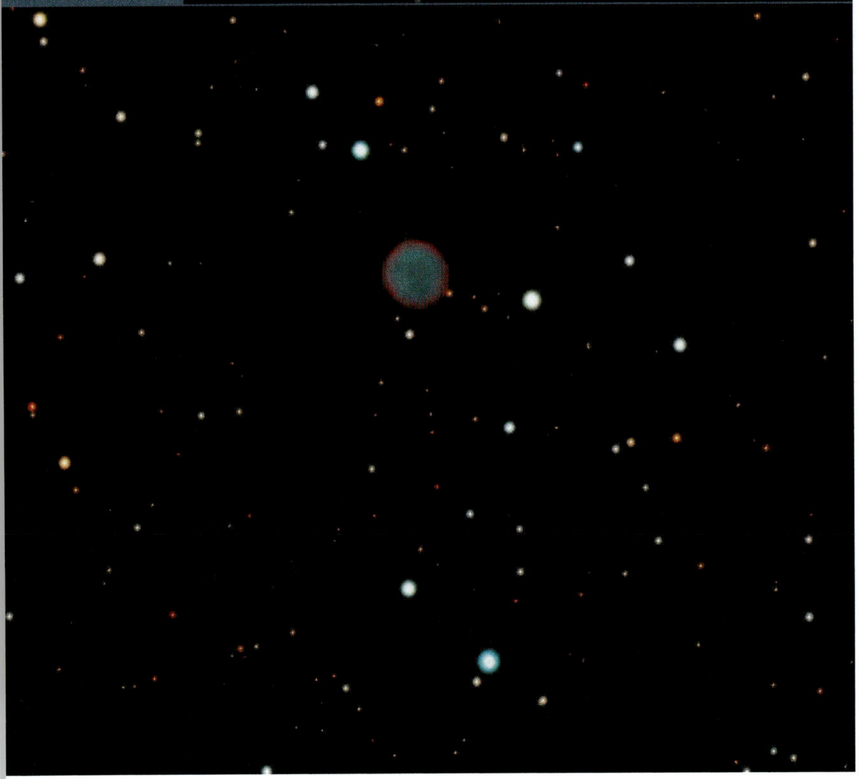

A 23, PNG 249.3-05.4, ESO 368-10, PK 249-5.1

Nebel	Zentralstern	Intensitäten	
Entdecker	GSC2 S132230181087	Hell	–
unbekannt	07:43:18.2	Hβ	100
vor 1966	−34:45:11.52	[OIII]	2400
54"	18^m5_{vis}, 20^m5_{Gaia}	Hα	1800
13^m1	–	[NII]	1400
isDSA/G 83	19.500 Lj (Gaia EDR3)	[SII]	

Abell 23 ist ein unscheinbarer runder Nebel im Sternbild Hinterdeck. Er wurde vor 1966 entdeckt; in diesem Jahr gab es die erste Veröffentlichung im Rahmen der zweiten Liste von George Abell. Wer der eigentliche Entdecker ist bleibt unbekannt, denn Abell fasste Daten verschiedener Astronomen zusammen.

Der nach verschiedenen Quellen zwischen 52" und 60" große Nebel weist eine diffuse Ringform auf. Der 18^m5-Stern GSC2 S132230181087 wurde als Zentralstern identifiziert. Nach Gaia ist er fast 20.000 Lichtjahre entfernt – mehr als doppelt so weit wie ältere Entfernungsbestimmungen nahelegten.

Visuell konnte der Autor Abell 23 als sehr kleinen runden Fleck gerade so mit 20" Öffnung erhaschen. Von Uwe Glahn liegt eine Sichtung mit 17" vor.

Abell 23. Jerry Macon

Lori's Nebula

Strottner-Drechsler 140

StDr 140, PNG 203.8+18.5

Nebel	Zentralstern	Intensitäten
X. Strottner,	Galex J074320.3+160752	Hell
M. Drechsler	07:43:20.32	Hβ
2021	+16:07:52.90	[OIII]
414"	17^m2	Hα
–	DO	[NII]
isDSA/G –	4020 Lj (Gaia EDR3)	[SII]

Strottner-Drechsler 140. Peter Goodhew

Strottner-Drechsler 140 ist einer der schönsten Funde des deutsch-französischen Entdecker-Duos Xavier Strottner und Marcel Drechsler. Die beiden fanden den Nebel im Oktober 2021. Die Größe des wie eine perfekte Sphäre wirkenden Nebels beträgt 6,9'. [OIII] ist die dominante Emissionslinie. Als Zentralstern wurde Galex J074320.3+160752 identifiziert, ein 17^m2 schwacher Weißer Zwerg. Ein 11^m-Stern steht etwa 1' nordwestlich von diesem im Nebel. Am östlichen Rand befindet sich die extrem schwache kompakte Galaxiengruppe SDSSCGB 68175. Uwe Glahn konnte den Nebel mit 27" Öffnung nicht sehen.

NGC 2452

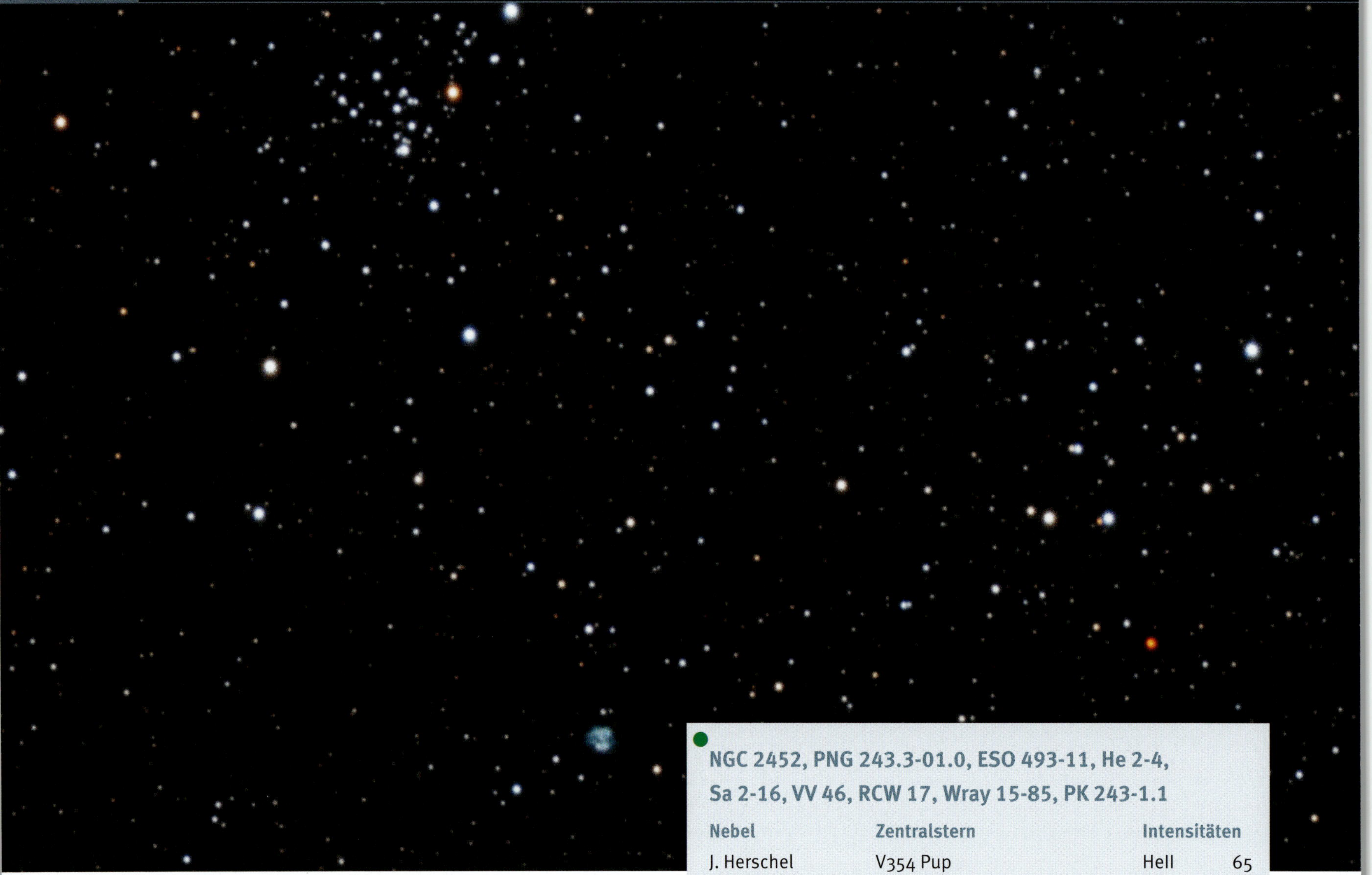

NGC 2452 (unten) und NGC 2453 (oben). Gary Imm

NGC 2452, PNG 243.3-01.0, ESO 493-11, He 2-4, Sa 2-16, VV 46, RCW 17, Wray 15-85, PK 243-1.1

Nebel	Zentralstern	Intensitäten	
J. Herschel	V354 Pup	HeII	65
1.2.1837	07:47:26.2	Hβ	100
	−27:20:07.15	[OIII]	1575
31 × 24"	17^m7_{vis}, 16^m9_{Gaia}	Hα	350
11^m9	WO1	[NII]	226
isDSA/G 84-7	9530 Lj (Gaia EDR3)	[SII]	31

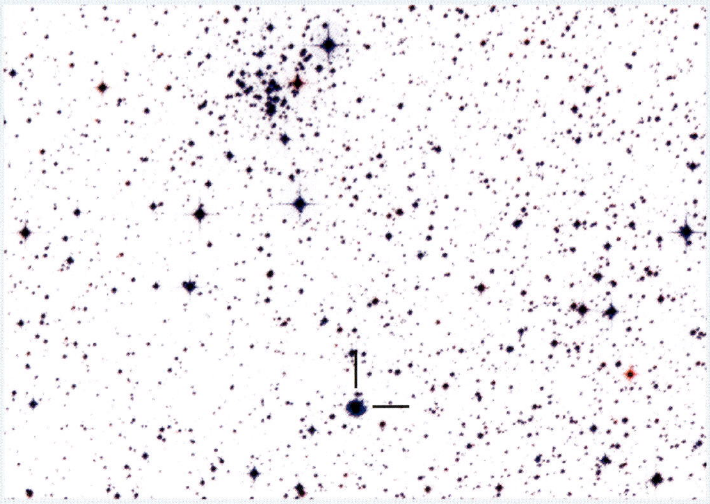

NGC 2452 und NGC 2453 bilden eines der seltenen Paare von Planetarischem Nebel und Sternhaufen am Himmel; sie trennen nur 8,5'. Sie wurden beide am 1. Februar 1837 von John Herschel von Südafrika aus entdeckt. Bei NGC 2452 glaubte er vor einem Rästel zu stehen: »Ein Objekt, dessen Natur ich nicht ausmachen kann. Es ist sicherlich kein Stern, noch ein enger Doppelstern; aber es ist nicht rund, ich könnte es einen eckigen Planetarischen Nebel nennen, [...] wäre da nicht die Vermutung es sei doppelt, wie ein sehr enger und hoch verdichteter Doppelnebel.« Herschel gab die Ausdehnung mit 8 × 5", heutige Werte nennen 8,3 × 12,4" für den hellen Innenbereich und 31 × 24" für den gesamten Nebel. Curtis erinnerte die Morphologie an den spiegelverkehrten Buchstaben Z, und tatsächlich ist eine bipolare Struktur evident.

Im Zentrum der wissenschaftlichen Arbeiten steht die Frage, ob Nebel und Sternhaufen physisch verbunden sind. Majaess et al. bejahten dies im Jahr 2007; demnach seien die Radialgeschwindigkeiten ähnlich und NGC 2452 ein Mitglied des Sternhaufens. Mallik et al. hatten jedoch schon 1995 angenommen, dass der Sternhaufen weit hinter dem PN steht. González Díaz et al. stellten die Frage 2019 neu. Zwar wäre eine Verbindung nach dem Alter des Sternhaufens von 40 bis 50 Millionen Jahren, der Masse des Vorgängersterns des PN und der beide Objekte betreffenden Extinktion her denkbar. Die Radialgeschwindigkeiten unterscheiden sich mit 62 km/s (PN) und 78 km/s (OC) aber deutlich.

Gaia zog mit exakten Parallaxenmessungen schließlich einen Schlussstrich unter die Diskussion: Während der Nebel NGC 2452 etwas mehr als 9500 Lichtjahre entfernt ist, steht der Haufen NGC 2453 mit 15.900 Lichtjahren weit dahinter. Eine physische Verbindung ist also ausgeschlossen.

Der Zentralstern des Nebels, V354 Pup, ist veränderlich mit Schwankungen in einer Frequenz von 220 Sekunden, wie Silvotti 1995 ermittelte. Das Spektrum des Sterns hat Eigenschaften eines Wolf-Rayet-Sterns mit starker Emission von Sauerstoff. Dieser regt den Nebel stark an, [OIII] ist die hellste Linie, gefolgt von Hα und [NII].

Visuell sollte NGC 2452 schon mit Öffnungen von 6 bis 8" erreichbar sein. Tom Polakis bezeichnete ihn mit 10" als »mittelhell«. Mit 16" Öffnung konnte der Autor die bipolare Struktur auf Anhieb erkennen. Die nördliche Nebelhälfte ist größer, in der südlichen sind zwei helle Knoten auszumachen. Mit 20" entsteht der Eindruck einer Hantelform ähnlich M 27, jedoch viel kleiner. In ruhigen Momenten scheint der Zentralstern aufzublitzen.

Der Sternhaufen NGC 2453 ist ein attraktives Objekt für die visuelle Beobachtung und schon mit 80mm erreichbar. Ein oranger Stern sticht mit größeren Öffnungen heraus.

NGC 2452. PanSTARRS. STScI (links), Hubble Space Telescope (ESA/Hubble, NASA)(rechts)

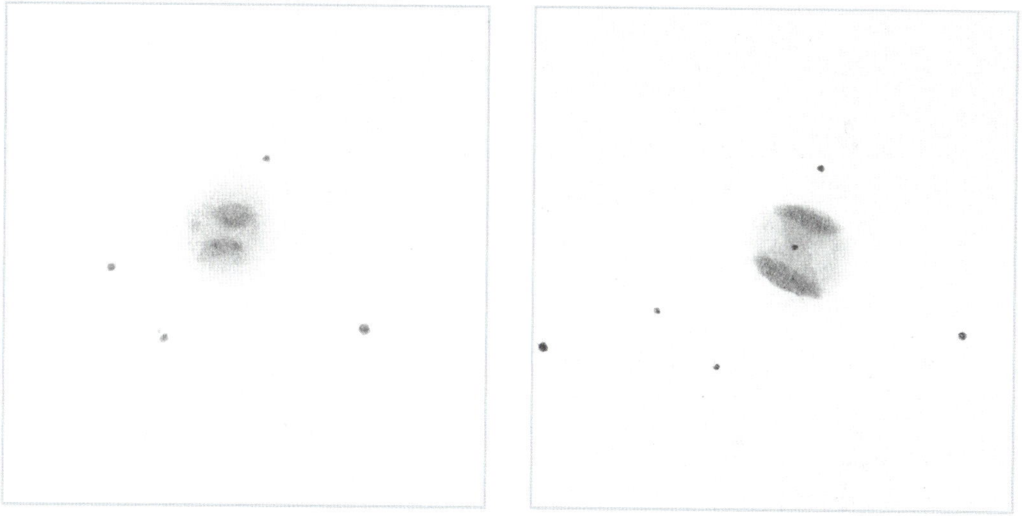

NGC 2452, Zeichnungen mit 16" Öffnung, 425×, $21^{m}6$ SQM (links), 20", 278×, $21^{m}8$ SQM (rechts). Ronald Stoyan

CMi

Abell 24

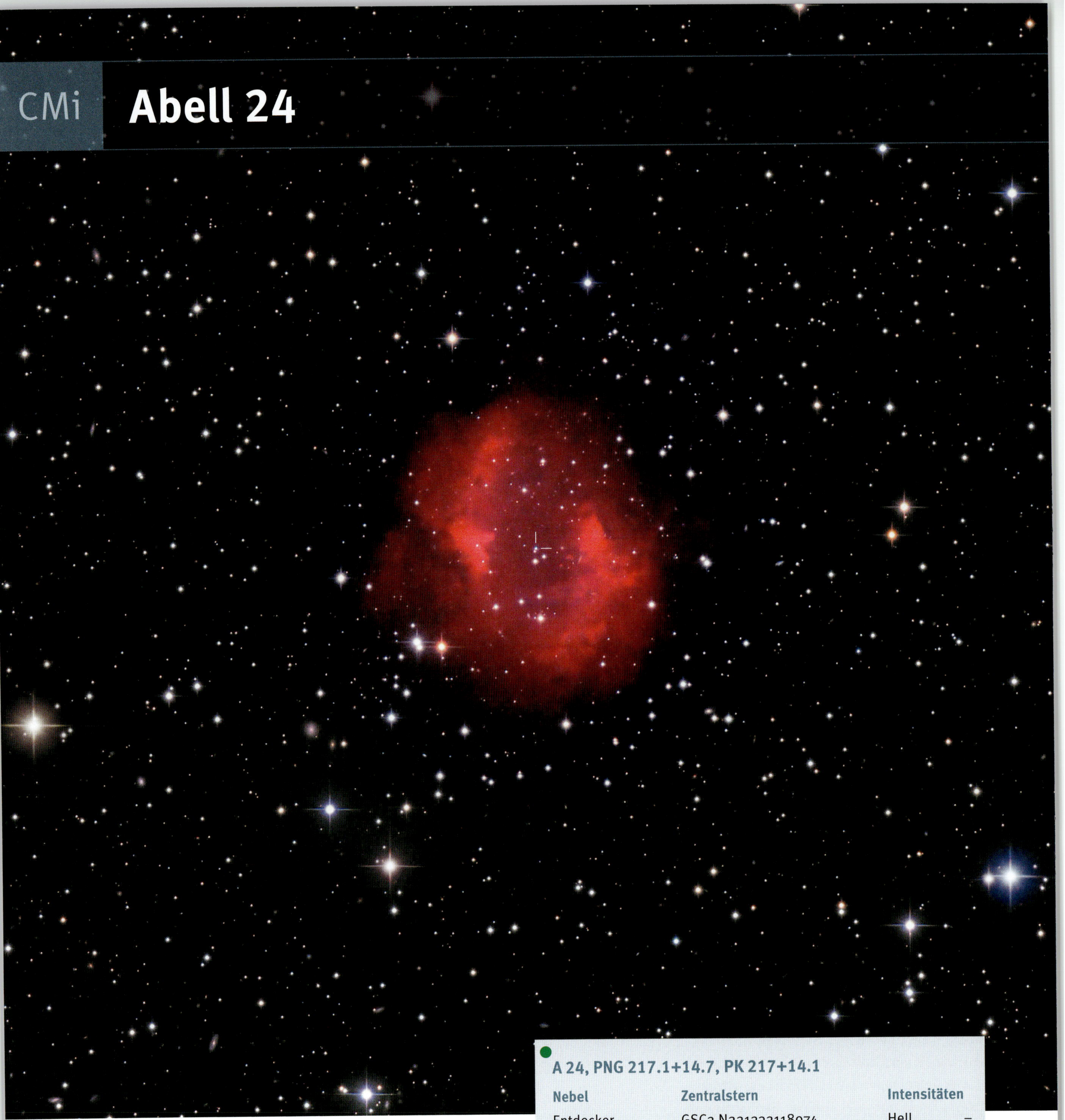

Abell 24. Chart 32

A 24, PNG 217.1+14.7, PK 217+14.1

Nebel	Zentralstern	Intensitäten	
Entdecker	GSC2 N221232118974	Hell	–
unbekannt	07:51:37.6	Hβ	100
vor 1955	+03:00:20.20	[OIII]	105
265 × 180"	17^m2_{vis}, 17^m4_{Gaia}	Hα	239
13^m9	DA	[NII]	1518
isDSA/G 60	2340 Lj (Gaia EDR3)	[SII]	

Abell 24. Peter Goodhew (links), Very Large Telescope/ESO (rechts)

Abell 24 ist ein extrem roter Planetarischer Nebel. Im Spektrum ist [NII] 6-mal so stark wie Hα, [OIII] ist kaum vorhanden. Der Nebel ist also wahrscheinlich schon älter, 32.000 Jahre nennen Gonzalez Santamaria et al. Die Ausdehnung beträgt etwa 4,4 × 3', einige Quellen geben aber auch Maße von 6,2 × 6'.

Der Zentralstern von Abell 24 ist doppelt. Schon Ciardullo et al. wiesen 1999 darauf hin, sie identifizierten jedoch einen möglichen Begleiter, der heute nicht mehr anerkannt wird. Gonzalez Santamaria et al. fanden 2020 einen Stern der Spektralklasse K in einem Abstand von 9912 AE vom Zentralstern; dieser hat eine Masse vom 0,76-Fachen der Sonne. Der Zentralstern selbst wird mit mindestens 3 Sonnenmassen beziffert. Er besitzt eine Oberflächentemperatur von 137.000K. Die Entfernung beträgt nach Gaia 2340 Lichtjahre.

Abell 24 ist schon in der ersten Abell-Liste von 1955 als Nummer 17 enthalten. Der Entdecker ist unklar, da nach Angaben von George Abell mehr als die Hälfte der Abell-PN von anderen Astronomen gefunden wurden, aber die Entdecker nicht von ihm genannt werden.

Visuell ist Abell 24 aufgrund seines Spektrums eine harte Nuss, da das nachtsehende menschliche Auge kaum empfindlich für die [NII]-Linie ist. Die meisten Beobachter wollen sich nicht festlegen, ob ihre Wahrnehmung eines sehr schwachen Nebels sicher ist; dies gilt für Uwe Glahn mit 8", den Autor mit 14" und 16" sowie Tom Polakis mit 18" Öffnung.

Uwe Glahn berichtet eine definitive Sichtung mit 20" Öffnung als »sehr schwachen Schimmer«. Mit stattlichen 48" sah Steve Gottlieb dagegen sogar vage Strukturen, er konnte die helleren Bereiche im Osten und Westen erkennen. Der Nebel blieb aber auch mit dieser riesigen Öffnung schwach.

CMi HDW 7

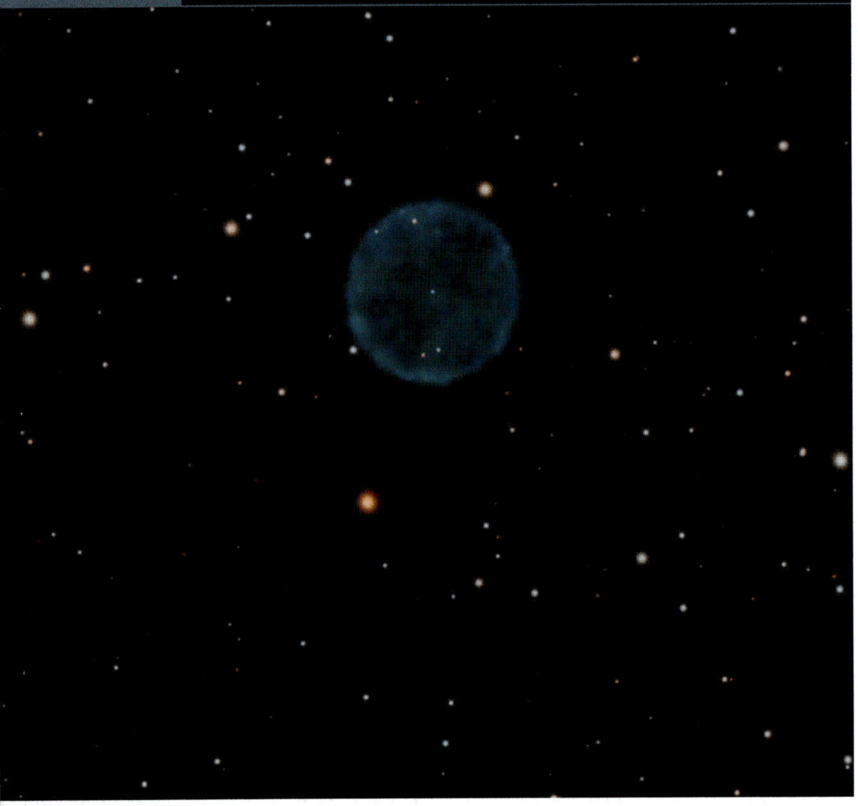

HDW 7, PNG 211.4+18.4, HaWe 10, PK 211+18.1

Nebel	Zentralstern	Intensitäten	
H. Hartl, J. Dengel,	GSC2 N22130303761	HeII	–
R. Weinberger	07:55:11.30	Hβ	100
1983	+09:33:09.20	[OIII]	895
105"	17^m8_{Gaia}	Hα	290
–	WD	[NII]	–
isDSA/G 48	4650 Lj (Gaia EDR3)	[SII]	

Hartl-Dengel-Weinberger 7 ist ein »klassisch runder« PN, wie Quentin Parker sich ausdrückte. Er wurde von Herbert Hartl, Johann Dengel und Ronald Weinberger nach »sorgfältiger Durchmusterung« des POSS gefunden. Die Entdecker berichteten: »Die Erfahrung zeigt, dass ein mehr oder weniger symmetrisch aussehender roter Nebel mit einem auffallend blauen schwachen Stern in oder nahe dessen Symmetriezentrum mit hoher Wahrscheinlichkeit ein PN ist.« In einer Veröffentlichung von 1987, auf die die alternative Bezeichnung HaWe 10 zurückgeht, beschrieben Hartl und Weinberger den Nebel als »Scheibe mit gleichmäßiger Flächenhelligkeit. Extrem blauer Zentralstern.« Im Nebelspektrum dominiert [OIII], was visuelle Sichtungen möglich macht. Uwe Glahn hat eine Beobachtung mit 16" ohne weitere Details.

Hartl-Dengel-Weinberger 7. Richard Hennig

Pup Minkowski 3-4

M 3-4, PNG 241.0+02.3, ESO 494-2, Sa 2-19, Wray 19-3, PK 241+2.1

Nebel	Zentralstern	Intensitäten	
R. Minkowski	TIC 142632036	HeII	74
1948	07:55:11.40	Hβ	100
	−23:38:12.6	[OIII]	1239
33"	15^m2_{Gaia}	Hα	343
14^m0	–	[NII]	124
isDSA/G 83	12.100 Lj (Gaia EDR3)	[SII]	

Minkowski 3-4 zeigt nach Ali et al. eine »sehr komplexe bipolare Doppelschalen-Struktur« mit HeII-Emission in der inneren, 18" großen Schale, die auf Fotos grün erscheint. Dagegen ist in der äußeren Schale mit 33 × 30" [OI]-Emission vorhanden, die im roten Bereich bei 630nm strahlt. Im Spektrum sind auch Hα und [OIII] nachweisbar. Die Expansionsgeschwindigkeit des Nebels liegt bei 18 km/s. Entdeckt wurde er durch Rudolph Minkowski 1948 auf Objektivprismenaufnahmen mit dem 10"-f/5,2-Teleskop auf dem Mount Wilson.

Visuell ist mit 16" Öffnung ein kleines diffuses Fleckchen zu sehen, die genaue Form ist nicht fassbar. Kent Wallace sah den PN schon mit 8" als kleine diffuse Scheibe. Mit 27" Öffnung gelang es Uwe Glahn, die Ringstruktur und den Zentralstern zu erkennen. Die Galaxie PGC 78984 befindet sich 3,2' südlich des Nebels.

Minkowski 3-4. Richard Hennig

Headphones Nebula

Jones-Emberson 1

Lyn

JnEr 1, PNG 164.8+31.1, VV 47, PK 164+31.1

Nebel	Zentralstern	Intensitäten	
R. Jones,	WD 0735+535	HeII	–
R. Emberson	07:57:51.6	Hβ	100
1939	+53:25:16.97	[OIII]	2225
405 × 360"	17^m1_{vis}, 17^m1_{Gaia}	Hα	900
12^m0	DQ	[NII]	3513
isDSA/G 13-9	3060 Lj (Gaia EDR3)	[SII]	

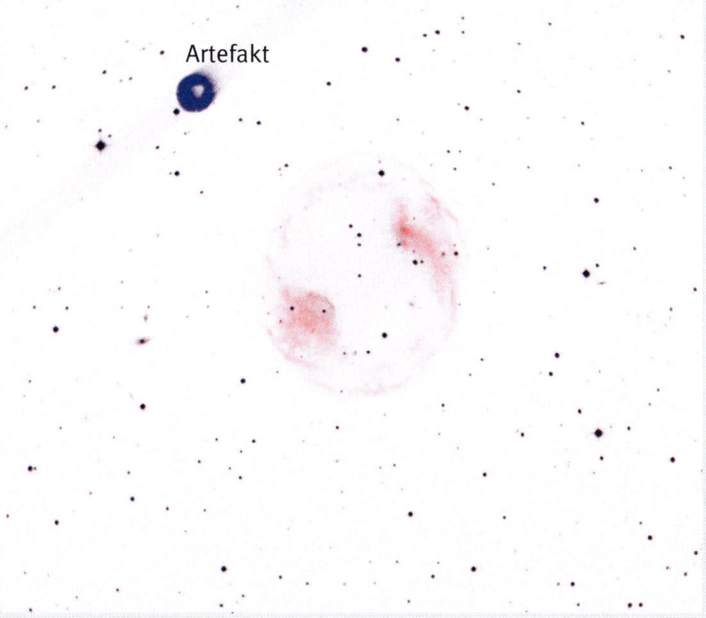

Jones-Emberson 1. Jean-François Bax, Serge Brunier und OCA/C2PU

Jones-Emberson 1 wurde im Jahr 1939 von Rebecca B. Jones und Richard Emberson auf einem Foto des 16" Metcalf-Refraktor des Oak Ridge Observatory in Massachusetts, USA, gefunden. Zusätzliche Bilder wurden mit dem 61"-Wyeth-Spiegelteleskop vor Ort gemacht. Darauf zeigte sich ein »schwacher Nebelring, der zwei Verdichtungen verbindet«. Die Entdecker gaben den Durchmesser mit 7,5 × 6,7' und sahen eine Ähnlichkeit mit NGC 6058. Die Helligkeit des Zentralsterns gaben sie mit 16^m6.

Leider passierte Jones und Emberson ein Fehler bei der Identifikation ihres Funds. Sie glaubten, den Doppelnebel NGC 2474/5 fotografiert zu haben, tatsächlich befindet sich dieses Galaxienpaar jedoch 30' südlich des PN. Bis in die 1980er Jahre wurde die NGC-Bezeichnung auch in der Fachliteratur fälschlicherweise verwendet, in Amateurkreisen hielt sich der Fehler noch länger.

Der Nebel befindet sich bei einer galaktischen Breite von 30°, könnte also dem Halo der Milchstraße zuzuordnen sein. Seine Morphologie wird mit der eines bipolar

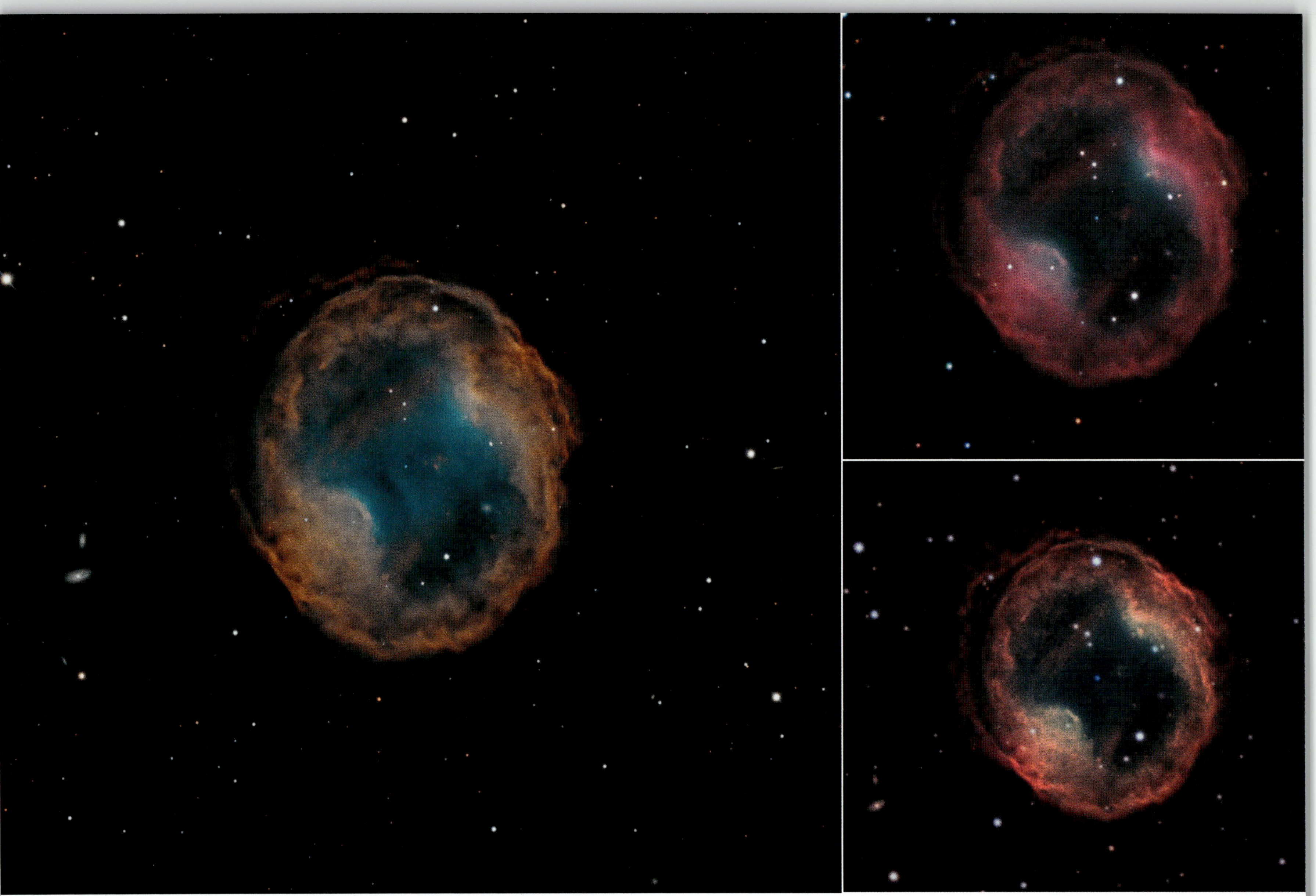

Jones-Emberson 1. Richard Hennig (links), James Shuder (rechts oben), Peter Goodhew (rechts unten)

verstärkten dicken Rings beschrieben. Es befinden sich zahlreiche Galaxien hinter dem PN und in seinem nahen Umfeld, darunter das Paar PGC 2439677 und 2439961 in 3' Distanz vom östlichen Nebelrand.

Der Zentralstern WD 0735+535 ist ein $17^{m}1$ schwacher Weißer Zwerg. Liebert et al. hielten ihn 1988 für variabel und ordneten ihn den PG1159-Sternen zu. Sowicka et al. fanden jedoch 2018, dass dies nicht der Fall sei: Der Stern »ist nicht nur kein Pulsator, er dürfte noch nicht einmal veränderlich sein«. Calcaferro ermittelten die Masse von 0,52 Sonnen; es gibt Hinweise darauf dass ein Begleiter des Spektraltyps M4 vorhanden ist. Die Oberflächentemperatur des Zentralsterns wird mit 130.000K angegeben.

[OIII] und [NII] sind die hellsten Linien im Spektrum, Hα ist nur etwa ein Viertel so stark wie letztere. Auch [OIV] und HeII sind vorhanden. Barbieri und Sulentic sprachen von einer mittelmäßigen Anregung. Doroshenko und Kolotilov ermittelten eine Expansionsgeschwindigkeit von 48 km/s. Das Alter wird auf 13.000 Jahre geschätzt.

Visuell gilt Jones-Emberson 1 als einer der lohnendsten PN jenseits des NGC. Der Autor konnte den Nebel mit UHC- und [OIII]-Filter mehrfach mit 120mm Öffnung erkennen. Dies gelingt nur bei niedriger Vergrößerung, es zeigt sich eine sehr schwache große runde Scheibe ohne weitere Details. Mit 14" sind die beiden bipolaren Knoten zu sehen, ebenfalls die Ringförmigkeit. Die Knoten beulen den Ring nach innen aus. Das Innere ist mit sehr schwachem Nebel gefüllt, zwei schwache Sterne sind darin zu erkennen. Der Zentralstern bleibt jedoch auch deutlich größeren Öffnungen verborgen.

Der Spitzname »Kopfhörer-Nebel« stammt vom amerikanischen Beobachter David Knisely. Auf dem POSS ist die Namensgebung gut nachzuvollziehen. Die blaue POSS-Platte der Region enthält ein Artefakt, das möglicherweise von einem Flugzeug stammt.

Jones-Emberson 1 mit 20" Öffnung, 153×, [OIII], $21^{m}3$ SQM. Ronald Stoyan

Manzana Nebula Neckel-Vehrenberg 3-3

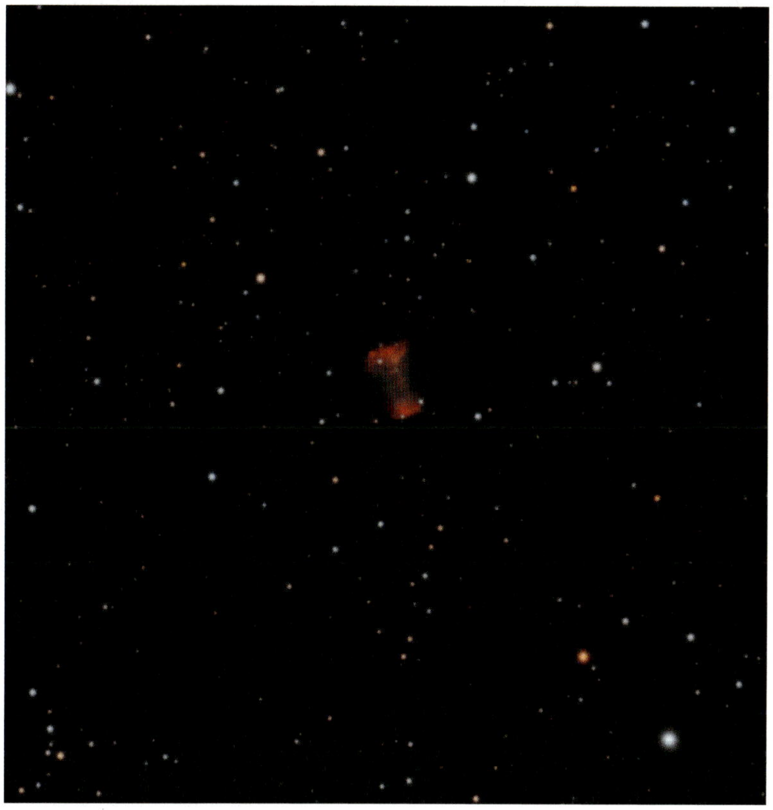

Neckel-Vehrenberg 3-3. Richard Hennig

NeVe 3-3, PNG 250.4-01.3, BBWo 100, GN 08.01.3.01

Nebel	Zentralstern	Intensitäten	
J. Brand, L. Blitz,	unbekannt	Hell	
J. Wouterloot	08:03:12.66	Hβ	100
1986	−33:31:02.00	[OIII]	453
165 × 65"	–	Hα	542
–	–	[NII]	1331
isDSA/G –	–	[SII]	

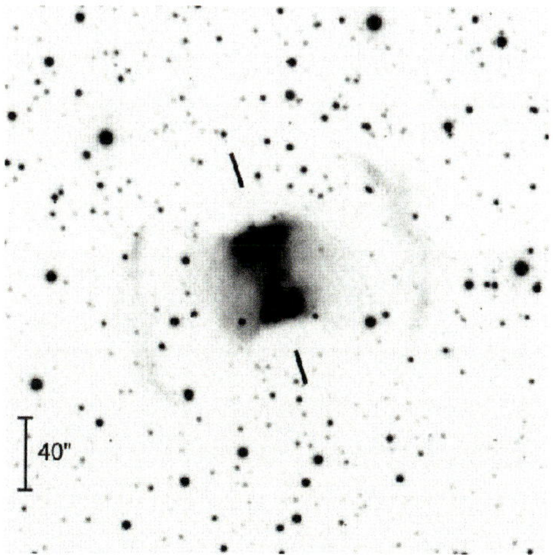

Neckel-Vehrenberg 3-3. Kerber et al.

Neckel-Vehrenberg 3-3 ist nach dem deutschen Fachastronomen Thorsten Neckel und dem deutschen Astrofotografen Hans Vehrenberg benannt. Sie katalogisierten das Objekt als GN 08.01.3.01 für den dritten Band ihres monumentalen »Atlas Galaktischer Nebel«, der 1990 erschien. In der Bemerkung zur Aufnahme des Objekts aus dem ESO/SRC ist der Kommentar »PN?« enthalten – die Autoren ahnten also schon, dass das Objekt als Galaktischer Nebel missklassifiziert war.

Die Entdecker des Nebels waren sie aber nicht. Diese Ehre gebührt den beiden niederländischen Astronomen Jan Brand und Jan Gerard Amos Wouterloot, die zusammen mit dem Amerikaner Leo Blitz 1986 den gerade fertig gestellten ESO/SRC nach Nebeln durchsuchten. Auf dieser südlichen Fortsetzung des POSS fanden sie zahlreiche neue Objekte bei der Erstellung einer Datenbasis für eine Studie zur Rotation der Milchstraße, darunter der Eintrag mit der Nummer 100. Neben dem Kürzel »BBWo« ist auch »Bran« gebräuchlich.

Die erste Studie des Nebels wurde unter der Ägide des ebenfalls als PN-Entdecker bekannten Astronomen Florian Kerber durchgeführt. Mit einer Studentengruppe der Andes-Carnegie Summer School wählte Kerber den Nebel als Untersuchungsobjekt aus dem Atlas der Galaktischen Nebel von Neckel/Vehrenberg, um mögliche PN-Kandidaten als solche zu bestätigen. Eine tiefe neue Aufnahme zeigte »schwache Kappen in polarer Orientierung« und machte somit die Natur als PN klar. »Die Studenten lernten etwas über die Aufregung einer Entdeckung und bekamen außerdem einen Vorgeschmack auf die Arbeit, die mit einem solchen Unternehmen verbunden ist.« Die spanischsprachigen Studenten nannten das Objekt nach seinem Aussehen »Manzana« (Apfel), und tatsächlich ähnelt die Morphologie einem Apfelbutzen, »typisch für eine torusartige Struktur, die in vielen bipolaren PN gefunden werden kann«.

Der Durchmesser des zentralen Bereichs misst 60". Mit den »Kappen« sind es 165 × 65". Diese interpretieren Kerber et al. als Schockfronten, die beim Zusammenstoß der PN-Materie mit solcher des interstellaren Mediums entsteht, wobei der ungleiche Abstand auf verschieden große Expansionsgeschwindigkeiten des Nebels und Dichten in der Umgebung hinweist. Das Spektrum zeigt [NII] drei Mal so stark wie Hα. Ein Zentralstern wurde bisher nicht gefunden, dementsprechend ist auch die Entfernung unbekannt. Kent Wallace gelang es mit 20" Öffnung nicht, den PN visuell zu sehen. Es sind keine erfolgreichen Sichtungen bekannt.

Mon Frew 2-25

Frew 2-25. Jonathan Talbot

Fr 2-25, AlvKn 1, PNG 227.3+12.9, Kn 64, Alv 4

Nebel	Zentralstern	Intensitäten
D. Frew	Galex J080404.4-063057	HeII
2008	08:04:04.4	Hβ
	−06:30:56.99	[OIII]
1010 × 840"	$16^{m}1_{Gaia}$	Hα
$15^{m}4_{p}$	–	[NII]
isDSA/G 59	2690 Lj (Gaia EDR3)	[SII]

Frew 2-25 alias Alves-Kronberger 1 wurde im Jahr 2008 vom Australier David Frew gefunden, unabhängig davon und parallel voneinander auch von den Amateuren Filipe Alves und Matthias Kronberger 2012.

Die Form entspricht einem Bumerang und erinnert an Simeis 22. Beachtlich ist die Größe; allein der sichtbare Teil ist fast 20' lang. Offensichtlich ist nur ein Teil des Nebels zu sehen, der mit dem interstellaren Medium interagiert. Es dürfte sich um ein eher altes Objekt handeln. Westlich dem Nebel vorgelagert sind Felder schwach rot leuchtender Materie. Inwieweit diese mit dem Planetarischen Nebel in Verbindung stehen, ist unbekannt.

Als Zentralstern wurde der Weiße Zwerg Galex J080404.4-063057 mit $16^{m}1$ identifiziert. Wenn diese Zuordnung stimmt, beträgt die Entfernung fast 3000 Lichtjahre.

Mit Matthias Kronberger hat einer der Entdecker selbst die einzige bekannte visuelle Sichtung des Nebels mit 24" Öffnung. Der Sternhaufen M 48 steht ca. 2,5° östlich.

A 25, K 1-13, PNG 224.3+15.3, PK 224+15.1

Nebel	Zentralstern	Intensitäten	
L. Kohoutek	GSC2 S10232013839	HeII	
1963	08:06:46.5	Hβ	11
	−02:52:35.18	[OIII]	100
150 × 145"	18^m4_{vis}, 18^m4_{Gaia}	Hα	40
15^m4_p	–	[NII]	73
isDSA/G 59	8440 Lj (Gaia EDR3)	[SII]	

Abell 25 sollte eigentlich besser als K 1-13 bezeichnet werden, denn der Entdecker war 1963 der tschechische Astronom Luboš Kohoutek 1963, der den Nebel auf dem POSS fand. Er beschrieb ihn als elliptischen Nebel mit zwei großen symmetrischen Verdichtungen. Den Durchmesser gab er mit 150 × 97" im roten und 150 × 145" im blauen Licht. 1966 nahm Abell den Nebel in seine zweite Liste auf. [OIII] und [NII] sind die stärksten Linien im Spektrum. Der Zentralstern wurde von Gaia vermessen, die Entfernung beträgt danach mehr als 8000 Lichtjahre.

Der Autor konnte A 25 mit 14" Öffnung nicht sehen. Für Uwe Glahn war der Nebel mit 16" an der Grenze sichtbar, mit 27" gelang auch die Wahrnehmung der beiden Schalen.

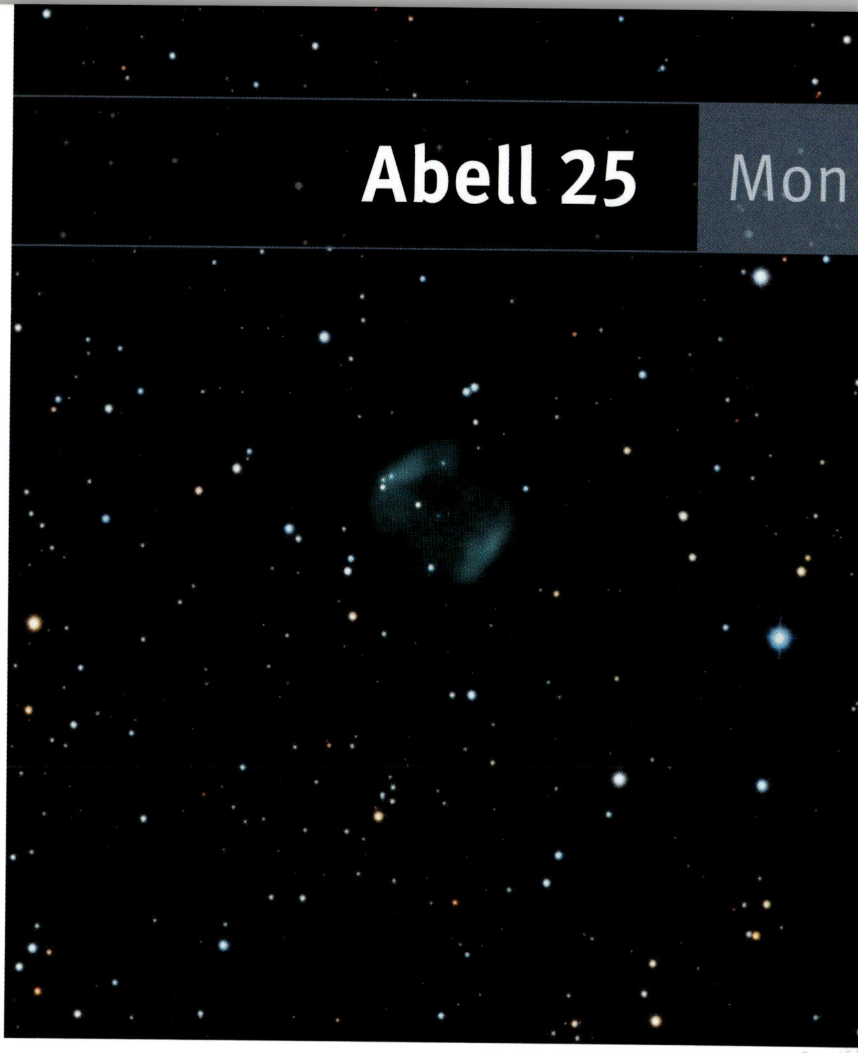

Abell 25. Jerry Macon

Sa 2-21, PNG 238.9+07.3, ESO 561-16, PK 238+7.2

Nebel	Zentralstern	Intensitäten	
B. Vorontsov-Veljaminov,	GSC 06004–02337	HeII	–
V. Archipova	08:08:44.3	Hβ	100
vor 1974	−19:14:01.10	[OIII]	736
40"	19^m5	Hα	270
18^m1_p	–	[NII]	158
isDSA/G 71-12	23.200 Lj (Gaia EDR3)	[SII]	27

Sanduleak 2-21 wurde zunächst für eine Galaxie gehalten. Boris Vorontsov-Veljaminov und Vera Archipova katalogisierten das Objekt vor 1974 für den MCG, es erhielt die Bezeichnung MCG -3-21-004. Später erfolgte auch ein Eintrag in den PGC mit der Nr. 22854.

Nicholas Sanduleak entdeckte den Nebel unabhängig davon 1975 auf Objektivprismen-Aufnahmen mit der 24"-Schmidtkamera des Observatoriums auf dem Cerro Tololo. Er beschrieb den Nebel als »im Wesentlichen rund, ca. 40" Durchmesser« und bemerkte: »Ein möglicher Zentralstern erscheint nahe am Plattenlimit.« Harman et al. beschrieben eine Ellipse in PW 320° mit einem Halo in [OIII]. Die Morphologie erinnert an den Eulennebel M 97. [NII], Hα und [OIII] dominieren. Kent Wallace sah Sa 2-21 mit 8" als schwaches Scheibchen. Der Autor konnte mit 14" einen schönen, gut begrenzten runden Nebel erkennen. Der 4^m-Stern 16 Pup steht nur 4' östlich.

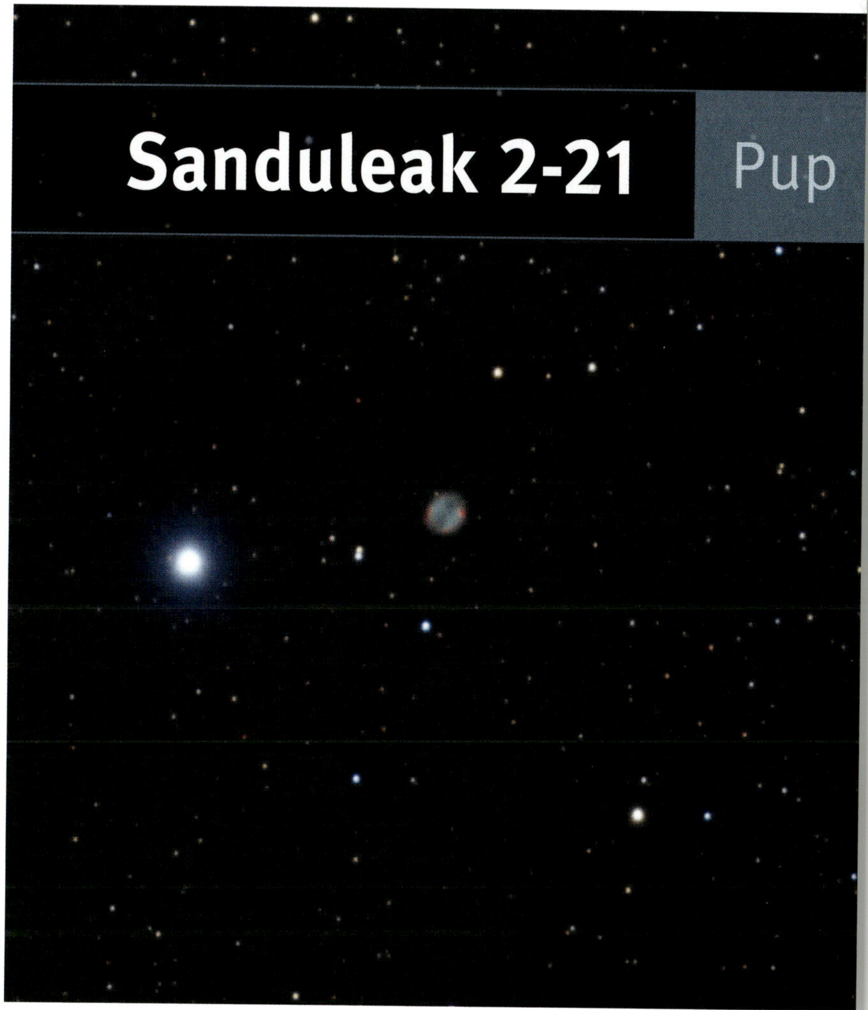

Sanduleak 2-21. Gary Imm

Pup Abell 26

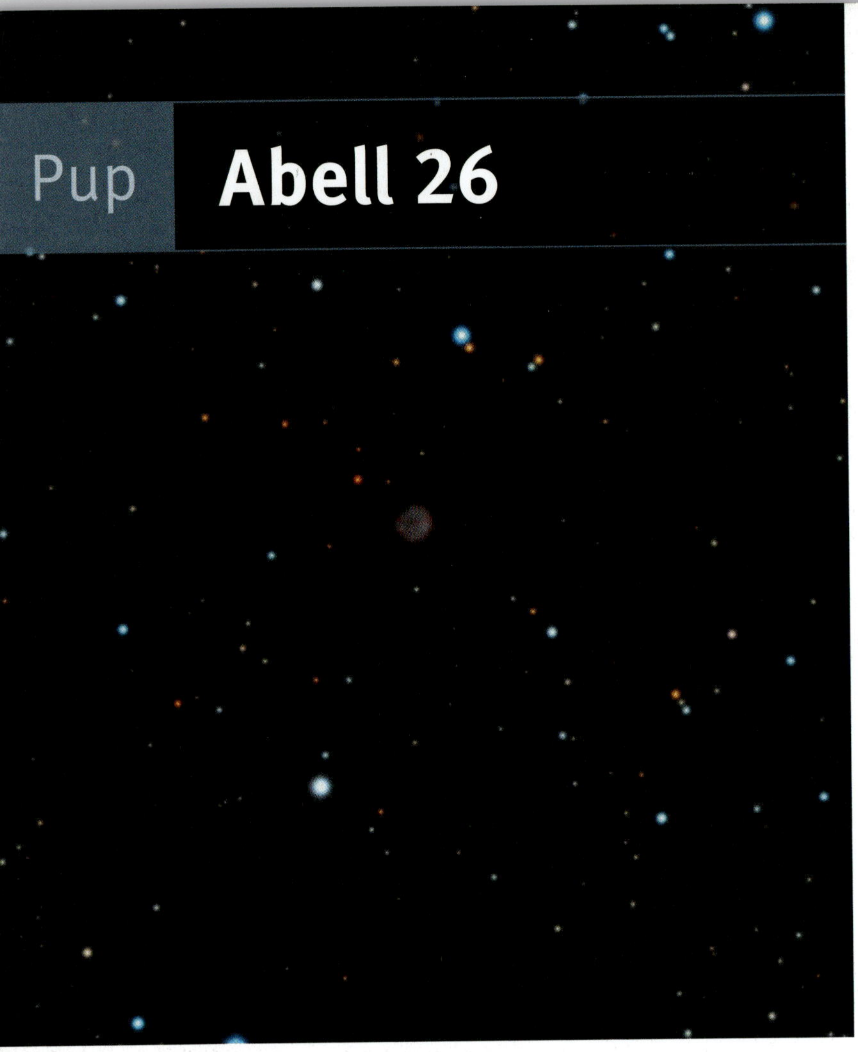

A 26, PNG 250.3+00.1, ESO 369-5, PK 250+0.1

Nebel	Zentralstern	Intensitäten	
Entdecker	unbekannt	Hell	–
unbekannt	08:09:01.6	Hβ	–
vor 1966	–32:40:24.92	[OIII]	91
40"	–	Hα	100
18^m1_p	–	[NII]	102
isDSA/G 83	–	[SII]	27

Abell 26 ist einer der am schlechtesten erforschten Nebel aus der Liste von Abell. Er wurde vor 1966 entdeckt, von wem genau ist unklar, da George Abell zwar angab auch Funde anderer Astronomen zu verwenden, die Quellen aber nicht einzeln nannte.

Der Durchmesser wird mit 37" oder 40" angegeben. Die Form ist rund. [NII], Hα und [OIII] sind die stärksten Emissionslinien. Auch im Radiobereich wird Strahlung ausgesendet. Ein Zentralstern wurde bis dato nicht identifiziert.

Visuell konnte der Autor den Nebel von La Palma mit 16" Öffnung nicht sehen. Uwe Glahn berichtete jedoch von Namibia eine sichere Sichtung mit 12", ebenso der amerikanische Beobachter Eric Honeycutt mit einem 22"-Teleskop.

Abell 26. Jerry Macon

Vel LoTr 2

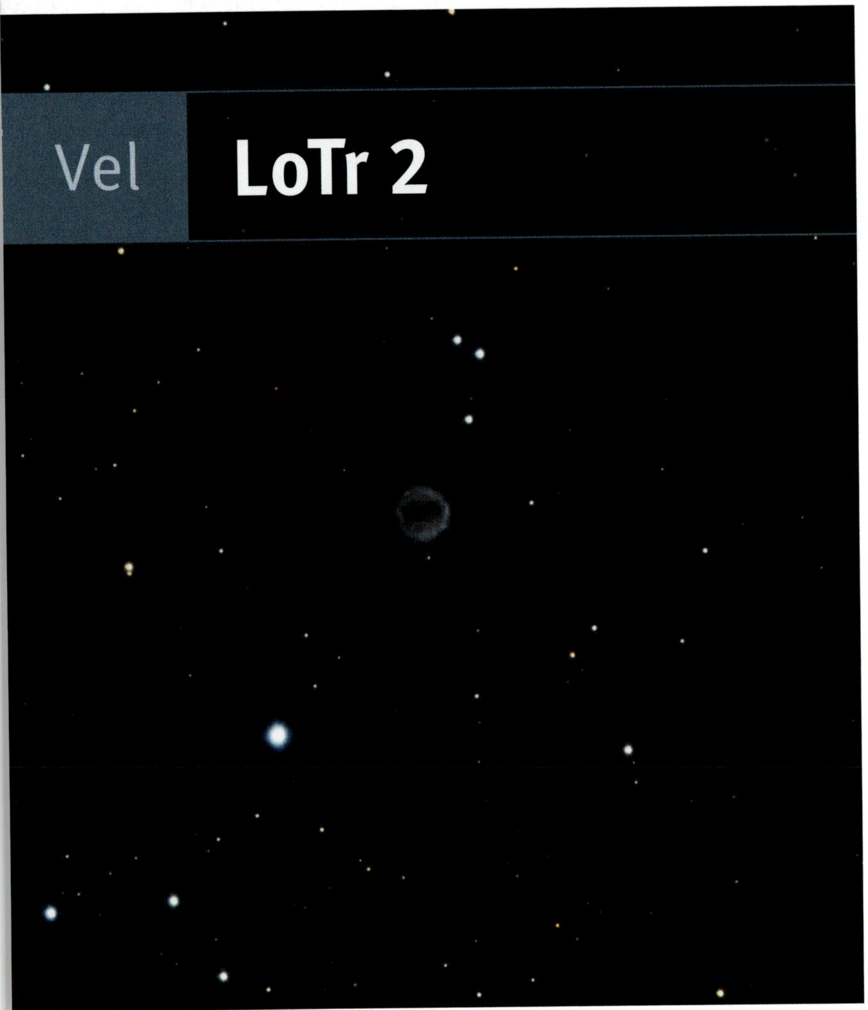

LoTr 2, Wray 17-18, PNG 262.6-04.6, ESO 259-6, PK 262-4.1

Nebel	Zentralstern	Intensitäten	
J. Wray	Gaia DR3 5516878589711567360	Hell	49
1966	08:23:53.80	Hβ	100
	–45:31:09.4	[OIII]	1259
20"	20^m2_{Gaia}	Hα	638
15^m4	–	[NII]	70
isDSA/G –	4400 Lj (Gaia EDR3)	[SII]	

Longmore-Tritton 2 ist ein kleiner runder Ringnebel im Sternbild Vela. Entdeckt wurde er von James Wray im Jahr 1966, aber geläufiger ist die Benennung LoTr. Andrew Longmore und S. B. Tritton fanden das Objekt unabhängig davon 1980 auf Aufnahmen mit dem 48" UK Schmidt am Siding Spring Observatory in Australien. Sie bezeichneten ihn als »kleinen kreisförmigen Ring, gerade genug aufgelöst um einen Zentralstern zu sehen« und gaben einen Durchmesser von 20". Andere Quellen nennen 17,2 × 16,8".

Der 20^m2 schwache Zentralstern Gaia DR3 5516878589711567360 konnte zur Entfernungsbestimmung genutzt werden, der Wert ist 4400 Lichtjahre.

Die einzige bekannte visuelle Beobachtung stammt von Kent Wallace mit 20" Öffnung. Er sah eine »sehr schwache Scheibe«.

Longmore-Tritton 2. Josep Drudis

van den Bergh-Racine 1

Vel

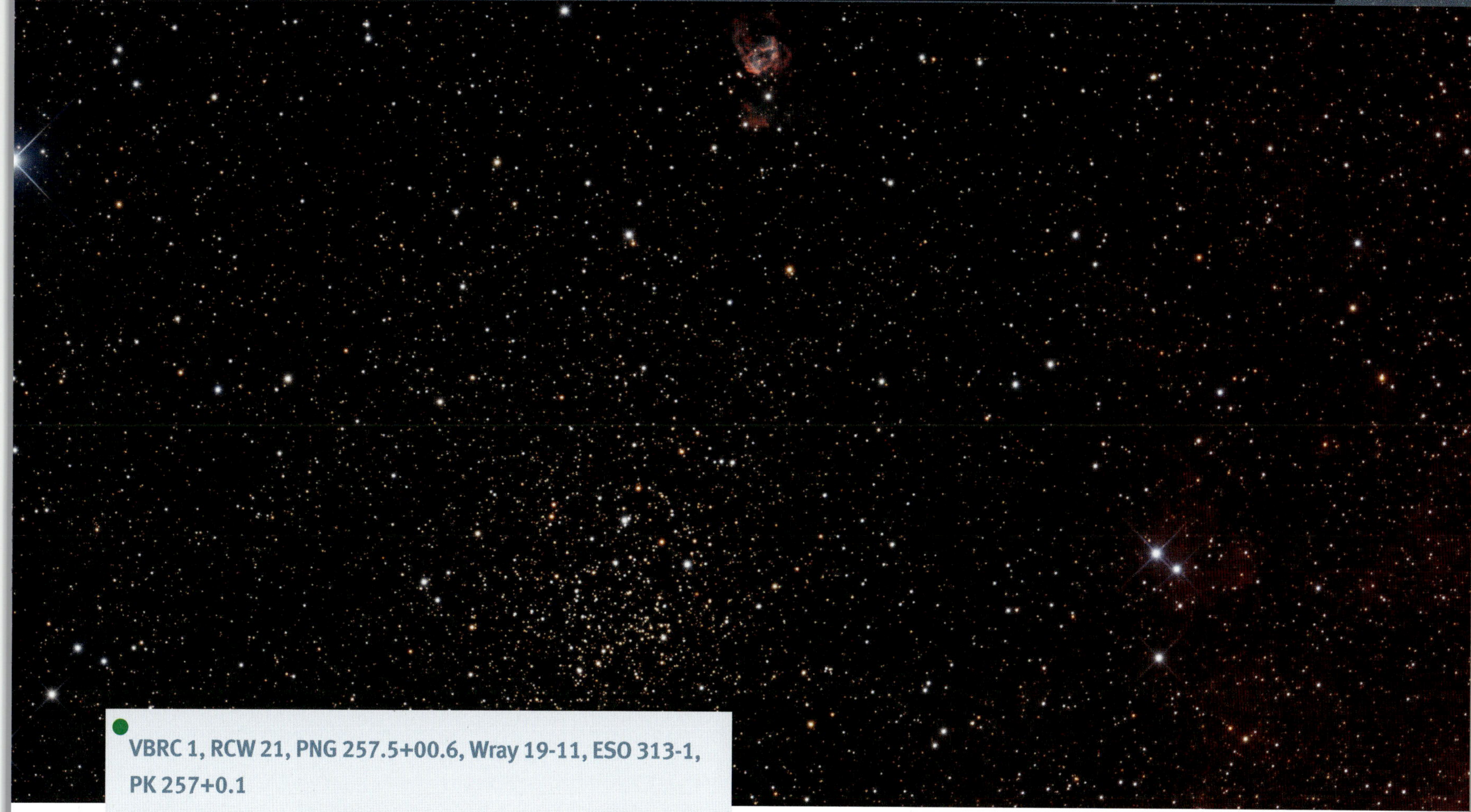

Van den Bergh-Racine 1 (oben) mit Pismis 3 (unten). Michael Keith

VBRC 1, RCW 21, PNG 257.5+00.6, Wray 19-11, ESO 313-1, PK 257+0.1

Nebel	Zentralstern	Intensitäten	
A. Rodgers,	Gaia DR3 5529739538556755200	HeII	–
C. Campbell,	08:30:54.2	Hβ	100
J. Whiteoak 1959	−38:18:06.98	[OIII]	665
61	18^m0_{Gaia}	Hα	368
14^m0	–	[NII]	1549
isDSA/G 95-14	5840 Lj (Gaia EDR3)	[SII]	83

Van den Bergh-Racine 2 ist nicht die prioritäre, aber die gängigere Bezeichnung für diesen Nebel. Sie geht auf Sidney van den Bergh und René Racine zurück, die mit Steven van Agt, Thomas Barnes, Christine Coutts, Barry Madore und Art Skill 1973 »neue südliche Planetarische Nebel« veröffentlichten, die sie zwischen 1969 und 1971 mit dem 24"-f/3,5-Schmidt-Teleskop am Cerro Tololo in Chile gefunden hatten. Erstmals dokumentiert hatten das Objekt jedoch Alexander W. Rodgers, Colin T. Campbell und John B. Whiteoak, die zwischen 1957 und 1959 am australischen Mount Stromlo eine Hα-Durchmusterung auf der Suche nach HII-Regionen durchführten. Sie listeten den Nebel als »mögliche Region von weniger als 4' Durchmesser«. Eine weitere unabhängige Entdeckung kann James D. Wray 1966 zugeschrieben werden. Er wertete für seine Doktorarbeit Prismenaufnahmen aus, die von 1949 bis 1951 am Lamont-Hussey-Observatorium in Südafrika aufgenommen worden waren.

Schon van den Bergh et al. notierten die komplexe Struktur. Weidmann et al. nannten VBRC 1 einen »wenig untersuchten PN mit verblüffender Morphologie. Er zeigt eine ringartige Struktur geringer Flächenhelligkeit nach NO und ein Emissionsgebiet nach SSO, das schwer zu erklären ist. Es ist möglicherweise ein bipolarer PN.« Rauch et al. bezeichneten das Objekt als »hoch amorphen PN mit zwei Loben, die punktsymmetrische Ausläufer besitzen. Weiter draußen bemerkt man viele schwache Nebel, Filamente und Bögen.« Van den Bergh et al. gaben eine Ausdehnung von 75 × 50", dies schließt aber die Ausläufer nicht mit ein.

Beim Zentralstern Gaia DR3 5529739538556755200 gelang eine Parallaxenmessung; danach beträgt die Entfernung an die 6000 Lichtjahre.

Uwe Glahn konnte mit 20" Öffnung eine bipolare Struktur erkennen. Ein Stern von 10^m8 steht direkt südlich des Nebels. 20' südlich befindet sich der Offene Sternhaufen Pismis 3.

Pyx Abell 27

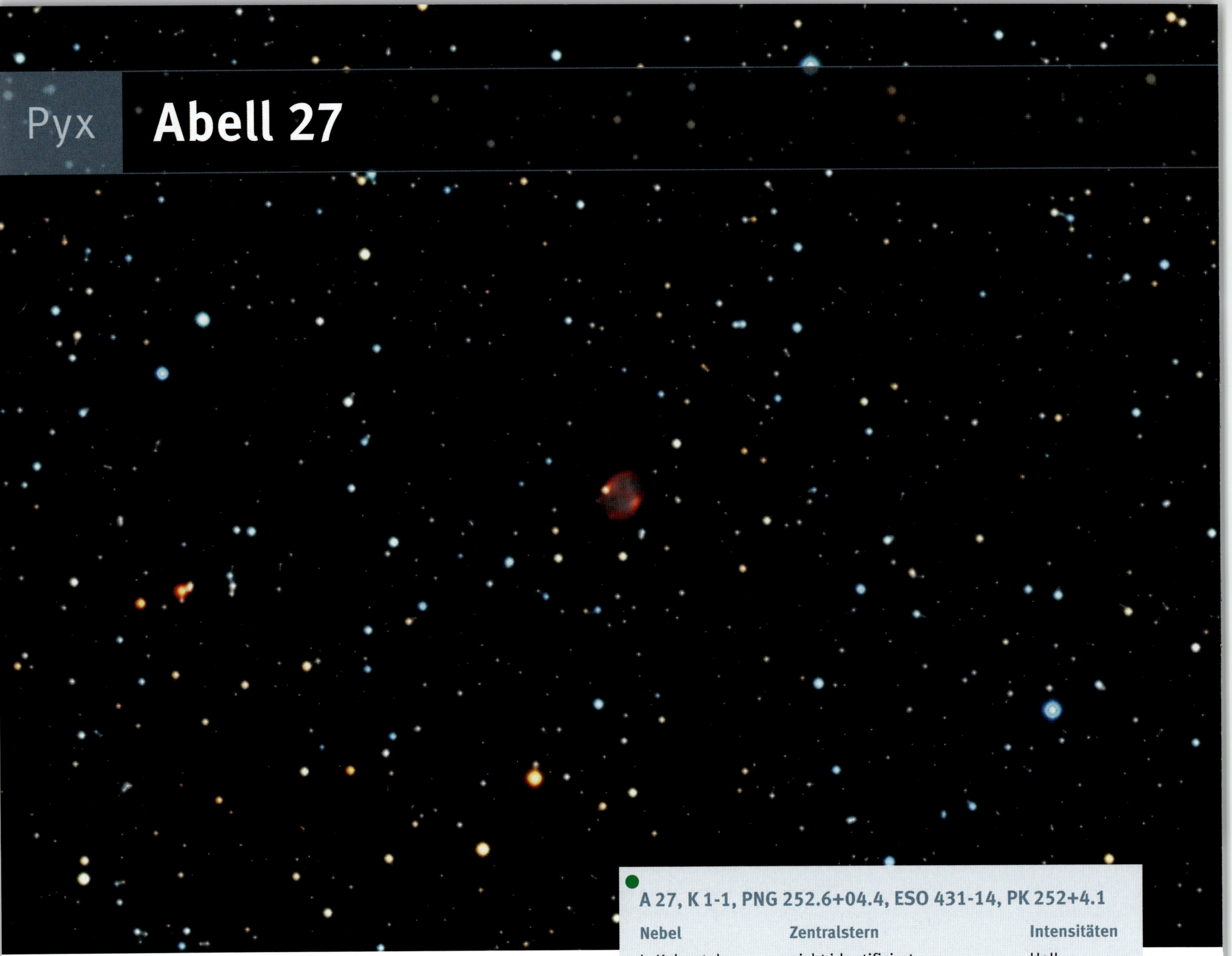

Abell 27. Jerry Macon

A 27, K 1-1, PNG 252.6+04.4, ESO 431-14, PK 252+4.1

Nebel	Zentralstern	Intensitäten	
L. Kohoutek	nicht identifiziert	HeII	–
1962	08:31:52.6	Hβ	100
	−32:06:08.68	[OIII]	325
47 × 40"	–	Hα	584
15^m6	–	[NII]	680
isDSA/G 83	–	[SII]	

Abell 27 ist die bekanntere Bezeichnung dieses Nebels, Kohoutek 1-1 aber die prioritäre. Der tschechische Astronom Luboš Kohoutek fand den Nebel im Jahr 1962. Er beschrieb »eine elliptische Scheibe 55 × 45" von mittlerer Dichte mit zwei symmetrischen Verdichtungen an den Rändern in Richtung der kleinen Achse und mit der Andeutung eines Rings. Schwache Spur eines Zentralsterns ~20^m mit unsicherer Identifikation«.

Viel mehr ist bis heute nicht über diesen schwachen PN bekannt. Insbesondere wurde der Zentralstern nicht identifiziert, somit liegt auch keine Entfernungsangabe vor. Das Spektrum ist das eines hoch angeregten Nebels, [NII] dominiert, [OIII] ist ebenfalls stark vertreten.

Zur Größe des Nebels existieren unterschiedliche Angaben. Neben den Werten des Entdeckers werden auch 51 × 47" oder 47 × 40" genannt. Die Differenzen sind wahrscheinlich durch Aufnahmen in verschiedenen Spektralbereichen zu erklären.

A 27 gehört zu den schwierigeren Abell-PN für die visuelle Beobachtung. Uwe Glahn berichtet eine Sichtung von Namibia mit nur 12" Öffnung. Eric Honeycutt war mit 22" erfolgreich.

NGC 2610

NGC 2610. Peter Goodhew

NGC 2610, PNG 239.6+13.9, Sa 2-27, VV 48, PK 239+13.1

Nebel	Zentralstern	Intensitäten	
W. Herschel	TIC 405260932	HeII	65
31.12.1785	08:33:23.42	Hβ	100
	−16:08:57.8	[OIII]	326
50 × 47"	15^{m}9$_{Gaia}$	Hα	272
13^{m}0	–	[NII]	–
isDSA/G 71-5	5650 Lj (Gaia EDR3)	[SII]	

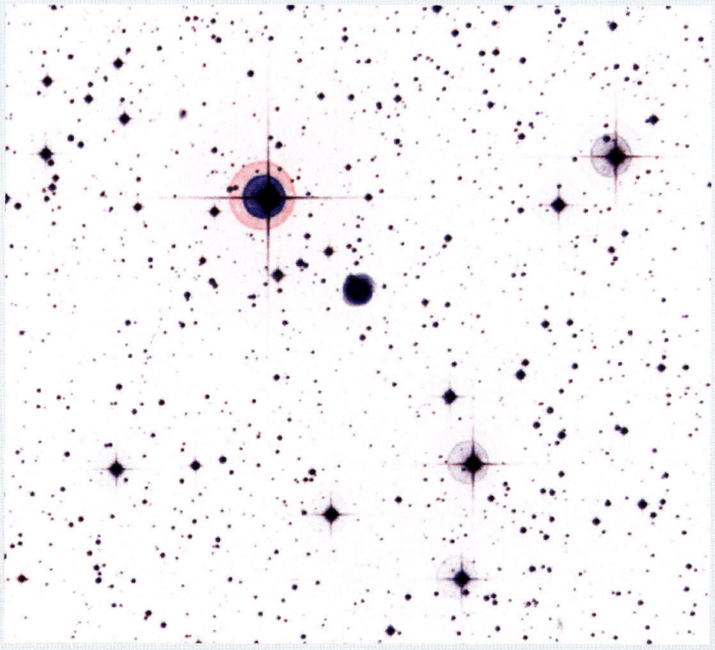

NGC 2610 wurde in der Silvesternacht 1785 von Wilhelm Herschel mit seinem 18,7"-f/13-Reflektor entdeckt, mit dem er die meisten Objekte fand. Die Beschreibung »ein kleiner Stern mit einem Büschel südlich vorangehend« klingt etwas seltsam, wobei man »brush« auch mit Bürste, Pinsel oder Busch übersetzen kann – Begriffe, die auch für Kometen verwendet wurden. Auch sein Sohn John hatte den Eindruck eines »kleinen kometenartigen oder fächerartigen Haarbüschels eines Nebels angehängt an einen 13^m-Stern«. Curtis beschrieb dagegen 1918 einen »Zentralstern 15^m, leicht unregelmäßiger Ring, dunstig, und ohne strukturelles Detail, 38 × 31" in PW 75°. Relativ leer um den Zentralstern. Die Materie im Ring ist ziemlich schwach.«

Heutige Durchmesserwerte sind mit 49,7 × 47,6" oder 50 × 47" etwas größer. Dies liegt am schwachen Halo, der den hellen zentralen Ring umhüllt. Philips untersuchte diesen und meinte, eine zurückgehende Ionisation beobachten zu können. Danach lässt der Strahlungseinfluss des Zentralsterns nach und führt zu einem Verblassen des Halos. Die Expansionsgeschwindigkeit des Hauptnebels wird von Corradi et al. mit 42 km/s angegeben. Nach Feibelman besitzt der Zentralstern eine Temperatur von 60.000K, die Helligkeit maß Gaia mit 15^{m}9. Die Entfernung beträgt 5600 Lichtjahre. Im Spektrum ist die [OIII]-Emission am stärksten. Außerdem sind Hα, Hβ und HeII nachzuweisen.

Aus heutiger Sicht sind die visuellen Beobachtungen der Herschels nicht nachvollziehbar, denn von einem asymmetrischen oder kometarischen Aussehen kann keine Rede sein. Schon mit 120mm Öffnung kann der Nebel als kleiner runder Fleck erkannt werden. Mit 14" erscheint eine kleine Scheibe, die Form ist rund und deutlich ringförmig. Der schwache Stern am Nordrand ist phasenweise sichtbar. Uwe Glahn gelang es mit 20" Öffnung auch den Halo und den Zentralstern zu sehen. Mit 48" sah Steve Gottlieb den Rand in der nordwestlichen Hälfte heller, die Außenseite hatte dabei etwas Zerklüftetes. 3,5' nordöstlich steht der 6^{m}6-Stern HD HD 72665.

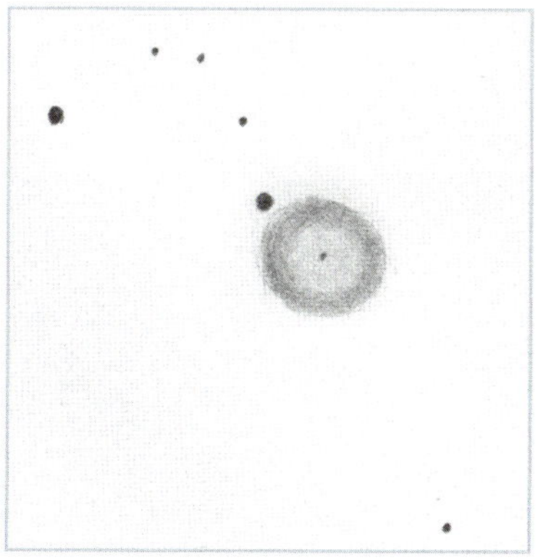

NGC 2610 mit 16" Öffnung, 425×, 21^{m}6 SQM. Ronald Stoyan

Vel LoTr 3

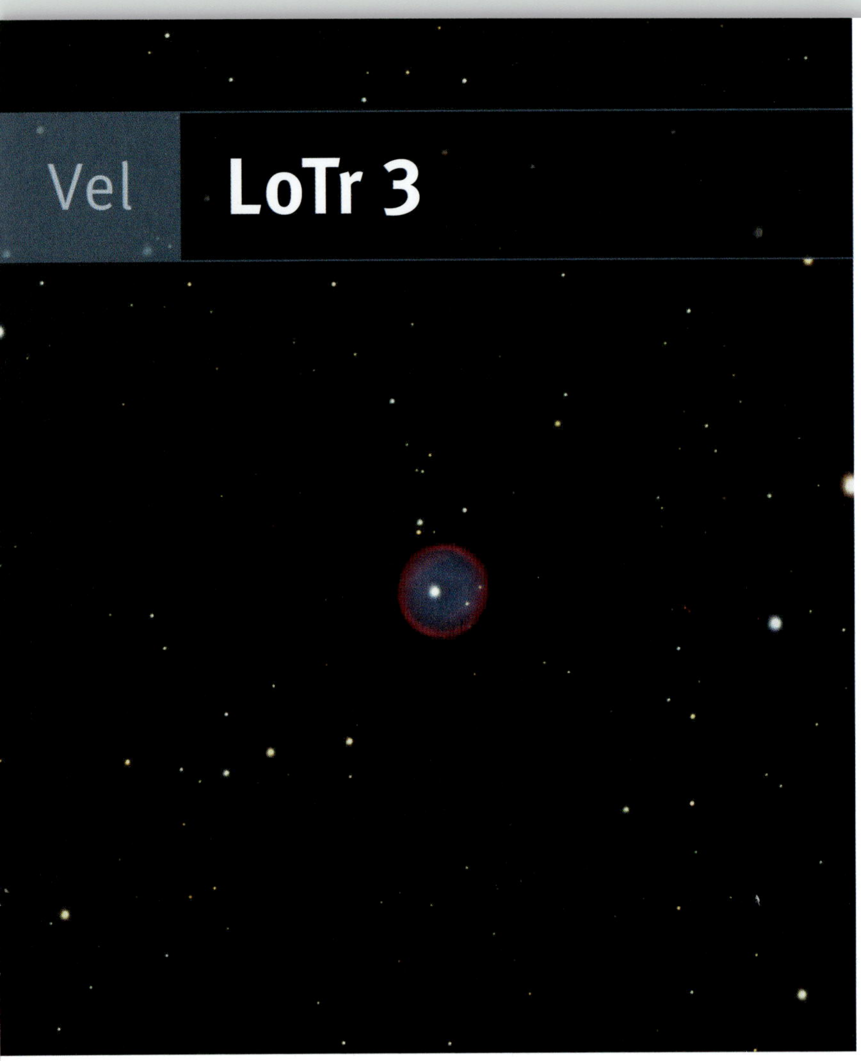

LoTr 3, ESO 259-10, PNG 265.1-04.2, PK 265-4.1

Nebel	Zentralstern	Intensitäten	
E. Holmberg et al.	TIC 140852153	HeII	–
1978	08:34:06.81	Hβ	100
	−47:16:38.5	[OIII]	1102
28"	13^m0_{Gaia}	Hα	434
14^m3	–	[NII]	308
isDSA/G –	3550 Lj (Gaia EDR3)	[SII]	41

Longmore-Tritton 3 ist die geläufigere Bezeichnung, die Entdecker sind aber Erik Holmberg et al., die das Objekt bei der Erstellung des ESO-Katalogs auf dem ESO/SRC fanden. A. J. Longmore und S. B. Tritton notierten den Nebel 1980 unabhängig auf Aufnahmen mit dem 48" UK Schmidt-Spiegel am Siding Spring Observatory in Australien. Der runde, scharf begrenzte PN hat einen Durchmesser von 28". Auffällig ist der exzentrisch stehende Stern TIC 140852153 nordöstlich des Zentrums, den Fredrick und West für einen Vordergrundstern halten. Er wird jedoch allgemein als Zentralstern angesehen; auf ihm basiert auch die Gaia-Messung von 3550 Lichtjahren. Das Nebelinnere zeigt [OIII]-Emission, während der Rand von Hα- und [NII]-Strahlung gebildet wird. Kent Wallace sah mit 8" Öffnung eine kleine schwache Scheibe. Weitere Beobachtungen sind nicht bekannt.

Longmore-Tritton 3. Josep Drudis

Pyx Abell 29

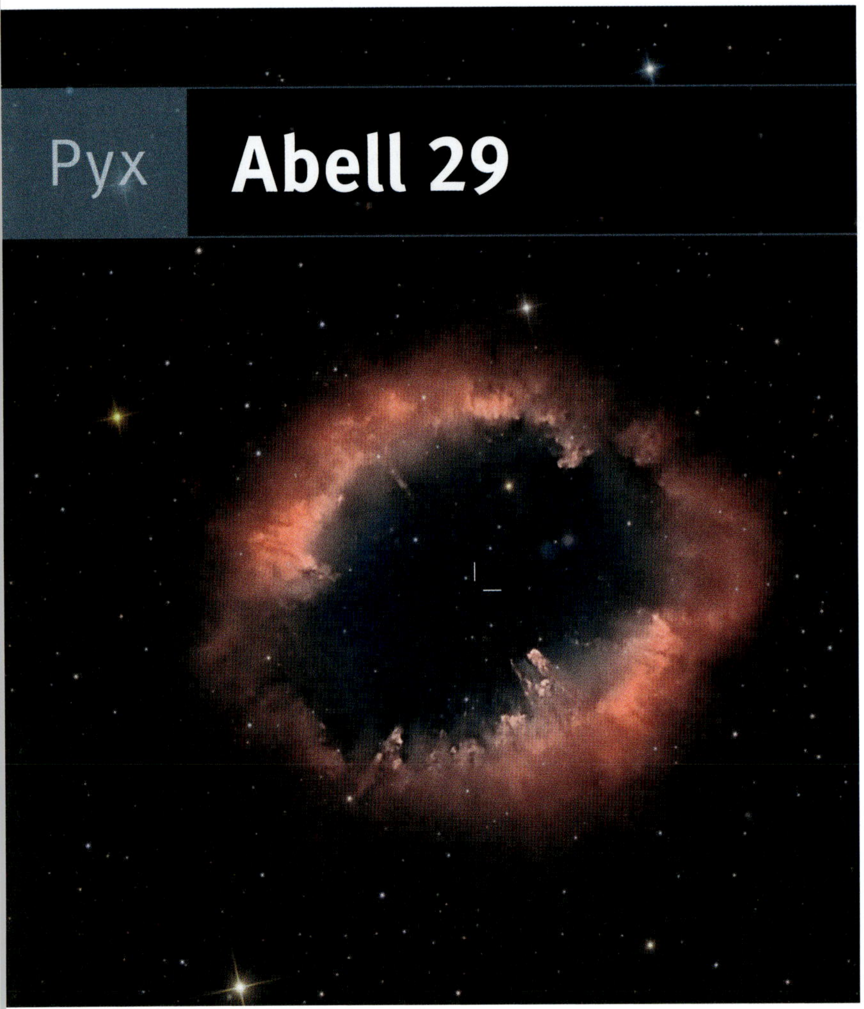

A 29, PNG 244.5+12.5, ESO 563-9, PK 244+12.1

Nebel	Zentralstern	Intensitäten	
Entdecker	UBV 8351	HeII	–
unbekannt	08:40:18.9	Hβ	–
vor 1955	−20:54:36.25	[OIII]	–
482 × 335"	18^m4_{vis}, 18^m2_{Gaia}	Hα	100
14^m3_p	DAO	[NII]	462
isDSA/G 71	3470 Lj (Gaia EDR3)	[SII]	

Abell 29 wurde von George Abell in seiner ersten Liste 1955 als Nr. 19 katalogisiert. Wer den Nebel entdeckt hat ist unklar, da Abell seine Quellen nicht auswies – mehr als die Hälfte der Objekte waren Funde anderer Autoren. Der 8 × 6,5' große Nebel zeigt zwei gegenüberliegende Hälften, die hauptsächlich in [NII] strahlen. Tweedy und Kwitter schlossen aus dem Fehlen eines scharf begrenzten Außenrands auf geringe Interaktion mit dem interstellaren Medium. Die Expansionsgeschwindigkeit beträgt etwa 25 km/s, Gonzalez Santamaria et al. geben ein Alter von 30.500 Jahren.

So fotogen der Nebel ist, so schwierig ist die visuelle Beobachtung. Der Autor scheiterte mehrfach mit 14" und 16" Öffnung. Uwe Glahn konnte mit 16" den südwestlichen Teil an der Grenze der Wahrnehmung erkennen, mit 27" erschienen beide Teile, aber sehr schwach.

Abell 29. Mike Selby

Henize 2-11

Henize 2-11. Alessandro Ravagnin

He 2-11, Wray 16-23, PNG 259.1+00.9, ESO 313-5, PK 259+0.1

Nebel	Zentralstern	Intensitäten	
J. Wray	GCS2 S1333232895	HeII	47
1966	08:37:08.35	Hβ	100
	−39:25:08.3	[OIII]	1070
60 × 40"	15^m8_{vis}, 17^m5_{Gaia}	Hα	1207
13^m9	–	[NII]	146
isDSA/G 95-11	5340 Lj (Gaia EDR3)	[SII]	70

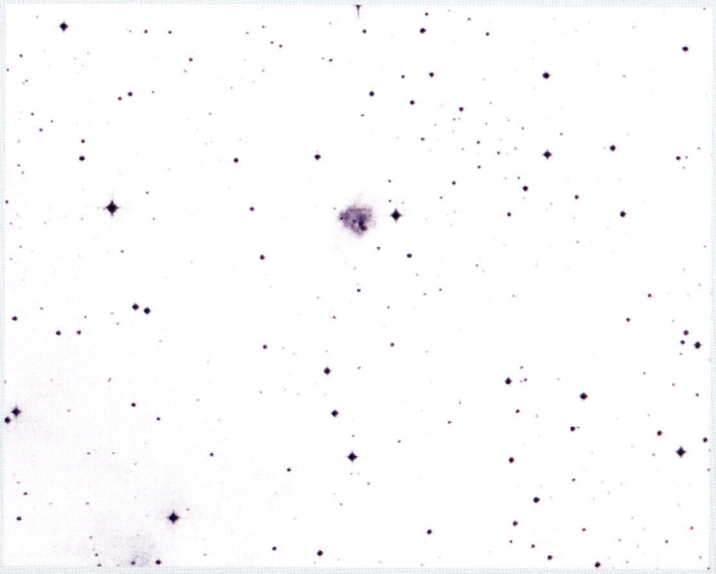

Henize 2-11 trägt auch die Bezeichnung Wray 16-23, denn Erstentdecker ist James D. Wray, der den Nebel 1966 erstmals publizierte. Karl Henize fand ihn 1967 unabhängig. Daneben gibt es weitere Bezeichnungen, darunter Missklassifikationen als Galaxie (MCG -07-18-002, PGC 24218) und Reflexionsnebel (vdBH 18), die auf unabhängige Funde von Holmberg et al. (1978) und van den Bergh und Herbst 1975 zurückgehen.

Der Zentralstern GCS2 S1333232895 ist um 3^m variabel mit einer Periode von 0,61 Tagen. Dieser Lichtwechsel ist auf einen Begleiter zurückzuführen. Während der Zentralstern die Hauptkomponente des Paars ist und eine Temperatur von 140.000K aufweist, ist der Begleiter ein rötlicher Zwerg mit nur 4500K. Nach Jones et al. hatte der Vorgängerstern, der den PN erzeugte, einst 2,5 Sonnenmassen; derzeit sind davon noch 0,67 übrig. Das Alter des Nebels geben die Autoren mit 7000 Jahren bei einer Expansionsgeschwindigkeit von 30 bis 40 km/s.

Henize beschrieb die Struktur mit »unregelmäßigen Bögen«. Górny et al. sahen eine längliche Form mit niedrig ionisierten Filamenten, die bipolar nach Nordwest und Südost ausgerichtet sind. Der Nebelkern misst 13", mit den Filamenten 60 × 40". Mit Ausläufern werden 122 × 64" erreicht. Jones et al. bemerkten eine Ähnlichkeit von He 2-11 mit NGC 6326 und NGC 6778 – beide ebenfalls mit Doppelsternen im Zentrum, wobei eine der beiden Komponenten den Planetarischen Nebel erzeugt hat. Das Sternpaar im Zentrum hat hier also eine ähnliche Morphologie hervorgebracht, wobei die beiden Sterne zunächst wohl viel näher zusammen standen und in einer gemeinsamen Hülle existierten (»common envelope«), die erst durch den PN zerstört wurde. Die heutige Ausprägung des Doppelsternsystems änderte sich auch durch den Massenverlust des Zentralsterns, was zu einer größeren Entfernung des Begleiters führte. Das Spektrum von He 2-11 zeigt vor allem Hα und [OIII]. Der Nebel emittiert außerdem stark im Infraroten und im Radiobereich.

Visuell ist der Nebel schon mit 8" zu sehen, Kent Wallace erkannte mit dieser Öffnung eine schwache diffuse Scheibe. Dem Autor erschien der Nebel mit 14" nicht rund, sondern eher rechteckig oder rautenförmig, wegen schlechten Seeings war die Form aber nicht genau zu fassen. Uwe Glahn hatte mit 24" von Namibia aus den Eindruck eines ovalen Objekts, wobei am südwestlichen Rand ein kleiner heller Knoten zu erkennen war. Dicht dabei steht ein schwaches Sternchen. Henize sprach 1967 sogar von »drei hellen Sternen im Nebel«.

Pyx

Minkowski 3-6

Minkowski 3-6 gehört zu den vielen kleinen PN, die Rudoph Minkowski am Mount Wilson fand. Ali et al. untersuchten das Objekt genauer. Danach zeigt der elliptische Hauptkörper mit einem Durchmesser von 8,2" Ansae an beiden Seiten in PW 20° und 200°. Die Knoten an deren Enden sind FLIER, also niedrig angeregte Regionen, die durch den schnellen Sternwind des Zentralsterns und dessen Interaktion mit der in der Phase vor dem eigentlichen PN auf dem asymptotischen Riesenast (AGB) ausgestoßenen Materie entstehen. Die beiden FLIER liegen nahezu in der Ebene des Himmels, da sich ihre Radialgeschwindigkeiten nur um etwas mehr als 10 km/s unterscheiden. Die Expansionsgeschwindigkeit des Nebels beträgt 22 bis 28 km/s.

Ali et al. berichten außerdem einen schwachen Halo mit einer Ausdehnung von 14 × 20". Dieser könnte aus der AGB-Phase des Sterns stammen, wurde aber im Zuge der Entstehung des Planetarischen Nebels ebenfalls ionisiert.

Zum Zentralstern GSC 07140-00153 gibt es widersprüchliche Angaben. Nach einigen Quellen besitzt der Stern ein Wolf-Rayet-artiges Spektrum mit Kohlenstoff-Überschuss, nach anderen ist er ein Stern der Spektralklasse O3.

M 3-6 ist aufgrund seiner Gesamthelligkeit schon mit sehr kleinen Optiken sichtbar, bleibt aber fast stellar. Kent Wallace sah mit 8" eine winzige Scheibe. Der Autor konnte mit 16" eine längliche, eventuell ringförmige Struktur erkennen. Der Nebel reagiert sehr stark auf den [OIII]-Filter.

Minkowski 3-6. Richard Hennig

M 3-6, PNG 253.9+05.7, ESO 432-1, He 2-12, Sa 2-29, Wray 16-25, PK 254+5.1

Nebel	Zentralstern	Intensitäten	
R. Minkowski	GSC 07140-00153	HeII	2
1948	08:40:40.2	Hβ	100
	−32:22:33.20	[OIII]	808
15 × 11"	12^m8_{vis}, 13^m2_{Gaia}	Hα	463
10^m8	O3 oder [WC]	[NII]	3
isDSA/G 83-9	9420 Lj (Gaia EDR3)	[SII]	1

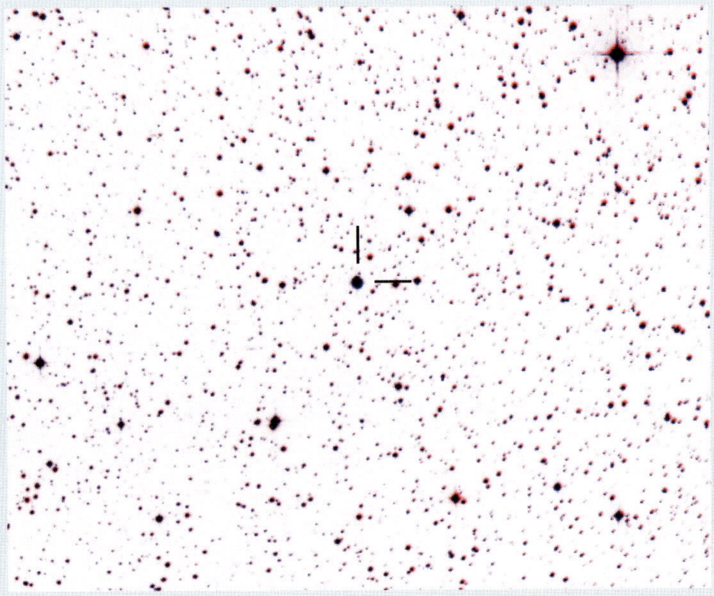

Minkowski 3-6 mit 16" Öffnung, 425×, 21^m6 SQM. Ronald Stoyan

Abell 28 UMa

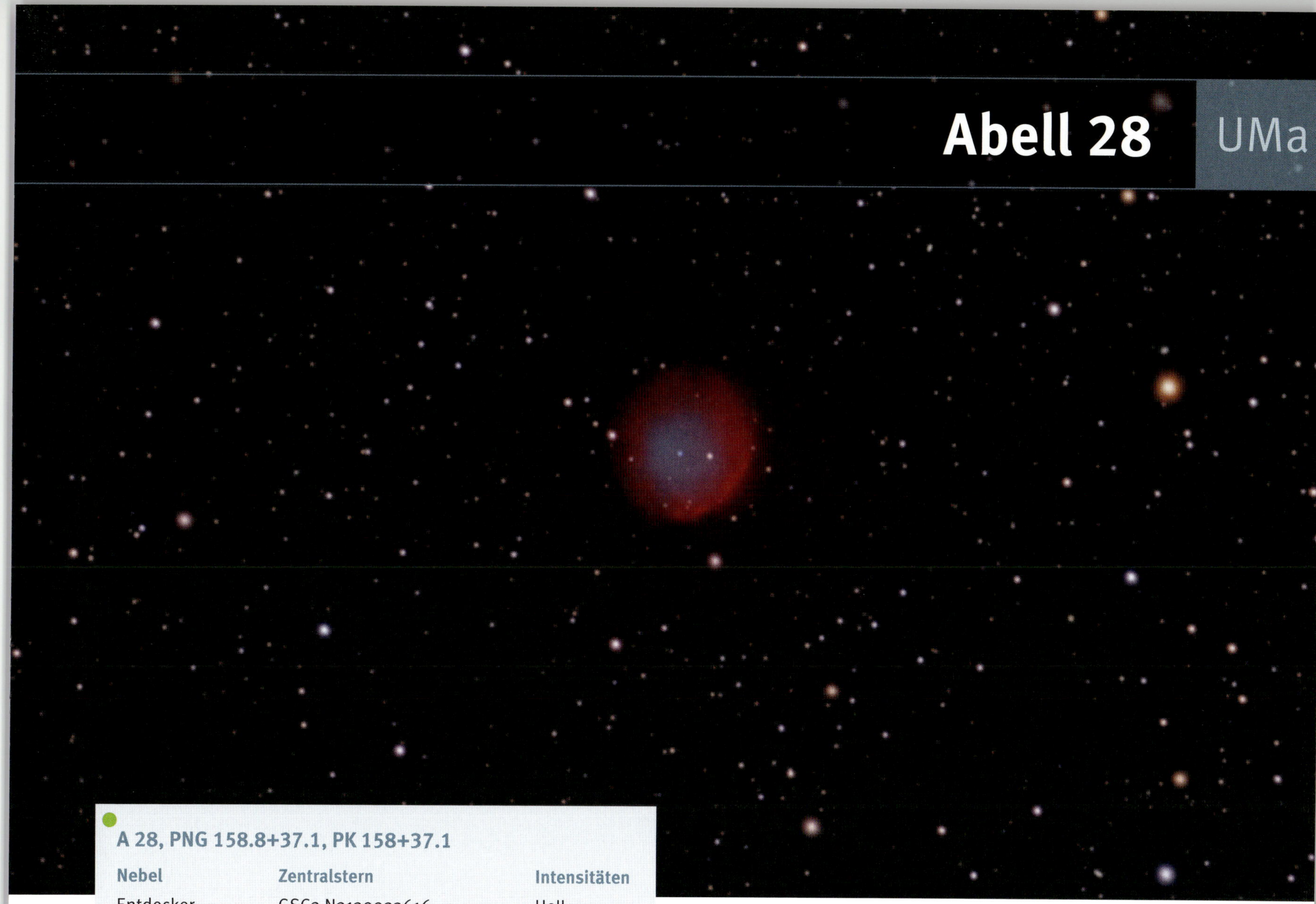

A 28, PNG 158.8+37.1, PK 158+37.1

Nebel	Zentralstern	Intensitäten	
Entdecker	GSC2 N2130023616	Hell	
unbekannt	08:41:35.6	Hβ	–
vor 1955	+58:13:48.43	[OIII]	15
330 × 316"	16^m6_{vis}, 16^m5_{Gaia}	Hα	100
13^m5	DAH	[NII]	18
isDSA/G 12	1250 Lj (Gaia EDR3)	[SII]	

Abell 28. Peter Goodhew

Abell 28 liegt in der Reihenfolge nach Rektaszension hinter Abell 29, der sich tatsächlich weiter östlich am Himmel befindet. Dies liegt in der Präzession der Himmelskoordinaten begründet: Abell verwendete 1955 für seine erste Liste die Epoche 1950.0, dort lag A 29 noch 3" weiter westlich als A 28. Wer genau den Nebel entdeckt hat ist unbekannt. In der Liste von 1955 trägt er die Nummer 18.

De Marco et al. beschreiben eine »scharfe, unterbrochene Kante« und sahen A 28 »eher elliptisch als rund«. Gonzalez Santamaria et al. ermittelten eine Expansionsgeschwindigkeit von nur noch 4 km/s, was auf ein altes Objekt hindeutet – die von ihnen genannten 49.300 Jahre dürften jedoch zu hoch gegriffen sein. Der Zentralstern ist doppelt, nach Douchin et al. ist neben dem 70.000K heißen Kern des PN noch ein kühler Begleiter der Spektralklasse M4 vorhanden.

Der Autor konnte A 28 mit 14" Öffnung wiederholt nicht sehen. Mit 20" erschien dagagen eine diffuse runde Aufhellung mit [OIII]-Filter.

Abell 28 mit 20" Öffnung, 81×, UHC, 21^m1 SQM. Ronald Stoyan

Abell 30 Born Again Nebula

Abell 30 ist das bekannteste Beispiel eines »Born Again PN«, also eines »wiedergeborenen« Planetarischen Nebels. Nach Jacoby et al. (2020) gibt es acht solcher Objekte am Himmel, A 30 ist jedoch das Muster dieser Klasse. Bei diesem Szenario wird ein älterer Planetarischer Nebel, der sich eigentlich schon auf dem absteigenden Ast seiner Entwicklung befindet, neu belebt. Durch einen letzten thermischen Puls wird die PN-Entstehung im Zentralstern, der sich schon auf dem Weg zum Weißen Zwerg befindet, in seltenen Fällen wie in A 30 neu gezündet. Der Stern bläht sich wieder auf, wird zum Roten Riesen und stößt einen zweiten Planetarischen Nebel aus, der sich innerhalb des ersten bildet. Dieses geschieht jedoch viel schneller als beim ersten Mal. Das neu ausgestoßene Material interagiert nun von innen heftig mit der schon vorhandenen Materie, so dass sehr energiereiche Strahlung vom UV- bis in den Röntgenbereich emittiert wird.

Im optischen Spektralbereich zeigt sich diese Interaktion bei Abell 30 in der Form eines Kleeblatt-Musters im Zentralbereich, das erstmals 1979 von Jacoby beschrieben wurde, von dem der Nebel mit dem 1,09m-Spiegel des Teleskops auf dem Kitt Peak fotografiert wurde: »Kleeblatt-Struktur kommt radial aus den Verdichtungen des Kerns und bildet einen großen Bogen, der bis zur Hälfte des Nebels reicht. [...] Jenseits dieser Bögen wird der Nebel graduell heller, bis er in einem ziemlich scharfen Rand endet.« Die hellen Klumpen sind nicht weiter als 30" vom Zentralstern entfernt, die hellsten nur 10". Sie weisen im Gegensatz zum Rest des Nebels keine Wasserstoff-Emission auf. Während die äußere Hülle mit 39 km/s in den Raum expandiert, schießen die Knoten mit bis zu mehreren 100 km/s nach außen (Rodriguez Gonzalez et al.). Zwei dieser Strukturen stehen senkrecht zur Scheibe des Nebels und bilden einen bipolaren Jet, dessen nordwestliche Seite sich uns mit 45 km/s annähert, während die südöstliche sich mit 60 km/s entfernt. Die Gesamtmasse der Knoten wird auf 0,1% der Sonnenmasse geschätzt.

Fang et al. untersuchten die Expansion der Knoten auf Aufnahmen des Hubble Space Telescope im Abstand von 20 Jahren und kamen auf ein Alter von 610 bis 950 Jahren. Der äußere Nebel dürfte vor etwa 12.500 Jahren entstanden sein.

Der Zentralstern TIC 33198675 = NSV 4241 bildet mit dem $17^{m}4$-Stern TIC 293411980 ein relativ weites Paar 5,3" südöstlich. Dieser auch als Cudworth 4 bezeichnete, vor

Abell 30. Marc-Antonio Fischer

A 30, PNG 208.5+33.2, PK 208+33.1

Nebel	Zentralstern	Intensitäten	
Entdecker	TIC 33198675	HeII	–
unbekannt	08:46:53.5	Hβ	100
vor 1966	+17:52:45.48	[OIII]	3000
127"	$14^{m}3_{vis}$, $14^{m}4_{Gaia}$	Hα	200
$13^{m}0$	[WC5]	[NII]	1000
isDSA/G 47-12	7220 Lj (Gaia EDR3)	[SII]	

1966 entdeckte Doppelstern ist jedoch wohl nur optisch, Gaia ermittelte eine Distanz des Begleiters von 5800 Lichtjahren, während der Zentralstern von Abell 30 über 7200 Lichtjahre entfernt ist. Letzterer ist jedoch auch variabel mit einer Periode von 1,06 Tagen, was auf einen echten Begleiter in unmittelbarer Nähe hinweist. Der Zentralstern besitzt ein Wolf-Rayet-artiges Spektrum und eine Temperatur von 110.000K, Jacoby et al. sehen ihn in einer Übergangsphase zu einem PG1159-Stern.

Visuell ist Abell 30 auch in mittelgroßen Teleskopen schwer zu sehen. Mit 14" war unter Alpenhimmel erst nach zehnminütiger Adaption eine schwache Nebelscheibe zu erkennen. Mit 20" Öffnung erschien sie deutlicher, ein [OIII]-Filter ist Pflicht. Uwe Glahn war mit 27" Öffnung in der Lage, auch den knotigen Kernbereich auszumachen, der sich in einer Größe von 15" um den Zentralstern zeigte. Die Beobachtung des optischen Paars im Zentrum erfordert sehr große Öffnungen und gutes Seeing.

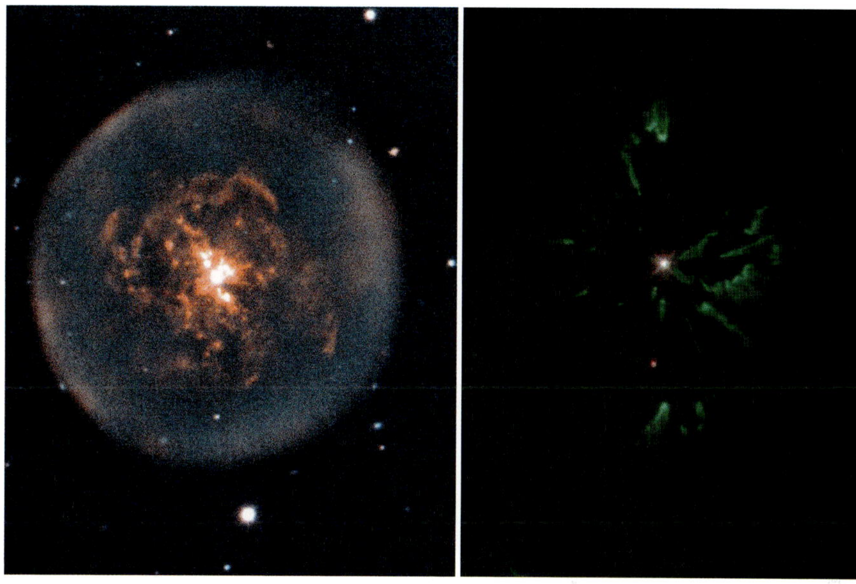

Abell 30, Hubble Space Telescope, NASA, ESA, und das Hubble Heritage Team (STScI/AURA)(links), Judy Schmidt (rechts)

Kohoutek 1-2 Pyx

K 1-2, PNG 253.5+10.7, ESO 432-14, PK 253+10.1

Nebel	Zentralstern	Intensitäten	
L. Kohoutek	VW Pyx	HeII	112
1961	08:57:46.0	Hβ	100
	−28:57:35.93	[OIII]	583
63 × 54"	$16^{m}4$–$17^{m}4$, $17^{m}0_{Gaia}$	Hα	394
$15^{m}3$	–	[NII]	151
isDSA/G –	9110 Lj (Gaia EDR3)	[SII]	

Kohoutek 1-2 wird durch seinen variablen Zentralstern VW Pyxis geprägt, den schon Kohoutek kurz nach seiner Entdeckung 1962 nannte. Der Lichtwechsel beträgt ca. 1^{m} mit einer Periode von 0,67 Tagen und resultiert aus einem engen Begleiter um den Zentralstern, dessen Reflexion sich in der Rotation des Hauptsterns zeigt. Dabei ist der Begleiter massereicher als der Zentralstern, aber deutlich kühler als dieser. Die Temperatur des Zentralsterns wird mit 85.000K beziffert. Die Interaktion beider Sterne hat zu einer Jet-artigen bipolaren Struktur geführt, die im Kernbereich des Nebels zu erkennen ist. Corradi et al. fanden jedoch, dass der »Jet« kaum schneller expandiert als der Rest des Nebels – was Zweifel an einer voneinander getrennten Entstehung aufwirft. Kent Wallace berichtete mit 8" eine sehr schwache große Scheibe, sah aber keinen Zentralstern. Den konnte Uwe Glahn mit 20" Öffnung sehen, die westliche Seite des Nebels erschien ihm heller als die östliche.

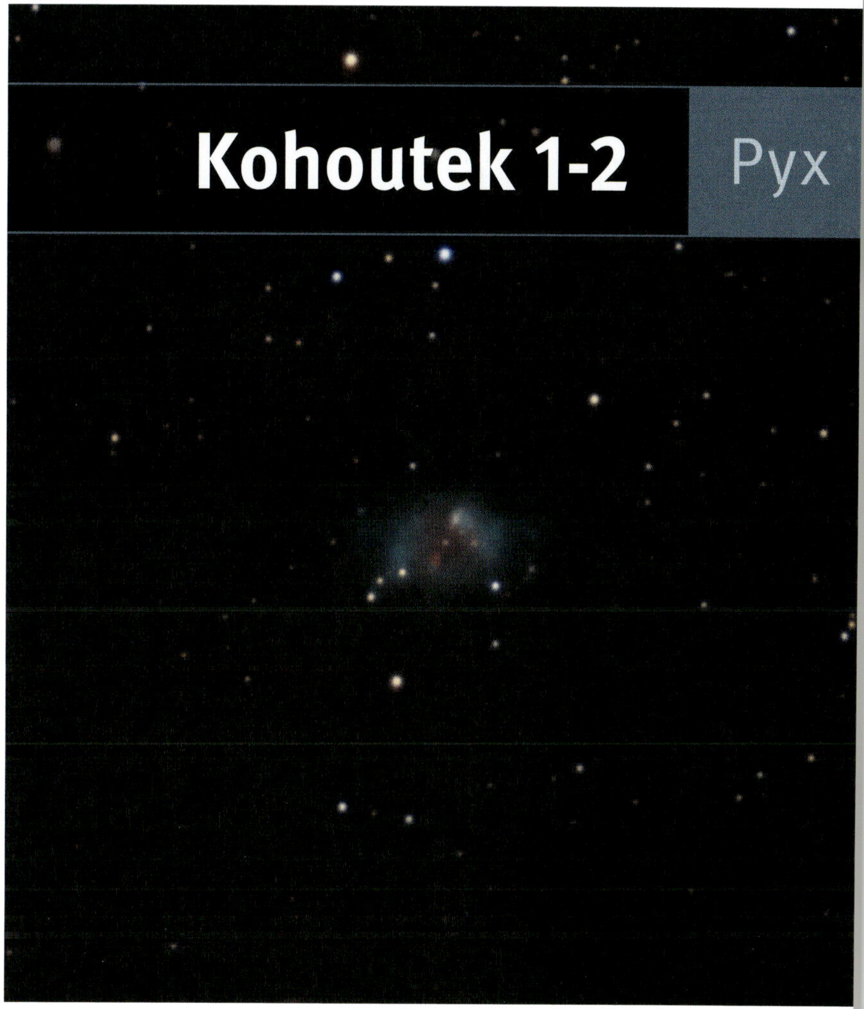

Kohoutek 1-2. Gary Imm

Cnc

Abell 31

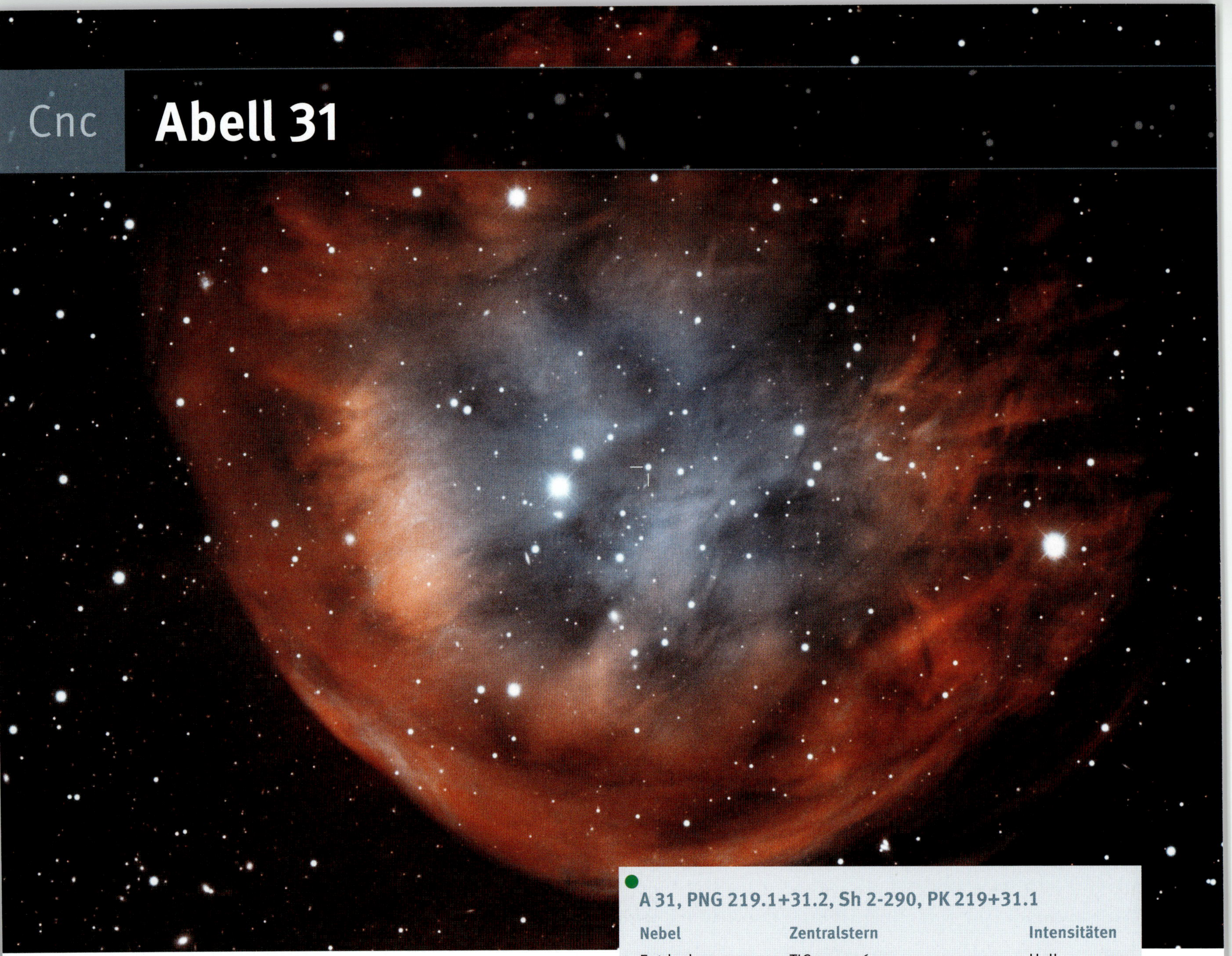

Abell 31. Mayall Telescope Kitt Peak, T.A. Rector (University of Alaska Anchorage) und H. Schweiker (WIYN und NOIRLab/NSF/AURA)

A 31, PNG 219.1+31.2, Sh 2-290, PK 219+31.1

Nebel	Zentralstern	Intensitäten	
Entdecker	TIC 444036737	Hell	32
unbekannt	08:54:13.2	Hβ	100
vor 1955	+08:53:53.02	[OIII]	405
970 × 930"	$15^{m}5_{vis}$, $15^{m}5_{Gaia}$	Hα	270
$12^{m}0$	sdO	[NII]	170
isDSA/G 47-11	1780 Lj (Gaia EDR3)	[SII]	

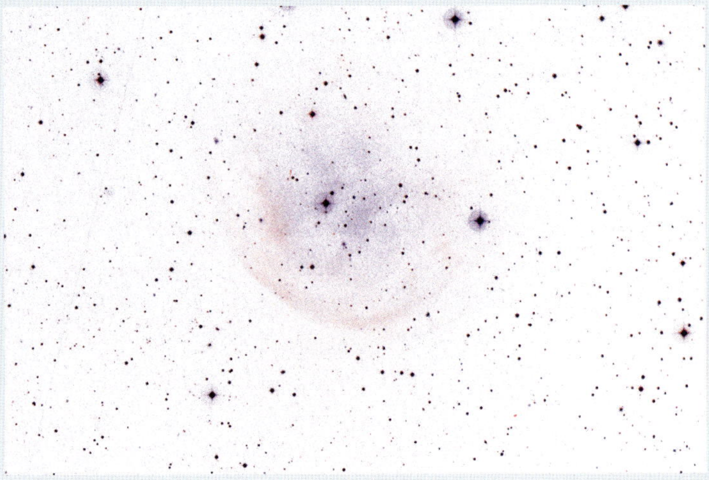

kontrastverstärkt, Maßstab 50%

Abell 31 gehört zu den größten und fotogensten Mitgliedern des Katalogs von George Abell. Er war bereits in der ersten Liste von 1955 enthalten, dort trug er die Nummer 20. Wer der eigentiche Entdecker des Nebels ist, bleibt jedoch unbekannt, da Abell seine Quellen nicht offenlegte. Eine unabhängige Entdeckung erfolgte durch Steward Sharpless vor 1959 auf der Suche nach HII-Regionen, wobei er anmerkte: »Könnte ein Planetarischer sein«. A 31 ist deshalb auch als Sh 2-290 missklassifiziert.

Sharpless gab 17' Durchmesser, moderne Werte sind 16,2 × 15,5' oder 16,2 × 14,8'. Damit ist er der größte Abell-PN vor A 74 – Abell 85 ist zwar noch größer, aber kein Planetarischer Nebel. Tweedy und Kwitter bezeichnen die Morphologie von A 31 als typisch für alte PN. Sauerstoff-Emission ist nur noch in einer kleinen Region um

Abell 31. Jerry Macon

Abell 31. Mike Selby

den Zentralstern vorhanden, im Außenbereich ist dagegen Hα dominant. Nach Süden beschreibt der Nebel eine scharfe Kante, hier hat sich eine Schockfront an der Kontaktlinie zum interstellaren Medium gebildet, das der Nebel vor sich herschiebt. Gonzalez Santamaria et al. beziffern die Expansion mit 29 km/s und das Alter mit 27.000 Jahren – letzteres dürfte aber tatsächlich geringer sein, weil sich die Expansion im Lauf der Zeit abgeschwächt hat und in der Frühphase schneller verlief.

Der Zentralstern TIC 444036737 = WD0851+090 besitzt einen kühlen Begleiter der Spektralklasse M4. Nach Ciardullo et al. hat dieser einen Abstand von 0,26" zum Hauptstern. Die Oberflächentemperatur des Zentralsterns wird mit 84.700K angegeben.

Benedict et al. hatten bereits 2009 trigonometrische Parallaxenmessungen anhand von Daten des Hubble-Weltraumteleskops verwendet, um die Entfernung des Zentralsterns zu bestimmen. Mit 2160 Lichtjahren lag der damalige Wert höher als der 2020 von Gaia (EDR3) ermittelte.

Abell 31 ist ein spektakuläres Ziel für die Astrofotografie, wobei Aufnahmen im Licht von Hα und [OIII] erstellt werden sollten. Aber auch visuelle Beobachter haben es nicht allzu schwer, wenn sie einen [OIII]-Filter verwenden. Uwe Glahn hatte mit einem 4"-Binoteleskop wenig Mühe, A 31 zu erkennen. Der Autor erfasste den Nebel mit 120mm Öffnung als weiche runde Aufhellung um einen Rhombus von 12^m-Sternen. Die hellsten Partien des Nebels sind im Osten. Mit 16" Öffnung erschien der Nebel recht schwach, aber deutlich. Eine diffuse Zweiteilung ist wahrzunehmen. Ohne Filter bleibt der Nebel komplett unsichtbar. Die fotogene Schockfront nach Süden ist auch mit sehr großen Optiken nicht zu sehen, weil ausschließlich im roten Hα-Licht und damit außerhalb des Erfassungsbereichs des nachtsehenden menschlichen Auges.

Abell 31 mit 16" Öffnung, 95×, [OIII], 21^m6 SQM. Ronald Stoyan

IC 2448

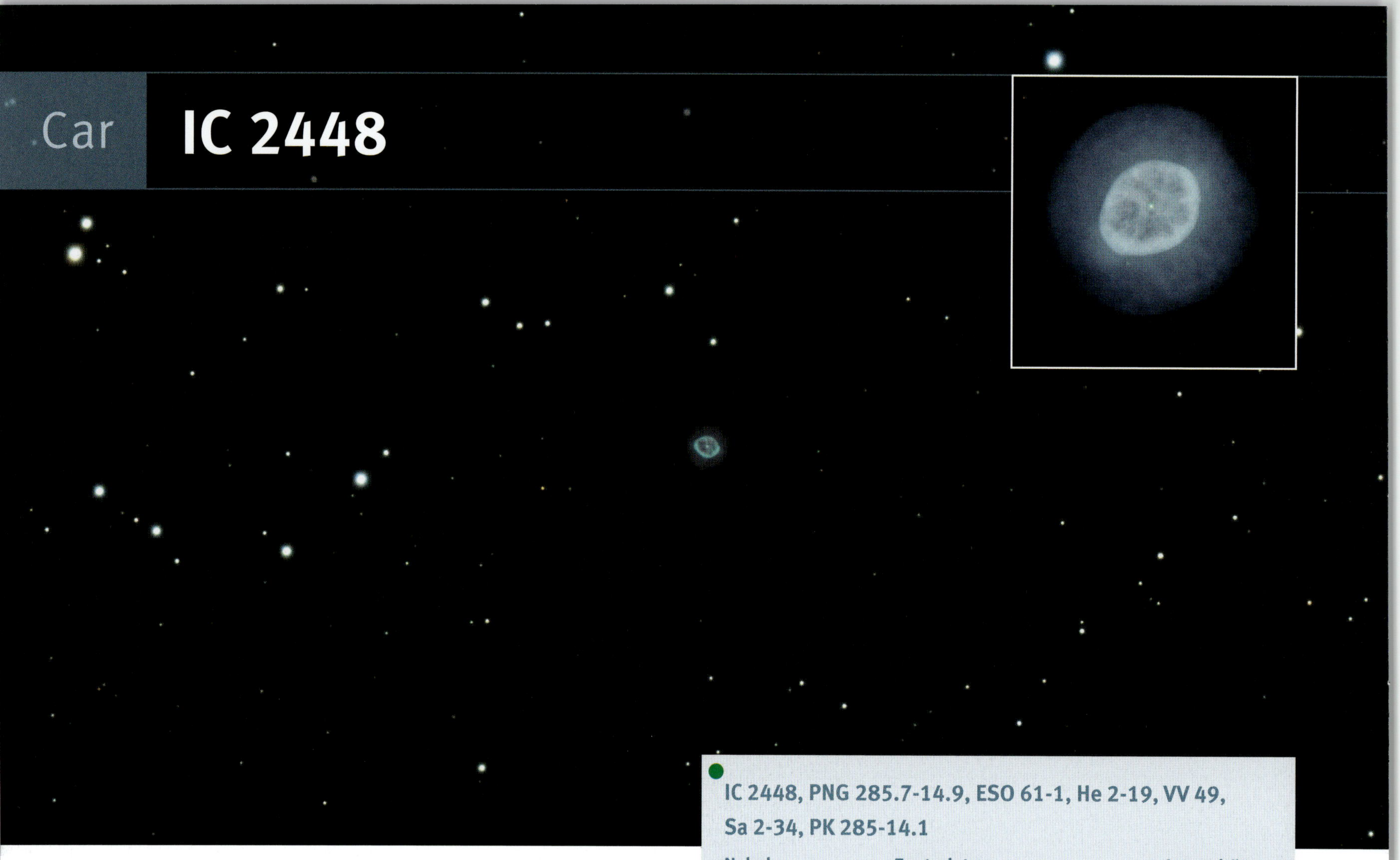

IC 2448. Josep Drudis (oben), Hubble Space Telescope, ESA/Hubble und NASA (Inset)

IC 2448, PNG 285.7-14.9, ESO 61-1, He 2-19, VV 49, Sa 2-34, PK 285-14.1

Nebel	Zentralstern	Intensitäten	
W. Fleming	HD 78991	HeII	46
1898	09:07:06.3	Hβ	100
	−69:56:30.73	[OIII]	1253
27"	$14^{m}2_{Gaia}$	Hα	348
$10^{m}5$	O(H)	[NII]	3
isDSA/G 111-2	11.600 Lj (Gaia EDR3)	[SII]	

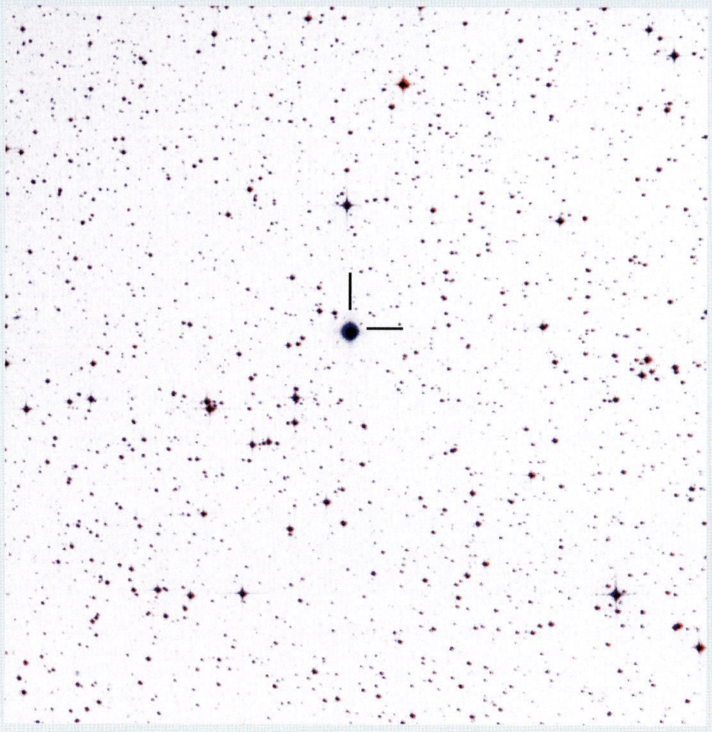

IC 2448 wurde 1898 von Williamina Fleming gefunden. Die Struktur besteht aus einer Doppelschale mit 11 × 10" bzw. 22 × 27" Durchmesser. Außerdem wurde ein Halo von 100" entdeckt, der aus mindestens drei Ringen besteht; er stammt vermutlich aus der Phase vor Erzeugung des eigentlichen Planetarischen Nebels.

Palen et al. untersuchten die 1995 aufgenommenen Bilder des Hubble-Weltraumteleskops. Sie beschreiben den Nebel als ein Ellipsoid im Verhältnis von 1,3:1, mit einer Neigung von 25° zu unserer Sichtlinie, »ohne komplizierte innere und äußere Struktur«. Der äußere Ring scheint mit der Zeit schmäler zu werden. Dies könnte zum einen daran liegen, dass der Sternwind des Zentralsterns die innere Blase nach außen drückt und somit die äußere Hülle »zusammengefegt« wird. Wahrscheinlicher sei es aber, dass der Zentralstern schon gar keine ionisierende Strahlung mehr erzeugt und der Nebel verblasst, was in der dichteren Innenregion schneller erfolgt. Tatsächlich weist IC 2448 nach McCarthy et al. ein Alter von 8400 Jahren auf. Die Expansionsgeschwindigkeit beträgt nur 15 km/s.

Visuell ist IC 2448 schon mit kleinen Optiken als Scheibchen zu erkennen. Uwe Glahn konnte mit 28" die inneren Schalen und den großen äußeren Halo sehen.

NGC 2792 Vel

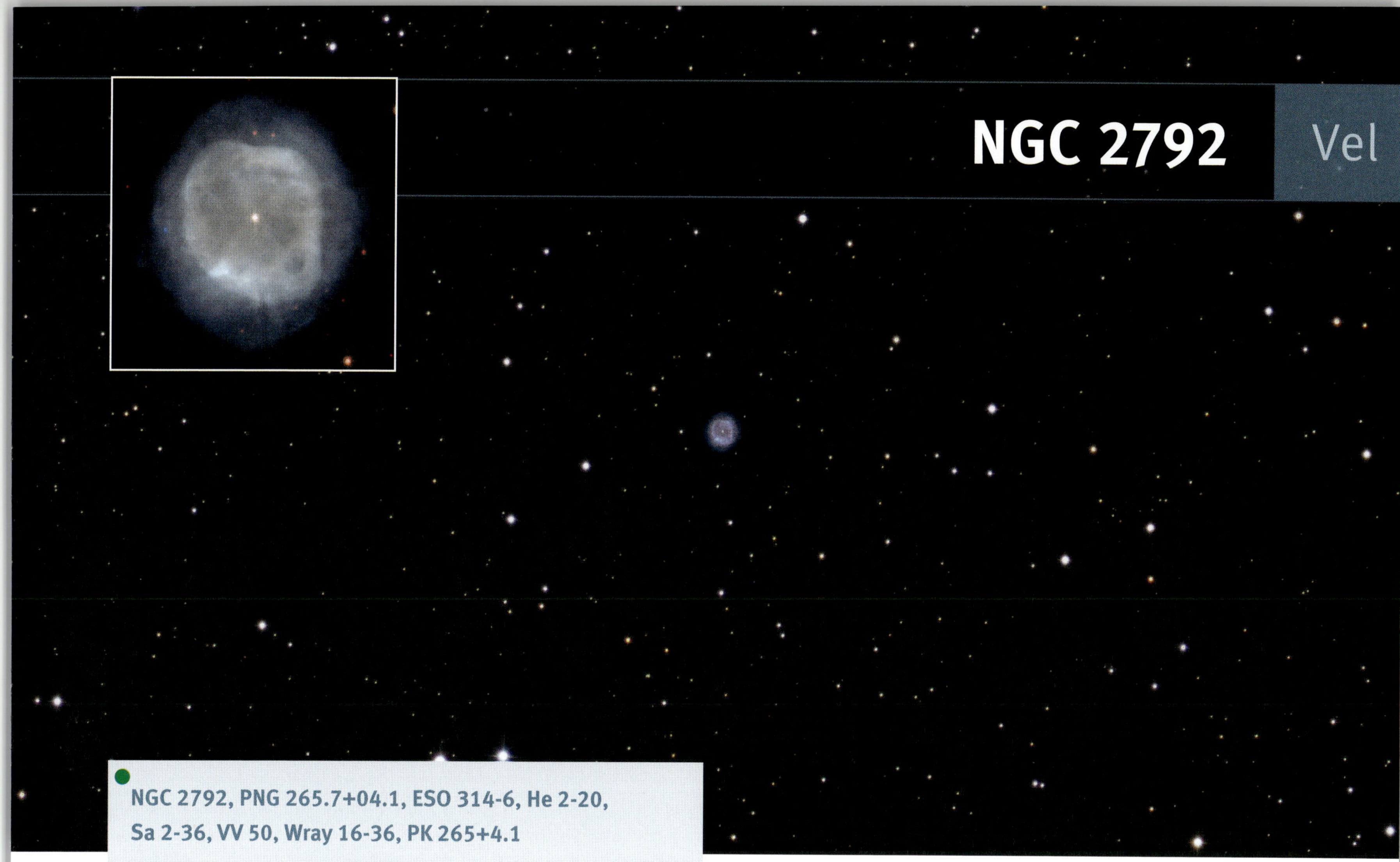

NGC 2792. Chart 32 (oben), Hubble Space Telescope, ESA/Hubble und NASA (Inset)

NGC 2792, PNG 265.7+04.1, ESO 314-6, He 2-20, Sa 2-36, VV 50, Wray 16-36, PK 265+4.1

Nebel	Zentralstern	Intensitäten	
J. Herschel	HD 79384	HeII	85
2.3.1835	09:12:26.62	Hβ	100
	−42:25:39.8	[OIII]	1065
18 × 16"	16^m7_{Gaia}	Hα	601
11^m8	–	[NII]	7
isDSA/G 95-2	8210 Lj (Gaia EDR3)	[SII]	

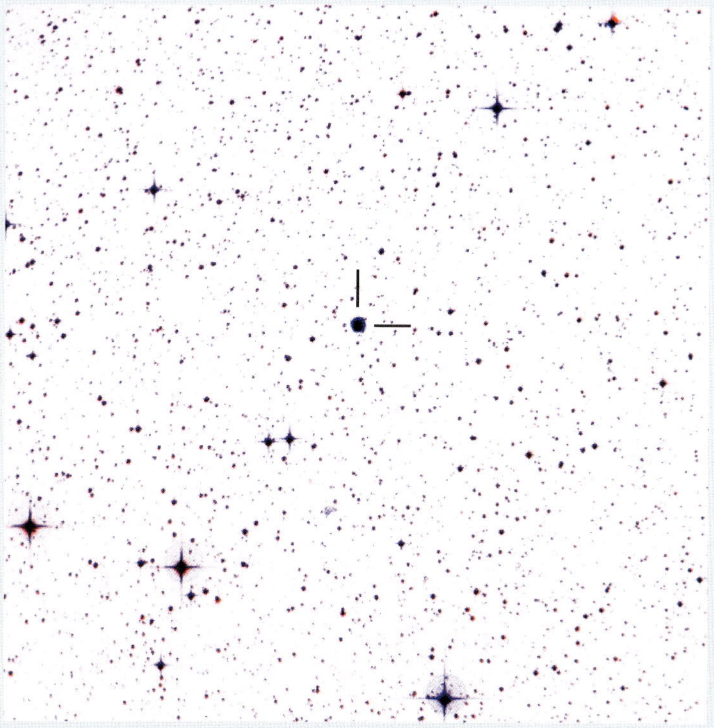

NGC 2792 ist ein Fund von John Herschel, der den Nebel am 2. März 1835 das erste Mal erblickte: »Zuerst dachte ich er wäre doppelt, aber mit 320× zeigte er eine regelmäßige runde Scheibe, und auch ein Freund, dem ich ihn zeigte, sah keine Teilung.«

Der Nebel gliedert sich in einen hellen Innenbereich von etwa 11" Durchmesser und eine äußere Schale von knapp 20". Corradi et al. entdeckten auf Aufnahmen mit dem 3,5m New Technology Telescope einen Halo mit einem Durchmesser von 74". Dessen Alter beziffern sie mit 42.000 Jahren, was seine Entstehung in die Zeit vor der des eigentlichen PN festlegt, der 8000 Jahre alt ist. Pottasch et al. bezeichneten NGC 2792 als »ziemlich durchschnittlichen Nebel«. Der Zentralstern hat eine Temperatur von 130.000K, die Masse des Vorgängersterns entsprach in etwa der der Sonne.

NGC 2792 ist schon mit kleinen Optiken gut zu erkennen, Beobachtungen ab 6" wurden berichtet. Mit 20" Öffnung sah der Autor einen sehr hellen, nicht symmetrischen Ring, der an der Südwestseite am hellsten erschien. Das Zentrum war von diffuser Helligkeit überzogen, der Zentralstern nicht sichtbar. Ein diffuser Halo umgibt diese Struktur.

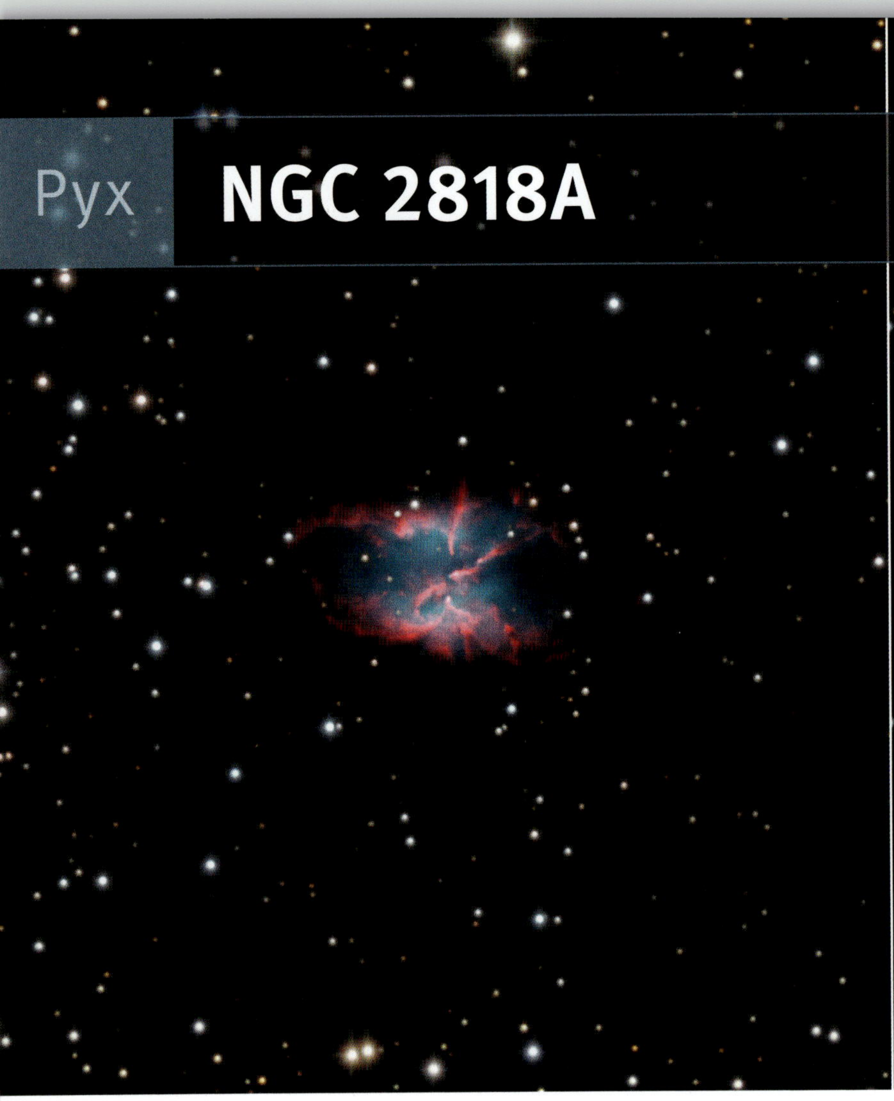
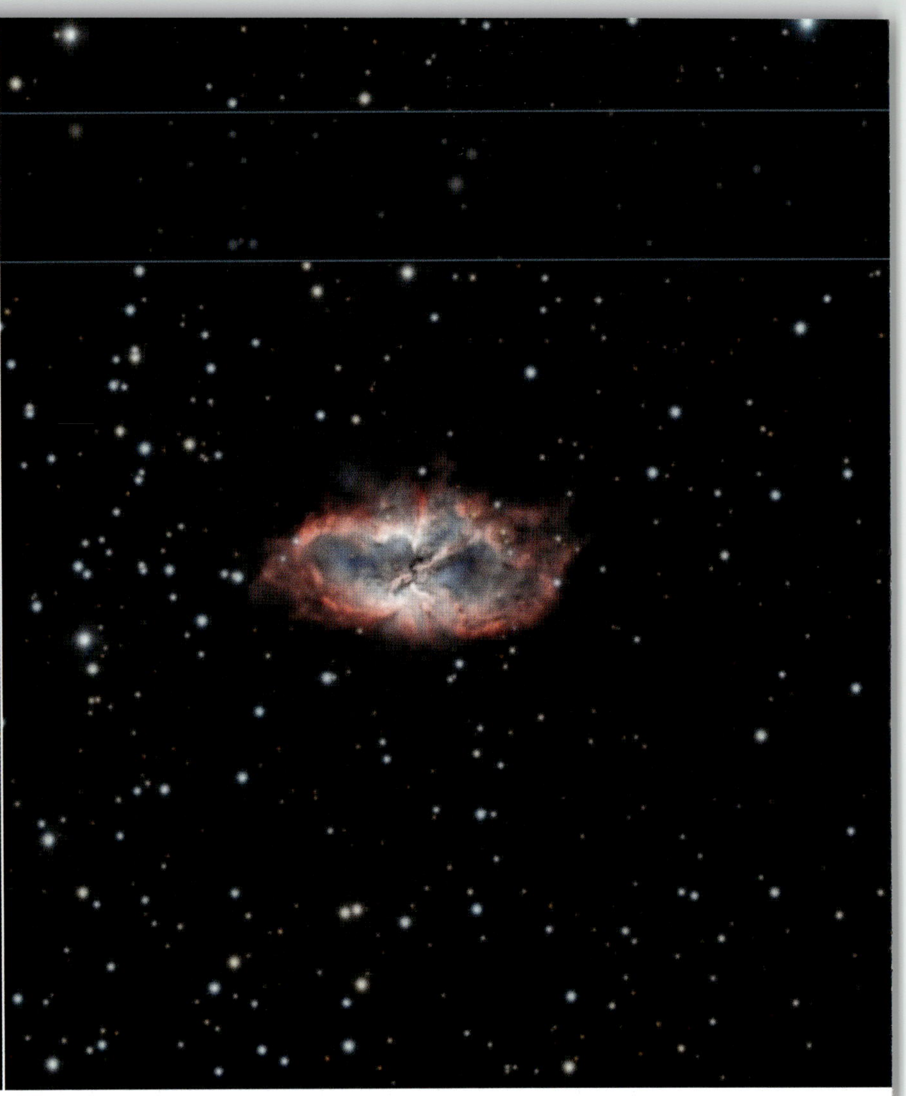

Pyx

NGC 2818A

NGC 2818A. Chart 32 (links), Mike Selby (rechts)

NGC 2818A – vielfach auch nur NGC 2818 genannt (siehe Kasten) – ist einer der seltenen Fälle, in denen ein Planetarischer Nebel in einem Offenen Sternhaufen steht.

Beide wurden am 28. Mai 1826 vom schottisch-australischen Astronom James Dunlop entdeckt. Er beschrieb ihn als »einen ziemlich großen schwachen Nebel von runder Form, 6' oder 8' im Durchmesser; der Nebel läuft schwach aus über eine beträchtliche Ausdehnung. Im nordwestlichen Teil steht ein kleiner Nebel, der möglicherweise eine Verdichtung des schwachen diffusen Nebels ist. Der große Nebel kann in Sterne aufgelöst werden, wobei Nebel bleibt.« Diese zunächst verwirrende Beschreibung lässt erkennen, dass Dunlop zunächst den Sternhaufen erkannte (als »großen Nebel«) und diesen nicht in Sterne auflösen konnte. Der Planetarische Nebel wird jedoch als »kleiner Nebel« explizit erwähnt.

John Herschel schrieb elf Jahre später, dass ihn der Anblick »des sehr merkwürdigen Objekts« an M 46 und NGC 2438 erinnere: »Er befindet sich in einem reichen Haufen [...] mit einem Charakter, der sich dem eines planetarischen [Nebels] nähert, die Ränder fallen sehr plötzlich ab, nur sehr wenig heller in der Mitte.«

NGC 2818A, PNG 261.9+08.5, ESO 372-13, He 2-23, Hb 2, Sa 2-39, VV 51, Wray 16-38, My 45, PK 261+8.1

Nebel	Zentralstern	Intensitäten	
J. Dunlop	Galex J091601.5–363738	HeII	51
28.5.1826	09:16:01.7	Hβ	100
	–36:37:38.75	[OIII]	1501
85 × 47"	19^m0_{Gaia}	Hα	431
11^m5	–	[NII]	929
isDSA/G 83-5	12.000 Lj (Gaia DR2)	[SII]	79

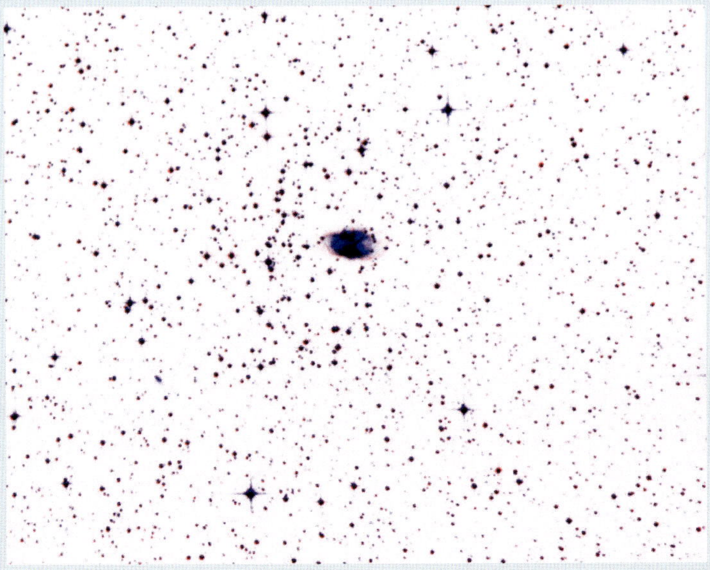

Was ist NGC 2818?

Welchem Objekt gebührt die Bezeichnung NGC 2818, dem Planetarischen Nebel PNG 261.9+08.5 oder dem Offenen Sternhaufen C 0914+364 (Melotte 96)? Die verwirrende Antwort ist: Beiden! James Dunlop und John Herschel beschreiben beide Objekte gleichzeitig. Auch im NGC sind beide Objekte unter der Nr. 2818 erwähnt. Um zwischen PN und OC unterscheiden zu können ist eine solche Namensgleichheit jedoch ungünstig. Es hat sich deshalb eingebürgert, eines der beiden Objekte mit NGC 2818 und das andere mit NGC 2818A zu bezeichnen – leider wechselseitig oft vertauscht, so dass ein noch größeres Wirrwarr entstand.

An dieser Stelle verwenden wir NGC 2818 für den von Dunlop zuerst genannten Sternhaufen und NGC 2818A für den Planetarischen Nebel.

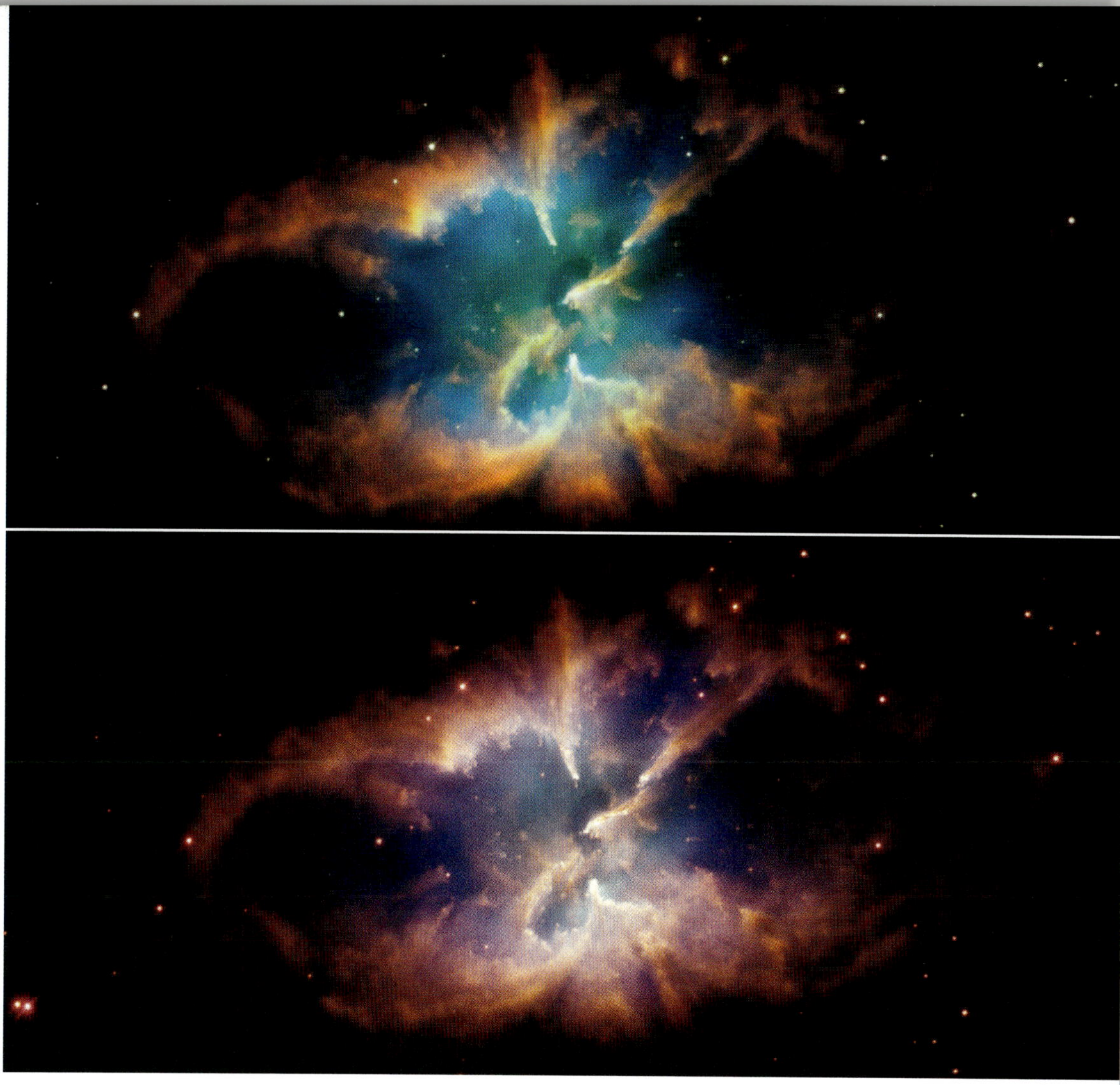

NGC 2818A, Hubble Space Telescope, NASA, ESA, und das Hubble Heritage Team (STScI/AURA) (oben), Judy Schmidt (unten)

Sind Planetarischer Nebel und Offener Sternhaufen auch physisch ein Paar, d.h. ist der Zentralstern von NGC 2818A auch ein Mitglied des Haufens NGC 2818? Es deutet aktuell Vieles darauf hin, diese Frage mit Ja zu beantworten. Unglücklicherweise ist die Parallaxe der EDR3-Messung von Gaia fehlerhaft, denn sie ergibt einen Wert von mehr als 100.000 Lichtjahren, was den PN weit außerhalb der Milchstraße positionieren würde. Greift man jedoch auf die DR2-Werte zurück, dann ergibt sich eine recht gute Übereinstimmung bei etwa 12.000 Lichtjahren.

Auch Rani et al. kommen 2023 in ihrer Untersuchung zu einem ähnlichen Schluss. Demnach geben zwar die Parallaxen aktuell kein klares Bild und die Eigenbewegungen beider Objekte sprächen eher dagegen, aber die Radialgeschwindigkeiten sind ein deutliches Indiz für die Zugehörigkeit des PNs zum Haufen. Majaess et al. führen auch spektrokopische Gründe und die Rötung beider Objekte als positive Argumente an. Der Sternhaufen ist etwa 800 Millionen Jahre alt und besteht aus 718 Sternen heller als 21^m. Der Zentralstern hätte als Mitglied des Sternhaufens eine Ausgangsmasse vom 2,1-Fachen der Sonne gehabt, davon sind aktuell noch 0,66 übrig. Vazquez et al. beschreiben zwei Elemente der Morphologie von NGC 2818A:

- eine Kernregion von 14" Durchmesser
- ein bipolarer Hauptkörper von 75" Länge in PW 89°

In einer Umgebung von 20" vom Zentralstern sind zahlreiche kometarische Knoten zu finden – hier erodiert der Sternwind des Zentralsterns die zuvor ausgestoßene Materie, wobei dichtere Klumpen zurückbleiben. Die Neigung des Nebels gegenüber unserer Sichtlinie ist 60°. Die Expansion des innersten Bereichs beträgt 105 km/s, während weiter außen 20 km/s gemessen werden. Daraus leiten Vazquez et al. ein Alter von 8400 Jahren ab.

Visuell ist NGC 2818A vor allem mit mittleren und großen Teleskopen ein sehr attraktives Objekt. Mit 20" Öffnung entsteht der Eindruck eines Apfelbutzens oder einer stark überzeichneten Version von M 27. Jedoch berühren sich die beiden Teile der Hantel nicht. Der Zentralstern kann nicht erkannt werden, der Raum zwischen den beiden Nebelteilen ist aber schwach von Dunst überzogen, was dem Objekt insgesamt eine ovale Form gibt, die in Ost-West-Richtung ausgerichtet ist. Anders als im Fall von M 46 ist hier der Planetarische Nebel das dominante Objekt, der Sternhaufen tritt eher zurück.

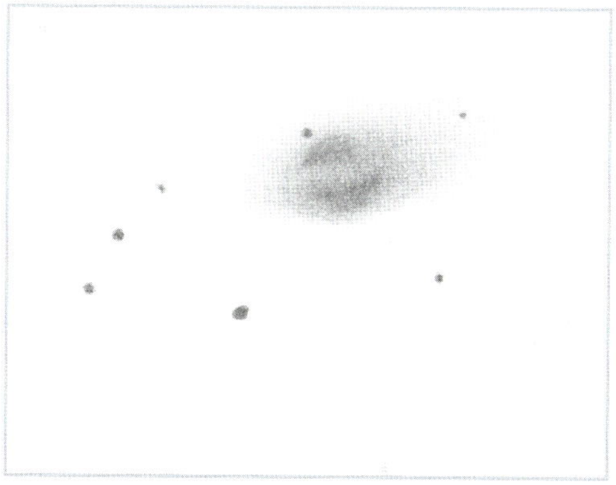

NGC 2818A mit 16" Öffnung, 425×, 12^m6 SQM. Ronald Stoyan

Car

NGC 2867

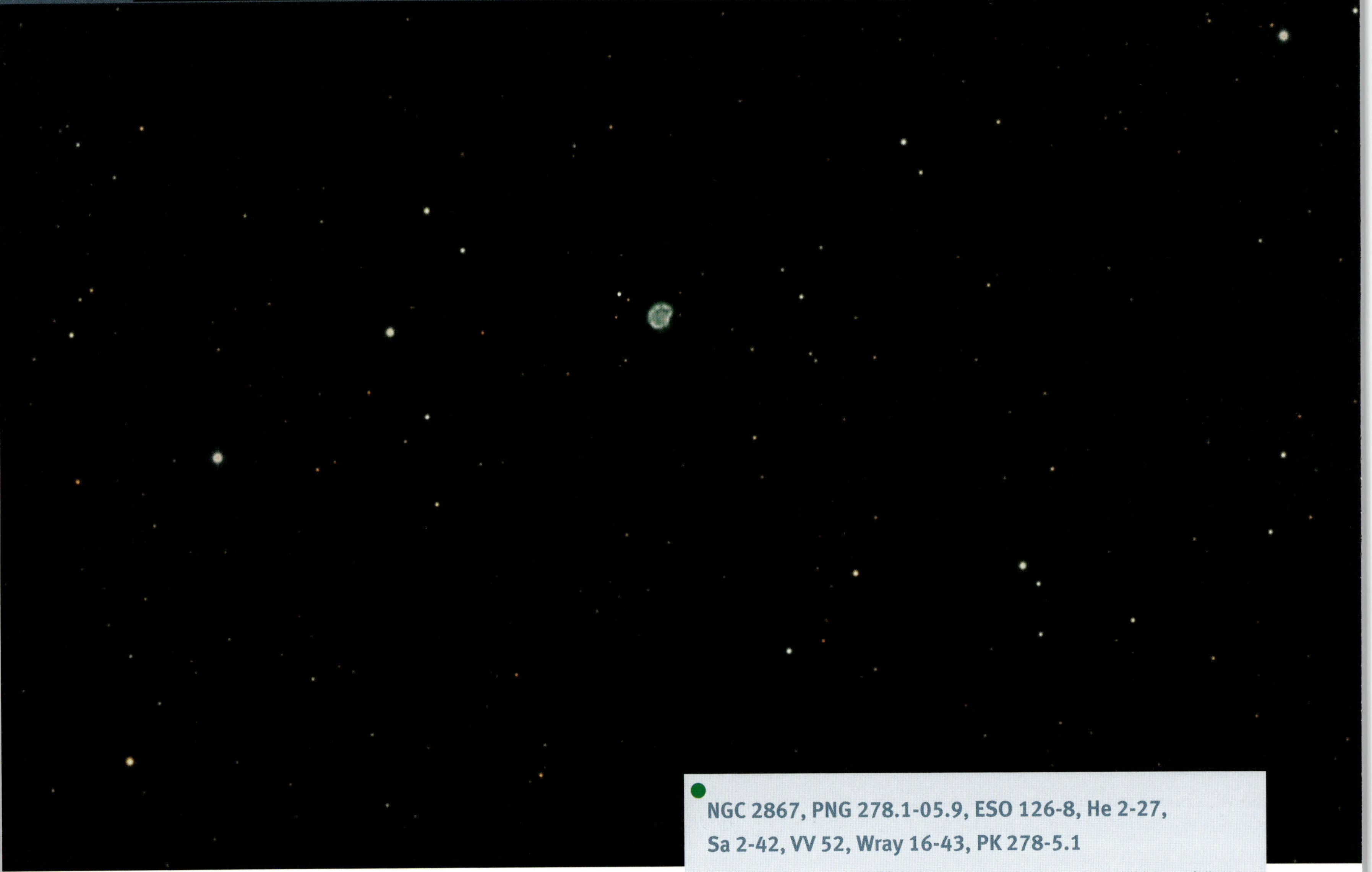

NGC 2867. Chart 32

NGC 2867, PNG 278.1-05.9, ESO 126-8, He 2-27, Sa 2-42, VV 52, Wray 16-43, PK 278-5.1

Nebel	Zentralstern	Intensitäten	
J. Herschel	HD 81119	Hell	29
1.4.1834	09:21:25.3	Hβ	100
	−58:18:40.68	[OIII]	1460
18 × 16"	$15^{m}8_{Gaia}$	Hα	384
$9^{m}7$	[WC3] oder [WC6]	[NII]	84
isDSA/G 104-5	9460 Lj (Gaia EDR3)	[SII]	10

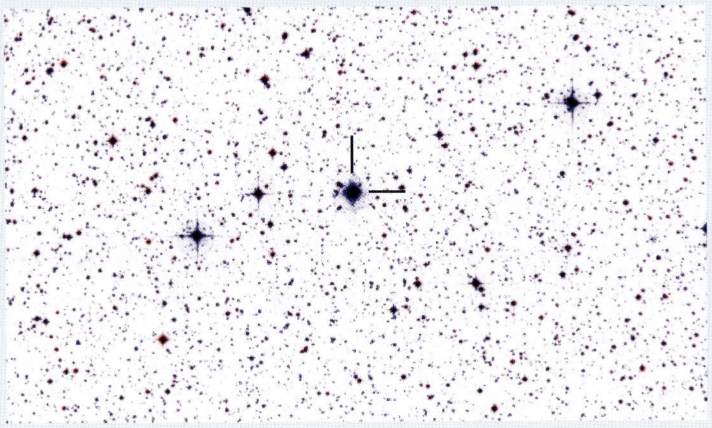

NGC 2867 könnte man als Lieblingsobjekt von John Herschel bezeichnen: Mindestens sechs Beobachtungen sind überliefert in der relativ kurzen Zeitspanne von vier Jahren, die der britische Astronom in Feldhausen nahe Kapstadt in Südafrika zubrachte. Die erste datiert vom 1. April 1834: »Der schönste Planetarische Nebel in Sachen Begrenztheit der Scheibe, den ich jemals zu beobachten mich erinnere; 3 Bogensekunden Durchmesser; exakt rund; kein stärkerer Nebel um ihn herum als an einem Stern 9. Größe [...] Ein sehr bemerkenswertes Objekt.« Aufgrund der scharfen Begrenzung und der Größe, die ihn an den von seinem Vater entdeckten Planeten Uranus erinnerte, prüfte er die Position des Nebels zu den Sternen der Umgebung am nächsten Abend; es wurde jedoch keine Bewegung festgestellt. Beim

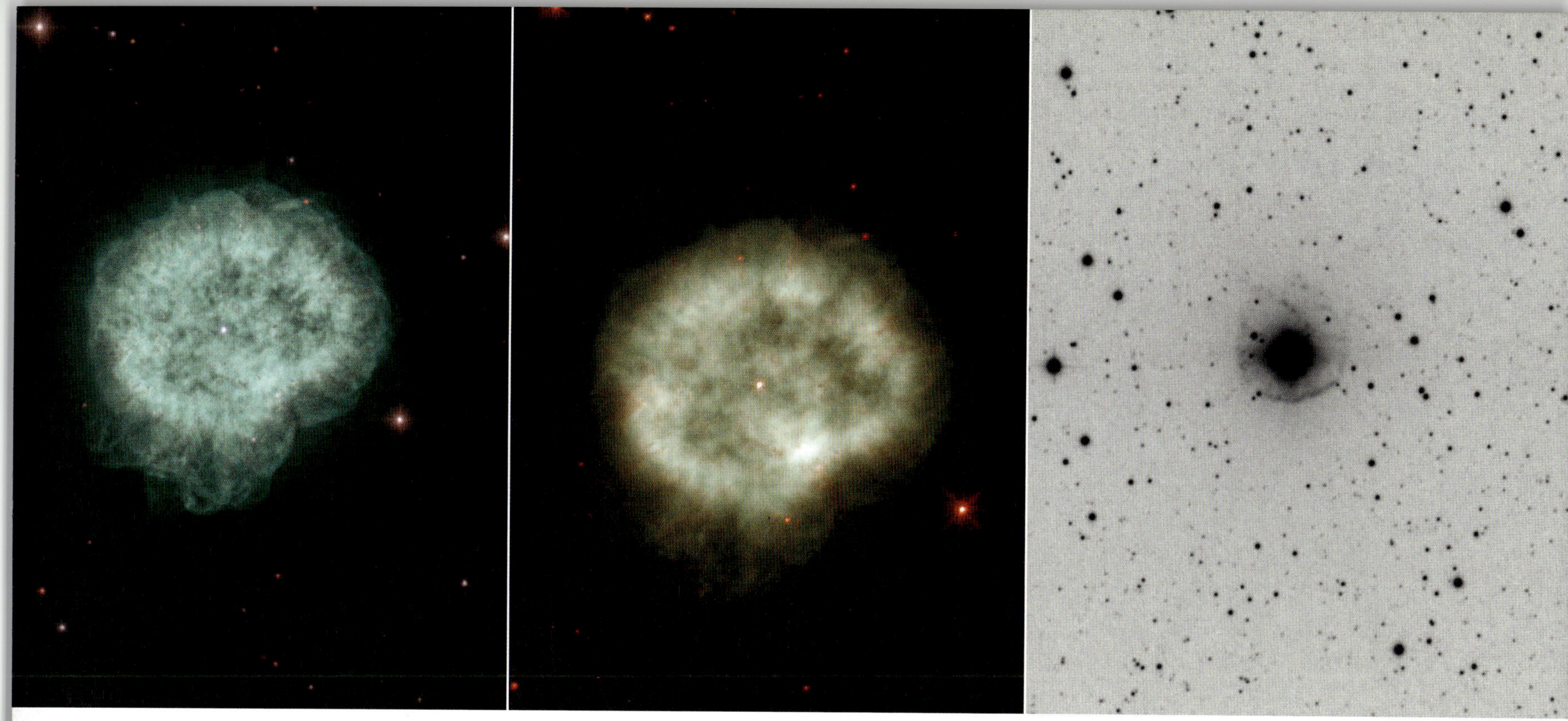

NGC 2867, Hubble Space Telescope. NASA/ESA und Judy Schmidt (links), Howard Bond (STScI)(Mitte). Halo, Chart 32(rechts)

Durchmesser irrte sich Herschel deutlich, denn die helle Nebelscheibe ist etwa vier Mal so groß wie nach seiner Angabe.

Evans und Thackeray beschrieben NGC 2867 als »bohnenförmigen Ringnebel«, dessen Ring in mehrere Knoten zerfallen ist, mit einem schwachen Zentralstern. Die Ausdehnung gaben sie mit 13 × 11". Ein moderner Wert ist 14,4 × 13,9". Corradi et al. fanden auf Aufnahmen mit dem 3,5m New Technology Telescope zwei schwache Halos, die den Hauptnebel umgeben. Der innere hat einen Durchmesser von 78", der äußere erreicht sogar mehr als 5'. Letzterer ist stark asymmetrisch, mit einer Kante nach Süden. Die Aufnahmen zeigen außerdem radiale Strukturen nahe des Kerns und im äußeren Halo. Den Autoren zufolge ist der innere Halo 36.000 Jahre, der äußere sogar 144.000 Jahre alt – beide entstanden also weit vor dem Zeitpunkt, zu dem der Zentralstern den eigentlichen Planetarischen Nebel zu ionisieren begann. Dies könnte vor etwa 7000 Jahren der Fall gewesen sein, andere Quellen nennen 3000 Jahre. Acker et al. gaben die Expansionsgeschwindigkeit mit 19 km/s.

Der Zentralstern HD 81119 besitzt den Wolf-Rayet-Spektraltyp WC3 oder WC6. Der Stern ist um $0^{m}3$ variabel, die Lichtkurve ähnelt dem Typ GW Vir. Jones und Boffin vermuten darin einen Doppelstern mit einer Periode von 4,5 Tagen. Die Oberflächentemperatur beträgt 165.000K. Das grüne Licht des hoch angeregten Nebels kommt von der [OIII]-Linie des Sauerstoffs. Daneben sind Hα und Hβ vertreten, außerdem [NII] und HeII.

NGC 2867 ist nur wenig schwächer als die hellsten Planetarischen Nebel am Himmel und gehört zu den hellsten seiner Art am Südhimmel. Diese Helligkeit gab ihm zurecht einen Platz im Caldwell-Katalog unter der Nummer 90. Er ist schon mit sehr kleinen Optiken und Ferngläsern als 10^{m}-»Stern« sichtbar. Man muss mindestens 70- bis 80-fach vergrößern um die kleine Scheibe zu erkennen. Mit 11" Öffnung sah der Autor einen sehr kleinen Ring, von einem schwächeren Halo umgeben. Thomas Pfleger beschrieb bei NGC 2867 nach Beobachtungen mit einem 14,5"-Teleskop einen starken Blinkeffekt: Mit direktem Sehen erscheint der Nebel fast sternförmig, mit indirektem Sehen zeigt sich dann eine größere Ausdehnung.

Steve Gottlieb beschrieb den Anblick mit 24" Öffnung als »umwerfend«: »Der dicke ovale Rand ist klar heller mit einem relativ kleinen dunklen Loch in der Mitte.« Uwe Glahn konnte den Halo vom Gamsberg in Namibia aus mit 28" Öffnung erkennen. Den Zentralstern sah er ebenso wie die anderen Beobachter nicht.

1° südsüdöstlich von NGC 2867 steht der 2^{m}-Stern ι Carinae. Er ist Teil des so genannten »falschen Kreuz des Südens«, das außerdem die Sterne ε Carinae, δ Velorum und κ Velorum umfasst.

NGC 2899 Schmetterlings-Nebel

NGC 2899. Mike Selby

NGC 2899 bezeichnete sein Entdecker John Herschel als »schwach, ziemlich groß, rund, graduell ein wenig heller in der Mitte« und gab einen Durchmesser von 80". Nichts ahnte er von der spektakulären Schönheit des Nebels auf modernen Fotografien. Diese zeigen einen bipolaren Planetarischen Nebel mit mehreren Schalen und einer sehr komplexen Struktur. Weil er auf den ersten Blick so gar nicht wie ein PN aussieht, hielten ihn zahlreiche Forscher für einen Galaktischen Nebel anderen Ursprungs, so Colin Gum 1955 und Rodgers, Campbell und Whiteoak 1960, die ihn unter der Nr. 43 in ihren Katalog aufnahmen. Auch Margaret Mayall hatte sich 1951 schon im Typ geirrt. Dagegen stellte Karl Henize 1964 fest, dass es sich aufgrund seiner spektroskopischen Eigenschaften um einen PN handeln muss. Darauf deuten vor allem die starken Anteile von [OIII] und [NII] im Spektrum hin.

NGC 2899, PNG 277.1-03.8, ESO 166-13, Gum 27, He 2-30, My 48, Sa 2-45, RCW 43, PK 277-3.1

Nebel	Zentralstern	Intensitäten	
J. Herschel	TIC 437669132	HeII	48
27.2.1835	09:27:03.1	Hβ	100
	−56:06:21.20	[OIII]	759
120 × 86"	15^m9_{vis}, 15^m9_{Gaia}	Hα	340
12^m2	(G0)	[NII]	1354
isDSA/G 104-19	7310 Lj (Gaia EDR3)	[SII]	100

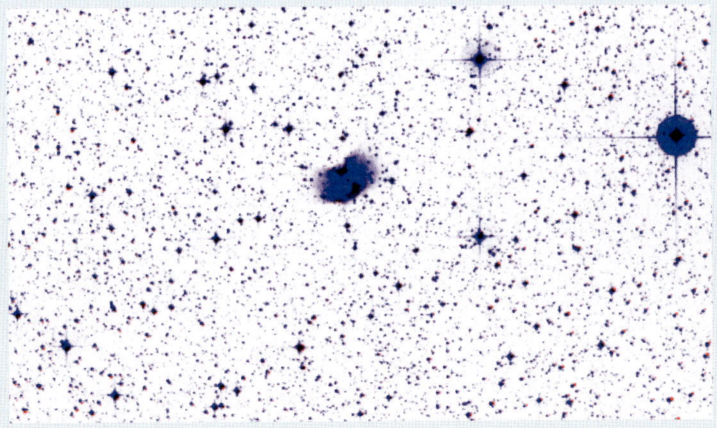

NGC 2899. Very Large Telescope, ESO

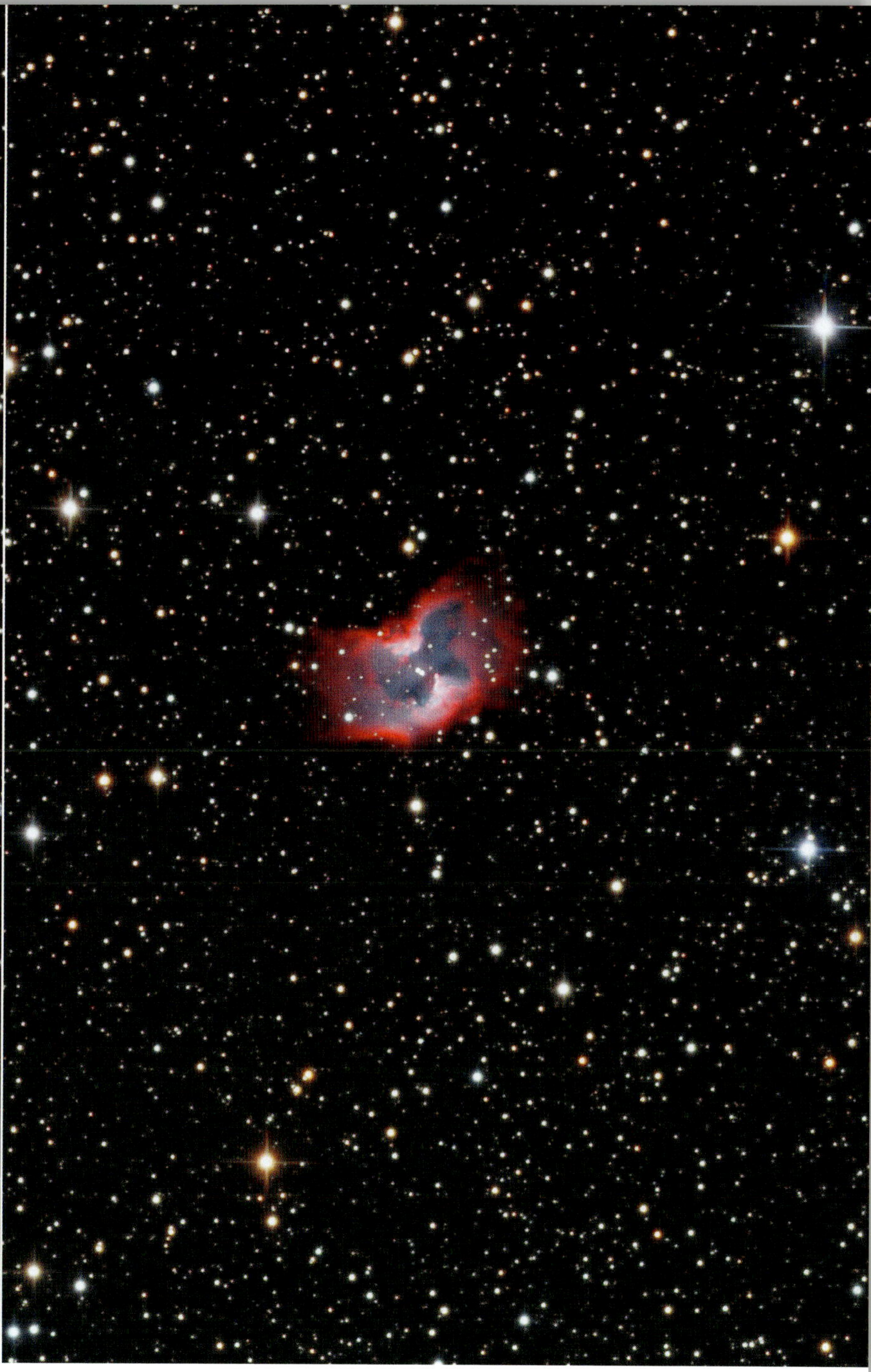

NGC 2899. Chart 32

González Díaz untersuchte eine mögliche Verbindung des Nebels mit dem Sternhaufen IC 2488. Obwohl NGC 2899 54' von dessen Kern entfernt steht, wollte der Autor eine solche Verbindung nicht ausschließen. Die Parallaxenmessungen von Gaia legen allerdings nahe, dass eine solche nicht besteht, denn die Entfernung des Zentralsterns wurde mit 7310 Lichtjahren bestimmt, während der Sternhaufen nach Gaia etwa 4300 Lichtjahre entfernt ist.

Die Zentralregion von NGC 2899 misst 68,5 × 59,8". Quentin Parker entdeckte jedoch Ausläufer von 10' auf beiden Seiten des Nebels in der Verlängerung seiner langen Achse.

Visuelle Beobachtungen von NGC 2899 sind ab 6" Öffnung veröffentlicht. Mit 11" Öffnung sah der Autor eine helle Scheibe mit starker Zeichnung, deren Struktur aber nicht klar zu fassen war. Unter besseren Bedignungen konnte Uwe Glahn jedoch mit 12" die bipolare Struktur ausmachen. Steve Gottlieb sah mit 48" die beiden hellen Knoten nördlich und südlich des Zentralsterns detailliert, wobei der nördliche »sehr hell« erschien. Insgesamt schilderte er den Anblick als »faszinierend komplex«!

Hya

Strottner-Drechsler 47

Strottner-Drechsler 47. Marcel Drechsler

StDr 47, PNG 253.7+19.4

Nebel	Zentralstern	Intensitäten	
X. Strottner,	Galex J092731.4–232235	Hell	
M. Drechsler	09:27:31.46	Hβ	
2020	–23:22:34.40	[OIII]	100
270"	17^m6_{Gaia}	Hα	65
–	–	[NII]	
isDSA/G –	11.800 Lj (Gaia EDR3)	[SII]	

Strottner-Drechsler 47 ist eines der vielen beeindruckenden Fundstücke des französisch-deutschen Amateur-Entdecker-Duos Xavier Strottner und Marcel Drechsler. Sie berichten: »Viele viele Dutzende Arbeitsstunden waren nötig, Recherche, Analyse, Programmierung des Teleskops, Überwachung der Bildaufnahme in insgesamt acht Nächten über den April und Mai 2020 und natürlich Stunden der Bildbearbeitung. Aber wenn wir diese wunderschöne Entdeckung sehen, können wir sagen, dass sich die Strapazen gelohnt haben.« Dem kann man nur zustimmen!

StDr 47 befindet sich bei einer galaktischen Breite von 19,5° abseits der Milchstraße, so dass der Planetarische Nebel wohl deren Halo zugerechnet werden kann. Die Größe ist mit 4,5' stattlich, die Form oval. [OIII] und Hα sind die bestimmenden Emissionslinien.

Als Zentralstern wurde Galex J092731.4-232235 identifiziert, ein »heißer Unterzwerg-Kandidat«, also möglicherweise ein Weißer Zwerg. Gaia bestimmt seine Helligkeit zu 17^m6. Die Parallaxenmessung ergab fast 12.000 Lichtjahre Entfernung, was angesichts der scheinbaren Größe eine enorme wahre Ausdehnung von über 15 Lichtjahren ergeben würde. Der reelle Wert liegt wohl etwas näher. Der 9^m9-Stern BD–22°2613 steht 4' nordwestlich des Nebels.

Uwe Glahn hatte keinen Erfolg bei einem Beobachtungsversuch mit 27" Öffnung.

van den Bergh-Racine 2

VBRC 2, RCW 44, PNG 277.7-03.5, Wray 17-31, Sa 3-10, ESO 166-21, PK 277-3.2

Nebel	Zentralstern	Intensitäten	
A. Rodgers,	GSC2 S111103072559	Hell	–
C. Campbell,	09:31:20.5	Hβ	100
J. Whiteoak 1959	−56:17:39.37	[OIII]	444
115 × 105"	$18^{m}1_{vis}$, $17^{m}9_{Gaia}$	Hα	402
$14^{m}7$	–	[NII]	866
isDSA/G 104-9	4430 Lj (Gaia EDR3)	[SII]	122

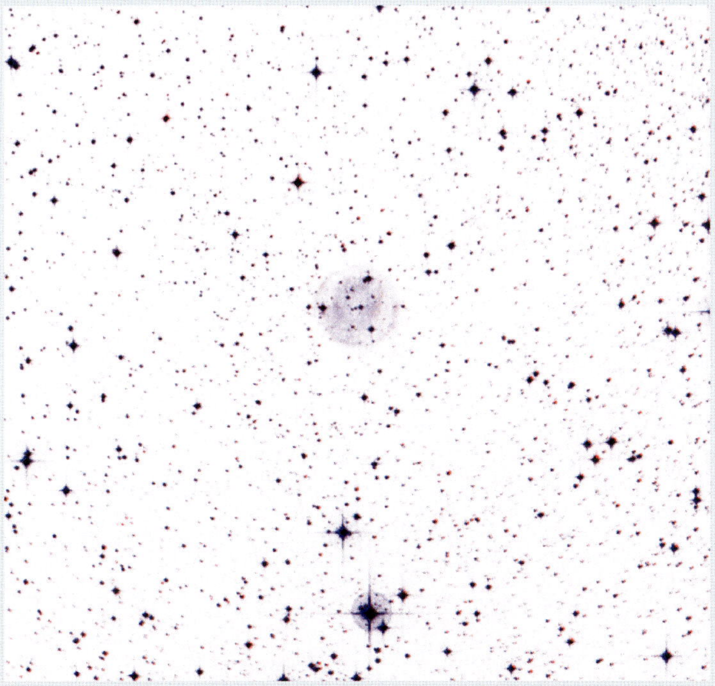

Van den Bergh-Racine 2 (links) und NGC 2899. Michael Keith

Van den Bergh-Racine 2 ist nach Sidney van den Bergh und René Racine benannt. Sie untersuchten Fotos, die 1969 bis 1971 mit der 24"-f/3,5-Schmidtkamera auf dem Cerro Tololo in Chile aufgenommen worden waren. Die Entdecker waren aber Alexander W. Rodgers, Colin T. Campbell und John B. Whiteoak, die das Objekt zwischen 1957 und 1959 auf der Hα-Durchmusterung mit der Schmidtkamera des Mount Stromlo Observatory in Australien fanden. Eine unabhängige Entdeckung gelang James D. Wray 1966 auf Objektivprismenaufnahmen des Lamont-Hussey Observatory in Südafrika.

Die Morphologie beschreiben Weidmann et al. als »rund mit komplexer Ionisationsstruktur«. Von einigen Autoren wurde eine Verbindung mit den Sternhaufen IC 2488 oder Basel 20 postuliert, die Distanzen betragen 53' bzw 8,6'. Gonzalez-Diaz schloss solch eine Verbindung aus. Im August 2014 wurde ein schwacher Halo um RCW 44 nachgewiesen.

Visuell ist der Nebel schon mit 8" Öffnung als diffuse Scheibe zu sehen. Der Autor fand ihn mit 24" Öffnung »einfach, rund, evtl. ringförmig« und konnte vier Sterne im Nebel sehen. Der 18^{m} schwache Zentralstern war allerdings nicht darunter.

Hya Abell 33 Diamond Ring Nebula

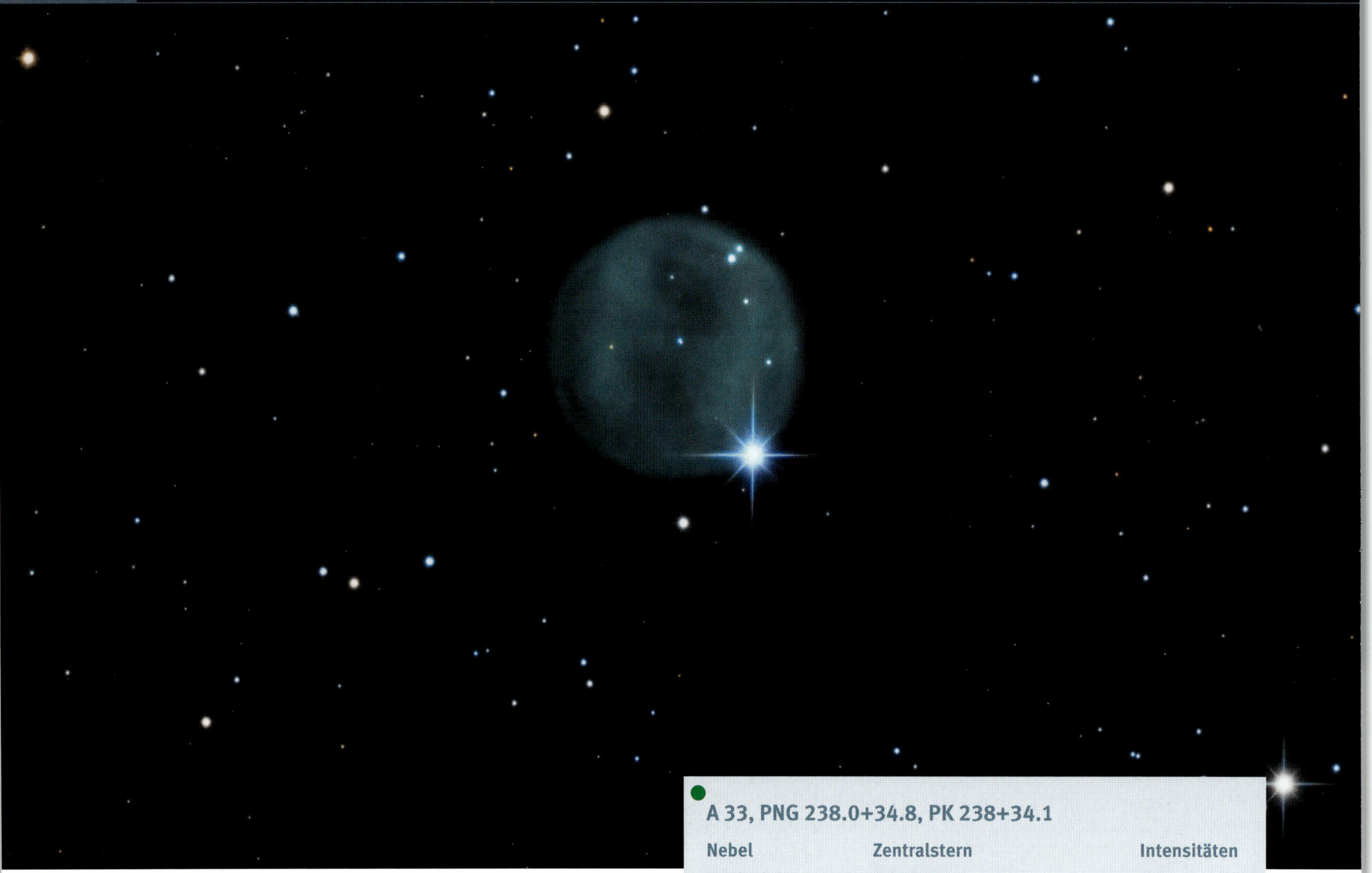

Abell 33. Jerry Macon

A 33, PNG 238.0+34.8, PK 238+34.1

Nebel	Zentralstern	Intensitäten	
Entdecker	GSC 04897-00194	Hell	–
unbekannt	09:39:09.1	Hβ	100
vor 1955	−02:48:31.46	[OIII]	353
275 × 260"	15^m9_{Gaia}	Hα	280
12^m9	DAO	[NII]	–
isDSA/G 59-3	3240 Lj (Gaia EDR3)	[SII]	

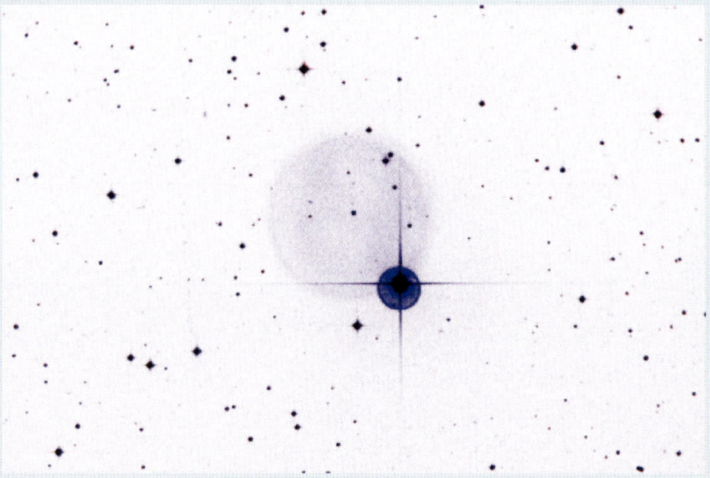

Abell 33 ist eines der attraktivsten Objekte des Katalogs von George O. Abell. Es wurde vor 1955 entdeckt, dem Jahr, in dem die erste Abell-Liste erschien, dort trägt es die Nummer 22. Wer der Entdecker ist bleibt unbekannt, denn nach Abells eigenen Angaben wurden mehr als die Hälfte der Objekte seiner Liste von anderen Astronomen gefunden; er wies aber diese aber in seinen Arbeiten nicht einzeln aus.

Garcia-Diaz et al. verwenden den Begriff »strigiform« (»eulenförmig«), um die Morphologie zu beschreiben – in Anlehnung an M 97, den Eulennebel. Hua und Nguyen-Trong beschreiben eine in Hα sichtbare Struktur aus »zwei Kappen innerhalb des perfekt runden Umrisses«, deren Intensität beim 1,5-Fachen der Scheibe liegt. »Die Hα-Struktur besteht scheinbar aus zwei separierten Schalen, eine innere polare und eine äußere sphärische von geringer Helligkeit.«

Abell 33. Peter Goodhew

Abell 33. Very Large Telescope, ESO

Die Expansionsgeschwindigkeit des Nebels beträgt 32 km/s, daraus ergibt sich ein kinematisches Alter von 13.300 Jahren – es handelt sich also um einen ziemlich alten PN. Im Spektrum ist [OIII] am stärksten, gefolgt von Hα.

Kyle Cudworth fand 1973 am 36"-Refraktor der Lick-Sternwarte heraus, dass der Zentralstern doppelt ist; er nannte Helligkeiten von 15^m7_p und 17^m0_p und maß einen Abstand von 1,8" in PW 212°. Nach Gonzalez-Santamaria et al. betragen die Helligkeiten 15^m96 und 16^m67, der Abstand beträgt etwa 1500 AE. Der Begleiter besitzt einen Spektraltyp der Klasse K und eine Masse vom 0,76-Fachen der Sonne. Der Zentralstern hat 1,13 Sonnenmassen und eine Temperatur von 100.000K.

Gaias Parallaxenmessung ergibt eine Distanz von 3240 Lichtjahren. Der 7^m2 helle Stern HD 83535 am Südwestrand des Nebels steht weit im Vordergrund in nur 510 Lichtjahren.

Abell 33 ist ein attraktives Objekt für die visuelle Beobachtung. Uwe Glahn konnte ihn mit einem 4"-Doppelteleskop sehen. Der Autor hatte mit 120mm Öffnung den Eindruck eines großen und schwachen Nebels. Neben HD 83535 am Südwestrand steht ein schwächerer Stern am Nordwestrand des Nebels. Mit 14" Öffnung entsteht der starke Eindruck von Ringförmigkeit mit einem helleren Süd- und Westrand. Das Nebelinnere wird von einer feinen Nebelhaut überspannt. Diffuse Helligkeitsunterschiede waren hier mit 16" Öffnung zu erkennen, wobei der helle Stern die Wahrnehmung merklich stört.

Mit 48" Öffnung beschreibt Steve Gottlieb einen »wahnsinnig schönen Ringnebel« in der Form eines Donuts. Der Ring erschien im Nordosten und Westen heller, während im Inneren eine dunkle Struktur in Nord-Süd-Ausrichtung sichtbar ist. Im Nebel sind sechs Sterne zu sehen, darunter ein Paar an der Nordwestseite und der helle Vordergrundstern auf der Südwestkante. Der Zentralstern war »relativ einfach« zu sehen. Uwe Glahn gelang es mit seinem 27"-Teleskop, diesen bei knapp 1000-facher Vergrößerung sogar länglich zu erkennen.

Abell 33 mit 16" Öffnung, 95×, [OIII], 21^m6 SQM. Ronald Stoyan

IRAS 09371+1212 Frosty Leo

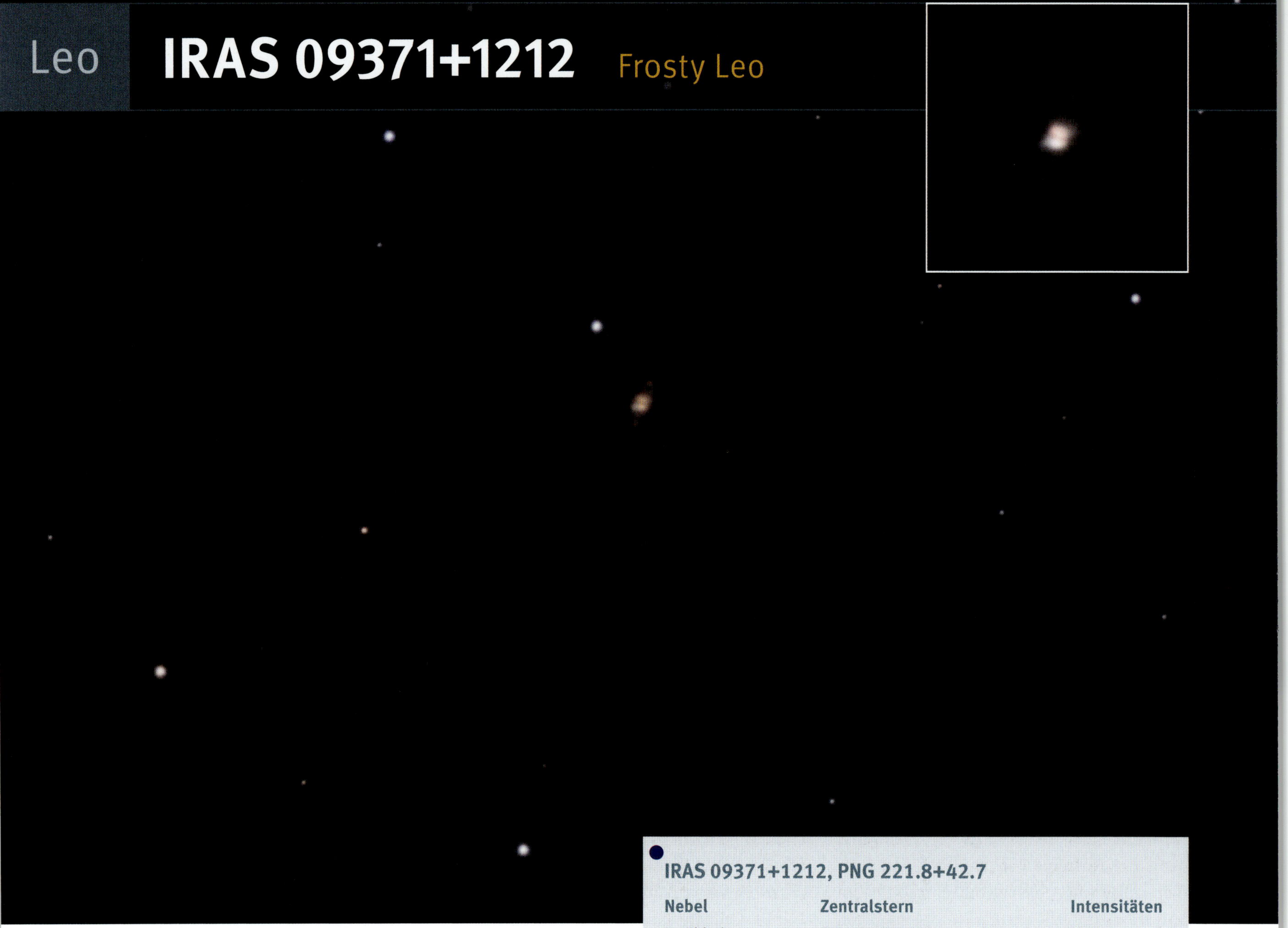

IRAS 09371+1212. Gary Imm (oben), Masaru Yamashita (Inset)

IRAS 09371+1212, PNG 221.8+42.7

Nebel	Zentralstern	Intensitäten
L. Likkel,	TIC 469014760	HeII
M. Morris	09:39:54.0	Hβ
1986	+11:58:52.61	[OIII]
34"	–	Hα
11^m	K7	[NII]
isDSA/G 47-5	10.100 Lj (2015)	[SII]

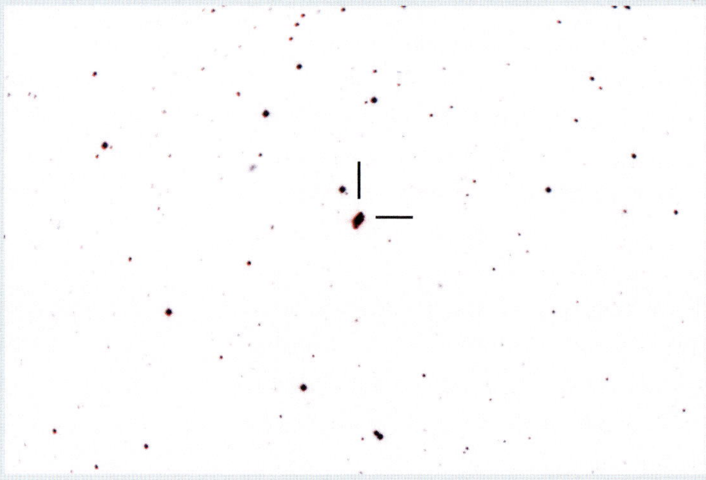

IRAS 09371+1212 ist besser bekannt als »Frosty Leo«. Dieser Protoplanetarische Nebel wurde 1986 von L. Likkel und M. Morris auf den Daten des Infrared Astronomical Satellite (IRAS) von 1983/1984 gefunden. Sie erkannten an der Stelle der Infrarotquelle »einen bipolaren Nebel mit einem Zentralstern vom Typ M«. Der Spitzname geht auf Forveille et al. 1987 zurück. Sie entdeckten im fernen Infrarot des Spektrums des »extrem ungewöhnlichen Objekts«, dass der Nebel Wasser in Form von Eiskörnern enthält, gasförmiger Sauerstoff oder Wasserdampf aber nicht vorkommt. »Leo« spielt auf die Lage des Objekts im Sternbild Löwe an. In der Folge fanden Omont et al. heraus, dass sich das Wassereis an sehr kalten silikatischen Staubkörnern anlagert.

Die Morphologie von Frosty Leo ist klar bipolar. Zwei sich gegenüber liegende, kompakte Nebelklumpen sind durch einen 2" breiten dunklen Staubstreifen getrennt. In ihrer Verlängerung dehnen sich außerdem schwache Loben nach außen, sie erreichen 23" entlang der großen Achse. Diese ist in einem Positionswinkel von 15° ausgerichtet. Sie expandieren mit einer Geschwindigkeit von 25 km/s.

Morris und Reinpurth wiesen darauf hin, dass der Nebel nicht nur achsen-, sondern punktsymmetrisch aufgebaut ist. Eine solche Punksymmetrie findet sich auch bei vielen entwickelten Planetarischen Nebeln. Sie erklären diese Symmetrie durch einen rotierenden Zentralstern, der Materie entlang seiner Polachsen ausstößt, oder durch eine rotierende Scheibe um diesen. Dieser polare Wind reagiert mit zuvor ausgestoßenem Material und formt die sichtbaren Loben. Diese sind Reflexions- und keine Emissionsnebel, erzeugen also selbst kein sichtbares Licht, sondern reflektieren die Strahlung des Zentralsterns. Sie sind stark polarisiert und vor allem im nahen Infrarot deutlich. Serrano Bernal et al. ermittelten ein Alter von nur 600 Jahren für diese Strukturen.

Sabin et al. fanden schnelle Jets aus Kohlenmonoxid, die mit 75 km/s in den Raum expandieren. Sie stellten außerdem fest, dass der bipolare Nebel von einem fast sphärischen Halo von etwa 30 bis 35" Durchmesser umgeben ist.

Der Zentralstern TIC 469014760 der Spektralklasse K7 ist nicht im sichtbaren Licht zu erkennen, denn er wird vollständig von einer 103 AE dicken Staubscheibe verdeckt. Nach Roddier et al. handelt es sich um ein Doppelsternsystem mit 0,19" Distanz, neuere Untersuchungen sehen jedoch keinen Hinweis auf einen Doppelstern.

Der Gaia-Satellit kann aufgrund der fehlenden Zentralsternsignatur im sichtbaren Licht keine Parallaxe bestimmen. Vickers et al. nannten 2015 eine Entfernung von etwa 10.000 Lichtjahren.

Visuell und fotografisch ist Frosty Leo aufgrund seiner geringen Größe kein einfaches Objekt. Da es sich um einen Reflexionsnebel handelt, helfen die üblichen Schmalband- und Linienfilter nicht.

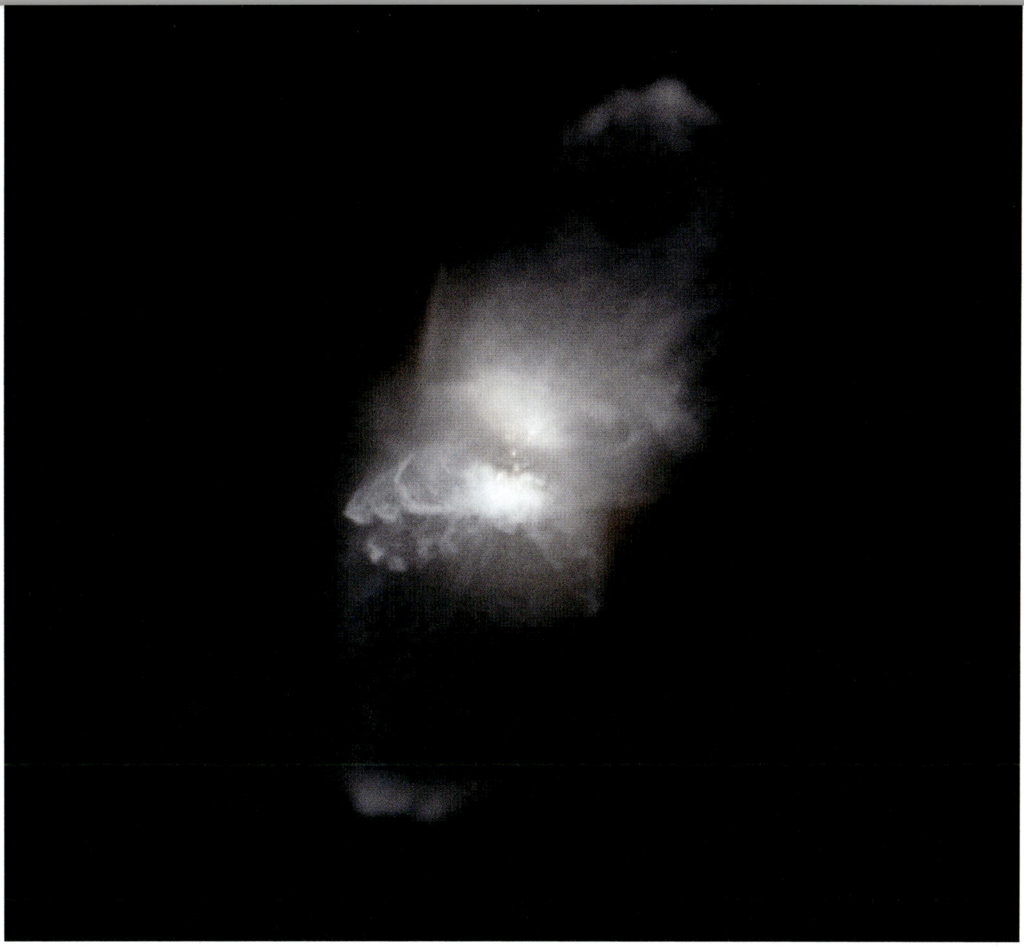

IRAS 09371+1212. Hubble Space Telescope, ESA/Hubble & NASA

Frosty Leo ist schon mit relativ kleinen Teleskopen als 11^m-»Stern« auszumachen. Für das Erkennen der bipolaren Struktur sind jedoch größere Öffnungen erforderlich. Martin Schoenball gelang es, den Nebel schon mit 10" Öffnung zu sehen; er konnte auch visuell die starke Polarisation durch Verwendung eines Polfilters nachweisen. Der Autor sah mit 16" deutlich die beiden getrennten Kerne, die versetzt zueinander angeordnet sind. Uwe Glahn konnte mit 27" Öffnung bei 837-facher Vergrößerung auch die beiden Loben wahrnehmen. Steve Gottlieb berichtete mit 48" eine orange oder rötliche Farbe. Am Nordende des nördlichen Knotens fiel ihm eine sehr schwache stellare Aufhellung auf. 1' nordnordöstlich von Frosty Leo steht ein 12^m6-Stern, der ideal als Fokussierhilfe dienen kann.

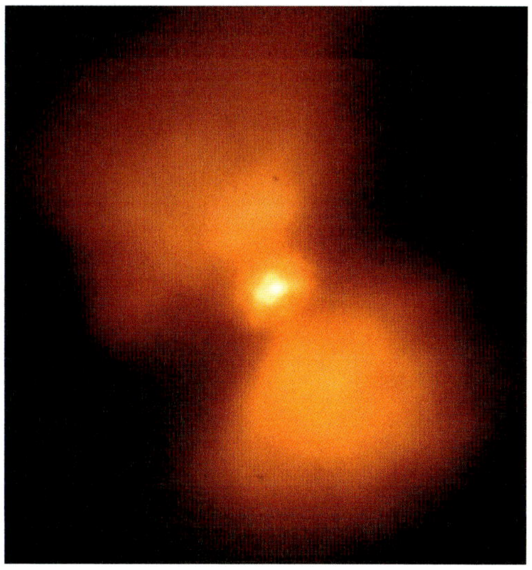

IRAS 09371+1212 im Infratoren, ESO

IRAS 09371+1212 mit 16" Öffnung, 666×, 12^m5 SQM. Ronald Stoyan

Hya Abell 34

Abell 34. Peter Goodhew

A 34, PNG 248.7+29.5, PK 248+29.1

Nebel	Zentralstern	Intensitäten	
Entdecker	TIC 289711034	HeII	40
unbekannt	09:45:35.3	Hβ	100
vor 1955	−13:10:15.60	[OIII]	270
281 × 268"	16^m3_{vis}, 16^m4_{Gaia}	Hα	260
12^m9isDSA/G	–	[NII]	125
71-14	3860 Lj (Gaia EDR3)	[SII]	

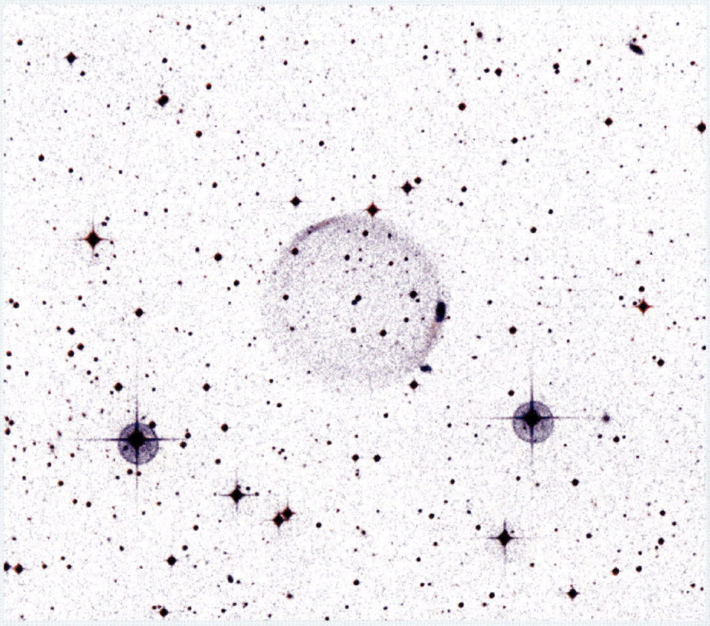

kontrastverstärkt

Abell 34 besitzt nach Gonzalez-Santamaria et al. einen Radius von 2,7 Lichtjahren, eine Expansionsgeschwindigkeit von 35 km/s und ein Alter von 15.400 Jahren. Hα und [OIII] sind die stärksten Emissionslinien. Der Zentralstern TIC 289711034 besitzt eine Temperatur von 98.000K. 9" nordwestlich von ihm steht der Stern UCAC4 385-055176, nach den Gaia-Parallaxenmessungen ein echter Begleiter. Mit 14^m9 ist er heller als der 16^m3-Zentralstern. Nach Gonzalez-Santamaria et al. hat er sich ebenfalls schon von der Hauptreihe im Hertzsprung-Russell-Diagramm entfernt. Die Entfernung zum Hauptstern beträgt etwa 10.000 AE.

Abell 34 war schon in der ersten Abell-Liste von 1955 enthalten, dort trägt er die Nummer 23. Der tatsächliche Entdecker ist unbekannt, weil George Abell seine Quellen nicht offenbarte. Visuell ist A 34 kein einfaches Objekt. Mit 16" Öffnung sah der Autor einen sehr schwachen, großen und diffusen Nebel, die Beobachtung erfordert eine gute Adaption. Uwe Glahn sah den Nebel mit 27" dagegen deutlich. Die kleine Galaxie PGC 3081651 steht exakt auf dem westlichen Rand des Nebels.

Peanut Nebula IRAS 09452+1330

IRAS 09452+1330, PNG 221.4+45.0, PK 221+45.1

Nebel	Zentralstern	Intensitäten
E. Becklin et al.	CW Leo	HeII
1969	09:47:57.4	Hβ
	+13:16:43.57	[OIII]
780 × 660"	13^m5–15^m5, 16^m8_{Gaia}	Hα
–	C9,5	[NII]
isDSA/G –	420 Lj	[SII]

IRAS 09452+1330. Hubble Space Telescope, ESA/Hubble, NASA, Toshiya Ueta (University of Denver), Hyosun Kim (KASI)

IRAS 09452+1330. Masaru Yamashita

IRAS 09452+1330 ist der »Erdnuss-Nebel«, aber allgemein unter dem Namen CW Leo am bekanntesten. Diese Abkürzung steht für den Kohlenstoff-Stern in seinem Zentrum.

CW Leo = IRC +10216 ist ein Pulsationsveränderlicher; die Periode beträgt 651, nach neueren Quellen eher 667-678 Tage. Der Lichtwechsel findet gewöhnlich zwischen 13^m5 und 15^m5 statt, womöglich gibt es auch noch eine übergeordnete Variation von 2^m über 15 Jahre. Aufgrund der roten Farbe sind die Helligkeitsangaben unsicher, einige Quellen nennen 17^m6 oder sogar nur 19^m2 im visuellen Spektralbereich. Gaia gibt 16^m8.

CW Leo ist ein Riesenstern, sein Radius beträgt fast das Doppelte des Erdbahnradius. Auch die Leuchtkraft ist mit dem 6000- bis 16.000-Fachen der Sonne enorm. Die Oberflächentemperatur beträgt jedoch nur kühle 2750K,

IRAS 09452+1330 im UV-Licht mit EGB 6 (links oben). Galex, NASA/JPL-Caltech

was ihn zu einem tiefroten Objekt macht. Der Stern hat damit begonnen, sich seiner Hüllen zu entledigen, von ursprünglich 3 bis 5 Sonnenmassen wird er seine Masse auf nur noch 0,7 bis 0,9 Sonnenmassen reduzieren, wenn der Prozess mit der Bildung eines Weißen Zwergs enden wird.

Dharmawardena et al. bezeichnen CW Leo als »archetypischen kohlenstoffreichen Pulsationsveränderlichen mit einer sphärischen Hülle von fast konstanter Geschwindigkeit«. Der Stern selbst ist aufgrund der Staubhülle so schwach im visuellen Licht, im nahen infraroten Spektralbereich gehört er dagegen zu den hellsten Quellen überhaupt; Sozetti et al. nennen ihn bei einer Wellenlänge von 5 µm »das hellste extrasolare Objekt am Himmel«. CW Leo ist der uns nächste Kohlenstoffstern. Er ist außerdem wahrscheinlich doppelt und besitzt einen Begleiter von 1 Sonnenmasse, die Umlaufszeit beträgt 130 Jahre.

CW Leo verliert jedes Jahr 0,02% der Sonnenmasse. Der kohlenstoffreiche Nebel, der mindestens seit 69.000 Jahren besteht, hat bereits 1,4 Sonnenmassen vom Stern aufgenommen. Im Ruß des Nebels wurden über 50 chemische Verbindungen nachgewiesen, darunter Kohlenstoffketten mit bis zu neun Kohlenstoffatomen. Decin et al. untersuchten die Morphologie des Nebels. Sie beschreiben eine bipolare Struktur in PW 8° bis 22° vom Zentralstern. Dieser ist umgeben von einer optisch dicken Scheibe oder einem Torus aus Staub in Kantenlage. Die äußeren Bereiche des Nebels zeigen konzentrische Ringe oder Bögen mit einer typischen Breite von 1,6", getrennt von 3" bis 20" breiten Zwischenräumen. Dies korresponiert mit einem zeitlichen Abstand von 150 bis 1000 Jahren, in dem sie vom Zentralstern ausgestoßen wurden. Sie lassen sich bis zu einem Abstand von 320" nach außen verfolgen. Bei 450" vom Zentralstern existiert eine Schockfront zum umgebenden interstellaren Medium. Decin et al. schließen aus den Strukturen auf einen Begleiter, der noch nicht die Hauptreihe im Hertzsprung-Russell-Diagramm verlassen hat, 20 bis 25 AE vom Zentralstern entfernt ist und eine Umlaufszeit von 55 Jahren besitzt.

CW Leo hat noch eine weitere Besonderheit. Der Stern weist eine hohe Eigenbewegung von 33 Millibogensekunden pro Jahr nach Westen auf. Er bewegt sich mit einer Geschwindigkeit von 91 km/s durch den Raum und erzeugt dabei eine Schockfront aus heißem Gas, die im UV-Licht nachgewiesen werden kann. Die Gasblase erreicht einen Durchmesser von 2,7 Lichtjahren. CW Leo gilt deshalb als »Runaway«-Stern, also als kinematischer Ausreißer aus einer anderen kosmischen Umgebung, der wahrscheinlich durch gravitative Effekte auf seine jetzige Bahn geraten ist.

IRAS 09452+1330 wurde 1969 von einer Forschergruppe um Eric Becklin entdeckt, die Infrarot-Beobachtungen mit dem 62" Infrarot-Teleskop des Caltech am Mount Wilson bearbeitete. Nach Aufnahmen mit dem 200"-Hale-Reflektor beschrieben es die Entdecker als »ausgedehntes elliptisches Objekt mit großer und kleiner Achse von 6" und 4".« Der Nebel ist auch als Galaxie PGC 1427054 missklassifiziert.

Visuell ist der Nebel um CW Leo eine harte Nuss. Nebelfilter helfen nicht, denn es handelt sich um reflektiertes Licht. Der Autor konnte den Nebel mit 16" Öffnung nicht erkennen. Der deutsche Beobachter Reiner Vogel beschrieb mit 22" Öffnung eine »sehr schwache, runde und diffuse Aufhellung etwa in der Mitte und nach außen versetzt an einer Seite eines gleichseitigen Sternen-Dreiecks. Mit indirektem Sehen konnte er an einem der Abende relativ gut gehalten werden, an einem anderen Abend bei mäßiger Transparenz war er nur blickweise zu sehen. Bei 350× war der Nebelfleck immer noch zu sehen, jedoch etwas schwieriger zu halten. Der tiefrote Zentralstern konnte erwartungsgemäß nicht beobachtet werden. Ein schwacher Stern befindet sich jedoch direkt südlich des Nebels.«

Leo Ellis-Grayson-Bond 6

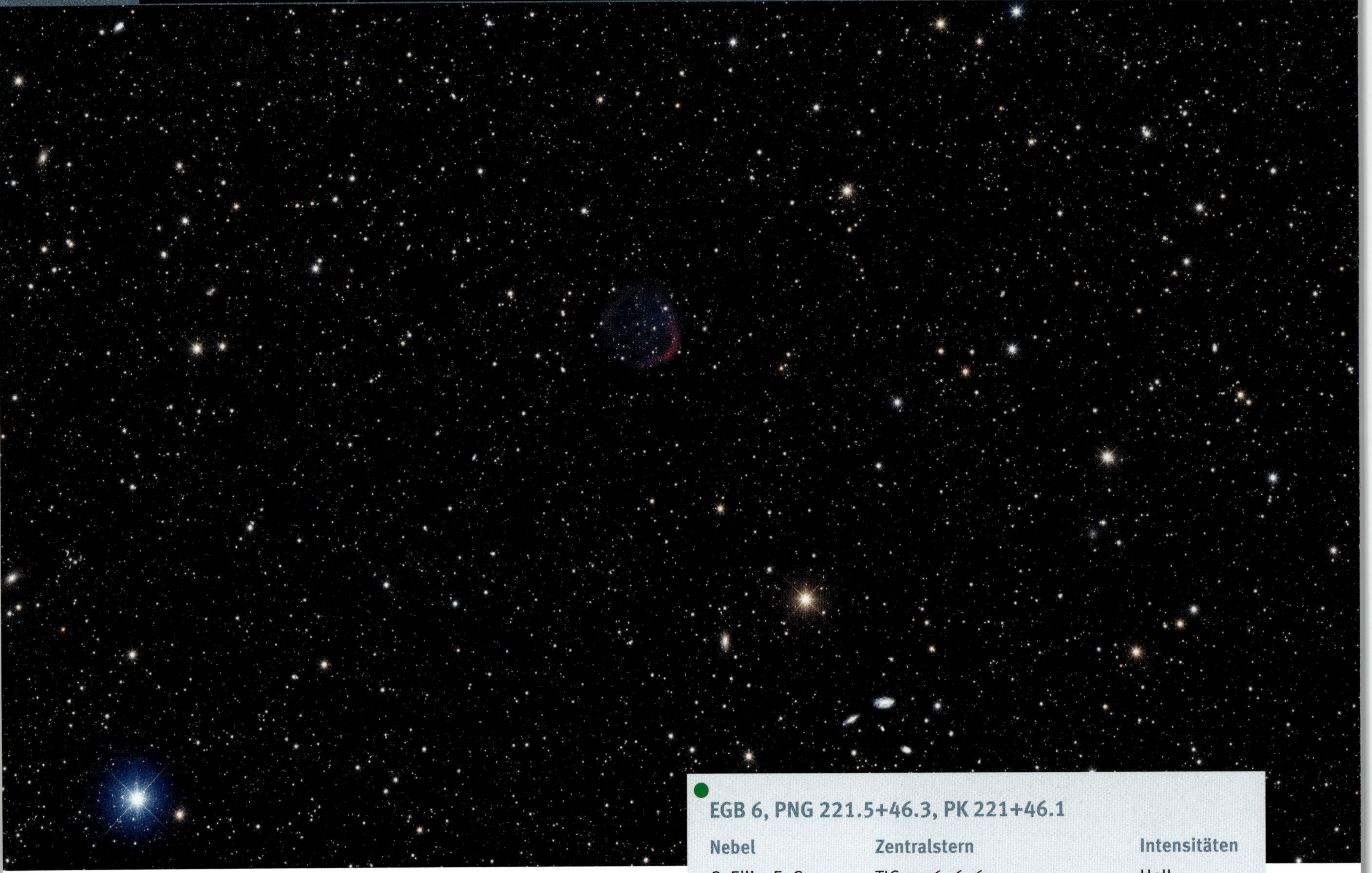

Ellis-Grayson-Bond 6. Adam Block

EGB 6, PNG 221.5+46.3, PK 221+46.1

Nebel	Zentralstern	Intensitäten	
G. Ellis, E. Grayson, H. Bond	TIC 337696467	HeII	–
1982	09:53:00.5	Hβ	100
780 × 660"	+13:44:46.90	[OIII]	751
10^m4	16^m0_{vis}	Hα	353
isDSA/G 47-16	DAO	[NII]	–
	2450 Lj (Gaia EDR3)	[SII]	

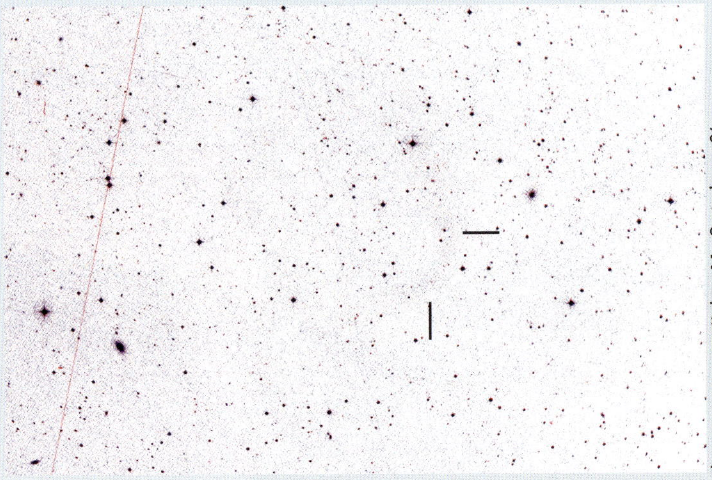

kontrastverstärkt, Maßstab 50%

Ellis-Grayson-Bond 6 bezieht sich auf Glenn L. Ellis, Earl T. Grayson und Howard E. Bond. Wie viele andere Forscher auch suchten sie in den 1980er Jahren auf dem POSS nach bis dato unbekannten Planetarischen Nebeln. Ellis, Grayson und Bond hatten es auf große und besonders lichtschwache Objekte abgesehen. »Jeder POSS-Ausdruck wurde für mehrere Minuten im Abstand einer ausgestreckten Hand untersucht, ohne jedes optisches Hilfsmittel, mit dem Ziel Objekte mit einer derart schwachen Flächenhelligkeit zu erkennen dass sie bei der geringsten Vergrößerung unsichtbar wären.« EGB 6 beschrieben die Entdecker als »nahezu kreisförmigen Nebel von extrem geringer Flächenhelligkeit, nur der äußere Rand ist auf dem POSS sichtbar. Der Zentralstern ist extrem blau.« Die originale Bezeichnung war 0950+13, die Größe wurde mit 13 × 11' angegeben.

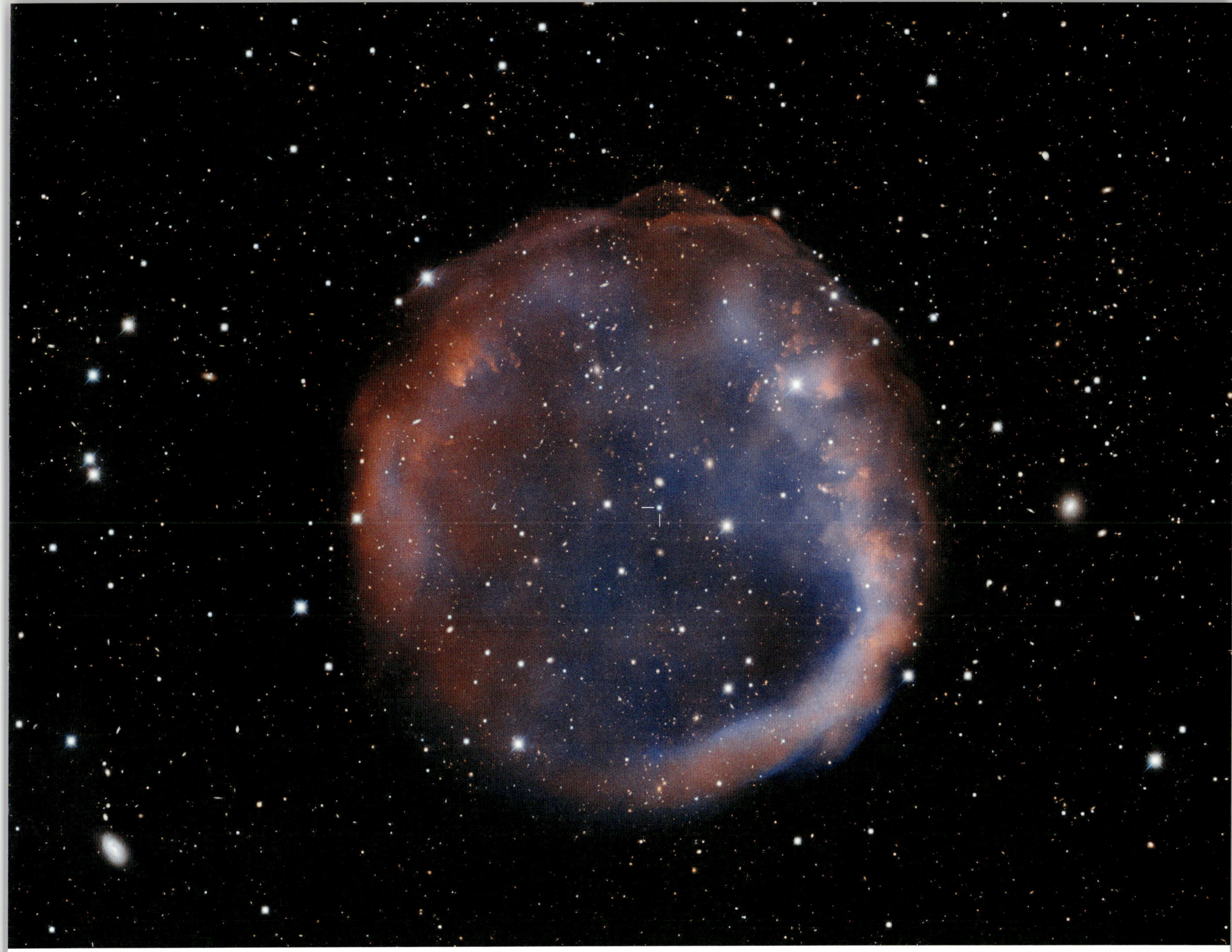

Ellis-Grayson-Bond 6. KPNO/NOIRLab/NSF/AURA, Bearbeitung: T.A. Rector (University of Alaska Anchorage/NSF's NOIRLab), M. Zamani, D. de Martin

Bekanntheit erlangte EGB 6 in fachastronomischen Kreisen aber weniger wegen seiner Größe, sondern den Eigenschaften seines Zentralsterns TIC 337696467. Er ist der Prototyp einer seltenen Klasse, die mit dichten kompakten Emissionsknoten in Verbindung stehen. Bond et al. fanden 2013 einen solchen kompakten Nebel 0,16" vom Zentralstern von EGB 6 entfernt. Dopita und Liebert beschrieben diesen Knoten als 30 AE groß mit sonnenähnlichen Elementhäufigkeiten. Sie waren der Meinung, dass es sich um eine proto-planetare Akkretionsscheibe handelt, also ein Sonnensystem in der Entstehung, das mit dem Sternwind des heißen Zentralsterns interagiert. Bond et al. lieferten 2016 eine ähnliche Theorie: Danach hat sich der heutige Zentralstern aus einem zunächst weiten Doppelstern entwickelt, wobei der Sternwind in der asymptotischen Riesenphase in der Akkretionsscheibe eines Begleiters eingefangen wurde; ein Teil davon hat sich bis heute erhalten. Tatsächlich wurde inzwischen ein Stern des Spektraltyps M innerhalb des Knotens identifiziert. Werner et al. nennen für die Zentralstern-Komponente 0,58 Sonnenmassen und geben eine Temperatur von 105.000K. Nach den Autoren hat der Nebel ein Alter von 4000 Jahren, Bond et al. sprachen dagegen von einem »sehr alten« Planetarischen Nebel. Hα und [OIII] dominieren das Nebelspektrum – gut für Astrofotografen und visuelle Beobachter. Für letztere ist der äußerst schwache Nebel aber kein leichtes Ziel; sehr dunkler Himmel ist für eine Sichtung erforderlich, und ohne [OIII]-Filter geht nichts. Uwe Glahn berichtet von einer Beobachtung mit einem 8"-Newton bei 31×; er konnte eine große runde Aufhellung sehen, die an der Westseite besser definiert ist. Mit größeren Öffnungen kann die Ringform andeutungsweise gesehen werden. Allerdings muss man aufpassen, den sehr großen Nebel noch mit genügend Umfeld im Gesichtsfeld erfassen zu können. Der Autor war nach zahlreichen vergeblichen Anläufen mit 16" Öffnung letztlich erfolgreich.

Vel

Longmore 4

Lo 4, PNG 274.3+09.1, ESO 263-2, PK 274+9.1

Nebel	Zentralstern	Intensitäten	
A. Longmore	LV Vel = WD 1003–441	HeII	92
1976	10:05:45.8	Hβ	100
	–44:21:33.26	[OIII]	310
42 × 39"	$16^{m}6_{Gaia}$	Hα	286
$16^{m}1$	sdO	[NII]	–
isDSA/G –	9870 Lj (Gaia EDR3)	[SII]	

Longmore 4 hat einen besonderen Zentralstern. LV Vel = WD 1003-441 ist ein Pulsationsveränderlicher, die Periode beträgt ca. 30 Minuten, die Amplitude etwa $0^{m}1$. Werner et al. berichteten von einem »dramatischen Wechsel« seines Spektraltyps 1991/2 von einem Weißen Zwerg mit PG1159-Charakteristik zu einem Wolf-Rayet-artigen Stern. Sie erklären diesen abrupten Wechsel durch ein Massenverlust-Ereignis. Zwischen 2003 und 2012 wurden vier weitere solche Ereignisse beobachtet. Der Nebel selbst zeigt eine komplexe Struktur mit einem »röhrenartigen Erscheinungsbild«, wie Andrew Longmore, der Entdecker, 1976 schrieb. Er fand den Nebel auf Aufnahmen mit dem 48" UK Schmidt am Siding Spring Observatory in Australien. Eine unabhängige Entdeckung gelang Holmberg et al. 1979 bei der Erstellung des ESO-Katalogs. Es sind keine visuellen Beobachtungen bekannt.

Longmore 4. Richard Hennig

Car

Henize 2-41

He 2-41, PNG 286.0-06.5, Wray 16-66, ESO 92-11, Sa 2-54, PK 286-6.1

Nebel	Zentralstern	Intensitäten	
J. Wray	TIC 375591913	HeII	–
1966	10:07:23.6	Hβ	100
	–63:54:30.06	[OIII]	982
4 × 3,5"	$15^{m}5_{Gaia}$	Hα	478
$13^{m}6$	–	[NII]	80
isDSA/G 104	14.500 Lj (2010)	[SII]	3

Henize 2-41 wurde nahezu parallel von James D. Wray 1966 und Karl Henize 1967 berichtet. Ersterer griff auf Aufnahmen von Henize zurück, die dieser in den Jahren 1949 bis 1951 hatte anfertigen lassen.

Der Nebel ist winzig und misst nur 4 × 3,5". Erst mit der Auflösungskraft des Hubble-Weltraumteleskops konnte die faszinierende bipolare Struktur des Objekts offenbart werden. Leider gibt es nur sehr wenige Informationen zu diesem Objekt, fachastronomisch ist He 2-41 kaum untersucht. Der Zentralstern TIC 375591913 besitzt eine Helligkeit von $15^{m}5$. Zwar erfasste Gaia diesen Stern, war aber nicht in der Lage, eine Parallaxe zu messen. Ältere Entfernungsschätzungen gehen von etwa 15.000 Lichtjahren aus.

Hα und [OIII] sind die stärksten Linien im Spektrum. Es sind keine visuellen Beobachtungen bekannt.

Henize 2-41, Hubble Space Telescope. ESA/Hubble, NASA, S. Hendrix

Eight Burst Nebula, Southern Ring Nebula **NGC 3132** Vel

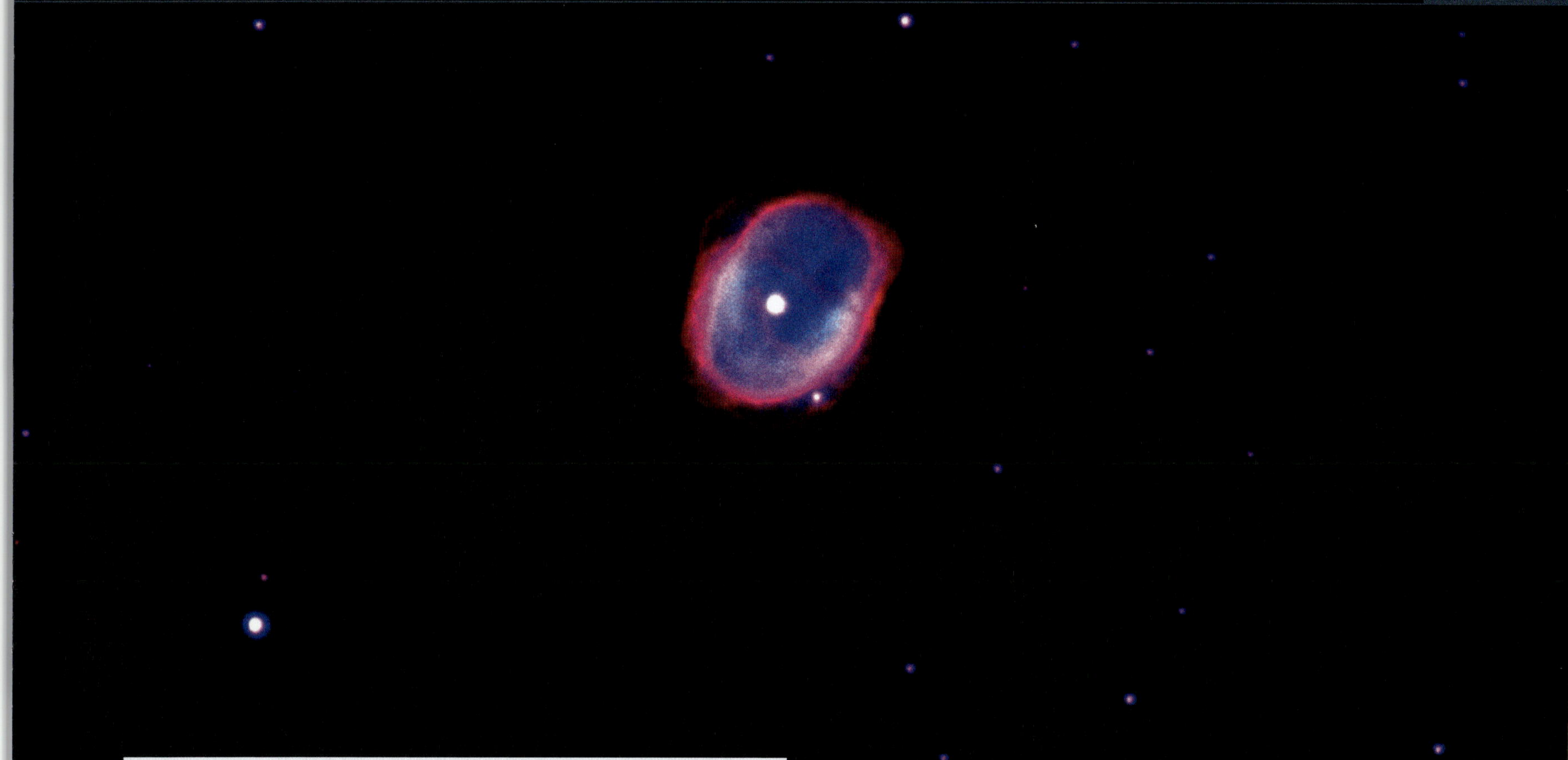

NGC 3132, PNG 272.1+12.3, He 2-40, Sa 2-53, VV 54, ESO 316-27, Wray 15-501, PK 272+12.1

Nebel	Zentralstern	Intensitäten	
J. Herschel	HD 87892	HeII	5
2.3.1835	10:07:01.67	Hβ	100
	−40:26:12.2	[OIII]	1021
62 × 43"	$10^{m}0_{vis}$, $10^{m}0_{Gaia}$	Hα	319
$9^{m}7$	(A2)	[NII]	393
isDSA/G 94-2	2470 Lj (Gaia EDR3)	[SII]	32

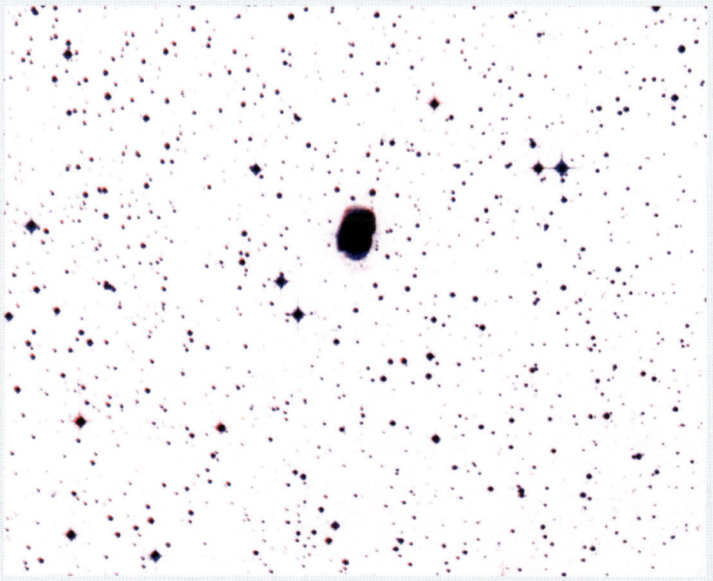

NGC 3132. ESO

Historie

John Herschel fand NGC 3132 am 2. März 1835 »ein sehr außergewöhnliches Objekt«: »Planetarischer Nebel, sehr groß, sehr hell, elliptisch; in seinem Inneren ein 9^{m}-Stern etwas exzentrisch. Sein Licht ist exakt gleichmäßig, d.h. nicht ansteigend zur Mitte; aber ich kann nicht umhin mir vorzustellen, dass es eng gepunktet ist. In manchen Umständen des Spiegels und der Atmosphäre wirkt es wie ein unfokussierter Stern.«

William Lassell konnte den Nebel von seinem Standort in Malta ebenfalls sehen und bemerkte eine »beträchtliche Ähnlichkeit dieses Objekts zu dem Ringnebel in der Leier«. Er sah auch den schwachen Stern am Südrand des Nebels.

NGC 3132, Hubble Space Telescope. ESA/Hubble, NASA, Judy Schmidt

NGC 3132. Chart 32

Astrophysik

Der scheinbare Zentralstern HD 87892 wirkt mit seiner Helligkeit von $10^{m}0$ überzeugend, besitzt aber mit dem Spektraltyp A nicht genügend Kraft, um den Nebel zu ionisieren. Kohoutek und Laustsen postulierten deshalb schon 1977, dass ein Begleiter der eigentliche Zentralstern sein müsse. Aufnahmen mit dem Hubble-Weltraumteleskop zeigten den Begleiter direkt: Er steht 1,7" südwestlich des Hauptsterns, besitzt nur eine Helligkeit von $16^{m}1$, aber eine für die Erzeugung des PN ausreichende Oberflächentemperatur von 105.000K. Die Masse entspricht 0,7 Sonnen, während der helle Stern die 2,5-fache Masse unserer Sonne besitzt.

Nach Sahai et al. ist die Doppelnatur der beiden Sterne nach den Gaia-Daten evident, die Separation beträgt 1277 AE, andere Quellen nennen 1310 AE oder 1916 AE. Der Positionswinkel hat sich seit der ersten Aufnahme des Hubble-Teleskops 1995 um 0,24° geändert, während sich der Abstand um 2,7 Millibogensekunden vergrößert hat. Die Umlaufszeit wird mit 25.000 Jahren angegeben.

Ist sogar noch ein dritter Stern im Spiel? Sahai et al. stellen diese Frage, denn dies wäre ein plausibles Entwicklungsszenario das die spektakulären Massenauswürfe erklären könnte, die zum heute beobachteten multipolaren Nebel führten. Danach würde ein sehr viel engerer Begleiter des Zentralsterns in einem Dreiersystem zunächst stabil sein, solange sich die Sterne auf der Hauptreihe im Hertzsprung-Russell-Diagramm befinden. Später könnte es jedoch zu einer Interaktion des inneren Paars kommen, was zum Verlust der äußeren Schichten des Zentralsterns geführt hätte. Dessen Massenverlust würde wiederum zu einer Vergrößerung des Abstands mit dem A-Stern führen, was die heute beobachtete große Distanz erklären würde. Tatsächlich ist auf den HST-Bildern noch ein weiteres Sternchen in ähnlicher Distanz zum A-Stern wie der Zentralstern zu erkennen. Dieses würde jedoch nicht zum Szenario von Sahai et al. passen.

Monteiro et al. betrachteten die Morphologie des Nebels. Danach ist dieser kein Ellipsoid, sondern zeigt eigentlich eine bipolare Form, die an ein Diabolo erinnert, ein Gerät für Jo-Jo-Spiele, das entfernt einem Apfelbutzen oder einer Hantel ähnlich sieht. NGC 3132 zeigt morphologisch klare spektrale Unterschiede. Im Inneren dominiert [OIII]-Emission, während der Außenrand und die Bereiche außerhalb des Rings $H\alpha$ und [NII] zeigen. NGC 3132 ist darüber hinaus auch im UV-, IR- und Radiobereich ein deutliches Objekt. Besonders eindrucksvoll zeigt dies eine Aufnahme des James-Webb-Teleskops, das im nahen Infrarot arbeitet. Dort sind im Außenbereich radiale Strukturen zu erkennen – Licht des Zentralsterns, das durch Lücken im Ring dringt. Zusätzlich sind auch zahlreiche Hintergrund-Galaxien zu sehen, darunter eine eindrucksvolle Milchstraße in Kantenlage im Süden des Nebels.

NGC 3132. James Webb Telescope, NASA, ESA, CSA, STScI

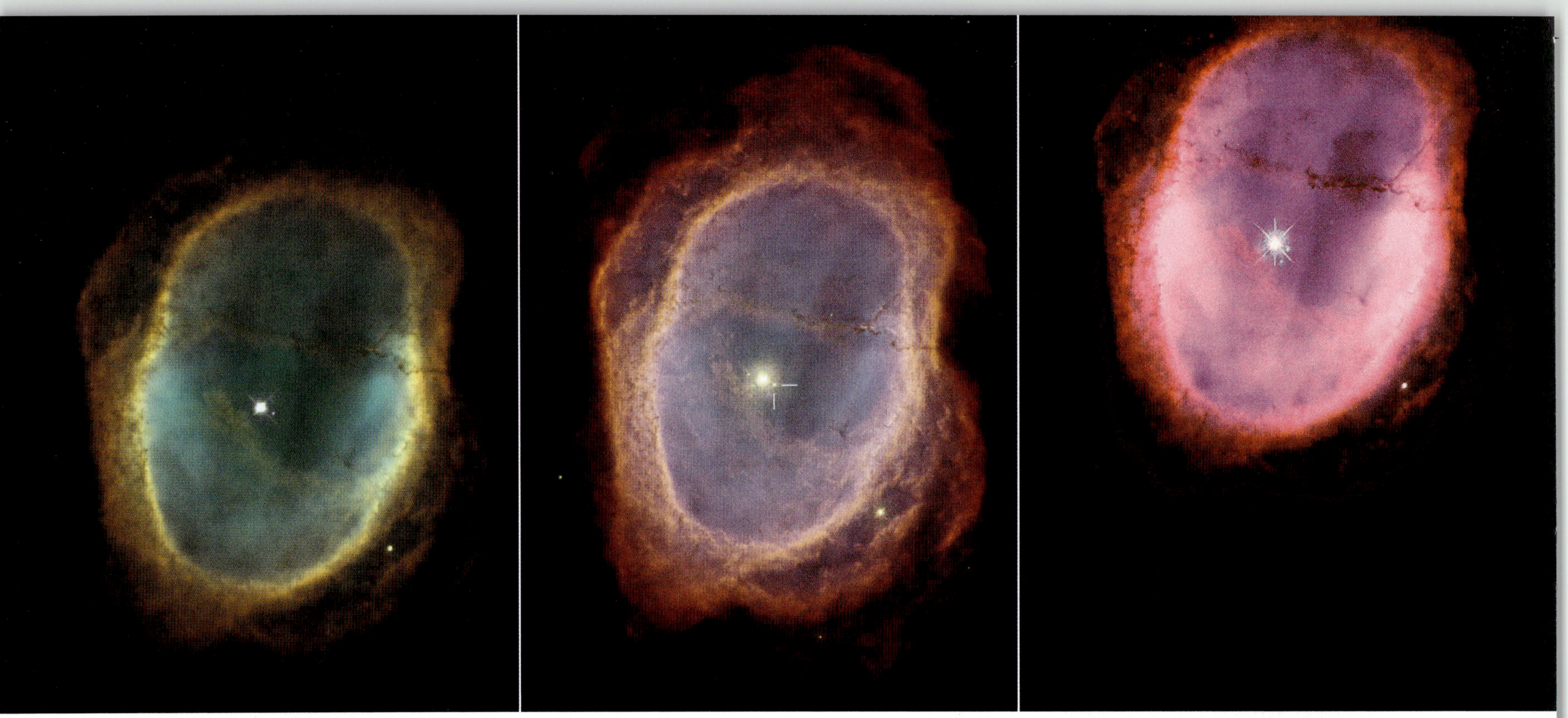

NGC 3132, Hubble Space Telescope. Hubble Heritage Team (STScI/AURA/NASA/ESA)(links). ESA/Hubble, NASA, Judy Schmidt (Mitte). Mike Herbaut & the ESA/ESO/NASA Photoshop FITS Liberator (rechts).

Beobachtung

NGC 3132 ist einer der populärsten Planetarischen Nebel des Südhimmels und als Caldwell 74 in der Liste von Patrick Moore enthalten. Stellar ist der Nebel schon in 50mm-Ferngläsern zu sehen. 20×100-Großbinokulare zeigen eine winzige tiefblaue Scheibe. Diese bleibt in größeren Optiken mit niedrigen Vergrößerungen erhalten.

Die Ringstruktur und der Zentralstern ist schon mit kleinen Teleskopen zu erkennen. Je mehr Auflösungskraft und Lichtsammelleistung zur Verfügung steht, desto besser ist die Unregelmäßigkeit der Form und des Umrisses erkennbar. Mit 20" sieht es so aus, als sei der Südrand doppelt. Dort ist auch der zweite Stern zu sehen. Das Nebelinnere ist hell gefüllt.

Mit 24" Öffnung entsteht der Eindruck, der Nebel sei aus zwei miteinander verschmolzenen Halbschalen zusammengesetzt. Die Ränder verstärken sich mit dem Einsatz eines [OIII]-Filters noch. Nach Steve Gottlieb schien der Nebel mit 48" sogar eine rechteckige Form anzunehmen.

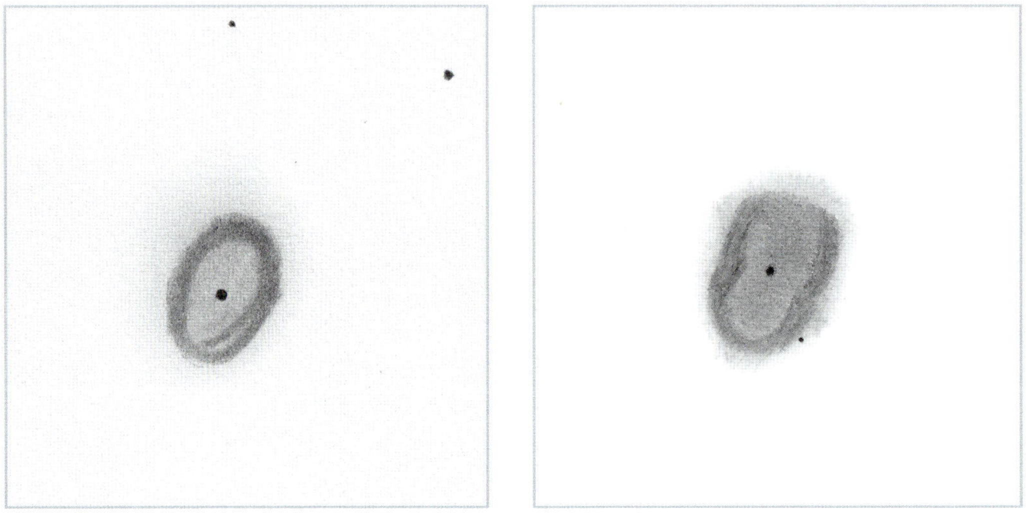

NGC 3132, 20" Öffnung, 278×, $21^{m}8$ SQM (links), 24", 416×, $21^{m}7$ SQM (rechts). Ronald Stoyan

NGC 3195

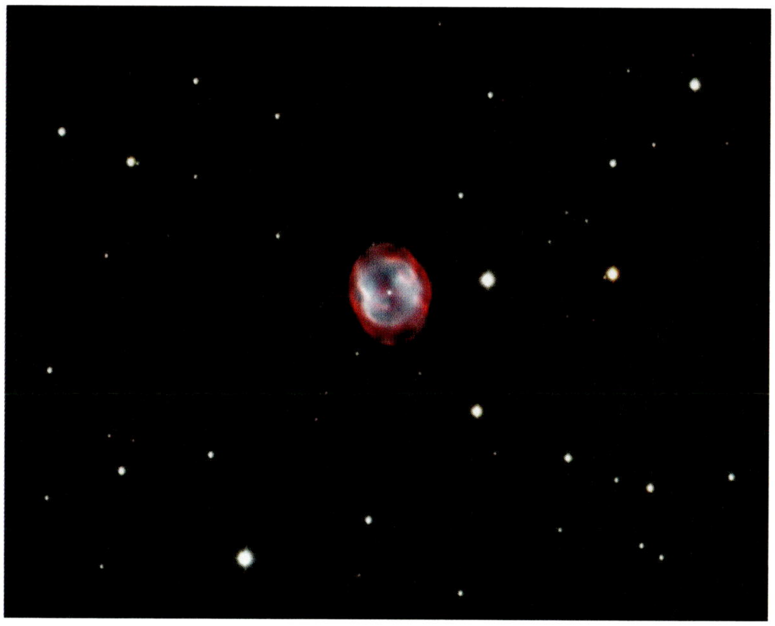

NGC 3195. Chart 32

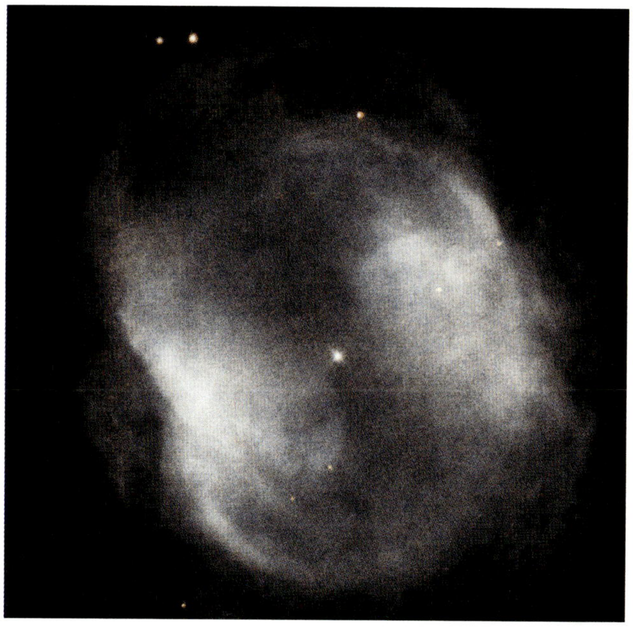

NGC 3195. Hubble Space Telescope, NASA, ESA

NGC 3195, PNG 296.6-20.0, ESO 19-2, He 2-44, Sa 2-57, My 56, PK 296-20.1

Nebel	Zentralstern	Intensitäten	
J. Herschel	GSC2 S1103221122	HeII	21
24.2.1835	10:09:20.84	Hβ	100
	−80:51:30.3	[OIII]	755
43 × 36"	15^m3_{vis}, 17^m7_{Gaia}	Hα	377
11^m5	–	[NII]	358
isDSA/G 111-3	8840 Lj (Gaia EDR3)	[SII]	42

NGC 3195 wurde am 24. Februar 1835 von John Herschel entdeckt. Er notierte: »Lang angesehen mit großer Aufmerksamkeit, ein sehr bemerkenswertes Objekt. Ich bin sicher, dass zwei hellere Teile nahe den Rändern existieren.«

Die Quellenlage ist dürftig zu diesem Planetarischen Nebel. Evans und Thackeray berichteten »einen ovalen Nebel mit Zentralstern. Es gibt zwei Sektoren mit großer Helligkeit im Osten und Westen des Ovals, und schwache Ausläufer in der Form eines Rings nach Norden und Süden.« Die Morphologie zeigt also klar bipolare Aspekte, gleichzeitig aber auch eine mehrschalige Struktur. Der Nebel ist hoch angeregt, entsprechend sind [NII], Hα und [OIII] die stärksten Linien. Auch im Infrarot- und Radiobereich gibt es ein starkes Signal. Die Expansionsgeschwindigkeit liegt bei 40 km/s. Der Zentralstern besitzt eine visuelle Helligkeit von 15^m3, Gaia maß 17^m7. Der Satellit konnte auch die Entfernung mit fast 9000 Lichtjahren bestimmen.

NGC 3195 ist eines der Caldwell-Objekte, bei denen man sich fragt warum sie Patrick Moore in seine Liste aufgenommen hat (als letztes Objekt Nr. 109). Zwar sollte der Nebel ab 4" Öffnung sichtbar sein und wurde mit 6" als Scheibchen dokumentiert, aber innere Strukturen sind auch mit deutlich größeren Geräten nur sehr schwer zu erkennen. O'Meara berichtete eine Sichtung des Zentralsterns mit 20".

Ein Stern der Helligkeit 11^m8 steht nur 42" westlich, die Galaxie NGC 3149 30' nördlich des Nebels.

IC 2553

IC 2553 ist ein selten beobachteter und fotografierter Planetarischer Nebel im Sternbild Carina, etwa 2,5° südlich des hellen Offenen Sternhaufens NGC 3114. Der Planetarische Nebel NGC 3211 steht ca. 1° östlich. Entdeckt wurde er 1893 von Williamina Fleming.

Corradi et al. beschreiben eine dreischalige Struktur:

- innere Schale 6"
- äußere Schale 10"
- Halo 90"

Nach anderen Quellen misst der helle, eher rechteckige Zentralteil 9 × 4" bzw. 11,5 × 7,4". Es weist zwei bipolare Ausläufer entlang seiner kurzen Achse auf.

Während der innere Bereich zu den Rändern heller wird, was auf seine Natur als vom Sternwind des Zentralsterns erzeugte Nebelblase hindeutet, nimmt die Helligkeit der äußeren Schale rapide ab. Im [NII]-Licht ist dieser Bereich von zahlreichen niedrig angeregten Knoten geprägt, von denen sich einige bipolar auf den Zentralstern ausrichten. Nach Norden erstreckt sich zudem eine ebenfalls niedrig ionisierte Struktur von etwa 4" Länge. Corradi et al. interpretieren diese als Ausdruck der unterschiedlichen Expansionsgeschwindigkeiten, die entlang der großen Achse mit 50 km/s fast doppelt so groß sind wie senkrecht dazu. Das Alter des Nebels wird mit etwa 2000 Jahren angegeben, worauf auch die hohe Anregung mit viel [OIII]-Emission hindeutet. Der Halo ist schon 64.000 Jahre alt. Der Zentralstern HD 88367 besitzt $16^{m}2$ und ist nur schwer vom hellen Nebelinneren zu trennen.

Der helle PN ist nicht schwer zu beobachten und schon mit kleineren Öffnungen stellar zu erkennen. Der Autor konnte mit 11" Öffnung ein winziges elongiertes Scheibchen erkennen, das deutlich blau erschien. Steve Gottlieb sah mit einem 18"-Teleskop eine kleine elongierte blaue Scheibe. Uwe Glahn war mit 28" Öffnung auf dem Gamsberg in Namibia in der Lage, bei über 1000-facher Vergrößerung das komplexe Innere des Nebels aufzuschließen. Visuelle Beobachtungen des Halos sind aktuell nicht bekannt.

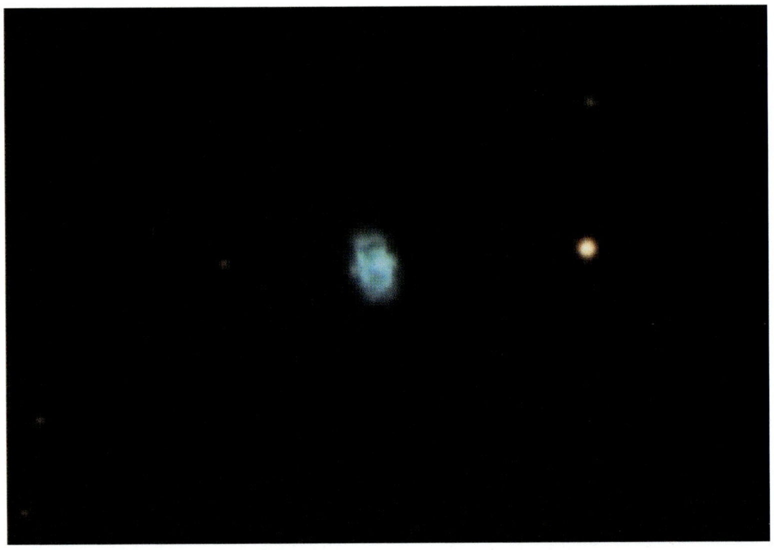

IC 2553. John Hothersall

IC 2553, PNG 285.4-05.3, ESO 127-10, He 2-42, Sa 2-55, VV 55, Wray 16-67, PK 285-5.1

Nebel	Zentralstern	Intensitäten	
W. Fleming	HD 88367	HeII	22
1893	10:09:20.9	Hβ	100
	−62:36:48.42	[OIII]	1317
11 × 7"	$16^{m}2_{Gaia}$	Hα	401
$10^{m}4$	–	[NII]	53
isDSA/G 104-25	12.200 Lj (Gaia EDR3)	[SII]	5

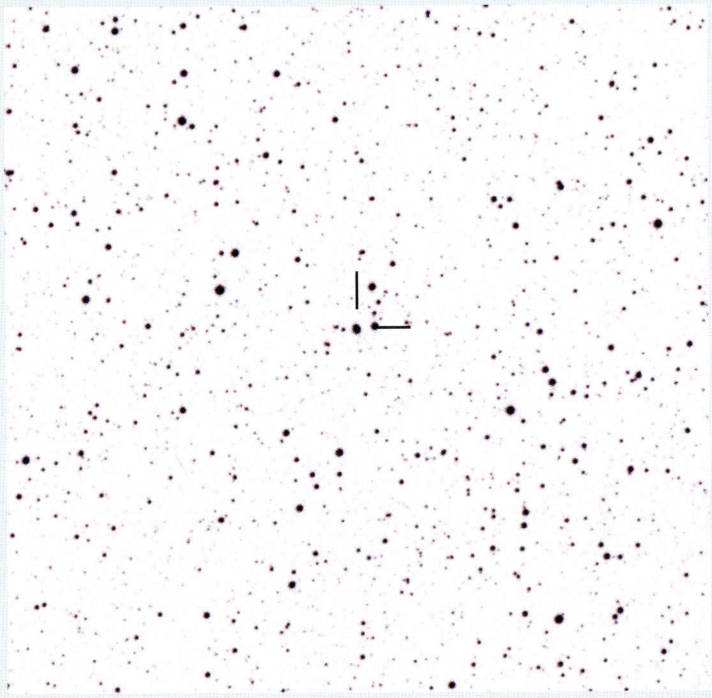

NGC 3211

Car

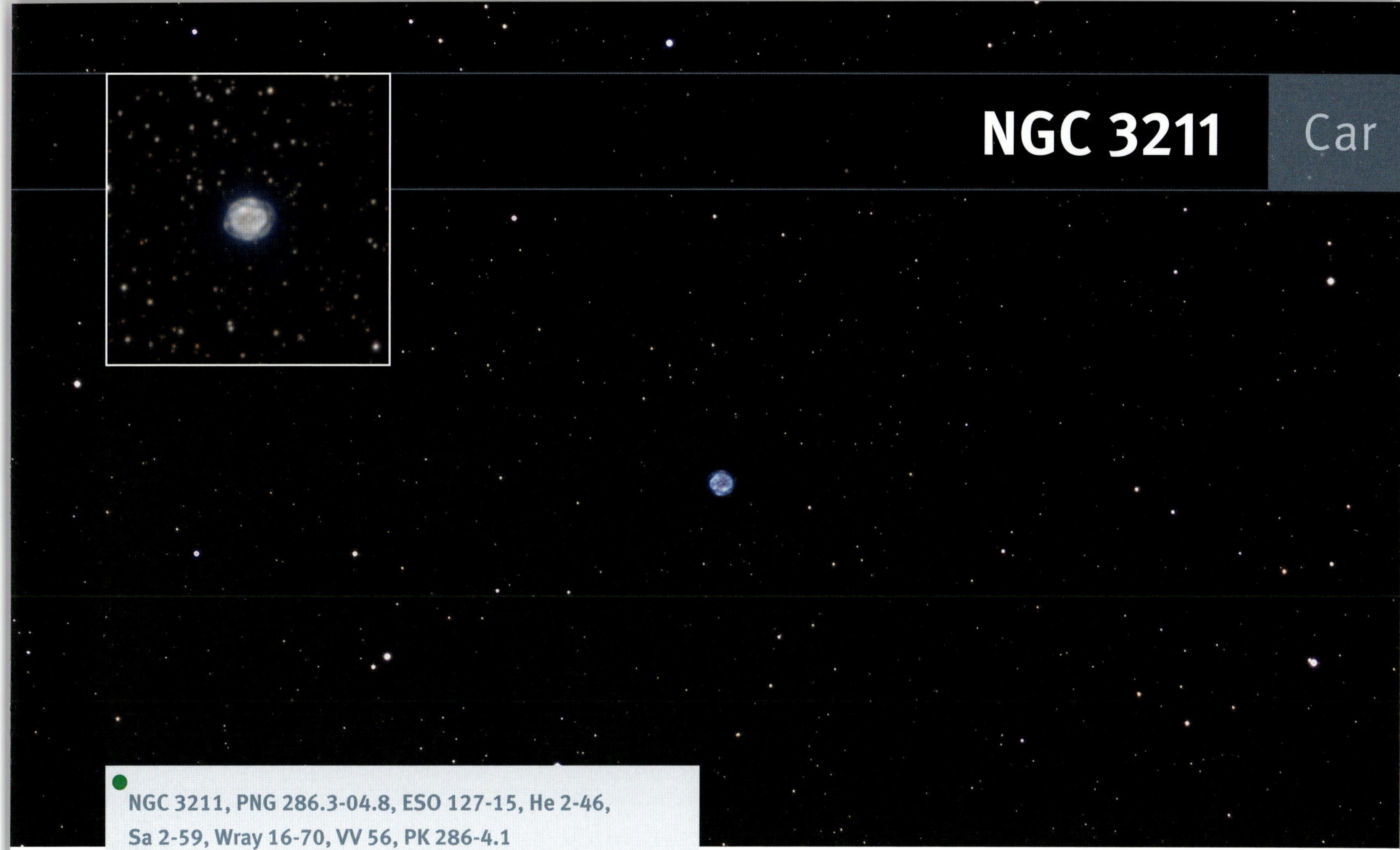

NGC 3211, PNG 286.3-04.8, ESO 127-15, He 2-46, Sa 2-59, Wray 16-70, VV 56, PK 286-4.1

Nebel	Zentralstern	Intensitäten	
J. Herschel	HD 89516	Hell	80
7.3.1837	10:17:50.3	Hβ	100
	−62:40:14.45	[OIII]	1674
17"	15^m5_{vis}, 16^m9_{Gaia}	Hα	363
10^m7	–	[NII]	24
isDSA/G 104-24	11.700 Lj (Gaia DR2)	[SII]	4

NGC 3211. Chart 32 (oben), New Technology Telescope, S. Hendrix (Inset)

NGC 3211 steht nur 1° östlich von IC 2553. John Herschel entdeckte den Nebel am 7. März 1837 und beschrieb ihn als »zart, exakt rund, entspricht dem Licht eines Sterns von 10. Größe, etwas schwach an den Rändern, weiß und bei 320× ziemlich verschwommen«.

Die Form ist ringförmig, wobei auf tiefen Aufnahmen eine Doppelschalen-Struktur zu erkennen ist (8" bzw. 16" Durchmesser). Der hoch angeregte Nebel ist relatv jung, das kinematische Alter geben Basurah et al. mit 3000 Jahren an, die Expansion mit 23 km/s. Im Spektrum dominieren [OIII] und Hα. Der Nebel strahlt auch im Infraroten.

Der Zentralstern HD 89516 ist in der Literatur mit verschiedenen visuellen Helligkeiten zwischen 15^m5 (Hynes) und 18^m0 (Frew) verzeichnet, Gaia ermittelte 16^m9. Die Temperatur beträgt hohe 145.000K (Basurah et al.), die ursprüngliche Masse des Vorgängersterns war 1,5 bis 2 Sonnenmassen.

Visuell ist in mittleren Öffnungen nur die innere Schale sichtbar. Der Autor konnte mit 11" Öffnung eine kleine Scheibe ohne weiteres Detail erkennen. Auch Kent Wallace beschrieb den Nebel so mit 8" Öffnung. Dagegen konnte Uwe Glahn mit 28" klar die Ringstruktur herausarbeiten.

Henize 3-401

Henize 3-401 wurde 1976 von Karl Henize gefunden, war aber schon 1966 von James Wray und im selben Jahr von Pik-Sin Thé entdeckt worden. Trotzdem wird heute Henizes Katalogname hauptsächlich verwendet.

He 3-401 ist ein Protoplanetarischer Nebel. Riera et al. beschreiben ihn als zeitlich in der Übergangsphase zwischen der AGB-Phase und der Entstehung eine neuen Planetarischen Nebels. Erst Aufnahmen des Hubble Space Telescope zeigten das spektakuläre Aussehen dieses Nebels, das den berühmteren Beispielen M 2-9 (Schmetterlingsnebel) und M 1-92 (Minkowskis Fußabdruck) ähnelt: Zwei bipolare Loben der jeweiligen Ausmaße 14 × 3" sind einem elliptischen Leuchten von 10 × 5" überlagert. Beide Nebelhälften teilt eine markante dunkle Struktur, die als äquatorialer Staubtorus um den Zentralstern interpretiert wird. Beide Loben weisen eine fassartige Struktur auf mit Längenverhältnissen von 1:7. Der östliche Teil ist heller um den Faktor 1,2. Beide sind an den Rändern heller und ihre Enden sind offen.

Hrvinak et al. nennen ein Alter von 1100 Jahren, wenn dies anhand der Expansion von 200 km/s in Richtung der Loben und 15,5 km/s senkrecht dazu berechnet wird. Dabei ist der östliche von uns weg gerichtet, während der westliche auf uns zeigt.

Der Zentralstern, dessen Helligkeit unbekannt ist – der von Simbad gegebene Wert von 12^m5 bezieht sich mit großer Sicherheit auf den gesamten Nebel – besitzt aktuell eine Temperatur von 20.000K; noch zu wenig, um einen umgebenden Nebel großflächig anzuregen. Dieser strahlt im reflektierten Licht des Sterns an dem von ihm zuvor ausgestoßenen Material. Staub spielt dabei eine große Rolle, was an der dunklen Teilungslinie deutlich abzulesen ist. Um den Zentralstern existiert eine zirkumstellare Staubscheibe, die zu der beobachteten parallelen Ausrichtung der beiden Loben beigetragen hat. Nur das Innere dieser Scheibe wird schon zur Fluoreszenz angeregt, wie Garcia-Lario et al. annehmen.

Es gibt kaum Amateurergebnisse zu diesem spektakulären, aber relativ kleinen Objekt tief am Südhimmel. Amateurfotos waren zum Zeitpunkt der Recherche nicht bekannt. Eine visuelle Sichtung wird von Uwe Glahn berichtet, der unter exzellenten Bedingungen auf dem namibischen Gamsberg mit einem 28"-Teleskop bei einer Vergrößerung von 891-fach in der Lage war, die dunkle Teilungslinie zwischen den beiden Loben zu erkennen.

Henize 3-401. Hubble Space Telescope, ESA/NASA

He 3-401, Tha 35-II-27, PNG 285.1-02.7, PK 285-2.2

Nebel	Zentralstern	Intensitäten	
J. Wray	GSC 08956–02606	HeII	
1966	10:19:32.5	Hβ	20
	–60:13:29.39	[OIII]	–
28 × 3"	(12^m5_{vis})	Hα	100
–	Be	[NII]	–
isDSA/G –	~10.000 Lj	[SII]	

Jupiters Geist NGC 3242 Hya

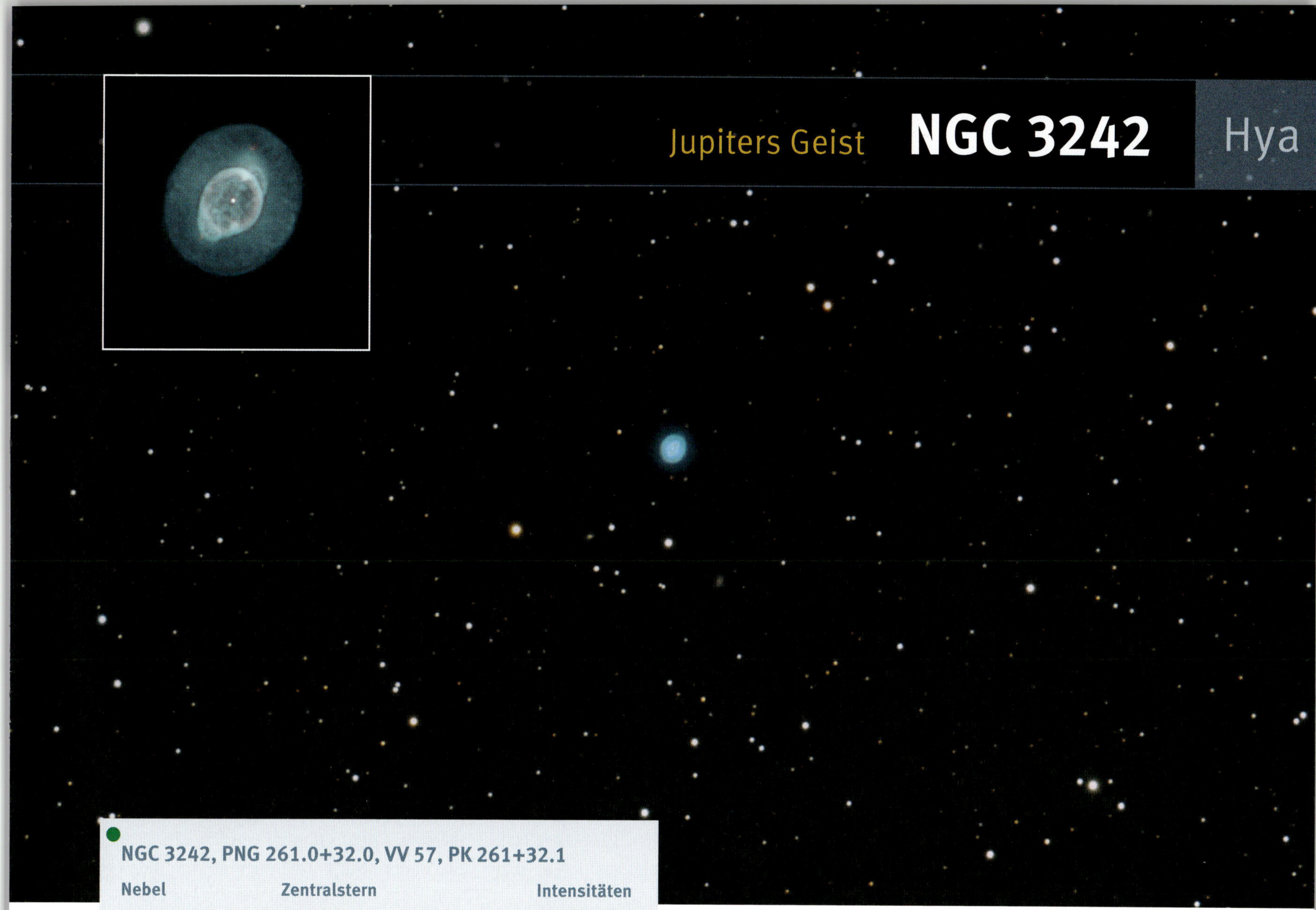

NGC 3242, PNG 261.0+32.0, VV 57, PK 261+32.1

Nebel	Zentralstern	Intensitäten	
W. Herschel	HD 90255	Hell	17
7.2.1785	10:24:46.1	Hβ	100
	−18:38:32.24	[OIII]	698
40 × 35"	12^m2_{vis}, 12^m2_{Gaia}	Hα	352
7^m3	SDo	[NII]	–
isDSA/G 70-3	4380 Lj (Gaia EDR3)	[SII]	0

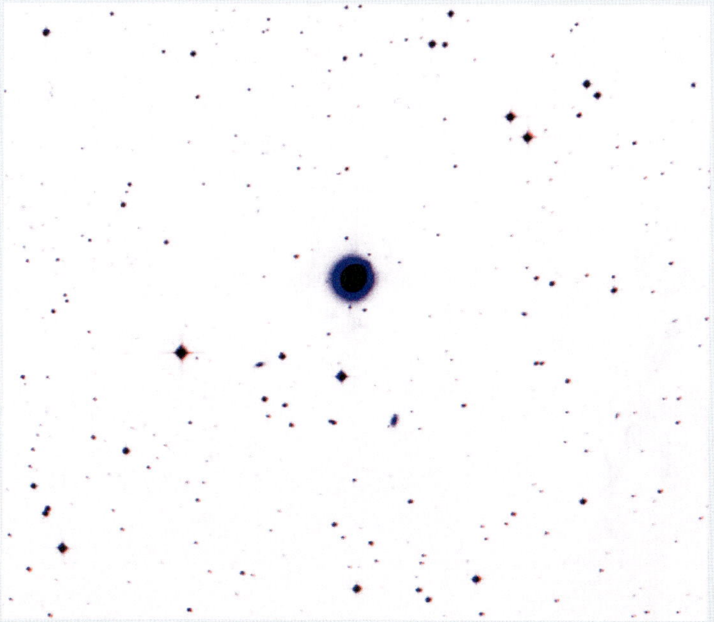

NGC 3242. Stefan Lilge (oben), Chart 32 (Inset)

Historie

Jupiters Geist ist einer der am frühesten entdeckten Planetarischen Nebel – Wilhelm Herschel fand ihn am 7. Februar 1785. Und er lieferte gleich die Erklärung für den heutigen Spitznamen mit, der in dieser Form aber erst 1978 in Burnham's Celestial Handbook auftaucht: »Schöne brillante planetarische Scheibe, schlecht begrenzt, aber einheitlich hell, das Licht von der Farbe Jupiters, 40" Durchmesser.« Herschel gab ihm die Nummer 27 in seiner Klasse IV »Planetarische Nebel«.

Sein Sohn John Herschel bezeichnete ihn als »eindeutig fahl blau«, William Lassell nannte die Farbe »leuchtendes Himmelsblau mit einem Touch fahles Grün«. William Smyth sah NGC 3242 im Jahr 1837 »fahl gräulich-weiß« und schrieb, an Herschel angelehnt: »Von seiner Größe, gleichem Licht und Farbe, ähnelt dieses schöne Objekt Jupiter.« Angelo Secchi schrieb Mitte des 19. Jahrhunderts: »Innerhalb eines runden Nebels zwei Haufen, verbunden durch zwei halbkreisförmige Bögen von Sternen, einen glitzernden

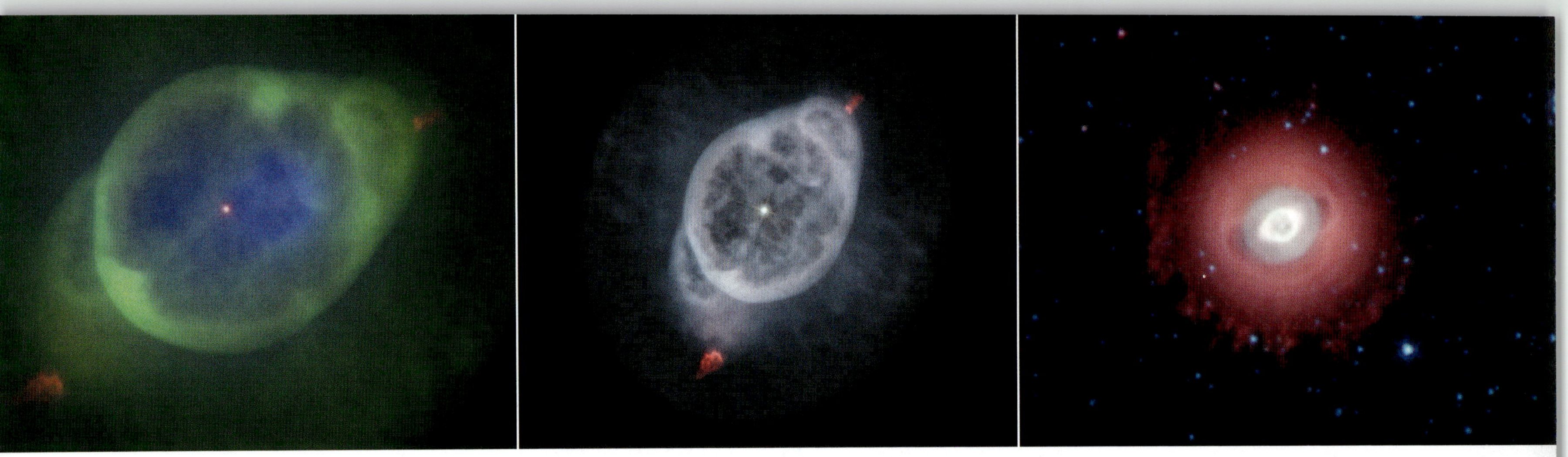

NGC 3242, Hubble Space Telescope. ESA/NASA, Judy Schmidt (links); Hubble Space Telescope + XMM Newton, ESA/XMM-Newton & Y.-H. Chu/R.A. Gruendl/M.A. Guerrero/N. Ruiz (X-ray); NASA/ESA Hubble Space Telescope & A. Hajian/B. Balick (optical)(Mitte). Spitzer Telescope, NASA/JPL-Caltech/Harvard-Smithsonian CfA (rechts)

Ring bildend, mit einem Stern auf dem nebligen Grund des Zentrums.« Erst später stellten sich diese Wahrnehmungen als Illusion heraus.

Astrophysik

NGC 3242 gilt als Musterbeispiel eines »Double-Shell-PN«, der gleichzeitig einen »Triple Halo« (Meaburn et al.) aufweist. Dazu kommt noch ein außergewöhnlich großer äußerer Halo, das größte bekannte Beispiel am Himmel. Es können also insgesamt 6 Schalen unterschieden werden:

- innere Schale 28 × 20"
- äußere Schale 46 × 40"
- Halo A, 50,5"
- Halo B, 109"
- Halo C, 192"
- äußerer Halo, 12,5' im Nordwesten

Nach Gomez-Muñoz et al. besitzt die innerste Schale nur ein kinematisches Alter von 1400 Jahren; hier stößt der heiße Sternwind des Zentralsterns auf die zuvor emittierte Materie und bildet eine Schockfront – dies ist der hellste Bereich von NGC 3242, der das so genannte »Auge« bildet. Die Expansionsgeschwindigkeiten liegen zwischen 25 und 30 km/s. An den Außenenden dieses Rings sind bipolar angeordnet so genannte FLIER zu erkennen, was für »Fast Low-Ionization Emission Region« steht. Diese vor allem in Hα leuchtenden, niedrig angeregten Strukturen sind die jüngsten Elemente des Nebels.

Die äußere Schale besitzt ein kinematisches Alter von 5400 Jahren. Diese Strukturen sind Überbleibsel des in der AGB-Phase ausgestoßenen Materials, durch kollimierte Emission aus dem Inneren des Nebels geformt und teilweise durch diese zerstört. Beide Schalen sind identisch in einem Positionswinkel von 320° orientiert.

Die drei inneren Halos sind radial um den Zentralstern angeordnet. Für den mittleren liegt die nachgewiesene Expansionsgeschwindigkeit be 20 km/s. Der sehr große, in bis zu 12' Entfernung reichende äußere Halo wurde 1966 von T. J. Deeming auf dem roten POSS entdeckt. Er beschrieb eine »deutliche Filament-Struktur, an den Cirrusnebel erinnernd«. Er hat zwar eine um 16 km/s abweichende Radialgeschwindigkeit zum Nebel, wird aber diesem trotzdem klar zugerechnet und als Struktur aus der Frühphase der AGB-Zeit erklärt.

Der Zentralstern HD 90255 wird sowohl im visuellen Spektralbereich als auch von Gaia mit einer Helligkeit von $12^{m}2$ angegeben. Andere Quellen nennen noch kleinere Werte, auch eine Veränderlichkeit zwischen $10^{m}3$ und $10^{m}9$ wurde berichtet. Der Zentralstern ist wohl mindestens doppelt, womöglich aber sogar dreifach. Die den Nebel erzeugende Komponente besitzt eine Oberflächentemperatur von 60.000K und eine Masse vom 0,45-Fachen der Sonne.

Jim Kaler berichtet, dass NGC 3242 lange Zeit für das einzige Beispiel eines PN mit nicht-thermischer Radiostrahlung gehalten wurde. Tatsächlich aber vermischt sich hier die Strahlung des PN mit einer dahinterliegenden Radioquelle. Mehrere schwache Hintergrundgalaxien liegen in unmittelbarer Umgebung des Nebels.

Beobachtung

Wenn der Wert von $7^{m}3$ stimmt, ist Jupiters Geist ist der zweithellste Planetarische Nebel am Himmel (nach dem Helixnebel, vor dem Hantelnebel)! Andere Quellen geben $7^{m}7$ – NGC 3242 ist jedenfalls kein schwieriges Objekt und schon im Fernglas stellar zu erkennen. Mit 2" Öffnung wird ein kleiner Nebel daraus. Mit 4" und mehr können die zwei inneren Schalen erkannt werden: Die innerste, an ein Auge erinnernde ovale Schale umgibt eine dunkle Zentralregion, die äußere schwächere umgibt dieses Gebilde kreisförmig.

Mit größeren Öffnungen werden die beiden Schalen eindeutiger und eindrucksvoller, und der runde innerste Halo kommt dazu. Mit 14" Öffnung erinnert NGC 3242 an NGC 7662. Der Halo ist im Norden heller, während an den Enden der großen Achse Ansa-ähnliche Gebilde wie bei NGC 7009 beobachtet werden können – die FLIER. Mit großen Öffnungen wird die Farbe des gesamten Nebels leuchtend Grün. Der Zentralstern ist trotz der Helligkeit von 12^{m} erst mit etwa 12" Öffnung zu sehen, was am hellen Nebelinneren liegt, auch wenn dies im Kontrast zur innersten Schale dunkel wirkt. Mit 20" Öffnung ist der Zentralstern hell und deutlich – der Dreh- und Angelpunkt des »Schalensalats«. Der äußerste Halo ist mit großen Öffnungen unter sehr gutem Himmel ebenfalls zugänglich. Uwe Glahn gelang es von La Palma aus, ihn mit [OIII]-Filter und 20" Öffnung zu erwischen.

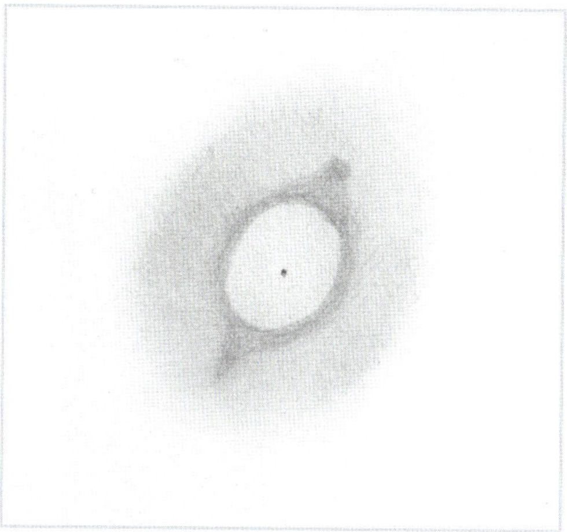

NGC 3242 mit Halo. Mike Selby (oben). Zeichnung, 14", 300×, 21^m3 SQM. Ronald Stoyan (rechts oben). Mayall Telescope Kitt Peak, T.A. Rector/University of Alaska Anchorage, H. Schweiker/WIYN und NOIRLab/NSF/AURA/, L. Frattare und Z. Levay/STScI/AURA/NASA (unten)

Hya Kohoutek 1-28

K 1-28, PNG 270.1+24.8, ESO 436-41, PK 270+24.1

Nebel	Zentralstern	Intensitäten
L. Kohoutek	GSC2 S12220103903	HeII
vor 1977	10:34:30.6	Hβ
	−29:11:15.18	[OIII]
54 × 47"	$16^{m}0_{vis}$, $16^{m}5_{Gaia}$	Hα
–	–	[NII]
isDSA/G –	6650 Lj (Gaia EDR3)	[SII]

Kohoutek 1-28 wurde von Luboš Kohoutek Mitte der 1970er Jahre auf dem blauen ESO/SRC gefunden und 1977 publiziert. Der Entdecker beschrieb einen »fast kreisförmigen ringförmigen Nebel, 58 × 50" in Positionswinkel 130°, mit einem Zentralstern von $16^{m}7_{b}$«. Unabhängig nahmen auch Holmberg et al. den Nebel 1978 in den ESO-Katalog auf. Der sehr schwache Nebel ist eine starke Galex- und WISE-Quelle, was auf eine starke Anregung durch den im UV emittierenden Zentralstern hindeutet.

Bei einem visuellen Beobachtungsversuch konnte der Autor mit 16" Öffnung sowohl den Zentralstern als auch den umgebenden Nebel nur vermuten. Eine sichere Sichtung hat der amerikanische Beobachter Tom Polakis mit 20" Öffnung vorzuweisen, der Nebel war jedoch nur bei niedriger Vergrößerung mit dem [OIII]-Filter sichtbar.

K 1-28. Gary Imm

Vel Perek 2-7

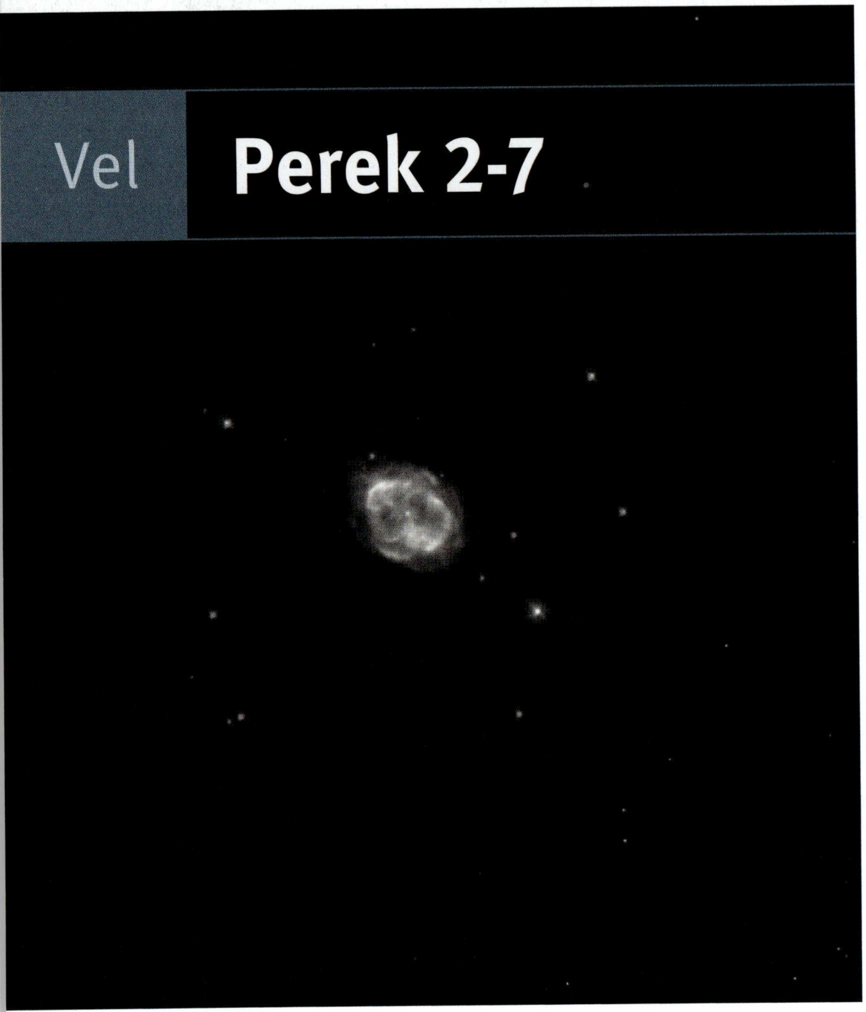

Pe 2-7, PNG 285.4+02.2, ESO 168-13, Wray 16-77, Sa 2-66, PK 285+2.1

Nebel	Zentralstern	Intensitäten	
L. Perek	TIC 458505481	HeII	78
vor 1960	10:41:19.6	Hβ	100
	−56:09:16.34	[OIII]	1786
5,6"	$15^{m}2_{vis}$	Hα	739
$15^{m}5$	–	[NII]	74
isDSA/G 104	–	[SII]	14

Perek 2-7 ist ein kleiner Planetarischer Nebel im Sternbild Vela. Er wurde von Luboš Perek vor 1960 auf Aufnahmen mit dem Schmidt-Teleskop der Sternwarte Tonantzintla in Mexiko gefunden.

Hα und [OIII] dominieren das Spektrum des stark angeregten, relativ jungen Nebels. WISE zeigt den Nebel als starke Infrarotquelle, auch Radiostrahlung ist vorhanden. Der auf Bildern des Hubble-Weltraumteleskops deutlich zu sehende Zentralstern hat $15^{m}2$. Aufgrund des hellen umgebenden Nebels liegen keine Gaia-Daten vor, da diese verfälscht werden.

Kent Wallace scheint der einzige visuelle Beobachter des Objekts zu sein, er nahm es mit 20" Öffnung jedoch nur stellar wahr.

Perek 2-7, Hubble Space Telescope. ESA/NASA, Solomon Hendrix

Henize 2-52

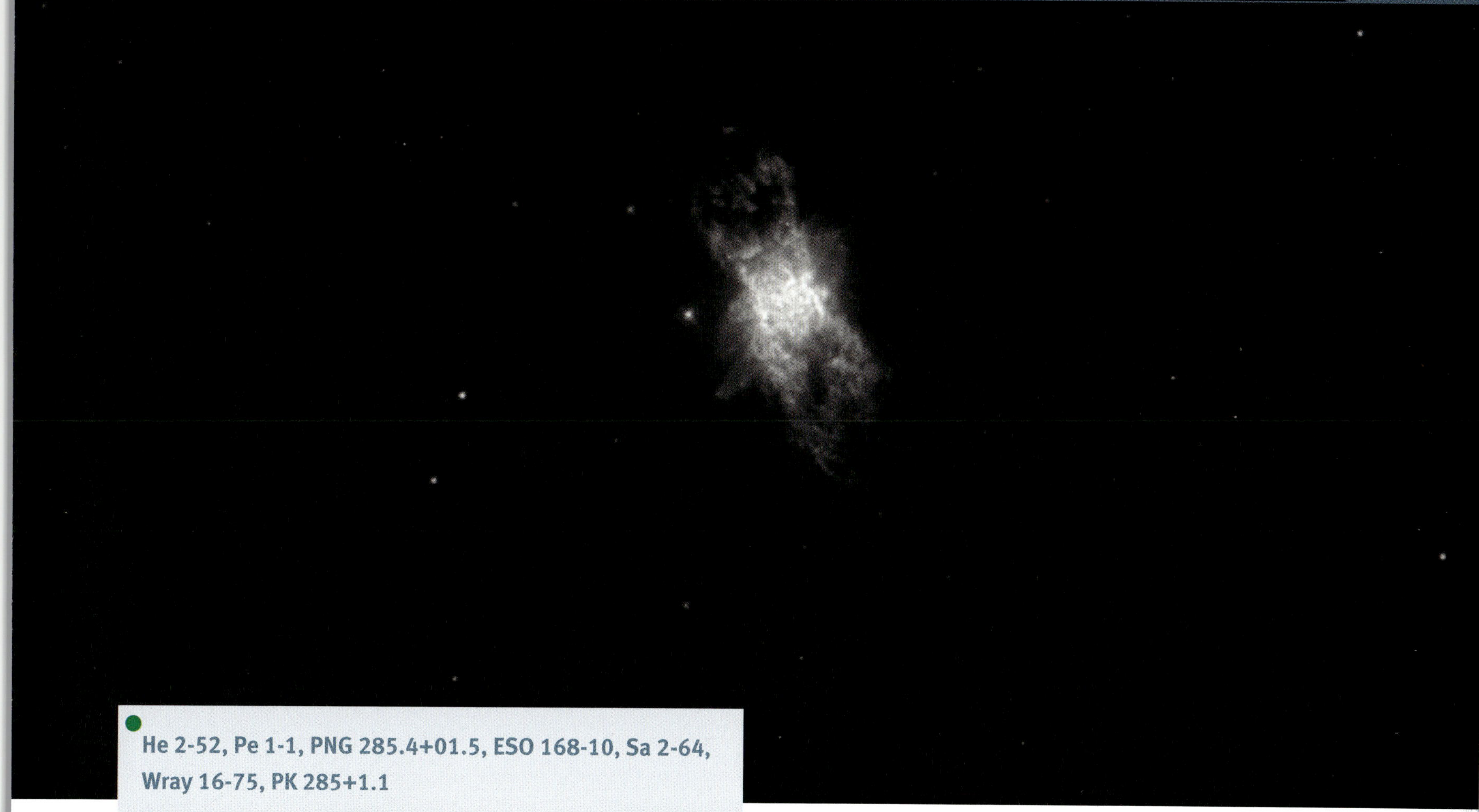

He 2-52, Pe 1-1, PNG 285.4+01.5, ESO 168-10, Sa 2-64, Wray 16-75, PK 285+1.1

Nebel	Zentralstern	Intensitäten	
K. Henize	TIC 458299712	HeII	–
1949 bis 1951	10:38:27.6	Hβ	100
	−56:47:06.40	[OIII]	1257
3"	14^m2_{vis}, 17^m9_{Gaia}	Hα	1143
14^m0	[WC4/5]	[NII]	461
isDSA/G –	21.400 Lj (2010)	[SII]	16

Henize 2-52, Hubble Space Telescope. ESA/NASA, Solomon Hendrix

Henize 2-52, in vielen Quellen auch als Perek 1-1 bezeichnet, wurde von Karl Henize auf zwischen 1949 und 1951 gewonnenen Aufnahmen der Lamont-Hussey-Sternwarte im südafrikanischen Bloemfontein entdeckt. Die Identifikation erfolgte jedoch erst 1954, veröffentlicht wurde der Fund schließlich 1967. Deshalb darf Luboš Perek als unabhängiger Entdecker gelten, der den Nebel mit dem Schmidt-Spiegel der mexikanischen Sternwarte Tonantzintla vor 1960 ebenfalls aufgenommen hatte.

He 2-52 ist mit nur 3" Durchmesser ein winziges Objekt und offensichtlich ein relativ junges. [OIII]-Emission dominiert, was auf Wolf-Rayet-Eigenschaften des Zentralsterns zurückzuführen ist.

Das Hubble-Weltraumteleskop offenbarte die komplexe bipolare Struktur des Nebels. Wen et al. bemerkten darauf einen schwachen Bogen mit einem klar definierten Rand auf der nordwestlichen Seite des Nebels, der die beginnende Interaktion mit dem interstellaren Medium anzeigt. Aufnahmen des Spitzer-Weltraumteleskops zeigen starke Infrarotemission.

Über den Zentralstern ist neben dessen WR-Spektrum wenig bekannt. Die visuelle Helligkeit von 14^m2 erscheint zweifelhaft, wahrscheinlich wurde hier der gesamte Nebel mit erfasst. Gaia konnte zwar die Helligkeit des Sterns messen (hier realistischere 17^m9), der Nebel ist aber zu hell für eine sichere Parallaxenbestimmung, so dass aktuell kein verlässlicher Wert angegeben werden kann.

Von Kent Wallace liegt eine visuelle Beobachtung des Nebels vor; mit 20" Öffnung sah er nur ein stellar erscheinendes Bild. Zum Zeitpunkt der Recherche des Buchs gab es keine Amateurfotografien von He 2-52.

Vel

Drilling 1 Octopus Nebula

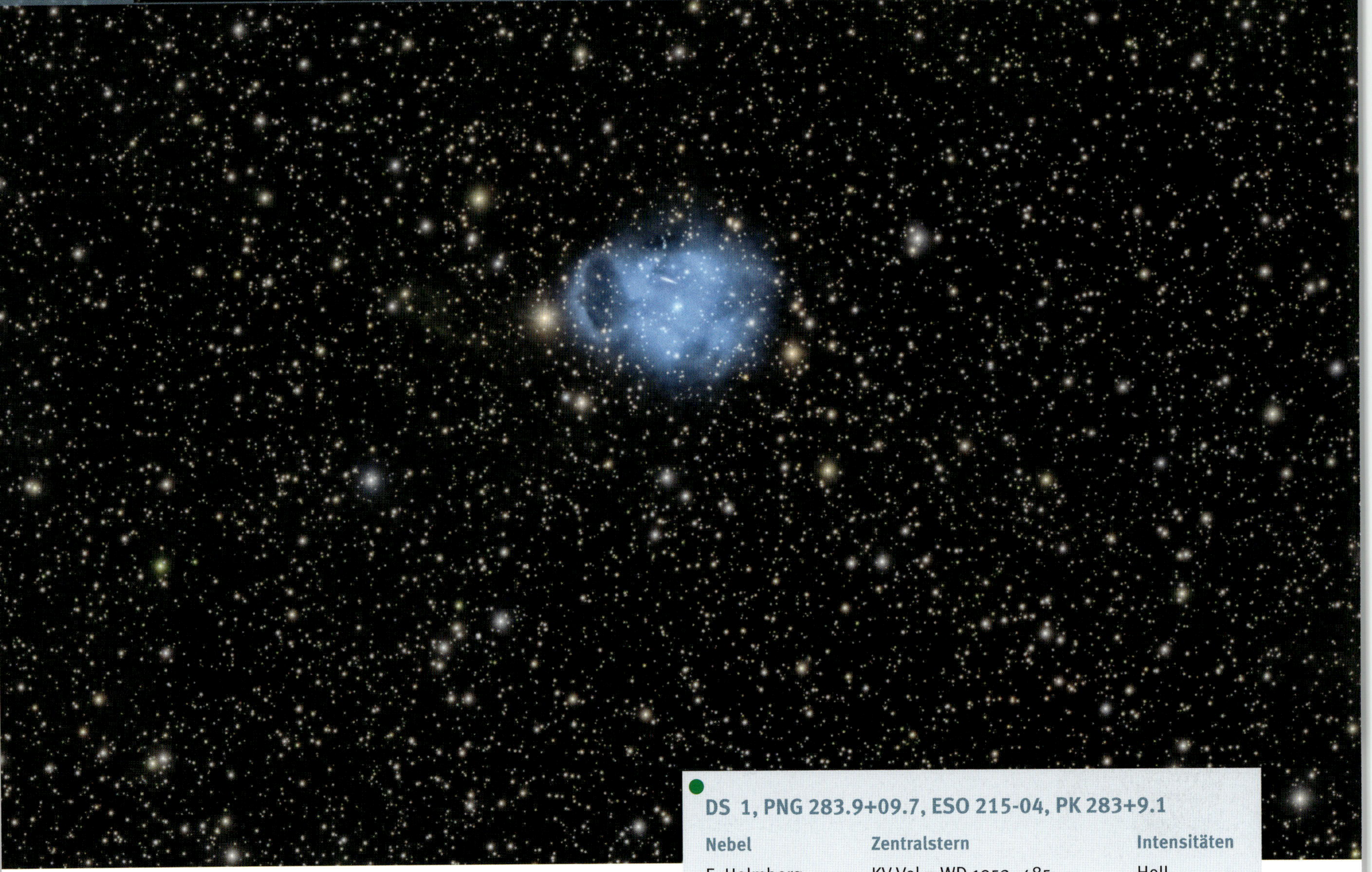

Drilling 1. Ian Parr

DS 1, PNG 283.9+09.7, ESO 215-04, PK 283+9.1

Nebel	Zentralstern	Intensitäten	
E. Holmberg	KV Vel = WD 1052–485	HeII	
1978	10:54:40.6	Hβ	30
	−48:47:02.83	[OIII]	100
354 × 315"	11^m6–12^m6_{vis}	Hα	60
–	DO + dM	[NII]	
isDSA/G 94-12	2660 Lj (Gaia EDR3)	[SII]	

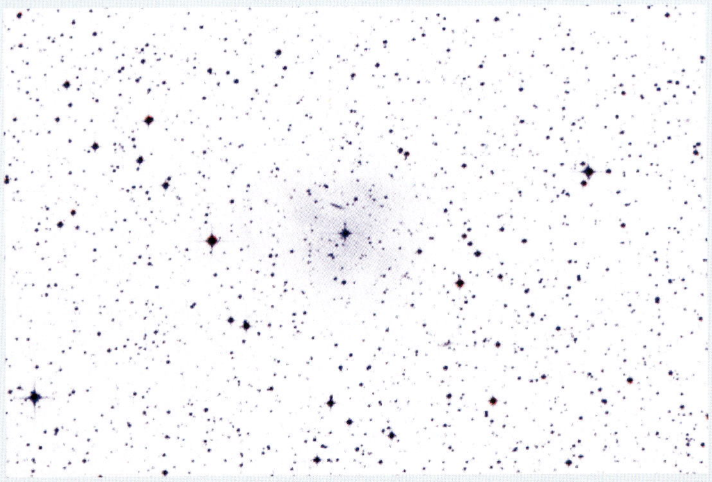

Drilling 1, der Oktopus-Nebel, steht im Sternbild Vela, etwa 2° nordöstlich des Sterns μ Vel. Er besitzt eine Größe von annähernd 6'. Im Nebel, nördlich des Zentralsterns, steht die Galaxie PGC 96491 hinter dem PN.

John S. Drilling wurde im Jahr 1983 auf den Nebel aufmerksam, als er für eine Arbeit über den ESO/SRC-Katalog, die südliche Fortsetzung des POSS, Aufsuchkarten erstellte. Dabei bemerkte er aber auch, dass das Objekt bereits im ESO-Katalog von Holmberg et al. enthalten war; dieser war im Jahr 1978 erschienen. Dort trägt er die Nummer 215-04 mit der Bemerkung »sehr diffus oder verdeckt«. Obwohl Drilling also nicht der Entdecker ist, wird der PN heute allgemein mit seinem Namen bezeichnet.

Bereits Drilling selbst bemerkte 1984, dass der Zentralstern KV Vel alias WD 10562-485 doppelt ist: Einen heißen blauen Zwerg von 0,5 bis 0,6 Sonnenmassen beglei-

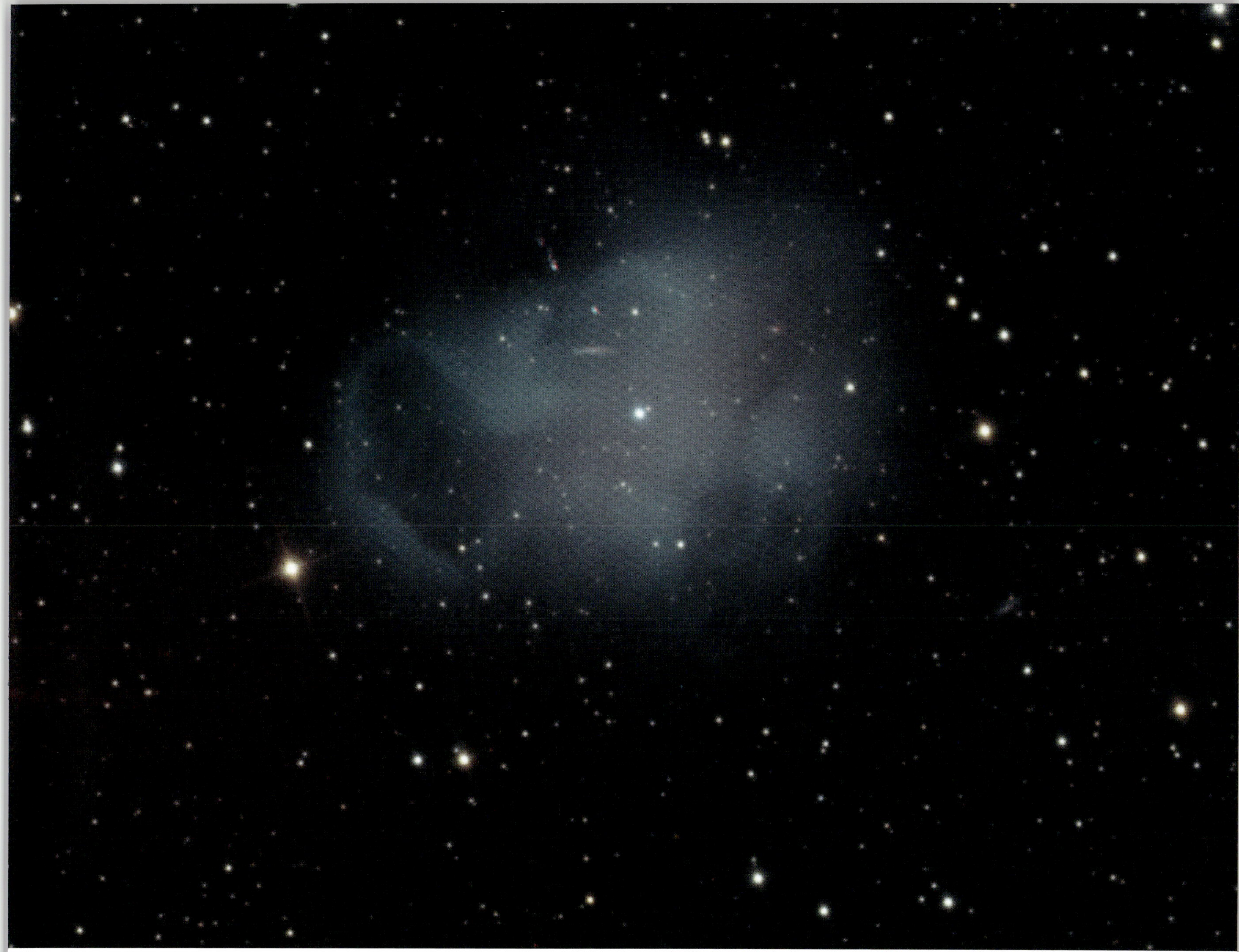

Drilling 1. Josep Drudis

tet ein roter Zwerg mit der Hälfte von dessen Masse. Nach aktuellen Quellen betragen die Massen 0,63 und 0,23 Sonnenmassen. Die Oberflächentemperaturen liegen bei 77.000K und 3400K, während die Radien das 0,16- und 0,4-Fache der Sonne aufweisen. KV Vel war der erste Zentralstern eines PN überhaupt, der als spektroskopischer Doppelstern entdeckt wurde. Beide Sterne sind 5819 AE voneinander entfernt. Sie umkreisen sich mit einer Periode von nur 8,57 Stunden!

Hilditch et al. fanden 1996, dass der Zentralstern einen starken Reflexionseffekt zeigt, der den Lichtwechsel von 11^m6 bis 12^m6 verursacht – ausgelöst durch Spiegelungseffekte an der Atmosphäre des Begleiters. Montez et al. notierten zudem Röntgenemission. Auch im UV-Licht leuchtet KV Vel, wie die Galex-Durchmusterung zeigt. Nach neuesten Untersuchungen ist das System KV eventuell sogar dreifach.

Im optischen Spektralbereich dominiert die [OIII]-Emission. Hα ist dagegen schwächer ausgeprägt. Das spricht für eine hohe Anregung der Nebelmaterie.

Die Dominanz von [OIII] kommt der visuellen Beobachtung zugute. Uwe Glahn sah mit 20" Öffnung einen deutlichen Nebel mit Anzeichen von Struktur. Der amerikanische Beobachter Kent Wallace beschrieb mit derselben Öffnung eine gefleckte Scheibe; er konnte zusätzlich (ohne Filter) auch die Galaxie 46" nördlich des Zentralsterns wahrnehmen.

Glossar der Fachbegriffe

- **AE** Astronomische Einheit, mittlerer Abstand der Erde von der Sonne, entspricht 149,6 Millionen Kilometern.
- **AGB** Asymptotic Giant Branch (dt. Asymptotischer Riesenast), Bereich im Hertzsprung-Russell-Diagramm, den Sterne in der Endphase ihrer Entwicklung bevölkern, bevor sie zum Planetarischen Nebel werden. Charakterisiert durch abwechselnde Fusion von Wasserstoff und Helium in einer Schale außerhalb des Kerns.
- **Akkretionsscheibe** Rotierende Scheibe um ein zentrales Objekt, die Materie auf dieses transportiert.
- **Anregung** Energetischer Zustand eines physikalischen Systems, dem Energie zugeführt wird und es deshalb seinen Grundzustand verlässt. In der Astronomie oft auf Gase bezogen, die durch energiereiche Strahlung angeregt oder ionisiert werden. Beim Rückfall in den Grundzustand oder niedrige energetische Niveaus werden charakteristische Emissionslinien ausgesandt.
- **Ansa** Lateinisch für »Griff« oder »Henkel«, bezeichnet in der Astronomie gestreckte, oft paarweise auftretende Strukturen oder Ausläufer eines Nebels.
- **Bogenmaßeinheiten** Grad (°), Bogenminute (') und Bogensekunde ("). 1° = 60' = 3600".
- **Common Envelope** Phase von Massentransfer in einem engen Doppelsternsystem, bei der es zur Ausbildung einer gemeinsamen Materiehülle um beide Sterne kommt.
- **ESO/SRC** Südliche Frortsetzung des POSS.
- **Expansionsgeschwindigkeit** Geschwindigkeit, mit der vom Zentralstern ausgestoßene Materie auseinanderstrebt. Sie lässt im Lauf der Zeit nach und erlischt bei alten Planetarischen Nebeln schließlich völlig.
- **FLIER** »Fast Low-Ionization Emission Region«, dichtere Überreste älterer Phasen eines Planetarischen Nebels, die im heißen Wind des Zentralsterns zunehmend angeregt werden und dadurch eine leuchtende Außenschicht erhalten.
- **Gaia** 2013 gestartetes Weltraumteleskop, das eine dreidimensionale Durchmusterung der Milchstraße mittels Parallaxenmessungen durchführt. Die Veröffentlichungen erfolgten in mehreren Teilen (»data release«), wobei DR2 (2018) und EDR3 (2020) die bedeutendsten sind.
- **Hα** Emissionslinie des Wasserstoffs der Balmer-Serie, rotes Licht bei 656nm.
- **Hβ** Emissionslinie des Wasserstoffs der Balmer-Serie, blaues Licht bei 486nm.
- **Hauptreihe** Bereich im Hertzsprung-Russell-Diagramms, den die meisten Sterne bevölkern. Charakterisiert durch stabile Fusion von Wasserstoff im Kern des Sternes.
- **Hertzsprung-Russell-Diagramm** Diagramm, das Sterne nach Spektraltyp und Leuchtkraft darstellt. Es ergeben sich Häufungen wie die Hauptreihe, der Rote Riesenast und der Asymptotische Riesenast (AGB).
- **Kinematisches Alter** Unter Annahme einer konstanten Expansion der Hülle berechnetes Alter gemäß der Formel $A_{kin} = R / v_{exp}$. Zu unterscheiden vom physikalischen Alter, das deutlich niedriger liegt, weil die Expansionsgeschwindigkeit im Lauf der Zeit nachlässt.
- **Kohlenstoffstern** Stern auf dem AGB, bei dem die Häufigkeit von Kohlenstoff die von Sauerstoff übersteigt. Besitzen oft eine sehr starke rötliche Farbe.
- **Lichtjahr** Strecke die Licht im Vakuum im Lauf eines Jahrs zurücklegt, entspricht 9,46 Billionen Kilometern.
- **Lobus** Lateinisch für »Lappen«, bezeichnet in der Astronomie runde, oft parrweise auftretende Strukturen oder Ausläufer eines Nebels.
- **IRAS** Infrared Astronomical Satellite, ein 1983 gestartetes Weltraumteleskop, das eine Himmelsdurchmusterung im infraroten Wellenlängenbereich vornahm.
- **[NII]** Emissionslinien des einfach ionisierten Stickstoffs, insbesondere die Linie bei 658nm.
- **Nebelfilter** Interferenzfilter für die visuelle Beobachtung und Astrofotografie, die auf die Emissionslinien von Galaktischen und Planetarischen Nebeln abgestimmt sind. Man unterscheidet zwischen Breitband-, Schmalband- (z.B. UHC) und Linienfiltern (z.B. [OIII]).
- **[OIII]** Emissionslinien des doppelt ionisierten Sauerstoffs, insbesondere die Linie bei 501nm.
- **PG1159-Sterne** Entwicklungsstadium von Sternen zwischen den Phasen eines Roten Riesen und eines Weißen Zwergs, bei dem ein letztes Mal Kernfusion von Helium stattfindet. Benannt nach PG 1159-035 = GW Vir.
- **POSS** Palomar Observatory Sky Survey, fotografische Himmelsdurchmusterung im roten und blauen Licht, durchgeführt mit dem 1,8m-Schmidt-Teleskop auf dem Mount Palomar zwischen 1948 und 1958.
- **Progenitor** Vorgänger- oder Ausgangsstern eines Planetarischen Nebels.

- **PW** Positionswinkel, beschreibt die Winkelbeziehung zweier Himmelsobjekte. Wird von Nord (0°) über Ost (90°), Süd (180°) und West (270°) gezählt.
- **Roter Riese** Entwickelte große, wenig dichte und lichtstarke Sterne. Sie stellen ein Zwischenstadium der Sternentwicklung dar, der auf die Hauptreihen-Phase folgt.
- **[SII]** Emissionslinien des einfach ionisierten Schwefels, insbesondere die Linie bei 673nm.
- **Sonnenmasse** Masse der Sonne, entspricht 1.989×10^{30} Kilogramm.
- **Spektralklasse** Auch Spektraltyp, spektroskopische Klassifizierung von Sternen. Die klassische Abfolge O, B, A, F, G, K, M beginnt bei blauen (heißen) Sternen und endet bei roten (kühlen) Sternen.
- **Sternwind** Kontinuierlicher Strom von Materie, der von der Oberfläche eines Sterns ausgeht, und zu dessen Massenverlust führt.
- **Weißer Zwerg** Kleine, dichte und lichtschwache Sterne, stellen das Endstadium der Sternentwicklung dar.
- **Wolf-Rayet-Stern** Freigelegte Kerne massereicher Sterne mit charakteristischem Emissionslinien-Spektrum. Zentralsterne Planetarischer Nebel können ähnliche Spektren zeigen, sind aber physikalisch keine Wolf-Rayet-Sterne.
- **Zentralstern** Sternkern im Zentrum eines Planetarischen Nebels, das diesen ausgelöst hat und ionisiert. Das Endstadium ist ein Weißer Zwerg.
- **zirkumstellare Hülle** Durch den Sternwind eines AGB-Sterns emittierte Materie (Gas und Staub), die sich in einer Hülle geringer Dichte um den Stern ansammelt.
- **Zoll** Gängige Maßeinheit für die Öffnung von (Amateur-)Teleskopen. 1" = 25,4mm.

Beteiligte Astrofotografen

Jean-François Bax	www.astrobin.com/users/jeffbax/
Bernhard Blank	sternwarte.ch
Markus Blauensteiner	celestialphotographer.com/
Adam Block	www.adamblockphotos.com
Sternwarte Brentenriegel	www.brentenriegel.at
Andreas Bringmann	www.astrobin.com/users/equinoxx/
Serge Brunier	
Chart 32	www.chart32.de/
Radek Chromik	sternwarte.ch
Dan Crowson	www.flickr.com/photos/dcrowson/
Rolf Dietrich	www.astrobin.com/users/rodi/
Carsten Dosche	junior-ccd.fn-f.de/
Marcel Drechsler	www.sternwarte-baerenstein.de
Josep Drudis	astrodrudis.com/
Patrick Dufour	www.astrobin.com/users/patdufour/
Marc-Antonio Fischer	www.astrobin.com/users/astronomical_horizon
Peter Goodhew	www.imagingdeepspace.com/
Mark Hanson	www.hansonastronomy.com/
Solomon Hendrix	www.astrobin.com/users/NomolosX/
Thomas Henne	www.distant-lights.at/
Richard Hennig	www.astrobin.com/users/rhennig/
Bernhard Hubl	www.astrophoton.com/
Gary Imm	www.garyimm.com/
Micheal Keith	cosmicneighbors.net
Martin Letz	www.t1t-trebur.de/
Stefan Lilge	www.slilge.de
Mark Lowenthal	www.astrobin.com/users/lowenthalm/
Jerry Macon	www.astrobin.com/users/jmacon/
Ian Parr	www.astrobin.com/users/ilparr/
Kevin Quin	www.pbase.com/skybox
Rudolf Riedl	www.astrobin.com/users/RiedlRud/
Gregg Ruppel	www.greggsastronomy.com/
Judy Schmidt	www.flickr.com/photos/geckzilla/
Mike Selby	throughlightandtime.com/
James Shuder	www.pbase.com/jshuder/
Rocco Sung	www.astrobin.com/users/sungcs/
Jonathan Talbot	starscapeimaging.com/
Stefan Thrun	www.astrobin.com/users/Stefan-Harry-Thrun
Masaru Yamashita	yamachan.la.coocan.jp/PNphoto.html

Quellenverzeichnis

Monographien

ESO (1992)
Strasbourg-ESO Catalogue of Galactic Planetary Nebulae
ACKER, A., OCHSENBEIN, F., STENHOLM, B., TYLENDA, R., MARCOUT, J., SCHOHN, C.

Dover Publications (1978)
Burnham's Celestial Handbook
BURNHAM, R.

Springer (2012)
Planetary Nebulae and How to Observe Them
GRIFFITHS M.

Willmann-Bell (1991)
Planetary Nebulae
HYNES S.

Enslow Publishers (1978)
Webb Society Deep-Sky Observer's Handbook, Vol 2. Planetary and Gaseous Nebulae
GLYN JONES, K.

Willmann-Bell (2015-)
Annals of the Deep Sky
KANIPE, J., WEBB, D.

Cambridge University Press (2001)
Cosmic Butterflies
KWOK S.

Cambridge University Press (2000)
The Origin and Evolution of Planetary Nebulae
KWOK S.

Oculum-Verlag (2009)
Themenheft Planetarische Nebel
interstellarum THEMA 1/2009

Cambridge University Press (2002)
Deep-Sky Companions: The Caldwell Objects
O'MEARA, S.

Cambridge University Press (2012)
Deep-Sky Companions: The The Secret Deep
O'MEARA, S.

Cambridge University Press (2007)
Deep-Sky Companions: The Hidden Treasures
O'MEARA, S.

Oculum-Verlag (2001)
Deep Sky Reiseführer
STOYAN R.

Oculum-Verlag (2006)
Atlas der Messier-Objekte
STOYAN R.

Oculum-Verlag (2014)
interstellarum Deep Sky Atlas
STOYAN R., SCHURIG, S.

Oculum-Verlag (2018)
interstellarum Deep Sky Guide
STOYAN R., GLAHN, U.

Eigenverlag (1997)
Planetary Pages
WALLACE, K.

The Webb Society (2017)
Visual Observations of Planetary Nebulae
WALLACE, K.

Amateurastronomische Arbeiten (Auswahl)

interstellarum 13, 30 (1998)
Visueller Katalog Planetarischer Nebel
FUCHS, C., STOYAN, R., VEIT, K.

interstellarum THEMA 1/2011
Geisterhafte Schalen
KRONBERGER, M.

interstellarum 6, 13 (1996)
Bildatlas Planetarischer Nebel, Teil 1
REUS, G., STOYAN, R.

Mitteilungen der Sternwarte Darmstadt 18/2 (1986)
Planetarische Nebel, visuell beobachtet
RUPPEL, J.

interstellarum 39, 40 (2005)
Kosmische Schmetterlinge
SCHOENBALL, M.

Fachastronomische Arbeiten

Publ. Astron. Soc. Pac., 67, 258-261 (1955)
Globular clusters and planetary nebulae discovered on the national geographic society-Palomar Observatory sky survey.
ABELL G.O.

Astrophys. J., 144, 259-279 (1966)
Properties of some old planetary nebulae.
ABELL G.O.

Astronomy and Astrophysics, volume 233, L21-23 (1990)
A cataclysmic binary at the centre of the large planetary nebula HFG1.
ACKER A. and STENHOLM B.

Rev. Mex. Astron. Astrofis., 48, 223-233 (2012)
Discovery of new faint northern galactic planetary nebulae.
ACKER A., BOFFIN H.M.J., OUTTERS N., MISZALSKI B., SABIN L., LE DU P. and ALVES F.

Mon. Not. R. Astron. Soc., 444, 3459-3465 (2014/November-2)
HIP 3678: a hierarchical triple stellar system in the centre of the planetary nebula NGC 246.
ADAM C. and MUGRAUER M.

Mon. Not. R. Astron. Soc., 457, 3409-3419 (2016/April-3)
Deciphering the bipolar planetary nebula Abell 14 with 3D ionization and morphological studies.
AKRAS S., CLYNE N., BOUMIS P., MONTEIRO H., GONCALVES D.R., REDMAN M.P. and WILLIAMS S.

Mon. Not. R. Astron. Soc., 455, 930-961 (2016/January-1)
Low-ionization structures in planetary nebulae - I. Physical, kinematic and excitation properties.
AKRAS S. and GONCALVES D.R.

Mon. Not. R. Astron. Soc., 493, 2238-2252 (2020/April-1)
Exploring the differences of integrated and spatially resolved analysis using integral field unit data: the case of Abell 14.
AKRAS S., MONTEIRO H., ALEMAN I., FARIAS M.A.F., MAY D. and PEREIRA C.B.

The Observatory, 93, 28-30 (1973)
Visual observations of twenty faint planetary nebulae.
ALLEN D.A.

Proc. Nat. Acad. Sci., 83, 2777-2781 (1986)
Ultraviolet spectrum and probable chemical composition of the high-excitation planetary nebula M 1-1.
ALLER L.H., KEYES C.D. and FEIBELMAN W.A.

Astronomy and Astrophysics, volume 635A, 128-128 (2020/3-1)
Planetary nebulae seen with TESS: Discovery of new binary central star candidates from Cycle 1.
ALLER A., LILLO-BOX J., JONES D., MIRANDA L.F. and BARCELO FORTEZA S.

Mon. Not. R. Astron. Soc., 448, 2822-2831 (2015/April-2)
Spectral analysis of BD+30°623, the peculiar binary central star of the planetary nebula NGC 1514.
ALLER A., MONTESINOS B., MIRANDA L.F., SOLANO E. and ULLA A.

Mon. Not. R. Astron. Soc., 504, 4806-4816 (2021/July-2)
The morpho-kinematical structure and chemical abundances of the complex planetary nebula NGC 1514.
ALLER A., VAZQUEZ R., OLGUIN L., MIRANDA L.F. and RESSLER M.E.

Research in Astron. and astroph., 21, 151 (2021/June-0)
An investigation of planetary nebulae accompanying PG 1159 central stars, based on Gaia DR2 measurements.
ALI A. and ALHARBI W.R.

Mon. Not. R. Astron. Soc., 462, 1393-1404 (2016/10-3)
IFU spectroscopy of southern planetary nebulae - III.
ALI A., DOPITA M.A., BASURAH H.M., AMER M.A., ALSULAMI R. and ALRUHAILI A.

Astronomy and Astrophysics, volume 351, 1036-1040 (1999/11-3)
PN G218.9-10.7: a galactic emission nebula of unique morphology.
ALI A. and PFLEIDERER J.

Astron. Gesellschaft Abstract Ser., 13, 222 (1997)
The unusual object PN G218.9-10.7.
ALI A. and PFLEIDERER J.

IAU Inform. Bull. Var. Stars, 3315, 1-2 (1989)
CW Leo = IRC +10216 has returned to a high light level.
ALKSNIS A.

Astronomy and Astrophysics, volume 467, 1175-1180 (2007/6-1)
Low-mass, helium-enriched PG 1159 stars: a possible evolutionary origin and implications for their pulsational stability properties.
ALTHAUS L.G., CORSICO A.H. and MILLER BERTOLAMI M.M.

Sov. Astron. Lett., 4, 7-16 (1978)
On the nature of nebula A21 (YM 29) and Simeiz 22.
ARKHIPOVA V.P. and LOZINSKAYA T.A.

Astron. Astrophys., Suppl. Ser., 219, 2390 (2012)
Comparative Study Of Outer Halos Of Planetary Nebula **NGC 246, NGC 1501, And NGC 2022**
ARION, D. N.;FINNVIK, S.;TROYER, Z.

Publ. Astron. Soc. Pac., 47, 99B (1935)
A New Planetary Nebula
BAADE, W.

Astrophys. J., 392, 582-596 (1992/June-2)
Stellar wind paleontology. II. Faint halos and historical mass ejection in planetary nebulae.
BALICK B., GONZALEZ G., FRANK A. and JACOBY G.

Astrophys. J., 795, 83 (2014/November-1)
The emerging planetary nebula CRL 618 and its unsettled central star(s).
BALICK B., RIERA A., RAGA A., KWITTER K.B. and VELAZQUEZ P.F.

Mon. Not. R. Astron. Soc., 496, 814-831 (2020/July-3)
Morphology and ionization characteristics of planetary nebulae PB 1 and PC 19.
BANDYOPADHYAY R., DAS R., MONDAL S. and GHOSH S.

Astronomy and Astrophysics, volume 250, 165-170 (1991)
A spatio-kinematic model for the multiple shell planetary nebula NGC 1535.
BANERJEE D.P.K. and ANANDARAO B.G.

Mon. Not. R. Astron. Soc., 480, 1626-1638 (2018/October-3)
HST/WFPC2 imaging analysis and cloudy modelling of the multiple-shell planetary nebulae NGC 3242, NGC 6826, and NGC 7662.
BARRIA D. and KIMESWENGER S.

Mon. Not. R. Astron. Soc., 458, 2694-2709 (2016/May-3)
Problems for the WELS classification of planetary nebula central stars: self-consistent nebular modelling of four candidates.
BASURAH H.M., ALI A., DOPITA M.A., ALSULAMI R., AMER M.A. and ALRUHAILI A.

Astrophys. J., 837, L10-L10 (2017/March-1)
Planetary nebulae that cannot be explained by binary systems.
BEAR E. and SOKER N.

Astrophys. J., 158, L133-L137 (1969)
The unusual infrared object IRC +10216.
BECKLIN E.E., FROGEL J.A., HYLAND A.R., KRISTIAN J. and NEUGEBAUER G.

Astron. J., 138, 1969-1984 (2009/December-0)
Astrometry with the Hubble space telescope: trigonometric parallaxes of planetary nebula nuclei NGC 6853, NGC 7293, Abell 31, and DeHt 5.
BENEDICT G.F., McARTHUR B.E., NAPIWOTZKI R., HARRISON T.E., HARRIS H.C., NELAN E., BOND H.E., PATTERSON R.J. and CIARDULLO R.

Astronomy and Astrophysics, volume 545A, 146-146 (2012/9-1)
The enigmatic central star of the planetary nebula PRTM 1.
BOFFIN H.M.J., MISZALSKI B. and JONES D.

Publ. Astron. Soc. Pac., 68, 430-436 (1956)
Extragalactic nebulae close to the galactic plane.
BOHM-VITENSE E.

Bull. American Astron. Soc., 20, 735 (1988)
The variable nuclei of the planetary nebulae K 1-2 and Lo 4.
BOND H.E.

Astron. J., 148, 44 (2014/September-0)
Episodic mass loss from the hydrogen-deficient central star of the planetary nebula Longmore 4.
BOND H.E.

Astrophys. J., 826, 139-139 (2016/August-1)
The nucleus of the planetary nebula EGB 6 as a post-Mira binary.
BOND H.E., CIARDULLO R., ESPLIN T.L., HAWLEY S.A., LIEBERT J. and MUNARI U.

Bull. American Astron. Soc., 21, 789 (1989)
The peculiar nuclei of the planetary nebulae NGC 1501 and LoTr 1.
BOND H.E., CIARDULLO R. and MEAKES M.

Bull. American Astron. Soc., 28, 1401 (1996)
Ring planetary nebulae ejected from close binary stars.
BOND H.E., CIARDULLO R. and WEBBINK R.

Astron. J., 125, 260-264 (2003/January-0)
WeBo 1: a young barium star surrounded by a ringlike planetary nebula.
BOND H.E., POLLACCO D.L. and WEBBINK R.F.

Astron. J., 100, 788-792 (1990)
The pulsating nucleus of the planetary nebula Longmore 4.
BOND H.E. and MEAKES M.G.

Mon. Not. R. Astron. Soc., 521, 668-676 (2023/May-1)
Spectroscopic survey of faint planetary-nebula nuclei - I. Six new 'O VI' central stars.
BOND H.E., WERNER K., JACOBY G.H. and ZEIMANN G.R.

Mon. Not. R. Astron. Soc., 386, 324-336 (2008/May-1)
Discovery of an open cluster with a possible physical association with a planetary nebula.
BONATTO C., BICA E. and SANTOS J.F.C.Jr

Mon. Not. R. Astron. Soc., 396, 1186-1188 (2009/June-3)
A long trail behind the planetary nebula HFG1 (PK 136+05) and its pre-cataclysmic binary central star V664 Cas.
BOUMIS P., MEABURN J., LLOYD M. and AKRAS S.

Astron. Astrophys., Suppl. Ser., 65, 537-550 (1986)
The velocity field of the outer Galaxy in the southern hemisphere. I. Catalogue of nebulous objects.
BRAND J., BLITZ L. and WOUTERLOOT J.G.A.

Mon. Not. R. Astron. Soc., 482, 4951-4955 (2019/February-1)
On the post-common-envelope central star of the planetary nebula NGC 2346.
BROWN A.J., JONES D., BOFFIN H.M.J. and VAN WINCKEL H.

Astronomy and Astrophysics, volume 307, 253-270 (1996/3-1)
A kinematical investigation of the bipolar planetary nebula NGC 650-1.
BRYCE M., MELLEMA G., CLAYTON C.A., MEABURN J., BALICK B. and LOPEZ J.A.

Astronomy and Astrophysics, volume 677, L18 (2023/9-1)
The very compact dust disk in the Red Rectangle.
BUJARRABAL V., ALCOLEA J., CASTRO-CARRIZO A., KLUSKA J., SANCHEZ CONTRERAS C. and VAN WINCKEL H.

Astronomy and Astrophysics, volume 589A, 40 (2016/05)
Asteroseismology of the GW Virginis stars SDSS J0349-0059 and VV 47
CALCAFERRO, Leila M.;CORSICO, Alejandro H.;ALTHAUS, Leandro G.

Astron. J., 150, 27 (2015/July-0)
A new catalog of variable stars in the field of the open cluster M37.
CHANG S.-W., BYUN Y.-I. and HARTMAN J.D.

Mon. Not. R. Astron. Soc., 457, 9-23 (2016/March-3)
Modelling the cometary structure of the planetary nebula HFG1 based on the evolution of its binary central star V664 Cas.
CHIOTELLIS A., BOUMIS P., NANOURIS N., MEABURN J. and DIMITRIADIS G.

Astronomy and Astrophysics, volume 638A, 103-103 (2020/6-1)
Searching for central stars of planetary nebulae in Gaia DR2.
CHORNAY N. and WALTON N.A.

Astronomy and Astrophysics, volume 648A, 95-95 (2021/4-1)
Towards a more complete sample of binary central stars of planetary nebulae with Gaia.
CHORNAY N., WALTON N.A., JONES D., BOFFIN H.M.J., REJKUBA M. and WESSON R.

Astrophys. J., Suppl. Ser., 64, 529-544 (1987)
Multiple-shell planetary nebulae. I. Morphology and frequency of occurrence.
CHU Y.-H., JACOBY G.H. and ARENDT R.

Astron. J., 118, 488-508 (1999/July-0)
A Hubble Space Telescope survey for resolved companions of planetary nebula nuclei.
CIARDULLO R., BOND H.E., SIPIOR M.S., FULLTON L.K., ZHANG C.-Y. and SCHAEFER K.G.

Astrophys. J., 196, 179-189 (1975)
The peculiar object HD 44179 ("The Red Rectangle").
COHEN M., ANDERSON C.M., COWLEY A., COYNE G.V., FAWLEY W., GULL T.R., HARLAN E.A., HERBIG G.H., HOLDEN F., HUDSON H.S., et al.

Astron. J., 127, 2362-2377 (2004/April-0)
Hubble space telescope imaging of HD 44179, the red rectangle.
COHEN M., VAN WINCKEL H., BOND H.E. and GULL T.R.

Astrophys. J., 542, 861-869 (2000/October-3)
Knots in the outer shells of the planetary nebulae IC 2553 and NGC 5882.
CORRADI R.L.M., GONCALVES D.R., VILLAVER E., MAMPASO A. and PERINOTTO M.

Astronomy and Astrophysics, volume 313, 913-923 (1996/9-3)
Unveiling low-ionization microstructures in planetary nebulae.
CORRADI R.L.M., MANSO R., MAMPASO A. and SCHWARZ H.E.

Astrophys. J., 523, 721-733 (1999/October-1)
Jets, knots, and tails in planetary nebulae: NGC 3918, K1-2, and Wray 17-1.
CORRADI R.L.M., PERINOTTO M., VILLAVER E., MAMPASO A. and GONCALVES D.R.

Astronomy and Astrophysics, volume 417, 637-646 (2004/4-2)
Rings in the haloes of planetary nebulae.
CORRADI R.L.M., SANCHEZ-BLAZQUEZ P., MELLEMA G., GIANMANCO C. and SCHWARZ H.E.

Mon. Not. R. Astron. Soc., 340, 417-446 (2003/April-1)
Ionized haloes in planetary nebulae: new discoveries, literature compilation and basic statistical properties.
CORRADI R.L.M., SCHOENBERNER D., STEFFEN M. and PERINOTTO M.

Astronomy and Astrophysics, volume 293, 871 (1995)
Morphological populations of planetary nebulae: which progenitors? I. Comparative properties of bipolar nebulae.
CORRADI, R. L. M.;SCHWARZ, H. E.

Astronomy and Astrophysics, volume 474, 529-539 (2007/11-1)
A hydrodynamical study of multiple-shell planetary nebulae. II. Measuring the post-shock velocities in the shells.
CORRADI R.L.M., STEFFEN M., SCHOENBERNER D. and JACOB R.

Astronomy and Astrophysics, volume 499, 257-266 (2009/5-3)
Asteroseismology of hot pre-white dwarf stars: the case of the DOV stars PG 2131+066 and PG 1707+427, and the PNNV star NGC 1501.
CORSICO A.H., ALTHAUS L.G., MILLER BERTOLAMI M.M. and GARCIA-BERRO E.

Astronomy and Astrophysics, volume 645A, 117-117 (2021/1-1)
Pulsating hydrogen-deficient white dwarfs and pre-white dwarfs observed with TESS. I. Asteroseismology of the GW Vir stars RX J2117+3412, HS 2324+3944, NGC 6905, NGC 1501, NGC 2371, and K 1-16.
CORSICO A.H., UZUNDAG M., KEPLER S.O., ALTHAUS L.G., SILVOTTI R., BARAN A.S., VUCKOVIC M., WERNER K., BELL K.J. and HIGGINS M.

Publ. Astron. Soc. Pac., 85, 401-402 (1973)
Visual binaries in planetary nebulae.
CUDWORTH K.M.

Astrophys. J., 543, 754-763 (2000/November-2)
The density, extinction, temperature, and excitation structures of NGC 2440.
CUESTA L. and PHILLIPS J.P.

Publ. Astron. Soc. Pac., 125, 115D (2013)
The Open Cluster NGC 2437 (Messier 46)
DAVIDGE, T. J.

Astronomy and Astrophysics, volume 574A, 5-5 (2015/2-1)
ALMA data suggest the presence of spiral structure in the inner wind of CW Leonis.
DECIN L., RICHARDS A.M.S., NEUFELD D., STEFFEN W., MELNICK G. and LOMBAERT R.

Astrophys. J., 146, 287-288 (1966)
Faint nebulosity near NGC 3242.
DEEMING T.J.

Astron. Astrophys., Suppl. Ser., 70, 95-114 (1987)
Warm IRAS sources. I. A catalogue of AGN candidates from the point source catalog.
DE GRIJP M.H.K., MILEY G.K. and LUB J.

Mon. Not. R. Astron. Soc., 306, 931-942 (1999/July-2)
M4-18: the planetary nebula and its WC10 central star.
DE MARCO O. and CROWTHER P.A.

Mon. Not. R. Astron. Soc., 428, 2118-2140 (2013/January-3)
The binary fraction of planetary nebula central stars - I. A high-precision, I-band excess search.
DE MARCO O., PASSY J.-C., FREW D.J., MOE M. and JACOBY G.H.
Astronomy and Astrophysics, volume 85, 356-358 (1980)
A search for planetary nebulae on the »POSS".
DENGEL J., HARTL H. and WEINBERGER R.

Mon. Not. R. Astron. Soc., 489, 3492-3505 (2019/November-1)
The sub-mm variability of IRC+10216 and o Ceti.
DHARMAWARDENA T.E., KEMPER F., WOUTERLOOT J.G.A., SCICLUNA P., MARSHALL J.P. and WALLSTROM S.H.J.

Astron. J., 155, 105-105 (2018)
GTC/CanariCam Mid-IR imaging of the fullerene-rich planetary nebula IC 418: searching for the spatial distribution of fullerene-like molecules.
DIAZ-LUIS J.J., GARCIA-HERNANDEZ D.A., MANCHADO A., GARCIA-LARIO P., VILLAVER E. and GARCIA-SEGURA G.

Mon. Not. R. Astron. Soc., 470, 839-864 (2017/September-1)
IFU spectroscopy of southern planetary nebulae IV: a physical model for IC 418.
DOPITA M.A., ALI A., SUTHERLAND R.S., NICHOLLS D.C. and AMER M.A.

Astrophys. J., 347, 910-914 (1989/December-1)
The nebula around EGB 6/PG 0950+139 : evidence for ablation of a Jovian planet?
DOPITA M.A. and LIEBERT J.

Sov. Astron., 17, 749-752 (1974)
Interferometry and sspectroscopy of the planetary nebula NGC 2474-75.
DOROSHENKO V.T. and KOLOTILOV E.A.

Mon. Not. R. Astron. Soc., 448, 3132-3155 (2015/April-3)
The binary fraction of planetary nebula central stars - II. A larger sample and improved technique for the infrared excess search.
DOUCHIN D., DE MARCO O., FREW D.J., JACOBY G.H., JASNIEWICZ G., FITZGERALD M., PASSY J.-C., HARMER D., HILLWIG T. and MOE M.

Astrophys. J., 270, L13-L15 (1983)
The spectra of 12 new subluminous O stars.
DRILLING J.S.

Mitt. Astron. Gesellschaft, 62, 251 (1984)
LSS 2018 - a new binary central star.
DRILLING J.S.

Astrophys. J., 294, L107-L111 (1985)
LSS 2018 : a double-lined spectroscopic binary central star with an extremely large reflection effect.
DRILLING J.S.

Publ. Astron. Soc. Pac., 96, 283-286 (1984)
A search for faint planetary nebulae on Palomar Sky Survey prints.
ELLIS G.L., GRAYSON E.T. and BOND H.E.

Astronomy and Astrophysics, volume 431, 215-221 (2005/2-3)
Photoionization models of roughly circular Galactic planetary nebulae in the thick disk.
EMPRECHTINGER M., RAUCH T. and KIMESWENGER S.

Mon. Not. R. Astron. Soc., 354, 558-574 (2004/October-3)
Observations and three-dimensional photoionization modelling of the Wolf-Rayet planetary nebula NGC 1501.
ERCOLANO B., WESSON R., ZHANG Y., BARLOW M.J., DE MARCO O., RAUCH T. and LIU X.-W.

Mon. Not. R. Astron. Soc., 110, 429-439 (1950)
A photographic survey of bright southern planetary nebulae.
EVANS D.S. and THACKERAY A.D.

Mon. Not. R. Astron. Soc., 341, 1349-1359 (2003/June-1)
The planetary nebula K 1-2 and its binary central star VW Pyx.
EXTER K.M., POLLACCO D.L. and BELL S.A.

Astrophys. J., 797, 100 (2014/December-3)
Expansion of hydrogen-poor knots in the born-again planetary nebulae A30 and A78.
FANG X., GUERRERO M.A., MARQUEZ-LUGO R.A., TOALA J.A., ARTHUR S.J., CHU Y.-H., BLAIR W.P., GRUENDL R.A., HAMANN W.-R., OSKINOVA L.M., et al.

Astrophys. J., Suppl. Ser., 109, 481-488 (1997/April-0)
The IUE spectrum of the ``O VI sequence'' planetary nebula IC 2003.
FEIBELMAN W.A.

Astrophys. J., Suppl. Ser., 114, 263-267 (1998/January-0)
The complex IUE spectrum of the ``O vi sequence'' planetary nebula NGC 2867.
FEIBELMAN W.A.

Publ. Astron. Soc. Pac., 110, 923-933 (1998/August-0)
Is the galactic halo planetary nebula PN G243-37.1 an ``O VI sequence'' variable object?.
FEIBELMAN W.A.

Publ. Astron. Soc. Pac., 112, 861-866 (2000/June-0)
IUE spectra and emission-line fluxes for eight planetary nebulae.
FEIBELMAN W.A.

Astrophys. J., 426, 653-663 (1994/May-1)
Spectrum of IC 2149 and its central star.
FEIBELMAN W.A., HYUNG S. and ALLER L.H.

Mon. Not. R. Astron. Soc., 278, 625-634 (1996)
The spectrum of the planetary nebula IC 351.
FEIBELMAN W.A., HYUNG S. and ALLER L.H.

Astrophys. J., 245, 131-137 (1981)
Sharpless 216: a curious emission-line nebula.
FESEN R.A., BLAIR W.P. and GULL T.R.

L'astronomie, 129, part no 2, 42-49 (2015)
Le bilan des decouvertes par les amateurs en France.
FERRERO L., LE DU P., MULATO L., OUTTERS N., ZOLL S. and ACKER A.

Astronomy and Astrophysics, volume 176, L13-16 (1987)
IRAS 09371+1212: an icy evolved, mass-losing star with a unique IR spectrum.
FORVEILLE T., MORRIS M., OMONT A. and LIKKEL L.

Astrophys. J., 935, L35 (2022/August-3)
The Planetary Nebula in the 500 Myr Old Open Cluster M37.
FRAGKOU V., PARKER Q.A., ZIJLSTRA A.A., VAZQUEZ R., SABIN L. and RECHY-GARCIA J.S.

Astron. Astrophys., Suppl. Ser., 56, 325-331 (1984)
A study of suspected planetary nebulae.
FREDRICK L.W. and WEST R.M.

Mon. Not. R. Astron. Soc., 431, 2-26 (2013/May-1)
A catalogue of integrated H{alpha} fluxes for 1258 Galactic planetary nebulae.
FREW D.J., BOJICIC I.S. and PARKER Q.A.

Astrophys. J., 676, 402-407 (2008/March-3)
The planetary nebula NGC 1360: a test case of magnetic collimation and evolution after the fast wind.
GARCIA-DIAZ M.T., LOPEZ J.A., GARCIA-SEGURA G., RICHER M.G. and STEFFEN W.

Astrophys. J., 761, 172 (2012/December-3)
A detailed morpho-kinematic model of the eskimo, NGC 2392: a unifying view with the cat's eye and Saturn planetary nebulae.
GARCIA-DIAZ MA.T., LOPEZ J.A., STEFFEN W. and RICHER M.G.

Mon. Not. R. Astron. Soc., 479, 3909-3922 (2018/September-3)
The Owl and other strigiform nebulae: multipolar cavities within a filled shell.
GARCIA-DIAZ M.T., STEFFEN W., HENNEY W.J., LOPEZ J.A., GARCIA-LOPEZ F., GONZALEZ-BUITRAGO D. and AVILES A.

Astrophys. J., 526, 854-861 (1999/December-1)
Optical and infrared observations of the bipolar proto-planetary nebula Henize 401.
GARCIA-LARIO P., RIERA A. and MANCHADO A.

Astron. J., 95, 119-129 (1988)
Spectroscopic observations of the high-ionization planetary nebula NGC 2242 and the H II region K 4-45.
GARNETT D.R. and DINERSTEIN H.L.

Research Notes of the AAS, 5, 269 (2021/November-0)
A TESS Detection of Candidate Double White Dwarf Binary with a 3.54 days Period.
GARZA NAVARRO N. and WILSON D.J.

Izv. Krym. Astrofiz. Obs., 7, 93-98 (1951)
Second list of diffuse nebulae.
GAZE V.F. and SHAJN G.A.

Mon. Not. R. Astron. Soc., 210, 683-691 (1984)
The C/O abundance ratio in the planetary nebula IC 2501.
GOHARJII A. and ADAMS S.

Astron. J., 128, 1711-1715 (2004/October-0)
Physical structure of planetary nebulae. III. The large and evolved NGC 1360.
GOLDMAN D.B., GUERRERO M.A., CHU Y.-H. and GRUENDL R.A.

Mon. Not. R. Astron. Soc., 496, 959-973 (2020/July-3)
Planetary nebulae with Wolf-Rayet-type central stars - I. The case of the high-excitation NGC 2371.
GOMEZ-GONZALEZ V.M.A., TOALA J.A., GUERRERO M.A., TODT H., SABIN L., RAMOS-LARIOS G. and MAYYA Y.D.

Mon. Not. R. Astron. Soc., 453, 4175-4184 (2015/November-2)
Morpho-kinematics of the planetary nebula NGC 3242: an analysis beyond its multiple-shell structure.
GOMEZ-MUNOZ M.A., BLANCO CARDENAS M.W., VAZQUEZ R., ZAVALA S., GUILLEN P.F. and AYALA S.

Astrophys. J., 885, 84-84 (2019/November-1)
The central star of NGC 2346 as a clue to binary evolution through the common envelope phase.
GOMEZ-MUNOZ M.A., MANCHADO A., BIANCHI L., MANTEIGA M. and VAZQUEZ R.

Thesis
Planetary Nebulae Associated with Galactic Star Clusters
DIAZ D.

Astronomy and Astrophysics, volume 626A, 10-10 (2019/6-1)
Solving the distance discrepancy for the open cluster NGC 2453. The planetary nebula NGC 2452 is not a cluster member.
GONZALEZ-DIAZ D., MONI BIDIN C., SILVA-VILLA E., CARRARO G., MAJAESS D., MOITINHO A., ORQUERA-ROJAS C., MORALES MARIN C.A.L. and MORALES-CAMPANA E.

Astronomy and Astrophysics, volume 644A, 173-173 (2020/12-1)
Wide binaries in planetary nebulae with Gaia DR2.
GONZALEZ-SANTAMARIA I., MANTEIGA M., MANCHADO A., GOMEZ-MUNOZ M.A., ULLA A. and DAFONTE C.

Astronomy and Astrophysics, volume 656A, 51-51 (2021/12-1)
Planetary nebulae in Gaia EDR3: Central star identification, properties, and binarity.
GONZALEZ-SANTAMARIA I., MANTEIGA M., MANCHADO A., ULLA A., DAFONTE C. and LOPEZ VARELA P.

Astrophys. J., 289, 342-355 (1985)
M 4-18: a young cool planetary nebula.
GOODRICH R.W. and DAHARI O.

Bull. American Astron. Soc., 19, 643 (1987)
The close-binary nucleus of the planetary nebula HFG 1.
GRAUER A.D., BOND H.E., CIARDULLO R. and FLEMING T.A.

Astrophys. J., 909, 44-44 (2021/March-1)
Tomography of the unique ongoing jet in the planetary nebula NGC 2392.
GUERRERO M.A., CAZZOLI S., RECHY-GARCIA J.S., RAMOS-LARIOS G., MONTORO-MOLINA B., GOMEZ-GONZALEZ V.M.A., TOALA J.A. and FANG X.

Astrophys. J., 507, 889-908 (1998/November-2)
On the kinematics of multiple-shell planetary nebulae. I. Data and expansion velocities.
GUERRERO M.A., VILLAVER E. and MANCHADO A.

Astrophys. J., 660, 1282-1288 (2007/May-2)
The Spitzer IRS infrared spectrum and abundances of the planetary nebula IC 2448.
GUILES S., BERNARD-SALAS J., POTTASCH S.R. and ROELLIG T.L.
Mon. Not. R. Astron. Soc., 406, 626-633 (2010/July-3)
Binary [WR] and wels central stars of planetary nebulae.
HAJDUK M., ZIJLSTRA A.A. and GESICKI K.

IAU Inform. Bull. Var. Stars, 4283, 1-3 (1996)
Three new variable planetary nebula central stars : M 2-54, M 4-18 and NGC 2392.
HANDLER G.

Astronomy and Astrophysics, volume 320, 125-135 (1997/4-1)
Variable central stars of young planetary nebulae. I. Photometric multisite observations of IC 418.
HANDLER G., MENDEZ R.H., MEDUPE R., COSTERO R., BIRCH P.V., ALVAREZ M., SULLIVAN D.J., KURTZ D.W., HERRERO A., GUERRERO M.A., et al.

Astrophys. J., 172, 583-589 (1972)
Interferometer positions of eighteen OH emission sources.
HARDEBECK E.G.

Mon. Not. R. Astron. Soc., 348, 1047-1054 (2004/March-1)
J320 (PN G190.3-17.7) as a poly-polar planetary nebula surrounded by point-symmetric knots.
HARMAN D.J., BRYCE M., LOPEZ J.A., MEABURN J. and HOLLOWAY A.J.

Mon. Not. R. Astron. Soc., 342, 823-829 (2003/July-1)
Morphology, kinematics and modelling of the elliptical planetary nebula Sa 2-21.
HARMAN D.J., BRYCE M., REDMAN M.P. and HOLLOWAY A.J.

Bol. Obs. Tonantz. Tacub., 1, part no 8, 3-18 (1953)
Nuevas estrellas con emission en las regiones obscuras del Toro-Auriga-Orion investigadas por Joy.
HARO G., IRIARTE B. and CHAVIRA E.

Mitt. Astron. Gesellschaft, 60, 325-327 (1983)
Alte Planetarische Nebel : neue Kandidaten.
HARTL H., DENGEL J. and WEINBERGER R.

Astron. Astrophys., Suppl. Ser., 69, 519-525 (1987)
Planetary nebulae of low surface brightness : gleanings from the »POSS".
HARTL H. and WEINBERGER R.

Mon. Not. R. Astron. Soc., 277, 125-142 (1995)
Visual search for galaxies near the northern crossing of the Supergalactic Plane by the Milky Way.
HAU G.K.T., FERGUSON H.C., LAHAV O. and LYNDEN-BELL D.

Mon. Not. R. Astron. Soc., 245, 759 (1990)
The binary A 2925 in the red rectangle.
HEINTZ W.D.

Publ. Astron. Soc. Pac., 93, 435-436 (1981)
The spectrum of planetary nebula K 1-27.
HENIZE K.G. and FAIRALL A.P.

Publ. Astron. Soc. Pac., 116, 391-396 (2004/May-0)
A far-ultraviolet spectroscopic analysis of the central star of the planetary nebula Longmore 1.
HERALD J.E. and BIANCHI L.

Astron. Astrophys., Suppl. Ser., 31, 15-54 (1978)
The ESO/ Uppsala survey of the ESO (B) atlas of the southern sky. V.
HOLMBERG E.B. , LAUBERTS A., SCHUSTER H.E., WEST R.M.

Bull. American Astron. Soc., 27, 1403 (1995)
A detailed abundance analysis of nine halo planetary nebulae.
HOWARD J.W., HENRY R.B.C. and McCARTNEY S.

Astrophys. J., 688, 327-343 (2008/November-3)
A study of H_2_ emission in three bipolar proto-planetary nebulae: IRAS 16594-4656, Hen 3-401, and Rob 22.
HRIVNAK B.J., SMITH N., SU K.Y.L. and SAHAI R.

Research in Astron. and astroph., 20, 107-107 (2020/July-0)
Discovery of extended structures around two evolved planetary nebulae M 2-55 and Abell 2.
HSIA C.-H., ZHANG Y., ZHANG X.-L. and LUO T.

Astronomy and Astrophysics, volume 193, 273-280 (1988)
Narrow-band imagery of three planetary nebulae : A2, IC 289 and M 1-75.
HUA C.T.

Astron. J., 92, 853-858 (1986)
Small-scale study of the planetary nebula IC 351.
HUA C.T. and GRUNDSETH B.

Astron. Astrophys., Suppl. Ser., 101, 541-550 (1993)
Faint halos around compact planetary nebulae.
HUA C.T., GRUNDSETH B. and MAUCHERAT A.-J.

Astron. Astrophys., Suppl. Ser., 138, 275-297 (1999/August-0)
Monochromatic morphologies of Abell planetary nebulae.
HUA C.T. and KWOK S.

Astronomy and Astrophysics, volume 117, 272-276 (1983)
Morphological study of three Abell's planetary nebulae: A 33, A 36, and A 79.
HUA C.T. and NGUYEN-TRONG T.

Astrophys. J., 820, 134 (2016/April-1)
The shaping of the multipolar pre-planetary nebula CRL 618 by multidirectional bullets.
HUANG P.-S., LEE C.-F., MORAGHAN A. and SMITH M.

Publ. Astron. Soc. Pac., 33, 175-175 (1921)
Two new planetary nebulae.
HUMASON M.L.

Astronomy and Astrophysics, volume 178, 227-236 (1987)
Two senile nearby planetary nebulae and the local planetary nebulae population.
ISHIDA K. and WEINBERGER R.

Publ. Astron. Soc. Pac., 91, 754-760 (1979)
Unusual structure in the planetary nebulae Abell 30 and Abell 78.
JACOBY G.H.

Mon. Not. R. Astron. Soc., 506, 5223-5246 (2021/October-1)
Binary central stars of planetary nebulae identified with Kepler/K2.
JACOBY G.H., HILLWIG T.C., JONES D., MARTIN K., DE MARCO O., KRONBERGER M., HUROWITZ J.L., CROCKER A.F. and DEY J.

Astron. J., 98, 1662-1671 (1989)
Magnitudes of central stars in optically thick planetary nebulae.
JACOBY G.H. and KALER J.B.

Astron. Astrophys., Suppl. Ser., 215, 45424 (2010)
Searching for Faint Planetary Nebulae Using Digital Sky Surveys
JACOBY, G.;KRONBERGER, M.;PATCHICK, D.

Astrophys. J., 121, 604-610 (1955)
Symmetric galactic nebulae.
JOHNSON H.M.

Astrophys. J., 163, 151-153 (1971)
Observation and classification of the nebula YM 29.
JOHNSON H.M. and RUBIN R.H.

Astron. Nachr. 194, 47 (1913/03)
Une étoile double nébuleuse
JONCKHEERE, R.

The Observatory, 39, 134-135 (1916)
A new stellar nebula.
JONCKHEERE R.

Astronomy and Astrophysics, volume 562A, 89-89 (2014/2-1)
The post-common-envelope, binary central star of the planetary nebula Hen 2-11.
JONES D., BOFFIN H.M.J., MISZALSKI B., WESSON R., CORRADI R.L.M. and TYNDALL A.A.

Mon. Not. R. Astron. Soc., 482, L75-L79 (2019/January-1)
The short orbital period binary star at the heart of the planetary nebula M 3-1.
JONES D., BOFFIN H.M.J., SOWICKA P., MISZALSKI B., RODRIGUEZ-GIL P., SANTANDER-GARCIA M. and CORRADI R.L.M.

Astronomy and Astrophysics, volume 600, L9-9 (2017/4-1)
The long-period binary central stars of the planetary nebulae NGC 1514 and LoTr 5.
JONES D., VAN WINCKEL H., ALLER A., EXTER K. and DE MARCO O.

Bulletin Harvard Observatory 11, 911 (1939)
A Large New Planetary Nebula
JONES, R. B.;EMBERSON, R.

Astronomy and Astrophysics, volume 376, 484-488 (2001/9-3)
A disrupted molecular ring in planetary nebula G119.3+00.3 (BV 5-1).
JOSSELIN E. and BACHILLER R.

Astrophys. J., 290, 531-541 (1985)
Spectrophotometry of 12 planetary nebulae.
KALER J.B.

Astron. J., 96, 1407-1414 (1988)
The highly enriched planetary nebula BV-1.
KALER J.B., CHU Y.-H. and JACOBY G.H.

Publ. Astron. Soc. Pac., 103, 67-78 (1991)
PB 6 and its central star.
KALER J.B., SHAW R.A., FEIBELMAN W.A. and IMHOFF C.L.

Astronomy and Astrophysics, volume 279, 529-535 (1993)
NGC 2371 : a high excitation planetary nebula with an O IV nucleus.
KALER J.B., STANGHELLINI L. and SHAW R.A.

Publ. Astron. Soc. Jap., 53, 901-903 (2001)
The 1996-1997 fading of V651 Monocerotis, the binary central star of the planetary nebula NGC 2346.
KATO T., NOGAMI D. and BABA H.

Mon. Not. R. Astron. Soc., 442, 1379-1395 (2014/August-1)
UV spectral analysis of very hot H-deficient [WCE]-type central stars of planetary nebulae: NGC 2867, NGC 5189, NGC 6905, Pb 6 and Sand 3.
KELLER G.R., BIANCHI L. and MACIEL W.J.

Publ. Astron. Soc. Pac., 112, 542-554 (2000/April-0)
Investigating new planetary nebulae in the southern hemisphere.
KERBER F., FURLAN E., ROTH M., GALAZ G., CHANAME J.C. and STUDENTS OF THE ANDES-CARNEGIE ASTRONOMY SUMMER SCHOOL.

Astron. Gesellschaft Abstract Ser., 10, 172 (1994)
Newly detected galactic planetary nebulae (PNe)
KERBER F., LERCHER G., SAURER W., SEEBERGER R. and WEINBERGER R.

Astron. Astrophys., Suppl. Ser., 130, 501-506 (1998/June-2)
New evolved Planetary Nebulae in the Southern Hemisphere.
KERBER F., ROTH M., MANCHADO A. and GROEBNER H.

Mon. Not. R. Astron. Soc., 391, 399-404 (2008/November-3)
AAOmega radial velocities rule out current membership of the planetary nebula NGC 2438 in the open cluster M46.
KISS L.L., SZABO GY.M., BALOG Z., PARKER Q.A. and FREW D.J.

Astronomy and Astrophysics, volume 345, 905-914 (1999/5-3)
The peculiar post-AGB supergiant IRAS 04296+3429: optical spectroscopy and its spectral energy distribution.
KLOCHKOVA V.G., SZCZERBA R., PANCHUK V.E. and VOLK K.

Astronomy and Astrophysics, volume 122, 95-104 (1983)
Models of the planetary nebulae IC 2003, NGC 3242, 6210 and 7009 : constraints on the ionizing radiation of the central star.
KOEPPEN J.

Bull. Astron. Inst. Czech., 13, 120 (1962)
New planetary nebulae.
KOHOUTEK L.

Bull. Astron. Inst. Czech., 14, 70-74 (1963)
New planetary nebulae.
KOHOUTEK L.

Astronomy and Astrophysics, volume 16, 291-300 (1972)
Hamburg Schmidt camera survey of faint planetary nebulae. Cygnus-Perseus region.
KOHOUTEK L.

Astronomy and Astrophysics, volume 59, 137-139 (1977)
New southern planetary nebulae.
KOHOUTEK L.

Astronomy and Astrophysics, volume 61, 761-763 (1977)
Central star of NGC 3132: a visual binary.
KOHOUTEK L. and LAUSTSEN S.

Mon. Not. R. Astron. Soc., 201, 21-26 (1982)
Study of planetary nebula K 1-2 and its variable nucleus.
KOHOUTEK L. and SCHNUR G.F.O.

Mem. Soc. R. Sci. Liege, 5, 485 (1973)
Nature of the central star of NGC 2346.
KOHOUTEK L. and SENKBEIL G.

Astronomy and Astrophysics, volume 411, 477-480 (2003/12-1)
Planetary nebula K1-9.
KONDRATYEVA L.N. and DENISYUK E.K.

Astrophys. J., 740, 27 (2011/October-2)
Morphology of the red rectangle proto-planetary nebula.
KONING N., KWOK S. and STEFFEN W.

Astronomy and Astrophysics, volume 335, 277-280 (1998/7-1)
HST photometry of the stars near the center of PN NGC 650.
KOORNNEEF J. and POTTASCH S.R.

APN Conf. 48 (2014)
New Planetary Nebulae and Candidates from Multicolour Multiwavelength Surveys
KRONBERGER, M.;JACOBY, G. H.;ACKER, A.

Astronomy and Astrophysics, volume 319, 161-165 (1997/3-1)
Photometric observations of the nucleus of IC 418.
KUCZAWSKA E., WLODARCZYK K. and ZOLA S.

Astron. J., 96, 997-1000 (1988)
Identification of faint central stars in extended, low-surface-brightness planetary nebulae.
KWITTER K.B., JACOBY G.H. and LYDON T.J.

131st Symposium of the IAU held in Mexico City, Mexico, October 5-9, 1987. Ed S. Torres-Peimbert. Planetary Nebulae, 131, 545-554 (1989)
White dwarfs and planetary central stars.
LIEBERT J.

Publ. Astron. Soc. Pac., 100, 187L (1988/02)
The Nucleus of the Planetary Nebula VV 47: Similarities with the Pulsating PG 1159-035/K1-16 Variables
LIEBERT, J.;FLEMING, T. A.;GREEN, R. F.and 1 more

Bull. American Astron. Soc., 18, 963 (1986)
Mass loss from evolved stars : CO and OH observations of cold IRAS objects.
LIKKEL L. and MORRIS M.

Mon. Not. R. Astron. Soc., 178, 251-257 (1977)
New and known planetary nebulae on plates taken with the U.K. 1,2 m Schmidt telescope.
LONGMORE A.J.

Mon. Not. R. Astron. Soc., 193, 521-524 (1980)
A second list of new planetary nebulae found on United Kingdom 1.2m Schmidt telescope plates.
LONGMORE A.J. and TRITTON S.B.

Astrophys. J., 493, 803-810 (1998/February-1)
The morphology and kinematics of the complex polypolar planetary nebula NGC 2440.
LOPEZ J.A., MEABURN J., BRYCE M. and HOLLOWAY A.J.

Bull. American Astron. Soc., 19, 1090 (1987)
The morphology and physical characteristics of A 14.
LUTZ J.H. and KALER J.B.

Astrophys. J., Suppl. Ser., 128, 321-334 (2000/May-0)
The complex environment of the high-excitation planetary nebula NGC 3242.
MEABURN J., LOPEZ J.A. and NORIEGA-CRESPO A.

Astrofizika, 19, 371-373 (1983)
On the nature of GL Tauri.
MAGHAKIAN T.Y.

Publ. Astron. Soc. Pac., 119, 1349-1360 (2007/December-0)
In search of possible associationss between planetary nebulae and open clusters.
MAJAESS D.J. and TURNER D.G.

155th Symposium of the IAU, held in Innsbruck, Austria, July 13-17, 1992. Ed. R. Weinberger and A. Acker. »Planetary Nebulae", 155, 393 (1993)
Observational studies of close binary central stars of planetary nebulae: HFG 1 and A 63.
MALASAN H.L. and YAMASAKI A.

Astron. Astrophys., Suppl. Ser., 114, 537-548 (1995/December-2)
A deep BVI photometric study of the open cluster NGC 2453.
MALLIK D.C.V., SAGAR R. and PATI A.K.

Astronomy and Astrophysics, volume 458, 203-212 (2006/10-4)
The "Principes de Asturias" nebula: a new quadrupolar planetary nebula from the IPHAS survey.
MAMPASO A., CORRADI R.L.M., VIIRONEN K., LEISY P., GREIMEL R., DREW J.E., BARLOW M.J., FREW D.J., IRWIN J., MORRIS R.A.H., et al.

Astrophys. J., 808, 115 (2015/August-1)
High-resolution imaging of NGC 2346 with GSAOI/GeMS: disentangling the planetary nebula molecular structure to understand its origin and evolution.
MANCHADO A., STANGHELLINI L., VILLAVER E., GARCIA-SEGURA G., SHAW R.A. and GARCIA-HERNANDEZ D.A.

Astronomy and Astrophysics, volume 218, 213-215 (1989)
Optical observations of the »frosty" Leo nebula (IRAS 09371+1212).
MAURON N., LE BORGNE J.-F. and PICQUETTE M.

Rev. Mex. Astron. Astrofis., 42, 53-74 (2006)
Galactic planetary nebulae with Wolf-rayet nuclei III. Kinematical analysis of a large sample of nebulae.
MEDINA S., PENAA M., MORISSET C. and STASINSKA G.

Astrophys. J., 829, 73-73 (2016/October-1)
The two central stars of NGC 1514: can they actually be related?
MENDEZ R.H., KUDRITZKI R.-P. and URBANEJA M.A.

Mon. Not. R. Astron. Soc., 178, 409-414 (1977)
The central star of NGC 1360: a spectroscopic binary within a planetary nebula.
MENDEZ R.H. and NIEMELA V.S.

Astrophys. J., 250, 240-247 (1981)
The binary central star of NGC 2346 and the extinction puzzle.
MENDEZ R.H. and NIEMELA V.S.

Astronomy and Astrophysics, volume 393, 867-885 (2002/10-3)
Properties of the close binary and circumbinary torus of the Red Rectangle.
MEN'SHCHIKOV A.B., SCHERTL D., TUTHILL P.G., WEIGELT G. and YUNGELSON L.R.

Mon. Not. R. Astron. Soc., 473, 2275-2287 (2018)
SALT HRS discovery of a long-period double-degenerate binary in the planetary nebula NGC 1360.
MISZALSKI B., MANICK R., MIKOLAJEWSKA J., ILKIEWICZ K., KAMATH D. and VAN WINCKEL H.

Astrophys. J., 537, 853-860 (2000/July-2)
Morphology and kinematics of planetary nebulae. II. A diabolo model for NGC 3132.
MONTEIRO H., MORISSET C., GRUENWALD R. and VIEGAS S.M.

Astrophys. J., 721, 1820-1828 (2010/October-1)
X-ray emission from the binary central stars of the planetary nebulae HFG 1, DS 1, and LoTr 5.
MONTEZ R., DE MARCO O., KASTNER J.H. and CHU Y.-H.

Astronomy and Astrophysics, volume 507, 1517-1530 (2009/12-1)
A self-consistent stellar and 3D nebular model of planetary nebula IC 418.
MORISSET C. and GEORGIEV L.

Publ. Astron. Soc. Pac., 102, 446-453 (1990)
The optical form of the bipolar preplanetary nebula IRAS 09371+1212.
MORRIS M. and REIPURTH B.

Astron. J., 126, 2963-2970 (2003/December-0)
A spatiokinematic study of the planetary nebula NGC 1514.
MUTHU C. and ANANDARAO B.G.

Astronomy and Astrophysics, volume 355, 1098-1102 (2000/3-3)
A spatio-kinematic study of the interaction of the planetary nebula NGC 246 with the interstellar medium.
MUTHU C., ANANDARAO B.G. and POTTASCH S.R.

Astrophys. J., 640, 353-359 (2006/March-3)
Subarcsecond mid-infrared imaging of dust in the bipolar nebula Hen 3-401.
MUTHUMARIAPPAN C., KWOK S. and VOLK K.

Acta Astron., 43, 343-352 (1993)
White dwarfs in old planetary nebulae.
NAPIWOTZKI R.

Astronomy and Astrophysics, volume 350, 101-119 (1999/10-1)
Spectroscopic investigation of old planetaries. IV. Model atmosphere analysis.
NAPIWOTZKI R.

Astronomy and Astrophysics, volume 565A, 87-87 (2014/5-1)
Ionization structure of multiple-shell planetary nebulae. I. NGC 2438.
OETTL S., KIMESWENGER S. and ZIJLSTRA A.A.

Rev. Mex. Astron. Astrofis. Serie de Conf., 12, 172-172 (2002)
Physical conditions and chemical structure of the PNe NGC 2440 and NGC 2371-72.
OLGUIN L., VAZQUEZ R., COOK R. and BENITEZ G.

Mon. Not. R. Astron. Soc., 511, 4774-4800 (2022/April-3)
Seimei KOOLS-IFU mapping of the gas and dust distributions in Galactic planetary nebulae: the case of IC 2165.
OTSUKA M.

Mon. Not. R. Astron. Soc., 491, 2959-2981 (2020/January-2)
Physical properties of the fluorine and neutron-capture element-rich PN Jonckheere 900.
OTSUKA M. and HYUNG S.

Mon. Not. R. Astron. Soc., 437, 2577-2593 (2014/January-3)
Physical properties of fullerene-containing Galactic planetary nebulae.
OTSUKA M., KEMPER F., CAMI J., PEETERS E. and BERNARD-SALAS J.

Astron. J., 123, 2666-2675 (2002/May-0)
Hubble space telescope expansion parallaxes of the planetary nebulae NGC 6578, NGC 6884, NGC 6891, and IC 2448.
PALEN S., BALICK B., HAJIAN A.R., TERZIAN Y., BOND H.E. and PANAGIA N.

Bol. Obs. Tonantz. Tacub., 2, part no 19, 19-20 (1960)
Nuevas nebulosas planetarias.
PEIMBERT M. and BATIZ G.

Rev. Mex. Astron. Astrofis., 28, 165-171 (1994)
New interpretations on the variations of V651 Mon.
PENA J.H. and HOBART M.A.

Astrophys. J., 504, L103-L108 (1998/September-2)
The variable central star of PN G243.8-37.1.
PENA M. and RUIZ M.T.

Astronomy and Astrophysics, volume 237, 454 (1990)
A newly discovered carbon-poor planetary nebula : PN 242-37.1
PENA M., RUIZ M.T., TORRES-PEIMBERT S. and MAZA J.

Astronomy and Astrophysics, volume 265, 757-766 (1992)
Ultraviolet and optical spectra of central stars of halo planetary nebulae.
PENA M., TORRES-PEIMBERT S. and RUIZ M.T.

Bull. Astron. Inst. Czech., 11, 256 (1960)
New planetary nebulae.
PEREK L.

Astrophys. J., 771, 114 (2013/July-2)
The deceleration of nebular shells in evolved planetary nebulae.
PEREYRA M., RICHER M.G. and LOPEZ J.A.

Rev. Mex. Astron. Astrofis., 43, 303-308 (2007)
A 1.4 GHz and 14.7 GHz analysis of density gradients in galactic planetary nebulae.
PHILLIPS J.P.

Astron. Astrophys., Suppl. Ser., 133, 381-386 (1998/December-2)
The density and shock characteristics of NGC 2818.
PHILLIPS J.P. and CUESTA L.

Astrophys. J., 19, 287-289 (1904)
Stars having peculiar spectra.
PICKERING E.C., FLEMING W.P., BRESLIN S.E., CANNON A.J., DUNNE J.A., KING E.S. and WELLS L.D.

Astrophys. J., 22, 87-90 (1905)
Stars having peculiar spectra.
PICKERING E.C. and FLEMING W.P.

Astrophys. J., 23, 257-261 (1906)
Star having peculiar spectra. Thirteen new variable stars.
PICKERING E.C. and FLEMING W.P.

Publications - Astron. Soc. Australia, 21, 334-343 (2004)
PFP 1 : a large planetary nebula caught in the first stages of ISM interaction.
PIERCE M.J., FREW D.J., PARKER Q.A. and KOEPPEN J.

Astronomy and Astrophysics, volume 436, 953-965 (2005/6-4)
Abundances of planetary nebulae NGC 2022, NGC 6818 and IC 4191.
POTTASCH S.R., BEINTEMA D.A. and FEIBELMAN W.A.

Astronomy and Astrophysics, volume 423, 593-605 (2004/8-4)
Abundances of Planetary Nebulae IC 418, IC 2165 and NGC 5882.
POTTASCH S.R., BERNARD-SALAS J., BEINTEMA D.A. and FEIBELMAN W.A.

Astronomy and Astrophysics, volume 481, 393-400 (2008/4-2)
Abundances of planetary nebula NGC 2392.
POTTASCH S.R., BERNARD-SALAS J. and ROELLIG T.L.

Astronomy and Astrophysics, volume 531A, 23-23 (2011/7-1)
Abundances in planetary nebulae: NGC 1535, NGC 6629, He 2-108, and Tc 1.
POTTASCH S.R., SURENDIRANATH R. and BERNARD-SALAS J.

Astronomy and Astrophysics, volume 502, 189-197 (2009/7-4)
Abundances in planetary nebulae: NGC 2792.
POTTASCH S.R., SURENDIRANATH R., BERNARD-SALAS J. and ROELLIG T.L.

Astronomy and Astrophysics, volume 70, 589-590 (1978)
A new planetary nebula of very low surface brightness near the galactic anticenter.
PURGATHOFER A.

Astronomy and Astrophysics, volume 88, 275-276 (1980)
A new faint planetary nebula behind the H II region S 232 and close to the galactic anticenter.
PURGATHOFER A.

Astronomy and Astrophysics, volume 87, L5-6 (1980)
A huge new nearby planetary nebula.
PURGATHOFER A. and WEINBERGER R.

Astronomy and Astrophysics, volume 369, 1088-1103 (2001/4-3)
3-D ionization structure (in stereoscopic view) of planetary nebulae: the case of NGC 1501.
RAGAZZONI R., CAPPELLARO E., BENETTI S., TURATTO M. and SABBADIN F.

Mon. Not. R. Astron. Soc., 475, 932-941 (2018/March-3)
The interaction of the halo around the butterfly planetary nebula NGC 650-1 with the interstellar medium.
RAMOS-LARIOS G., GUERRERO M.A., NIGOCHE-NETRO A., OLGUIN L., GOMEZ-MUNOZ M.A., SABIN L., VAZQUEZ R., AKRAS S., RAMIREZ VELEZ J.C. and CHAVEZ M.

Mon. Not. R. Astron. Soc., 425, 1091-1103 (2012/September-2)
The structure of the planetary nebula NGC 2371 in the visible and mid-infrared.
RAMOS-LARIOS G. and PHILLIPS J.P.

Mon. Not. R. Astron. Soc., 411, 1245-1257 (2 011/February-3)
The halo and rings of the planetary nebula NGC 40 in the mid-infrared.
RAMOS-LARIOS G., PHILLIPS J.P. and CUESTA L.C.

Mon. Not. R. Astron. Soc., 387, 415-426 (2008/June-2)
The emission and kinematic structures of the bipolar planetary nebula M 1-8.
RAMOS-LARIOS G., PHILLIPS J.P., RICHER M.G. and KEMP S.N.

Mon. Not. R. Astron. Soc., 423, 3753-3760 (2012/July-2)
Discovery of multiple shells around the planetary nebula IC 418.
RAMOS-LARIOS G., VAZQUEZ R., GUERRERO M.A., OLGUIN L., MARQUEZ-LUGO R.A. and BRAVO-ALFARO H.

Astrophys. J., 945, 11 (2023/March-1)
UOCS-IX. AstroSat/UVIT Study of the Open Cluster NGC 2818: Blue Stragglers, Yellow Stragglers, Planetary Nebula, and their Membership.
RANI S., PANDEY G., SUBRAMANIAM A. and RAO N.K.

Astronomy and Astrophysics, volume 609, L1-1 (2018/1-1)
Planetary nebulae with UVIT: Far ultra-violet halo around the Bow Tie nebula (NGC 40).
RAO N.K., SUTARIA F., MURTHY J., KRISHNA S., MOHAN R. and RAY A.

Mon. Not. R. Astron. Soc., 475, 3896-3908 (2018/April-2)
Stellar parameters for the central star of the planetary nebula PRTM 1 using the German Astrophysical Virtual Observatory service TheoSSA.
RAUCH T., DEMLEITNER M., HOYER D. and WERNER K.

Astronomy and Astrophysics, volume 347, 169-177 (1999/7-1)
Classification and spectral analysis of faint central stars of highly excited planetary nebulae.
RAUCH T., KOEPPEN J., NAPIWOTZKI R. and WERNER K.

Astronomy and Astrophysics, volume 286, 543-554 (1994/6-2)
Spectral analysis of the planetary nebula K 1-27 and its very hot hydrogen-deficient central star.
RAUCH T., KOEPPEN J. and WERNER K.

Astron. Gesellschaft Abstract Ser., 9, 155 (1993)
K1-27: a hot H-deficient central star of a planetary nebula.
RAUCH T. and WERNER K.

Astronomy and Astrophysics, volume 470, 317-329 (2007/7-4)
High-resolution FUSE and HST ultraviolet spectroscopy of the white dwarf central star of Sh 2-216.
RAUCH T., ZIEGLER M., WERNER K., KRUK J.W., OLIVEIRA C.M., VANDE PUTTE D., MIGNANI R.P. and KERBER F.

Mon. Not. R. Astron. Soc., 464, 2318-2325 (2017/January-2)
Observations and 3D hydrodynamical models of planetary nebulae with Wolf-Rayet type central stars.
RECHY-GARCIA J.S., VELAZQUEZ P.F., PENA M. and RAGA A.C.

Astronomy and Astrophysics, volume 674, 184R (2021)
Mysterious, variable, and extremely hot: White dwarfs showing ultra-high excitation lines. I. Photometric variability
REINDL, N.;SCHAFFENROTH, V.;FILIZ, S. and 3 more

Astron. J., 140, 1882-1890 (2010/December-0)
The discovery of infrared rings in the planetary nebula NGC 1514 during the WISE all-sky survey.
RESSLER M.E., COHEN M., WACHTER S., HOARD D.W., MAINZER A.K. and WRIGHT E.L.

Astrophys. J., 288, 622-629 (1985)
Fabry-Perot observations of the unusual emission-line nebula S216.
REYNOLDS R.J.

Astrophys. Space Sci., 224, 549-550 (1995)
Circumstellar material around the proto-PNe IRAS 10178-5958 and IRAS 11065-6026.
RIERA A., GARCIA-LARIO P. and MANCHADO A.

Mon. Not. R. Astron. Soc., 493, 1197-1203 (2020/March-3)
Revisiting the post-common-envelope binaries HZ 9, KV Vel and Abell 65.
RIOS-VENEGAS C., CONTRERAS-QUIJADA A., VOGT N., HAMBSCH F.-J., HINOJOSA R., ARANDA J., GOTTA V., JEREZ R., PUEBLA E., REY J., et al.

Astrophys. J., 443, 249-260 (1995/April-2)
Adaptive optics imaging of proto-planetary nebulae: Frosty Leo and the Red Rectangle.
RODDIER F., RODDIER C., GRAVES J.E. and NORTHCOTT M.J.

Mon. Not. R. Astron. Soc., 121, 103-110 (1960)
A catalogue of Hα emission regions in the Southern Milky Way.
RODGERS A.W., CAMPBELL C.T. and WHITEOAK J.B.

Mon. Not. R. Astron. Soc., 514, 4794-4802 (2022/August-3)
Common envelope evolution in born-again planetary nebulae - Shaping the H-deficient ejecta of A 30.
RODRIGUEZ-GONZALEZ J.B., SANTAMARIA E., TOALA J.A., GUERRERO M.A., MONTORO-MOLINA B., RUBIO G., TAFOYA D., CHU Y.-H., RAMOS-LARIOS G. and SABIN L.

Mon. Not. R. Astron. Soc., 515, 1557-1567 (2022/September-2)
Adjusting the bow-tie: a morpho-kinematic study of NGC 40.
RODRIGUEZ-GONZALEZ J.B., TOALA J.A., SABIN L., RAMOS-LARIOS G., GUERRERO M.A., LOPEZ J.A. and ESTRADA-DORADO S.

IAU Inform. Bull. Var. Stars, 886, 1 (1974)
GL Tauri.
ROMANO G.

Rev. Mex. Astron. Astrofis., 5, 217-222 (1982)
The filamentary nebula S 188.
ROSADO M. and KWITTER K.B.

Astron. Astrophys., Suppl. Ser., 88, 245-254 (1991)
Deep narrow band interference filter photographs of selected extended planetary nebulae.
ROSADO M. and MORENO M.A.

Astron. J., 79, 1406-1409 (1974)
Second finding list of faint blue stars in the anticenter region of the Galaxy.
RUBIN V.C., WESTPFAHL D. and TUVE M.

Mon. Not. R. Astron. Soc., 517, 5166-5179 (2022/December-3)
Planetary nebulae with Wolf-Rayet-type central stars - IV. NGC 1501 and its mixing layer.
RUBIO G., TOALA J.A., TODT H., SABIN L., SANTAMARIA E., RAMOS-LARIOS G. and GUERRERO M.A.

Research Notes of the AAS, 6, 70 (2022/April-0)
Visible and Infrared Spectroscopy of the Planetary Nebula M4-18.
RUDY R.J., SUBASAVAGE J.P. and MAUERHAN J.C.

Astronomy and Astrophysics, volume 361, 1112-1120 (2000/9-3)
The tetra-lobed planetary nebula NGC 1501.
SABBADIN F., BENETTI S., CAPPELLARO E. and TURATTO M.

Publ. Astron. Soc. Pac., 91, 276-277 (1979)
The peculiar planetary nebula M 4-18.
SABBADIN F. and BIANCHINI A.

Astron. Astrophys., Suppl. Ser., 51, 119-126 (1983)
Internal motions in planetary nebulae: NGC 7354, I 289 and Hu 1-2.
SABBADIN F., BIANCHINI A. and HAMZAOGLU E.

Astronomy and Astrophysics, volume 136, 193-199 (1984)
The planetary nebulae NGC 1535 and NGC 2022.
SABBADIN F., BIANCHINI A. and HAMZAOGLU E.

Astronomy and Astrophysics, volume 60, 147-149 (1977)
Sharpless 176: a large, nearby planetary nebula.
SABBADIN F., MINELLO S. and BIANCHINI A.

Mon. Not. R. Astron. Soc., 213, 563-573 (1985)
Expansion velocities for selected planetary nebulae (NB PK 130-01 1=130-11 1).
SABBADIN F., ORTOLANI S. and BIANCHINI A.

Astron. Astrophys., Suppl. Ser., 65, 259-265 (1986)
Internal motions in thirty-two genuine planetary nebulae and in a misclassified object.
SABBADIN F., STRAFELLA F. and BIANCHINI A.

Mon. Not. R. Astron. Soc., 508, 1599-1617 (2021/December-1)
First deep images catalogue of extended IPHAS PNe.
SABIN L., GUERRERO M.A., RAMOS-LARIOS G., BOUMIS P., ZIJLSTRA A.A., AWANG ISKANDAR D.N.F., BARLOW M.J., TOALA J.A., PARKER Q.A., CORRADI R.M.L., et al.

Mon. Not. R. Astron. Soc., 484, 2966-2973 (2019/April-2)
A submillimeter polarization analysis of Frosty Leo.
SABIN L., ZHANG Q., VAZQUEZ R. and STEFFEN W.

Astrophys. J., 524, L125-L128 (1999/October-3)
Discovery of a remarkable point-symmetric proto-planetary nebula: Hubble space telescope imaging of IRAS 04296+3429.
SAHAI R.

Astrophys. J., 518, L115-L118 (1999/June-3)
A highly collimated bipolar outflow in a proto-planetary nebula: Hubble Space Telescope} imaging of Hen 401.
SAHAI R., BUJARRABAL V. and ZIJLSTRA A.

Astrophys. J., 943, 110 (2023/February-1)
The Binary and the Disk: The Beauty is Found within NGC3132 with JWST.
SAHAI R., BUJARRABAL V., QUINTANA-LACACI G., REINDL N., VAN DE STEENE G., SANCHEZ CONTRERAS C. and RESSLER M.E.

Astronomy and Astrophysics, volume 665A, 88-88 (2022/9-1)
Dissecting the central regions of OH 231.8+4.2 with ALMA: A salty rotating disk at the base of a young bipolar outflow.
SANCHEZ CONTRERAS C., ALCOLEA J., CARDOSO R.R., BUJARRABAL V., CASTRO-CARRIZO A., QUINTANA-LACACI G., VELILLA-PRIETO L. and SANTANDER-GARCIA M.

Astrophys. J., 616, 519-524 (2004/November-3)
The companion to the central mira star of the protoplanetary nebula OH 231.8+4.2.
SANCHEZ CONTRERAS C., GIL DE PAZ A. and SAHAI R.

Astronomy and Astrophysics, volume 486, 545-567 (2008/8-1)
Spatially resolved spectroscopy of planetary nebulae and their halos. I. Five galactic disk objects.
SANDIN C., SCHOENBERNER D., ROTH M.M., STEFFEN M., BOEHM P. and MONREAL-IBERO A.

Publ. Astron. Soc. Pac., 87, 705-705 (1975)
A new planetary nebula in Puppis.
SANDULEAK N.

Astronomy and Astrophysics, volume 231, L33-35 (1990)
Spectroscopic investigation of old planetaries. I. Detection of two new »PG 1159" central stars.
SCHOENBERNER D. and NAPIWOTZKI R.

Mon. Not. R. Astron. Soc., 495, 2599-2606 (2020/July-1)
The near-infrared polarization of the pre-planetary nebula Frosty Leo.
SERRANO BERNAL E.O., SABIN L., LUNA A., DEVARAJ R., MAYYA Y.D. and CARRASCO L.

Publ. Astron. Soc. Pac., 99, 27-30 (1987)
NGC 2242: a newly-discovered planetary nebula.
SHAW R.A. and BIDELMAN W.P.

131st Symposium of the IAU held in Mexico City, Mexico, October 5-9, 1987. Ed S. Torres-Peimbert. Planetary Nebulae, 131, 188 (1989)
Unusual emission line profiles of M 1-1.
SHIBATA K. and TAMURA S.

Astron. J., 109, 1173-1180 (1995)
The unusual morphology of molecular hydrogen emission in the planetary nebula J 900.
SHUPE D.L., ARMUS L., MATTHEWS K. and SOIFER B.T.
Astron. J., 144, 65S (2012)

Swift/UVOT Photometry of the Planetary Nebula WeBo
1: Unmasking a Faint Hot Companion Star
SIEGEL, M. H.;HOVERSTEN, E.;BOND, H. E.and 2 more

Mon. Not. R. Astron. Soc., 166, part no 16, 17 (1974)
A confusing radio near the planetary nebula IC 2149.
SISTLA G. and KAFTAN-KASSIM M.A.

Mon. Not. R. Astron. Soc., 479, 2476-2480 (2018/September-2)
On {epsilon}-mechanism-driven pulsations in VV 47.
SOWICKA P., HANDLER G. and JONES D.

Mon. Not. R. Astron. Soc., 471, L1-L5 (2017/October-2)
Evidence for orbital motion of CW Leonis from ground-based astrometry.
SOZZETTI A., SMART R.L., DRIMMEL R., GIACOBBE P. and LATTANZI M.G.

Astrophys. J., 929, 148-148 (2022/April-3)
Carbon Abundances in Compact Galactic Planetary Nebulae: An Ultraviolet Spectroscopic Study with the Space Telescope Imaging Spectrograph (STIS).
STANGHELLINI L., BUSHRA R., SHAW R.A., DELL'AGLI F., GARCIA-HERNANDEZ D.A. and VENTURA P.

Publ. Astron. Soc. Pac., 90, 396-396 (1978)
A new planetary nebula.
STEPHENSON C.B.

Astrophys. J., 878, 90-90 (2019/June-3)
Detection of 4765 MHz OH emission in a preplanetary nebula: CRL 618.
STRACK A., ARAYA E.D., LEBRON M.E., MINCHIN R.F., ARCE H.G., GHOSH T., HOFNER P., KURTZ S., OLMI L., PIHLSTROM Y., et al.

Publ. Astron. Soc. Pac., 74, 474-487 (1962)
Notes on diffuse galactic nebulae.
STRUVE O. and STRAKA W.C.

Astrophys. J., 594, 874-887 (2003/September-2)
The high-excitation planetary nebula NGC 246: optical and near-ultraviolet observations and two-dimensional numerical models.
SZENTGYORGYI A., RAYMOND J., FRANCO J., VILLAVER E. and LOPEZ-MARTIN L.

Astronomy and Astrophysics, volume 556A, 35-35 (2013/8-1)
Rapid angular expansion of the ionized core of CRL 618.
TAFOYA D., LOINARD L., FONFRIA J.P., VLEMMINGS W.H.T., MARTI-VIDAL I. and PECH G.

Mon. Not. R. Astron. Soc., 158, 47-62 (1972)
NGC 2818, an open cluster containing a planetary nebula.
TIFFT W.G., CONNOLLY L.P. and WEBB D.F.

Astronomy and Astrophysics, volume 233, 540-552 (1990)
Planetary nebulae with a high degree of ionization: NGC 2242 and NGC 4361.
TORRES-PEIMBERT S., PEIMBERT M. and PENA M.

Astrophys. J. Letters, 8, 73 (1971)
Anomalous OH Emission from New Types of Galactic Objects
TURNER B. E.

Publ. Astron. Soc. Pac., 123, 1249-1261 (2011)
New results for the open cluster Bica 6 and its associated planetary nebula Abell 8.
TURNER D.G., ROSVICK J.M., BALAM D.D., HENDEN A.A., MAJAESS D.J. and LANE J.D.

Astrophys. J., Suppl. Ser., 107, 255-262 (1996/November-0)
An atlas of ancient planetary nebulae and their interaction with the interstellar medium.
TWEEDY R.W. and KWITTER K.B.

Mon. Not. R. Astron. Soc., 436, 2082-2095 (2013/December-2)
Two rings but no fellowship: LoTr 1 and its relation to planetary nebulae possessing barium central stars.
TYNDALL A.A., JONES D., BOFFIN H.M.J., MISZALSKI B., FAEDI F., LLOYD M., BOUMIS P., LOPEZ J.A., MARTELL S., POLLACCO D., et al.

Publ. David Dunlap Obs., 2, 145-156 (1959)
A catalogue of dwarf galaxies.
VAN DEN BERGH S.

Astrophys. J., 179, 863-863 (1973)
New southern planetary nebulae.
VAN DEN BERGH S., RACINE R., VAN AGT S., BARNES T., COUTTS C., MADORE B. and SKILL A.

Astronomy and Astrophysics, volume 560A, 7-7 (2013/12-1)
A Herschel study of NGC 650.
VAN HOOF P.A.M., VAN DE STEENE G.C., EXTER K.M., BARLOW M.J., UETA T., GROENEWEGEN M.A.T., GEAR W.K., GOMEZ H.L., HARGRAVE P.C., IVISON R.J., et al.

Astrophys. J., 751, 116 (2012/June-1)
Bubbles and knots in the kinematical structure of the bipolar planetary nebula NGC 2818.
VAZQUEZ R.

Astrophys. J., 576, 860-869 (2002/September-2)
Multiwavelength observations of the peculiar planetary nebula IC 2149.
VAZQUEZ R., MIRANDA L.F., TORRELLES J.M., OLGUIN L., BENITEZ G., RODRIGUEZ L.F. and LOPEZ J.A.

Astronomy and Astrophysics, volume 504, 291-301 (2009/9-2)
Candidate planetary nebulae in the IPHAS photometric catalogue.
VIIRONEN K., GREIMEL R., CORRADI R.L.M., MAMPASO A., RODRIGUEZ M., SABIN L., DELGADO-INGLADA G., DREW J.E., GIAMMANCO C., GONZALEZ-SOLARES E.A., et al.

Publ. Astron. Soc. Pac., 54, 152-153 (1942)
Four new planetary nebulae.
VYSSOTSKY A.N.

Astrophys. J., 673, 264-270 (2008/January-3)
The detection of a molecular bipolar flow in the multipolar planetary nebula NGC 2440.
WANG M.-Y., HASEGAWA T.I. and KWOK S.

Mon. Not. R. Astron. Soc., 366, 387-396 (2006/February-3)
The shaping of planetary nebula Sh2-188 through interaction with the interstellar medium.
WAREING C.J., O'BRIEN T.J., ZIJLSTRA A.A., KWITTER K.B., IRWIN J., WRIGHT N., GREIMEL R. and DREW J.E.

Mon. Not. R. Astron. Soc., 382, 1233-1245 (2007/December-2)
The interaction of planetary nebulae and their asymptotic giant branch progenitors with the interstellar medium.
WAREING C.J., ZIJLSTRA A.A. and O'BRIEN T.J.

Publ. Astron. Soc. Pac., 120, 380-392 (2008/April-0)
The spatial orientation of planetary nebulae within the Milky way.
WEIDMANN W.A. and DIAZ R.J.

Astronomy and Astrophysics, volume 640A, 10-10 (2020/8-1)
Catalogue of the central stars of planetary nebulae. Expanded edition.
WEIDMANN W.A., MARI M.B., SCHMIDT E.O., GASPAR G., MILLER BERTOLAMI M.M., OIO G.A., GUTIERREZ-SOTO L.A., VOLPE M.G., GAMEN R. and MAST D.

Astronomy and Astrophysics, volume 592A, 103-103 (2016/8-1)
Atlas of monochromatic images of planetary nebulae.
WEIDMANN W.A., SCHMIDT E.O., VENA VALDARENAS R.R., AHUMADA J.A., VOLPE M.G. and MUDRIK A.

Astron. Astrophys., Suppl. Ser., 30, 343-348 (1977)
New planetary nebulae of low surface brightness.
WEINBERGER R.

Astron. Astrophys., Suppl. Ser., 30, 335-341 (1977)
A list of possible, probable and true planetary nebulae detected since 1966.
WEINBERGER R.

Astron. Astrophys., Suppl. Ser., 40, 123-127 (1980)
Galaxies near the northern galactic plane.
WEINBERGER R.

Astrophys. J., 265, 249-257 (1983)
A newly discovered nearby planetary nebula of old age.
WEINBERGER R., DENGEL J., HARTL H. and SABBADIN F.

Mitt. Astron. Gesellschaft, 67, 346-347 (1986)
Lokale planetarische Nebel - eine Revision.
WEINBERGER R.

Publ. Astron. Soc. Pac., 91, 171-172 (1979)
Some observations of Stephenson's planetary nebula.
WEINBERGER R. and PURGATHOFER A.

Astronomy and Astrophysics, volume 100, W66 (1981)
Detection of six new extended planetary nebulae by means of interference filter photography.
WEINBERGER R. and SABBADIN F.

Research in Astron. and astroph., 23, part no 3, 5018 (2023/March-0)
A Morphological Study of Two Young Multipolar Planetary Nebulae.
WEN S.-B., HSIA C.-H., KANG X.-X., CHEN R. and LUO T.

Astronomy and Astrophysics, volume 259, L69-72 (1992)
A spectacular mass-loss event of the central star of Longmore 4.
WERNER K., HAMANN W.-R., HEBER U., NAPIWOTZKI R., RAUCH T. and WESSOLOWSKI U.

Astronomy and Astrophysics, volume 616A, 73-73 (2018/8-1)
The hot white dwarf in the peculiar binary nucleus of the planetary nebula EGB 6.
WERNER K., RAUCH T. and KRUK J.W.

Mon. Not. R. Astron. Soc., 483, 5291-5300 (2019/March-2)
Spectral analysis of the extremely hot DA white dwarf PG 0948+534.
WERNER K., RAUCH T. and REINDL N.

Astronomy and Astrophysics, volume 678A, 89 (2023/10-1)
The unusual planetary nebula nucleus in the Galactic open cluster M37 and six further hot white dwarf candidates.
WERNER K., REINDL N., RADDI R., GRIGGIO M., BEDIN L.R., CAMISASSA M.E., REBASSA-MANSERGAS A., TORRES S. and GOODHEW P.

Astronomy and Astrophysics, volume 88, 350-353 (1980)
Two southern planetary nebulae: ESO 263-PN02 and SchuWe-3.
WEST R.M. and SCHUSTER H.E.

Astrophys. J., 202, 407-417 (1975)
Observations of an isolated compact infrared source in Perseus.
WESTBROOK W.E., BECKLIN E.E., MERRILL K.M., NEUGEBAUER G., SCHMIDT M., WILLNER S.P. and WYNN-WILLIAMS C.G.

Astrophys. J., Suppl. Ser., 14, 154-169 (1967)
Dimensions of southern planetary nebulae.
WESTERLUND B. and HENIZE K.G.

Thesis, 3-207 (1966)
A study of Hα emission objects in the Southern Milky Way.
WRAY J.D.

Astronomy and Astrophysics, volume 310, 603-612 (1996/6-2)
The shaping of aging planetary nebulae.
XILOURIS K.M., PAPAMASTORAKIS J., PALEOLOGOU E. and TERZIAN Y.

Publ. Astron. Soc. Pac., 105, 98-101 (1993)
High-dispersion spectroscopy of IC 351: a case study of **a high-excitation planetary nebula.**
YADOUMARU Y. and TAMURA S.

Webseiten

Amateur discoveries of Planetary Nebulae
https://planetarynebulae.net/
LE DU, P.

Binary central stars of planetary nebulae
https://www.drdjones.net/bcspn/
JONES, D.

HASH PN Database4.6
http://202.189.117.101:8999/gpne/index.php?action=finreg
PARKER, Q., BOJCIC, I., RITTER, A.

An image database of planetary nebulae haloes
http://vivaldi.ll.iac.es/galeria/rcorradi/HALOES/index.html
CORRADI, R.

Galactic Planetary Nebulae HST images
https://archive.stsci.edu/hst/mcpn/galactic/gpn_caption.html
MCPN Project Team

PN-Beobachtungen
https://www.freunde-der-nacht.net/beobachtungsprojekte/planetarische-nebel/sonstige/
Freunde der Nacht

Planetary Nebulae
http://stars.astro.illinois.edu/sow/pn.html
KALER, J.

Deep Sky Observer's Companion
https://www.docdb.net
SLOTEGRAAF, A.

Deep Sky Corner, Planetary Nebulae
https://www.deepskycorner.ch/objects.en.php/PN
DSC Team

Planetary Nebula Image Catalog
https://faculty.washington.edu/balick/PNIC/
BALICK, B.

Zeichnungen Planetarischer Nebel
http://www.deepsky-visuell.de/PN.htm
GLAHN, U.

Deepskylog
https://www.deepskylog.be/
DSL Team

Alphabetischer Objektindex

Verzeichnis der Katalogkürzel

A	Abell
Alv	Alves
AlvKn	Alves-Kronberger
Ba	Baade
BBWo	Brand-Blitz-Wouterloot
BV	Böhm-Vitense
CRL	Cambridge Research Laboratory
DeHt	Dengel-Hartl
Dr	Drechsler
DS	Drilling
EGB	Ellis-Grayson-Bond
ESO	European Southern Observatory
Fe	Ferrero
Fr	Frew
GLMP	Garcia Lario-Manchado-Pych
GN	Atlas Galaktischer Nebel
Gum	Gum
H	Haro
HaWe	Hartl-Weinberger
Hb	Hubble
HDW	Hartl-Dengel-Weinberger
He	Henize
HFG	Heckathorn-Fesen-Gull
HoCr	Howell-Crisp
Hu	Humason
Huet	Huet
IC	Index Catalogue
IPHASX	INT Photometric H-alpha Survey
IRAS	Infrared Astronomical Satellite
IsWe	Ishida-Weinberger
J	Jonckheere
JnEr	Jones-Emberson
K	Kohoutek
KeWe	Kerber-Weinberger
KLSS	Kerber-Lercher-Saurer-Seeberger
Kn	Kronberger
KW	Kerber-Weinberger
LBN	Lynds Bright Nebula
Lo	Longmore
LoTr	Longmore-Tritton
M	Messier
MoMiJi	Mohan-Mishra-Jimenez
My	Mayall
NGC	New General Catalogue
NeVe	Neckel-Vehrenberg
OH	Oxygen-Hydrogen Maser
Ou	Outters
Pa	Patchick
PaRasMoMi	Patchick-Rasool-Mohan-Mishra
Pa-Ru	Peña-Ruiz
PaStDr	Patchick-Strottner-Drechsler
PB	Peimbert-Batiz
Pe	Perek
PFP	Pierce-Frew-Parker
PK	Perek-Kohoutek
PNG	SECGPN/HASH
Pre	Prestgard
PRTM	Peña-Ruiz-Torres-Maza
Pu	Purgathofer
PuWe	Purgathofer-Weinberger
RCW	Rodgers-Campbell-Whiteoak
S	Simeis
Sa	Sanduleak
Sab	Sabbadin
Sh	Sharpless
SP	Stephenson
St	Stephenson
StDr	Strottner-Drechsler
StWr	Stock-Wroblewski
Tha	Thé
VRBC	van den Bergh-Racine
VV	Vorontsov-Veljaminov
Vy	Vyssotski
WeBo	Webbink-Bond
WeDe	Weinberger-Dengel
WeSb	Weinberger-Sabbadin
WPS	WHAM Point Source
Wray	Wray
YM	Yerkes-McDonald